百校土木工程专业"十二五"规划教材

PKPM 结构设计应用（第 2 版）

张宇鑫　刘海成　张星源　编著

内 容 提 要

本书紧密结合现行建筑结构规范，循序渐进地介绍了当今国内应用最广的 PKPMCAD 系列设计软件的使用方法。在介绍 PKPM 系列软件的功能和适用范围的基础上，以 2002 年新规范版本的 PKPM-CAD 软件为蓝本，依次介绍平面建模和砌体结构辅助设计软件 PMCAD、平面框、排架结构计算软件 PK、空间杆系结构计算软件 TAT、空间结构有限元计算软件 SATWE 和地基基础设计软件 JCCAD 等几部分的计算原理和使用方法，每部分内容均辅以典型的工程应用实例（详见本书光盘，光盘内容在同济大学出版社网站下载）。最后，在全面理解规范和熟练使用 PKPM 的基础上，以目前比较常用的混凝土高层建筑结构工程实例给出综合运用各软件进行结构计算设计的全过程，介绍了 PKPM 在高层、超高层建筑结构计算方面的高级应用。

本书不仅可作为高等院校土木工程专业 CAD 课程教材，也可作为"混凝土结构和砌体结构"、"多层及高层建筑结构"等课程设计和毕业设计的上机指导书。同时，又可作为广大土木工程设计人员的参考书。

图书在版编目(CIP)数据

PKPM 结构设计应用/张宇鑫，刘海成，张星源编著.
—2 版.—上海：同济大学出版社，2010.8(2021.2 重印)
ISBN 978-7-5608-4393-3

Ⅰ.①P… Ⅱ.①张… ②刘… ③张… Ⅲ.①建筑结构
—计算机辅助设计—应用软件，PKPM—高等学校—教材
Ⅳ.①TU311.41

中国版本图书馆 CIP 数据核字(2010)第 147330 号

百校土木工程专业"十二五"规划教材

PKPM 结构设计应用（第 2 版）

张宇鑫　刘海成　张星源　编著

组稿　曹　建　　责任编辑　马继兰　　责任校对　杨江淮　　封面设计　陈益平

出版发行	同济大学出版社　www.tongjipress.com.cn	
	（地址：上海市四平路 1239 号　邮编：200092　电话：021-65985622）	
经　销	全国各地新华书店	
印　刷	江苏句容排印厂	
开　本	787mm×1092mm　1/16	
印　张	23.5	
印　数	21 801—22 900	
字　数	586 000	
版　次	2010 年 8 月第 2 版　2021 年 2 月第 9 次印刷	
书　号	ISBN 978-7-5608-4393-3	
定　价	45.00 元	

本书若有印装质量问题，请向本社发行部调换　　版权所有　　侵权必究

编 委 会

主　任	陈以一	（同济大学）	顾祥林	（同济大学）
副主任	应惠清	（同济大学）		

委　员　（排名不分先后，以字母为序）

- 白晓红　（太原理工大学）
- 杜守军　（河北农业大学）
- 范　进　（南京理工大学）
- 郭战胜　（上海大学）
- 何亚伯　（武汉大学）
- 何延宏　（哈尔滨学院）
- 焦　红　（山东建筑大学）
- 李锦辉　（哈尔滨工业大学）
- 李书全　（天津财经大学）
- 李章政　（四川大学）
- 梁兴文　（西安建筑科技大学）
- 刘俊岩　（济南大学）
- 刘增荣　（西安建筑科技大学）
- 覃　辉　（五邑大学）
- 宋娃丽　（河北工业大学）
- 王福建　（浙江大学）
- 汪劲丰　（浙江大学）
- 王松岩　（山东建筑大学）
- 王新堂　（宁波大学）
- 谢雄耀　（同济大学）
- 许成祥　（长江大学）
- 徐汉涛　（南通大学）
- 许　强　（成都理工大学）
- 尹振宇　（上海交通大学）
- 张璐璐　（上海交通大学）
- 张宇鑫　（上海师范大学）
- 赵方冉　（河北工业大学）
- 赵顺波　（华北水利水电学院）
- 郑荣跃　（宁波大学）
- 周新刚　（烟台大学）
- 朱彦鹏　（兰州理工大学）

策　划　张平官　（同济大学）

第 2 版前言

本教材自 2006 年出版以来,由于在取材、体系、讲法、可读性等方面较为切合当前普通本科院校及新建本科院校的教学实际情况,而被国内多所院校采用,受到了广大师生的肯定,已先后重印了五次,累计发行近 2 万册。

在本教材几年的使用过程中,我们不断汲取同行专家和广大师生的宝贵建议和意见,力求教材能更好地反映现代教育思想,体现先进性、科学性与实用性,能够更加有利于提高学生的综合素质与创新能力,同时也能更好地便利广大读者学习使用。因此,在保持第一版的优点、特色的基础上,在本次修订工作中,我们对本教材进行了如下几方面的修订:

(1) 对已经发现的错误和不妥之处予以改正。

(2) 重点对 PKPM 软件的工程应用实例部分相关工程参数进行了补充和修订。

(3) 在 PKPM 高级应用部分,增加了"关于四种楼板计算模型"、"结构整体控制指标不满足的调整措施"、"关于多塔结构整体控制指标"、"关于剪力墙连梁超筋的调整"、"关于剪力墙边缘构件配筋面积调整"等几部分内容的介绍,使本教材内容更加丰富和完善。

在教材的修订过程中得到了相关同行专家及师生的大力支持,谨此向他们表示衷心的感谢!

本版的修订工作由张宇鑫、刘海成、张星源完成,全书由张宇鑫负责统稿定稿。尽管本教材经过了修订,但限于作者的水平,谬误之处在所难免,敬请广大专家、同行和读者继续给予批评与指正。

张宇鑫

2010 年 7 月

前　言

　　PKPM 系列 CAD 系统软件是目前国内建筑工程界应用最广、用户最多的一套计算机辅助设计系统。迄今在全国用户已超过 10000 家，这些用户分布在各省市的大中小型各类设计院，在省部级以上设计院的普及率达到 90% 以上。各大高校也纷纷选用 PKPM 系列 CAD 系统软件作为 CAD 课程教学主要内容。

　　但由于种种原因，目前国内市场上关于 PKPM 软件的专门教材还很缺乏。本书是针对 2002 年建筑结构各项新规范诞生后，PKPM 软件的新版本进行编写的。编写过程中，首先对各软件的操作方法进行系统的讲解，然后再辅以典型的工程实例帮助读者理解。最后结合作者多年的工程经验，介绍了典型的综合应用实例，既有基本常识，又有高级应用技巧。

　　全书共分 8 章。

　　第 1 章介绍了 PKPM 的各个模块的功能和适用范围。

　　第 2 章介绍了 PMCAD——结构建模和砌体结构辅助设计软件。全面介绍了 PMCAD 的建模和砌体结构辅助设计功能，并以实例形式给出了 PMCAD 平面交互式建模、砖混结构和底框架结构的抗震计算全过程。

　　第 3 章介绍了 PK——平面框、排架结构计算和施工图绘制软件。排架计算是 PK 的特色，本章结合实例详细介绍了 PK 在计算有吊车的工业厂房排架结构设计中的应用。

　　第 4 章介绍了 TAT——空间杆系结构计算和施工图绘制软件。其适用于多高层框架和规则框架剪力墙结构。本章详细讲解了 TAT 的前处理、核心计算和绘图功能，并以实例进行了详细的 TAT 全过程计算分析和施工图绘制。

　　第 5 章介绍了 SATWE——空间结构有限元计算和施工图绘制软件。其适用于多高层框架、剪力墙及各种复杂结构。本章以框架剪力墙结构实例形式讲解了 SATWE 前处理、计算、后处理功能。

　　第 6 章介绍了 JCCAD——地基基础计算和施工图绘制软件。本章详细讲解了 JCCAD 用于独立基础、条形基础、交叉梁基础、筏板基础、桩基础以及桩筏基础的前处理、核心计算和绘图功能，并以框架剪力墙结构实例进行了筏板基础计算分析和施工图绘制。

　　第 7 章结合目前比较常用的混凝土高层建筑结构形式，通过具体实例给出了结构计算设计的全过程，主要有高层商住楼框支剪力墙结构、中高层住宅异形柱剪力墙结构。

　　第 8 章，在全面理解规范和熟悉 PKPM 的基础上，结合 2002 建筑结构新规范，主要针对高层、超高层建筑结构，介绍了 PKPM 在计算方面的高级应用。

　　本书附有光盘，提供了书中各章实例涉及到的 AutoCAD 图形文件、PKPM 建模及计算数据文件，以便于读者操作。

　　本书第 1 章至第 4 章，第 6 章主要由张宇鑫编写（其中部分例题由刘海成、张星源编写），第 5,7,8 章由刘海成编写。全书由张宇鑫、刘海成统稿，张星源审校。

　　版本新颖、由浅入深、侧重工程、重点难点提示是本书编写的主要特色。

　　本书不仅可作为高等院校土木工程专业 CAD 课程教材，也可作为"混凝土结构和砌体结构"、"多层及高层建筑结构"等课程设计和毕业设计的上机指导书。同时，又可作为广大土木工程设计人员的参考书。

最后,我们要衷心感谢中国建筑科学研究院 PKPMCAD 工程部,为我们提供了网络版 PKPMCAD 软件和相关用户使用手册以及长期的技术支持,这些是本书得以编著出版的前提。

限于编者水平,书中难免有错误和不足之处,敬请广大读者批评指正。

作　者

2006 年 9 月

目　　次

第 2 版前言
前　言
第 1 章　PKPMCAD 系列软件简介 …………………………………………………… (1)
1.1　PKPM 系列软件的发展 ………………………………………………………… (1)
1.2　PKPM 系列软件的特点 ………………………………………………………… (1)
1.3　PKPM 系列软件的组成 ………………………………………………………… (2)
1.4　PKPM 的基本工作方式 ………………………………………………………… (5)
1.4.1　PKPM 的安装 …………………………………………………………… (5)
1.4.2　PKPM 的工作界面 ……………………………………………………… (7)
1.4.3　PKPM 的坐标输入方式 ………………………………………………… (8)
1.4.4　PKPM 常用快捷键 ……………………………………………………… (8)
第 2 章　结构平面计算机辅助设计软件 PMCAD ……………………………………… (10)
2.1　PMCAD 的基本功能 …………………………………………………………… (10)
2.2　PMCAD 的适用范围 …………………………………………………………… (11)
2.3　PMCAD 基本工作方式说明 …………………………………………………… (11)
2.3.1　PMCAD 的操作过程 …………………………………………………… (12)
2.3.2　PMCAD 的文件管理 …………………………………………………… (12)
2.3.3　PMCAD 常用快捷键 …………………………………………………… (13)
2.4　PMCAD 主菜单 1　PM 交互式数据输入 …………………………………… (14)
2.4.1　轴线输入 ………………………………………………………………… (15)
2.4.2　网格生成 ………………………………………………………………… (19)
2.4.3　构件定义 ………………………………………………………………… (23)
2.4.4　楼层定义 ………………………………………………………………… (27)
2.4.5　荷载定义 ………………………………………………………………… (35)
2.4.6　楼层组装 ………………………………………………………………… (36)
2.4.7　保存文件 ………………………………………………………………… (38)
2.4.8　退出程序 ………………………………………………………………… (38)
2.5　PMCAD 主菜单 2　输入次梁楼板 …………………………………………… (40)
2.5.1　次梁布置 ………………………………………………………………… (42)
2.5.2　预制楼板 ………………………………………………………………… (44)
2.5.3　楼板开洞 ………………………………………………………………… (45)
2.5.4　修改板厚 ………………………………………………………………… (45)
2.5.5　设悬挑板 ………………………………………………………………… (46)
2.5.6　设层间梁 ………………………………………………………………… (47)
2.5.7　改墙材料 ………………………………………………………………… (47)

  2.5.8　楼板错层 …………………………………………………………………… (47)
  2.5.9　梁错层 ……………………………………………………………………… (47)
  2.5.10　砖混圈梁 ………………………………………………………………… (47)
  2.5.11　拷贝前层 ………………………………………………………………… (49)
  2.5.12　退出 ……………………………………………………………………… (49)
 2.6　PMCAD 主菜单 3　输入荷载信息 ………………………………………………… (49)
  2.6.1　楼面荷载 …………………………………………………………………… (50)
  2.6.2　梁间荷载 …………………………………………………………………… (53)
  2.6.3　柱间荷载 …………………………………………………………………… (54)
  2.6.4　墙间荷载 …………………………………………………………………… (54)
  2.6.5　节点荷载 …………………………………………………………………… (54)
  2.6.6　次梁荷载 …………………………………………………………………… (55)
  2.6.7　输入完毕 …………………………………………………………………… (55)
 2.7　PMCAD 主菜单 5　画结构平面图 ………………………………………………… (55)
  2.7.1　输入计算和画图参数 ……………………………………………………… (55)
  2.7.2　钢筋混凝土楼板内力和配筋计算 ………………………………………… (58)
  2.7.3　交互式绘制结构平面图 …………………………………………………… (61)
 2.8　PMCAD 交互式建模综合应用实例 ………………………………………………… (78)
 2.9　PMCAD 主菜单 6　砖混节点大样 ………………………………………………… (91)
  2.9.1　圈梁布置 …………………………………………………………………… (91)
  2.9.2　圈梁、构造柱大样修改 …………………………………………………… (92)
  2.9.3　平面图上标注大样 ………………………………………………………… (93)
  2.9.4　大样布置图 ………………………………………………………………… (93)
 2.10　PMCAD 主菜单 8　砖混结构抗震验算及其他 ………………………………… (94)
  2.10.1　砖混结构抗震验算 ………………………………………………………… (94)
  2.10.2　底框-抗震墙结构抗震计算 ……………………………………………… (97)
 2.11　砖混结构抗震验算综合实例 ……………………………………………………… (99)
  2.11.1　砖混结构抗震验算实例 …………………………………………………… (99)
  2.11.2　底框架结构抗震验算实例 ………………………………………………… (108)

第 3 章　PK——平面结构计算与施工图绘制 ………………………………………… (114)
 3.1　PK 的基本功能 ……………………………………………………………………… (114)
 3.2　PK 的基本操作 ……………………………………………………………………… (114)
 3.3　由 PMCAD 主菜单 4　形成 PK 文件 ……………………………………………… (115)
 3.4　PK 主菜单 1　PK 数据交互输入和数检 …………………………………………… (118)
 3.5　PK 主菜单 2　框、排架结构计算 …………………………………………………… (132)
 3.6　PK 主菜单 3　框架绘图 …………………………………………………………… (137)
  3.6.1　读入绘图补充数据 ………………………………………………………… (137)
  3.6.2　修改钢筋和参数、薄弱层和裂缝计算 …………………………………… (139)
  3.6.3　图面布置和预显 …………………………………………………………… (144)
  3.6.4　绘制正式框架施工图 ……………………………………………………… (144)

- 3.7 PK主菜单4 排架柱绘图 ·· (145)
  - 3.7.1 排架柱的吊装验算 ·· (145)
  - 3.7.2 人机交互建立排架绘图数据文件 ·· (146)
- 3.8 PK主菜单5~9 梁柱分开绘图 ·· (149)
  - 3.8.1 连续梁绘制 ·· (149)
  - 3.8.2 框架梁或柱绘制 ·· (149)
- 3.9 PK排架结构计算综合实例 ··· (150)
  - 3.9.1 PK数据交互输入和数检 ··· (150)
  - 3.9.2 框、排架结构计算 ·· (157)
  - 3.9.3 排架柱绘图 ·· (158)

第4章 TAT——空间杆系结构分析与设计 ·· (160)

- 4.1 TAT的基本功能及有关说明 ·· (160)
  - 4.1.1 TAT的基本功能介绍 ··· (160)
  - 4.1.2 TAT的适用范围 ··· (161)
  - 4.1.3 TAT的基本假定 ··· (161)
  - 4.1.4 TAT的文件管理 ··· (162)
- 4.2 TAT主菜单1 接PM生成TAT数据 ·· (163)
  - 4.2.1 接PM生成TAT数据的过程 ·· (163)
  - 4.2.2 接PM生成TAT数据的有关说明 ·· (165)
- 4.3 TAT主菜单2 数据检查和图形检查 ··· (165)
  - 4.3.1 数据检查 ·· (165)
  - 4.3.2 多塔和错层定义 ·· (167)
  - 4.3.3 参数修正 ·· (168)
  - 4.3.4 特殊梁、柱、支撑、节点定义 ·· (178)
  - 4.3.5 特殊荷载查看和定义 ··· (179)
  - 4.3.6 检查和修改各层柱计算长度系数 ··· (180)
  - 4.3.7 检查和绘各层几何平面图 ··· (181)
  - 4.3.8 检查和绘各层荷载图 ··· (182)
  - 4.3.9 空间线条图 ·· (182)
  - 4.3.10 文本文件查看 ·· (183)
- 4.4 TAT主菜单3 结构内力和配筋计算 ··· (183)
- 4.5 TAT主菜单4 PM混凝土次梁计算 ··· (186)
- 4.6 TAT主菜单5 分析结构图形和结果显示 ··· (187)
  - 4.6.1 改柱钢筋并按双偏压、拉验算 ·· (187)
  - 4.6.2 绘楼层振型图 MODE*.T ··· (189)
  - 4.6.3 绘各层配筋简图 PJ*.T ·· (189)
  - 4.6.4 绘各层柱、梁、墙标准内力图 PS*.T ·· (192)
  - 4.6.5 各层柱、梁、墙配筋包络图 PB*.T ··· (194)
  - 4.6.6 梁弹性挠度、柱节点验算和墙边缘构件图 PD*.T ······················· (194)
  - 4.6.7 绘底层柱、墙的最大组合内力图 DCNL*.T ································· (195)

- 4.6.8 绘各层柱、梁吊车预组合内力图 CRA*.T ……(195)
- 4.6.9 各层杆件、内力、配筋验算等查询 ……(196)
- 4.6.10 文本文件查看 ……(196)

4.7 接 PK 绘制梁柱施工图 ……(197)
- 4.7.1 梁归并 ……(197)
- 4.7.2 选择梁的数据 ……(199)
- 4.7.3 绘制梁施工图(分开画) ……(200)
- 4.7.4 绘制梁表(广东地区)施工图 ……(200)
- 4.7.5 梁平面图画法 ……(200)
- 4.7.6 柱归并 ……(203)
- 4.7.7 选择柱的数据 ……(203)
- 4.7.8 绘制柱施工图 ……(204)

4.8 TAT 运行注意事项 ……(207)

4.9 TAT 实例计算分析 ……(208)
- 4.9.1 工程实例资料 ……(208)
- 4.9.2 结构的 PM 建模 ……(210)
- 4.9.3 接 PM 生成 TAT 数据 ……(214)
- 4.9.4 数据检查和图形检查 ……(214)
- 4.9.5 结构内力和配筋计算 ……(219)
- 4.9.6 PM 次梁计算 ……(220)
- 4.9.7 分析结果图形和文本显示 ……(221)
- 4.9.8 接 PK 绘制梁柱施工图 ……(223)
- 4.9.9 结构的弹性动力时程分析 ……(227)
- 4.9.10 框支剪力墙有限元分析 ……(227)
- 4.9.11 转换层厚板有限元分析 ……(227)

第5章 SATWE——空间有限元分析与设计实例详解 ……(228)

5.1 SATWE 与 TAT 的计算模型和应用对比 ……(228)
- 5.1.1 计算模型的差别 ……(228)
- 5.1.2 在工程设计中 TAT 软件运算时易产生的问题 ……(229)
- 5.1.3 SATWE 的几种楼板假定的适用范围 ……(230)

5.2 工程实例的结构建模 ……(230)

5.3 接 PM 生成 SATWE 数据 ……(232)
- 5.3.1 分析与设计参数补充定义 ……(232)
- 5.3.2 特殊构件补充定义 ……(237)
- 5.3.3 温度荷载定义 ……(238)
- 5.3.4 弹性支座/支座位移定义 ……(238)
- 5.3.5 多塔结构补充定义 ……(238)
- 5.3.6 生成 SATWE 数据文件和数据检查 ……(239)

5.4 结构分析与构件内力计算 ……(239)

5.5 构件配筋与计算 ……(240)

5.6　PM次梁内力与配筋计算 ………………………………………………………… (240)
5.7　分析结果图形和文本显示 ……………………………………………………… (241)
5.8　接PK绘制梁柱施工图 …………………………………………………………… (243)
5.9　结构的弹性动力时程分析 ……………………………………………………… (243)

第6章　JCCAD——基础计算与设计 ……………………………………………… (247)
6.1　JCCAD的基本功能及特点 ……………………………………………………… (247)
6.2　JCCAD主菜单及操作过程 ……………………………………………………… (247)
6.3　JCCAD主菜单1　地质资料输入 ……………………………………………… (248)
　　6.3.1　地质资料的输入内容和方式 …………………………………………… (248)
　　6.3.2　完成地质资料输入 ……………………………………………………… (248)
6.4　JCCAD主菜单2　基础人机交互输入 ………………………………………… (252)
6.5　JCCAD主菜单4　桩基承台计算和独基沉降计算 …………………………… (272)
6.6　JCCAD主菜单6　基础平面施工图 …………………………………………… (277)
6.7　高层建筑筏板基础设计实例 …………………………………………………… (286)
　　6.7.1　地质资料输入 …………………………………………………………… (286)
　　6.7.2　基础人机交互输入 ……………………………………………………… (288)
　　6.7.3　桩筏筏板四边元有限元计算 …………………………………………… (295)
　　6.7.4　基础平面施工图 ………………………………………………………… (299)

第7章　高层钢筋混凝土结构设计实例详解 ……………………………………… (300)
7.1　高层商住楼(框支剪力墙结构)实例 …………………………………………… (300)
　　7.1.1　工程资料 ………………………………………………………………… (300)
　　7.1.2　结构的PM建模 ………………………………………………………… (304)
　　7.1.3　结构的初步计算 ………………………………………………………… (311)
　　7.1.4　结构的第二次计算 ……………………………………………………… (317)
　　7.1.5　结构的弹性动力时程分析 ……………………………………………… (323)
　　7.1.6　施工图绘制 ……………………………………………………………… (326)
7.2　中高层住宅楼(异形柱框剪结构)实例 ………………………………………… (327)
　　7.2.1　工程资料 ………………………………………………………………… (327)
　　7.2.2　结构的PM建模 ………………………………………………………… (328)
　　7.2.3　结构整体计算 …………………………………………………………… (331)
　　7.2.4　构件配筋设计与验算 …………………………………………………… (335)
　　7.2.5　分析结果图形和文本显示 ……………………………………………… (336)
　　7.2.6　施工图绘制 ……………………………………………………………… (338)

第8章　PKPM高级应用 …………………………………………………………… (342)
8.1　PKPM进行高层结构设计时的控制指标 ……………………………………… (342)
　　8.1.1　双向水平地震作用下的扭转影响 ……………………………………… (342)
　　8.1.2　竖向地震作用 …………………………………………………………… (342)
　　8.1.3　质量偶然偏心 …………………………………………………………… (343)
　　8.1.4　楼层最小地震剪力系数(剪重比) ……………………………………… (343)
　　8.1.5　位移比 …………………………………………………………………… (344)

8.1.6　有效质量系数与计算振型数 …………………………………………（345）
　　8.1.7　周期比 ………………………………………………………………（345）
　　8.1.8　薄弱层（刚度比） ……………………………………………………（346）
　　8.1.9　薄弱层（受剪承载力比） ……………………………………………（346）
　　8.1.10　层间位移角 …………………………………………………………（347）
　　8.1.11　刚重比 ………………………………………………………………（347）
8.2　PKPM进行多高层结构计算设计的过程和步骤 ……………………………（347）
　　8.2.1　计算软件和模型的合理选取 …………………………………………（347）
　　8.2.2　结构方案试算分析 ……………………………………………………（348）
　　8.2.3　高层结构的整体参数计算 ……………………………………………（348）
　　8.2.4　高层结构的控制指标计算 ……………………………………………（349）
　　8.2.5　高层结构的构件计算 …………………………………………………（349）
　　8.2.6　高层结构的施工图绘制 ………………………………………………（350）
8.3　带地下室结构嵌固层的选取 …………………………………………………（350）
8.4　错层结构的输入 ………………………………………………………………（351）
8.5　超大转换梁结构的计算 ………………………………………………………（351）
8.6　PM建模中次梁作为主梁和次梁输入的差别 ………………………………（351）
8.7　无梁楼盖的设计计算 …………………………………………………………（353）
　　8.7.1　无梁楼盖的整体三维计算 ……………………………………………（353）
　　8.7.2　楼盖的设计计算 ………………………………………………………（354）
8.8　底框架结构的设计计算 ………………………………………………………（355）
8.9　关于四种楼板计算模型 ………………………………………………………（356）
8.10　结构整体控制指示不满足的调整措施 ……………………………………（356）
8.11　关于多塔结构整体控制指标 ………………………………………………（357）
8.12　关于剪力墙连梁超筋的调整 ………………………………………………（358）
8.13　关于剪力墙边缘构件配筋面积调整 ………………………………………（359）

参考文献 ………………………………………………………………………………（361）

第1章 PKPMCAD系列软件简介

PKPM系列CAD系统软件是目前国内建筑工程界应用最广、用户最多的一套计算机辅助设计系统。它是一套集建筑设计、结构设计、设备设计、工程量统计、概预算及施工软件等于一体的建筑工程CAD系统。随着2002年建筑结构各项新规范的诞生,PKPM系列软件也进行了较大的升级。在操作菜单和界面上,尤其是在核心计算上,都结合新规范作了较大的改进。本章对PKPM系列软件的特点、组成及基本工作方式等进行介绍,使读者对PKPM系列软件有一个整体认识。

1.1 PKPM系列软件的发展

在PKPM系列CAD软件开发之初,我国在建筑工程设计领域计算机应用水平相对落后,计算机仅用于结构分析,CAD技术应用还很少,其主要原因是缺乏适合我国国情的CAD软件。国外的一些较好的软件,如阿波罗、Intergraph等都是在工作站上实现的,不仅引进成本高,且应用效果也很不理想,能在国内普及率较高的PC机上运行的软件几乎是空白。因此,开发一套建筑工程CAD软件,对提高工程设计质量和效率,提高计算机应用水平是极为迫切的。

针对上述情况,中国建筑科学研究院经过几年的努力,研制开发了PKPM系列CAD软件。该软件自1987年推广以来,历经了多次更新改版,目前已经发展成为一个集建筑、结构、设备、管理为一体的集成系统。迄今在全国用户已超过10000家,这些用户分布在各省市的大中小型各类设计院,在省部级以上设计院的普及率达到90%以上。引入该软件的单位,应用软件的水平和范围也逐年提高,设计质量及效益明显提高。PKPM系列CAD软件是目前国内建筑结构设计中应用最广泛的一套CAD系统。

伴随着国内市场的成功,从1995年起,PKPMCAD工程部开始着手国际市场的开拓工作,并根据国际市场的需求,相应地开发了四种英文界面的海外版PKPM系列CAD软件,这些版本包括英国规范版、新加坡规范版、香港规范版以及中国规范的英文版本。在国际CAD软件市场竞争激烈的情况下,拓展了在新加坡、马来西亚、越南、韩国等东南亚国家及香港地区的市场。

PKPM系列CAD软件,以其雄厚的开发实力和技术优势,将越来越受到国内外建筑工程设计人员的青睐,为我国的国民经济建设带来巨大的经济和社会效益。

1.2 PKPM系列软件的特点

PKPM系列CAD软件,历经多年的推广应用,目前已经发展成为一个集建筑、结构、设备、概预算及施工为一体的集成系统。在结构设计中又包括了多层和高层、工业厂房和民用建筑,上部结构和各类基础在内的综合CAD系统,并正在向集成化和初级智能化方向发展。概括起来,它有以下几个主要的技术特点。

（1）数据共享的集成化系统。建筑设计过程一般分为方案、初步设计、施工图三个阶段。常规配合的专业有结构、设备（包括水、电、暖通等）。各阶段之中和之间往往有大大小小的改动和调整，各专业的配合需要互相提供资料。在手工制图时，各阶段和各专业间的不同设计成果只能分别重复制作。而利用PKPM系列CAD软件数据共享的特点，无论先进行哪个专业的设计工作所形成的建筑物整体数据都可为其他专业所共享，避免重复输入数据。此外，结构专业中各个设计模块之间的数据共享，即各种模型原理的上部结构分析、绘图模块和各类基础设计模块共享结构布置、荷载及计算分析结果信息。这样可最大限度地利用数据资源，大大提高了工作效率。

（2）直观明了的人机交互方式。该系统采用独特的人机交互输入方式，避免了填写繁琐的数据文件。输入时用鼠标或键盘在屏幕上勾画出整个建筑物。软件有详细的中文菜单指导用户操作，并提供了丰富的图形输入功能，有效地帮助输入。实践证明，这种方式设计人员容易掌握，而且比传统的方法可提高效率数十倍。

（3）计算数据自动生成技术。PKPMCAD系统具有自动传导荷载功能，实现了恒、活、风荷的自动计算和传导，并可自动提取结构几何信息，自动完成结构单元划分，特别是可把剪力墙自动划分成壳单元，从而使复杂计算模式实用化。在此基础上可自动生成平面框架、高层三维分析、砖混及底框砖房等多种计算方法的数据。上部结构的平面布置信息及荷载数据，可自动传递给各类基础，接力完成基础的计算和设计。在设备设计中实现从建筑模型中自动提取各种信息，完成负荷计算和线路计算。

（4）基于新方法、新规范的结构计算软件包。利用中国建筑科学研究院是规范主编单位的优势，PKPMCAD系统能够紧跟规范的更新而改进软件，全部结构计算及丰富成熟的施工图辅助设计完全按照国家设计规范编制，全面反映了现行规范所要求的荷载效应组合，计算表达式，计算参数取值、抗震设计新概念所要求的强柱弱梁、强剪弱弯、节点核心区、罕遇地震以及考虑扭转效应的振动耦连计算方面的内容，使其能够及时满足国内设计需要。

在计算方法方面，采用了国内外最流行的各种计算方法，如：平面杆系、矩形及异形楼板、薄壁杆系、高层空间有限元、高精度平面有限元、高层结构动力时程分析、梁板楼梯及异形楼梯、各类基础、砖混及底框抗震分析等，有些计算方法达到国际先进水平。

（5）智能化的施工图设计。利用PKPM软件，可在结构计算完毕后，进行智能化地选择钢筋，确定构造措施及节点大样，使之满足现行规范及不同设计习惯，全面地人工干预修改手段，钢筋截面归并整理，自动布图等一系列操作，使施工图设计过程自动化。设置好施工图设计方式后，系统可自动完成框架、排架、连续梁、结构平面、楼板计算配筋、节点大样、各类基础、楼梯、剪力墙等施工图绘制。并可及时提供图形编辑功能，包括标注、说明、移动、删除、修改、缩放及图层、图块管理等。

PKPM系列CAD软件是根据我国国情和特点自主开发的建筑工程设计辅助软件系统，它在上述方面的技术特点，使它比国内外同类软件更具有优势，在系统图形及图像处理技术、功能集成化等方面正在向国际领先水平看齐。

1.3　PKPM系列软件的组成

新版本的PKPM系列软件包含了结构、特种结构、建筑、设备、概预算及钢结构等6个主要专业模块，如图1.1所示。

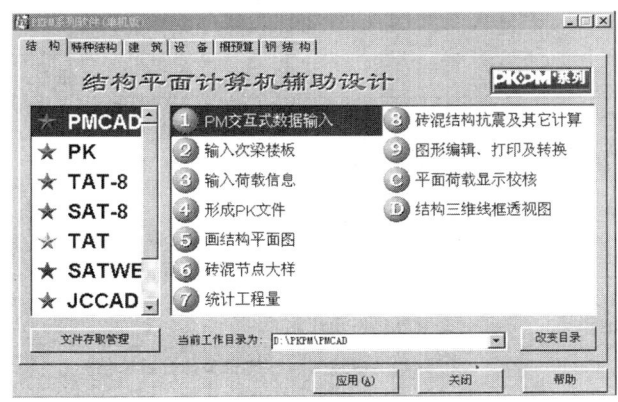

图 1.1 PKPM 主要专业模块

每个专业模块下,又包含了各自相关的若干软件。各专业模块包含软件名称及基本功能见表 1.1。

表 1.1   PKPM 系列 CAD 软件各模块名称及功能

专业	模块	包含软件	功 能
结构	S-1	PMCAD	结构平面计算机辅助设计
		PK	钢筋混凝土框排架及连续梁结构计算与施工图绘制
		TAT-8	8 层及 8 层以下建筑结构三维分析程序
		SATWE-8	8 层及 8 层以下建筑结构空间有限元分析软件
	S-2	TAT	高层建筑结构三维分析程序
		TAT-D	高层建筑结构动力时程分析
		FEQ	高精度平面有限元框支剪力墙计算及配筋
	S-3	SATWE	高层建筑结构空间有限元分析软件
		TAT-D	高层建筑结构动力时程分析
		FEQ	高精度平面有限元框支剪力墙计算及配筋
	S-4	LTCAD	楼梯计算机辅助设计
		JLQ	剪力墙计算机辅助设计
		GJ	钢筋混凝土基本构件设计计算
	S-5	JCCAD	独基、条基、桩基、筏基以及上述多种基础组合起来的大型混合基础设计
		PREC	预应力混凝土结构设计软件
		QIK	混凝土小型空心砌块 CAD 软件
		BOX	箱形基础计算机辅助设计
		EPDA	多层及高层建筑结构弹塑性动力时程分析软件
		PMSAP	特殊多、高层建筑结构分析软件
		STS	钢结构 CAD 软件
建筑		APM	三维建筑设计软件
装修		DEC	三维建筑造型及装修设计软件

续表

专业	模块	包含软件	功能
设备		WPM	给水、排水设计软件
		HPM	建筑采暖设计软件和采暖能耗计算软件
		CPM	建筑通风空调设计软件
		EPM	建筑电气设计软件
		WNET	室外给排水设计软件
		HNET	室外热网设计软件
		CHEC	夏热冬冷地区居住建筑节能分析软件
概预算		STAT1-3	建筑工程概预算图形计算量与钢筋翻样软件
		STAT4	建筑工程概预算套价报表软件施工
施工		SG-1	建筑施工管理软件
		SG-2	建筑施工技术软件

本书重点对结构专业各软件的主要功能及其特点加以介绍。

(1) 结构平面计算机辅助设计软件 PMCAD。PMCAD 是整个结构 CAD 的核心,是剪力墙、高层空间三维分析和各类基础 CAD 的必备接口软件,也是建筑 CAD 与结构的必要接口。该程序通过人机交互方式输入各层平面布置和外加荷载信息后,可自动计算结构自重并形成整栋建筑的荷载数据库,由此数据可自动给框架、空间杆系薄壁柱、砖混计算提供数据文件,也可为连续次梁和楼板计算提供数据。PMCAD 也可作砖混结构及底框上砖房结构的抗震分析验算,计算现浇楼板的内力和配筋并画出板配筋图,绘制出框架、框剪、剪力墙及砖混结构的结构平面图,以及砖混结构的圈梁、构造柱节点大样图。

(2) 钢筋混凝土框排架及连续梁结构计算与施工图绘制软件 PK。该软件采用二维内力计算模型,可进行平面框架、排架及框排架结构的内力分析和配筋计算(包括抗震验算及梁裂缝宽度计算),并完成施工图辅助设计工作。接力多高层三维分析软件 TAT,SATWE,PM-SAP 计算结果及砖混底框、框支梁计算结果,为用户提供四种方式绘制梁、柱施工图。能根据规范及构造手册要求自动进行构造钢筋配置。该软件计算所需的数据文件可由 PMCAD 自动生成,也可通过交互方式直接输入。

(3) 多高层建筑结构三维分析软件 TAT。TAT 程序采用三维空间薄壁杆系模型,计算速度快,硬盘要求小,适用于分析、设计结构竖向质量和刚度变化不大,剪力墙平面和竖向变化不复杂,荷载基本均匀的框架、框剪、剪力墙及筒体结构(事实上大多数实际工程都在此范围内),它不但可以计算多种结构形式的钢筋混凝土高层建筑,还可以计算钢结构以及钢-混凝土混合结构。

TAT 可与动力时程分析程序 TAT-D 接力运行进行动力时程分析,并可以按时程分析的结果计算结构的内力和配筋;对于框支剪力墙结构或转换层结构,可以自动与 FEQ 接力运行,其数据可以自动生成,也可以人工填表,并可指定截面配筋。TAT 所需的几何信息和荷载信息都从 PMCAD 建立的建筑模型中自动提取生成,TAT 计算完成后,可经全楼归并接力 PK 绘制梁、柱施工图,接力 JLQ 绘制剪力墙施工图,并可为各类基础设计软件提供设计荷载。

(4) 多高层建筑结构空间有限元分析软件 SATWE。SATWE 采用空间杆单元模拟梁、柱及支撑等杆件,采用在壳元基础上凝聚而成的墙元模拟剪力墙。对楼板则给出了多种简化方式,可根据结构的具体形式高效准确地考虑楼板刚度的影响。它可用于各种结构形式的分析、设计。但当结构布置较规则时,TAT 甚至 PK 即能满足工程精度要求,因此采用相对简单的软件效率更高。但对结构的荷载分布有较大不均匀、存在框支剪力墙、剪力墙布置变化较大、剪力墙墙肢间连接复杂、有较多长而短矮的剪力墙肢、楼板局部开大洞及特殊楼板等各种复杂的结构,则应选用 SATWE 进行结构分析才能得到满意的结果。SATWE 所需的几何信息和荷载信息都从 PMCAD 建立的建筑模型中自动提取生成,SATWE 计算完成后,可经全楼归并接力 PK 绘制梁、柱施工图,接力 JLQ 绘制剪力墙施工图,并可为各类基础设计软件提供设计荷载。

(5)高层建筑结构动力时程分析软件 TAT-D。TAT-D 可根据输入的地震波对高层建筑结构进行任意方向的弹性动力时程分析,并提供四种动力分析结果,用于二阶段抗震补充设计,本程序可与 TAT 或 SATWE 接力运行,程序提供了 29 条各类场地地震波,也可由用户自己输入特殊地震波。

(6)高精度平面有限元框支剪力墙计算及配筋软件 FEQ。FEQ 可对高层建筑中的框支托梁作补充计算。采用高精度平面有限元方法计算托梁各点的应力和内力,并按规范要求作内力组合及配筋计算,同时可计算墙体与托梁连接处的加强筋。该程序中还包括了转换层厚板有限元分析计算,可自动划分单元,接力 TAT 上层荷载计算厚板的内力和配筋。

(7)楼梯计算机辅助设计软件 LTCAD。LTCAD 采用交互方式布置楼梯或直接与 APM 或 PMCAD 接口读入数据,适用于一跑、二跑、多跑等各种类型楼梯的辅助设计,完成楼梯内力与配筋计算及施工图设计,对异形楼梯还有图形编辑下拉菜单。

(8)剪力墙结构计算机辅助设计软件 JLQ。JLQ 可进行剪力墙平面模板尺寸,墙分布筋,边框柱、端柱、暗柱、墙梁配筋等内容的设计,并提供两种图纸表达方式供选用,第一种是剪力墙结构平面图、节点大样图与墙梁钢筋表达方式;第二种是剪力墙立面图和剖面大样图方式。

(9)钢筋混凝土基本构件设计计算软件 GJ。GJ 可进行各种普通钢筋混凝土独立构件的配筋计算、承载力计算、抗震设计计算、裂缝宽度、刚度及挠度计算。

(10)基础(独立基础、条基、桩基、筏基)CAD 软件 JCCAD。JCCAD 包括了老版本中的 JCCAD,EF,ZJ 三个软件,可完成柱下独立基础,砖混结构墙下条形基础,正交、非正交及弧形弹性地基梁式、梁板式、墙下筏板式、柱下平板式和梁式与梁板式混合形基础及与桩有关的各种基础的结构计算和施工图设计。

(11)箱形基础计算机辅助设计软件 BOX。BOX 可对三层以内任意不规则形状的箱形基础进行结构计算和五级、六级人防设计计算,并可绘制出结构施工图。

(12)钢结构 CAD 软件 STS。STS 可进行钢结构的模型输入、截面优化、结构分析和构件验算,节点设计和施工图设计。

由于篇幅所限,本书重点选择常用的 PMCAD,PK,TAT,SATWE 及 JCCAD 几部分软件进行功能讲解及操作说明。

1.4 PKPM 的基本工作方式

1.4.1 PKPM 的安装

将 PKPM 的程序光盘放入光盘驱动器中后,就自动启动光盘安装程序。首先要指定 PKPM 程序的安装目录,如图 1.2 所示。

接下来,选择要安装的专业模块。可以选择"安装单机版全部软件",这时计算机应有不小于 400MB 的硬盘空间。如图 1.3 所示。

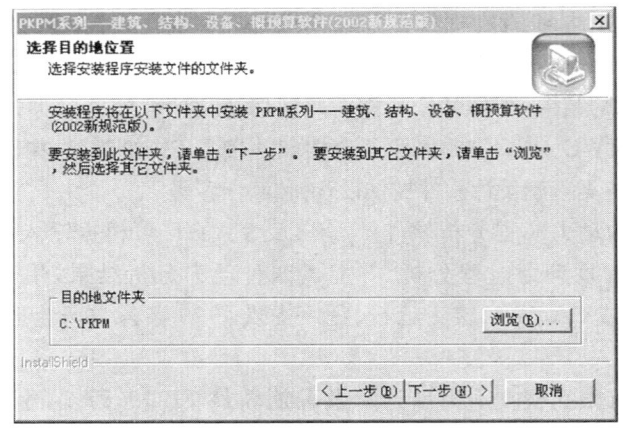

图 1.2　指定安装目录

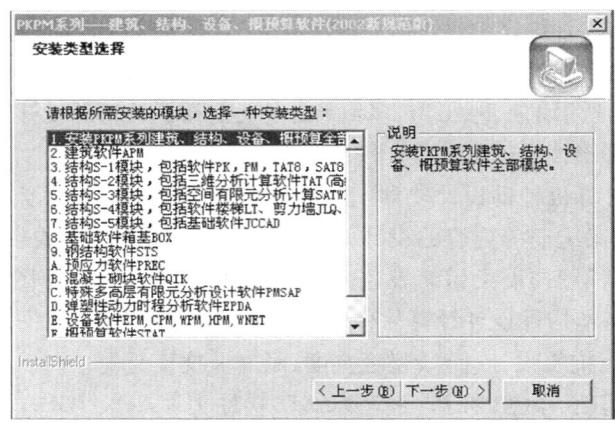

图 1.3　选择"安装单机版全部软件"

也可以选择分项目安装，这时应点取要安装的单个软件。如只安装结构专业下的 S-1 模块，则如图 1.4 所示选取。

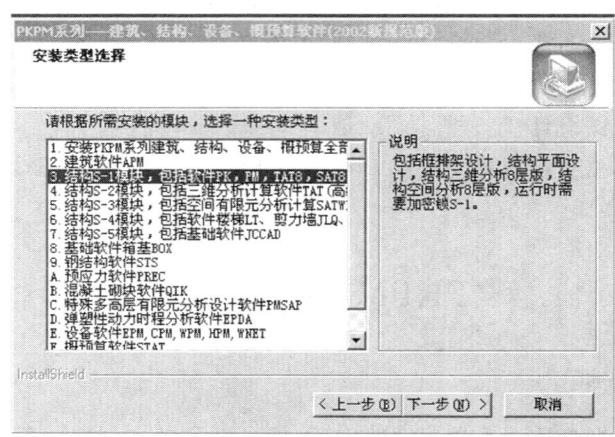

图 1.4　选择"安装 S-1 模块软件"

继续按屏幕提示操作即可实现安装,安装完毕后,桌面上出现 PKPM 快捷方式图标。双击 PKPM 快捷方式图标,即可进入 PKPM 主界面。

📖 提示

若要运行某软件,必须预先将加密锁插在计算机上,新的加密锁采用 USB 接口,方便开机状态下插拔。

1.4.2 PKPM 的工作界面

启动相应软件后,程序将屏幕划分为右侧的菜单区,上侧的下拉菜单区,下侧的命令提示区和中部的图形显示区和工具栏图标五个区域。如图 1.5 所示是启动 PK 软件后的工作界面。

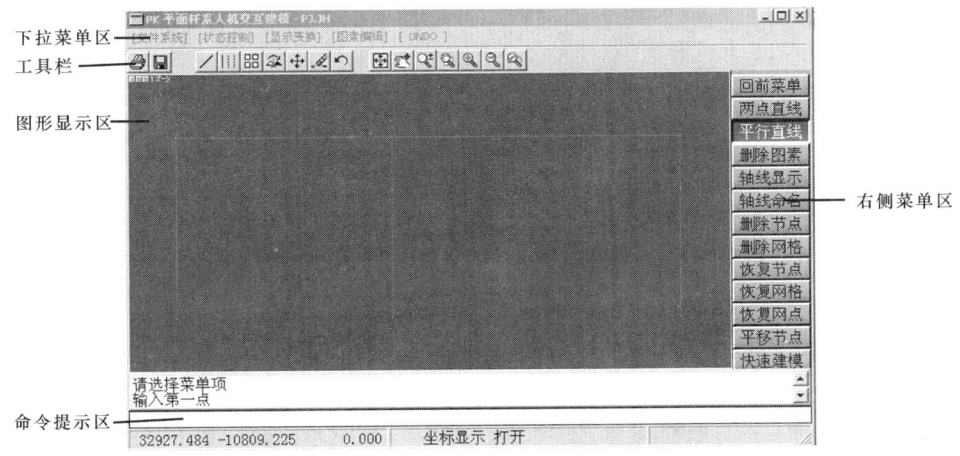

图 1.5 PK 工作界面

(1)下拉菜单。当启动不同的软件,PKPM 的下拉菜单的组成内容也略有不同,但都是由文件、显示、工作状态管理及图素编辑等工具组成。

这些菜单是由名为 WORK.DGM 的文件支持的,这个文件一般安装在 PM 目录下,如果进入程序后下拉菜单无法激活,应把该文件拷入用户当前的工作目录中。单击任一主菜单,便可以得到它的一系列的子菜单。

(2)右侧菜单。右侧菜单区是快捷菜单,可以提供对某些命令的快速执行。

右侧菜单区是由名为 WORK.MNU 的菜单文件支持的,这个文件一般安装在 PM 目录中,如果进入程序后右侧菜单区空白,应把该文件拷入用户当前的工作目录中。

(3)命令提示区。在屏幕下侧是命令提示区,一些数据、选择和命令可以由键盘在此输入,如果用户熟悉命令名,可以在"输入命令"的提示下直接敲入一个命令而不必使用菜单。所有菜单内容均有与之对应的命令名,这些命令名是由名为 WORK.ALI 的文件支持的,这个文件一般安装在 PM 目录中,用户可把该文件拷入用户当前的工作目录中自行编辑以自定义简化命令。

在"命令"提示下键入"Alias",再按 Enter 键确认,或"Command",再按 Enter 键确认,可查阅所有命令,并可选择执行。

(4)图形显示区。PKPM 界面上最大的空白窗口便是绘图区,是用来建模和操作的地方。可以利用图形显示及观察命令,对视图在绘图区内进行移动和缩放等操作。

(5) 工具栏图标。PKPM界面上也有与AutoCAD中相似的工具栏图标,它主要包括一些常用的图形编辑、显示等命令,可以方便视图的编辑和观察操作。

1.4.3　PKPM的坐标输入方式

为方便坐标输入,PKPM也提供了多种坐标输入方式,如绝对、相对、直角或极坐标方式,各方式输入形式如下。

绝对直角坐标输入:！X,Y,Z 或！X,Y

相对直角坐标输入:X,Y,Z 或 X,Y

直角坐标过滤输入以XYZ字母加数字表示,如:X100 表示只输入X坐标100,Y和Z坐标不变。XY100,200 表示只输入X坐标100,Y坐标200,Z坐标不变。只输入XYZ不加数字表示XYZ坐标均取上次输入值。

绝对极坐标输入:！R＜A

相对极坐标输入:R＜A

绝对柱坐标输入:！R＜A,Z

相对柱坐标输入:R＜A,Z

绝对球坐标输入:！R＜A＜A

相对球坐标输入:R＜A＜A

📖提示

极坐标、柱坐标和球坐标不能过滤输入。

输入坐标时,几种方式最好配合使用。例如,欲输入一条直线,第一点由绝对坐标(100,200)确定,在"输入第一点"的提示下在提示区键入"！100,200",并按Enter键确认。第二点坐标希望用相对极坐标输入,该点位于第一点30°方向,距离第一点1000。这时屏幕上出现的是要求输入第二点的绝对坐标,我们输入"1000＜30",并按Enter键确认,即完成第二点输入。

1.4.4　PKPM常用快捷键

以下是PKPM中常用的功能热键,用于快速查询输入。

＊鼠标左键:键盘[Enter],用于确认、输入等

＊鼠标中键:键盘[Tab],用于功能转换,在绘图时为输入参考点

＊鼠标右键:键盘[Esc],用于否定、放弃、返回菜单等

以下提及[Enter],[Tab]和[Del],[Esc]时,也即表示鼠标的左键、中键和右键,而不再单独说明鼠标键。

[F1]:帮助热键,提供必要的帮助信息

[F2]:坐标显示开关,交替控制光标的坐标值是否显示

[Ctrl]+[F2]:点网显示开关,交替控制点网是否在屏幕背景上显示

＊[F3]:点网捕捉开关,交替控制点网捕捉方式是否打开

[Ctrl]+[F3]:节点捕捉开关,交替控制节点捕捉方式是否打开

＊[F4]:角度捕捉开关,交替控制角度捕捉方式是否打开

[Ctrl]+[F4]:十字准线显示开关,可以打开或关闭十字准线

[F5]:重新显示当前图、刷新修改结果

[F6]:显示全图,从缩放状态回到全图

[F7]:放大一倍显示

[F8]:缩小一倍显示

[Ctrl]+W:提示用户选窗口放大图形

[Ctrl]+R:将当前视图设为全图

*[F9]:设置点网捕捉值

[Ctrl]+[F9]:修改常用角度和距离数据

[Ctrl]+[←]:左移显示的图形

[Ctrl]+[→]:右移显示的图形

[Ctrl]+[↑]:上移显示的图形

[Ctrl]+[↓]:下移显示的图形

[←]:使光标左移一步

[→]:使光标右移一步

[↑]:使光标上移一步

[↓]:使光标下移一步

[Ins]:在绘图时,由键盘键入光标的(x,y,z)坐标值

[PageUp]:增加键盘移动光标时的步长

[PageDown]:减少键盘移动光标时的步长

[O]:在绘图时,令当前光标位置为点网转动基点

*[U]:在绘图时,后退一步操作

[S]:在绘图时,选择节点捕捉方式

[Ctrl]+A:当重显过程较慢时,中断重显过程

[Ctrl]+P:打印或绘出当前屏幕上的图形

提示

有*标记表示该键较为常用。

以上这些热键不仅在人机交互建模菜单中起作用,在其他图形状态下也起作用。

第 2 章　结构平面计算机辅助设计软件 PMCAD

PMCAD 是 PKPM 系列 CAD 软件的基本组成模块之一,它采用人机交互方式,引导用户逐层地布置各层平面和各层楼面,并具有较强的荷载统计和传导计算功能,可方便地建立整栋建筑的数据结构。

由于 PMCAD 建立了整栋建筑的数据结构,使得 PMCAD 成为 PKPM 系列结构设计各软件的核心,为功能设计提供数据接口。PMCAD 是三维建筑设计软件 APM 与结构设计 CAD 相连接的必要接口。因此,它在整个系统中起到承前启后的重要作用。

2.1　PMCAD 的基本功能

PMCAD 可实现的基本功能汇总如表 2.1 所示。

表 2.1　　　　　　　　　　PMCAD 基本功能

基本功能	功能说明
人机交互建立全楼结构模型	人机交互方式引导用户在屏幕上逐层布置柱、梁、墙、洞口、楼板等结构构件,快速搭起全楼的结构构架
自动导算荷载建立恒活荷载库	①引导用户人机交互地输入或修改各房间楼面荷载、主梁荷载、次梁荷载、墙间荷载、节点荷载及柱间荷载,并方便用户使用复制、拷贝、反复修改等功能; ②可分类详细输出各类荷载,也可综合叠加输出各类荷载; ③计算次梁、主梁及承重墙的自重; ④对于用户给出的楼面恒、活荷载,程序自动进行楼板到次梁、次梁到框架梁或承重墙的分析计算,所有次梁传到主梁的支座反力、各梁到梁、各梁到节点、各梁到柱传递的力均通过平面交叉梁系计算求得
为各种计算模型提供计算所需数据文件	①形成 PK 按平面杆系或连续梁计算所需的数据文件; ②为三维空间杆系薄壁柱程序 TAT 提供计算数据文件接口; ③为空间有限元壳元计算程序 SATWE 提供数据文件接口; ④为基础设计 CAD 模块提供底层结构布置与轴线网格布置,还提供上部结构传来的恒、活荷载
为上部结构各绘图 CAD 模块提供结构构件的精确尺寸	如梁柱总图的截面、跨度、挑梁、次梁、轴线号、偏心等,剪力墙的平面与立面模板尺寸,楼梯间布置等
现浇钢筋混凝土楼板结构计算与配筋设计及结构平面施工图辅助设计	①楼板配筋图;②自动绘制梁、柱、墙和门窗洞口,柱可为十多种异形柱;③标注轴线,包括弧轴线;④标注尺寸,可对截面尺寸自动标注;⑤标注字符;⑥写中文说明;⑦画预制楼板;⑧对图面不同内容的图层管理,可对任意图层作开闭和删除操作;⑨绘制各种线型图素,任意标注字符;⑩图形的编辑、缩放、修改,如删除、拖动、复制等
砌体结构辅助设计功能	可进行砌体结构和底框上砖房结构的抗震计算及受压、高厚比、局部承压计算,并可自动生成圈梁及构造柱大样并进行分类归并
统计结构工程量	统计工程量,并可以表格形式输出

2.2　PMCAD 的适用范围

PMCAD 适用于任意平面形式结构模型的创建。平面网格可以正交，也可斜交成复杂体形平面，并可处理弧墙、弧梁、圆柱、各类偏心、转角等。适用条件如下：

(1) 层数≤99；
(2) 结构标准层和荷载标准层各≤99；
(3) 正交网格时，横向网格、纵向网格各≤100；
　　斜交网格时，网格线条数≤2000；
(4) 网格节点总数≤5000；
(5) 标准柱截面≤100；
　　标准梁截面≤40；
　　标准洞口≤100；
(6) 每层柱根数≤1500；
　　每层梁根数(不包括次梁)、墙数各≤1800；
　　每层房间总数≤900；
　　每层次梁总根数≤600；
　　每个房间周围最多可以容纳的梁墙数＜150；
　　每个节点周围不重叠的梁墙根数≤6。

提示

两节点之间最多安置一个洞口。需安置两个时，应在两洞口间增设一网格线与节点。

结构平面上房间数量的编号是由软件自动作出的，软件将由墙或梁围成的一个个平面闭合体自动编成房间，房间用来作为输入楼面上的次梁、预制板、洞口和导荷载、画图的一个基本单元。

次梁是指在房间内布置且在执行 PMCAD 主菜单 2 的"次梁输入"时输入的梁，不论在矩形房间或非矩形房间均可输入次梁。若房间内的梁在执行主菜单 1 时输入，程序将该梁当作主梁处理。一般来说用户在操作时应该把一般的次梁在主菜单 2 时输入，否则会有过多的无柱节点将主梁分隔过细，或造成梁根数和节点个数过多而超界，或造成每层房间数量超过 900 而使程序无法运行。当工程规模较大而节点、杆件或房间数超界时，把主梁当作次梁输入，可有效地大幅度减少节点杆件房间的数量。对于弧形梁，因主菜单 2 无法输入弧形次梁，可把它作为主梁输入。

PMCAD 中输入的墙应是结构承重墙或抗侧力墙，框架填充墙不应当作墙输入，它的质量可作为外加荷载输入，否则将不能形成框架荷载。

平面布置时，应避免大房间内套小房间的布置，否则会在荷载导算或统计材料时重叠计算，可在大小房间之间用虚梁(截面为 100mm×100mm 的梁)连接，将大房间切割。

2.3　PMCAD 基本工作方式说明

在正式学习使用 PMCAD 前，首先要了解 PMCAD 的基本工作方式。本节将对 PMCAD 的操作过程、PMCAD 文件管理及 PMCAD 常用快捷键等基本工作方式进行介绍。

2.3.1 PMCAD 的操作过程

双击 PKPM 快捷方式,进入 PKPM 主菜单后,选择"结构"模块,并选中菜单左侧的"PM-CAD",使其变成蓝色,菜单右侧此时将显示 PMCAD 主菜单,如图 2.1 所示。

图 2.1　PMCAD 主菜单

从图 2.1 可见,主菜单包含了 11 项内容,分别为:

主菜单 1:PM 交互式数据输入;
主菜单 2:输入次梁楼板;
主菜单 3:输入荷载信息;
主菜单 4:形成 PK 文件;
主菜单 5:画结构平面图;
主菜单 6:砖混节点大样;
主菜单 7:统计工程量;
主菜单 8:砖混结构抗震及其他计算;
主菜单 9:图形编辑、打印及转换;
主菜单 C:平面荷载显示校核;
主菜单 D:结构三维线框透视图。

📖提示

在上述各菜单项中,各主菜单可以移动光标单击,也可键入菜单前数字或字符单击。其中,主菜单 1—3 项是输入各类数据,4—9 项和 C,D 项是完成各项功能,用户需运行哪一项功能,只要键入该功能提示前的数字或字符后单击"应用"即可。

进行任一项工程设计,均应建立该项工程专用的工作子目录,子目录名称可根据用户需要任意设定,进入该子目录后,首先应顺序执行主菜单 1,2,3 项,这样可建立该项工程的整体数据结构,以后则可按任意顺序执行主菜单的其他项。

2.3.2 PMCAD 的文件管理

1. PMCAD 的文件创建与打开

PMCAD 软件的文件创建与打开方式与 AutoCAD 有所不同。具体操作方法如下:

（1）设置好工作目录，并启动 PMCAD。

（2）在屏幕显示："请输入文件名"下，此时，输入要建立的新文件或要打开的旧文件的名称，如输入"Fram"，然后按 Enter 键确认。

（3）屏幕接着显示"旧文件/新文件(1/0)："，此时若输入"1"，表示打开已存在的文件，输入"0"，则 PMCAD 开始创建新文件。

📖 提示

在 PKPM 软件的使用中，有一点必须要注意，那就是每个工程必须存放在独立的工作目录下。否则，最新建模生成的某些文件就会将先前工程建模时所产生的同名文件覆盖掉。因此，建模之前，我们首先要指定工程的工作目录。可直接在当前工作目录框中输入，也可通过单击右下角"改变目录"按钮进行选择，如图 2.2 所示。

2. PMCAD 的文件组成

一个工程的数据结构，是由若干带后缀.PM 的有格式或无格式文件组成。

在主菜单 1：交互式数据输入项执行后，形成该项工程名称加后缀的若干文件。

在主菜单 2,3 等执行完毕后，形成若干*.PM 文件，如主菜单 2 将生成 LAYDATN.PM，TATDAl.PM，主菜单 3 将生成 DAT?.PM 文件。若把上述文件拷出再拷入另一机器的工作子目录，就可在另一机器上恢复原有工程的数据结构。

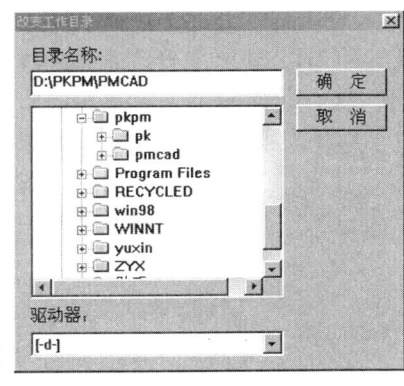

图 2.2　改变工作目录对话框

📖 提示

使用 PKPM 主菜单左下角处的【文件存取管理】按钮，可实现自动数据打包功能。即根据用户挑选的要保存的文件类型自动挑选出该类型的文件，经用户确认后按 WinZip 格式压缩打包，压缩文件也保存在当前工作目录下。用户可方便地将其拷贝、保存到其他地方。

主菜单 1—3 执行完毕后，若修改了数据文件，应再从主菜单 1 起重新顺序执行，当结构布置与楼面布置作了局部改动时，主菜单 2 的内容仍可保留，按非第一次输入操作。

2.3.3　PMCAD 常用快捷键

以下是 PKPM 中常用的功能热键，用于快速查询输入。

*鼠标左键：键盘 Enter，用于确认、输入等

*鼠标中键：键盘 Tab，用于功能转换，在绘图时为输入参考点

*鼠标右键：键盘 Esc，用于否定、放弃、返回菜单等

📖 提示

以下提及 Enter，Tab 和 Del，Esc 时也即表示鼠标的左键、中键和右键，而不再单独说明鼠标键。

〔F1〕：帮助热键，提供必要的帮助信息

〔F2〕：坐标显示开关，交替控制光标的坐标值是否显示

〔Ctrl〕+〔F2〕：点网显示开关，交替控制点网是否在屏幕背景上显示

*〔F3〕：点网捕捉开关，交替控制点网捕捉方式是否打开

[Ctrl]+[F3]:节点捕捉开关,交替控制节点捕捉方式是否打开

*[F4]:角度捕捉开关,交替控制角度捕捉方式是否打开

[Ctrl]+[F4]:十字准线显示开关,可以打开或关闭十字准线

[F5]重新显示当前图、刷新修改结果

[Ctrl]+[F5]恢复上次显示

[F6]:充满显示

[F7]:放大一倍显示

[F8]:缩小一倍显示

[Ctrl]+W:提示用户窗选放大图形

[Ctrl]+R:将当前视图设为全图

*[F9]:设置点网捕捉值

[Ctrl]+[F9]:修改常用角度和距离数据

[Ctrl]+[←]:左移显示的图形

[Ctrl]+[→]:右移显示的图形

[Ctrl]+[↑]:上移显示的图形

[Ctrl]+[↓]:下移显示的图形

[←]:使光标左移一步

[→]:使光标右移一步

[↑]:使光标上移一步

[↓]:使光标下移一步

[PageUp]:增加键盘移动光标时的步长

[PageDown]:减少键盘移动光标时的步长

[O]:在绘图时,令当前光标位置为点网转动基点

[S]:在绘图时,选择节点捕捉方式

[Ctrl]+A:当重显过程较慢时,中断重显过程

[Ctrl]+P:打印或绘出当前屏幕上的图形

*[U]:在绘图时,后退一步操作

*[Ins]:在绘图时,由键盘键入光标的(x,y,z)坐标值

📖 提示

有*标记表示该键较为常用。

以上这些热键不仅在人机交互建模菜单起作用,在其他图形状态下也起作用。

2.4 PMCAD 主菜单 1 PM 交互式数据输入

PMCAD 交互式数据输入是 PMCAD 操作中最重要的一步。在此步中,将完成各层的轴线输入,网格生成,构件、楼层和荷载的定义以及楼层组装、设计参数修改等工作,PMCAD 主菜单 1 如图 2.3 所示。

对于新建文件,用户应依次执行各菜单项。对于旧文件,用户可根据需要直接进入某项菜单。完成后切勿忘记保存文件,否则输入的数据将部分或全部放弃。

📖 提示

程序所输的尺寸单位全部为毫米(mm)。

2.4.1 轴线输入

"轴线输入"菜单是整个交互输入程序最为重要的一环,只有在此绘制出准确的轴线才能为以后的布置工作打下良好的基础。

选择"轴线输入"菜单,将弹出图 2.4 所示下拉菜单。各菜单项配合各种捕捉工具、热键和下拉菜单中的各项工具,构成了一个小型绘图系统,用于绘制各种形式的轴线。

(1)节点。用于直接绘制白色节点,供以节点定位的构件使用,绘制是单个进行的,如果需要成批输入可以使用图编辑菜单进行复制。

图 2.3 PMCAD 主菜单 1:
交互式数据输入流程

(2)两点直线。用于在任意指定的两点间绘制直轴线。

实例 2.1 利用"两点直线"命令绘制一条轴线。

① 选择"轴线输入"|"两点直线"。

② 在"输入第一点"提示下,用鼠标在屏幕上任一点处单击即输入第一点。

③ 然后在提示栏出现的"输入下一点"提示下,输入"0,4500",即在屏幕上绘制了一条垂直直线,如图 2.5 所示。

(3)平行直线。适用于绘制一组平行的直轴线。

实例 2.2 利用"平行直线"命令绘制轴线。

① 选择"轴线输入"|"平行直线"。

② 在"输入第一点"提示下,用鼠标在屏幕左下角任一点处单击。

③ 在"输入下一点"提示下,直接在提示区输入"0,14100",屏幕上出现一条红色轴线。

④ 在"复制间距,(次数)累计距离"提示下,输入"5000,6",然后按 Enter 键。屏幕上出现了 7 条间距为 5000 的红色平行直线,显示如图 2.6 所示。

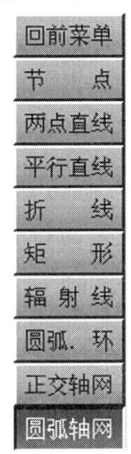

图 2.4 "轴线输入"
下拉菜单

⑤ 按 Esc 键,结束该方向平行直线绘制。

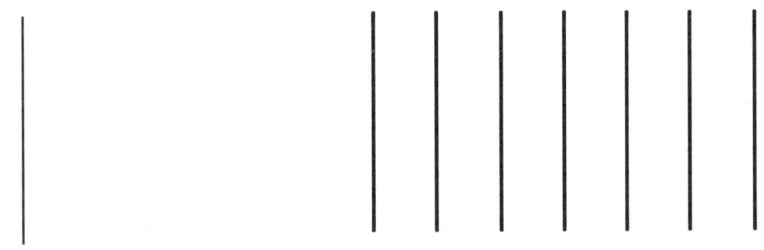

图 2.5 两点直线　　　　　　图 2.6 竖向平行直线绘制

⑥ 继续提示:"输入第一点",用鼠标单击最左下角直线端点。

⑦ 在"输入下一点"提示下,用鼠标单击最右下角直线端点,屏幕上出现一条红色的水平直线。

⑧ 在"复制间距,(次数)累计距离"提示下,输入"6000",然后按 Enter 键。

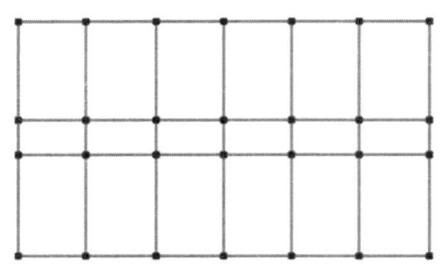

图 2.7 平行直线绘制轴网

⑨ 在"复制间距,(次数)累计距离"提示下,输入"2100",然后按 Enter 键。

⑩ 在"复制间距,(次数)累计距离"提示下,输入"6000",然后按 Enter 键。并连续两次按 Esc 键退出平行直线绘制状态。形成如图 2.7 所示轴网。

提示

间距值的正负决定了复制的方向,以上、右为正。

(4) 折线。用于绘制连续首尾相接的直轴线和弧轴线,按 Esc 可以结束一条折线,输入另一条折线或切换为切向圆弧。

(5) 矩形。适用于绘制一个与 x,y 轴平行的,闭合矩形轴线,它只需要两个对角的坐标,因此它比用折线绘制的同样轴线更快捷。

(6) 辐射线。适用于绘制一组辐射状直轴线。

实例 2.3 利用"辐射线"命令绘制轴线。

① 选择"轴线输入"|"辐射线"。

② 在"输入旋转中心点"提示下,单击图形显示区上方一点。

③ 在"输入第一点"提示下,输入"6 000<-40",代表第一点与旋转中心点距离 6 000,角度为逆时针旋转 40°。

④ 在"输入第二点"提示下,输入"12 600<-40",代表第二点与旋转中心点距离 12 600,角度为逆时针旋转 40°。此时屏幕上出现一条红色轴线。

⑤ 在"输入复制角度增量,次数"提示下,输入"-20,5",代表向逆时针以 20°增量,复制 5 次,形成图 2.8 所示图形。

⑥ 按两次 Esc 键结束操作。

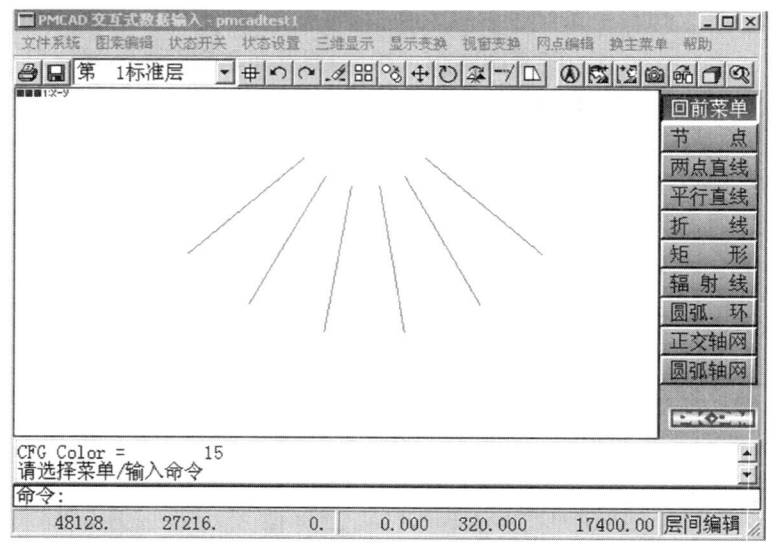

图 2.8 辐射轴线绘制

(7) 圆弧、环。若选择"圆弧、环"菜单将弹出下一级菜单,如图 2.9 所示。现对各菜单的用途与用法说明如下。

① 圆环。适用于绘制一组实心闭合同心圆环轴线。

输入圆心和半径绘制第一个圆→输入复制间距和次数绘制同心圆，以"半径增加方向为正"→在继续提示输入新的复制间距、次数时可以分别按不同间距连续复制→或按 Esc 键退出本圆环绘制，开始新的圆环绘制，结束命令再次按 Esc 键。

② 圆弧。适用于绘制一组同心圆弧轴线。

输入圆弧圆心→输入圆弧半径，起始角→输入终止角，完成第一个圆弧的创建→输入复制间距和次数绘制同心圆弧。

③ 三点圆弧。适用于绘制一组同心圆弧轴线。

按起始点、终止点、中间点的次序输入第一个圆弧轴线→输入复制间距和次数绘制同心圆弧。

图 2.9 "圆弧、环"下拉菜单

实例 2.4 接图 2.8 利用"三点圆弧"命令绘制轴线。

① 选择"轴线输入"|"圆弧、环"|"三点圆弧"。
② 在"输入圆弧起始点"提示下，鼠标捕捉最左边轴线上端点。
③ 在"输入圆弧中间点或终止点"提示下，鼠标捕捉最右边轴线上端点。
④ 在"输入圆弧中间点"提示下，鼠标捕捉中间任一轴线上端点，形成图 2.10。

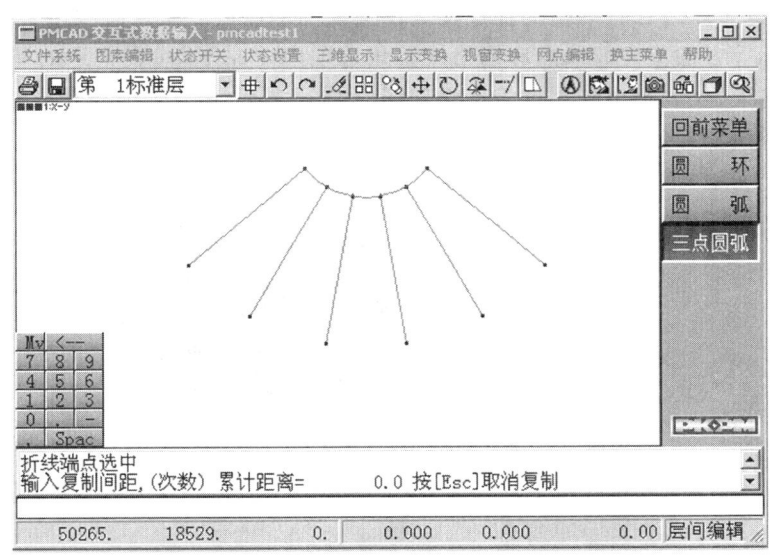

图 2.10 圆弧轴线绘制

⑤ 在"输入复制间距，次数"提示下，输入"5400,1"或直接输入"5400"，代表在半径增加方向上 5400 处，复制 1 次，按 Enter 键。
⑥ 在"输入复制间距，次数"提示下，输入"1800"，按 Enter 键。
⑦ 在"输入复制间距，次数"提示下，输入"5400"，按 Enter 键。
⑧ 按两次 Esc 键结束操作。形成图 2.11 所示图形。

（8）正交轴网。"正交轴网"和"圆弧轴网"可不通过屏幕画图方式，而是参数定义方式形成平面正交轴线或圆弧轴网。如图 2.12 所示。

"正交轴网"是通过定义开间和定义进深形成正交网格，定义开间是输入横向从左到右连

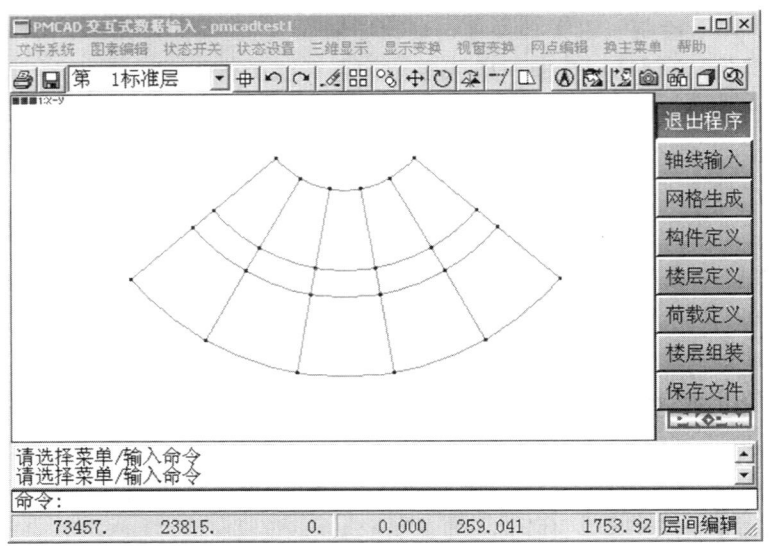

图 2.11 圆弧轴线绘制

续的各跨跨度,定义进深是输入竖向从下到上各跨跨度,跨度数据可用光标从屏幕上已有的常见数据中挑选,或用键盘输入。可移动光标将该正交轴网布置在平面上任意位置,也可输入轴线的倾斜角度,也可以与已有网格捕捉连接。正交轴网基点可以从现有网格中捕捉,也可由用户通过输入坐标等方法指定。基点和网格旋转角选项中,"左下"代表指定的基点为正交轴网的左下角点,"右下"代表指定的基点为正交轴网的右下角点,其他选项与其类似。轴线的倾斜角度可以在右下角输入框中输入,也可通过已知两点确定轴线的倾斜角度。

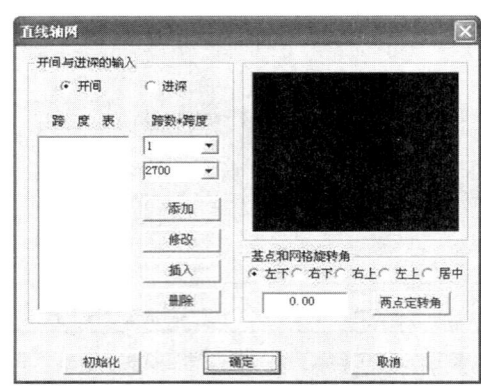

图 2.12 "直线轴网"设置对话框

实例 2.5 利用"正交轴网"命令绘制轴线。

① 选择开间单选框。

② 在"跨数×跨度"栏依次填入"2×4500","2×3000","1×4500",每次填入后单击"添加"按钮。

③ 选择进深单选框。

④ 在"跨数×跨度"栏依次填入"1×2500","1×2000","1×4500",每次填入后单击"添加"按钮。

⑤ 单击"确定"按钮。

⑥ 在"输入插入点"提示下,输入"！0,0",并按 Enter 键,完成图 2.13 所示正交轴网绘制。

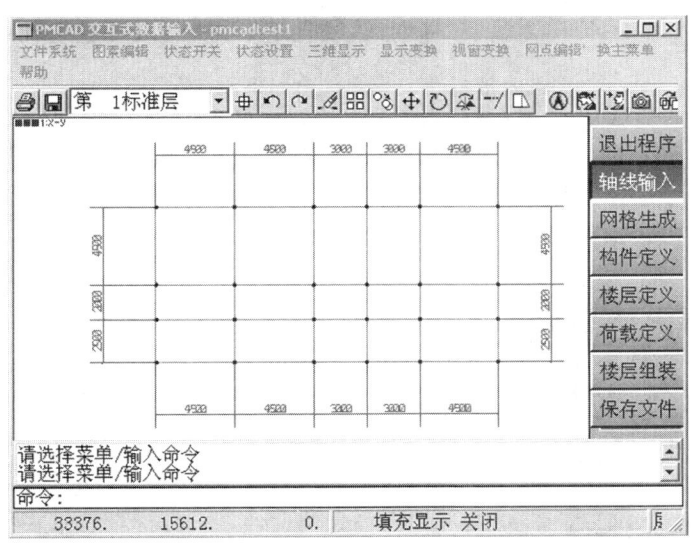

图 2.13 "正交轴网"绘制实例

(9) 圆弧轴网。"圆弧轴网"同"正交轴网"操作相似。"圆弧轴网"的开间是指轴线展开角度,进深是指沿半径方向的跨度,单击轴网输入后再输入该圆弧轴网的内半径。设置形成的轴网如图 2.14 预览窗口中所示。

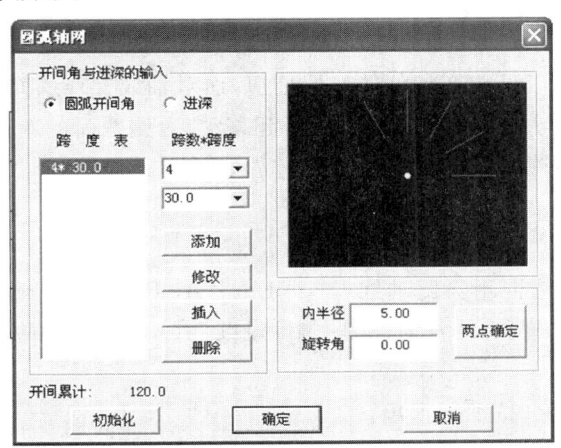

图 2.14 "圆弧轴网"设置实例

提示
当轴线形成完毕后,在所有轴线相交处及轴线本身的端点、圆弧的圆心都产生一个白色的"节点",将轴线划分为"网格"与"节点"的过程是在程序内部适时自动进行的。

2.4.2 网格生成

"网格生成"是程序自动将绘制的定位轴线分割为网格和节点。凡是轴线相交处都会产生一个节点,轴线线段的起止点也作为节点。这里用户可对程序自动分割所产生的网格和节点进行进一步的修改、审核和测试。网格确定后即可以给轴线命名。

选择"网格生成"菜单,将弹出图 2.15 所示下拉菜单。

(1) 轴线显示。是一条开关命令,通过"轴线显示"可以画出各建筑轴线并标注各跨尺寸和轴线号。

(2) 形成网点。可将用户输入的几何线条转变成楼层布置需用的白色节点和红色网格线。并显示轴线与网点的总数。这项功能在输入轴线后自动执行,一般不必专门执行此菜单。

(3) 网点编辑。选择"网点编辑"菜单项,将又弹出下一级菜单,如图 2.16 所示。

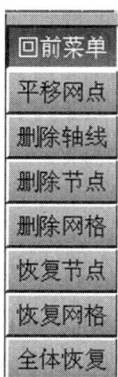

图 2.15 "网格生成"下拉菜单　　图 2.16 "网点编辑"下拉菜单

① "平移网点"。可以不改变构件的布置情况,而对轴线、节点、间距进行调整。对于与圆弧有关的节点应使所有与该圆弧有关的节点一起移动,否则圆弧的新位置无法确定。

② "删除轴线"。删除轴线的命名。操作过程如下:

选择"删除轴线";

在"用光标选择轴线"提示下选择轴线;

在"轴线选中,确认是否删除此轴线?(Y[Ent]/A[Tab]/N[Esc])"提示下,输入相应字母确认,即可将该轴线名删除,需注意的是"删除轴线"并不是将该轴线从图中删除而仅是删除轴线命名。

继续提示轴线名删除,按 Esc 退出。

③ "删除节点"和"删除网格"。是在形成网点图后对节点、网格进行删除的菜单,删除节点过程中若节点已被布置的墙线、梁线挡住,可选择下拉菜单中的"填充开关"项使墙线、梁线变为非填充状态。节点的删除将导致与之联系的网格也被删除。

④ "恢复节点"、"恢复网格"。选择某些节点或网格进行恢复。

⑤ "全部恢复"。将被删除的网格和节点全部进行恢复。

实例 2.6 利用"删除网格"命令接图 2.13 绘制图 2.17 网格。

① 选择"网点编辑"|"删除网格"。

② 在"用光标选择目标"提示下,选择 B 轴在①—②轴,②—③轴,③—④轴,⑤—⑥轴之间网格。

③ 按 Esc 键,形成图 2.17 所示网格。

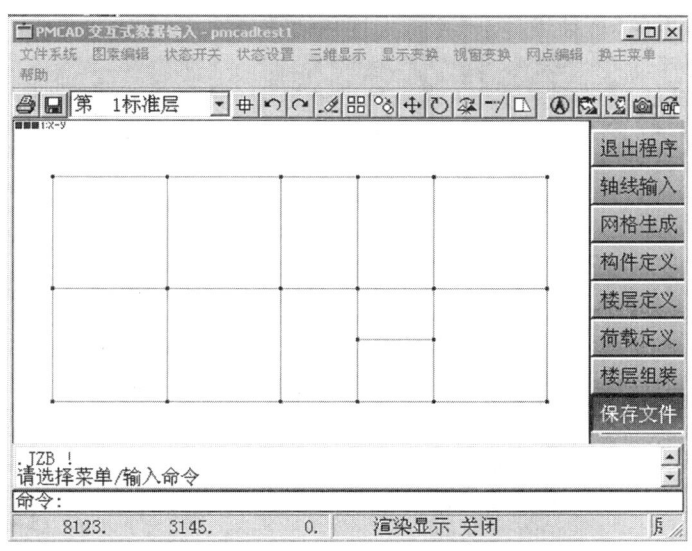

图 2.17　网格形成

（4）轴线命名。用于为轴线起名称，PMCAD 中提供了"逐根输入轴线名"和"成批输入轴线名"两种轴线命名方式。

① 逐根输入轴线名。——单击每根网格，为其所在的轴线命名。

② 成批输入轴线名。对于平行的直轴线可以按 Tab 键切换到"成批输入轴线"方式。单击"轴线命名"，程序会提示"请用光标选择轴线（[Tab]成批输入）"，按[Tab]键进行成批输入，程序会提示"移光标点取起始轴线"，选中起始轴线，程序会随即提示"移光标点取终止轴线"，选中终止轴线，程序会提示"移光标去掉不标的轴线（[Esc]没有）"，选择完毕，程序会提示"输入起始轴线名"，输入一个字母或数字后，程序即自动顺序地为轴线编号。对于数字编号，程序将只取与输入的数字相同的位数。轴线命名完成后，应该用 F5 键刷新屏幕。

实例 2.7　为图 2.17 所示轴网进行命名。

① 选择"网格生成"|"轴线命名"。

② 在"请用光标选择轴线（[Tab]成批输入）"提示下，按"Tab"键，转换到成批命名轴线方式。

③ 在"移光标点取起始轴线"提示下，用鼠标点取左边第一条竖向轴线。

④ 在"移光标点取终止轴线"提示下，用鼠标点取右边第一条竖向轴线。

⑤ 在"移光标去掉不标的轴线，（[Esc]没有）"提示下，按 Esc 键。

⑥ 在"输入起始轴线名"提示下，输入"1"，按 Enter 键确认。并按 Esc 键结束本次轴线命名。

⑦ 在"移光标点取起始轴线"提示下，用鼠标点取下边第一条水平轴线。

⑧ 在"移光标点取终止轴线"提示下，用鼠标点取上边第一条水平轴线。

⑨ 在"移光标去掉不标的轴线，（[Esc]没有）"提示下，选择下边第二条水平短轴线。注意，一定要选中短轴线。

⑩ 在"移光标去掉不标的轴线，（[Esc]没有）"提示下，按 Esc 键。

⑪ 在"输入起始轴线名"提示下，输入"A"，按 Enter 键确认。连续按两次 Esc 键结束轴线命名。如图 2.18 所示。

⑫ 选择"网格生成"|"轴线显示"关闭或打开轴线名称。

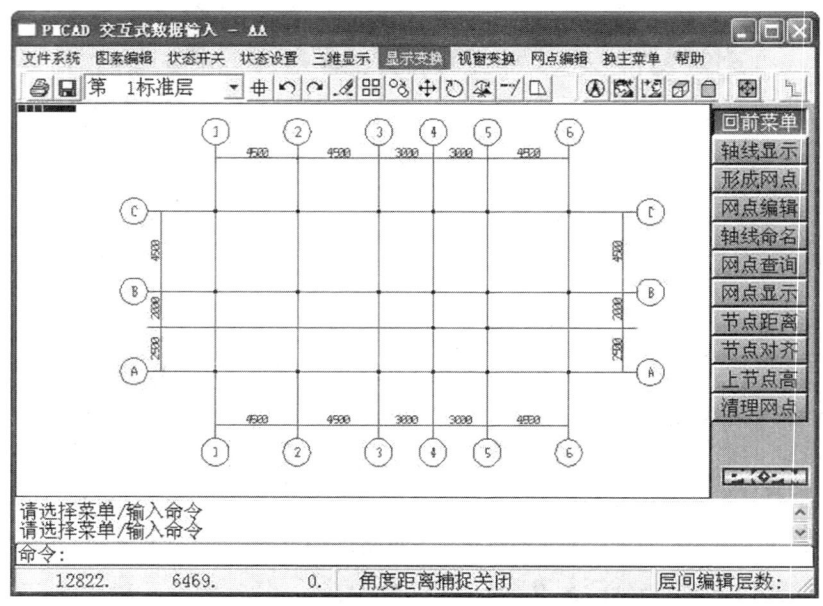

图 2.18　轴线命名

（5）网点查询，用于查询网格的节点数据。图 2.19 所示为执行"网点查询"命令后，选择 ⑥轴与ⓒ轴交点所显示的网点坐标数据。

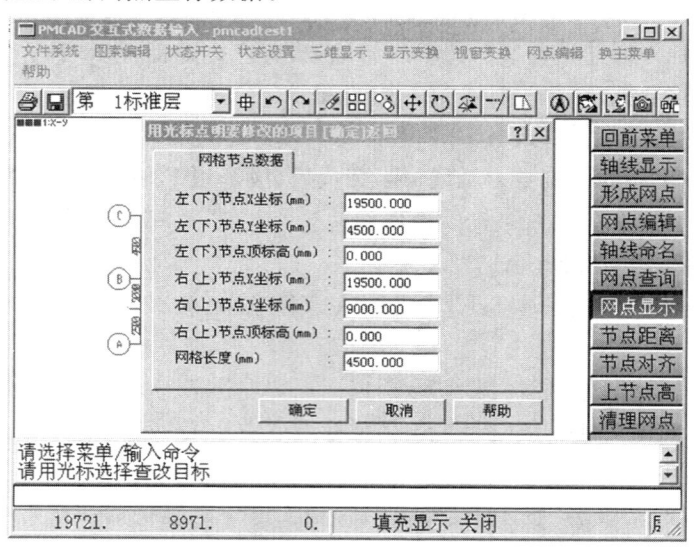

图 2.19　网点查询

（6）网点显示。用于显示网点的编号和坐标。

实例 2.8　显示网格长度。

① 选择"网格生成"|"网点显示"。

② 在弹出对话框中选中"数据显示"复选框，然后选择"显示网格长度"复选框，如图 2.20 所示。

③ 单击"确定"后，显示网格长度。如图 2.21 所示。

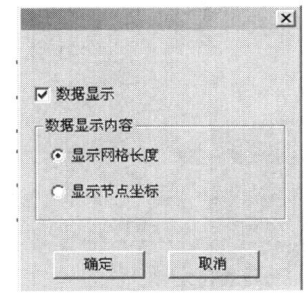

图 2.20 网点显示选择框　　　　　　图 2.21 网点显示

(7) 节点距离。是为了改善由于计算机精度有限产生意外网格的菜单。如果有些工程规模很大或带有半径很大的圆弧轴线,"形成网点"菜单会产生一些误差而引起网点混乱,此时应执行本菜单。程序要求输入一个归并间距,一般输入 50mm 即可,这样,凡是间距小于 50mm 的节点都视为同一个节点,程序初始值设定为 50mm。

(8) 节点对齐。将上面各标准层的各节点与第一层的相近节点对齐,归并的距离就是上面定义的节点距离,用于纠正上面各层节点网格输入不准的情况。

(9) 上节点高。上节点高即是本层在层高处节点的高度,程序隐含为楼层的层高,改变上节点高,也就是改变了该节点处的柱高、墙高和与之相连的梁的坡度。用该菜单可方便地处理坡屋顶。

(10) 清理网点。选择此项将清除本层无用的网点。单击"清理网点"将弹出如图 2.22 所示提示框,单击"清除"即将本层所有无用的网点清除。

图 2.22　清理网点提示框

2.4.3　构件定义

工程设计中采用的所有柱、梁、承重墙、洞口及斜杆等均需在此菜单定义,以备下一步骤使用。选择构件定义菜单,将弹出图 2.23 所示下拉菜单。

(1) 构件定义(柱定义、主梁定义、墙定义、洞口定义、斜杆定义)。柱、主梁、墙和洞口的定义方法是基本相同的,只是各构件需要输入的参数不尽相同。对于柱、梁、墙和斜柱支撑杆件均需输入截面形状类型、尺寸及材料。对于墙需定义其厚度和墙高,墙材料可在主菜单 2 定义。这里只能定义矩形洞口,需输入洞口宽和高的尺寸,还有洞口底部标高。

图 2.23 "构件定义"
下拉菜单

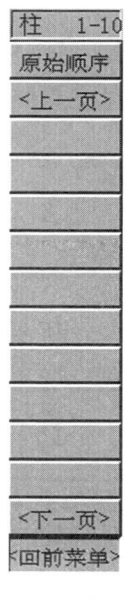

图 2.24 "柱定义"菜单

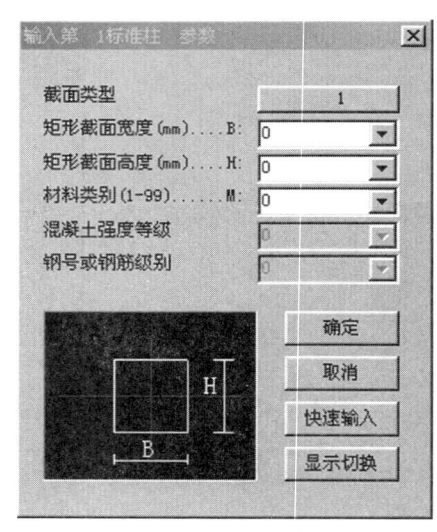

图 2.25 "柱定义"对话框

提示

这里定义的构件将控制全楼各层的布置,如某个构件尺寸改变后,已布置于各层的这种构件的尺寸会自动改变。

这里分别以相应实例说明各构件定义的基本方法,特别之处将进行说明。

实例 2.9 定义 400×400 和 350×350 的矩形截面柱。

① 选择"构件定义"|"柱定义",屏幕上弹出图 2.24 所示柱定义菜单。

② 鼠标单击右列"1—10"下的空白处,屏幕上弹出图 2.25 所示"柱定义"对话框。

③ 默认显示的截面类型是"1"号即矩形截面。如果要修改截面类型,单击"截面类型"右侧按钮,屏幕弹出图 2.26 所示"截面类型"对话框,用光标点取要选择的截面类型。

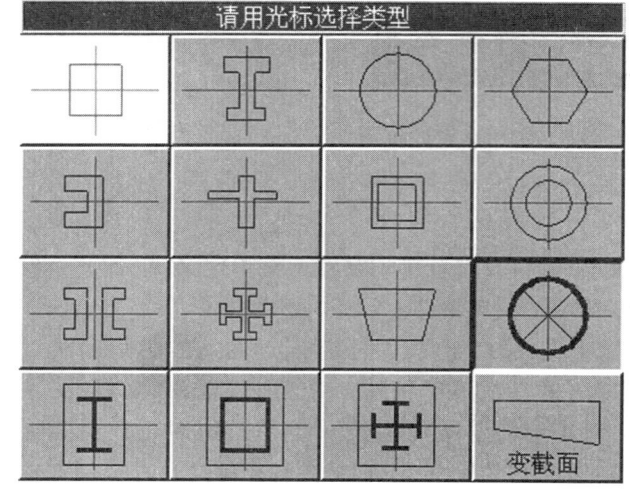

图 2.26 "截面类型"对话框

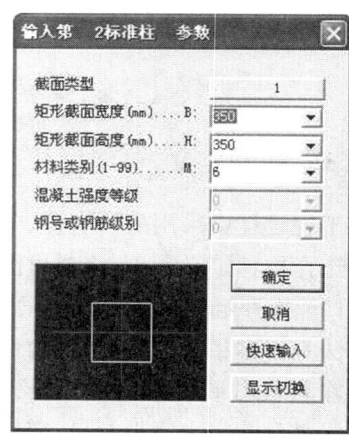

图 2.27 "截面类型参数"对话框

④ 不同的截面类型,需要输入不同的参数。本例为矩形截面,按图 2.27 定义柱截面。如

果输入的数据与前面已经定义的完全相同,则程序提示用户该截面在前面的第几类中已经输入。

⑤ 单击"确定"按钮后,在右侧柱列表显示已定义好的柱截面。
⑥ 重复上述步骤,再定义一 350×350 的柱截面,完成柱定义后如图 2.28 所示。
⑦ 单击"回前菜单",返回到"构件定义"菜单。

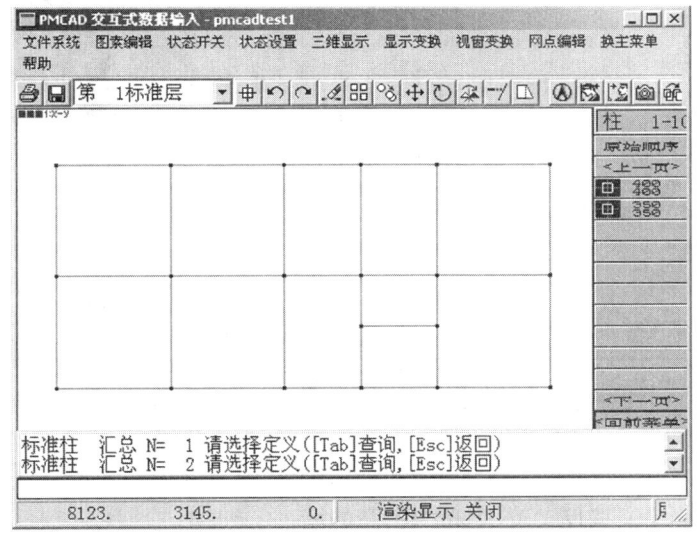

图 2.28 已定义柱截面类型

实例 2.10 定义 250×400 和 200×350,200×300 的矩形截面混凝土梁。
① 选择"构件定义"|"主梁定义",弹出如图 2.29 所示的"主梁定义"菜单。
② 在"主梁定义"菜单的空白选项上单击弹出如图 2.30 所示的"梁参数"对话框,设定截面类型为矩形,因此为 1,梁宽为 250、梁高为 400,设定材料类别为 6(混凝土)。本定义完毕后即建立了一个新的梁截面类型。

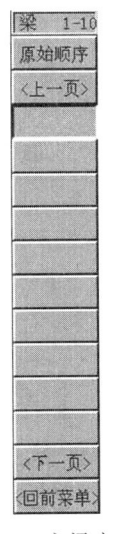

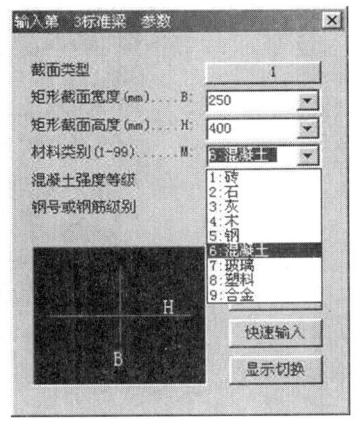

图 2.29 主梁定义　　　　　　　　图 2.30 "梁参数"对话框

③ 再重复上述步骤建立一个梁宽 200、梁高 350 以及另一个梁宽 200、梁高 300 的梁截

面。如图2.31所示。

④ 单击"回前菜单",返回到"构件定义"菜单。

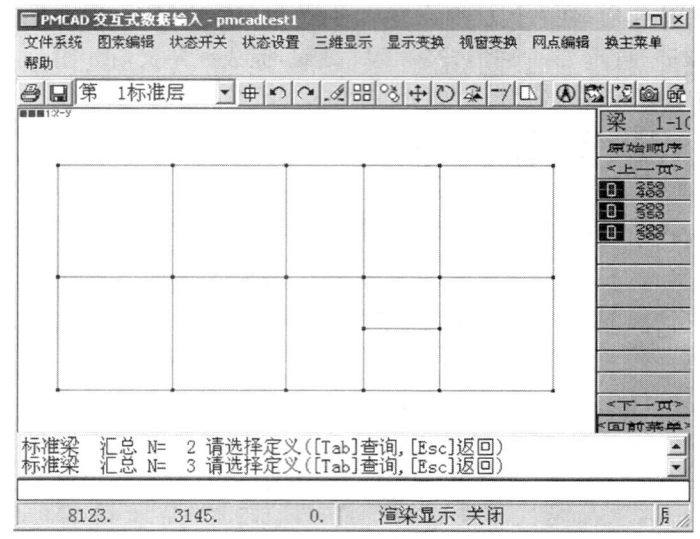

图2.31 已定义梁截面类型

实例2.11 定义墙厚250,墙高为层高的墙。

① 选择"构件定义"|"墙定义",即弹出如图2.32所示的"墙定义"菜单。

② 在"墙定义"菜单的空白选项上单击,即弹出如图2.33所示的"墙参数"对话框,设定墙厚为250,墙高为0。定义完毕后建立了一个新的墙截面类型,如图2.34所示。

③ 单击"回前菜单",返回"构件定义"菜单。

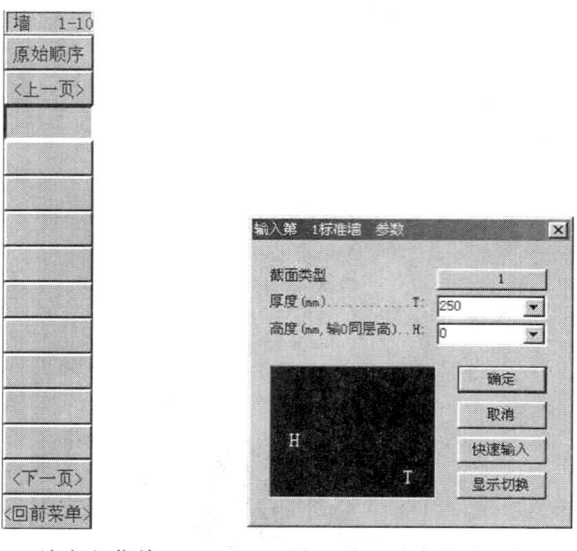 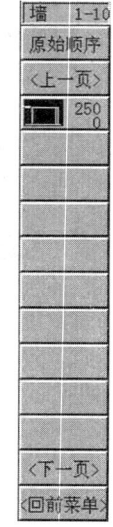

图2.32 墙定义菜单　　　　图2.33 墙参数对话框　　　　图2.34 已定义墙

提示

墙定义时不需输入墙高,因为系统会默认将层高作为墙高,若墙高与层高不一致可根据工程实际输入墙高。墙材料在主菜单2定义。

需要注意的是"墙参数"对话框中没有设定材料类别选项,而且墙的截面类型也是不可更改的。

这里定义的墙必须是结构承重墙,而不是填充墙。填充墙要在 PMCAD 的主菜单 3 输入荷载信息中作为梁间荷载输入。

实例 2.12 定义洞口。

① 选择"构件定义"|"洞口定义",即弹出如图 2.35 所示的"洞口定义"菜单。

② 在"洞口定义"菜单的空白选项上单击即弹出如图 2.36 所示的"洞口参数"对话框,输入洞口宽度 900,洞口高度 2200。定义完毕后即建立了一个新的洞口类型,如图 2.37 所示。

③ 单击"回前菜单",返回到"构件定义"菜单。

提示

"洞口参数"对话框中没有设定材料类别选项,而且洞口的截面类型也是不可更改的。

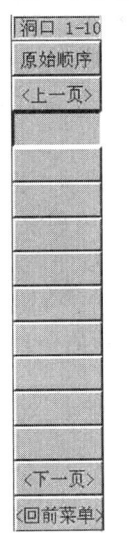
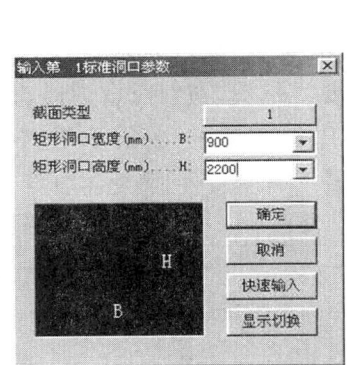
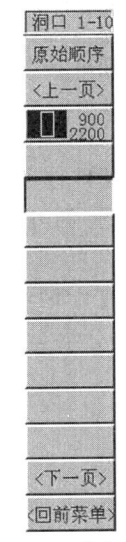

图 2.35 "洞口定义"菜单　　图 2.36 "洞口参数"对话框　　图 2.37 已建立"洞口"

(2) 构件删除(柱删除、主梁删除、墙删除、洞口删除、斜杆删除)。构件删除功能将不再需要的标准构件删除,并不能用 Undo 恢复。

实例 2.13 删除 200×300 矩形截面梁。

① 选择"构件定义"|"主梁删除"。

② 屏幕提示如图 2.38 所示,选择"继续"按钮。

③ 屏幕右侧出现主梁列表,选择 200×300 的梁,即将该梁从构件类型中删除。

图 2.38 程序提示

④ 按 Esc 键结束命令。

(3) 构件清理(柱清理、主梁清理、墙清理、洞口清理、斜杆清理)。构件清理功能可由程序自动将定义了但在整个工程中未使用的构件清除掉,并不能用 Undo 恢复。

2.4.4 楼层定义

构件定义好后,进入"楼层定义"菜单,将定义好的柱、梁、墙、洞口等布置到各标准层上。各结构标准层从下到上排列。结构布置完全相同的楼层称为一个结构标准层。

| 回前菜单 |
| 换标准层 |
| 柱　布置 |
| 主梁布置 |
| 墙　布置 |
| 洞口布置 |
| 斜杆布置 |
| 本层修改 |
| 层　编辑 |
| 本层信息 |
| 截面显示 |
| 绘墙线 |
| 绘梁线 |
| 偏心对齐 |

图 2.39 "楼层定义"下拉菜单

选择"楼层定义"主菜单后,将弹出图 2.39 所示"楼层定义"下拉菜单。各菜单项的含义及操作方法说明如下。

（1）柱布置。在柱布置时,应遵循如下原则。

① 柱布置在节点上,每个节点上只能布置一根柱。

② 柱相对于节点可以有偏心和转角,柱宽边方向与 x 轴的夹角称为转角,柱截面形心沿柱宽方向的偏心称为"沿轴偏心",向右为正,向左为负;柱截面形心沿柱高方向的偏心称为"偏轴偏心",以向上(柱高方向)为正,向下为负。"轴转角"即柱截面形心旋转的角度,逆时针为正,顺时针为负。

③ 如果柱子布置采用沿轴线布置方式时,柱的方向(柱宽方向)自动取轴线方向(即柱宽方向与轴线方向一致)。

实例 2.14　接图 2.17 网格布置所有框架柱。

已知一框架剪力墙结构,轴线布置如图 2.17 所示,该框剪结构的二、三层结构平面布置如图 2.40 所示,屋面结构平面布置如图 2.41 所示。图中框架柱尺寸皆为 400×400,柱定位均为沿轴线居中布置或与梁边齐。除特殊注明外梁截面皆为 250×400,沿轴线居中布置。沿①、⑥轴居中布置 250 厚剪力墙,剪力墙每侧开有 900×2200 的洞口,洞口沿轴线居中布置。楼板采用现浇楼板,除特殊注明外板厚皆为 120 厚。建筑层高 3m,梁、板、柱、剪力墙均采用 C25 混凝土,梁、柱、剪力墙主筋及剪力墙分布筋皆采用 HRB335 级钢筋,箍筋采用 HPB235 级钢筋。抗震设防烈度 7 度,设计地震分组为第 1 组,场地类别Ⅱ类,风荷载标准值为 0.4kN/m²,地面粗糙度为B类。

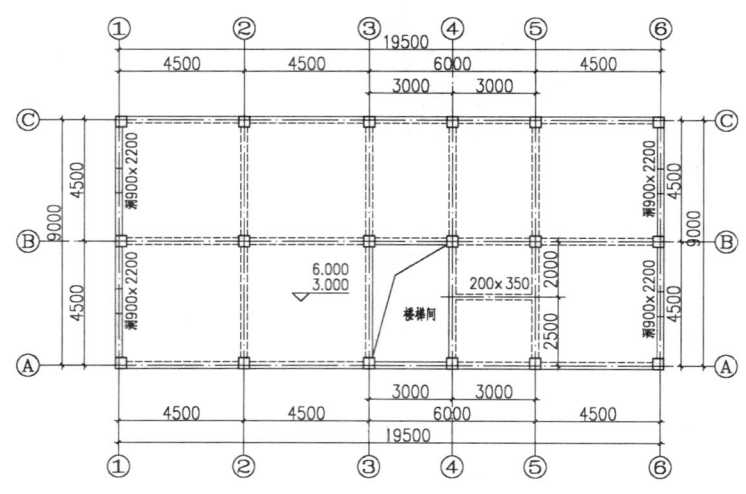

图 2.40　二、三层结构平面布置图

① 选择"楼层定义"|"柱布置",屏幕上将弹出如图 2.28 所示的已定义柱类型菜单。

② 选择 350×350 的柱截面,单击该截面即弹出如图 2.42 所示的"柱布置"对话框。

③ 在该对话框中,将"沿轴偏心"值设为 75,轴转角设为 0,其余值设为 0。

④ 然后用光标依次单击①轴的上中下三个节点,即在①轴上布置了 3 个框架柱。

⑤ 然后按 Tab 键,转换到用光标选择轴线方式,并将"沿轴偏心"、"偏轴偏心"、"轴转角"值均设为 0,用光标单击②轴轴线即在②轴布置了 3 个框架柱。

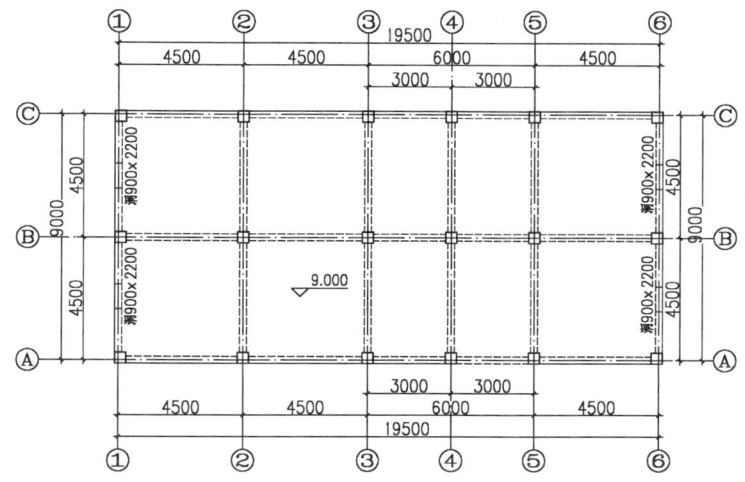

图 2.41 屋面结构平面布置图

⑥ 将图 2.42 中的"沿轴偏心"值改为 0,然后按 Tab 键,转换到用光标截取窗口方式,拖动光标将③—⑥轴与 A 轴相交的所有节点选中,再拖动光标将③—⑥轴与 B,C 轴相交的所有节点选中,即在③—⑥轴间的节点上布置了 350×350 的框架柱,单击"保存"按钮,程序自动返回到上级菜单,这样所有的框架柱布置完毕,如图 2.43 所示。按 Esc 键结束操作。

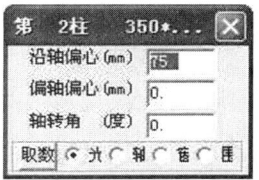

图 2.42 "柱布置"对话框

(2)梁布置。在梁布置时,应遵循如下原则。

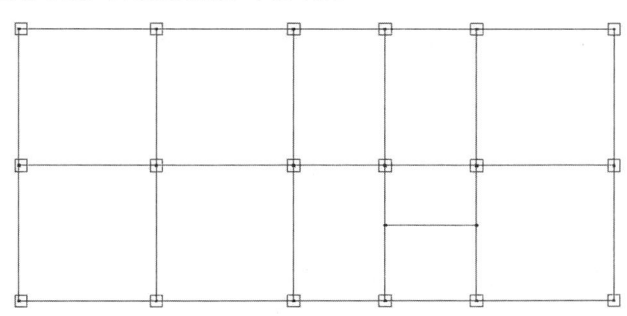

图 2.43 柱布置示意图

① 梁布置在网格上,两节点之间的一段网格上仅能布置一根梁,梁长度即是两节点之间的距离。

② 设梁的偏心时,一般输入偏心的绝对值,也称"偏轴距离"(梁截面形心偏移轴线的距离)。布置梁时,光标偏向网格线的哪一边,梁就向哪边偏心。

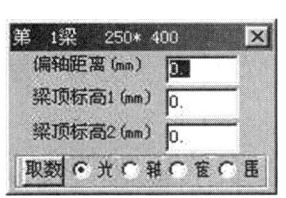

图 2.44 "梁布置"对话框

实例 2.15 接例 2.14 进行主梁布置。

① 选择"楼层定义"|"主梁布置",弹出如图 2.31 已定义梁菜单。

② 例 2.10 中已定义好 250×400,200×350,200×300 三种截面类型,单击 250×400 截面类型,即弹出如图 2.44 所示的"梁布置"对话框。

③ 用光标依次单击①—②轴之间的上、中、下三段轴线,即在这三段轴上居中布置了三段主梁。

④ 按 Tab 键切换到用光标选择轴线方式,用光标单击①轴轴线即在①轴布置了2段主梁。

⑤ 再按 Tab 键,切换到用光标截取窗口方式,拖动光标将②—⑥轴的所有节点选中,即在②—⑥轴的所有网格上布置了截面类型为 250×400 的主梁,如图 2.45 所示。

(3) 墙布置。在墙布置时,基本遵循与梁布置相同的原则。

① 墙布置在网格上,两节点之间的一段网格上仅能布置一片墙,墙长度即是两节点之间的距离。

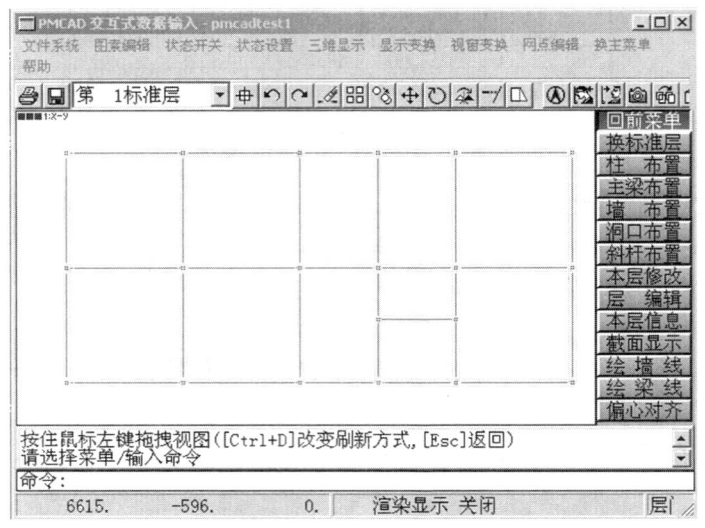

图 2.45 梁布置图

② 设墙偏心时,一般输入偏心的绝对值,也称"偏轴距离"(墙截面形心偏移轴线的距离)。布置墙时,光标偏向网格的哪一边,墙也就偏向哪一边。

实例 2.16 接例 2.15 进行墙布置。

① 选择"楼层定义"|"墙布置",弹出已定义好的墙截面菜单,只有一种截面类型。单击该截面类型,即弹出如图 2.46 所示的"墙布置"对话框。

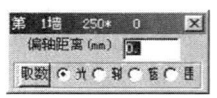 

图 2.46 "墙布置"对话框　　　　图 2.47 "洞口截面类型"对话框

② 用光标依次单击①轴的上、下两段轴线及⑥轴的两段轴线,即在①,⑥轴上居中布置了4 段混凝土墙,需要说明的是本例梁与墙的截面宽度是相同的并且偏轴距离也相同,因此梁和墙的边界线是重合的,在屏幕上也就只能看到梁或墙的边线(梁的边线为青色,墙的边线为绿色)。

③ 单击"回前菜单"返回"楼层定义"菜单。

(4) 洞口布置。洞口也布置在网格上,可在一段网格上布置多个洞口,但程序会在两洞口之间自动增加节点,如洞口跨越节点布置,则该洞口会被节点截成两个标准洞口。

实例 2.17 接例 2.16 进行洞口布置。

① 选择"楼层定义"|"洞口布置",即弹出已定义好的洞口截面菜单,如图 2.37 所示。
② 本例只有一种截面类型,单击该截面类型,弹出如图 2.47 所示的"洞口布置"对话框。
③ 本例居中布置,如果洞底标高不为 0,"洞底标高"项可以设置洞底标高,本例设为 0。
④ 用光标依次单击①轴的上、下两段轴线及⑥轴的两段轴线,即在①、⑥轴上居中布置了 4 个洞口,如图 2.48 所示。

图 2.48 洞口布置图

⑤ 单击"回前菜单"返回"楼层定义"菜单。

在以上构件布置时,还要注意下面两点:

① 在选择标准构件时,或在程序要求输入构件相对于网格或节点的偏心值的时候,用户可回答提问,也可在已布置了构件的图上拾取数据,此时,可在图 2.40,图 2.43,图 2.45,图 2.46 中点取"取数"或"拾取数据"按钮,然后用捕捉标靶点取欲参照的目标构件,点取目标构件后,对话框中"偏轴距离"、"轴转角"、"梁顶标高"等参数的设置将均与目标构件一致。

② 在进行楼层布置时,可边定义构件,边进行结构布置。

(5) 本层修改。有时,我们可能会错误地布置了构件,这时,可通过"本层修改"菜单进行更正。"本层修改"菜单包含了如图 2.49 所示各项命令。删除的方式也有四种,即逐个用光标单击,沿轴线选取,窗口选取和任意多边形选取。

这里以本例的主梁修改来说明利用"本层修改"菜单进行构件删除的操作。

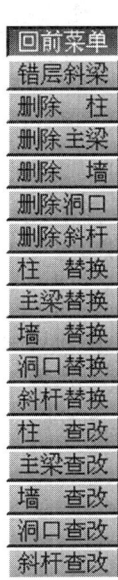

图 2.49 "本层修改"菜单

实例 2.18 接例 2.17 进行主梁布置删除。

在例 2.17 中,由于其中④—⑤轴间下面的第二根梁准备布置为截面类型 200×350 的次梁,在窗选过程中将其布置成了 250×400 的主梁,下面将它删除,留待以后布置。操作如下:

① 选择"本层修改"|"删除主梁"。

② 然后在主窗口中选中欲删除的梁后并确认，即将该主梁删除。

③ 选择"回前菜单"，返回"楼层定义"菜单。

还可通过"本层修改"菜单对构件进行替换。

实例 2.19 接例 2.18 进行柱子替换。

① 选择"本层修改"|"柱替换"菜单。

② 然后在"选择被替换的标准柱，原截面"提示下，选择 350×350 截面，选中后确认。

③ 程序将会弹出如图 2.50 所示的对话框，单击确定。

④ 接着提示栏会提示"选择替换的标准柱，新截面"，选择 400×400，程序会弹出一个与图 2.50 十分相似的对话框，只不过截面类型变为 400×400，单击确定后，所有的 350×350 的柱将自动被替换为 400×400 的柱。

对于柱、梁、墙、洞口等构件它们的替换方法基本都是相同的，这里不再赘述。

还可通过"本层修改"菜单对构件进行查改，现举例说明柱的查改操作。

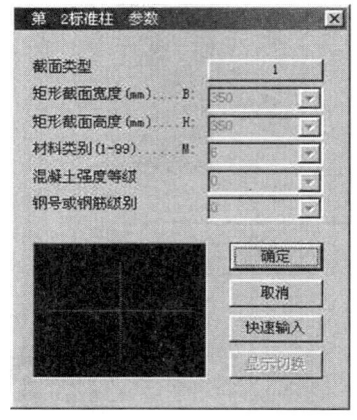

图 2.50 "柱替换"对话框

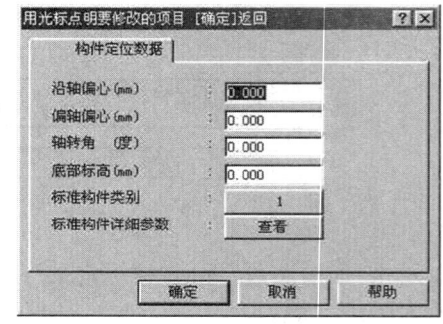

图 2.51 "柱查改"对话框

实例 2.20 接例 2.19 进行柱子查改。

① 选择"本层修改"|"柱查改"。

② 程序提示"请用光标选择查改目标"，此时选择右上角的柱，将弹出如图 2.51 所示的对话框。

③ 在该对话框中，将"沿轴偏心"设为 −75，单击确定，柱便向左偏移了 75mm，并与梁右侧边缘对齐了。

④ 单击"回前菜单"，程序返回到"楼层定义"菜单。

对于柱、墙、洞口等构件它们的查改方法基本相同，这里不再赘述。

（6）偏心对齐。"偏心对齐"根据布置的要求自动完成偏心计算与偏心布置，包括 12 项对齐方式，如图 2.52 所示。当某一构件与另一构件的尺寸对齐不一致时，可按指定的方式（如柱与梁齐等）自动算出构件的偏心并按该偏心对构件的布置自动修正。此时如打开"层间编辑"菜单可使从上到下各标准层的某些构件都按指定方式对齐。因此用户布置构件时可先省去偏心的输入，在各层布置完后再用本菜单修正各层构件偏心。

图 2.52 "对齐方式"菜单

现以"柱与梁齐"方式的操作过程说明偏心对齐方式的使用。

实例 2.21 接例 2.20 利用"偏心对齐"|"柱与梁齐"菜单使⑥轴柱与⑥轴梁边齐。

① 选择"楼层定义"|"偏心对齐"|"柱与梁齐"。

② 程序将提示栏"边对齐/中对齐/退出（Y[Ent]/[Tab]/[Esc]）"，此时选择边对齐方式。

③ 然后在"光标方式：用光标选择目标（[Tab]转换方式,[Esc]返回）"提示下，选取⑥轴的中柱。

④ 然后在"请用光标单击参考梁"提示下，单击⑥轴的上段主梁。

⑤ 然后在"请用光标指出对齐方向"提示下，在梁的右侧单击即将中柱与梁的右边对齐。

⑥ 重复上述布置再将⑥轴的下柱与梁边对齐。

⑦ 单击"回前菜单"返回"楼层定义"菜单。

（7）本层信息。利用"本层信息"菜单对本楼层的一些基本参数信息进行设置，主要有板厚、板混凝土强度等级、板混凝土保护层厚度、柱混凝土强度等级、梁混凝土强度等级、剪力墙混凝土强度等级、梁柱钢筋强度等级、本标准层层高等。

实例 2.22 接例 2.21 利用"本层信息"菜单进行本楼层参数设置。

① 选择"楼层定义"|"本层信息"。

② 在弹出的"本层信息"对话框中，将板厚修改为 120mm，板、柱、梁、剪力墙混凝土强度等级均设置为 25，保护层厚度采用 15mm，梁、柱钢筋采用 HRB335，本层层高设为 3000mm，如图 2.53 所示。

③ 单击"确定"程序自动返回"楼层定义"菜单。

最后一项"本标准层层高"仅用来"定向观察"某一轴线立面时，作立面高度的参考值，各层层高的数据还应在"楼层组装"时重新输入。

（8）层编辑。"层编辑"菜单用于在已创建楼层的基础上快速生成其他楼层，可实现在两标准层之间插入新的标准层及删除某个标准层功能。选择"层编辑"菜单，将弹出图 2.54 所示下拉菜单，对菜单项含义及操作方法说明如下。

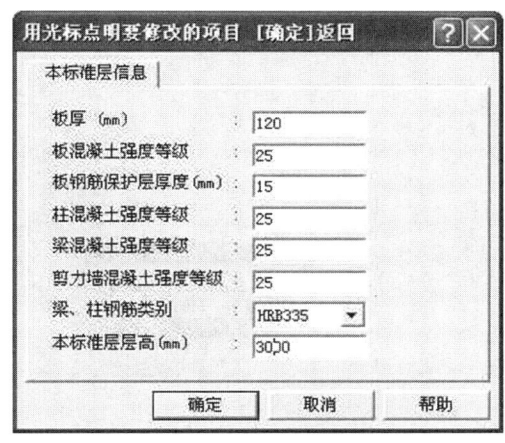
图 2.53 "本层信息"对话框

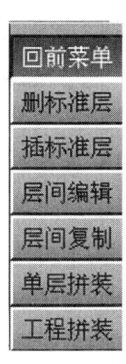
图 2.54 "层编辑"菜单

① "删标准层"用于删除某一标准层。

② "插标准层"用于在指定标准层前插入一新的标准层。

③ "层间编辑"。层间编辑菜单可将操作在多个或全部标准层上同时进行，省去来回切换到不同标准层再去执行同一菜单项的麻烦，如需在第 1～20 标准层上的同一位置加一根梁，则可先用层间编辑菜单定义编辑 1～20 层，则只需在一层布置梁后增加该梁的操作，软件自动在第 1～

20层做出，不但操作大大简化，还可免除逐层操作造成的布置误差。类似操作还有画轴线，布置、删除构件，移动删除网点，修改偏心等。

选择"层间编辑"菜单后弹出图 2.55 所示"层间编辑设置"对话框。利用该对话框，可实现几个要同时编辑的标准层的选择，"删除"就是取消层间编辑操作。

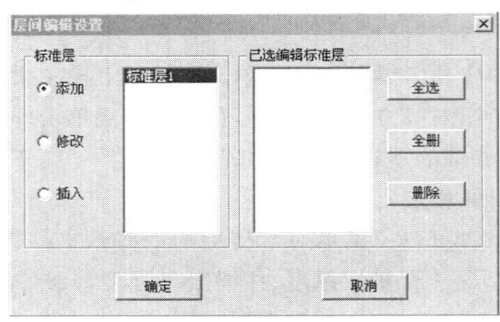

图 2.55 "层间编辑设置"对话框

④ "层间复制"菜单项可以实现将当前层的部分对象向已有的目标层复制，与新建标准层和插入层有所不同。

⑤ "单层拼装"菜单项可以实现与其他工程或本工程的某一被选标准层之间的对象复制。

⑥ "工程拼装"菜单项能够将任一工程中已经布置好的所有标准层拼装到当前工程的相应标准层中，而"单层拼装"是只拼装某一标准层。

实例 2.23 接例 2.22 利用"层编辑"进行其他楼层定义。

在例 2.22 中，一个结构标准层已经定义完毕。接下来，可利用"层编辑"命令在此楼层基础上快速生成其他楼层。

① 选择"楼层定义"|"层编辑"|"插标准层"菜单。

② 弹出图 2.56 所示的对话框，选定欲插入的标准层，并选择"全部复制"单击"确定"，即增加了一个标准层。新增加的标准层可以从 PMCAD 的下拉列表框中看出，如图 2.57 所示。

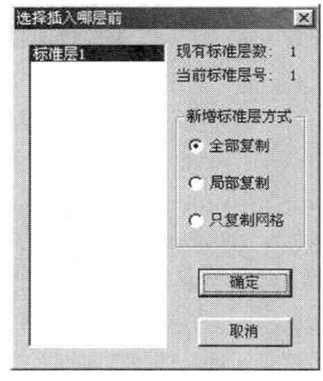
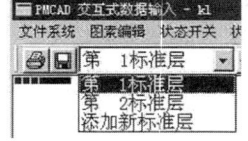

图 2.56 "插标准层"对话框　　　　　图 2.57 查看标准层

（9）截面显示。"截面显示"菜单（图 2.58）用于控制指定构件的截面和数据的显示与否。当选择某一构件显示，如"柱显示"菜单项，屏幕将弹出图 2.59 所示对话框。选择要显示内容前的复选框。默认情况下，截面构件显示开，截面数据显示关。显示的数据包括构件的截面尺寸和偏心。

在显示了平面构件的截面和偏心数据后可用下拉菜单中的打印绘图命令输出这张图，便于数据的随时存档。

（10）绘墙线、绘梁线。这里可以把梁墙的布置连同它上面的轴线一起输入,省去先输轴线再布置梁墙的两步操作,简化为一步操作。

（11）换标准层。利用"换标准层"菜单开始一个新的标准层的输入。新标准层应在旧标准层基础上输入,以保证上下节点网格的对应,为此应将旧标准层的全部或一部分拷成新的标准层,在此基础上修改。选择"换标准层"菜单,将弹出图 2.60 所示对话框(此处已定义了两个标准层,缺省情况下只有一个),选择要操作的标准层。

图 2.58 "截面显示"菜单

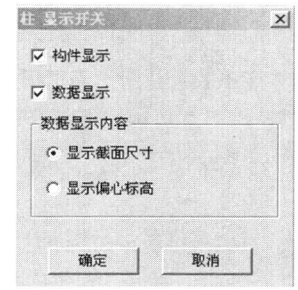
图 2.59 "柱显示"开关

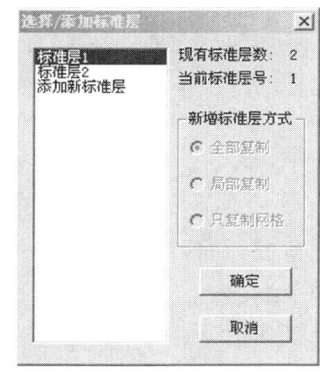
图 2.60 "换标准层"对话框

如选择"标准层 2",则进入了第 2 结构标准层。

如选择"添加新标准层",右侧"全部复制/局部复制/只复制网格"项将亮显,此时可选择新标准层的创建方式。

2.4.5 荷载定义

凡荷载布置相同且相邻的楼层被视为一个荷载标准层,"荷载定义"菜单即是用于定义各荷载标准层的。定义荷载标准层需定义作用于楼面的恒、活面荷载。首先假定每标准层上先选用统一的恒、活面荷载,如各房间不同时,可在 PMCAD 主菜单 3 中进行修改调整。

"荷载定义"菜单下又包括"荷载定义"、"荷载插入"、"荷载删除"三项命令。下面以一实例说明荷载定义的过程。

实例 2.24 接例 2.23 进行荷载定义。

① 选择"荷载定义"|"荷载定义"项。

② 在"是否计算活载(LIVE=0 或 1):(1.000)"提示下,输入"1",表示考虑活荷载,直接按 Enter 键确认。

③ 在"已输入 0 荷载标准层,请选择修改"提示下,单击屏幕右侧荷载类型定义菜单的最上一个空白处。

④ 在"输入第 1 荷载标准层均布荷载标准值(静 LD,活 LL):(0.000 0.000)"提示下,输入"5,2"后按 Enter 键确认,即建立了一个新的荷载类型,恒载为 5,活载为 2。

⑤ 重复上述布置再建立一个恒载为 7,活载为 0.5 的荷载类型,如图 2.61 所示。

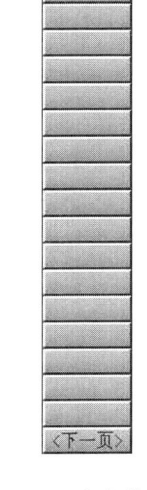
图 2.61 已定义荷载菜单

⑥ 连续单击"回前菜单"返回到主菜单。

2.4.6 楼层组装

"楼层组装"菜单下包括两项内容:"楼层组装"和"设计参数"。用于完成建筑物的竖向布局,即把已经定义的结构标准层和荷载标准层从下至上进行组装布置,并输入层高连接成整体结构。

(1)楼层组装。选择楼层组装后,将弹出图 2.62 所示"楼层组装"对话框。通过"楼层组装"对话框可实现楼层组装。

实例 2.25 接例 2.24 进行楼层组装。假设我们要定义一个 3 层结构。第一层、二层是第 1 结构标准层和第 1 荷载标准层,第三层是第 2 结构标准层和第 2 荷载标准层,层高均为 3000。

① 选择"楼层组装" |"楼层组装"菜单,弹出图 2.62 所示"楼层组装"对话框。

② 首先在对话框左侧"复制层数"下选 2,在"标准层"下选标准层 1,在"荷载标准层"下选第 1 荷载标准层,层高指定 3000,然后按"添加"按钮。这时,在"组装结果"下出现第一层、二层的布置。

③ 接下来,在"复制层数"下选 1,在"标准层"下选标准层 2,在"荷载标准层"下选第 2 荷载标准层,层高指定 3000,然后按"添加"按钮。这时,在"组装结果"下出现第 3 层的布置。组装结果如图2.63所示。

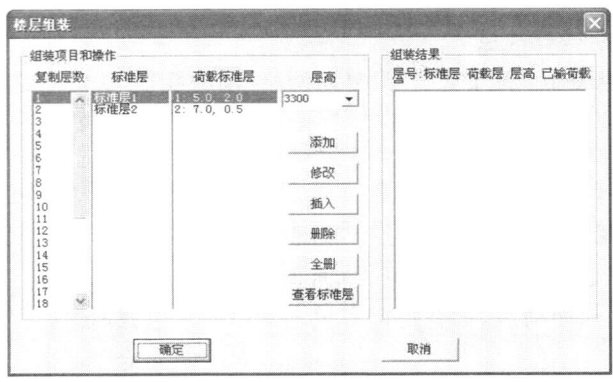

图 2.62 "楼层组装"对话框　　　　　　图 2.63 组装结果

④ 单击"确定"返回到"楼层组装"菜单。此时,就将已经做好的结构标准层和荷载标准层组装完毕。

(2)设计参数。组装好后,选择"楼层组装"|"设计参数"菜单项,屏幕弹出图2.64—图2.68所示各类信息设计参数选项卡。用户根据自己工程的实际情况作相应的修改。修改完毕后,按"确定"按钮返回"楼层组装"菜单,或按 Esc 键放弃修改。各设计参数在从 PM 生成的各种结构计算文件中均起控制作用。

实例 2.26 对例 2.25 结构进行设计参数设置。

① 选择"楼层组装"|"设计参数",弹出"设计参数"对话框,以下将根据工程具体情况进行参数设置。

② 在"总信息"表单中,设置结构体系为"框剪结构",其他采用默认即可。

③ 在"地震信息"表单中,设置设防烈度为 7 度,场地类别为 2 类,其他采用默认即可。

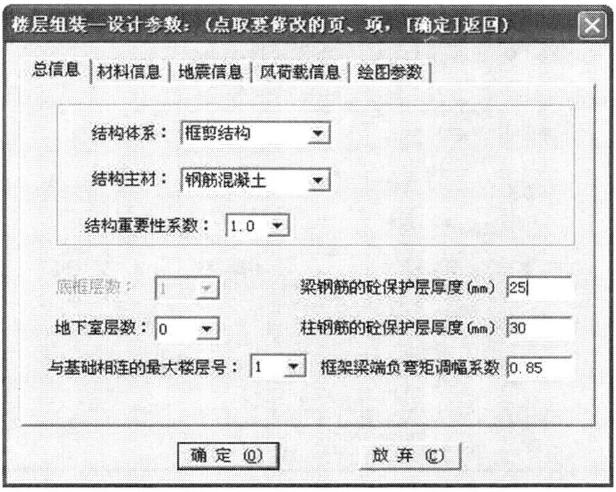

图 2.64 "总信息设计参数"选项卡

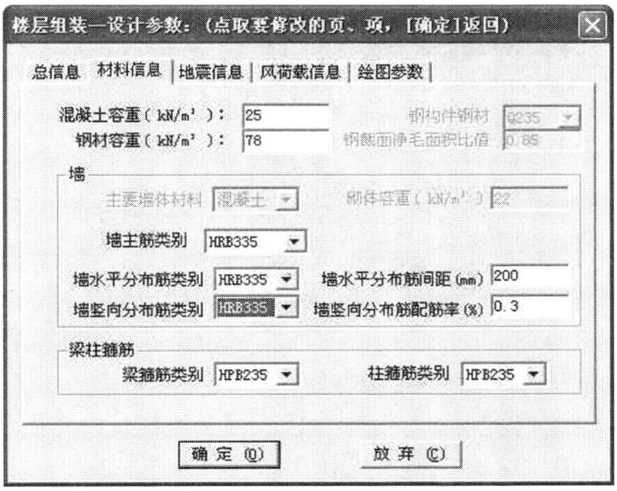

图 2.65 "材料信息设计参数"选项卡

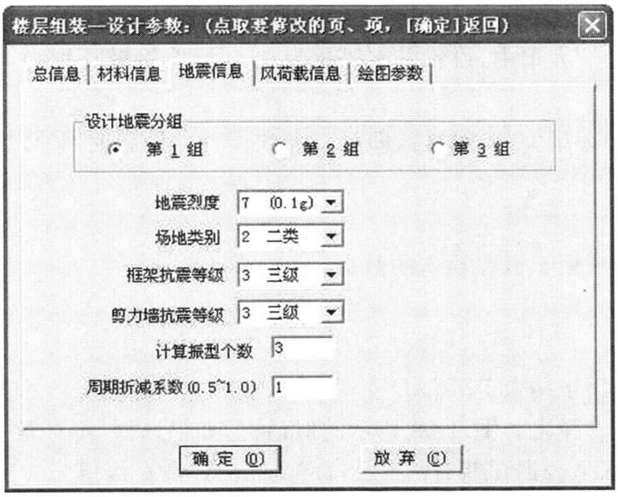

图 2.66 "地震信息设计参数"选项卡

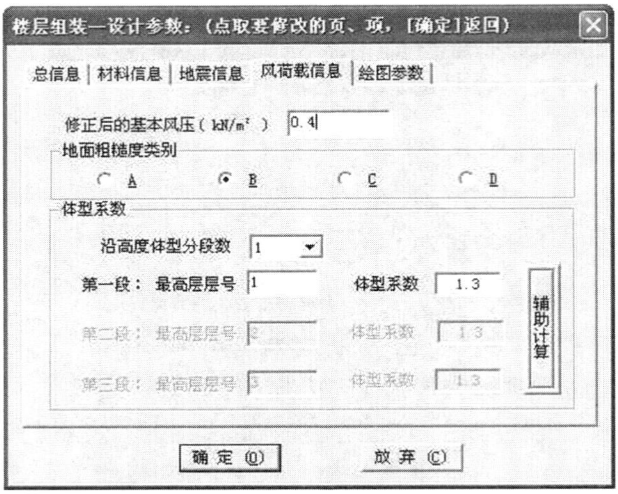

图 2.67 "风荷载信息设计参数"选项卡

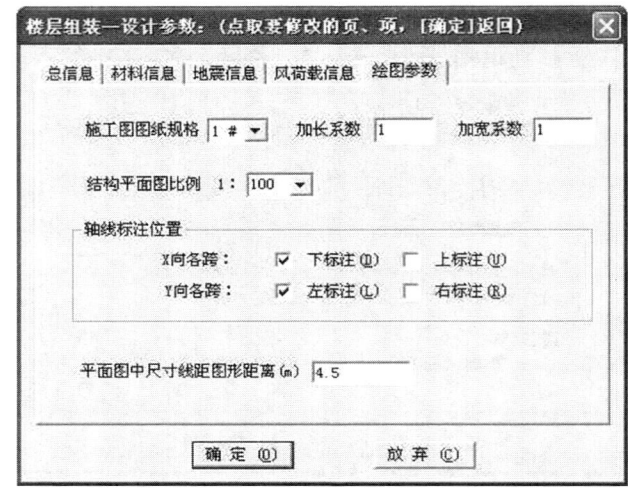

图 2.68 "绘图参数"选项卡

④ 在"风荷载信息"表单中,设置基本风压为 0.4,场地粗糙类别为 B 类,其他项采用默认即可。

⑤ 在"绘图参数"表单中,采用默认即可。参数设置完毕后返回"楼层组装"菜单。

2.4.7 保存文件

"保存文件"菜单项用于保存输入的数据。

2.4.8 退出程序

"退出程序"菜单用于结束 PMCAD 主菜单 1 的操作。

单击"退出程序"将弹出如图 2.69 所示的对话框,如果选择"不存盘退出",程序将提示"输入内容可能丢失,确认是否退出程序?(Y/N)",选择 Y 将直接退出 PMCAD,并且不保存所作的修改,选择 N 将返回 PMCAD 重新进行输入。如果选择"存盘退出",程序随即弹出如图

2.70所示对话框。选择"是",程序随即弹出如图2.71所示对话框。

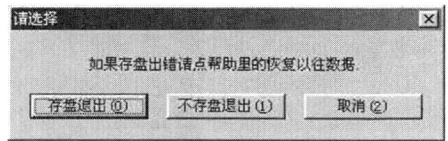 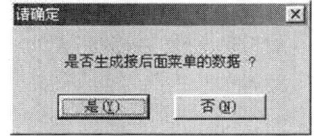

图2.69 "退出程序"对话框1　　　　　　　　图2.70 "退出程序"对话框2

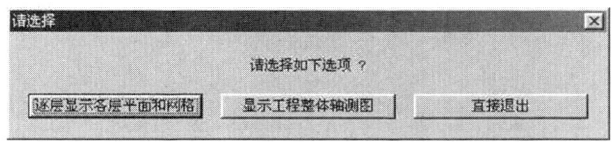

图2.71 "退出程序"对话框3

单击"逐层显示各层平面和网格",程序会自动显示网格,并给出每个节点的编号,方便用户查询,如图2.72所示给出了例2.26中结构的网格示意图,同时屏幕右侧会出现"局部放大"、"查找节点"两项菜单。

单击"查找节点"即弹出如图2.73所示对话框,输入"1"后,程序会自动将节点1显示在屏幕中央。

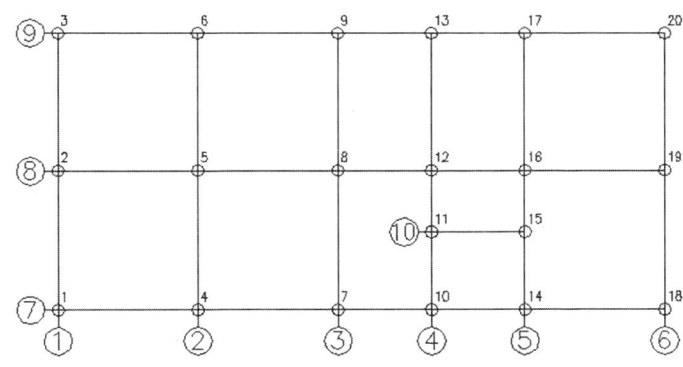

图2.72 网格示意图

图2.73 "查找节点"对话框

若单击"局部放大"将弹出下级菜单,包括"显示全图","窗口放大"等项,方便用户根据个人需要查看。

单击"返回"即返回到上级菜单,单击"回前菜单"即进入如图2.74所示的窗口。窗口中央显示的是已经进行了的结构布置情况,单击屏幕右侧菜单可以进行"局部放大"、"尺寸查询"等操作。如果我们单击"继续下层",在随后出现的窗口中继续单击"继续下层",当所有层显示完毕,最后程序自动退出PMCAD主窗口,并显示PKPM主菜单。

若在图2.71所示菜单中单击"显示工程总体轴测图"按钮,将弹出新的窗口,主窗口将显示结构布置如图2.75所示,屏幕右侧将显示"指定视向"、"多种视向"菜单。

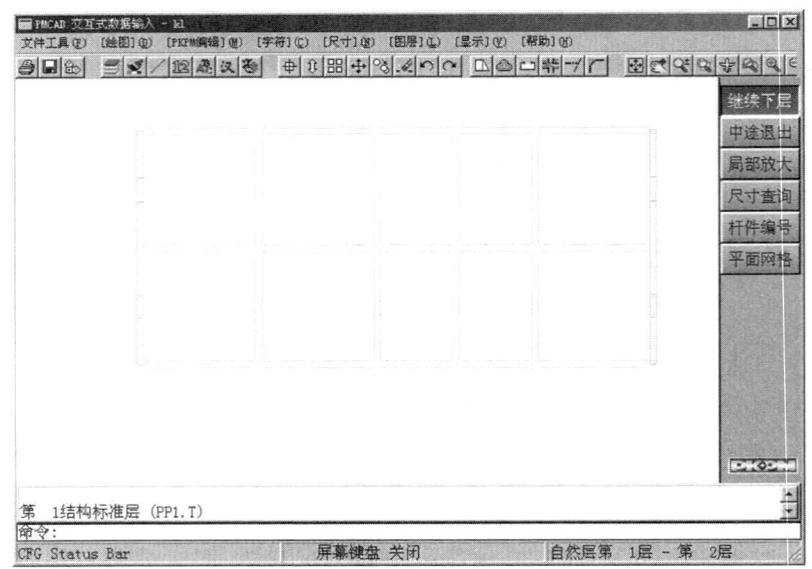

图 2.74 结构布置显示

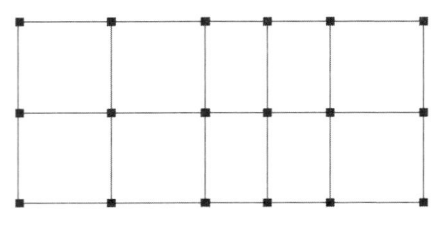

图 2.75 结构布置图

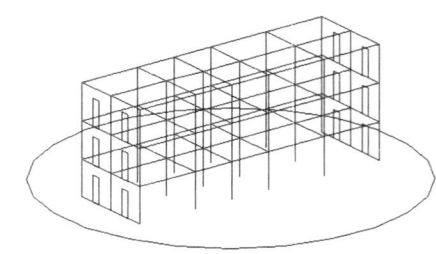

图 2.76 工程轴测图

单击"指定视向",后按 Enter 键确认,主窗口即弹出如图 2.76 所示结构整体模型图。

屏幕右侧将显示"显示变换"、"打印绘图"菜单,通过该两菜单可以方便查看所建模型是否符合工程实际,连续单击右侧菜单的"退出"选项,程序将自动退出 PMCAD 主窗口,并显示 PKPM 主界面。

2.5　PMCAD 主菜单 2　输入次梁楼板

在主菜单 1 的基础上,利用主菜单 2 可对结构进行深入设计。如在各层楼面上进行楼板开洞、次梁布置、铺预制楼板、修改楼板厚度、设悬挑板、楼板错层等。

选择 PMCAD 主菜单 2,单击"应用"按钮,屏幕显示如图 2.77 所示菜单。对应选项的含义说明如下。

(1)"0 本菜单不是第一次执行"。当本项工程以前已执行过主菜单 2,且没有再执行主菜单 1,对已输入的布置修改补充时,选择"0"。

(2)"1 本菜单是第一次执行"。当执行完主菜单 1,且为第一次执行主菜单 2,则选"1"。

(3)"2 执行完主菜单 1 并保留以前输入的次梁楼板等信息"。当已输入完次梁楼板,但又需对结构布置修改而执行完主菜单 1,为保留前次输入的次梁楼板数据,可选择"2"。

当选择对应选项进入主菜单 2 后,屏幕弹出图 2.78 所示对话框,输入要做布置的标准层

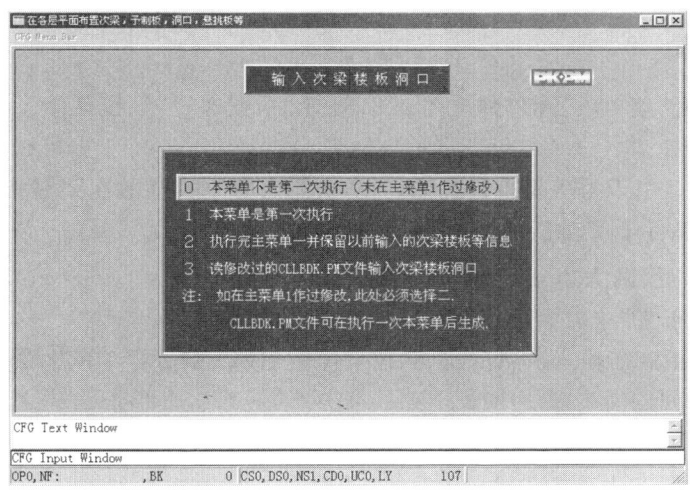

图 2.77 "输入次梁楼板"菜单

号后按 Enter 键确认。

屏幕会接着弹出图 2.79 所示对话框,提示定义墙的种类。定义完毕后,将进入图 2.80 所示 PMCAD 主菜单 2 的操作界面。

图 2.78 主菜单 2 启动对话框 1

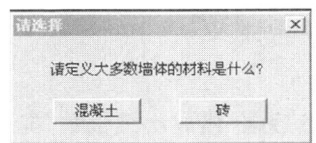

图 2.79 主菜单 2 启动对话框 2

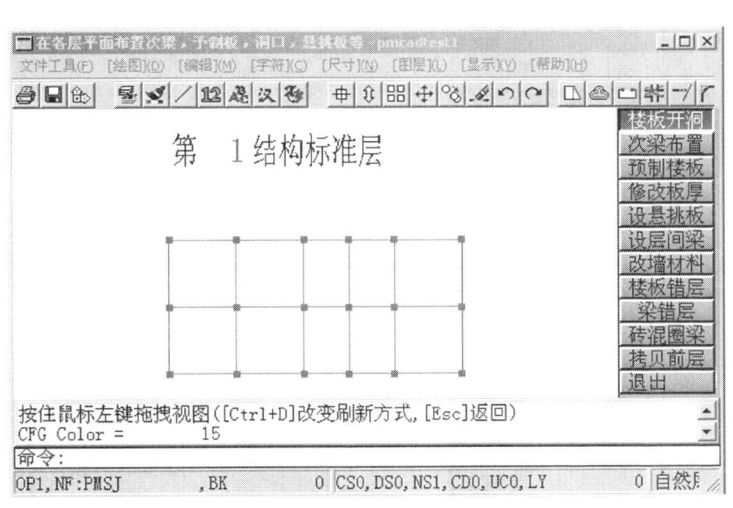

图 2.80 PMCAD 主菜单 2 操作界面

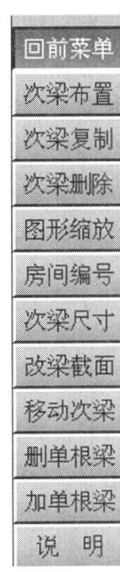

图 2.81 "次梁布置"
下拉菜单

2.5.1 次梁布置

选择"次梁布置"菜单项,屏幕弹出图2.81所示"次梁布置"下拉菜单。各菜单项的含义及用法说明如下。

(1) 次梁布置。用于为房间布置次梁。在"次梁布置"中,横放次梁是指平行于 X 轴线的次梁,竖放次梁指平行于 Y 轴线的次梁。

实例 2.27 接例 2.26 进行次梁布置。

① 选择"次梁布置"|"次梁布置"菜单。

② 然后在"请指定需输入次梁的房间(按 Esc 键退出)"提示下,单击图 2.82 中所示房间,准备布置次梁的房间中会出现一个圆。

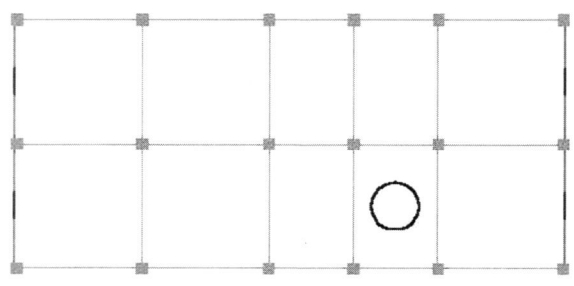

图 2.82 次梁布置房间

③ 然后在"横放次梁根数"提示下,输入"1"。

④ 然后在"竖放次梁根数"提示下,输入"0",表示竖向不放次梁。

⑤ 然后程序会提示"请用光标选择次梁型号",同时屏幕右侧列出目前已定义的所有梁截面数据,如图2.83。此时,因为要布置的次梁类型"200×350"位于右侧菜单的第二行,所以输入 2 或用鼠标点击截面为"200×350"的次梁。程序会随即弹出如图 2.84 所示提示框,本例不是二级次梁,故单击"否"。

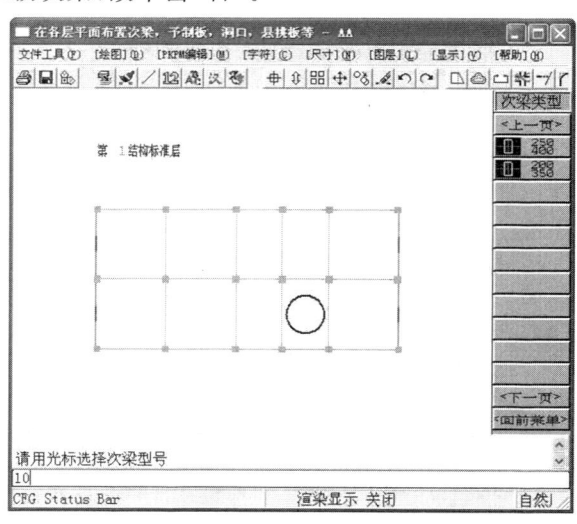

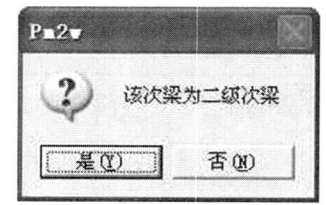

图 2.83 "次梁截面型号"选择菜单　　图 2.84 次梁类型提示框

⑥ 然后程序会提示"第一根横放次梁型号,距离(米)或用鼠标点取改变次梁截面类型",

此时,输入"2.5",即在该房间距 A 轴 2.5m 处布置了一道 200×350 的次梁,如图 2.85 所示。如用户在步骤⑤中选择的次梁型号错误,在此时可用鼠标点取屏幕右侧列出的梁截面类型,对梁型号重新进行选择。

⑦ 程序将重复上述提示,可继续指定需布置次梁的房间,也可按 Esc 键结束次梁布置。此处按 Esc 键结束次梁布置。

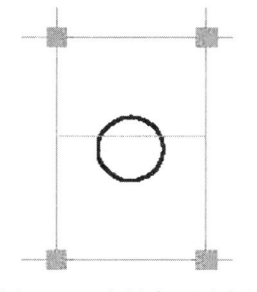
图 2.85 次梁布置示意图

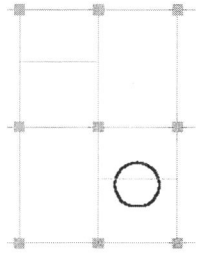
图 2.86 次梁复制

(2)次梁复制。"次梁复制"可以将次梁布置相同房间(次梁布置时输入的数据相同即为相同布置,与房间大小不一定有关系)的次梁布置直接复制过来,从而简化输入。

操作时,先用光标点取被复制的房间,再点取需布置的房间,也可连续点取。

实例 2.28 接例 2.27 进行次梁复制。

① 选择"次梁布置"|"次梁复制"。

② 在"请用光标选择被拷贝的房间"提示下,用鼠标单击已经布置了次梁的房间。

③ 在"请指定需拷贝次梁的房间"提示下,单击图 2.86 所示左上侧房间,即在该房间复制了一个截面类型为"200×350",距 B 轴 2.5m 的次梁,如图 2.86 所示。

④ 单击 Esc 键退出复制。

(3)次梁删除。如果有布置错误的次梁,可通过"次梁删除"命令将其删除。在某一房间上布置或拷贝了新的次梁布置时,其上旧的次梁数据自动删除。

实例 2.29 接例 2.28 进行次梁删除。

① 选择"次梁布置"|"次梁删除"。

② 在"请指定需删除次梁的房间"提示下,单击刚布置好的左上侧房间,即将该房间次梁删除。需要注意的是删除了次梁的房间,屏幕上仍会显示该次梁,但事实上该次梁已经被删除了,只要进行图形缩放等操作该次梁即会从屏幕上消失。

③ 单击 Esc 键退出次梁删除。

(4)房间编号。可在平面图上给每一个房间标上它的编号。这是一个标注切换菜单,即再点一下本菜单房间编号自动消失。实例 2.29 的房间编号如图 2.87 所示。

(5)次梁尺寸。如果想查看次梁的尺寸,可通过选择"次梁布置"|"次梁尺寸"选项实现。这也是一个标注切换菜单,即再单击本菜单次梁尺寸自动消失。如接上例执行"次梁布置"|"次梁尺寸",屏幕上将显示次梁的截面尺寸如图 2.88 所示。

(6)移动次梁。用于对某根次梁进行移动。执行此命令后,程序提示选择要移动的次梁,选择好后,程序会弹出如图 2.89 所示对话框提示输入移动距离,输入合适距离后单击"确定"即完成次梁移动。

(7)删单根梁。选择此项,对指定的某单根梁进行删除,而不是整个房间的次梁全部删除。

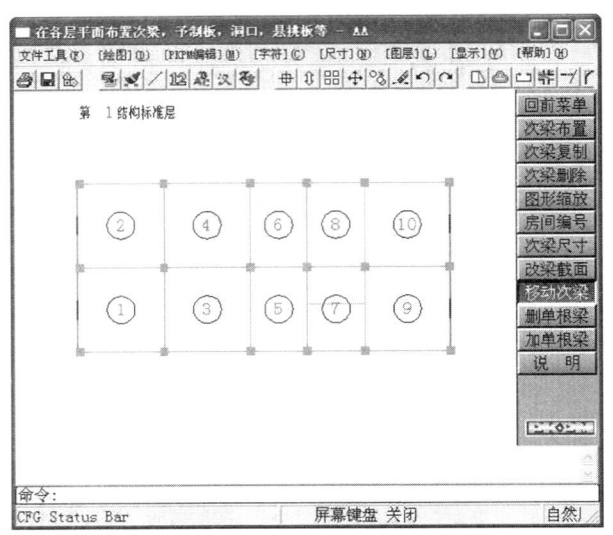

图 2.87 "房间编号"图

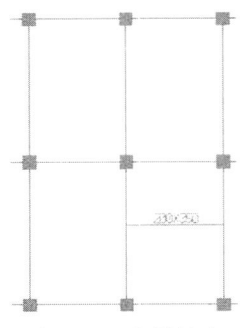

图 2.88 次梁尺寸

(8) 加单根梁。执行此命令后,程序首先提示"用光标点取参考次梁",选择好作参考的次梁后,程序提示"请输入距参考次梁的距离",输入距离后即实现次梁的增加。

(9) 说明。程序弹出当前操作的详细说明,是即时帮助菜单。

图 2.89 "次梁移动"对话框

2.5.2 预制楼板

通过"预制楼板"菜单可以按房间进行预制楼板布置。某房间布置预制板后,程序自动将该房间处的现浇楼板取消。"预制楼板"同"次梁布置"输入方法类似,也有:楼板布置、楼板复制、楼板删除等菜单项,如图 2.90 所示。

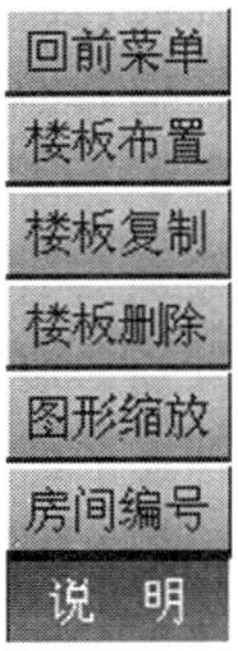

(1) 楼板布置。楼板布置输入方式有自动布板方式和指定布板方式。

① 自动布板方式。选择"楼板布置"选项,并选定房间后,屏幕弹出图 2.91 所示对话框。利用该对话框,指定预制板宽度(每间可有两种宽度)、板间缝的最大宽度限制与最小宽度限制、横放还是竖放。由程序自动选择板的数量、板缝,并将剩余部分做成现浇带放在最右或最上。

② 指定布板方式。由用户指定本房间中楼板的宽度和数量,板间缝宽度、现浇带所在位置(第几块板之后)。

图 2.90 "预制楼板"菜单

每个房间中预制板可有两种宽度,在自动布板方式下程序以采用最小现浇带或不采用现浇带为目标对两种板的数量作优化选择。

(2) 楼板复制。选择"楼板复制"选项,程序会提示"请用光标点取被拷贝的房间",选择完毕后,程序会提示"请指定需拷贝预制板的房间",选取目标房间,则程序自动将目标房间的预制板布置复制到目标房间。楼板复制时,板跨不一致则自动增加一种楼板类型。

(3) 楼板删除。选择"楼板删除"选项,程序会提示"请指定需删除预制板的房间",选择欲删除预制板的房间,删除完毕后,按"Esc"退出"楼板删除"选项。

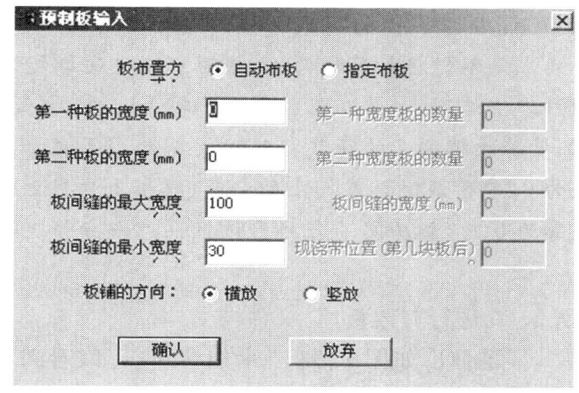

图 2.91 "自动布板"对话框

📖 提示

房间输入预制板后,程序自动将该房间处的现浇楼板取消。

若房间重新布置预制板,则原有的预制板自动删除。

2.5.3 楼板开洞

"楼板开洞"是按房间输入楼板洞口。同次梁输入方法类似,也有洞口布置、洞口复制、洞口删除等菜单项,如图 2.92 所示。

洞口布置过程如下:

(1)选择"楼板开洞"|"洞口布置"。

(2)在"请指定需布置洞口的房间"提示下,可移动光标直接在屏幕上点取需要开洞的房间。该房间中有圆圈加亮,表示选中。

(3)在"有几个洞口?"提示下,键入洞口数量 N。

(4)命令行会提示:"第 1 方孔左下角或圆孔中心坐标 X,Y?(单位:米)?",该坐标是指以房间左下角纵横轴线交点为原点的 X,Y 坐标。根据工程实际输入坐标数值。

(5)程序会接着提示:"第 1 方孔宽,高 B、H? 或圆孔直径-D?(单位:米)",若为方孔,需键入方孔的宽、高两数。为圆孔则键入圆孔直径一个数,但在 D 前一定要加个负号。

图 2.92 "楼板开洞"下拉菜单

(6)若有 N 个洞口,则重复(4)、(5)步骤 N 次。

当某房间部分或全部为楼梯间时,一般不应在楼梯间布置处开设一大洞口。而是应利用"修改板厚"菜单将该房间板厚修改为 0,具体原因见下节。

2.5.4 修改板厚

在 PMCAD 主菜单 1 结构交互数据输入中已经指定了每层现浇楼板的厚度,这个数据是给每层所有房间指定的一个基本厚度。但在实际工程中由于每个房间跨度、荷载情况以及使用功能的不同,一般情况下整层楼板板厚不可能都为一个厚度,当某房间厚度并非此值时,则可利用"修改板厚"菜单,将该房间楼报厚度修正。

📖 提示

某房间楼板厚度为 0 时,该房间上的荷载仍传到房间四周的梁或墙上,需说明的是利用"楼板开洞"形成的洞口其上是不能施加荷载的,也就不可能将洞口处的荷载传递到梁上了。

对于楼梯间可用两种方法处理,一是在其位置开一较大洞口,导荷载时其洞口范围的荷载程序将自动扣除,需手工计算出楼梯间的荷载将其按梁荷的形式施加到梁上。二是将楼梯所在房间的楼板厚度修改为 0,导荷载时该房间上的荷载(楼板上的恒载、活载)仍能近似地导至周围的梁和墙上。楼板厚为 0 时,该房间不会画出板钢筋。一般情况下采用方法二能够基本满足工程设计需要。

实例 2.30 接例 2.29 进行修改板厚。

(1) 选择"修改板厚",屏幕弹出如图 2.93 所示的窗口,可以看到程序已经默认给出了所有板厚为"0.12m",这个数值就是在 PMCAD 主菜单 1"楼层定义"|"本层信息"中输入的值。

(2) 然后在"请输入修改后的楼板厚度"提示下,将楼梯间(本例为③—④轴间的下部房间)板厚设为 0,因此采用默认值"0"即可。

(3) 在"请用光标点取被修改的房间"提示下,单击"楼梯间",即将楼梯间板厚设为 0,如图 2.94 所示,单击保存即退出"修改板厚"操作。

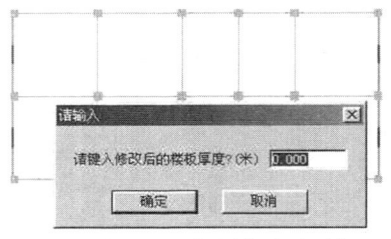

图 2.93 板厚修改对话框

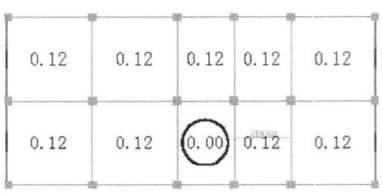

图 2.94 修改板厚

(4) 单击"退出",屏幕会出现如图 2.95 所示的提示,单击鼠标左键或按 Enter 键确定,即进入第二结构标准层的次梁楼板布置窗口,根据工程实际进行修改,本工程第二标准层采用默认即可,操作完成后单击"退出",即完成"次梁楼板布置"工作,并返回到 PKPM 主菜单。

图 2.95 "输入次梁楼板"提示窗口

2.5.5 设悬挑板

"设悬挑板"菜单用于在结构外围的梁或墙上设置现浇悬臂板,其板厚由程序自动按该梁或墙所在房间取值。用户应输入悬挑板上的恒载和活载均布面荷载标准值,如该荷载输 0,程序也自动取相邻房间的楼面荷载,悬挑范围为用户单击的某梁或墙全长,挑出宽度沿该梁或墙为等宽。

当悬臂板的位置在平面外围的同一边,且悬挑长度相同时可归为一类悬挑板。每类悬挑板的输入步骤如下:

(1) 单击"设悬挑板"选项会弹出如图 2.96 所示子菜单。用鼠标选取"布悬挑板"选项,程序会提示"直接布置,请用光标选择目标([Tab]转换方式,[Esc]退出)",根据工程实际可选取几段梁或墙,这一类挑板所在的梁或墙指定完时,可在平面上空白处单击或在最后一根梁或墙上单击。

图 2.96 "设悬挑板"子菜单

（2）程序会随即提示"请键入悬挑出轴线长度(m),悬挑板上恒载,活载标准值(标准值 kN/m²)？荷载输 0 则程序取相邻房间荷载",根据工程实际输入悬挑长度及荷载,如不输荷载或输 0,程序自动取悬挑板上荷载为相邻房间楼面荷载。

（3）程序会随即提示"请指示悬挑方向？",根据工程实际在悬挑方向上单击,即完成悬挑板的布置。布置完毕后窗口中将显示出该类挑板的示意图。

此后可继续按屏幕提示输入其他悬挑板。

各类悬挑板均输完时,在平面图上无梁和墙处用光标点一下或按 Esc 键即返回主菜单。

利用"删悬挑板"菜单可将布置好的悬挑板删除,其操作与"次梁删除"、"预制板删除"等操作方法基本相同,不再赘述。

2.5.6 设层间梁

层间梁是指其标高不在楼层上,而是在两层之间的连接柱或墙的梁段,例如某些楼梯间处的梁或某些特殊用途的层间梁。用户用光标点出层间梁的位置,给出标高和梁的规格即可。输入层间梁后,程序可在作该榀框架的分析时,作出这种复式框架的立面图和荷载简图。但在用 SATWE 或 TAT 程序进行结构计算时,只把层间梁上的荷载传给主结构,并未考虑该杆件的刚度影响。

2.5.7 改墙材料

图 2.97 "改墙材料"子菜单

如本标准层墙体材料需进行修改,可点此菜单修改,点取"改墙材料"会弹出"改墙材料"子菜单如图 2.97 所示,根据工程实际选择墙体材料,选择完毕后程序会提示"请用光标点取材料为混凝土(砖)的墙(按 Tab 键用窗口点取,Esc 退出)",移动光标点取需修改的墙体即完成墙材料修改。

2.5.8 楼板错层

当个别房间的楼层标高不同于该层楼层标高,即出现错层时,利用此菜单输入个别房间与该楼层标高的差值。房间标高低于楼层标高时的错层值为正。

操作时首先移动光标直接在屏幕上点取错层所在的房间,再键入错层值(m)。

本菜单仅对某一房间楼板作错层处理,使该房间楼板的支座筋在错层处断开,不能对房间周围的梁作错层处理。

2.5.9 梁错层

如在建模时输入的梁(主梁)不同于楼层其他梁的标高,可在此菜单为该梁设置错层值,该梁低于其他梁时错层值为正。

这里输入的梁错层不在结构计算中反映,只是在绘图时画出梁错层的状态。

2.5.10 砖混圈梁

布置砖混结构的圈梁并输入相关参数,为 PM 主菜单 6 画砖混圈梁大样图提供数据。在此进行圈梁布置的好处是各标准层统一布置、互相拷贝,方便与预制板、悬挑板的布置协调,并可统一组织数据,方便概预算软件对圈梁、构造柱工程量的统计。

圈梁一般仅能布置在有墙的部位，但拉接圈梁可布置在无墙的网格线上。对于梁下无墙的拉接圈梁不能直接选择网格来布置，只能通过沿轴布置。

单击"砖混圈梁"，弹出一列菜单项，依次为"参数输入"、"布置圈梁"、"删除圈梁"、"预制板厚"、"圈梁纵筋"、"圈梁箍筋"项，如图2.98所示。各菜单项的含义及用法说明如下。

（1）参数输入。选择"参数输入"菜单项，程序将弹出图2.99所示对话框，用于对圈梁设计参数进行输入和修改。现对各有关参数的设置说明如下。

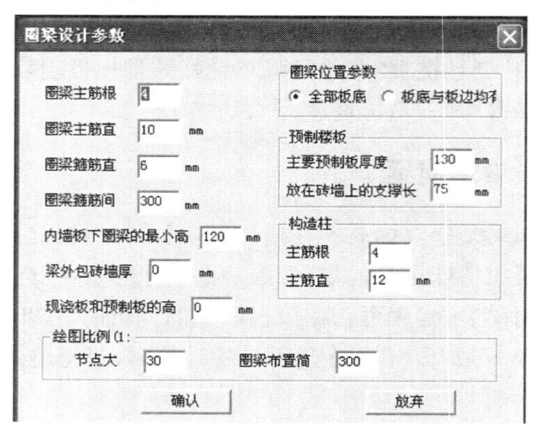

图2.98 "砖混圈梁"下拉菜单　　　　图2.99 "圈梁设计参数"对话框

① 圈梁主筋根数、主筋直径、圈梁箍筋直径、圈梁箍筋间距、构造柱主筋根数、构造柱主筋直径这几项参数应根据砌体材料、抗震设防烈度等条件按《砌体结构设计规范》（GB 50003—2001）（以下简称《砌体规范》）及《建筑抗震设计规范》（GB 50011—2001）（以下简称《抗震规范》）确定。

② 内墙板下圈梁的最小高度、梁外包砖墙厚。一般情况下圈梁宽同内墙宽，例如，若内墙宽240mm，外墙宽360mm，则圈梁宽设为240mm，梁外包砖墙厚设为120mm；内墙板下圈梁的最小高度不得小于120mm。

③ 现浇板和预制板的高差。此项参数按大部分的布置情况填写。

④ 圈梁位置参数。确定此项参数时，有两种选择，一是"全部板底"方式，表示不论板边是否有放置圈梁的位置，均在板底下面设置最小高度的圈梁，梁顶根据板边位置设在板底或板顶；另一是"板底与板边均有"方式，根据板边是否有放置圈梁的位置确定梁底面和顶面高度。当板边有位置放置圈梁时，圈梁设在板边，梁顶与板顶齐，梁高取板厚，且不小于120mm。当板边无位置，圈梁设在预制板下面。

⑤ 预制楼板。此项参数用于输入主要预制板厚度（指本层大多数预制板厚度）和放在砖墙上的支撑长度，各房间板厚不同时可用"预制板厚"菜单进行修改；。

⑥ 绘图比例。此参数用于确定节点大样、圈梁布置简图的比例。

（2）布置圈梁。"布置圈梁"菜单用于将圈梁布置到对应的砖墙上去，操作方法如下。

执行"布置圈梁"命令；在"请用光标选择目标（按Tab转换方式，按Esc退出）"提示下，选择欲布置圈梁的砖墙（可用Tab键进行光标、轴线、窗口、围栏方式转换），即实现圈梁的布置。可连续布置直至按Esc退出，

（3）删除圈梁。如果圈梁布置错误，利用"删除圈梁"命令进行删除。操作过程如下。

在"请用光标选择目标（按Tab转换方式，按Esc退出）"提示下，选择欲删除的圈梁（可用

Tab 键进行光标、轴线、窗口、围栏方式转换),即实现了对圈梁的删除。可连续选择要删除的圈梁直至按 Esc 退出。

(4)"预制板厚"。"预制板厚"菜单用于修改预制板厚度。操作过程如下。

选取"预制板厚"选项,主窗口中就会显示已经布置的预制板厚度。

在"请键入修改后的楼板厚度?(毫米)(按 Del 键退出)"提示下,输入修改后的楼板厚度。然后在"请用光标点取被修改的房间(按 Del 键退出)"提示下,用光标选择被修改的房间,即实现了该房间预制板厚度的修改。

继续重复上述操作,直至按 Esc 退出。

(5)圈梁纵筋。"圈梁纵筋"用于对圈梁纵筋的根数和直径进行修改。操作过程如下。

选取"圈梁纵筋"选项,程序的主窗口中就会显示所有圈梁的纵筋根数与直径。

在"请用光标点取改纵筋直径与根数的圈梁"提示下,用光标选择要修改的圈梁。

在"输入直径(mm)与根数"提示下,输入直径和根数。主窗口中会显示修改后的圈梁纵筋根数和直径,继续用光标选择要修改的圈梁,修改完毕按 Esc 退出。

(6)圈梁箍筋。"圈梁箍筋"用于对圈梁箍筋的根数和直径进行修改。操作过程如下。

选取"圈梁箍筋"选项,程序的主窗口中就会显示所有圈梁的箍筋直径与间距。

在"请用光标点取改箍筋直径与间距的圈梁"提示下,用光标选择要修改的圈梁。

在"请键入直径(mm)与间距(mm)"提示下,输入箍筋直径和间距。主窗口中显示修改后的圈梁箍筋直径和间距,继续用光标选择要修改的圈梁,修改完毕按 Esc 退出。

2.5.11 拷贝前层

通过"拷贝前层"可将上一标准层已输入的次梁布置、预制楼板、洞口、悬挑楼板、砖混圈梁、各房间板厚等信息直接复制到本层,再对其局部修改,从而使其余各层的次梁、预制板、洞口等输入过程大大简化。

当执行"拷贝前层"命令后,屏幕弹出图 2.100 所示"拷贝前层的内容"对话框,用于选择要拷贝的内容。选择完毕后,单击"确定"即实现了拷贝。

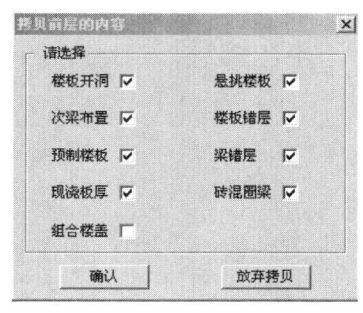

图 2.100 "拷贝前层"对话框

2.5.12 退　出

当某一结构标准层布置完毕后,选择"退出"菜单。程序将提示"请选择下一个需作布置的标准层层号(结束-Esc),(2)"。输入需进行布置的标准层号。当所有标准层布置完毕后,程序会保存所作的布置,退出主菜单 2。

执行完主菜单 2 后,程序生成了名为 TATDA1.PM,LAYDATN.PM 的文件。TATDA1.PM,LAYDATN.PM 这两个文件是描述各层布置并与本 CAD 系统其他功能模块接口的重要数据文件。

2.6　PMCAD 主菜单 3　输入荷载信息

在 PMCAD 主菜单 1 中定义的是各标准层的基本楼面荷载。而各标准层房间荷载经常是不同的,主菜单 3 即能实现各房间楼面荷载的重新定义。此外,外加于梁间、柱间或墙间的荷载也要在此定义。楼面荷载的传导将在这一步由程序自动计算。

选中 PMCAD 主菜单 3,单击"应用"按钮,启动"输入荷载信息"启动界面,如图 2.101 所示。

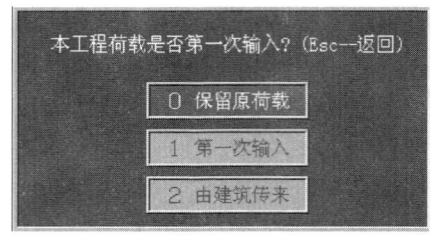

图 2.101 "输入荷载信息"启动界面

对应此界面,有如下几项选择:

(1)"0 保留原荷载"。当已执行过主菜单 3,且想要保留已输入的荷载数据,则选择此项。

(2)"1 第一次输入"。若从未执行过主菜单 3 或欲重新开始输入荷载,则选择此项。

(3)"2 由建筑传来"。从建筑软件 APM 中传导计算建筑构件生成的外加荷载。除已转成结构构件(梁、柱、承重墙)外,其余建筑构件将按后面确定的材料容重计算成荷载,加到梁、墙、柱、节点、次梁或楼板上。

如果按 Esc 键,程序将不进行荷载输入,而是直接退回主菜单。

无论选择哪一项启动后,程序都将显示如图 2.102 所示对话框:

图 2.102 主菜单 3 启动对话框

此时,输入一个要进行荷载输入的层号,进入主菜单 3 的操作界面,如图 2.103 所示是接例 2.30 进入主菜单 3 后的操作界面。

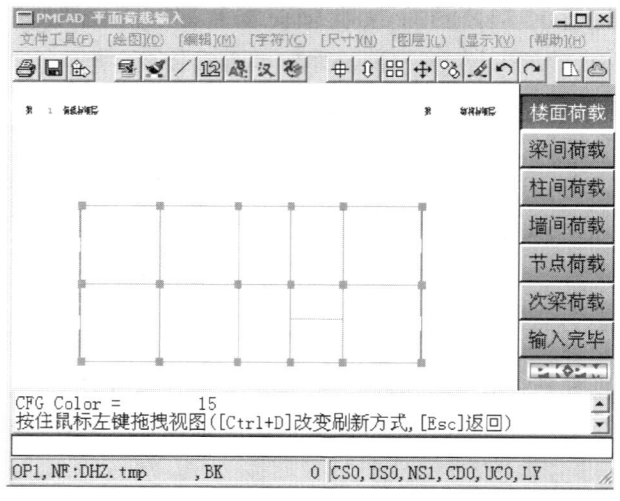

图 2.103 主菜单 3 操作界面

2.6.1 楼面荷载

"楼面荷载"菜单又包括了如图 2.104 所示 6 个子菜单项。

(1)楼面恒载。选择"楼面荷载"|"楼面恒载"菜单项,屏幕上将显示在主菜单 1 中定义的每一房间上的均布恒荷载值。如果有哪个房间的值要进行修改,输入新值,然后选择要修改的房间,即可实现个别房间的局部更改。或用窗口点取多个房间同时修改,修改完毕后可按 Esc

键退出。

实例 2.31 接例 2.30 进行楼梯间(本例为③—④轴间的下部房间)楼面恒载值修改。

① 选择"楼面荷载"|"楼面恒载",弹出如图 2.105 所示窗口,窗口中默认的荷载"5.0"即为在"楼层组装"时设置的恒荷载。

② 在窗口左下部的提示框中"输入需修改楼面恒荷载的荷载值(kN/m^2)([Tab]-设置显示,[Esc]-返回)"提示下,输入"7.5"后按 Enter 键确认。

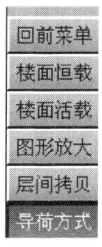

图 2.104 "楼面荷载"菜单

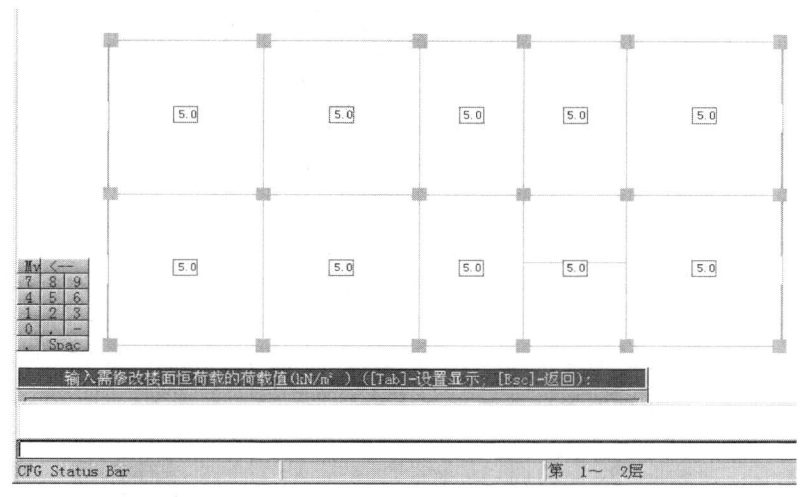

图 2.105 "楼面恒载"窗口

③ 程序提示栏接着会提示"请选择要处理面荷载的房间",单击楼梯间,即将楼梯间恒荷载修改为 $7.5kN/m^2$。

④ 连续按 Esc 键即退出楼面恒荷载修改。

(2) 楼面活载。选择"楼面荷载"|"楼面活载"菜单项,屏幕上将显示在主菜单1中定义的每一房间上的均布活荷载值。如果有哪个房间的荷载值要进行修改,输入新值,然后选择要修改的房间,即可实现个别房间的局部更改。或用窗口点取多个房间同时修改,修改完毕后可按 Esc 键退出。

实例 2.32 接例 2.31 进行楼面活载值修改。

① 选择"楼面荷载"|"楼面活载",即弹出如图 2.106 所示窗口。

② 在窗口左下部的提示框中"输入需修改楼面活荷载的荷载值(kN/m^2)"提示下,输入"3.5"后按 Enter 键确认。

③ 程序提示栏接着会提示"请选择要处理面荷载的房间",单击楼梯间,即将楼梯间活荷载修改为 $3.5kN/m^2$。然后连续按 Esc 键即退出楼面活荷载修改。

(3) 图形放大。各房间的面荷载可以全部显示,也可以由用户挑选某个房间单独显示,由于屏幕窗口的限制,如图面上的数字太大,互相重叠看不清时,可先退回到楼面恒、活载选择菜单,放大图形后再显示则可看清具体的荷载数值。

(4) 层间拷贝。可将上一层的各房间楼面荷载拷贝到本层,但是只有上层与本层的房间

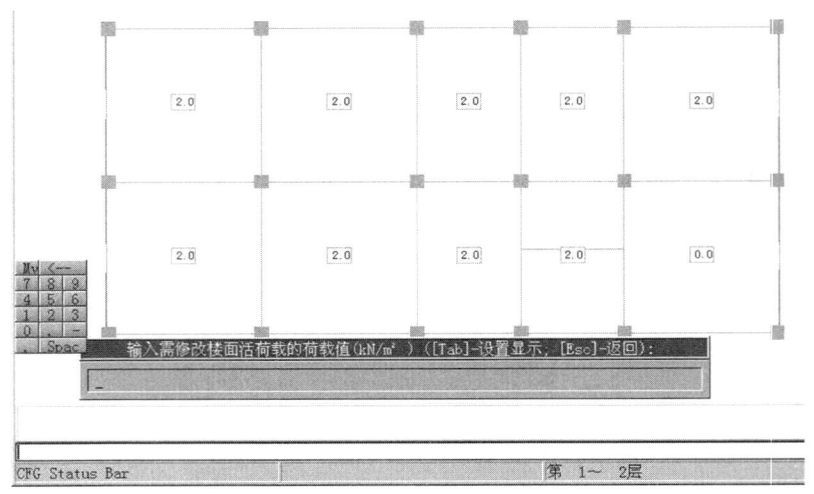

图 2.106 "楼面活载"窗口

形心重合的房间才能拷贝。

(5) 导荷方式。"导荷方式"菜单下又包含了如图 2.107 所示的 5 个子菜单项。

① 指定方式。选择"指定方式"菜单可修改导荷方式,程序首先显示出各房间的布置方式,然后提示用户选择某一要修改的房间,选择房间后,屏幕右侧菜单显示如图 2.108 所示的几种导荷方式供选择,这几种传导方式自上而下分别为:

图 2.107 "导荷方式"菜单　　　　图 2.108 导荷方式

a) 对边导荷方式。只将荷载向房间两对边传导,在矩形房间上铺预制板时,程序按板的布置方向自动取用这种荷载传导方式。选用"对边方式"后,还需指定房间的某一受力边。一般来说,对于楼梯间可按这种方式导荷。

b) 梯形三角形方式。对现浇混凝土楼板且为矩形房间,程序采用这种方式。

c) 沿周边布置方式。将房间内的总荷载沿房间周长等分成均布荷载布置。对于非矩形房间,程序选用这种传导方式。选用"周边传导方式"后,可以指定房间的某一边或某几边为不受力边。

② 调屈服线。"调屈服线"项主要针对梯形、三角形方式导荷的房间,当需要对屈服线角度特殊设定时使用。程序缺省屈服线角度为45°。

③ 相同复制。"相同复制"项可实现将某一房间的导荷方式复制到另一房间,从而省去设置工作。

④ 层间拷贝。"层间拷贝"项可实现将某一楼层的导荷方式复制到另一楼层,从而省去设置工作。

2.6.2 梁间荷载

"梁间荷载"菜单又包括了"梁间恒载"和"梁间活载"等子菜单项,如图2.109所示。

(1)"梁间恒载"或"梁间活载"。选择"梁间荷载"|"梁间恒载"或"梁间活载"菜单项,将分别弹出图2.110及图2.111所示下拉菜单。

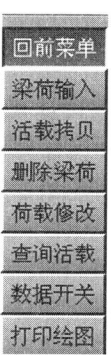

图2.109 "梁间荷载"菜单　　图2.110 "梁间恒载"菜单　　图2.111 "梁间活载"菜单

① "梁荷输入"。选择"梁间恒载"或"梁间活载"|"梁荷输入"菜单项,屏幕弹出"梁荷输入"对话框,如图2.112所示。

单击"添加标准荷载"按钮,屏幕弹出图2.113所示"选择梁的荷载类型"对话框。

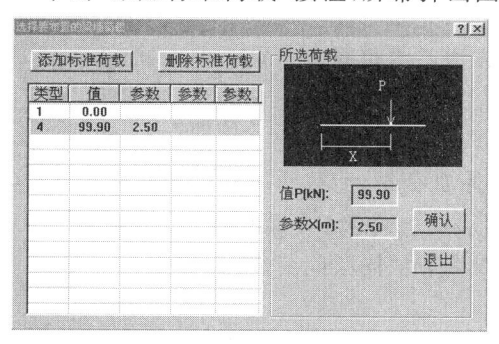
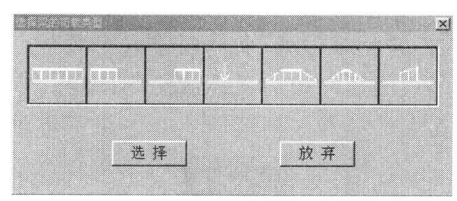

图2.112 "梁荷输入"对话框　　　　图2.113 "选择梁的荷载类型"对话框

根据工程实际选择一种荷载类型,屏幕将弹出对应荷载类型的"输入荷载参数"对话框,如图2.114所示为"输入第1类(即均布)荷载参数"对话框。输入荷载参数后,按"确定"按钮退出对话框。

此时系统提示"请用光标选择需输入荷载的梁",用户可以用光标点取或窗口点取梁。选择完毕,荷载就布置上去,如果要布置其他荷载时,按Esc键回到图2.112"梁荷输入"对话框。如要结束布置,在"梁荷输入"对话框中,单击"退出"按钮。

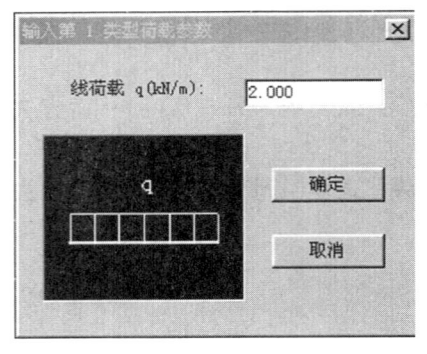

图 2.114 "输入荷载参数"对话框

单击"删除标准荷载"按钮,可对标准荷载库中的标准荷载值进行删除。

② "恒载拷贝"或"活载拷贝"。将进行了荷载布置的梁上的荷载拷贝到其他梁上。操作时依次选择要施加荷载的梁和被拷贝荷载的梁,被选中的梁呈高亮显示。若发现选择错误,可按 Esc 键取消。

③ 删除梁荷。本项菜单用于清除选定梁上的全部外加荷载,并显示出其他梁的荷载情况。

④ 荷载修改。本项菜单用于对选定梁进行荷载的添加及荷载数值的修改。

⑤ 查询荷载。本项菜单用于查询某梁上已输入的各荷载数值。

⑥ 数据开关。选中"数据开关"后可打开显示荷载的详细数据,再选择一次该菜单又可以关闭掉数据显示。

(2) 层间拷贝。通过"层间拷贝"可把前一荷载标准层已输入的梁间荷载拷贝到本层上,在此基础上修改,从而简化输入。

2.6.3 柱间荷载

利用本菜单输入作用在柱间的恒载或活载,"柱间荷载"菜单又包括如图 2.115 所示 6 项菜单。其中,2—4 项子菜单仍有下级菜单,内容与梁间荷载相同。柱 X 表示作用于平面上 X 方向的柱间荷载,柱 Y 表示作用于平面 Y 方向的柱间荷载。添加荷载、删除荷载或荷载布置方法均与梁间荷载相同,在此不再赘述。

图 2.115 "柱间恒载"下拉菜单

2.6.4 墙间荷载

主要输入墙上的特殊荷载,与梁间荷载的操作方法基本相同。

2.6.5 节点荷载

通过"节点荷载"项可以输入平面节点上的某些附加荷载,荷载作用点即平面上的节点,各方向弯矩的正向按右手螺旋法则确定。"节点荷载"菜单下又有 4 个菜单项,如图 2.116 所示。

其中的第 2,3 项菜单仍有下级子菜单,内容与设置方法同梁间荷载。

图 2.116 "节点荷载"菜单

图 2.117 "次梁荷载"菜单

2.6.6 次梁荷载

"次梁荷载"下的4项子菜单,如图2.117所示。内容与设置方法同梁间荷载。利用此菜单可进行输入一级次梁及交叉次梁上的附加荷载。选择此项后,可用光标捕捉到所需次梁,按Enter键后,即可按提示输入一组次梁荷载。程序将自动把一级次梁荷载按两端简支的力学模型向主梁上导算,交叉次梁时作交叉梁内力分析并将其支座反力导算到主梁、墙支座上。

2.6.7 输入完毕

当选择"输入完毕"项,将弹出如图2.118所示对话框。

选择第一项时,则程序自动把从上至下的各层恒载、活载作传导计算,生成一个基础各CAD模块可接口的PM恒、活荷载,这个荷载只能在基础CAD软件中显示。

选择第二项时,程序不会生成供基础CAD接口的荷载数据。

选择第三项时,可返回到前面补充输入外荷载。

如果选择了"考虑活荷载折减"复选框,应进行折减参数设置,点取"设置折减参数"按钮,将弹出如图2.119所示对话框,进行参数设置完毕后,程序将自动按折减参数进行活荷载折减。

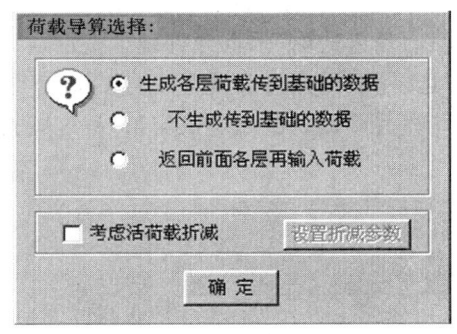

图2.118 "荷载导算选择"对话框

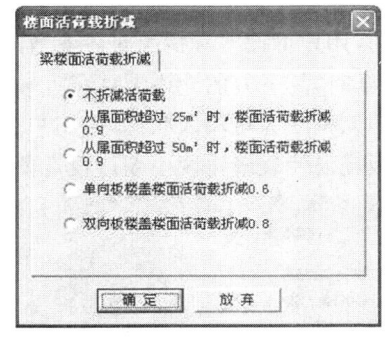

图2.119 "楼面活荷载折减参数"对话框

2.7 PMCAD主菜单5 画结构平面图

应用PMCAD主菜单5可进行框架结构、框剪结构、剪力墙结构和砖混结构的平面图绘制,本菜单还可完成现浇楼板的配筋计算,每对一个楼层进行一次操作这项菜单即绘制一个楼层的结构平面图,每一层绘制在一张图纸上,图纸名称为PM﹡.T,﹡为层号,图纸规格及比例等由用户在数据文件中已给出。

2.7.1 输入计算和画图参数

选取主菜单5后,单击"应用"按钮,即弹出如图2.120所示的对话框,要求指定要绘图的层号。

输入欲绘制的层号后单击"确定",屏幕随即会弹出如图2.121所示"前处理"菜单。

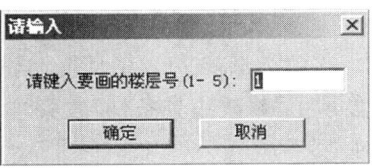

图2.120 "层号输入"对话框

绘图之前如需对某些参数进行设置,应根据需要选择对应选项。各选项含义如下。

(1)"0、继续"。当重新进行参数设置完毕或不需修改程序的隐含设置或以前已完成了参数设置,可执行本选项,执行本选项将直接完成配筋计算并进行画图,单击"继续"后将弹出如图 2.122 所示对话框,由用户确认是否重新进行计算。

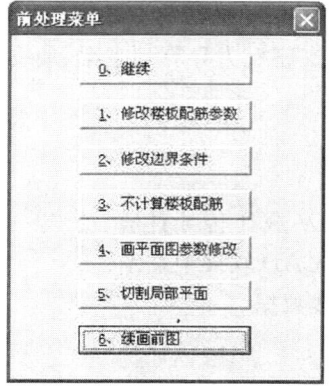

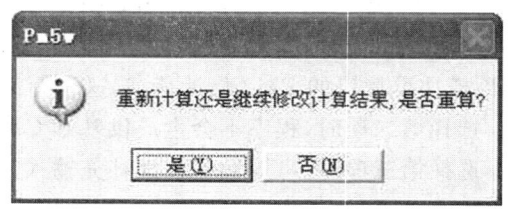

图 2.121　"前处理"菜单　　　　　　　　　图 2.122　"重新计算选择"对话框

(2)"1、修改楼板配筋参数"。当选择此项后,屏幕将弹出"楼板配筋参数"对话框。该对话框包含有"配筋计算参数"和"钢筋级配表"两张选项卡,分别如图 2.123,图 2.124 所示。各参数都有默认值,用户可按实际情况对各参数进行修改,需说明的是未选取"根据允许裂缝宽度自动选筋"复选框时,其下方的允许裂缝宽度输入框是灰色的,选中"根据允许裂缝宽度自动选筋"复选框后该输入框变为可输入状态,由用户进行设置,一旦计算后楼板裂缝超过设定值,程序将自动调整楼板配筋使裂缝宽度不超过设定值。

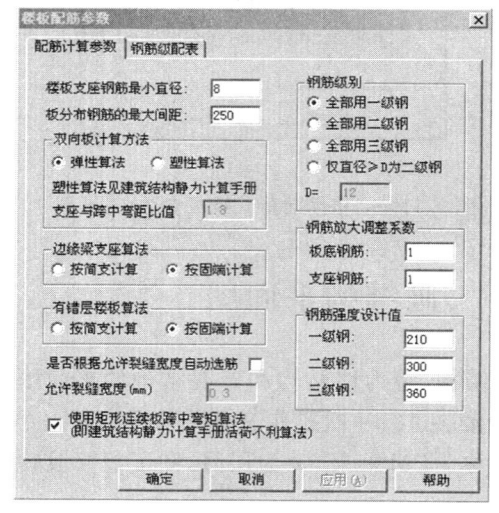

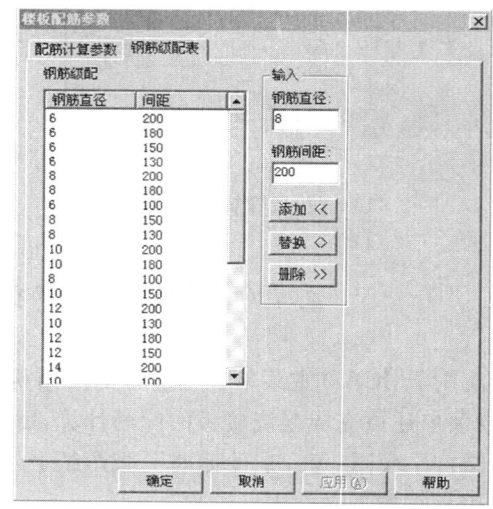

图 2.123　"楼板配筋参数"选项卡　　　　　图 2.124　"钢筋级配表"选项卡

(3)"2、修改边界条件"。当选择此选项后,可对边界条件进行修改。图 2.125 中右侧菜单显示了"修改边界条件"主菜单,其上有"固支边界"、"简支边界"、"显边条件"及"前菜单"选项。

① 固支边界。当选择了"固支边界"后,屏幕会显示当前工程的边界条件,如图 2.125 所示,即是例 2.32 的边界形式情况。固支边界以红色显示,简支边界以蓝色显示。

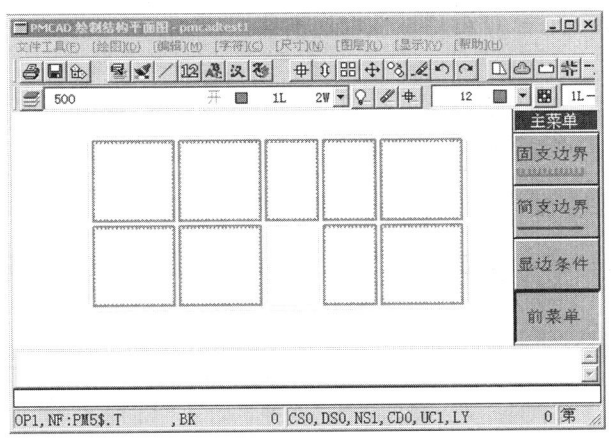

图 2.125　边界条件显示窗口

同时,程序会提示:"请指定需修改边界条件的板边([Esc]返回)",选择需修改为固支边界条件的板边即将该边界改为了固支边界。

程序将重复上述提示,此时可继续指定需修改边界条件的板边直至按 Esc 键退出。

② 简支边界。操作同固支边界。在程序提示下选择了板边后即将边界修改为简支边界。

③ 显边条件。这是一个切换控制开关,用以控制边界条件的显示与否。

(4)"3、不计算楼板配筋"。此菜单的目的是节省楼板配筋计算的时间,因非矩形板块较多时,计算一层钢筋要花较多时间。不过,没有进行楼板配筋计算就不能在以后的操作中画楼板钢筋。

(5)"4、画平面图参数修改"。单击"画平面图参数修改"选项后,程序弹出图 2.126 所示"画平面图参数"对话框,用于设定图幅比例、是否绘制钢筋表、是否标注预制板缝尺寸、板钢筋是否要编号、构件是否涂黑等绘图参数,用户可根据绘图需要进行设置。

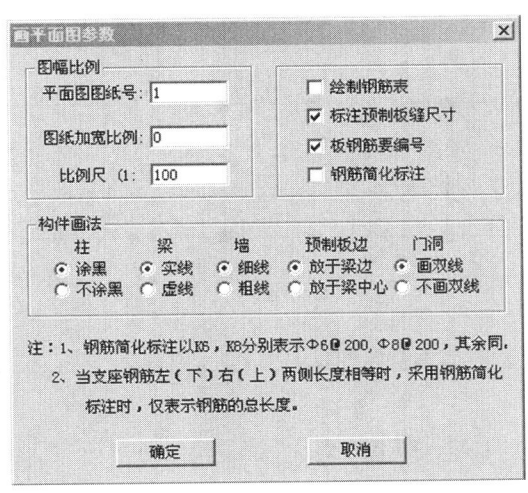

图 2.126　"画平面图参数"对话框

其中,"板钢筋编号"选项是控制楼板钢筋标注方式的,板钢筋需编号时,相同的钢筋均编同一个号,只在其中的一根上标注钢筋级配及尺寸,不需编号时,则图上的每根钢筋均没有编号号码,在每根钢筋上均要标注钢筋的级配及尺寸。

(6)"5、切割局部平面"。可由用户选取切割某层平面的一部分,用不同的比例尺画出这一局部平面图。

(7)"6、续画前图"。程序将调出已经画出的本层平面图,由用户在上面继续补充修改。

用户如需将其他层平面图调到本层续画,需先将其他层平面图名拷贝成本层图名。

2.7.2 钢筋混凝土楼板内力和配筋计算

各项设置全部修改完毕后,选择"0",进入计算绘图,屏幕将显示如图2.127所示绘图类型选项菜单。

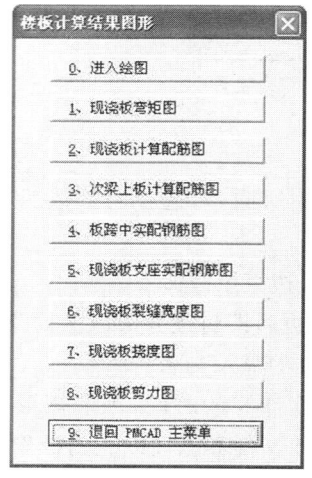

图2.127 "绘图类型"选项菜单

菜单各选项含义如下。

(1)"0、进入绘图"。选此选项,则直接进入绘平面图操作。

(2)"1、现浇板弯矩图"。选择此选项将显示现浇板的弯矩图,在平面图上标出每根梁、次梁、墙的支座弯矩值(蓝色),标出每个房间板跨中 X 向和 Y 向弯矩值(黄色),该图名称为 BM * .T(* 为层号)。如图2.128所示为例2.32第三层的现浇板弯矩图BM03.T。

(3)"2、现浇板计算配筋图"。选择此选项将显示板的计算配筋图,梁、墙、次梁上的值用蓝色显示,各房间板跨中的值用黄色显示,图上数值均是按 HPB235(Ⅰ)级钢筋进行配筋计算的结果。该图名称为 BAS * .T(* 为层号)。如图2.129所示为例2.32第三层的现浇板计算配筋图BAS03.T。

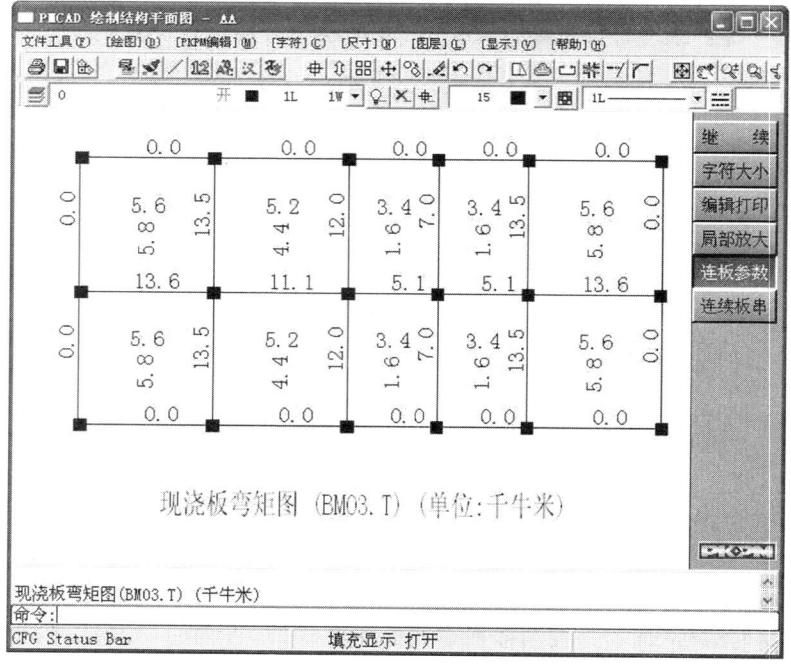

图2.128 现浇板弯矩图

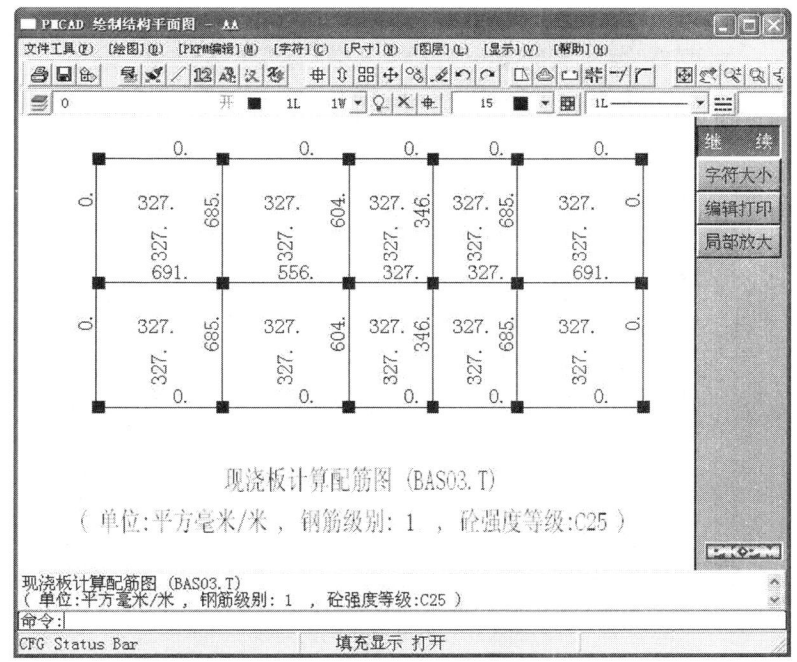

图 2.129 现浇板计算配筋图

注意,配筋图上的钢筋面积均是按 HPB235(Ⅰ)级钢计算的结果,如实配钢筋取为 HRB335 级钢,则需进行钢筋代换。

(4)"3、次梁上板的计算配筋图"。选择此选项将显示次梁支座处板的钢筋面积图 CLAS *.T(*为层号),次梁上板的计算配筋图单独显示是为避免所有配筋都画在一起造成图面混乱。如图 2.130 所示为例 2.32 第一层的次梁上板的计算配筋图 CLAS01.T。

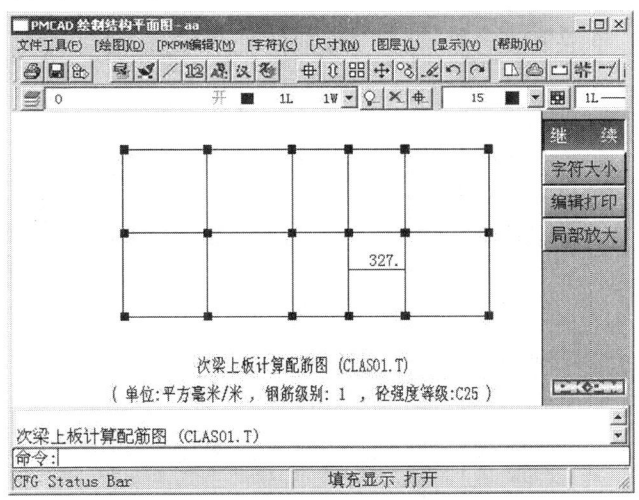

图 2.130 次梁上板的计算配筋图

(5)"4、板跨中实配钢筋图"。选择此选项将显示由程序自动选出的楼板实配钢筋,包括由程序自动选出的板跨中与支座的钢筋直径和间距,用户可在屏幕右边菜单和中文提示下修改任一部位(板跨中,梁、墙支座)等处的钢筋直径和间距。如图 2.131 所示为例 2.32 第一层的板跨中实配钢筋图 BGJ01.T。

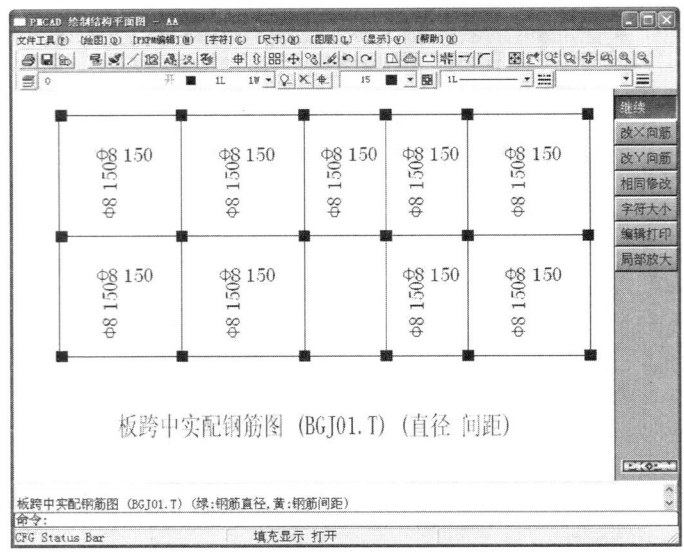

图 2.131　板跨中实配钢筋图

(6)"5、现浇板支座实配钢筋图"。选择此选项将显示板支座处实配钢筋计算结果。绿色表示钢筋直径,黄色表示钢筋间距,图名为 LGJ*.T(*为层号)。如图2.132所示为例2.32第一层的现浇板支座实配钢筋图 LGJ01.T。

执行右侧的"改梁上筋"、"改墙上筋"、"改次梁筋"命令可对梁、墙、次梁处钢筋进行修改。

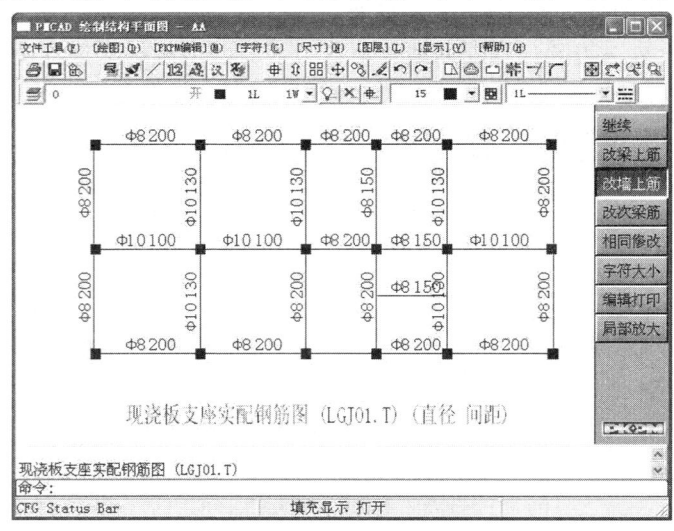

图 2.132　现浇板支座实配钢筋图

(7)"6、现浇板裂缝宽度图"。选择此选项将显示楼板的裂缝宽度计算结果,该图图名为 CRACK*.T(*为层号)。如图2.133所示为例2.32第一层的现浇板裂缝宽度图 CRACK01.T。

(8)"7、现浇板挠度图"。选择此选项将显示现浇板的挠度图,该图图名为 DEFLET*.T(*为层号)。如图2.134所示为例2.32第一层的现浇板跨中挠度图 DEFLET01.T。

(9)"8、现浇板剪力图"。选择此选项将显示板的现浇板剪力图,该图图名为 BQ*.T

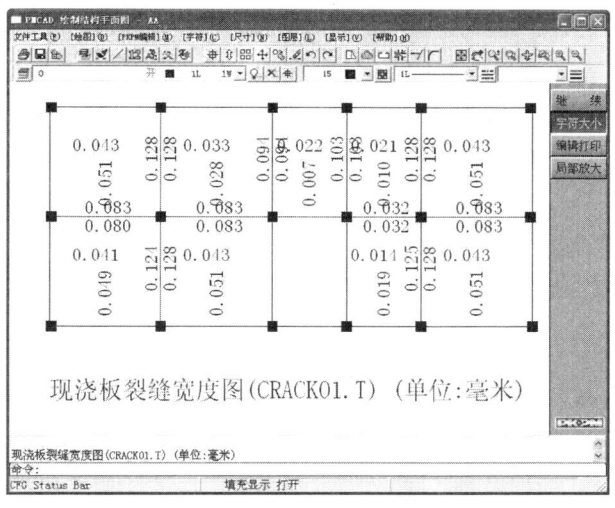

图 2.133　现浇板裂缝宽度图

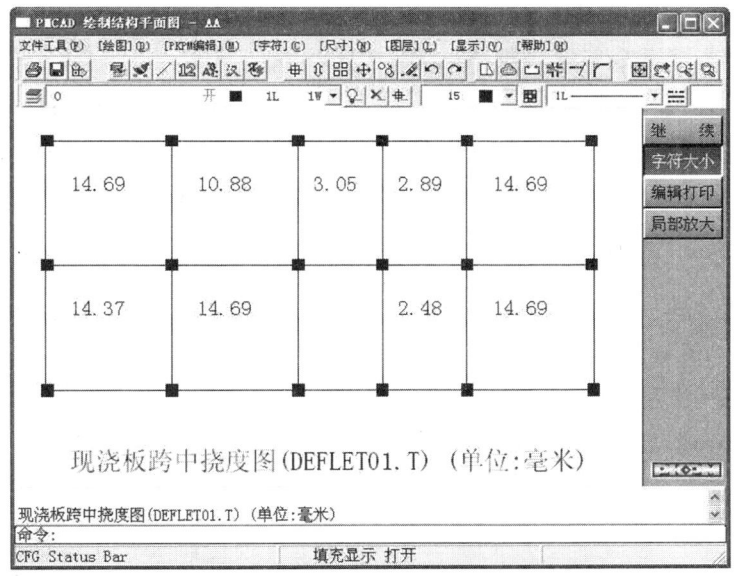

图 2.134　现浇板跨中挠度图

(＊为层号)。如图 2.135 所示为例 2.32 第一层的现浇板剪力图 BQ01.T。

(10)"9、退回 PMCAD 主菜单"。单击该选项将退出结构平面图绘制,返回到 PMCAD 主菜单。

2.7.3　交互式绘制结构平面图

当选择了 2.7.2 节的各选项查看楼板计算结果,并查看无误后,选择"0"进入绘图主窗口,屏幕主窗口中显示工程的结构平面图,右侧对应一列绘图菜单,如图 2.136 所示。

1. 标注尺寸

选择"标注尺寸"菜单,将弹出如图 2.137 所示下级菜单,各选项含义及用法说明如下。

(1)注柱尺寸。该选项用于标注柱的尺寸。

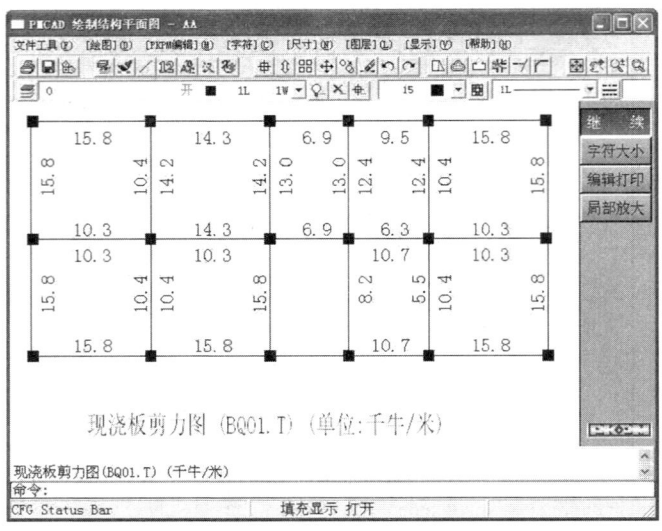

图 2.135　现浇板剪力图

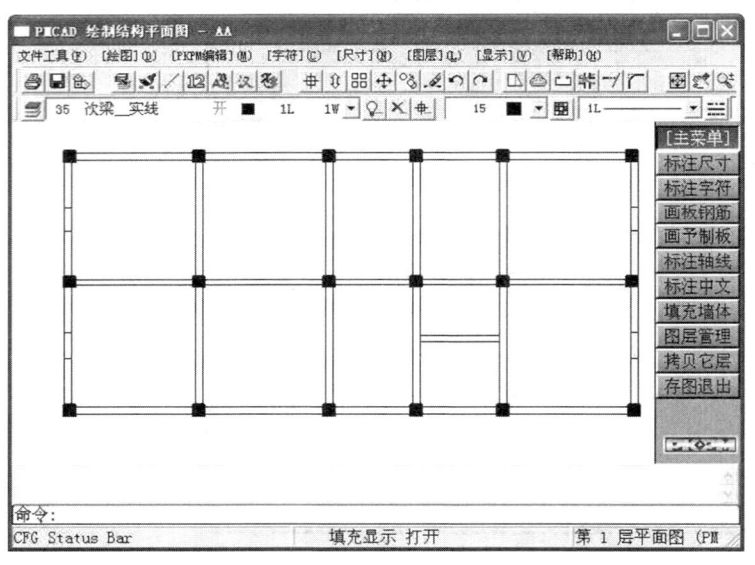
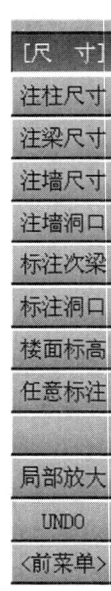

图 2.136　绘图窗口　　　　　　　　　　　图 2.137　"标注尺寸"子菜单

执行该命令后,程序提示:"移动光标点取需标尺寸的柱",此时移动光标选择要进行尺寸标注的柱,则标注出该柱两个方向上的尺寸及与轴线的相对位置,如图 2.138 所示。

若要继续标注柱尺寸,再移动光标点取其他要标注尺寸的柱或按 Esc 键或移动光标到右边菜单退出标注柱尺寸功能。

提示

尺寸标注的位置取决于光标点取的位置与柱所在节点的相对位置。如光标点取在右上方,则尺寸标注在右上侧。

(2) 注梁尺寸、注墙尺寸。与"注柱尺寸"命令使用方法基本相同,如图 2.139 所示。同样,尺寸标注的位置也取决于光标所点的位置。

(3) 注墙洞口。本选项用于标注墙上洞口尺寸,操作过程如下。

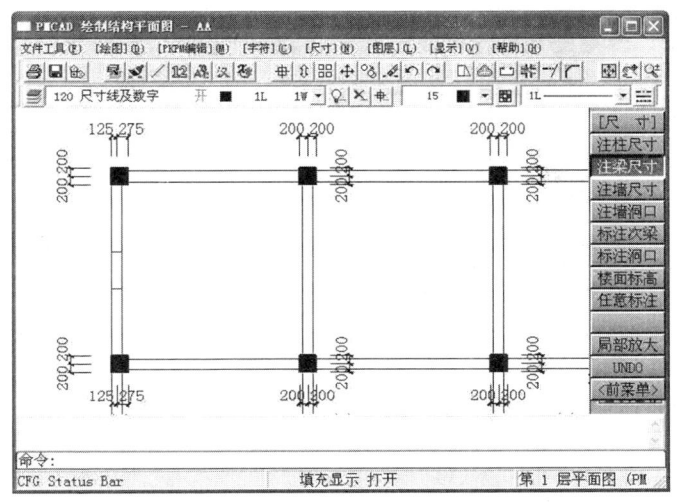

图 2.138 标注柱尺寸

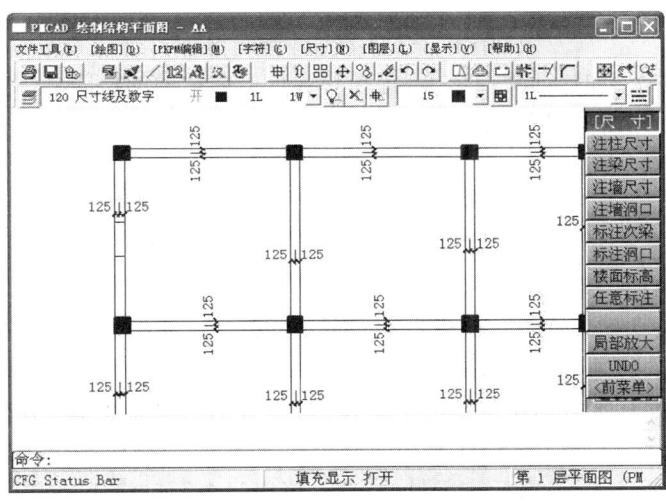

图 2.139 注梁尺寸

首先执行"注墙洞口"命令。

在"连续点取一直线上需标尺寸的墙,按[Esc]结束,按[Tab]键改为窗口点取"提示下,选择要标洞口尺寸的墙,全部选择完毕后按 Esc 键结束选择。

在"是否标注两洞口中间的节点或轴线?"提示下,输入"Y"或"N"。

在"请点取尺寸标注位置"提示下,指示尺寸线的标注位置(按 Tab 键可修改光标所在跨的标注数值)。

在"请点取引线位置"提示下,再移光标确定尺寸线引线长度按 Enter 键确认。

即自动标注了该段墙上洞口的尺寸情况。

可继续连续点取一直线上需标尺寸的墙或按 Esc 键结束,如图 2.140 右侧所示为墙上洞口的标注。

(4)标注次梁。标注次梁的操作方法如下。

首先执行"标注次梁"命令。

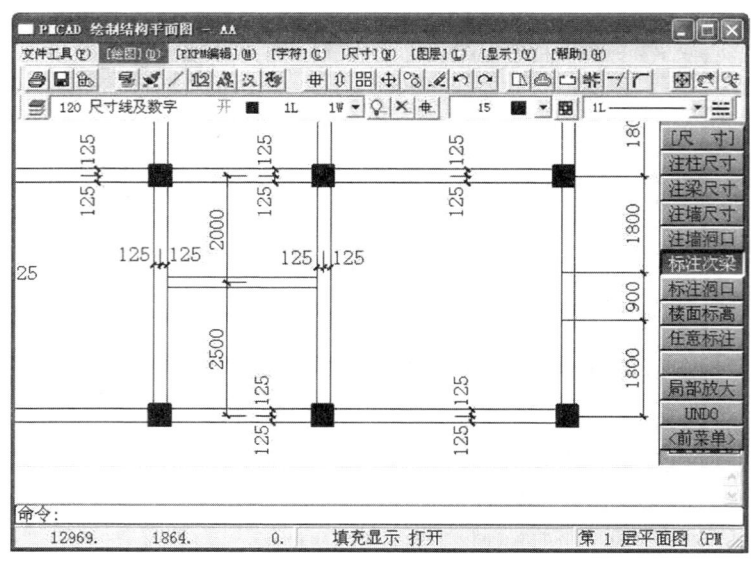

图 2.140　注墙洞口及次梁尺寸

在"请指定标注次梁的房间"提示下,选择要进行标注次梁的房间。

在"请点取尺寸标注位置"提示下,指示横向次梁尺寸线的标注位置(按 Tab 键可修改光标所在跨的标注数值)。

在"请点取引线位置"提示下,再移光标确定尺寸线引线长度按 Enter 键确认。

命令行将继续提示"请点取尺寸标注位置",指示竖向次梁尺寸线的标注位置(按 Tab 键可修改光标所在跨的标注数值)。

在"请点取引线位置"提示下,再移光标确定尺寸线引线长度按 Enter 键确认。

即自动标注了该房间的横向和竖向次梁布置情况。

可继续指定需标注次梁的房间或按 Esc 键结束,如图 2.140 左侧所示为次梁标注。

(5)标注洞口。本选项用于标注某房间楼板的开洞尺寸,操作过程如下。

按屏幕提示,先用光标点取标注洞口的房间,该房间内洞口将逐个用黄色加亮提示用户。

每个洞口先标 X 向尺寸,再标 Y 向尺寸。标 X 向尺寸时,先用光标点取房间周围的参考轴线,用来确定洞口位置,房间左或右边轴线均可。再用光标指示尺寸线在图上标画位置。标 Y 向尺寸方法同样。欲结束某洞口标注时,按 Esc 键。

(6)楼面标高。当执行此命令后,程序会弹出如图 2.141 所示对话框,要求用户输入楼面位置上该标准层代表的若干层的各标高值,各标高值均由用户键盘输入(各数中间用空格分开)。

单击确定后,程序会提示"请移光标指示标高在图面上的标注位置",用光标点取这些标高在图面上的标注位置,即完成图 2.142 所示楼面标高标注。

(7)任意标注。"任意标注"菜单下,包含了"点点距离"、"点线距离"、"线线间距"、"弧弧间距"、"标注直线"、"标注半径"、"标注直径"、"标注角度"、"引线长度"、"标注精度"及"局部放大"等标注方式。

进行这些标注时,基本过程都是:

首先选定要标注的对象,可能是点与点,也可能是点与线,也可能是线与线,或一条直线、一段半径和一个角度等。

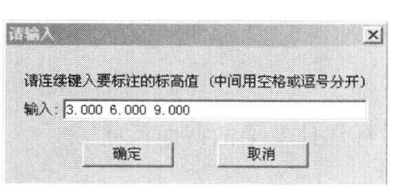

图 2.141　"连续输入标高"对话框

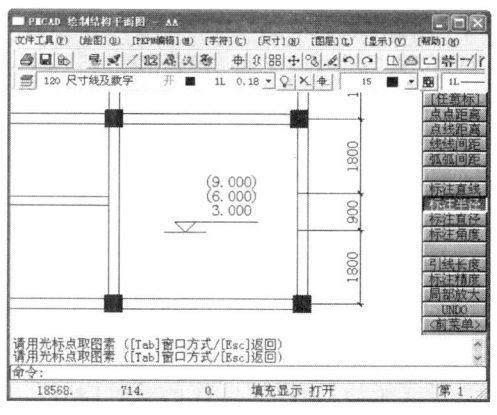

图 2.142　楼面标高标注

然后程序会测量出这两个图素的实际距离或一个图素的实际距离,并在屏幕上显现(如果要改变标注的尺寸数值,可按 Tab 键,键入要标注的数值)。

然后移动光标确定标注位置,确认后再移光标确定引线长度,一个尺寸标注即完成。

"引线长度"项用于设定尺寸引出线的长度(mm)。

"标注精度"项用于设定尺寸标注的精度单位,如实际尺寸为 504,标注精度为 1,标注尺寸为 504;标注精度为 5,标注尺寸为 505;标注精度为 10,标注尺寸为 500。

实例 2.33　接例 2.32 进行直线标注。

① 选择"任意标注"|"标注直线"。

② 在"用光标指定要标注的直线"提示下,选择右下方的梁线。

③ 在"直线选中请确认:是[Y]/终止确认[A]/否[N]"提示下,输入"Y"。

④ 在"请点取尺寸标注位置(按 Tab 键可修改光标所在跨的标注数值)"提示下,用光标指示尺寸线的标注位置。

⑤ 在"请点取引线位置"提示下,用光标指示引线的标注位置。即完成了图 2.143 直线距离的标注。

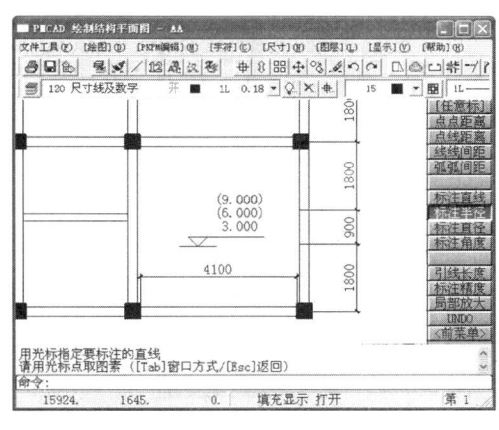

图 2.143　直线标注

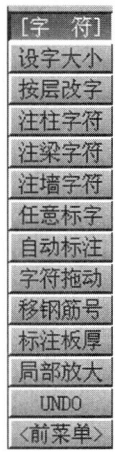

图 2.144　"标注字符"下拉菜单

2. 标注字符

选择"标注字符"菜单后,将弹出图 2.144 所示下拉菜单。利用此菜单,可对柱、梁、墙及预制板等标注说明文字。

(1) 字符大小。进行构件字符标注前,首先利用"字符大小"命令设置要用以标注文字的大小,单击"设字大小"选项,会弹出如图 2.145 所示对话框,程序缺省值为 3.50,如图 2.145 所示。

图 2.145 "输入字符高度"对话框

(2) 注柱、梁、墙字符。注柱、梁、墙字符的操作过程基本是相同的,只是在注柱、梁字符时,可选择是否同时标注柱及梁的截面尺寸。

选择完毕后,输入要标注的字符内容。

再确认后,选择标注该字符的构件,选择时,光标位置偏在构件的哪一边,则字符即被标在那个方向。

实例 2.34 接例 2.33 标注字符。

① 选择"标注字符"|"注柱字符"。

② 在"是否同时标注尺寸"提示下,选择"是"。

③ 在"输入要标的字符"提示下,输入"KZ1",然后确认。

④ 在"请选择需作标注的柱"提示下,选择图 2.146 中左上方柱。

⑤ 在"请指定标注位置"提示下,用光标单击合适的位置,即实现了该柱的标注,重复上述步骤完成注柱字符,如图 2.146 所示。

⑥ 程序连续提示"请选择需作标注的柱",按 Esc 键结束选择。

⑦ 选择"标注字符"|"注梁字符"。以下操作同"注柱字符"基本相同,结果如图 2.146 所示。

(3) 任意字符。执行此命令,可将任意字符标注在图面上。

操作时,首先给出字符内容,然后指定字符的倾斜角度,再用光标指定该字符在图面上的标注位置。

(4) 自动标注。执行"自动标注"命令,将弹出图 2.147 所示下拉菜单。

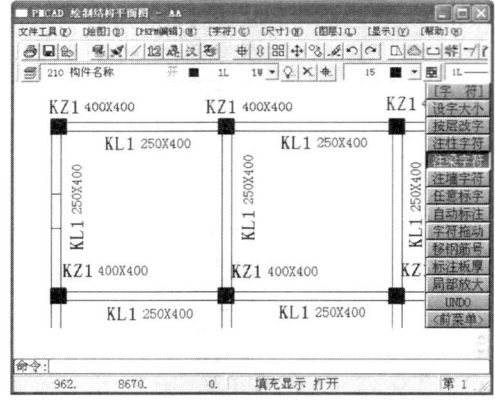

图 2.146 注柱字符

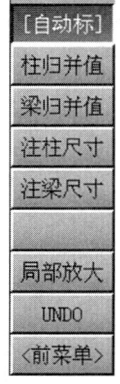

图 2.147 自动标注菜单

① 柱归并值、梁归并值。此两项菜单可分别把经 TAT 或 SATWE 全楼梁柱归并计算后生成的梁、柱编号及尺寸自动标注在结构平面图上。但要做到这一点必须在此之前执行过 TAT 或 SATWE 全楼梁柱归并操作。

如执行"柱归并值"命令时,屏幕弹出图 2.148 所示提示信息窗口。确认后,则将 TAT 或 SATWE 柱归并计算后的柱编号标注在平面图上。

图 2.148　信息提示窗口

② 注柱尺寸、注梁尺寸。自动标注结构平面图上所有柱或梁的尺寸,如图2.149所示。

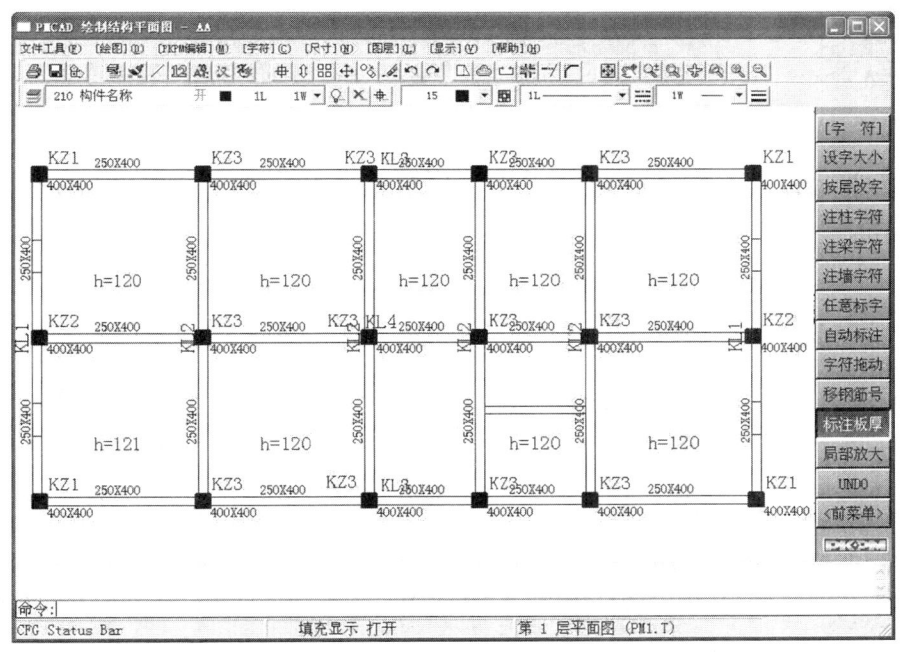

图 2.149　自动标注柱和梁尺寸

(5) 字符拖动。执行此命令可对自动标注和交互方式标注的梁字符、柱字符、墙字符和其他任意字符进行移动或删除。

(6) 标注板厚。执行此命令可自动标注出各房间板的厚度,如图 2.149 中所示。

3. **画板钢筋**

选取"画板钢筋"选项会弹出如图 2.150 所示菜单,本菜单给用户提供多种方式将现浇楼板钢筋绘出,有"自动布筋","逐间布筋","人工布筋","任意配筋","通长配筋","洞口配筋","温度配筋","负筋归并","指定编号","改板钢筋","房间归并"等方式,现说明如下。

(1) 自动配筋。执行"自动布筋"命令可将各房间的楼板配筋全部自动绘出,这方式操作简单,但图面较繁,并常有绘图线条重叠现象,如图 2.151 所示为前面例子的自动配筋结果。

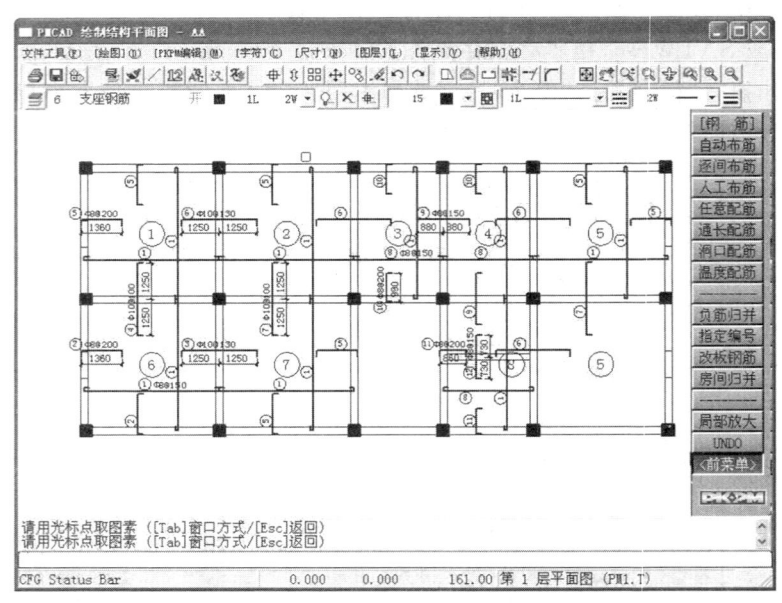

图 2.150 "画板配筋"菜单　　　　　　　图 2.151　自动配筋结果

（2）逐间布筋。执行"逐间布筋"命令可由用户挑选有代表性的房间画出板钢筋,其余相同构造的房间可不再绘出。用户只需用光标点一下其房间,该房间的板钢筋即自动绘出。

（3）人工布筋。为避免自动布筋引起的图面混乱重叠,可采用"人工布筋"命令。对某房间楼板的各种钢筋均由用户在屏幕提示下分别给出其在图面上的具体位置。

📖提示

板形状较复杂时应采用这种方式,布置二级次梁或交叉次梁的房间一般情况下必须采用这种方式,以免用"自动布筋"方式引起的图面混乱重叠。用户对某一钢筋不想画出时,按 Esc 键即可。

（4）任意配筋。执行"任意配筋"命令,用户可在结构平面上任意画板底钢筋和支座钢筋。钢筋的位置、长度、直径和间距都是用户交互输入的,对于墙、梁支座钢筋,在某支座输入一次钢筋后可用"任意配筋"菜单下的"相同配筋"功能在其他支座拷贝复制。对于某些程序不能自动画出的板钢筋部分,可用此项功能在平面上补充画出。

"任意配筋"选项下仍有下级菜单,包括"板底钢筋"、"墙梁支座"、"相同配筋"、"任意折线"等内容,如图 2.152 所示,分别说明如下。

① 板底钢筋。执行"板底钢筋"命令,将提示"请用光标点出钢筋两端的位置",用光标任意单击钢筋的起点和终点。然后,在弹出的"请输入钢筋直径和间距"对话框中输入钢筋直径和间距,如图 2.153 所示。确认后即可画出该钢筋。

📖提示

用任意配筋方式画出的板底钢筋不能在下面的"修改钢筋"菜单中进行操作。

② 墙梁支座。执行"墙梁支座"命令,程序将提示"请指示支座钢筋所在的梁或墙?",此时用光标单击钢筋所在的梁或墙。然后,在弹出的"钢筋参数"对话框中输入钢筋直径、间距及伸出支座的左、右长度,如图 2.154 所示,即可画出该钢筋。

图 2.152 "任意配筋"菜单

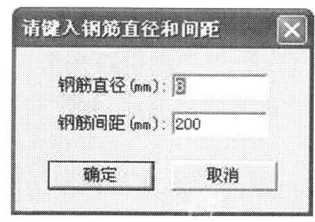

图 2.153 "输入钢筋直径和间距"对话框

图 2.154 "请输入钢筋直径和间距"对话框

③ 相同配筋。画与上次操作所画钢筋相同的钢筋。操作同上。

④ 任意折线。执行"任意折线"命令后,用光标点出折线钢筋各折点的位置(按 Esc 退出,按 Tab 结束),即可画出任意折线形状的钢筋。

(5) 通长配筋。该菜单的配筋方式不同于其他菜单,它将板底钢筋跨越房间布置,将支座钢筋在用户指定的某一范围内一次绘出或在指定的区间连通,这种方法的重要作用是可把几个已画好的房间的钢筋归并整理重新画出(比如相连房间某个方向的配筋差不多,距离相差很近,为了减少施工工艺的复杂性可将其连通),还可把某些程序画出效果不太理想的钢筋布置按用户指定的走向重新布置。点击"通长配筋"将弹出如图 2.155 所示菜单,该菜单含有"板底钢筋"、"支座钢筋"、"支座连通"、"局部放大"及"前菜单"选项,分别说明如下。

① 板底钢筋。执行"板底钢筋"命令,程序将提示"移动光标点取板底筋左或下起始点处的梁(墙)",选取作为板底钢筋左(下)侧支座的梁或墙,程序会随即提示"移动光标点取板底筋右或上终止点处的梁(墙)",选取作为板底钢筋右(上)侧支座的梁或墙,选取完毕后,操作将根据左(下)支座与右(上)支座间互相平行或不平行分为两种情况:

对于支座互相平行的情况,程序将提示"指定钢筋画的位置",程序自动默认板底钢筋与支座垂直,指定通长钢筋在窗口中的位置即完成板底钢筋的绘制。

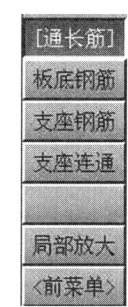

图 2.155 "通长配筋"菜单

对于支座间互不平行的情况,程序将提示"请点取一根与钢筋平行的梁或墙以确定钢筋方向(按[Tab]可输入角度)画的位置",要求用户单击一根梁或墙来指示钢筋的方向(也可输入一个角度确定方向),然后程序将提示"指定钢筋画的位置",指定通长钢筋在窗口中的位置,此后,各房间钢筋的计算结果将向该方向投影,即完成通长钢筋的绘制。

💡 提示

板底钢筋通长布置在若干房间后,房间内原有已布置的同方向的板底钢筋会自动消失,如它还在图面上显示,按 F5 重显图形后即消失了。

② 支座钢筋。"支座钢筋"菜单将支座钢筋在指定范围内一次画出,操作过程如下。

执行"支座钢筋"命令,程序会提示"移动光标点取支座筋左或下终止点处的梁(墙)",选取作为起始点的梁或墙,程序会随即提示"移动光标点取支座筋右或上终止点处的梁(墙)",选取作为终止点的梁或墙,选取完毕后在窗口中给出支座钢筋的位置,程序即自动将支座钢筋绘出(包括钢筋间距、直径及钢筋长度)。

③ 支座连通。支座连通是由用户单击起始和终止(起始一定在左或下方,终止在右或上方)的两个平行的墙梁支座,程序将这一范围内原有的支座筋抹去,换成一根面积较大的连通的支座钢筋。

(6) 洞口配筋。对洞口作洞边附加筋配筋。执行"洞口配筋"命令,程序会提示"请指定需标注洞口钢筋的房间",单击需标注洞口配筋的房间,即完成洞口配筋。

📖 提示

只对边长或直径在 30~1000mm 的洞口才作配筋。进行"洞口配筋"时应注意洞口周围是否有足够的空间以免画线重叠。

(7) 温度钢筋。根据《混凝土结构设计规范》(GB 50010—2002)(以下简称《混凝土规范》)第 10.1.9 条,程序可在楼板上层支座筋的未配筋表面布置温度收缩钢筋,沿纵横两个方向的配筋率均大于 0.1%,并使温度收缩钢筋网与周边支座钢筋搭接。

温度钢筋按房间布置。单击某一已经配置了板底钢筋及支座钢筋的房间后,程序提示"请指定需标注温度、收缩钢筋的房间",程序将在用户光标单击的位置上画出该房间的温度钢筋。图上温度钢筋标注的前面加了字母 WJ。画出的温度钢筋也将汇总进入钢筋表。

(8) 负筋归并。程序可对长短不等的支座负筋长度进行归并。归并长度由用户在对话框中给出。对支座左右两端挑出的长度分别归并。长度差在归并长度范围内的钢筋将归并为同一个钢筋编号。

📖 提示

程序只对挑出长度大于 300mm 的才归并处理,因为小于 300mm 的挑出长度常常是支座宽度限制生成的长度。

(9) 指定编号。程序可按用户的要求指定钢筋编号。

(10) 改板钢筋。程序提供了多种修改钢筋的方式,有"单段改"、"按号改"、"整间改"、"移动钢筋"、"删除钢筋"。可对已画在图面上的钢筋移动、删除,或修改其配筋参数。

① 单段改。"单段改"菜单下又包含了"改钢筋值"和"相同修改"两个菜单项。

当执行"改钢筋值"命令后,程序会提示用户"请用光标点取图素([Tab]窗口方式/[Esc]返回)"用光标单击要修改的钢筋,将弹出如图 2.156,图 2.157 所示对话框,输入钢筋等级、直径、间距、左长度、右长度等基本信息并单击确定,继续用光标单击要修改的钢筋(或按 Esc 键退出),即实现钢筋值的修改。

当执行"相同修改"命令后,可按上一次的钢筋参数设置,进行钢筋值的修改。

② 按号改。"按号改"菜单下又包含了"单击修改"和"按号修改"两个菜单项。

"单击修改"命令与"单段改|改钢筋值"的操作基本一致,所不同的是在"按号改|单击修改"中,与被选取钢筋同一编号的所有钢筋都将按用户设置好的参数进行修改,而在"单段改"中仅对被选取的钢筋进行修改。

📖 提示

编号一样的钢筋的参数都会改变为修改值。

执行"按号修改"命令后,将弹出如图2.158所示对话框,提示用户输入欲修改钢筋的编号,输入完毕后,单击"确定",即弹出如图2.156,图2.157所示的对话框,根据工程实际进行钢筋参数设置,即完成钢筋"按号修改"。

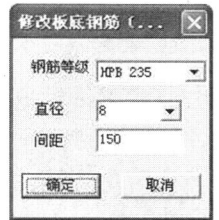

图2.156 "改板底钢筋值"对话框　　　　图2.157 "改支座钢筋值"对话框

③ 整间改。"整间改"菜单下又包含了"整间改筋"和"相同修改"两个菜单项。

"整间改筋"命令执行过程如下。

首先选择要修改钢筋的房间(或按Esc键退出)。

在弹出的修改楼板钢筋参数窗口中(图2.159),输入修改的值,单击确定,则实现了房间钢筋的修改。修改楼板钢筋参数窗口有示意图可进行对照(图2.159)。可以继续用光标单击要修改钢筋的房间(或按Esc键退出)。

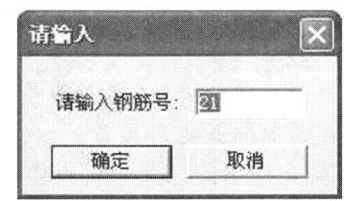

图2.158 "输入钢筋编号"对话框

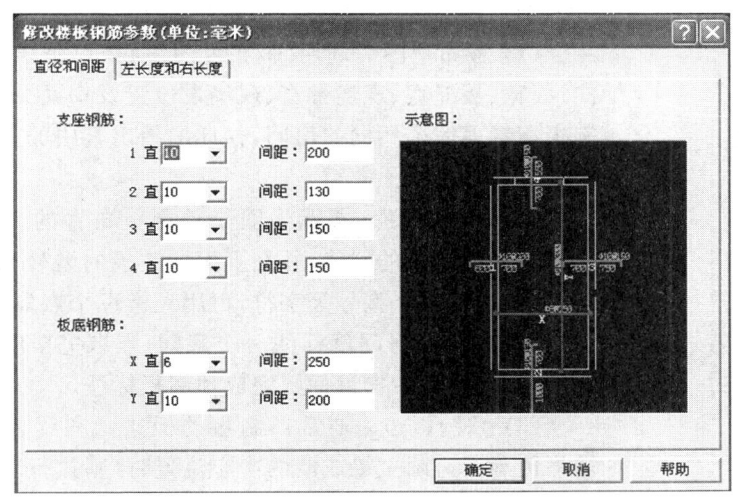

图2.159 修改楼板钢筋参数对话框

📖提示

整间修改只能对矩形房间进行。对于垂直方向的梁(墙),左长度指左方长度;对非垂直方向的梁(墙),左长度指上方长度。

④ 移动钢筋。"移动钢筋"菜单可对支座钢筋和板底钢筋用光标在屏幕上拖动,并在新的位置画出,还可删除已画出的钢筋。

⑤ 删除钢筋。"删除钢筋"菜单可删除已画出的钢筋。

(11) 房间归并。"房间归并"菜单可实现不同房间配筋结果的自动归并和人工归并操作。

① 自动归并。程序根据计算的配筋结果自动进行房间归并(在自动布筋和重画钢筋操作中选择按楼板归并结果画钢筋时,布筋相同的房间只画一间,其他房间进行编号)。

> **提示**
>
> 房间归并以房间为单位进行,以房间的边界为条件,不考虑房间内部的条件。一般不要用自动归并,以开始进入布筋的自动布筋为准。

② 人工归并。手动指定要归并的房间。首先选择样板房间(按 Esc 键退出),然后选择要归并的房间(按 Esc 键退出),继续选择样板房间(按 Esc 键退出),继续选择要归并的房间(或按 Esc 键退出),直至归并完毕按 Esc 键退出。

> **提示**
>
> 采用人工归并的房间配筋计算结果不会改变,只是图面上的房间编号变为样板房间的编号。从图面看二者的配筋是一样的,如果把被归并的房间配筋画出来,其配筋仍保留计算的配筋结果。
>
> 进行人工归并后,自动归并无效。如果要回到自动归并,必须将原来的归并完全清除,采用菜单清除归并进行操作。

③ 定样板间。用户可直接指定一房间为配筋相同房间的样板间,详细画出配筋,其他房间进行编号。

4. 画预制板

利用"画预制板"菜单实现将主菜单 2 中输入的预制楼板画在相应的房间上,"画预制板"菜单又包含了图 2.160 所示菜单项。

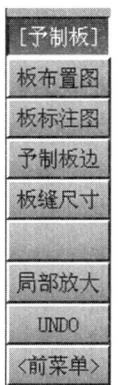

图 2.160 "画预制板"菜单

(1) 板布置图。利用"板布置图"命令可画出预制板的布置方向、板宽、板缝宽、现浇带宽、现浇带位置及房间分类号等。对于预制板布置得完全相同的房间,仅详细画出其中的一间,其余房间只画上它的分类号。

(2) 板标注图。板标注图是预制板布置的另一种画法,它画一连接房间对角的斜线,并在上面标注板的型号、数量等。先由用户给出板的数量、型号等字符,再用光标逐个点取该字符应标画的房间,每点一个房间就标注一个房间,点取完毕时,将光标移至各预制板房间外,右击鼠标则完成预制板标注。

(3) 预制板边。通常预制板的板边画在梁或墙边处,若用户需将预制板边画主梁或墙的中心位置时,则执行"预制板边"命令,将弹出如图 2.161 所示对话框,并点取"梁中心(1)"即可。

(4) 板缝尺寸。执行"板缝尺寸"命令,将弹出如图 2.162 所示对话框,用户可根据需要选择是否在平面图上只画出板的铺设方向而不标板宽尺寸及板缝尺寸。

> **提示**
>
> 无论是"预制板边"还是"板缝尺寸"命令,按用户要求重新进行了设置后。在窗口中的预制板布置图均不会发生变化,若用户想观看重新设置后的效果,需重新执行"板布置图"命令。

5. 标注轴线

点取"标注轴线"将弹出如图 2.163 所示"标注轴线"菜单,利用"标注轴线"菜单项可对平

图 2.161 "预制板板边"选择框

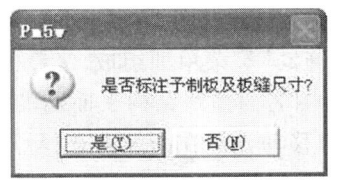
图 2.162 "预制板板缝标注"选择框

面图上的轴线及总尺寸线等进行标注。

（1）自动标注。"自动标注"命令仅对水平和垂直轴线才能执行，它把轴线按用户在主菜单 1 中的定义信息自动画出轴线与总尺寸线。

（2）交互标注。交互标注可每次标注一批平行的轴线，执行"交互标注"命令，程序将提示"移光标点取起始轴线"，用鼠标点取起始轴线后，选取的轴线即变成红色，程序会随即提示"移光标点取终止轴线"，用鼠标点取终止轴线，该轴线也变为红色，程序会随即提示"移光标去掉不标的轴线（[Esc]没有）"，若起始轴线与终止轴线之间有不想标注的轴线，可点取选择该轴线，则对该轴线程序将不进行标注，选择完毕后，按 Esc 键结束选择，将弹出如图 2.164 所示选择框，根据工程实际这批轴线的轴线号和总尺寸可以画，也可以不画。程序会随即提示"用光标指定起始画位置"，用光标指定起始位置，程序会随即提示"用光标指定尺寸线位置"，再用光标指示轴线在平面图上的位置，单击鼠标右键即完成轴线的交互标注。

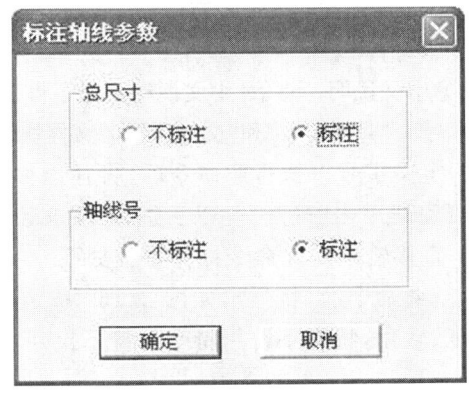

图 2.163 "标注轴线"菜单　　　　图 2.164 "标注轴线"参数选择框

（3）逐根点取。用于逐根单击轴线标注。

执行命令后，用光标逐根点取要标的轴线（单击完按 Esc 键）。

在图 2.164 所示的选择框下，选择完毕后单击确定。然后用光标指定尺寸的起始画位置，再用光标指定尺寸线位置。实现轴线的标注。继续用光标逐根单击要标的轴线（或按 Esc 键退出）。

（4）弧轴线。"弧轴线"菜单下又包含了"标注弧长"、"标注角度"、"标注半径"、"弧长角度"、"半径角度"及"弧，角，径"等菜单项，如图 2.165 所示。用于完成对弧长、弧轴线角度、弧轴线半径等的标注，具体依提示操作。

6. 标注中文

利用"标注中文"菜单项可执行平面图上的文字说明工作，点取

图 2.165 "弧轴线"菜单

"标注中文"将弹出如图 2.166 所示菜单,它由"写图名"、"定义字号"、"中文说明"、"标注字符"、"字符拖动"等菜单项组成。

(1)写图名。是将结构平面图的标题"*层结构平面图"及绘图比例画在图面上,图名的位置由用户移动光标在图面上选择点取。

(2)定义字号。执行"定义字号"命令,会弹出如图 2.167 所示对话框,用于定义字号(宽、高)、转角,设置完毕单击"确定"。设置完毕后,进行"中文说明"、"标注字符"操作时,默认字号即为此处定义的字号。

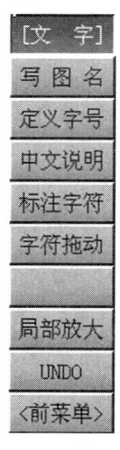

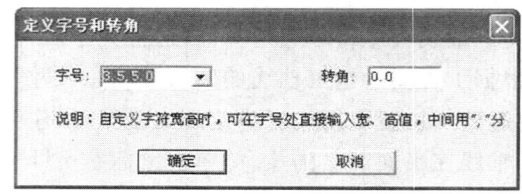

图 2.166 "标注中文"菜单　　　　　　　　图 2.167 "定义字号"对话框

(3)中文说明。点取"中文说明",程序将弹出如图 2.168 所示菜单,"中文说明"菜单下又包含了"定义字号"、"直接输入"和"文件行"和"文件块"几项操作,用于对中文说明文字进行设置。

① 定义字号。执行此命令后,将弹出如图 2.167 所示对话框,用于定义字号(宽、高)、转角,设置完毕单击"确定"。以后进行"中文说明"操作时,默认字号即为此处定义的字号。

② 直接输入。此命令操作过程如下。

执行此命令后,将弹出如图 2.169 所示对话框,在对话框中输入字符内容和输入字符宽度、高度、转角,特殊字符用特殊字符下拉列表输入,然后单击"确定"。

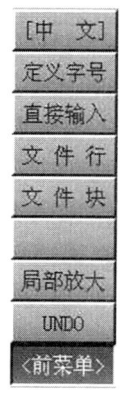

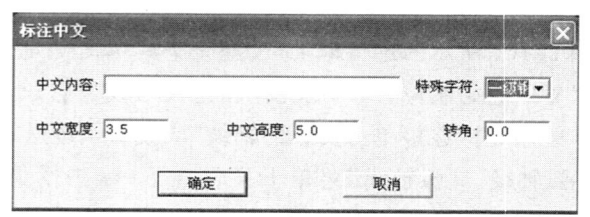

图 2.168 "中文说明"菜单　　　　　　　　图 2.169 "标注中文"对话框

用光标指定字符在图面上的标注位置,即实现了说明文字的输入。可以继续用光标指定字符在图面上的标注位置,也可按 Esc 键返回输入窗口输入新的内容或单击取消结束命令。

③ 文件行。可将事先写好的说明文件(TXT 文件)通过"文件行"命令整个调出来,选择

其中的内容布放在图面上。操作过程如下。

首先执行"文件行"命令。将弹出"打开文本文件"窗口,选择要调入的文本文件,在窗口左下侧显示文本文件的内容,然后依次单击要标注的行,则被选择的行便依次显示在右下侧窗口中,选择完毕如图 2.170 所示,单击"打开"按钮,程序即提示"请移动光标确定说明标注位置",指定标注位置,即完成文字标注。

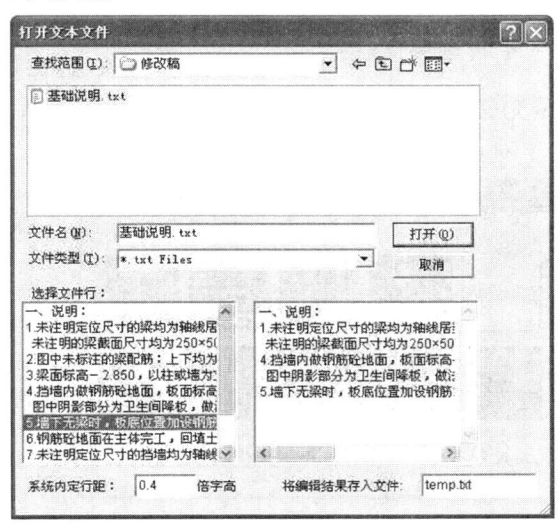

图 2.170 "文本行"对话框

用户可在窗口中对文件的内容进行临时修改,可以将多个文本文件的内容有选择地组合在一起,形成新的文字内容标注在图面上。

④ 文件块。可将事先写好的说明文件(TXT 文件)通过"文件块"命令整个调出来,布放在图面上。执行"文字块"命令,将弹出"打开文本文件"对话框,选择需调入的文件,选择完毕后如图 2.171 所示,单击"打开"按钮,程序即提示"请移动光标确定说明标注位置",指定标注位置,程序即将整个文本文件的内容全部标注在用户指定的位置上。用户可在窗口中对文件的内容进行临时修改,形成新的文本文件布放在图面上。

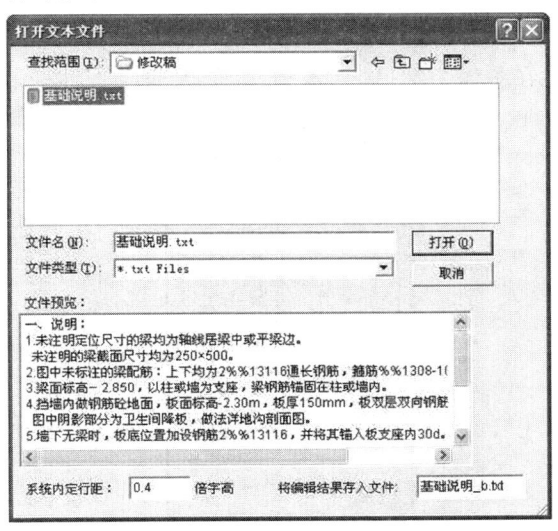

图 2.171 "文件块"对话框

7. 填充墙体

点取"填充墙体",将弹出如图 2.172 所示选择框,选择是"自动填充所有墙体",还是"逐一填充所有墙体"。

无论执行哪一项,都将弹出图 2.173"选择填充图案"对话框。选择要填充图案,选择完毕后单击"确认"退出,则程序会按用户选择的

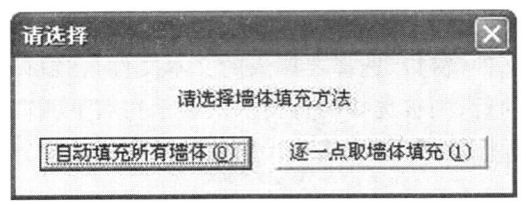

图 2.172 "文件块"对话框

图案将墙体填充完毕。填充完毕后,屏幕右侧将弹出如图 2.174 所示菜单,用户可通过"变大"、"变小"、"调整颜色"来对填充好的图案进行修改。

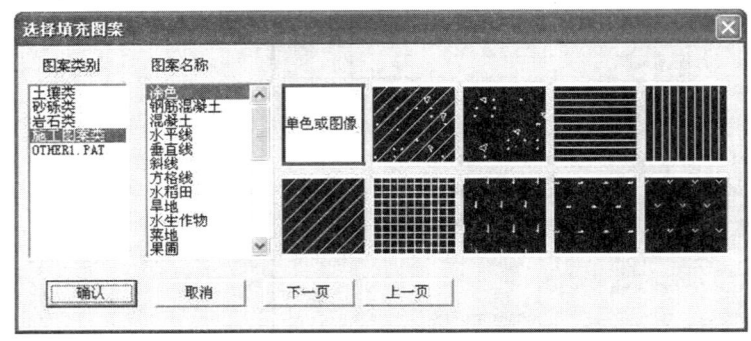

图 2.173 "选择填充图案"对话框

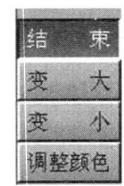

图 2.174 "填充图案调整"菜单

8. 图层管理

点取"图层管理",将弹出如图 2.175 所示菜单。该菜单含有"图层开闭"、"图层删除"、"图层编辑"、"圆弧精度"、"局部放大"等项。

(1)图层开闭。在 PMCAD 的平面图上不同种类的图素一般画在不同的图层上,通过"图层开闭"项可把某一层内容暂不显示。执行"图层开闭"命令,将弹出如图 2.176 所示的复选框,如用户不想显示某类图素,可选择该类图素前的复选框,选择完毕单击"确定",绘图时该类图素将不会在绘图窗口中显示。

(2)图层删除。执行"图层删除"命令,将弹出图 2.177 所示对话框。选择要进行删除的构件,确定后即把该构件在图面上删掉。

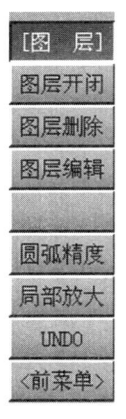

图 2.175 "图层管理"菜单

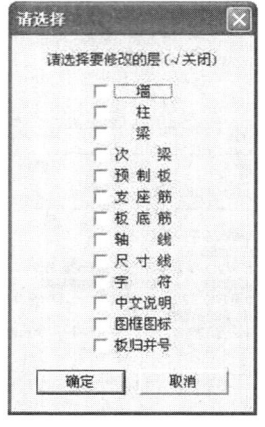

图 2.176 "选层关闭"复选框

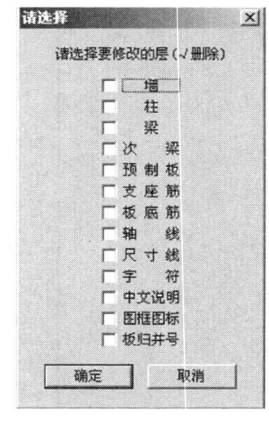

图 2.177 "选层删除"复选框

(3) 图层编辑。执行"图层编辑"将弹出如图 2.178 所示菜单,现说明如下。

① 图层编辑。单击"图层编辑"菜单,将弹出"图层管理"窗口(图 2.179)。在窗口的左上方区域为当前图形中的图层列表,每一图层均有图层号、图层名、开关状态、颜色、选择状态、线型、线宽等几项。与 AutoCAD 中的图层管理器很相似。以深蓝色为背景的图层为当前正在选取的图层,其各项参数在窗口下方的图层窗特性区域显示,并可进行修改。在窗口右上方区域设有"设当前层"、"设置新层"、"删除新层"按钮和"快速选择图层"的几个选项。管理方法与 AutoCAD 相同。

图 2.178 "图层编辑"菜单

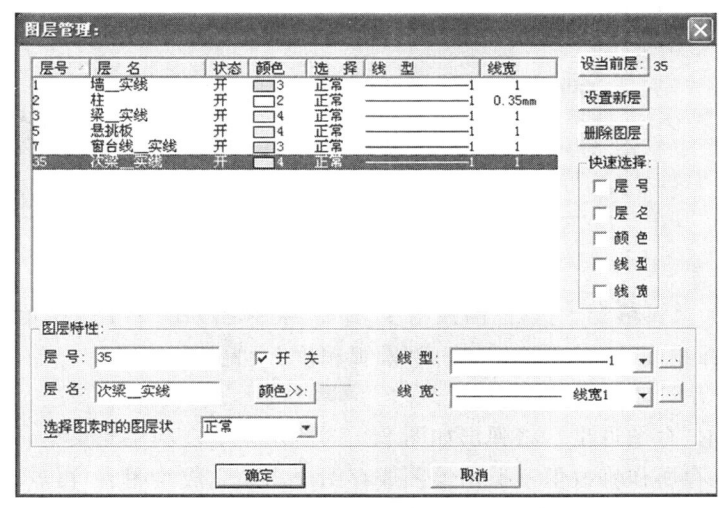

图 2.179 "图层管理"窗口

② 点取查询。执行"点取查询"命令后,程序提示"请用光标点取图素([Tab]窗口方式/[Esc]返回)",用光标点取某一图素,屏幕下方命令提示区将给出该图素所属的图层信息:层号、层名、线型号、线宽、颜色。可以继续用光标点取图素也可按 Esc 键退出。

③ 点取修改。执行"点取修改"命令后,程序提示"请用光标点取图素([Tab]窗口方式/[Esc]返回)",用光标点取某一图素,将弹出如图 2.179 所示"图层管理"窗口,利用该窗口可对该元素属性进行修改。

④ 改为现层。执行"改为现层"命令后,程序提示"请用光标点取图素([Tab]窗口方式/[Esc]返回)",用光标点取某一图素,就将被选择元素改到当前层上。

⑤ 特征修改。执行"特征修改"命令,将弹出如图 2.180 所示对话框,利用该对话框,可按图层参数(线型、线宽、颜色)的特征修改所有的图素,例如,可将全图所有 10 号(绿)颜色的图素改为 14 号(黄)颜色。

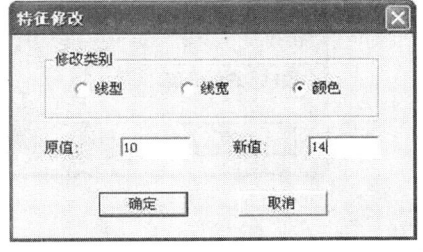

图 2.180 "特征修改"对话框

⑥ 线型查询。选择一个图素,屏幕下方将给出该图素所属线型的参数:线型号、线型值等参数。

⑦ 线型编辑。执行"线型编辑"菜单,将弹出"线型编辑"窗口(图 2.181),用户可点取"增加"按钮,增加一种新线型,或点取线型列表中的一种线型,在线型的描述区域修改线型参数,修改完毕后单击"确认",完成操作。例如以图 2.181 中的线型 3 为例进行说明,线型号为 3,

"数据1"300前无"一"表示先画300长的直线段,然后再执行"数据2","数据2"前带有"一"的表示该处为空白区段,长度为200,"数据3,4,…"数据皆为零,则不画,如此则该线型为先画300长直线段,再空200,再画300长直线段,再空200,…,则该线形便为虚线线型,线型编辑完成后可通过线型预览查看线型编辑的效果。

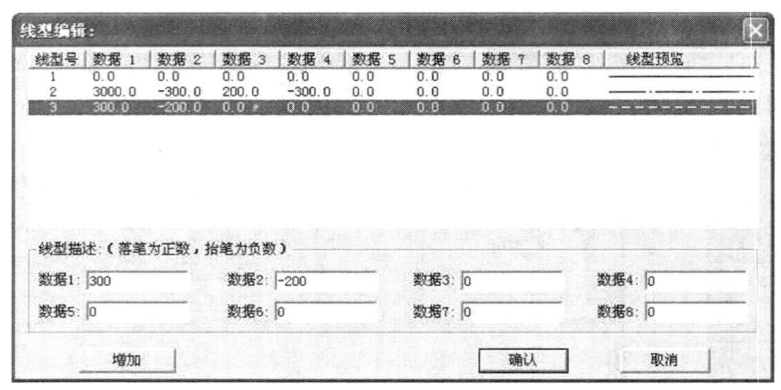

图 2.181 "线型编辑"窗口

(4)圆弧精度。执行"圆弧精度"命令,将弹出如图 2.182 所示对话框,在对话框中输入设定的圆弧精度值,单击确定,完成"圆弧精度"设置。

9. 存图退出

点取"存图退出",将弹出如图 2.183 所示菜单。利用此菜单,可画钢筋表、改图纸号、插入图框、保存所作修改但不退出绘图或存图退出。完成绘图后,再点取图 2.183 中的"存图退出"即退出结构平面图绘制。这时,该层平面图即形成一个图形文件,名称为 PM*.T。*代表楼层号,在后面的图形编辑等操作时需要调用这些名称。

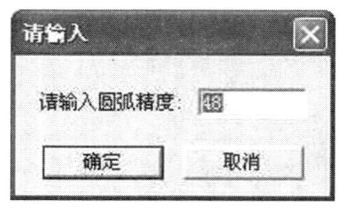

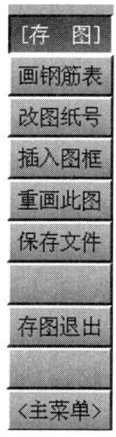

图 2.182 "圆弧精度"对话框　　　图 2.183 "存图退出"菜单

2.8 PMCAD 交互式建模综合应用实例

设有一框架结构,二层、三层结构平面布置图如图 2.184 所示,屋面结构平面布置图如图 2.185 所示,结构立面示意图如图 2.186 所示。请使用 PMCAD 输入结构模型,并绘制各楼层结构平面图。

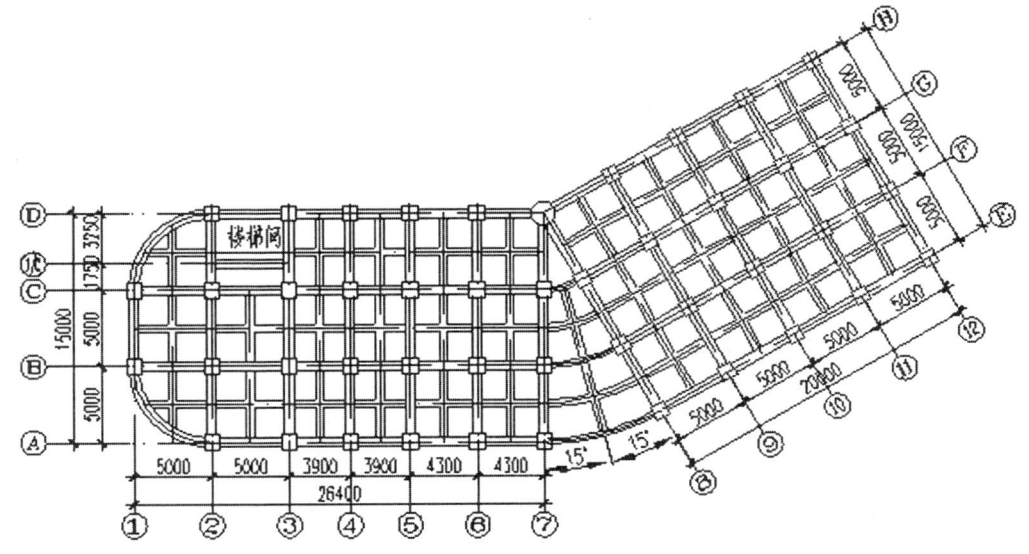

图 2.184 二层、三层结构平面布置图

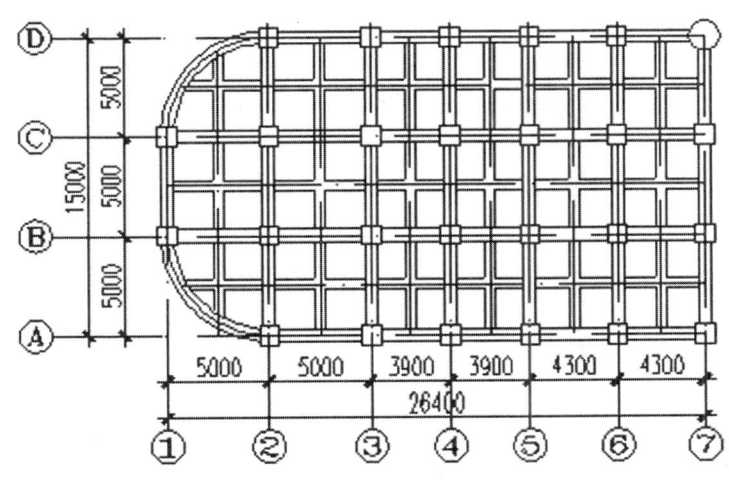

图 2.185 屋面结构平面布置图

基本条件:矩形柱截面尺寸均为 450mm×450mm,圆柱直径 600mm,柱均按轴线居中布置。梁均采用矩形截面,主梁尺寸 300mm×500mm,均按轴线居中布置。次梁尺寸 200mm×400mm,部分非矩形房间次梁布置见图 2.187,未特殊注明的次梁均在跨中居中布置。楼板采用现浇楼板,板厚 100mm。梁、板、柱混凝土强度等级 C25,梁、柱主筋皆为 HRB335 级钢筋,梁、柱箍筋及板筋为 HPB235 级钢筋。二、三层沿建筑外边缘及⑦轴有轻质隔墙,考虑开洞率后,取隔墙作用在梁上的线荷载为 7kN/m。楼面恒、活荷载分别为 $4.5kN/m^2$,$2kN/m^2$,楼梯间恒、活荷载分别为 $6.5kN/m^2$,$3.5kN/m^2$。屋面恒、活荷载分别为 $6.0kN/m^2$,$2.0kN/m^2$。本建筑共有两个结构标准层,三个荷载标准层。底部两层为第一结构标准层,顶层为第二结构标准层。定义二层楼面荷载为第一荷载标准层,三层楼面荷载为第二荷载标准层,屋面荷载为第三荷载标准层。一层层高 3600mm,其余层 3300mm。抗震设防烈度 7 度,设计地震分组为第 1 组,场地类别Ⅱ类,风荷载标准值为 $0.4kN/m^2$,地面粗糙度为 B 类。

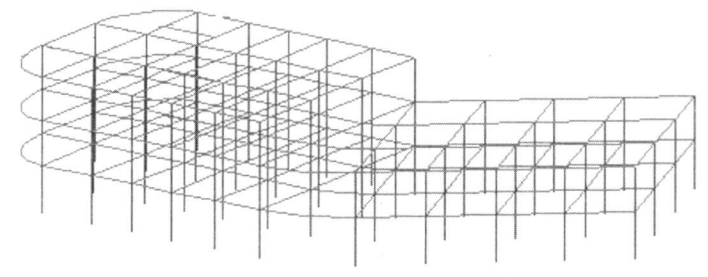
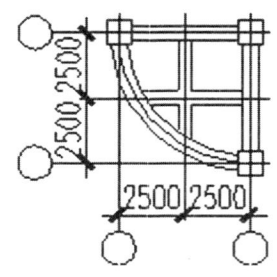

图 2.186 结构立面示意图　　　　　　图 2.187 非矩形房间次梁布置

结构建模具体操作过程如下。

1. 创建或打开文件

设置好工作目录后,选择图 2.1 所示 PMCAD 主菜单右侧的第一项:PMCAD 交互式数据输入,使其变成蓝色,再单击"应用"按钮,屏幕弹出 PMCAD 交互式数据输入启动界面。

程序提示"请输入文件名"。此时,输入"Fram",然后按 Enter 键确认。

在"旧文件/新文件(1/0)"提示下,输入"0",表示 PMCAD 开始创建新文件。

2. 进行轴线输入

选择"轴线输入"|"平行直线"。

在"输入第一点"提示下,用鼠标在屏幕左下角任意点一点。

在"输入第二点"提示下,直接在提示区输入"0,15000",屏幕上出现一条红色轴线,即轴线①。

在"复制间距,(次数)累计距离"提示下,输入"5 000,2",然后按 Enter 键。生成轴线②,③。

在"复制间距,(次数)累计距离"提示下,输入"3 900,2",然后按 Enter 键。生成轴线④,⑤。

在"复制间距,(次数)累计距离"提示下,输入"4 300,2",然后按 Enter 键。生成轴线⑥,⑦。

按 Esc 键,结束该方向平行直线绘制。

屏幕提示"输入第一点"。用鼠标单击最左下角直线端点。

在屏幕"输入第二点"提示下,用鼠标单击最右下角直线端点,屏幕上出现一条红色的水平直线,即轴线 A。

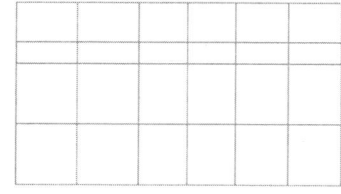

图 2.188 轴网生成

在"复制间距,(次数)累计距离"提示下,输入"5 000,2",按 Enter 键,得到轴线 B,C。

在"复制间距,(次数)累计距离"提示下,输入"1 750",按 Enter 键,得到轴线 1/C。

在"复制间距,(次数)累计距离"提示下,输入"3 250",按 Enter 键,得到轴线 D,并连续两次按 Esc 键退出平行直线绘制状态,形成如图 2.188 所示的轴网。

选择"轴线输入"|"平行直线"。

在"输入第一点"提示下,用鼠标捕捉图 2.188 右上角点。

在"输入第二点"提示下,输入"15 000<-60",按 Enter 键,屏幕上生成一条红色轴线,即

轴线⑧。

在"复制间距,(次数)累计距离"提示下,输入"5 000,4",然后按 Enter 键。生成第⑨—⑫号轴线,如图 2.189 所示。

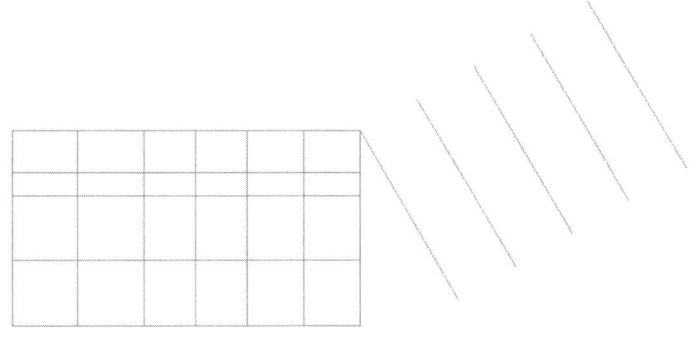

图 2.189　轴网生成

按 Esc 键,结束该方向平行直线绘制。

在"输入第一点"提示下,用鼠标捕捉 8 号轴线下端点。

在"输入第二点"提示下,用鼠标捕捉 12 号轴线下端点,生成轴线 E。

在"复制间距,(次数)累计距离"提示下,输入"5 000,3",生成 F,G,H 轴线。

连续按两次 Esc 键,结束平行直线绘制。

选择"轴线输入"|"圆弧、环"|"圆弧"。

在"输入圆弧圆心"提示下,捕捉 8 号轴线上端点。

在"输入圆弧半径、起始角"提示下,捕捉 7 号轴线下端点。

在"输入终止角"提示下,捕捉 8 号轴线下端点。

在"复制间距,(次数)累计距离"提示下,输入"-5 000,2"(向圆弧减小方向复制为负),生成另两条圆弧。

按 Esc 键,结束该圆弧绘制。

在"输入圆弧圆心"提示下,捕捉 2 号轴线与 C 轴线交点。

在"输入圆弧半径、起始角"提示下,捕捉 2 号轴线与 D 轴线交点。

在"输入终止角"提示下,捕捉 1 号轴线与 C 轴线交点,生成左上角圆弧。

在"复制间距,(次数)累计距离"提示下,按 Esc 键结束该圆弧绘制。

在"输入圆弧圆心"提示下,捕捉 2 号轴线与 B 轴线交点。

在"输入圆弧半径、起始角"提示下,捕捉 1 号轴线与 B 轴线交点。

在"输入终止角"提示下,捕捉 2 号轴线与 A 轴线交点,生成左下角圆弧。

在"复制间距,(次数)累计距离"提示下,连续按两次 Esc 键结束该圆弧绘制。生成图 2.190 所示的轴网。

3. 进行网格生成

选择"网格生成"|"网点编辑"|"删除节点"。

在"用光标选择目标(Tab 转换方式,Esc 退出)"提示下,根据图 2.184 所示结构平面图,依次选择无用的节点(例如,1 轴与 A 轴相交的节点),形成图 2.191 所示的网点。

选择"网格生成"|"轴线命名"。

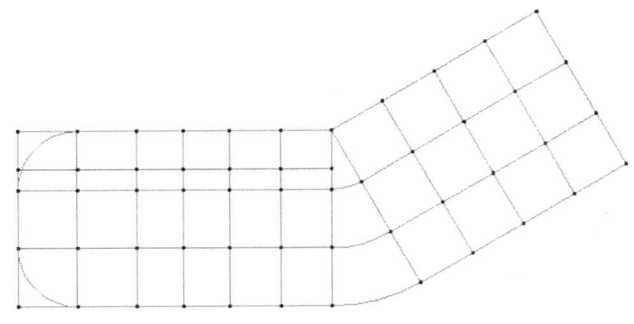

图 2.190 轴网生成

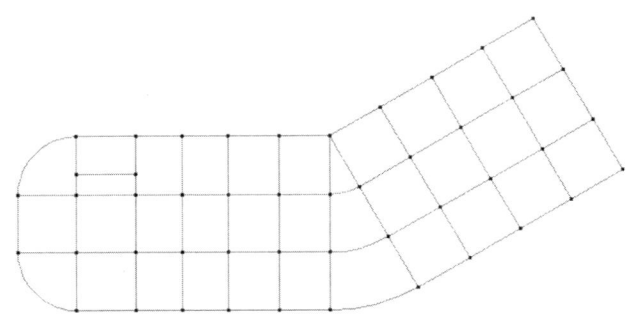

图 2.191 网点编辑

在"请用光标选择轴线([Tab]成批输入)"提示下,按"Tab"键,转换到成批命名轴线方式。

在"移光标点取起始轴线"提示下,用鼠标单击 1 号轴线。

在"移光标点取终止轴线"提示下,用鼠标单击 7 号轴线。

在"移光标去掉不标的轴线,(Esc 没有)"提示下,按 Esc 键。

在"输入起始轴线名"提示下,输入"1",按 Enter 键确认,标出 1—7 号轴线名称。用同样方法标出 8—12 号轴线名称。

在"请用光标选择轴线([Tab]成批输入)"提示下,按"Tab"键,转换到成批命名轴线方式。

在"移光标点取起始轴线"提示下,用鼠标单击 A 号轴线。

在"移光标点取终止轴线"提示下,用鼠标单击 D 号轴线。

在"移光标去掉不标的轴线,(Esc 没有)"提示下,选择 1/C 轴线。

在"输入起始轴线名"提示下,输入"A",按 Enter 键确认,标出 A—D 号轴线名称。

单击鼠标右键,在"请用光标选择轴线([Tab]成批输入)"提示下,选择 1/C 轴线。

在"输入起始轴线名"提示下,输入"1/C",按 Enter 键确认,标出 1/C 号轴线名称。

采用同样方法标出 Ⓔ—Ⓗ 轴线名称。

选择"轴线显示"关闭或打开轴线名称。

选择"回前菜单"退出"网格生成"菜单。

4. 进行构件定义

这里,我们要定义 450mm×450mm 的矩形截面柱,直径 600mm 的圆柱,截面为 300mm×500mm,200mm×400mm 的梁。

首先选择"构件定义"|"柱定义",屏幕弹出"柱定义"菜单。

用鼠标单击右列"1—10"下的空白处,屏幕上弹出"柱定义"对话框。

选择矩形截面类型即默认显示的截面类型"1"号,输入"450","450","6",完成矩形截面柱的定义。

再次单击空白处,截面类型选择"3"号(圆形),在"柱定义"对话框中输入直径600mm;材料类型号"6",完成圆形截面柱的定义。

同样方法,定义梁。

5. 进行楼层定义

构件定义好,进入"楼层定义"菜单,将定义好的柱、梁布置到各标准层上。各结构标准层从下到上排列。

选择"楼层定义"|"柱布置",屏幕弹出"柱定义"菜单。目前定义了两种柱截面类型。选中450mm×450mm的矩形柱截面,屏幕显示"柱布置"对话框。

在图2.42所示的"柱布置"对话框中,设置柱的沿轴偏心、偏轴偏心均为零,⑦轴右侧矩形柱轴转角设为30°,⑦轴及⑦轴左侧矩形柱轴转角设为0°。

对话框的下边对应的是柱子布置时的几种选择方式。这里,用光标输入方式和轴线输入方式,在除7,8轴线上交点的位置外,均布置上矩形柱。

然后,选择600mm的圆柱,布置到7,8轴线上交点位置,柱布置完毕如图2.192所示。

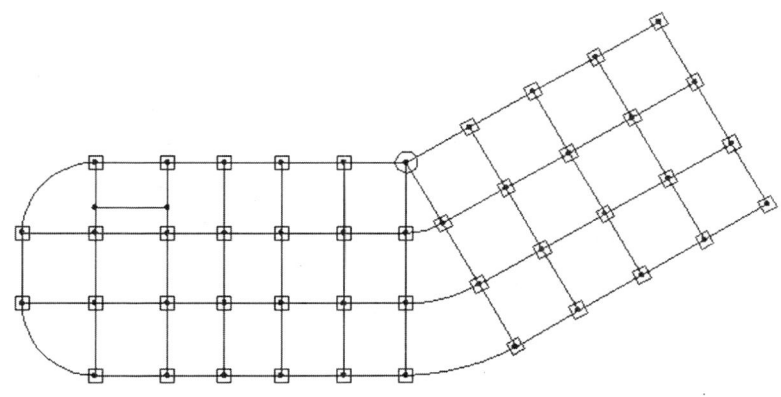

图 2.192 柱子布置图

单击"回前菜单",选择"梁布置"菜单,将300mm×500mm的梁按图2.193所示进行布置。

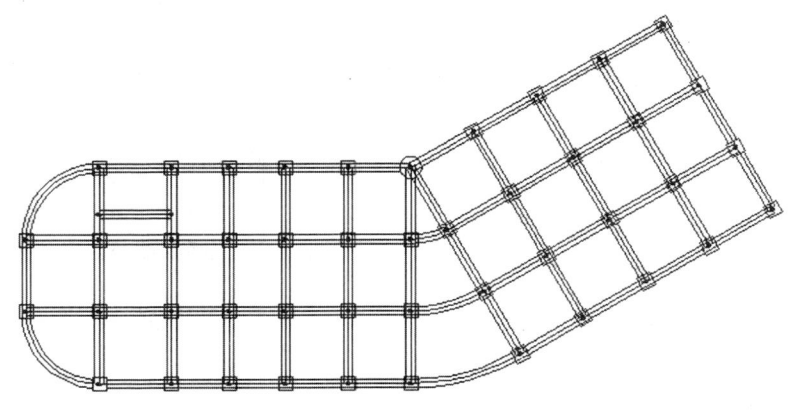

图 2.193 第1标准层梁、柱布置图

单击"回前菜单",回到"楼层定义"主菜单。

选择"本层信息"菜单,在弹出的"本层信息"对话框中,修改梁、板、柱混凝土强度等级为C25,层高为3600mm,如图2.194所示。选择"确定"按钮返回到右侧菜单。

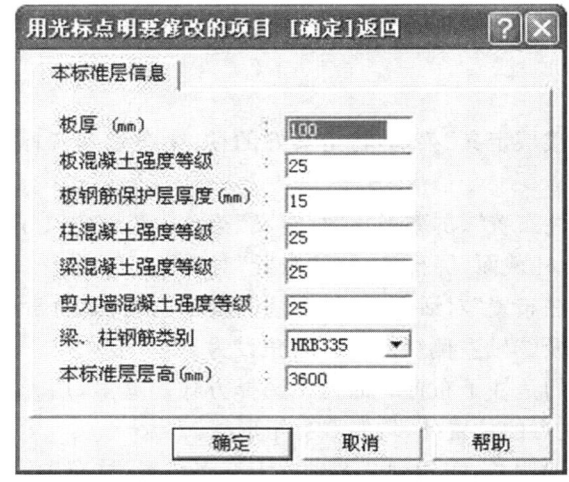

图 2.194　"本层信息"对话框

第一标准层定义好后,选择"换标准层"菜单,屏幕弹出如图2.195所示对话框。用鼠标单击对话框左侧的"添加新标准层"按钮,使其变成蓝色,这时右侧"新增标准层方式"选项框亮显,在此选择"局部复制"方式,单击确定。程序会提示"用光标选择目标([Tab]转换方式,[Esc]返回)",选取①—⑦轴线的所有梁、柱,选择完毕后单击鼠标右键,程序就自动新建了一个标准层"第2标准层",并且将选择的构件及全部网格复制到了新建的"第2标准层"上,通过"网格生成"|"网点编辑"菜单将多余的梁及网格删除,布置完毕后如2.196所示。按"确定"按钮后,屏幕绘图区即切换到"第2结构标准层"。可通过图层工具栏,在各标准层间切换。

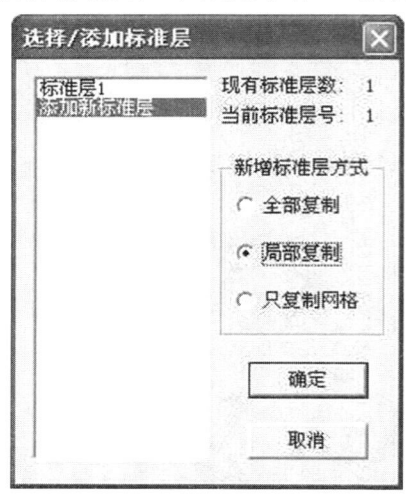

图 2.195　"选择/添加标准层"对话框

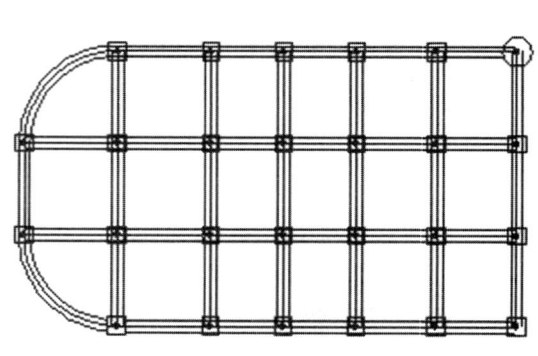

图 2.196　第2标准层梁、柱布置图

选择"本层信息"菜单,在弹出的"本层信息"对话框中,修改梁、板、柱混凝土强度等级为C25,层高为3300,如图2.197所示。选择"确定"按钮返回到右侧菜单。

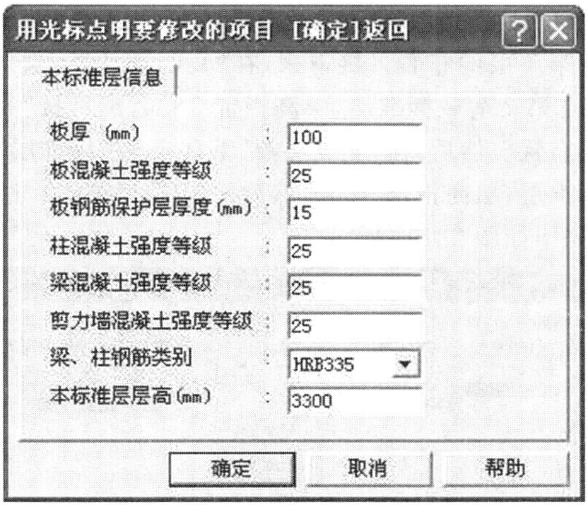

图 2.197 "本层信息"对话框

6. 进行荷载定义

结构标准层定义完毕后,选择"回前菜单"返回。单击"荷载定义"菜单,进入定义荷载标准层。

选择"荷载定义"|"荷载定义"菜单项。

在"是否计算活载(LIVE=0 或 1):1.000"提示下,输入"1",指定分开输入恒活荷载。

屏幕提示:"已输入 0 个荷载标准层,请选择修改"。

单击右侧空白处,屏幕提示:"输入第 1 荷载标准层均布荷载标准值(静 LD,活 LL):(0.000,0.000)"。此时,输入恒、活面荷载值"4.5,2",按 Enter 键确认。

屏幕提示:"已输入 1 个荷载标准层,请选择修改"。

单击右侧空白处,屏幕提示:"输入第 2 荷载标准层均布荷载标准值(静 LD,活 LL):(0.000,0.000)"。此时,输入恒、活面荷载值"4.5,2",按 Enter 键确认。

单击右侧空白处,屏幕提示:"输入第 2 荷载标准层均布荷载标准值(静 LD,活 LL):(0.000,0.000)"。此时,输入恒、活面荷载值"6,2",按 Enter 键确认。

定义好后按 Esc 键退出。

提示

第 1 荷载标准层与第 2 荷载标准层定义的数值完全一致,但仍然必须进行第 2 标准层的定义,这是因为二、三层均为"第 1 结构标准层",但事实上二、三层并不是一个荷载标准层(⑦轴右侧荷载并不相同,二层为楼面荷载,三层为屋面荷载)。若三层荷载也均采用与二层一致的"第 1 荷载标准层",则二、三层结构标准层与荷载标准层均完全相同,楼层组装完成后,在 PMCAD 主菜单 3"输入荷载信息"时,程序将把二层、三层看作一个层进行修改,其结果就是若二层荷载输入正确,则三层荷载就不能正确输入,反之亦然。

选择"回前菜单",返回主菜单。

7. 进行楼层组装

由已知条件可知,要定义一个 3 层结构。第 1 层是"第 1 结构标准层"和"第 1 荷载标准层",层高 3 600;第 2 层是"第 1 结构标准层"和"第 2 荷载标准层",层高 3 300;第 3 层是"第 2 结构标准层"和"第 3 荷载标准层",层高 3 300。在对话框左侧"复制层数"下选 1,在"标准层"

下选标准层1,在"荷载标准层"下选第1荷载标准层,层高指定3600,然后按"添加"按钮。这时,在"组装结果"下出现第1层的布置。接下来,在"复制层数"下选1,在"标准层"下选标准层1,在"荷载标准层"下选第2荷载标准层,层高指定3300,然后按"添加"按钮。这时,在"组装结果"下出现第2层的布置。然后,在"复制层数"下选1,在"标准层"下选标准层2,在"荷载标准层"下选第3荷载标准层,层高指定3300,然后按"添加"按钮。这时,在"组装结果"下出现第2层的布置。组装完毕如图2.198所示。

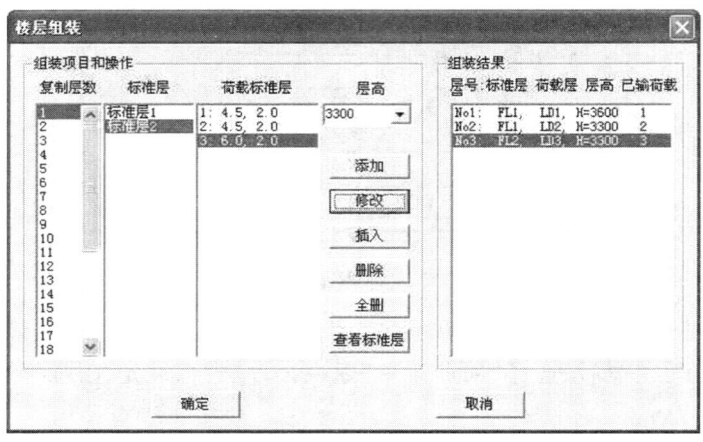

图2.198 楼层组装完毕

选择"确定"按钮,退出楼层组装菜单。此时,就把已经做好的结构标准层和荷载标准层组装成一栋实际的建筑物。

组装好后,选择"楼层组装"|"设计参数"菜单,屏幕弹出各类信息设计参数选项卡。用户根据工程基本条件做相应的修改。修改完毕后,按"确定"按钮返回"楼层组装"菜单。全部设置好后,单击"回前菜单"返回交互主菜单。

最后选择"退出程序"菜单,连续单击"退出"菜单项,退出PMCAD交互式模型输入模块。

提示

楼层组装中的层号与工程中的表达习惯并不一致,一般来说PMCAD楼层组装中的第1层相当于工程中的一层柱和二层梁板,第2层相当于工程中的二层柱和三层梁板,依此类推。

8. 输入次梁楼板

执行图2.1中的"2、输入次梁楼板"菜单,将弹出如图2.199所示菜单,选择"本菜单是第一次执行"。

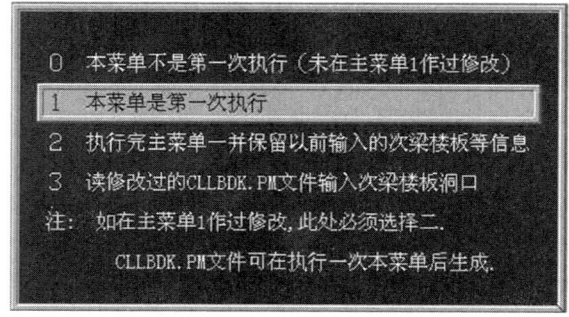

图2.199 "次梁楼板"选择菜单

进入后选择"房间编号",显示各房间编号,如图 2.200 所示。

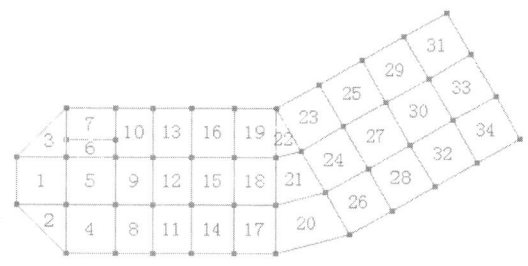

图 2.200　房间编号

选择"次梁布置"菜单:
屏幕提示:"请指定需布置次梁的房间",此时,移动光标点取 4 号房间。
在"横放次梁的根数?"提示下,输入"1"。
在"竖放次梁的根数?"提示下,输入"1"。
在"第一根横放次梁的型号、距离?"提示下,输入"2,2.5"。
在"第一根竖放次梁的型号、距离?"提示下,输入"2,2.5"。
此时,4 号房间的次梁已布置完毕,如图 2.201 所示。

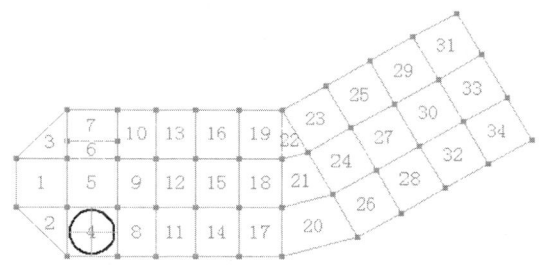

图 2.201　次梁布置

选择"次梁复制"菜单:
先用光标点取房间 4,再连续点取房间 1,5,23—34,如图 2.202 所示。

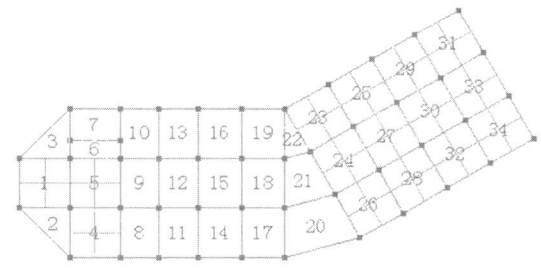

图 2.202　次梁复制

同理,完成其他矩形房间的次梁布置,如图 2.203 所示。
下面来进行非矩形房间的次梁布置。
选择"次梁布置"菜单:
屏幕提示:"请指定需布置次梁的房间",此时,移动光标点取 3 号房间。

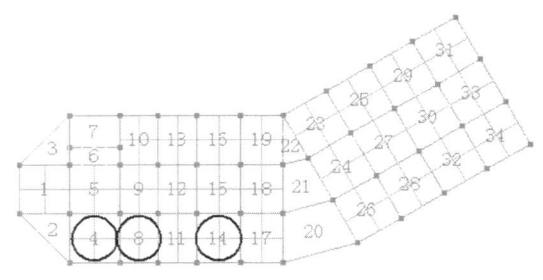

图 2.203 次梁布置

在"请用光标指定与横次梁平行的参考边"提示下,选择 3 号房间的下部水平直线。

在"请用光标指定竖次梁布置的起始参考点"提示下,选择 3 号房间下部水平直线的左端点。

在"横放次梁的根数?"提示下,输入"1"。

在"竖放次梁的根数?"提示下,输入"1"。

在"第一根横放次梁的型号、距离?"提示下,输入"2,2.5"。

在"第一根竖放次梁的型号、距离?"提示下,输入"2,2.5"。

此时,3 号房间的次梁已布置完毕。

屏幕连续提示:"请指定需布置次梁的房间",此时,移动光标点取 2 号房间。

在"请用光标指定与横次梁平行的参考边"提示下,选择 2 号房间的上部水平直线。

在"请用光标指定竖次梁布置的起始参考点"提示下,选择 2 号房间上部水平直线的左端点。

在"横放次梁的根数?"提示下,输入"1"。

在"竖放次梁的根数?"提示下,输入"1"。

在"第一根横放次梁的型号、距离?"提示下,输入"2,-2.5"。

在"第一根竖放次梁的型号、距离?"提示下,输入"2,2.5"。

此时,2 号房间的次梁已布置完毕,如图 2.204 所示。

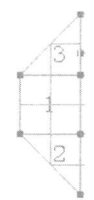

图 2.204 非矩形房间次梁布置

接下来进行 20—22 号房间的次梁布置。

选择"尺寸"|"点点距离"。

在"用光标指定第一点位置"提示下,捕捉 20 号房间下部直线左端点。

在"用光标指定下一点位置"提示下,捕捉 20 号房间下部直线右端点。按 Esc 键结束选择,程序弹出图 2.205 所示对话框。选择起止点间距单选框,单击"确定"后,程序提示"请指定尺寸线标注位置"。指定位置后,程序将自动标注出 20 号房间下部直线的长度,如图 2.206 所示。

知道下部直线的距离后,便可依据同理,完成 20,21,22 房间的次梁布置,如图 2.207 所示。

选择"退出"菜单,结束第 1 结构标准层的布置。

在"选择下一个需做布置的标准层"提示下,输入"2",进入第 2 标准层布置。

选择"拷贝前层"菜单,将第 1 结构标准层的次梁布置直接复制过来,并对与第 1 结构标准

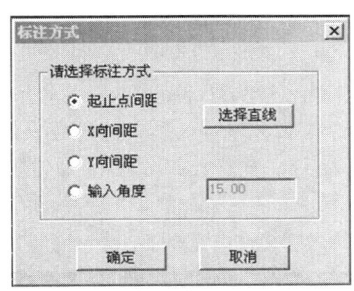

图 2.205 "标注方式"对话框

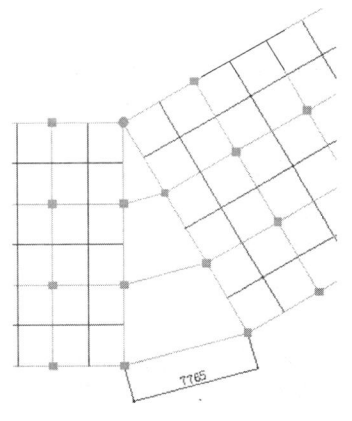

图 2.206 点点距离量测

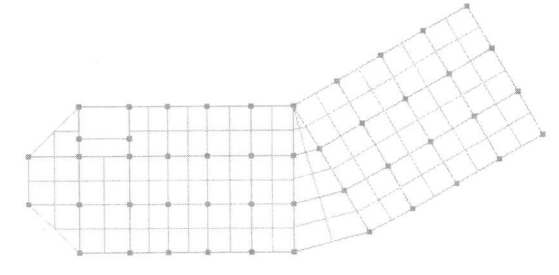

图 2.207 第 1 结构标准层次梁布置

层不相同的次梁布置采用"次梁布置"、"次梁复制"等进行修改,布置完毕后如图 2.208 所示。

全部布置完毕后,选择"退出"菜单,返回 PMCAD 主菜单。

9. 输入荷载信息

执行图 2.1 中的"3、输入荷载信息"菜单,将弹出如图 2.209 所示菜单,执行"1、第一次输入",程序将弹出如图 2.210 所示提示框,单击鼠标即进入荷载输入窗口,窗口右侧显示如图 2.211 所示"荷载输入"菜单。下面通过"荷载输入"菜单开始第 1 层荷载的输入与修改。

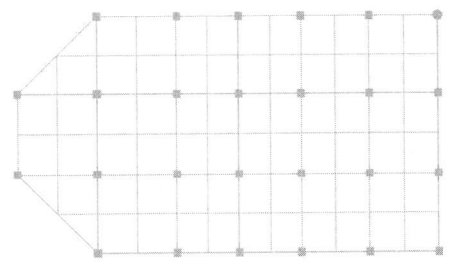

图 2.208 第 2 结构标准层次梁布置

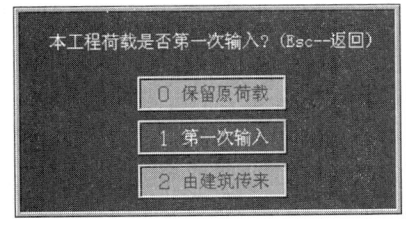

图 2.209 "输入荷载信息"选择菜单

图 2.210 "选择荷载层号"提示框

执行"楼面荷载"|"楼面恒载",然后回车确认,屏幕上即显示每一房间上的均布恒荷载值。第一次输入时由于用户还没有进行过恒载输入,故程序采用的恒载值是在 PMCAD 主菜单 1 中已经定义过的,本例中第 1 层采用的是第 1 荷载标准层,故程序主窗口中显示恒载值为 4.5。

程序主窗口下方还显示如图 2.212 所示对话框。如果需对某个房间恒载进行修改，可键入新值，再点取要修改的房间，即可完成恒载修改。采用同样的方法可进行楼面活载修改。本例通过荷载修改，将楼梯间恒载修改为 6.5，活载修改为 3.5。

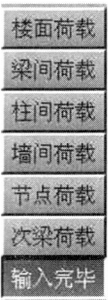

图 2.211 "荷载输入"菜单

图 2.212 "输入恒荷载的修改值"对话框

执行"梁间荷载"|"梁间恒载"|"梁荷输入"，向边梁及⑦轴梁上添加 7.0kN/m 的均布线荷载。

"楼面荷载"及"梁间荷载"输入完毕，检查无误后，执行"输入完毕"，进入第二、三荷载标准层的荷载输入。当第 3 荷载标准层输入完毕后，执行"输入完毕"，将弹出如图 2.213 所示对话框，选择"是"，即完成荷载输入。

10. 画结构平面图

执行图 2.1 中的"5、画结构平面图"，进入程序后，输入

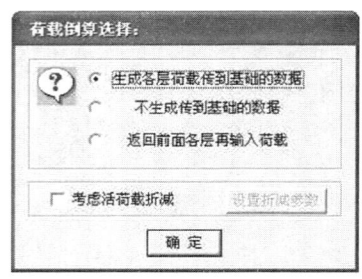

图 2.213 "荷载导算选择"对话框

要画的层号"1"。

选择"0 继续"。

选择对应选项，根据需要可画内力图形、配筋图形、挠度图形及裂缝图形等，操作完毕后，选择"0:进入绘图"。

进入后，选择"画板钢筋"|"自动布筋"菜单，选择按归并结果画图，如图 2.214 所示。

选择"标注轴线"进行轴线标注，轴线标注完毕后，选择"标注尺寸"菜单，标注柱、梁、次梁等的截面尺寸和位置尺寸。

选择"标注字符"菜单标注柱、梁、墙的字符名称。

选择"标注中文"菜单进行图名及说明书写工作。

若用户认为"自动布筋"效果不好，也可点取"逐间布筋"、"人工布筋"等方式把所有房间的钢筋都画出。

用户也可利用下拉菜单和工具条，进行图形编辑与修改。

11. 存图退出

选择"存图退出"后，将弹出如图 2.215 所示菜单，单击"改图纸号"，将弹出如图 2.216 所示对话框，输入 1 表示采用#1 图纸，单击"确定"完成图号修改。单击"插入图框"，程序会提示"请移动光标确定图框位置([Tab]转 90°，[Esc]不标)"，同时屏幕上出现浅灰色图框，移动光标确定图框位置，即完成图框插入。用户可利用"画钢筋表"完成钢筋表绘制。操作完成后，单击图 2.215 中的"存图退出"，即退出画结构平面图操作。

退出后，结构平面图以 PM*.T(*为当前层号)文件名保存。

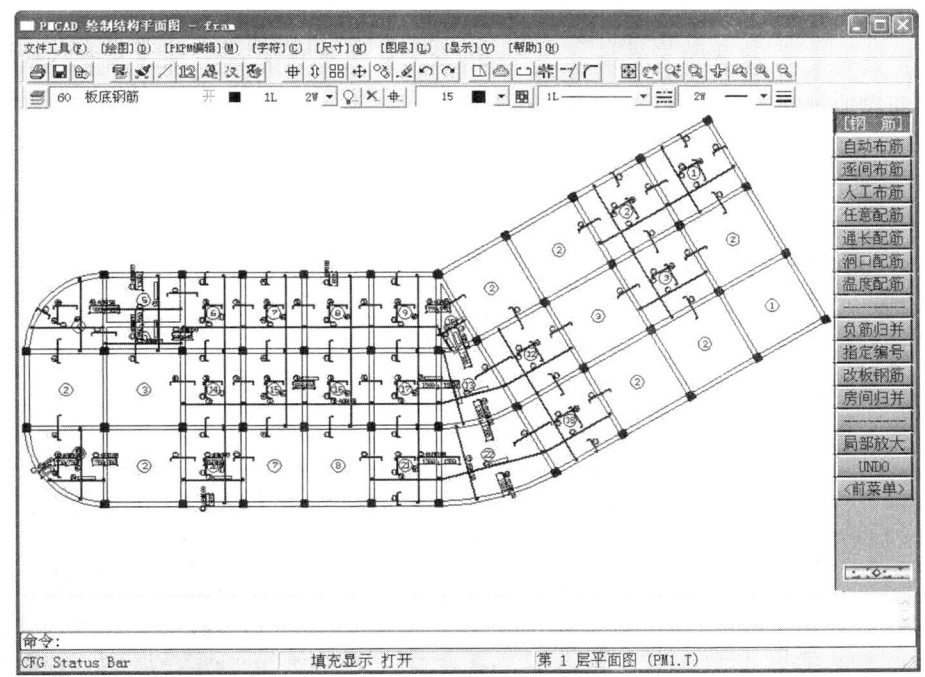

图 2.214 "自动布筋"结果

图 2.215 "存图退出"菜单

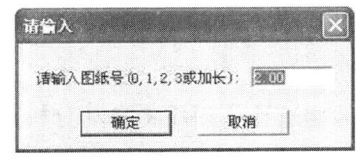

图 2.216 "改图纸号"对话框

2.9 PMCAD 主菜单 6 砖混节点大样

砖混结构的建模,同样依次执行 PMCAD 主菜单 1,2,3,然后用主菜单 5 绘制同一层砖混结构平面图。PMCAD 主菜单 6 即是在主菜单 5 所完成的同一层砖混结构平面图上继续作圈梁布置,画圈梁节点大样图、构造柱节点大样图和圈梁布置简图。

2.9.1 圈梁布置

在前面讲述了利用主菜单 2 进行砖混圈梁布置的有关问题。主菜单 6 也可进行圈梁布置,但为了在画圈梁大样时的即时修改,一般应以主菜单 2 的布置为主、主菜单 6 的布置为辅,在主菜单 6 的布置必须是小规模的限于在 100 段墙上的圈梁。但无论在哪个菜单的布置数据都是互相通讯的。

启动主菜单6后,操作界面右侧显示一列菜单基本与主菜单2中"砖混圈梁"菜单项相同,用以完成圈梁的补充布置和修改,这里不再赘述。

2.9.2 圈梁、构造柱大样修改

进入 PMCAD 主菜单6且修改完圈梁的布置后,单击右侧"退出"项,程序自动将全部大样归类合并,相同的编为一个号,最后得出应画的大样类别总数,并在图面上显示。右侧显示一列菜单,如图2.217所示,可用于对大样进行修改,每一次修改后都将导致一次重新的归并和编号。现对各菜单项的操作方法说明如下。

(1) 改梁大样。执行"改梁大样"命令。在"用光标选取需修改大样的梁"提示下,选取欲修改的圈梁。程序将自动分析整理出该圈梁的构造,并显示如图2.218所示对话框。利用该对话框,可对有关参数进行修改。修改完后还可以用"相同修改"菜单选择其他大样。

图2.217 "大样修改"菜单   图2.218 "圈梁大样参数修改"对话框

(2) 改柱大样。执行"改柱大样"命令。在"用光标选取需修改大样的构造柱"提示下,选取欲修改的构造柱。程序将自动分析整理出该构造柱的构造,并显示如图2.219所示对话框。利用该对话框,可对有关参数进行修改。

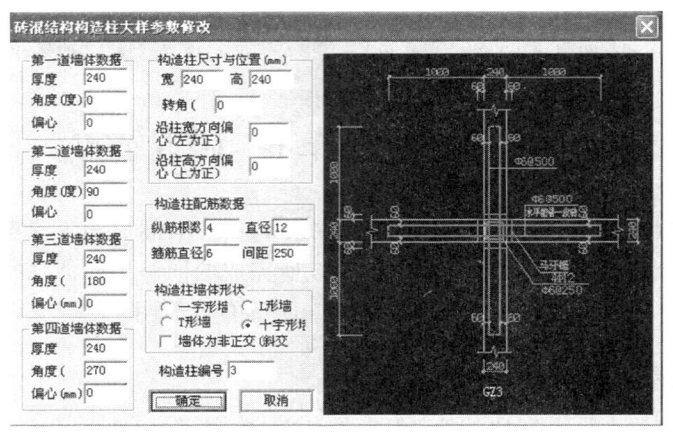

图2.219 "构造柱大样参数修改"对话框

修改完后还可以用"相同修改"菜单选择其他大样。

2.9.3 平面图上标注大样

在圈梁、构造柱大样修改完毕,单击"退出"后,程序自动对圈梁、构造柱进行归并,并进入梁、柱标注。程序提供了"自动标注"和"人工标注"两种方式进行梁和柱的标注,如图2.220所示。

(1) 自动注梁。用"自动注梁"方式标注圈梁时,由于已有圈梁简图,因此程序对每一类大样在平面相关位置上只标注一次,可再由"人工标注"菜单对需要补充标注的部位进行补充标注。

(2) 人工注梁。若要人工进行梁的标注时,首先执行"人工注梁"命令。然后在"用光标选择圈梁的剖面位置"提示下,用光标选择要标注的剖面,继续选择或按 Esc 键退出,完成人工对圈梁的标注。

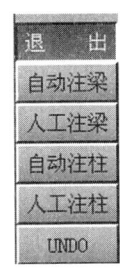

图 2.220 "标注大样"菜单

提示

大样号在平面图上标注时其字符标注的方向是大样的剖切方向,程序在标注时将自动使标注的剖切方向与大样详图一致。

(3) 自动注柱。执行"自动注柱"命令,程序将根据前面归并编号自动标注构造柱。

(4) 人工注柱。执行"人工注柱"命令后,程序将提示"用光标选择需要标注的构造柱",此时选择欲标注的柱,然后用光标指定标注构造柱字符的位置,实现人工对柱的标注。可以重复上述操作或按 Esc 键退出。

2.9.4 大样布置图

完成标注并单击"退出"后,进入圈梁、构造柱大样绘图布置。此时程序已归类整理出应画的所有圈梁与构造柱大样数量,参加布图的还有平面圈梁布置简图。程序对这几种图块分别取名,圈梁简图为 QLJT,圈梁大样为 QL—*,构造柱大样为 GZ—*,* 为大样号。

程序还提供了"窗口布图"和"人工布图"两种布图方式,现对两种布图的工作方式说明如下:

(1) 窗口布置。采用"窗口布置"时,用户用光标在图面空白处开一矩形窗口,随所开窗口的大小,大样将动态地布放于窗口内,窗口大时大样多放,缩小时大样自动减少,可反复开窗口将大样布置完。每一次布置过的大样不会再次重复布置。每次调用"窗口布置"时都会提示用户还余下多少大样等待布置。

(2) 人工布置。采用"人工布置"方式时,屏幕右边排列所有大样编号,选择一个后,将调出一个大样并将它动态地移动到图面相关位置放好。

(3) 移动大样。"移动大样"菜单可对已布置好的大样在图面上重新移动排放,直到布置满意。用"移动大样"菜单还可移动平面图在图面上的位置。

需要说明的是,以上菜单可任意交替使用。

(4) 重新布图。利用"重新布图"可删除布置好的全部大样图,开始重新布置图面。

(5) 修改大样。利用"修改大样"可返回到圈梁、构造柱修改步骤。

最后,单击"退出"完成圈梁、构造柱节点大样图布置。生成 APM*.T 文件,可以在图形编辑、打印及转换菜单中继续修改、补充。

2.10 PMCAD 主菜单 8 砖混结构抗震验算及其他

在 PMCAD 中,主菜单 8 砖混结构抗震验算程序适用于 12 层以下任意平面布置的砖混结构的抗震验算及底层框架上层砖房结构的抗震计算,本节将学习砖混结构抗震验算的有关内容。

提示

当底下框架层数多于二层时,也可给出抗震计算结果,由于规范未对此类结构的计算作出明确的规定,故所得结果供用户参考使用。

对于楼层总数或总高度超过规范限值的结构,软件会给出警告提示。但这类结构软件仍可进行计算,计算方法及结果都与一般结构相同。

混凝土小型空心砌块结构,可用 PKPM 系列中"混凝土小型空心砌块 CAD 软件 QIK"进行辅助设计。

2.10.1 砖混结构抗震验算

1. 砖混结构抗震验算的过程及内容

砌体结构抗震验算的计算过程大致如下:

(1) 按底部剪力法计算各层地震剪力;

(2) 根据楼面结构刚度及墙体侧向刚度将地震剪力分配到每片墙体和每片墙体中的每个墙段;

(3) 根据导算的楼面荷载及墙体自重计算墙体的平均压应力;

(4) 按墙体截面的抗震受剪承载力计算公式验算各片墙体和墙段的抗震受剪承载力。

砌体结构抗震验算的计算内容主要有:

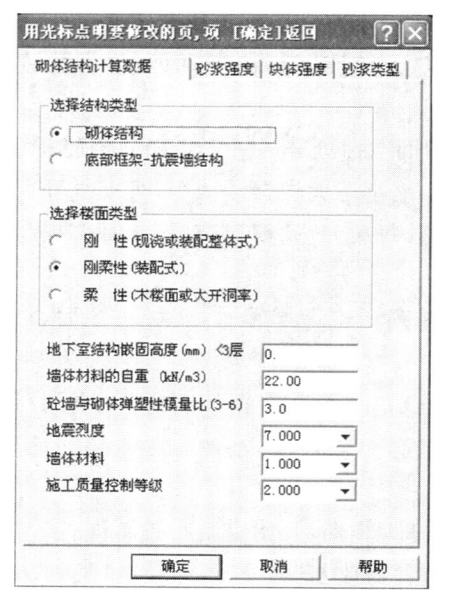

图 2.221 基本参数对话框

(1) 验算每一大片墙体的抗震承载力,计算对象是包括门窗洞口在内的大片墙体,求出每一片墙体在抗震验算时考虑压力影响的沿阶梯形截面破坏的抗震抗剪强度;验算结果是墙体截面的抗力与其荷载效应之比值,即墙体截面的抗震受剪承载力。当比值小于 1 时,说明该墙体的抗力大于其荷载效应,墙体不满足抗震受剪承载力的要求。

(2) 验算各门、窗间墙段的抗震承载力。与大墙计算方法相同。

2. 基本参数输入

执行 PMCAD 主菜单 8 砖混结构抗震及其他计算,屏幕将弹出图 2.221 所示砌体结构辅助设计相关参数设置对话框。

首先要对上述图中参数进行设置,现对各参数设置的有关事项说明如下:

(1) 选择结构类型。有砌体和底层框架两种选择。

(2) 选择楼面刚度类别。有刚性,刚柔性,柔性三种选择。
(3) 地下室结构嵌固高度(mm)。一般取 0。
(4) 墙体材料的自重(kN/m^3)。模型输入时墙的厚度应按实际输入,不应计入抹灰层。输入墙体材料的自重时,应考虑加上抹灰层重量。程序中隐含为 $21kN/m^3$,是实心黏土砖的自重,粗略地考虑了抹灰重量。用户可根据不同墙体材料的实际情况输入墙体的自重值。
(5) 混凝土墙与砌体弹塑性模量比。为1~6间的值。该系数是在既有砖墙又有混凝土墙的砖混结构中,考虑混凝土墙在剪力分配时的等效刚度而设的,该值相当于混凝土墙与砖墙刚度相比的倍数。在底部框架-抗震墙房屋,在计算上部砌体房屋与底部框架-抗震墙的侧移刚度比中该值不起作用。
(6) 地震烈度。有 6(0.05g),7(0.15g),8(0.20g),8(0.30g)或 9(0.30g)几种选择。
(7) 砌体材料。可有烧结砖,蒸压砖,混凝土砌块三种选择。烧结砖包括烧结普通砖及烧结多孔砖;蒸压砖包括蒸压灰砂砖及蒸压粉媒灰砖;混凝土砌块包括混凝土及轻骨料混凝土砌块。
(8) 施工质量控制等级(1:A 级,2:B 级,3:C 级)。
(9) 各结构楼层的砂浆强度等级及砌块强度等级。有多少结构楼层就要同时输入多少个数据,砂浆和砌块的强度等级可以是任意值,软件将按线性插值法取值。

砂浆类型是供用户选择是否用水泥砂浆砌筑。当选择用水泥砂浆时,将对砌体的抗压强度(乘 0.9)及抗剪强度(乘 0.8)作相应调整。

> 提示

以上参数当第一次输入后将存在一个临时文件中,同一工程再次调用砖混计算菜单时,软件将上一次输入的数值作为隐含值。

若有参数不符合要求,程序将在屏幕给出提示并重新输入。

3. 菜单操作

上述参数设置好,并单击"确定"后,屏幕右侧显示一列菜单,如图 2.222 所示。
各菜单项的功能及含义说明如下:
(1) 选择菜单"算下一层"将进入下一层计算;
(2) 选择菜单"受压计算"进行墙体受压承载力计算;
(3) 选择菜单"墙轴力图"输出本层墙体轴力设计值图;
(4) 选择菜单"墙剪力图"输出本层墙体剪力设计值图;
(5) 选择菜单"墙高厚比"进行墙体高厚比验算;
(6) 选择菜单"局部承压"进行墙体局部受压承载力计算;
(7) 利用"字符大小"菜单可改变计算结果标注字符的大小;
(8) 利用"计算书"菜单可生成和浏览计算书;
(9) 利用"构柱钢筋"可交互修改构造柱底钢筋;

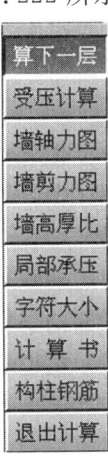

图 2.222 砖混结构抗震验算菜单

（10）选择菜单"退出计算"退出程序到 PMCAD 主菜单。

4. 砖混结构计算结果

砖混结构的计算结果包括了砖墙抗震承载力计算、墙体受压承载力计算、墙体轴力设计值计算、墙体剪力设计值计算、墙体高厚比验算及砌体局部受压计算等多方面计算结果。弄清各项计算结果的表达方式对掌握正确的计算结果是很必要的，下面分别对各项计算的结果形式进行说明。

（1）砖墙抗震承载力计算结果。砖墙抗震承载力计算结果将直接标注在各层的平面图上，自下而上逐层输出计算结果，抗震验算结果的图形名为 ZH*.T，* 代表层号，如第二层计算结果的图名为 ZH2.T。

在抗震验算的结果图中，不同颜色的数据代表的含义是不同的，这点一定要清楚。

黄色数据代表的是各大片墙体（包括门窗洞口在内）的抗震验算结果；数字意义为该片墙抗力与荷载效应的比值；数字标注方向与该片墙的轴线垂直。当验算结果大于 1 时，表明满足抗震强度要求。当验算结果小于 1 时用红色数据显示，表明该片墙体不满足抗震强度要求。

蓝色数据代表的是各门、窗间墙段的抗震验算结果；数字意义为该段墙的抗力与荷载效应的比值；数字标注方向与该墙段平行，大于 1 时满足抗震强度要求。当验算结果小于 1 时用红色数据显示，表明该墙段不满足抗震强度要求。此时在括号中给出该片墙段的层间竖向截面中所需水平钢筋总截面面积，单位为 mm^2，用户可根据各墙段的钢筋面积进行适当归并后设计配筋墙体。

白色数字代表的是混凝土剪力墙的剪力设计值，单位为 kN；用户可根据该剪力值计算剪力墙的水平配筋。

图形下面标出的内容分别代表的是：

G_i——第 i 层的重力荷载代表值（kN）；

F_i——第 i 层的水平地震作用标准值（kN）；

V_i——第 i 层的水平地震剪力（kN）；

LD——地震烈度；

GD——楼面刚度类别；

M——本层砂浆强度等级；

MU——本层砌块强度等级。

（2）墙体受压承载力计算结果。根据《砌体规范》规定，PKPM 软件按门和窗间墙段为受压构件的计算单元。当墙体中没有钢筋混凝土构造柱时，按无筋砌体构件的有关规定进行受压承载力计算；当墙体中有钢筋混凝土构造柱时，按砖砌体和钢筋混凝土构造柱组合墙的有关规定进行受压承载力计算。对于长度小于 250mm 的小墙垛，软件不做受压承载力计算。

PKPM 将自动生成各墙段的截面积 A，荷载设计值 N，影响系数 φ，以及钢筋混凝土构造柱的面积 A_c 和钢筋面积 A_s，然后求出各构件的抗力与荷载效应之比。该值大于 1 表示满足受压承载力，小于 1 表示不满足。

墙体受压承载力计算结果图的图名为 ZC*.T，* 代表楼层号。图中数值为抗力与荷载之比，大于 1 表示满足，用蓝色数字显示，小于 1 不满足，用红色数字显示。

（3）墙体轴力设计值计算结果。墙体轴力设计值计算结果图的图名为 ZN*.T，* 代表层号。轴力图中单位为千牛/米（kN/m）。

在轴力设计值图中，黄色数据表示底层各轴各大片墙每延米的轴力设计值，标注方向与抗震验算结果相同。蓝色数据表示各墙段每延米的轴力设计值。

(4) 墙体剪力设计值计算结果。墙体剪力设计值图的图形文件名为 ZV*.T,*代表层号,图中剪力单位为 kN,地震作用分项系数取 1.3。

图中各大片墙体的剪力标注方向与该片墙垂直,各墙段的剪力标注方向与该墙段平行。

(5) 墙体高厚比验算结果。墙体高厚比验算结果图的图形文件名为 ZG*.T,*代表层号,图中,数值"/"号前为计算的墙体高厚比值 β,"/"号后为经过各项修正的容许高厚比值。$\beta \leqslant \mu_1\mu_2[\beta]$ 时表示满足高厚比要求,用蓝色数据显示;否则表示不满足高厚比要求,用红色数字显示。

(6) 砌体局部受压计算。PKPM 软件中的砌体局部受压计算是指梁端部支承处的砌体局部受压,按以下四种情况进行计算:

① 梁端无垫块、垫梁或圈梁。
② 梁端设预制混凝土刚性垫块。
③ 梁端有与梁端现浇成整体的混凝土垫块。
④ 梁端有长度大于 πh_0 的垫梁(含圈梁)。

计算时,软件首先自动搜索出需要进行砌体局部受压计算的节点,搜索的条件是在该节点上支承有一根在交互输入中输入的梁,有一片以上的墙体,没有柱。要计算的节点以红点标出。然后自动生成计算所需的信息,其中包括:梁的截面尺寸、跨度及荷载设计值;墙肢的数量、各墙肢的厚度、墙体平均压应力、墙体材料强度;如果用户在 PMCAD 菜单 2 中已输入圈梁,则还读取布置圈梁信息、圈梁截面尺寸。根据以上自动生成的信息,计算出各节点局部受压承载力。

计算结果标注在平面图上,图形文件名为 JBCY*.T,*代表层号,标注的数据中,"/"号前的数据为抗力值(f_A),"/"后的数字为荷载效应值(N_0+N_1)。当抗力大于等于荷载效应时满足局部受压承载力要求,用绿色显示,否则不满足要求,用红色显示。

单击右侧"梁垫输入"菜单,用光标选择节点,补充输入该节点的梁垫类型及尺寸等信息,同时,也可查看和修改自动生成的计算参数。用户输入或修改了梁垫信息和计算参数后,根据新的数据重新计算。

单击右侧"详细结果"菜单,软件将输出砌体局部受压承载力计算的详细结果,结果文件名为"JBCY*.OUT",*为节点号。

2.10.2 底框-抗震墙结构抗震计算

1. 底框-抗震墙结构的抗震计算过程及内容

底层框架砖房结构的抗震计算内容包括如下三部分:

(1) 与砖混结构相同,计算底框-抗震墙中砖填充墙及其他各层砖墙的抗震承载力,以及底框-抗震墙中混凝土剪力墙的剪力设计值。

> 📖 提示
> 在底框-抗震墙计算中,不考虑框架承担的地震作用,也即地震作用全部由抗震墙承担。
> 底层的混凝土墙和满足砖填充墙的构造要求的砖墙应作为受力墙输入,但一般隔墙不能作为受力墙输入。

(2) 计算底层各榀框架承受的侧向地震作用及每榀框架中各框架柱由地震倾覆力矩产生的附加轴力。

底框-抗震墙的地震剪力要根据上下层侧移刚度比乘以一个1.2～1.5的增大系数;然后将地震剪力在框架和抗震墙之间进行分配,分配时,混凝土剪力墙的侧移刚度要乘以0.3的折减系数,砖填充墙要乘以0.2的折减系数,非抗震墙(如隔墙)则不应在模型交互输入中输入;上部砌体房屋产生的地震倾覆力矩按刚度分配到各榀框架和抗震墙,再按各柱的转动惯性矩计算柱的附加轴力。

(3) 在底框-抗震墙中的混凝土剪力墙,软件将根据其承受的剪力、轴力和由倾覆力矩产生的弯矩设计值,计算出各片剪力墙的端部纵向钢筋面积和水平分布筋面积。

软件可将底框-抗震墙结构的抗震计算结果,以及上部砌体房屋传递的竖向荷载,与PK,TAT及SATWE等分析软件接口,通过PK,TAT及SATWE软件进行底框-抗震墙在地震作用和竖向荷载作用下的内力分析及施工图设计。

2. 底框-抗震墙结构计算补充参数

当结构类型选择底层框架时,首先依然要设置图2.223中各参数,设置完毕单击"确定"后将弹出底框结构计算数据对话框,对底框结构计算数据进行补充设置。

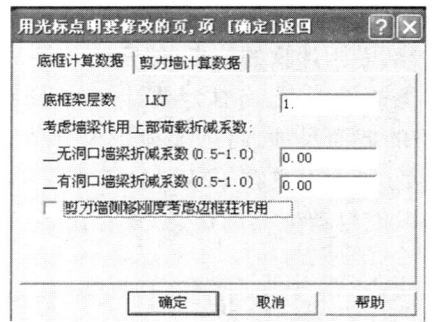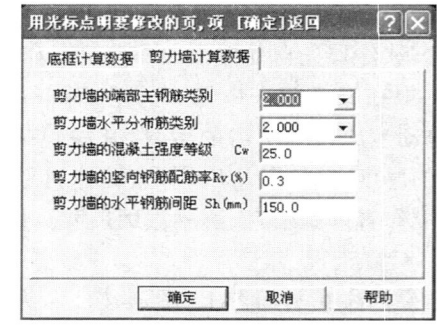

图2.223 "底框参数设置"对话框

3. 底框-抗震墙结构抗震计算结果

底层框架地震作用计算结果图形文件名为KJ1.T。

在底层框架计算结果图中,也是用颜色来区分不同的计算结果。

黄色数据表示各榀框架的侧向地震力标准值,数字标注方向与该榀框架轴线垂直。

蓝色数据表示各框架柱的附加轴力标准值,数字标注方向与框架轴线平行。

紫色数据表示各片剪力墙的配筋计算结果,其中,A_s为该片墙每边端柱的纵向配筋面积,A_{sh}为剪力墙水平分布钢筋的面积,水平分布筋的间距是由用户输入的。

图下各项标出的内容所代表的含义如下:

V_{xx}——经过调整的底层某一方向地震剪力,xx数值表示该剪力作用方向角;

K_{xx}——某一方向上层砖房与底框的抗侧移刚度比,xx表示该比值的方向角;当K_{xx}大于2.5时将用红色显示,以提示用户注意。

M_{t1}——地震倾覆力矩标准值;

C_w——剪力墙的混凝土强度等级;

S_{hw}——剪力墙水平分布筋的间距;

f_{yh}——剪力墙水平分布筋强度设计值;

R_v——剪力墙纵向分布筋配筋率。

提示

底层框架上层砖房结构抗震验算结果中,底下各框架楼层的计算结果中,当该底层抗震墙为砖墙,则给出该片墙的抗震承载力计算结果;若抗震墙为钢筋混凝土墙,则给出该片墙所承受的剪力设计值,用户可根据该剪力值计算剪力墙水平分布筋。完成各层抗震验算后,程序接着计算底层框架的侧向地震作用和附加轴力。

4. 底框-抗震墙结构抗震计算结果与 PK,TAT,SATWE 接口

在用 PMCAD 主菜单 8 进行完底框-抗震墙结构抗震计算后,可以通过与 PK,TAT,SATWE 等接口进行进一步的计算。

(1) 与 PK 接口。完成 PMCAD 主菜单 8 后,选择 PMCAD 主菜单 4,可生成底框-抗震墙 PK 计算数据文件,内容包括结构简图、框架各层传来的以及上面各层砖房楼面及砖墙传来的荷载(恒、活)、侧向地震作用及柱子附加轴力。

当同一网格线上框架梁与混凝土墙或砖填充墙同时存在时,恒载及活载将优先传至墙,若用户需要在框架计算时考虑由梁承受上部砖房的竖向荷载,可通过PMCAD主菜单4形成 PK 文件时选择竖向荷载加在梁上。

(2) 与 TAT,SATWE 接口。完成主菜单 8 后,会自动生成一个与 TAT 及 SATWE 软件的接口文件,将计算所得的底框-抗震墙结构承受的水平地震作用、倾覆力矩、上部各层砖房楼面及砖墙传来的竖向恒、活荷载和风荷载传递给 TAT 及 SATWE 软件。可启动 TAT 或 SATWE 软件,用空间分析方法一次完成底框-抗震墙结构的内力分析和配筋计算,并绘制施工图。

2.11 砖混结构抗震验算综合实例

PMCAD 除了结构建模荷载输入和楼板施工图绘制外,其计算功能包含砌体结构、底框架结构抗震计算以及砌体结构的抗压计算等。下面以实例的形式给出 PMCAD 主菜单 8 的应用。砌体结构和底框架结构的建模过程同前面没有区别,只是墙体为砌体,在主菜单 1 的设计信息中把结构主材定义为砌体,或者在主菜单 2 中的该墙材料把墙体改为砌体或者混凝土(可以反复切换),构造柱作为柱输入。

2.11.1 砖混结构抗震验算实例

一幢三层办公楼,抗震设防烈度 7 度,结构形式采用砖混结构。试用 PMCAD 进行建模,并进行该结构的抗震验算、受压计算及高厚比验算。

一至三层平面图如图 2.224(a)所示,其中,L-1 为次梁,尺寸为 200mm×500mm(提示:创建一个结构标准层)。

楼面及屋面均选用 120mm 厚预制楼板。考虑装修荷载,一般楼面恒荷载标准值为 5kN/m^2,活荷载标准值为 2.0 kN/m^2。楼梯间及卫生间处楼面恒荷载标准值为6.5 kN/m^2,楼梯间活荷载标准值为 2.5 kN/m^2。上人屋面恒荷载标准值为 6kN/m^2,活荷载标准值为 2kN/m^2。构造柱设置如图 2.224(b)所示。构造柱截面为 240mm×240mm。圈梁统一采用 240mm×120mm。其余参数请读者确定。具体操作如下:

1. 结构模型的建立

进入 PMCAD 主菜单,设置好路径,比如设置当前工作目录为 D:\ZHJG,文件名可以任意,比如 ZHJG,选择新文件,开始模型建立工作。

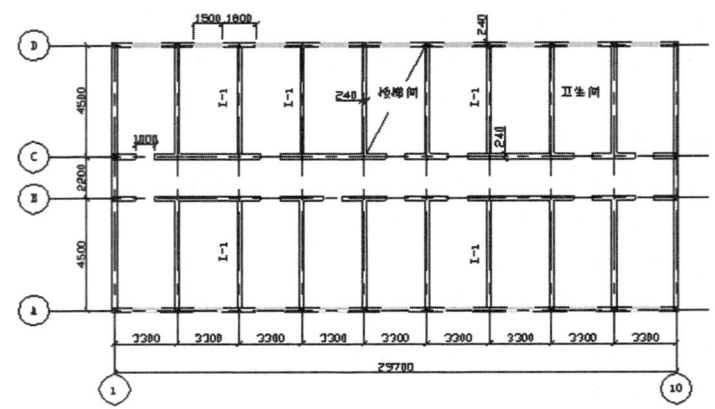

图 2.224(a) 一至三层平面图

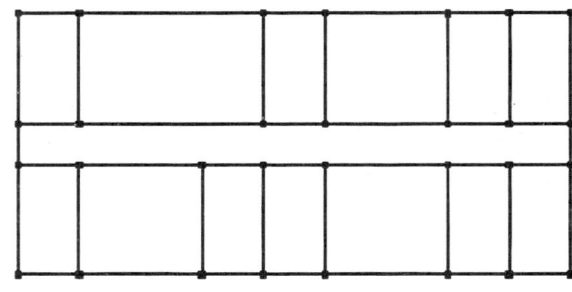

图 2.224(b) 构造柱设置示意图

(1) 首先建立图 2.225 的轴线网格。

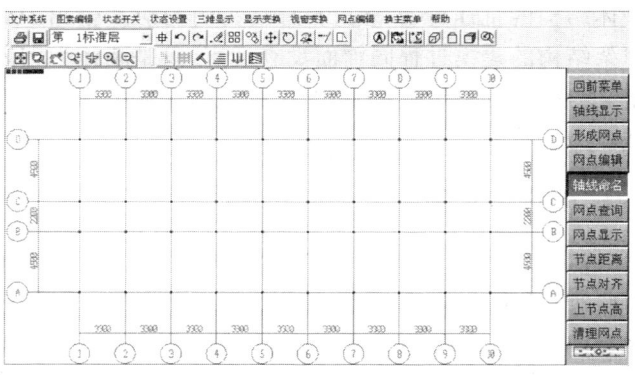

图 2.225 结构建模——轴线输入

(2) 进行构件定义,定义 240 厚的墙、柱 240mm×240mm,主梁 240mm×500mm,洞口 1 500mm×1 800mm、1 000mm×2 500mm。

 注意

圈梁不承担水平地震力,在抗震中起构造措施作用,在计算模型中不必输入。

(3) 进行楼层定义,本例只需要布置两个标准层,楼层布置和信息如图 2.226 和图 2.227 所示。

 提示

一般屋面层都单独作为一个标准层,首先是下面各层楼梯间板厚为零,而在屋面层楼梯间板厚

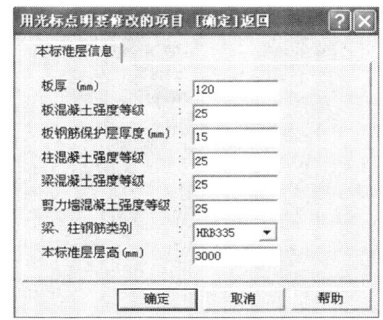

图 2.226 结构建模——楼层定义(第 1 结构标准层)

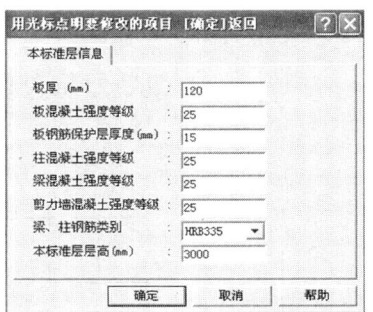

图 2.227 结构建模——楼层定义(第 2 结构标准层)

同其他房间(楼梯间不出大屋面);而且由于屋面有保温层、防水层、找平层等,一般屋面恒荷载要高于楼面,如果为不上人屋面,屋面活荷载小于楼面活荷载。

(4) 进行荷载定义,选择计算活荷载,出现如图 2.228 所示的对话框。

(5) 进行楼层组装,完成结构模型的建立,如图 2.229 所示。

设计参数选项卡不必填写,采用默认即可,存盘退出,结构建模完成。

2. 输入次梁楼板

第一次输入选择"本菜单是第一次执行",选择确定后,当提示"请定义大多数墙体材料是什么"时选择"砖",进入第 1 标准层的次梁和楼板设置。

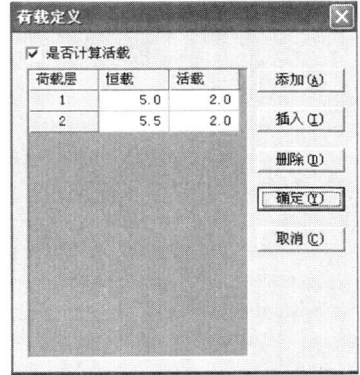

图 2.228 结构建模——荷载定义

(1) 首先进行修改板厚,把楼梯间房间的楼板厚度修改为零,如图 2.230 所示。

(2) 预制楼板布置,选择预制楼板,接着选择楼板布置,点取左上角的第 1 个房间,填写选项卡,如图 2.231 所示,选择确定后,第 1 个房间预制板布置完成,其他同样的房间可选择拷贝,不一样的房间布置方法同上,完成后如图 2.232 所示。

📖 提示

卫生间由于有防水要求和管线穿楼板,一般选择现浇板。需要注意的是:预制板是单相传力,而现浇板是四边传力,程序默认是四边传力(现浇板),当布置预制板后程序自动修改为单

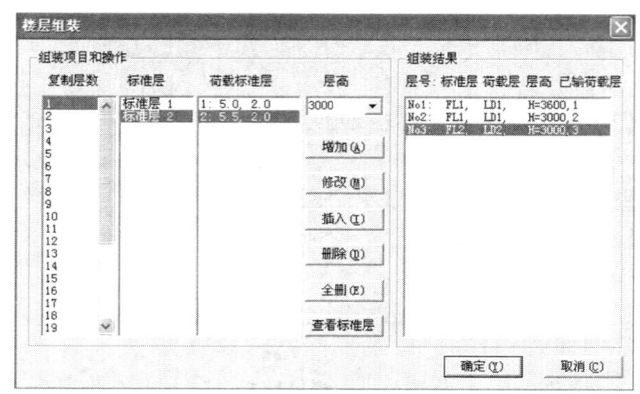

图 2.229　结构建模——楼层组装

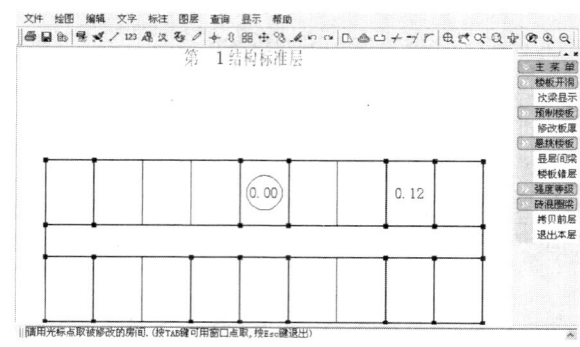

图 2.230　输入次连楼板——修改板厚

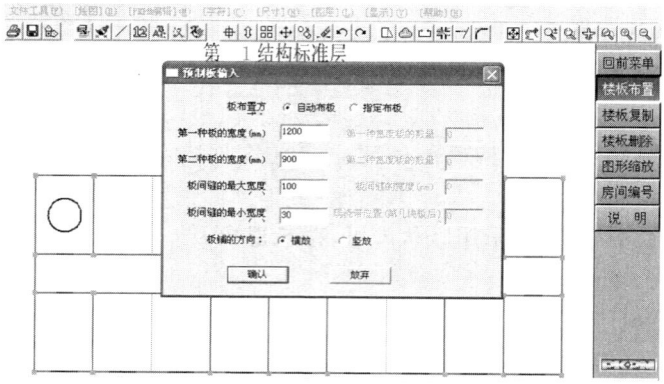

图 2.231　输入次连楼板——布置预制楼板(第 1 标准层)

相传力。布置完预制板后,如果想修改为现浇板,则必须首先将预制板删除;如果现浇板修改为预制板,直接在房间布置预制板即可,程序自动用预制板取代现浇板。

由于预制板的板缝施工质量一般很差,多数预制板房屋出现楼板裂缝、屋面漏水现象,因此,预制板目前已经很少采用。

第 1 标准层布置完成后,进入第 2 标准层楼板布置,由于本例第 2 标准层和第 1 层基本相同,可选择"拷贝前层",出现如图 2.233 所示的选项卡,选择确认后,在将图 2.232 中的两个非预制板的房间通过拷贝布置预制板,如图 2.234 所示。完成后退回到 PMCAD 主菜单。

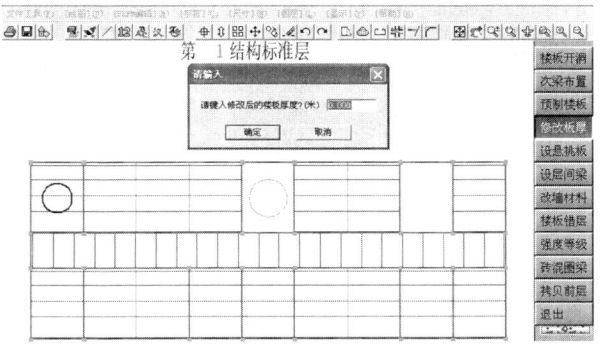

图 2.232　输入次连楼板(第 1 标准层)

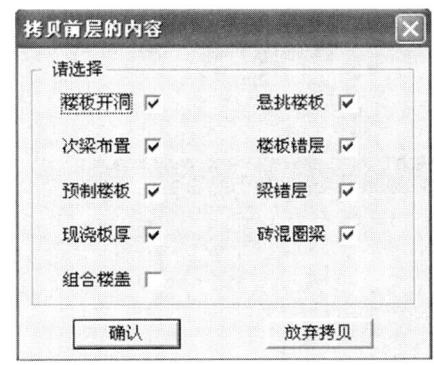

图 2.233　拷贝前层

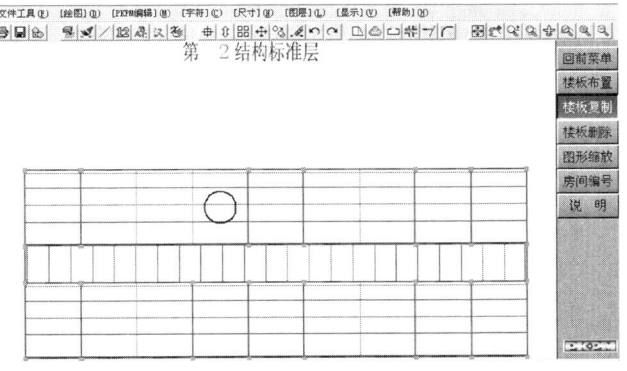

图 2.234　输入次连楼板——布置预制楼板(第 2 标准层)

3. 输入荷载信息

第一次输入当提示"本工程荷载是否第一次输入"选择"第一次输入",进入第 1 结构标准层第 1 荷载准层荷载输入,选择楼面恒载,将卫生间和楼梯间的恒荷载修改为 6.5,如图 2.235 所示,然后选择楼面活载,将上两个房间的活荷载修改为 2.5,如图 2.236 所示。

(1) 选择导荷方式,然后选择制定方式,荷载的传递方式如图 2.237 所示,预制板房间荷载单相传递,现浇板房间荷载四边传递。

(2) 选择回前菜单,退回到输入次梁楼板菜单,选择输入完毕,进入第 2 标准层荷载输入,同前面的过程,第 2 标准层楼面恒荷载、活荷载,屋面恒载和活载近似认为各房间相同,见图 2.238 和图 2.239。

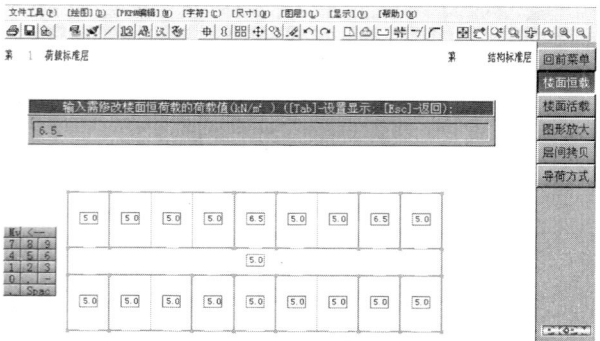

图 2.235　楼面恒载(第 1 标准层)

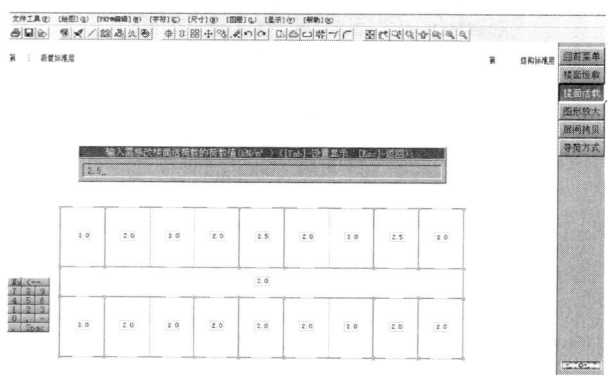

图 2.236　楼面活载(第 1 标准层)

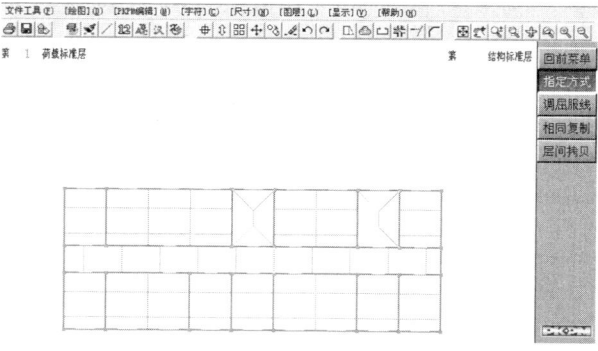

图 2.237　导荷方式(第 1 标准层)

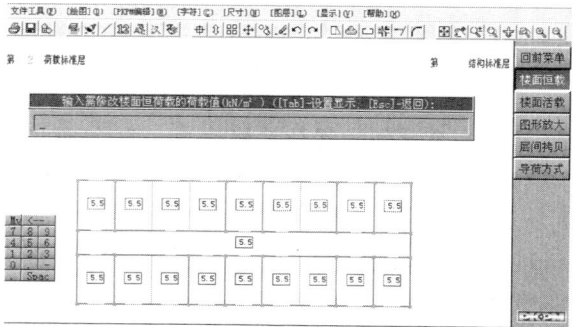

图 2.238　楼面恒载(第 2 标准层)

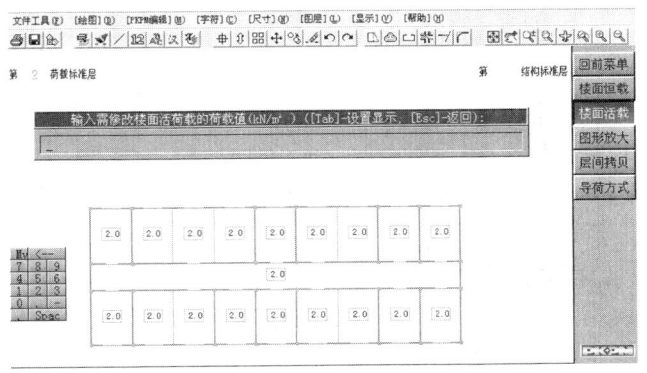

图 2.239 楼面活载(第 2 标准层)

(3)选择输入完毕,完成第 2 标准层荷载输入,不选择"考虑活荷载折减",选择确定后完成荷载竖向传递。

4. 砖混结构抗震计算和其他计算

在 PMCAD 主菜单选择"砖混结构抗震计算和其他计算",分别填写选项卡,如图 2.240—图 2.243 所示。选择确定后进行抗震验算和其他计算。

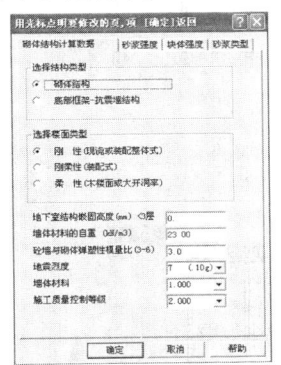

图 2.240 砌体结构计算数据

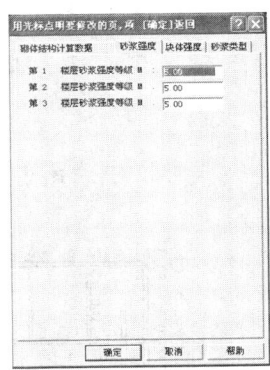

图 2.241 砂浆强度

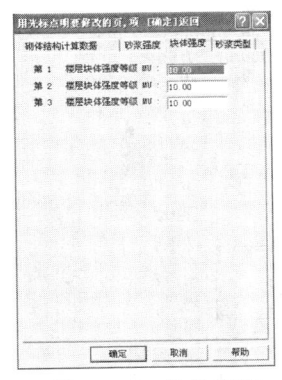

图 2.242 块体强度

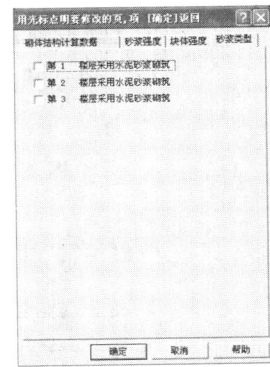

图 2.243 砂浆类型

(1)第 1 层抗震验算结果如图 2.244 所示,墙体受压验算、墙轴力图、墙剪力图、高厚比验算、局部受压验算如图 2.245—图 2.249 所示。

本例梁下砌体局部受压不满足要求,出现红色显示。选择梁垫输入,点取其中的一个节点,填写各项选项卡,如图 2.250—图 2.252 所示,选择确定后,验算结果如图 2.253 所示,满

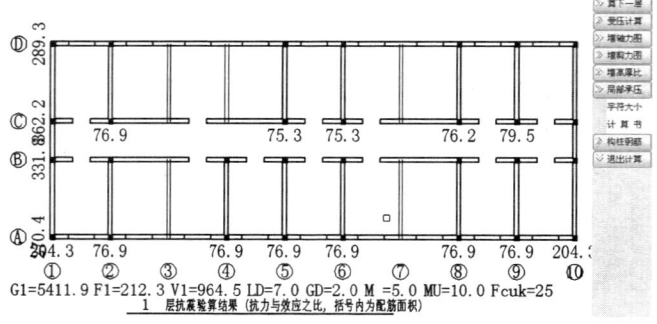

图 2.244　第 1 层抗震验算结果(ZH1.T)

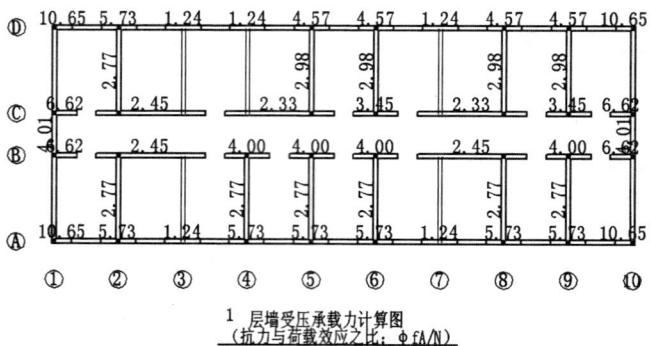

图 2.245　第 1 层墙受压验算(ZC1.T)

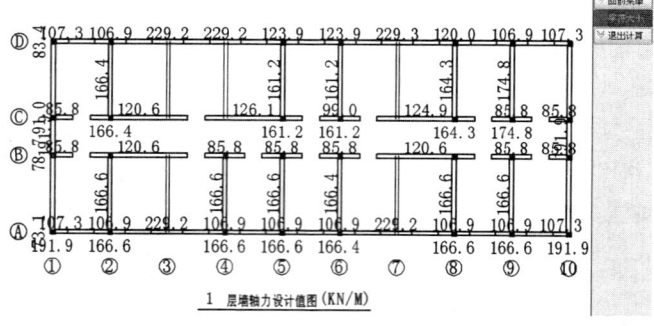

图 2.246　第 1 层轴力设计值(ZN1.T)

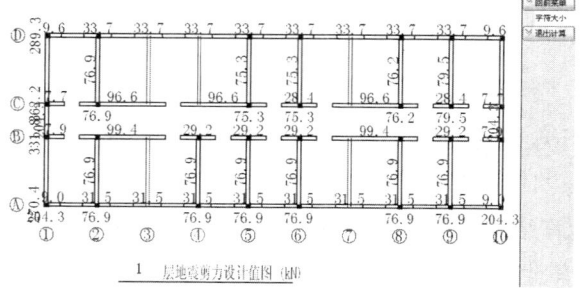

图 2.247　第 1 层剪力设计值(ZV1.T)

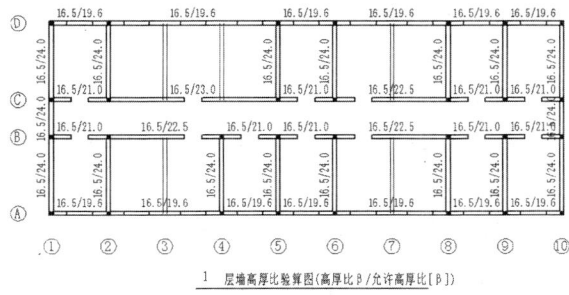

图 2.248 第 1 层墙高厚比验算(ZG1.T)

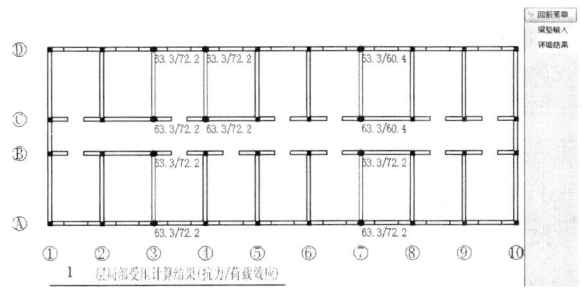

图 2.249 第 1 层墙局部受压验算(JBCY1.T)

足局部抗压要求,点取详细结果后出现如图 2.254 所示的计算结果,其余受压不满足的梁端部处理方式同上。

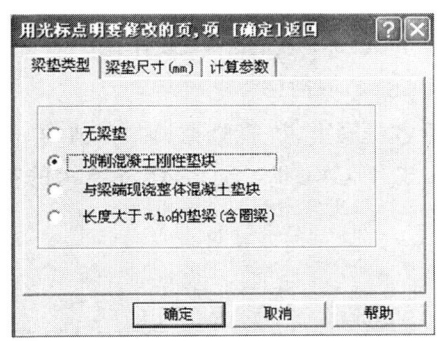

图 2.250 梁垫类型

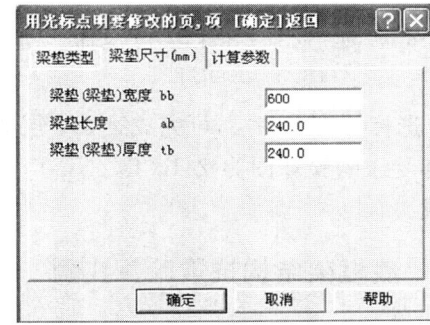

图 2.251 梁垫尺寸

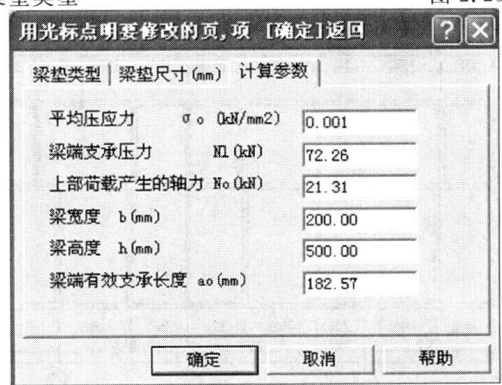

图 2.252 计算参数

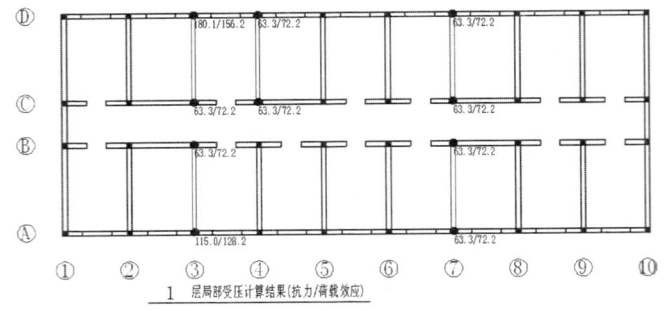

图 2.253 加入梁垫后第 1 层墙局部承压验算

(2) 选择计算书,可以形成砖混结果抗震计算书,如图 2.255 所示。

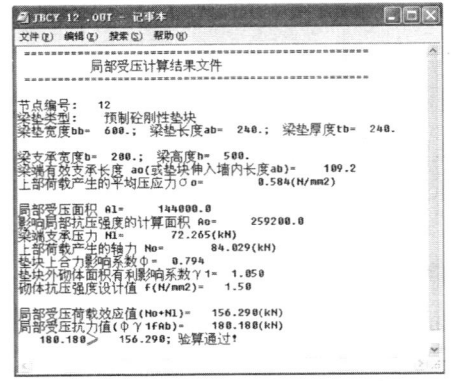

图 2.254 局部受压计算结果文件　　　　图 2.255 砖混结构抗震计算书
（JBCY 12.OUT）　　　　　　　　　　（ZHJSS.OUT）

(3) 选择计算下一层,可完成第 2,3 层的计算,查看方法同上,抗震验算、轴力、剪力、高厚比和局部受压的验算图为 ZHi.T,ZNi.T,ZVi.T,ZGi.T,JBCYi.T。至此,砖混结构的抗震计算完成。

2.11.2 底框架结构抗震验算实例

结构的平面布置和轴线尺寸如图 2.256—图 2.258 所示,底框架剪力墙采用 C30 混凝土,

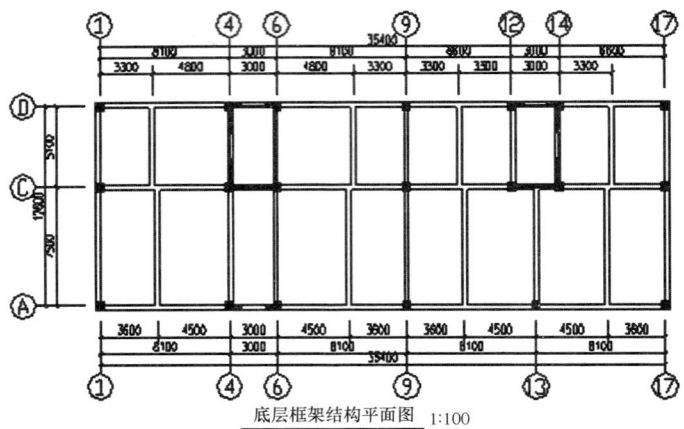

图 2.256 底层框架结构平面图

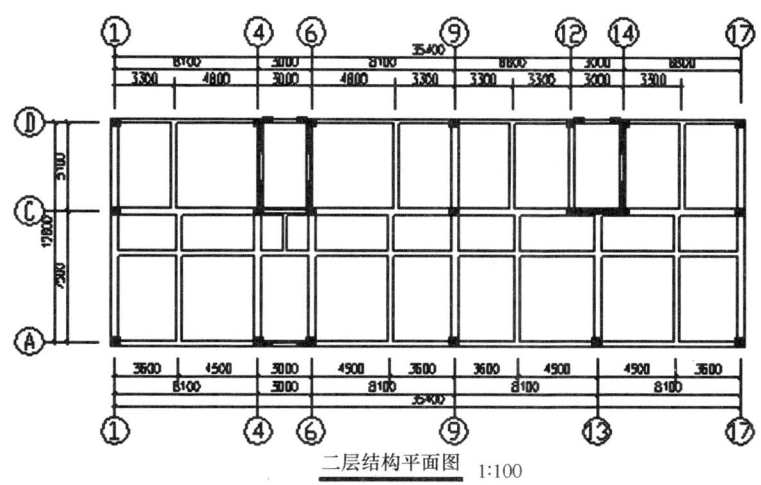

图 2.257 二层框架结构平面图

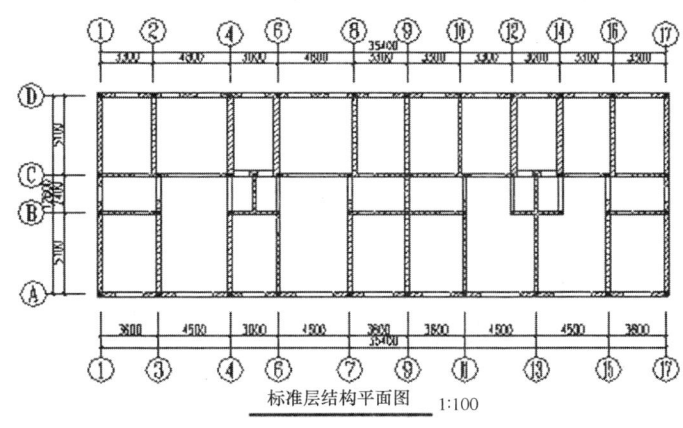

图 2.258 上部结构标准层平面图

柱 500mm×500mm,托梁截面 400mm×800mm 和 400mm×600mm,其余框架梁为 300mm×600mm,次梁为 250mm×500mm,剪力墙 200mm 和 250mm,砌体结构采用 MU10 砖,第 3 层为 M10 混合砂浆,第 4 层为 M7.5 混合砂浆,其余各层为 M5 混合砂浆。

结构的建模过程略,结构各层模型如图 2.259—图 2.262 所示,楼层组装如图 2.263 所示。

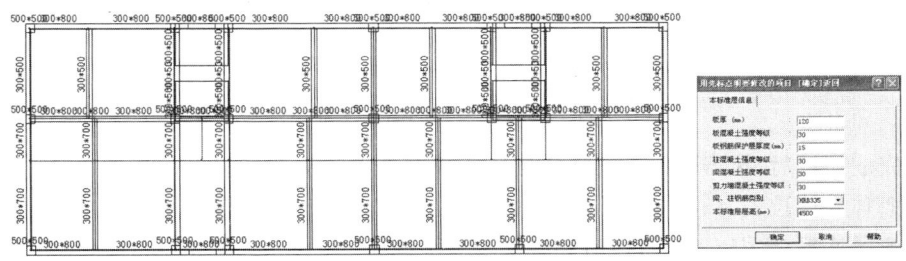

图 2.259 结构建模——底框架 1 层平面

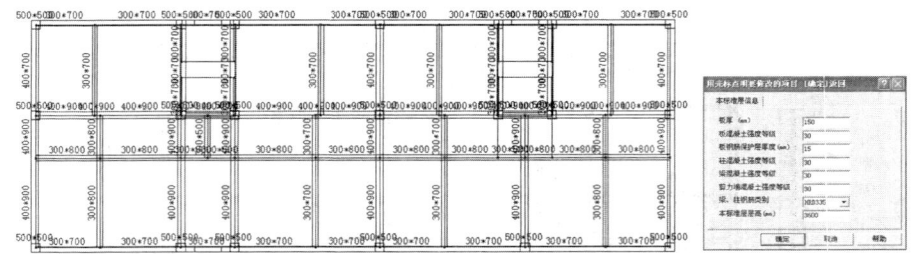

图 2.260　结构建模——底框架 2 层平面

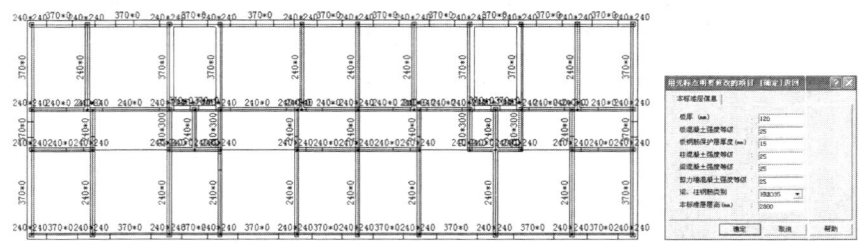

图 2.261　结构建模——第 3、4 标准层平面

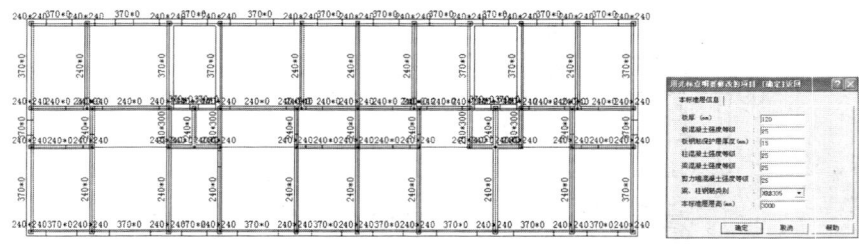

图 2.262　结构建模——第 5 标准层平面

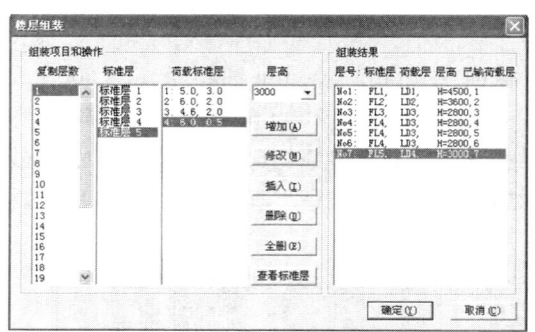

图 2.263　结构建模——底框架楼层组装

（1）完成建模后，执行输入次梁楼板和输入荷载信息，具体过程同 2.11.1。完成后点取 PM 主菜单 8 砌体结构抗震及其他计算，填写各项选项卡，如图 2.264—图 2.267 所示。对于本例题，结构类型选择底框-抗震墙结构；楼面类型选择刚性楼面；地下室结构嵌固高度填零；墙体材料自重 23；其余选择默认，地震烈度 7 度，墙体材料填 1——烧结砖，施工质量控制级别填 2——B 级。选择确定后完成总信息设置。

— 110 —

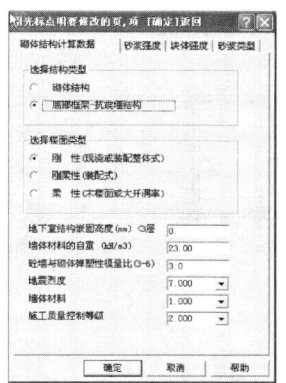

图 2.264　底框架结构计算数据

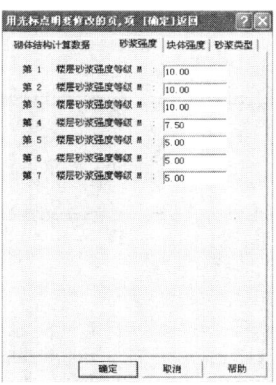

图 2.265　砂浆强度

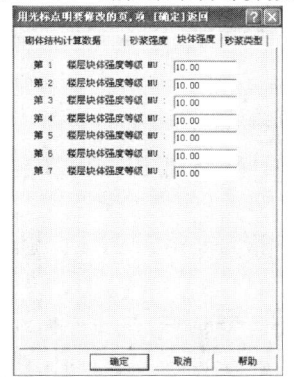

图 2.266　块体强度

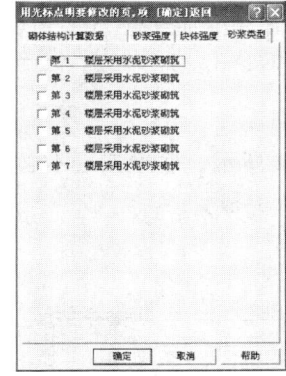

图 2.267　砂浆类型

(2) 填写底框架计算数据,如图 2.268 所示,底框架层数,对本例题填 2,对于托梁的计算,可选择按经验考虑上部荷载折减,也可选择按照规范方法确定托梁上部荷载,有边框柱时选择剪力墙侧移刚度考虑边框柱的影响。

填写剪力墙计算数据选项卡,如图 2.269 所示。

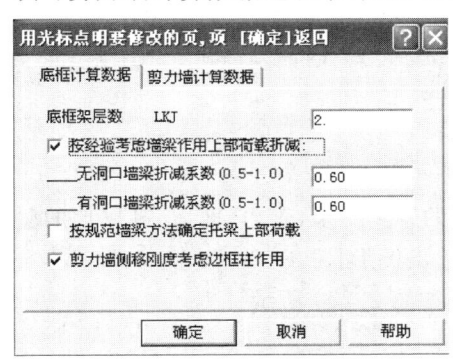

图 2.268　底框计算数据

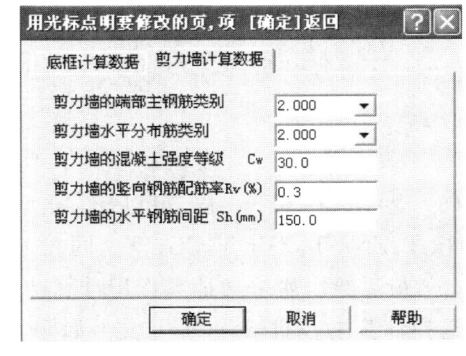

图 2.269　剪力墙计算数据

如果出现提示如图 2.270 所示的警告信息,这是由于结构总高超过规范允许值,忽略并继续计算。

(3) 按任意键继续计算,抗震验算结果见图 2.271 所示,第一层为底框架抗震验算结果 ZH1.T。

(4) 对于底框架直接选择算下一层,第 2 层计算结

警告：楼房总高度大于规范限值
超限不影响计算结果！[按任意键继续]

图 2.270　警告信息

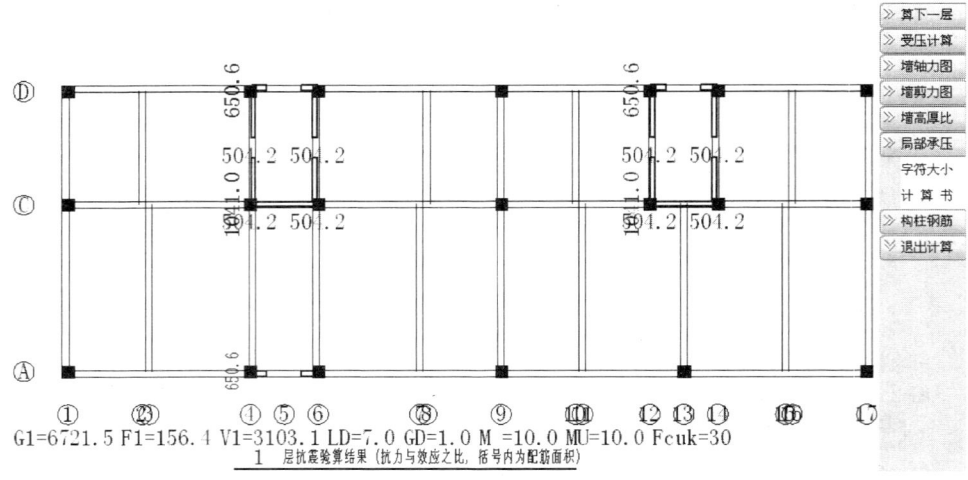

图 2.271 底框架第 1 层抗震验算结果

果如图 2.272 所示。底框架层不必进行受压验算,底框架的计算将由 PK,TAT 或者是 SAT-WE 接力计算完成。

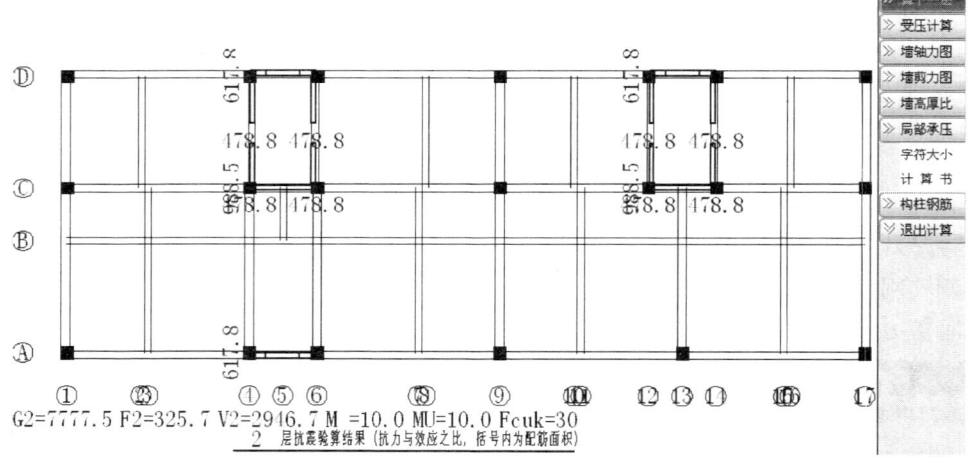

图 2.272 底框架第 2 层抗震验算结果

(5) 继续选择算下一层,可以计算上部砌体结构的验算结果,轴力、剪力、高厚比的验算图为 $ZH_i.T$,$ZN_i.T$,$ZV_i.T$,$ZG_i.T$。同 2.11.1,不再给出图形。

(6) 最后给出底框架地震作用计算结果 KJ1.T,如图 2.273 所示。

选择计算书,ZHJSS.OUT 文件如图 2.274 所示。

选择底框荷载 KJLOAD.T,如图 2.275 所示。

(7) 结束计算,下一步可以接力 PK,TAT 或者是 SATWE 完成底框架结构的计算分析。

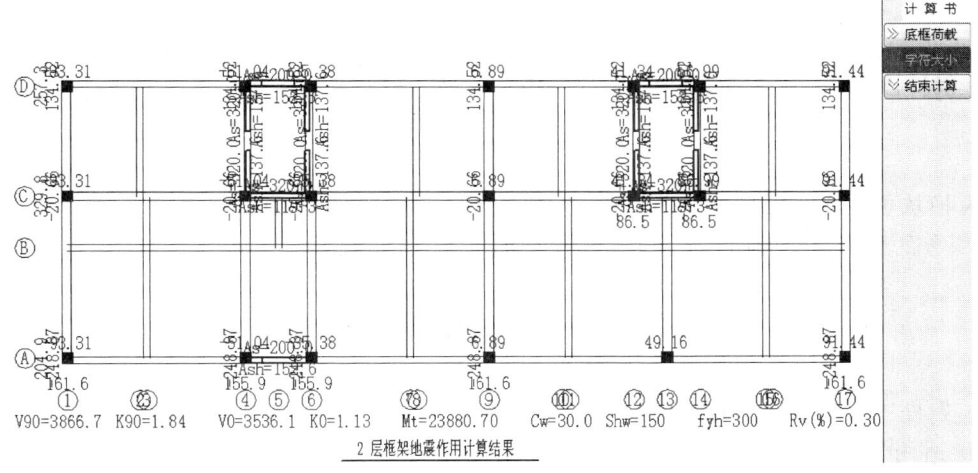

图 2.273　底框架地震作用计算结果

ZHJSS.OUT - 记事本

文件(F) 编辑(E) 搜索(S) 帮助(H)

****

结构计算书

工程名称 ：
工程设计者：

计算日期： 2005年 10月 14日

****

*** 砌体结构计算控制数据 ***
结构类型： 底部框架-抗震墙结构
结构总层数： 7
结构总高度： 22.3
地震烈度： 7.0
楼面结构类型：现浇或装配整体式钢筋砼楼面(刚性)
墙体材料：烧结砖
墙体材料的自重 (kN/m3)： 23.
地下室结构嵌固高度(mm)： 0.
砼墙与砌体弹塑性模量比： 3.
构造柱是否参与共同工作： 是
施工质量控制等级： B级

*** 底部框架-抗震墙结构计算控制数据 ***
底部框架层数： 2
按经验考虑墙梁作用上部荷载折减： 是
无洞口墙梁折减系数： 0.60
有洞口墙梁折减系数： 0.60
按规范墙梁方法确定托梁上部荷载： 否

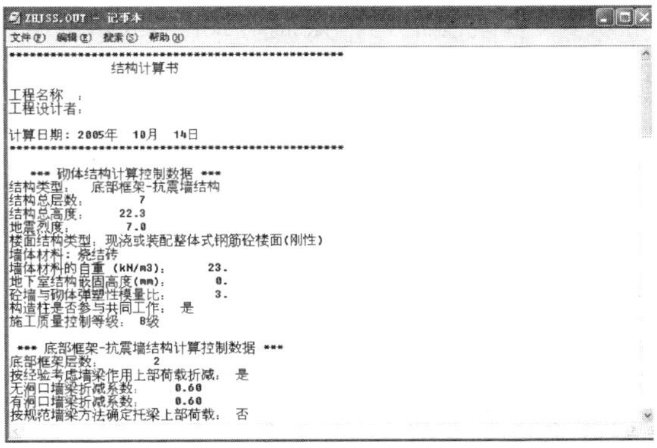

图 2.274　底框架结构抗震计算书

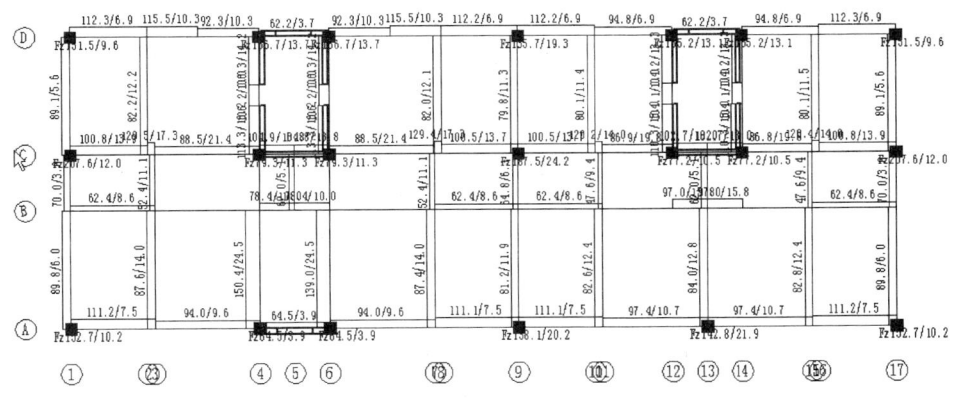

图 2.275　底框架梁柱的上部砌体荷载

第3章　PK——平面结构计算与施工图绘制

PK 模块可用于钢筋混凝土框、排架及连续梁结构的计算及其施工图的绘制。本章通过对 PK 部分的概括介绍，使读者了解 PK 模块的基本使用方法。

3.1　PK 的基本功能

PK 软件主要用于平面杆系结构的计算及施工图绘制，其主要的基本功能如下：

(1) 适用于 20 层，20 跨以内的工业与民用建筑中各种规则和复杂类型的框架结构、框排架结构、排架结构、剪力墙简化成的壁式框架结构及连续梁的结构计算与施工图绘制。

可处理梁柱正交或斜交、梁错层、抽梁抽柱、底层柱不等高、铰接屋面梁等各种情况；可在任意位置设置挑梁、牛腿和次梁；可绘制十几种截面形式的梁，如折梁、加腋梁、变截面梁、矩形和工字形梁等。还可绘制圆形柱或排架柱，柱的箍筋可以采用多种形式。

(2) 按新规范要求作强柱弱梁、强剪弱弯、节点核心区、柱轴压比、柱体积配箍率的计算与验算，还可进行罕遇地震下薄弱层的弹塑性位移计算、竖向地震力计算和框架梁裂缝宽度计算。

(3) 可按照梁柱整体画、梁柱分开画、梁柱钢筋平面图表示法和广东地区梁表柱表四种方式绘制施工图。

(4) 按新规范和构造手册自动完成构造钢筋的配置。

(5) 具有很强的自动选筋、层跨剖面归并、自动布图等功能，同时又给设计人员提供多种方式干预选钢筋、布图、构造筋等施工图绘制结果。

(6) 在中文菜单提示下，提供丰富的计算简图及结果图形，提供模板图及钢筋材料表。

(7) 可与"PMCAD"软件联接，自动导荷并生成结构计算所需的数据文件。

(8) 可与三维分析软件 TAT，SATWE 和 PMSAP 接口，绘制 100 层以下高层建筑的梁柱图。

3.2　PK 的基本操作

选择主菜单中 PK 选项，显示图 3.1 所示 PK 主菜单。

由图 3.1 可知，PK 各项主菜单的操作可概括为三个部分：一是计算模型输入，二是结构计算，三是做施工图设计。下面对三个部分实现的基本功能进行简单介绍：

1. 计算模型输入

执行 PK 时，首先要输入结构的计算模型。在 PKPM 软件中，有两种方式形成 PK 的计算模型文件。

(1) 通过 PK 主菜单 1 数据交互输入和数检来实现结构模型的人机交互输入。进行模型输入时，可采用直接输入数据文件形式，也可采用人机交互输入方式。一般采用人机交互方式，由用户直接在屏幕上勾画框架、连梁的外形尺寸，布置相应的截面和荷载，填写相关计算参

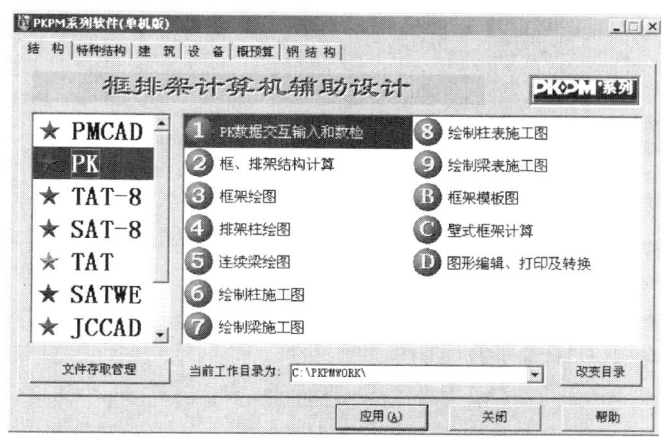

图 3.1　PK 主菜单

数后完成。人机交互建模后也生成描述该结构的文本式数据文件。

(2) 利用 PMCAD 软件,从已建立的整体空间模型直接生成任一轴线框架或任一连续梁结构的结构计算数据文件,从而省略人工准备框架计算数据的大量工作。PMCAD 生成数据文件后,还要利用 PK 主菜单 1 进一步补充绘图数据文件的内容,主要有柱对轴线的偏心、柱轴线号、框架梁上的次梁布置信息和连续梁的支座状况等信息。这时的绘图补充数据文件最好也采用人机交互方式生成。用这种方式可使用户操作大大简化。

PMCAD 还可生成底框上砖房结构中底层框架的计算数据文件,该文件中包含上部各层砖房传来的恒活荷载和整栋结构抗震分析后传递分配到该底框的水平地震力和垂直地震力。由 PK 再接力完成该底框的结构计算和绘图。

2. 结构计算

计算模型输入完毕后,执行 PK 主菜单 2 进行一般框架、排架、连续梁的结构计算。或者当计算剪力墙简化成的壁式框架结构或杆件节点较多时执行主菜单 C:壁式框架计算。

3. 施工图设计

根据主菜单 2 的计算结果,就可以进行结果绘制了,即施工图设计部分。在 PK 软件中,提供了多种方式来进行施工图设计,主要有:①PK 主菜单 3 实现框架梁柱整体施工图绘制;②PK 主菜单 4 实现排架柱施工图绘制;③PK 主菜单 5 实现连续梁施工图绘制;④PK 主菜单 6,7 适用于框架的梁和柱分开绘图情况;⑤PK 主菜单 8,9 适用于按梁柱表画图方式。

3.3　由 PMCAD 主菜单 4　形成 PK 文件

对较规则的框架结构,其框架和连续梁的配筋计算及施工图绘制可用 PK 软件来完成,而 PK 计算所需的数据文件可直接通过 PMCAD 主菜单 4 生成。

执行 PMCAD 主菜单 4 形成 PK 文件,如图 3.2 所示。选择"应用"后屏幕弹出图 3.3 所示"形成 PK 文件"启动界面。

程序提供了三种由 PMCAD 形成 PK 数据文件的方式。

(1) "1.框架生成"。如选择"1.框架生成",屏幕首先显示 PMCAD 建模生成的结构布置图,如图 3.4 为接第 2 章算例形成 PK 文件时的底层结构平面图。

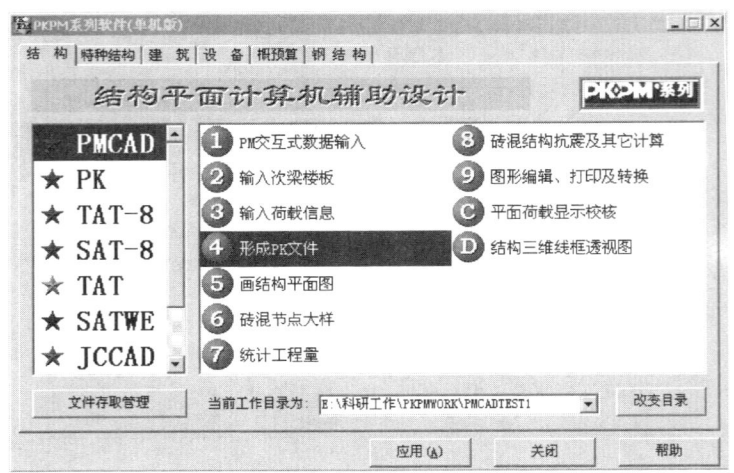

图 3.2 PMCAD 形成 PK 文件

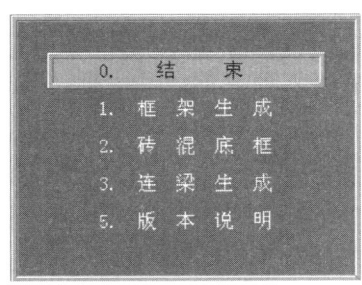

图 3.3 形成 PK 文件

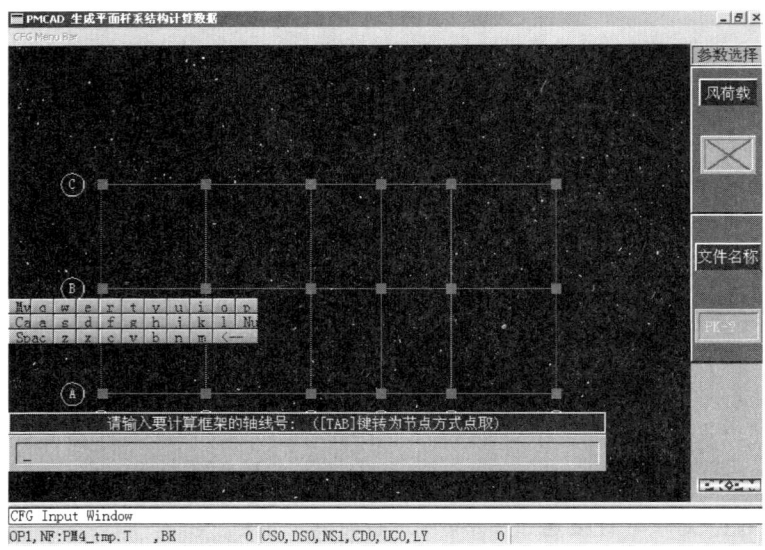

图 3.4 底层结构平面图

右侧对应有"风荷载"和"文件名称"两个选项。

选择"风荷载"项,将弹出图 3.5 所示风荷载信息对话框,用于输入风荷载的有关信息,将风荷载计算标志设置为 1 后,图 3.4 中风荷载下的"红×"红将变为"红√"。

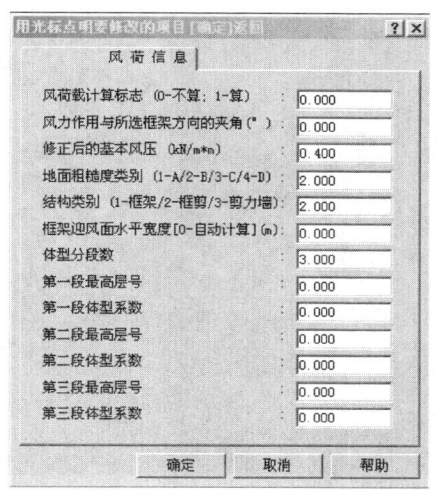

图 3.5　风荷载信息对话框

选择"文件名称"项,可以输入指定的文件名称,缺省生成的数据文件名称为 PK-轴线号。

在程序"输入要计算框架的轴线号"提示下,输入要生成框架所在的轴线号,如此处要生成第 3 号轴线框架的数据文件,输入"3",程序自动返回图 3.3 所示菜单,单击结束按钮,屏幕上就会依次出现 3 号轴线框架的立面和恒、活荷载简图。也可按 Tab 键转换为节点方式选择要转换的框架。

可连续生成多榀框架,全部生成完后,选择"结束"退出,进入 PK 数据检查。

▤ 实例 3.1　用 PMCAD 软件形成图 3.4 中 3 号轴线框架的 PK 计算数据文件。

① 执行 PMCAD 主菜单 4 形成 PK 文件。

② 在弹出的启动界面上,选择"框架生成"。

③ 在"输入要计算的轴线号"提示下,输入"3"后确认。

④ 按 Esc 键返回启动界面,选择"结束",即形成了 3 号轴线的框架数据文件,名称为 PK-3.SJ。

(2)"2.砖混底框"。要生成上部砖房的底层框架数据,必须先执行 PMCAD 主菜单 8,进行砖混结构抗震计算。在底层框架中若有剪力墙,可以选择将荷载不传给墙而加载到框架梁上,参加框架计算。若在"人机交互输入 PM 数据"时抗震等级取值为五级。则生成的 PK 数据中不再包括地震力作用信息。仅含有上层砖房对框架的垂直力作用。

(3)"3.连梁生成"。如选择"3 连梁生成",程序首先提示输入要计算连续梁所在的层号(当工程仅为一层时不提示),输入层号并确认后,屏幕显示 PMCAD 建模生成的结构布置图(图 3.6),同时右侧显示"抗震等级"、"当前层号"、"已选组数"等项。

选择"抗震等级"可以设定连续梁箍筋加密区和梁上角筋连通是否需要,抗震等级取为五级时不设加密区及角筋连通。

选择"已选组数",可以输入连续梁数据文件的名称,默认文件名为:LL-生成连梁数据的顺序号,显示在其下方。

一个连梁数据文件中可以包含多根连续梁:用光标选择一根连续梁,输入该连梁的名称,再点下一根,点前还可切换层号选择,这些包含在一个数据文件中的连续梁一起计算,一起绘图。

选择一根连续梁后,程序自动判断生成支座(红色为支座,蓝色为连通点),判断的原则是:

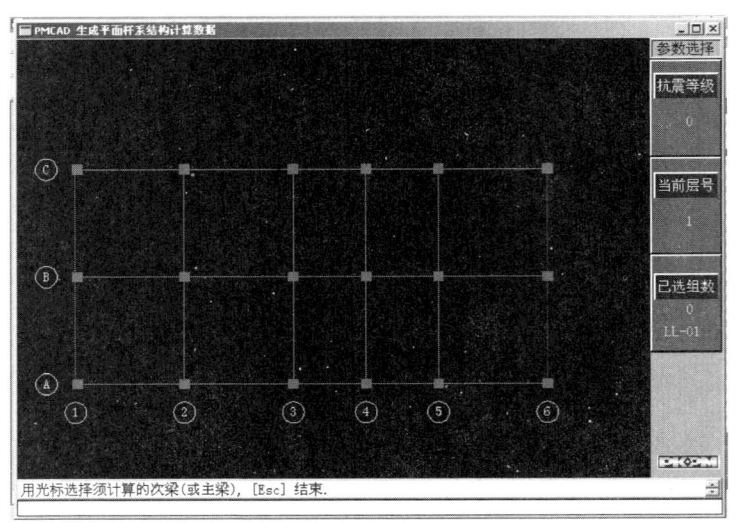

图 3.6 底层结构平面图

次梁与主梁的连节点必为支座点;次梁与次梁交点及主梁与主梁交点,当支撑梁高大于连梁高 50mm 以上时为支座点;墙柱支撑一定为支座点。用户可根据需要重新定义支座情况,然后按 Esc 键退出。

生成连梁数据文件的梁一般应是次梁或非框架平面内的主梁,它们绘图时的纵筋锚固长度将按非抗震梁取。

3.4 PK 主菜单 1 PK 数据交互输入和数检

进入 PK 主菜单 1,屏幕弹出图 3.7 所示启动界面。进入 PK 前,首先要指定启动方式,PK 提供了新建文件、打开已有交互文件和打开已有数据文件几种方式。

图 3.7 PK 主菜单 1 启动界面

1. 新建文件

选择"新建文件",将从零开始创建一个框、排架或连梁结构模型。建模前,首先要为人机交互建模文件起个名字,如图 3.8 所示。人机交互建模后仍生成一个工程名.SJ 的文本文件,用户下次修改该文件时可用"打开已有数据文件"方式进入 PK 操作界面。

图 3.8　输入文件名称

以"新建文件"方式启动 PK 后,用户可用鼠标或键盘,采用和 PMCAD 绘制平面图相同的方式,在屏幕上勾画出框排架立面图。框架立面可由各种长度、各种方向的直线组成,再在立面网格上布置柱、梁截面,再布置恒、活、风荷载。输入中采用的单位均为 mm,kN。

2. 打开已有交互文件

选择"打开已有交互文件"进入,将在一已有交互式文件基础上,进行补充创建新的交互式文件。进入后,屏幕上显示已有结构的立面图。

3. 打开已有数据文件

如果是从 PMCAD 主菜单 4 生成的框架、连续梁或底框的数据文件,或以前用手工填写的结构计算数据文件,则可选择"打开已有数据文件"方式进入。数据文件名为工程名.SJ。

无论选择何种方式,屏幕都将弹出如图 3.9 所示的 PK 主菜单 1 操作界面。

实例 3.2　用 PK 软件打开例 3.1 中生成的 PK－3.SJ 文件。

① 执行 PK 主菜单 1:PK 数据交互输入和数检。
② 在弹出的启动界面上,选择"打开已有数据文件"。
③ 在弹出的文件选择对话框中,选择 PK－3.SJ 后确认。
④ 屏幕上自动显示出 3 号轴线框架的立面网格图,如图 3.9 所示。

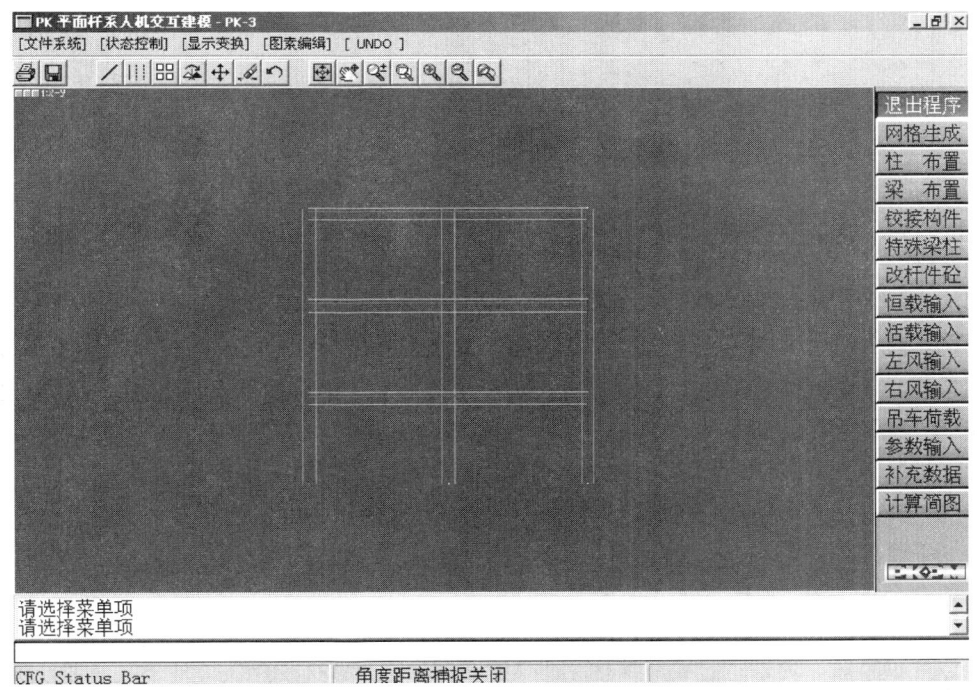

图 3.9　PK 主菜单 1 操作界面

在图 3.9 中,我们可见到 PK 主菜单 1 右侧的主控菜单,各菜单项含义如下。

(1) 网格生成。利用"网格生成"菜单可采用与 PMCAD 交互输入相同方式勾画出框架或

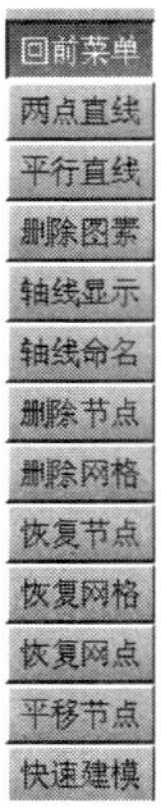

排架的立面网格线,这网格线应是柱的轴线或梁的顶面。"网格生成"菜单下又包括了如图 3.10 所示各菜单项,各项菜单的操作与 PMCAD 中命令基本相同,这里不再赘述。

实例 3.3 排架结构网格生成。

某两跨等高排架如图 3.11 所示,图中圆圈中数字为节点编号,柱右数字为柱段编号,3 根排架柱上柱截面均为矩形,尺寸分别为 400mm×400mm,500mm×600mm,500mm×500mm,下柱截面均为工字形,尺寸分别为 400mm×900mm,500mm×1200mm,500mm×1200mm。工字形截面腹板厚为 150mm,翼缘根高 225mm,边缘高 200mm,屋面梁皆为铰支。作 8°抗震设防。抗震等级为 2 级。混凝土强度等级为 C20,主筋为 HRB335,箍筋为 HPB235。试形成该排架结构网格。

图 3.10 "网格生成"菜单

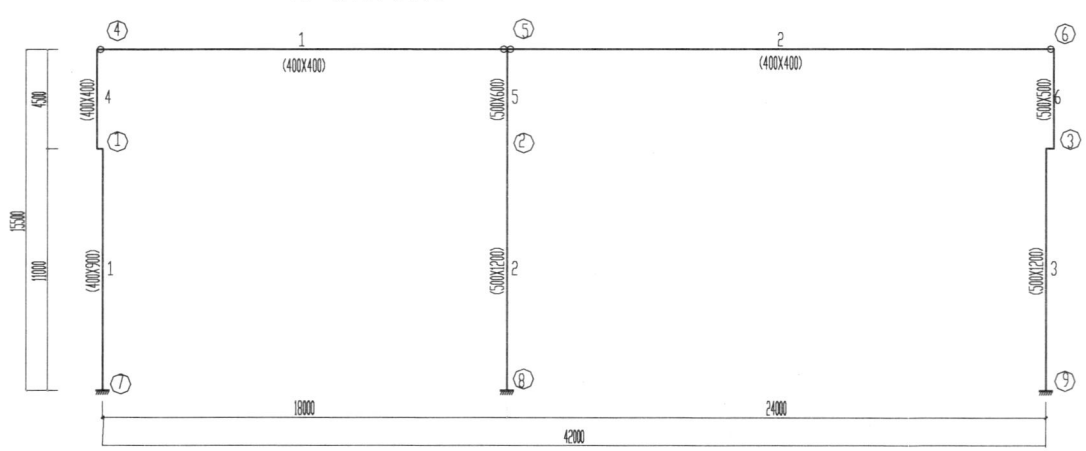

图 3.11 排架立面图

① 启动 PK 主菜单 1 交互式数据输入和数检后,选择"网格生成"|"平行直线"。

② 在"输入第一点"提示下,输入"0,0"。

③ 在"输入下一点"提示下,按 F4 功能键将角度捕捉方式打开,然后拖动光标屏幕上就会出现一条红色的直线,确保其处于垂直状态,输入"11000",即在屏幕上绘制了一条垂直直线。

④ 在"复制间距"提示下,输入"18000"。

⑤ 在"复制间距"提示下,输入"24000",按 Esc 键退出。

⑥ 在"输入第一点"提示下,捕捉节点 1。

⑦ 在"输入下一点"提示下,按 F4 功能键将角度捕捉方式打开,然后拖动光标屏幕上就会出现一条红色的直线,确保其处于垂直状态,输入"4500"。

⑧ 在"复制间距"提示下,输入"18000"。

⑨ 在"复制间距"提示下,输入"24000",按 Esc 键退出。

⑩ 然后执行"网格生成"|"两点直线"。

⑪ 在"输入第一点"提示下,捕捉节点 4。

⑫ 在"输入下一点"提示下,捕捉节点 6,按 Esc 键退出。形成图 3.12 所示网格轴线。

⑬ 然后选择"回前菜单"完成轴线输入。

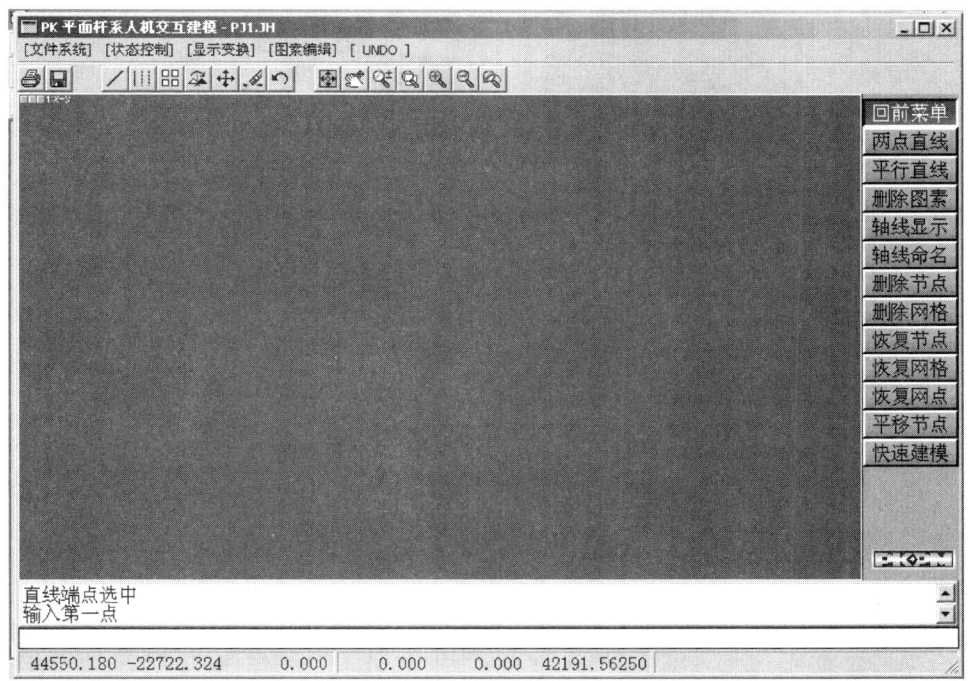

图 3.12 排架网格轴线

(2) 柱布置。柱布置下又包含下拉菜单如图 3.13 所示。各项操作与 PMCAD 建模中基本相同,只是有几点需注意:

① 进行截面定义时,通过选择"增加"按钮来进行截面定义,PK 提供由多种截面类型供用户定义,例如矩形、工字形等,如图 3.14 所示。

② 偏心对齐。多层框架柱偏心时,用这菜单可简化偏心的输入,即用户只需输入底层柱的准确偏心,上面各层柱的偏心可通过左对齐、中对齐和右对齐三种方式自动由程序求出,左对齐就是上面各层柱左边线与底层柱左边对齐,中对齐就是上下柱中线对齐。

③ 计算长度。"计算长度"是一个双向切换菜单,用来控制柱子计算长度的显示与否,计算长度系数按《混凝土规范》第 7.3.11 条选取,对框架结构当采用现浇楼盖时,底层柱计算长度为 $1.0H$,其他层为 $1.25H$,当采用装配式楼盖时,底层柱计算长度为 $1.25H$,其他层为 $1.5H$,H 为层高。用户也可对计算长度进行人为指定。

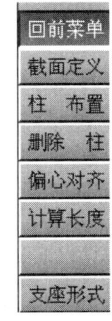

图 3.13 "柱布置"菜单

如图 3.15 所示某框架结构柱子计算长度显示。L 代表无吊车柱平面内计算长度,LY 代表无吊车柱平面外计算长度,LD 代表有吊车柱平面内计算长度,LDY 代表有吊车柱平面外计算长度。

④ 支座形式。"支座形式"菜单项用来修改连续梁的支座类型,其支座可以是柱子、砖墙或梁。

实例 3.4 接例 3.3 进行排架柱的定义和布置。

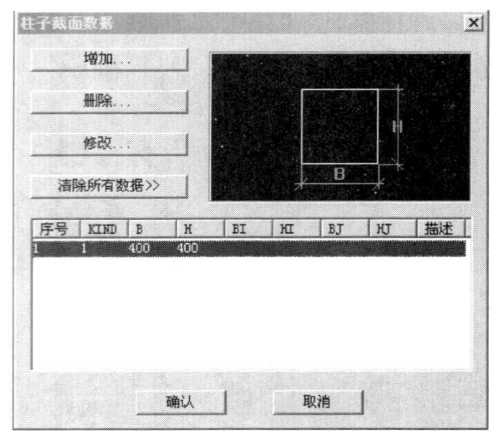 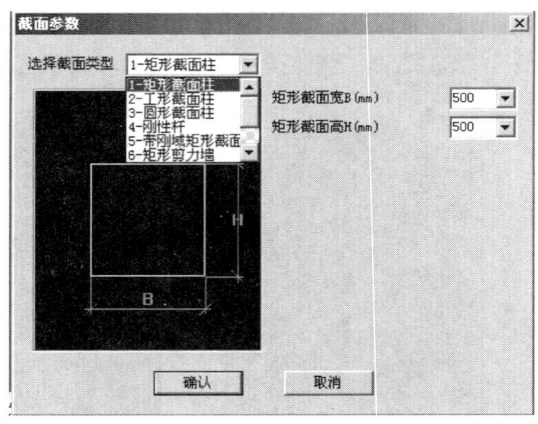

图 3.14 柱"截面定义"对话框

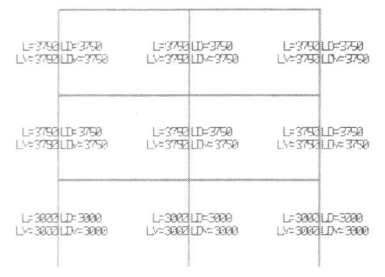

图 3.15 某框架结构的柱子计算长度

接例 3.3 进行轴线输入后,接下来进行柱子定义和布置,操作过程如下。

① 选择"柱布置"|"截面定义"菜单项,首先进行柱截面的定义。

② 在弹出的"柱子截面数据"对话框中,选择"增加"按钮,依次按图 3.16(a,b,c,d,e)定义五种柱截面类型。第一种,第二种为工字形截面柱,其余为矩形截面柱。

③ 定义完毕后,单击"确认"按钮,返回原窗口。

④ 再选择"柱布置",屏幕弹出图 3.17 所示已定义好的柱子截面数据对话框。

⑤ 选择第一组数据,单击"确认"后在"输入柱子偏心"提示下,输入"0",在"选择目标"提示下,选择柱 1,按 Esc 键结束本次操作。

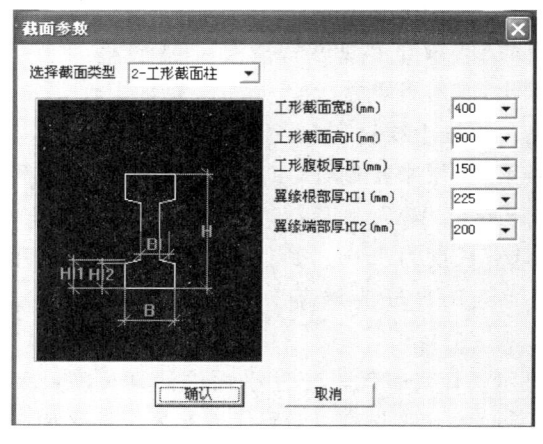 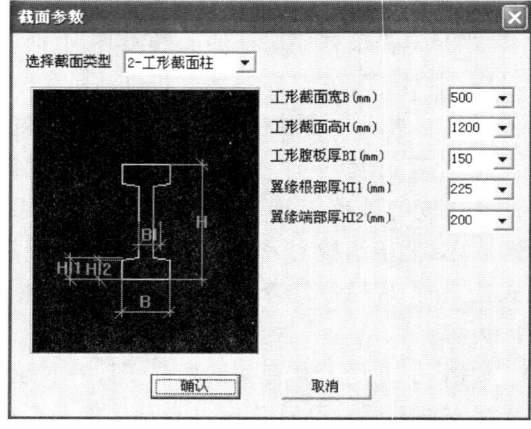

(a) 第一种柱截面定义　　　　　　　　(b) 第二种柱截面定义

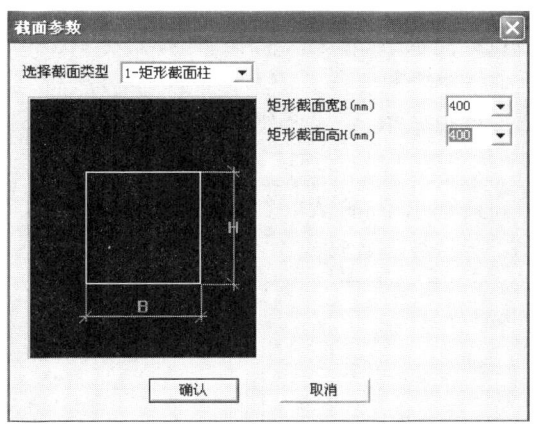 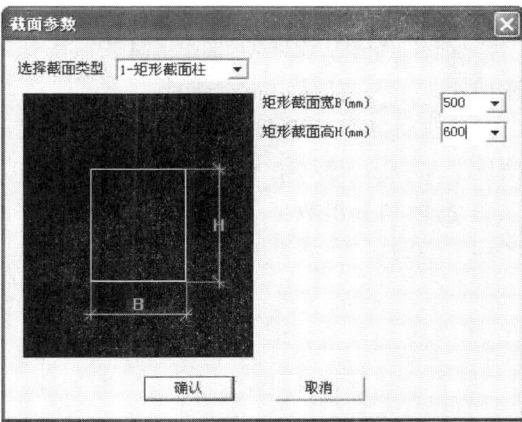

(c) 第三种柱截面定义　　　　　　　(d) 第四种柱截面定义

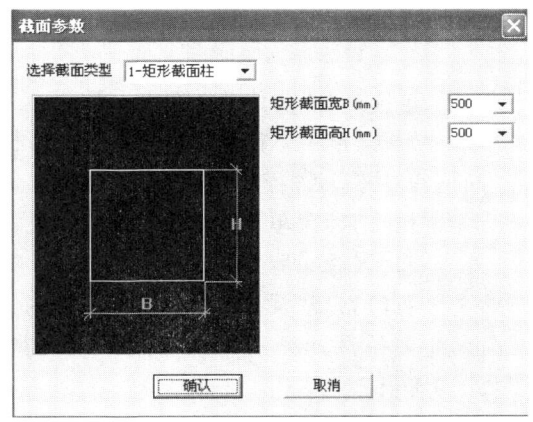

(e) 第五种柱截面定义

图 3.16　柱截面定义

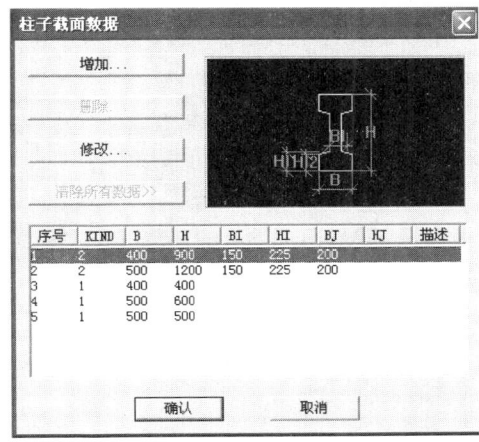

图 3.17　柱子截面数据

⑥ 选择第二组数据,"确定"后在"输入柱子偏心"提示下,输入"0",在"选择目标"提示下,

选择柱2,3,按Esc键结束本次操作。

⑦ 选择第三组数据,"确定"后在"输入柱子偏心"提示下,输入"0",在"选择目标"提示下,选择柱4,按Esc键结束本次操作。

⑧ 选择第四组数据,"确定"后在"输入柱子偏心"提示下,输入"0",在"选择目标"提示下,选择柱5,按Esc键结束本次操作。

⑨ 选择第五组数据,"确定"后在"输入柱子偏心"提示下,输入"0",在"选择目标"提示下,选择柱6,按Esc键结束本次操作。生成如图3.18所示柱布置图。

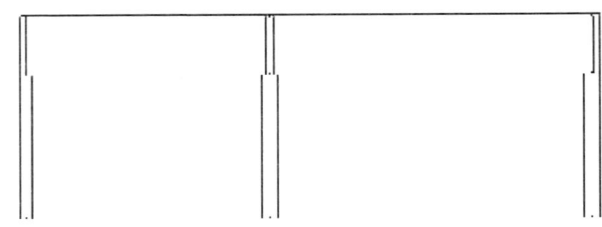

图3.18 柱布置图

⑩ 选择"回前菜单"返回原窗口。

(3)梁布置。其操作与柱布置相同,布置时程序将梁顶面与网格线齐平,梁布置无偏心操作。

"梁布置"菜单下除"截面定义"、"梁布置"、"删除梁"菜单项外,还有"翼缘布置"和"次梁"菜单项。

"翼缘布置"菜单用来输入各梁的左、右两端现浇楼板的厚度,主要是设计梁的腰筋时用来确定梁的有效截面高度。如图3.19所示。

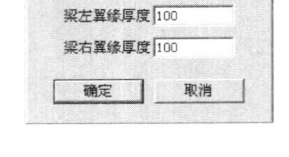

图3.19 "翼缘设置"对话框

"次梁"菜单可直接布置梁上次梁。可以进行增加、修改、删除、查询次梁的工作。当执行"增加次梁"命令,并按程序提示选择完需增加次梁的主梁后,屏幕弹出图3.20所示对话框。利用该对话框输入次梁数据,程序可利用次梁集中力设计值计算次梁处的附加箍筋和吊筋。当计算箍筋加密已满足要求时,不再设吊筋。若只选用吊筋,可在次梁集中力设计值前加一负号。

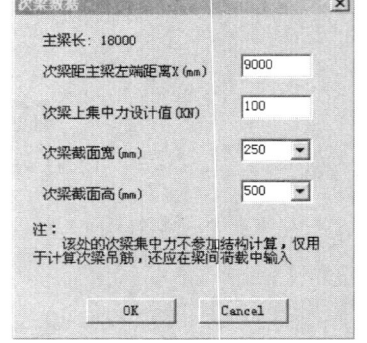

图3.20 "次梁数据"对话框

实例3.5 接例3.4进行排架梁的定义和布置。

接例3.4柱子布置完毕后,接下来要进行梁布置,操作过程如下。

① 首先选择"梁布置"|"截面定义",进行梁截面定义。

② 在弹出的"梁截面数据"对话框中选择"增加"项,屏幕将弹出"梁截面参数"对话框。在该对话框中,首先选择截面类型1:矩形截面梁,输入一种梁截面参数B×H:400mm×400mm,然后按"确定"按钮退出截面定义。

③ 再选择"梁布置"|"梁布置",选择第一种梁截面,确定后在"选择目标"提示下,选择横梁所在水平轴线,按Esc键结束操作。

④ 当程序再次提示选择梁数据进行布置时,选择"取消"结束操作。完成梁的布置。

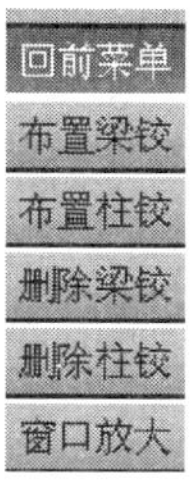

⑤选择"回前菜单"返回原窗口。

（4）铰接杆件。用于布置梁或柱的铰接节点,铰接杆件下又包含菜单项如图3.21所示。对布置好的铰接节点还可进行删除。

实例 3.6 接例3.5进行铰接节点的布置。

在柱与梁均布置完毕后,还要布置梁和柱的铰接节点,以形成排架体系,操作方法如下。

①选择"铰接构件"|"布置梁铰"|"两端铰接"。

图3.21 "铰接杆件"下拉菜单

②在"选择目标"提示下,选择梁1和梁2,按Esc键结束布置。

③然后选择"回前菜单"返回原窗口。

（5）特殊梁柱。特殊梁柱又包括各菜单项如图3.22所示,可用于定义底框梁、框支梁、受拉压梁、中柱、角柱、框支柱等,计算特殊梁柱的配筋时需要用到这些信息。

（6）改杆件混凝土。选择该菜单,屏幕显示当前各杆件的混凝土强度等级,如图3.23所示。"改杆件混凝土"菜单下,还有"改梁混凝土"和"改柱混凝土"两个菜单项,可用于对个别梁和柱强度等级的分别指定。

当执行了"改梁混凝土"或"改柱混凝土"后,程序提示"请输入构件混凝土的强度等级（C30输30）",输入欲修改的数字并确认后,程序会提示"请用光标选择目标",选择需修改的构件后即将该构件强度等级修改,可连续选择直至按Esc键结束。

图3.22 "特殊梁柱"下拉菜单

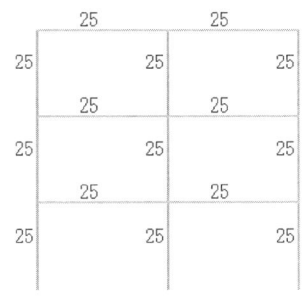

图3.23 某框架结构混凝土强度等级显示

图3.24 "恒载输入"下拉菜单

（7）恒载输入。"恒载输入"菜单下又包括了如图3.24所示各菜单项,通过该菜单可进行节点、柱间、梁间恒载的输入和删除。

其中"节点恒载"需要输入作用在节点上的弯矩（顺时针为正）、竖向力（向下为正）、水平力（向右为正）三个数值,再选择加载所输节点荷载的节点。每个节点上只能加载一组节点荷载,后加的一组会取代前一组。其他菜单项操作方法与PMCAD交互建模中基本相同,这里不再赘述。

实例 3.7 接例3.6进行排架结构恒载的输入,恒荷载布置如图3.25所示。

125

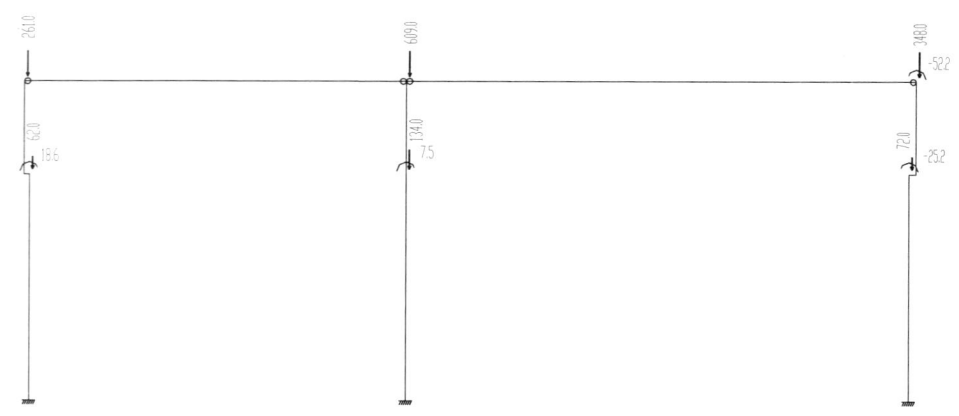

图 3.25 排架恒载图

在结构的几何模型输入完毕后,接下来要进行结构的荷载信息输入。首先进行恒载输入,操作过程如下。

① 选择"恒载输入"|"节点恒载"。

② 在"输入节点荷载"提示下,输入"18.6,62,0",如图 3.26 所示。确定后,在"选择目标"提示下,选择节点 1,按 Esc 键。

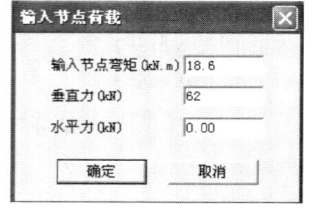

图 3.26 输入节点荷载

③ 在继续"输入节点荷载"提示下,输入"7.5,134,0",确定后,在"选择目标"提示下,选择节点 2,按 Esc 键。

④ 在继续"输入节点荷载"提示下,输入"−25.2,72,0",确定后,在"选择目标"提示下,选择节点 3,按 Esc 键。

⑤ 在继续"输入节点荷载"提示下,输入"0,261,0",确定后,在"选择目标"提示下,选择节点 4,按 Esc 键。

⑥ 在继续"输入节点荷载"提示下,输入"0,609,0",确定后,在"选择目标"提示下,选择节点 5,按 Esc 键。

⑦ 在继续"输入节点荷载"提示下,输入"−52.2,348,0",确定后,在"选择目标"提示下,选择节点 6,按 Esc 键。

⑧ 在继续"输入节点荷载"提示下,选择"取消",结束节点恒载输入。

⑨ 选择"回前菜单"返回原窗口。

(8) 活载输入。"活载输入"方法与恒载相同,这里不予赘述。

实例 3.8 接例 3.7 进行排架结构活载的输入,活荷载布置如图 3.27 所示。

恒载输入完毕后,进行活载输入,操作过程如下。

① 选择"活载输入"|"节点活载"。

② 在"输入节点荷载"提示下,输入"0,68,0"。确定后,在"选择目标"提示下,选择节点 4,按 Esc 键。

③ 在继续"输入节点荷载"提示下,输入"0,158,0",确定后,在"选择目标"提示下,选择节点 5,按 Esc 键。

④ 在继续"输入节点荷载"提示下,输入"13.5,90,0",确定后,在"选择目标"提示下,选择节点 6,按 Esc 键。

⑤ 在继续"输入节点荷载"提示下,选择"取消"。结束节点活载输入。

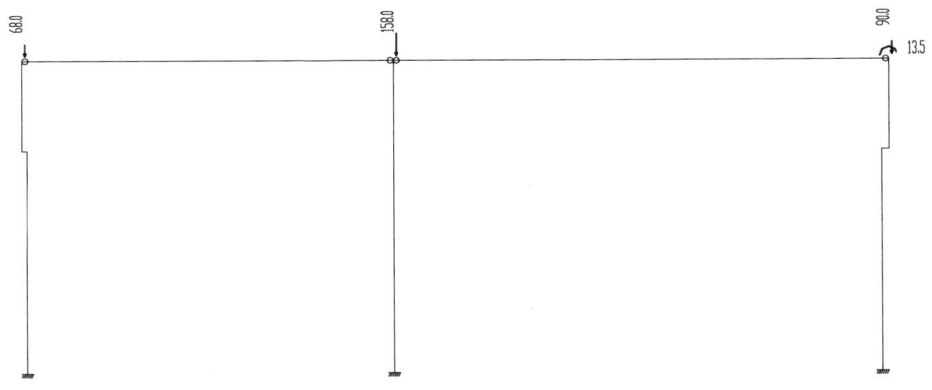

图 3.27 排架活载图

⑥ 然后选择"回前菜单"返回原窗口。

(9) 左风输入、右风输入。这两项菜单用于输入节点左(右)风和柱间左(右)风。也可以通过输入左(右)风信息由程序自动布置。

实例 3.9 接例 3.8 进行排架结构左风荷载的输入,左风荷载布置如图 3.28 所示。

图 3.28 排架左风荷载图

节点恒载和活载输入完毕后,进行风荷载输入。首先进行左风输入,操作过程如下。

① 选择"左风输入"|"柱间左风"。按图 3.29(a)设置柱间风荷载,设置好后,选择"确定"。

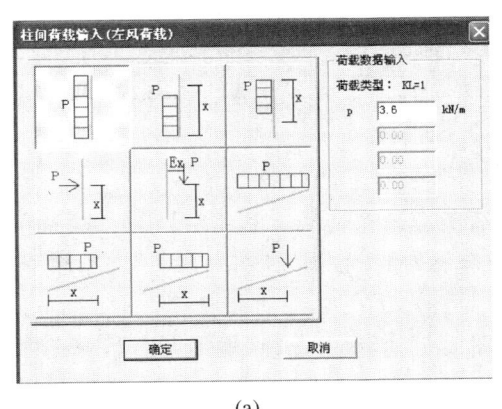

(a)

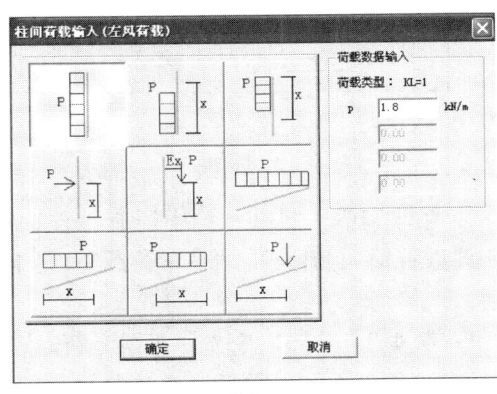

(b)

图 3.29 柱间左风荷载

在"选择目标"提示下,选择柱1,4,按Esc键。

② 继续按图3.29(b)设置柱间风荷载,设置好后,选择"确定"。在"选择目标"提示下,选择柱3,6,按Esc键。

③ 然后选择"取消"结束左风输入。

④ 然后选择"回前菜单"返回原窗口。

实例3.10 接例3.9进行排架结构右风荷载的输入,右风荷载布置如图3.30所示。

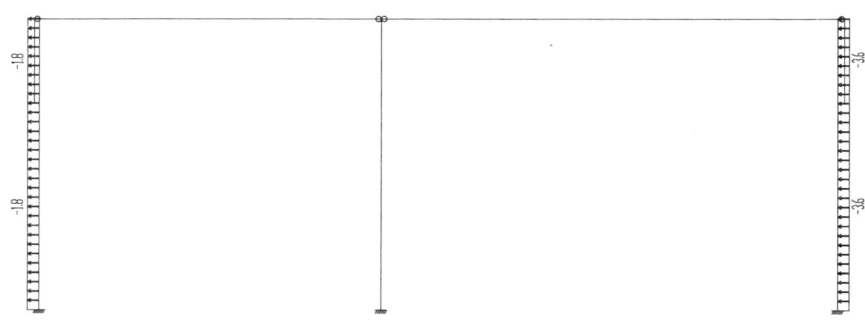

图3.30 排架右风荷载图

左风荷载输入完毕后,接下来进行右风荷载输入,操作过程如下。

① 选择"右风输入"|"柱间右风"。按图3.31(a)设置柱间风荷载,设置好后,选择"确定"。在"选择目标"提示下,选择柱3,6,按Esc键。

② 继续按图3.31(b)设置柱间风荷载,设置好后,选择"确定"。在"选择目标"提示下,选择柱1,4,按Esc键。

③ 然后选择"取消",结束右风输入。

④ 然后选择"回前菜单",返回原窗口。

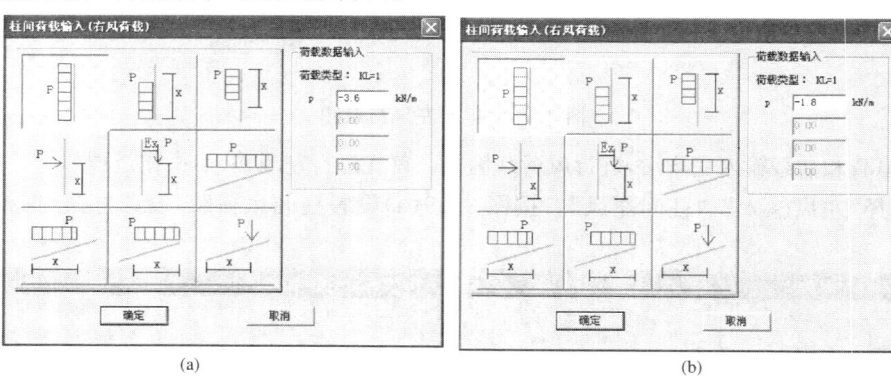

图3.31 柱间右风荷载

(10) 吊车荷载。排架结构中还有一种特殊荷载即吊车荷载。利用"吊车荷载"菜单可对吊车荷载进行输入和修改。"吊车荷载"菜单下又包括"吊车数据"、"布置吊车"、"删除吊车"等菜单项。

"吊车数据"菜单用以定义一组吊车荷载,如图3.32所示。选择"增加"按钮,弹出图3.33所示"吊车参数输入"对话框,修改各参数定义一组吊车荷载。

"布置吊车"菜单要由用户把每组吊车荷载布置到框架上,布置每组吊车荷载要单击左、右一对节点。

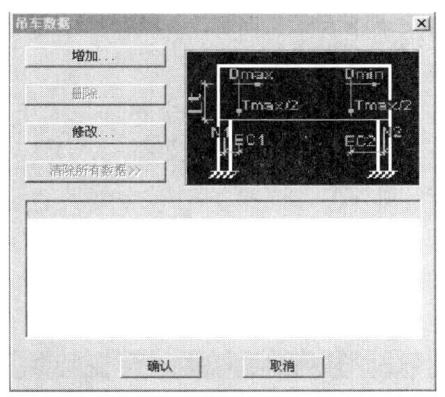

图 3.32 "吊车数据"对话框

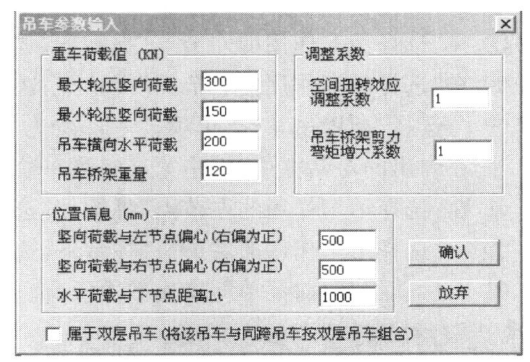

图 3.33 "吊车参数输入"对话框

实例 3.11 接例 3.10 进行排架结构吊车荷载的输入,吊车荷载如图 3.34 所示。

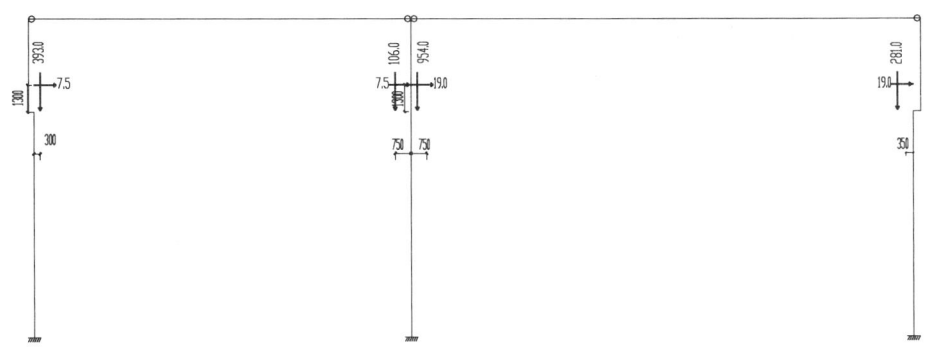

图 3.34 排架吊车荷载图

接下来我们对吊车荷载进行定义,操作过程如下。

① 选择"吊车荷载"|"吊车数据"。

② 在弹出的"吊车数据"对话框中,选择"增加"按钮。

③ 在弹出的"吊车参数输入"对话框中,对吊车参数进行设置。第一组吊车参数设置如图 3.35 所示。

④ 选择"确定"后,再次选择"增加"。设置第二组吊车参数如图 3.36 所示。

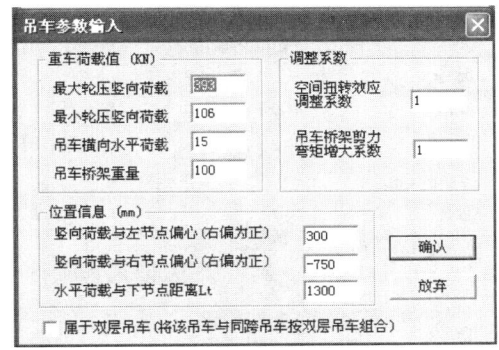

图 3.35 第一组吊车参数输入

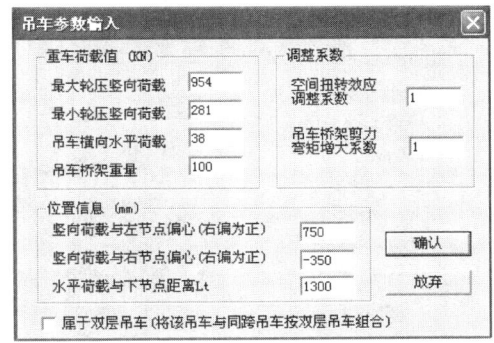

图 3.36 第二组吊车参数输入

⑤ 选择"确认"后,选择"布置吊车"菜单项,屏幕弹出图 3.37 所示吊车数据对话框。
⑥ 在弹出的对话框中,选中第一组吊车数据,选择"确定"。
⑦ 在"选择吊车作用的左节点"提示下,选择节点 1。
⑧ 在"选择吊车作用的右节点"提示下,选择节点 2。按 Esc 键结束本次布置。
⑨ 再选择"布置吊车"菜单项。
⑩ 在弹出的对话框中,选中第二组吊车数据,选择"确定"。
⑪ 在"选择吊车作用的左节点"提示下,选择节点 2。
⑫ 在"选择吊车作用的右节点"提示下,选择节点 3。按 Esc 键结束本次布置。
⑬ 然后选择"回前菜单",完成本次操作。

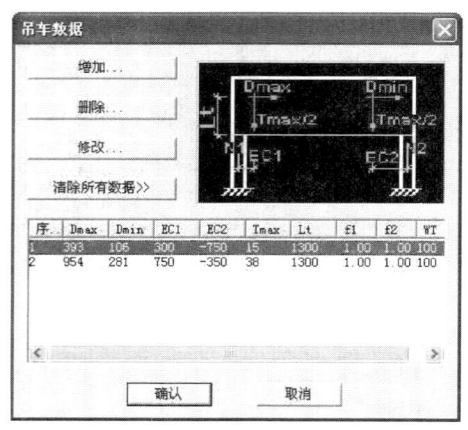

图 3.37 吊车数据

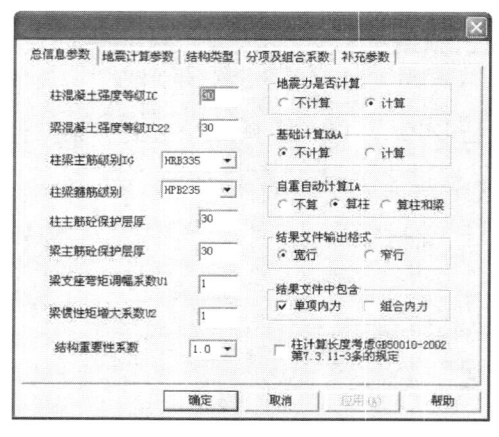

图 3.38 参数输入对话框

(11) 参数输入。当所有荷载输入完毕后,还需要对结构的总体计算参数信息进行输入。选择"参数输入"菜单,屏幕上将弹出"总信息参数"选项卡。此外还有"地震计算参数","结构类型","分项及组合系数","补充参数"等四张选项卡,如图 3.38 所示。

实例 3.12 接例 3.11 进行结构参数信息输入。

选择"参数输入"菜单项。分别设置总信息参数,地震计算参数,结构类型,分项及组合系数,补充参数选项卡如图 3.39 所示。

(12) 补充数据。"补充数据"菜单下有"附加重量"、"基础参数"等相关选项,如图 3.40 所示。其中"附加重量"是未参加结构恒载、活载分析的重量,但应在统计各振动质点重量时计入

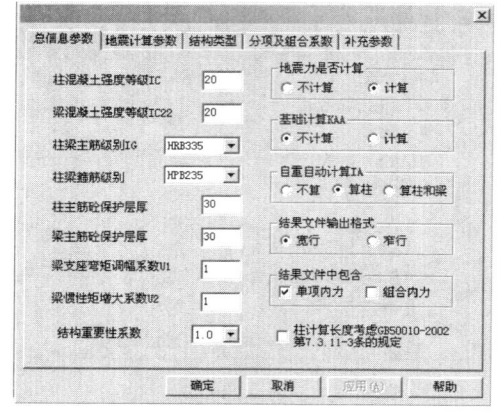

(a) 总信息参数

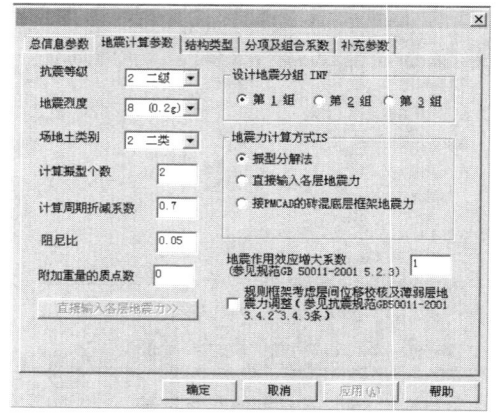

(b) 地震计算参数

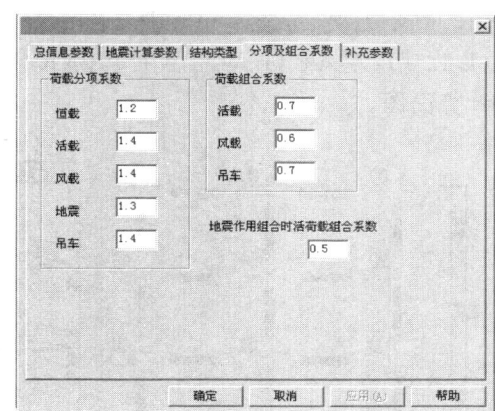

(c) 结构类型参数　　　　　　　　　　　　(d) 分项及组合参数

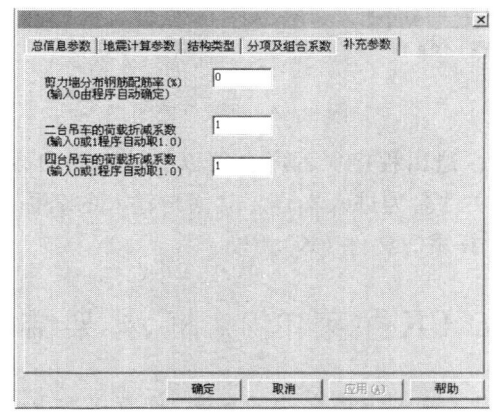

(e) 补充参数

图 3.39　参数设置

该重量。"基础参数"菜单项用于输入设计柱下基础的参数,如图 3.41 所示。"底框数据"菜单项用于输入底框每一节点处地震力和梁轴向力。

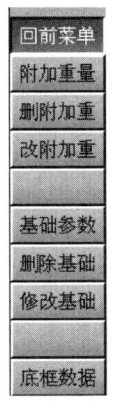 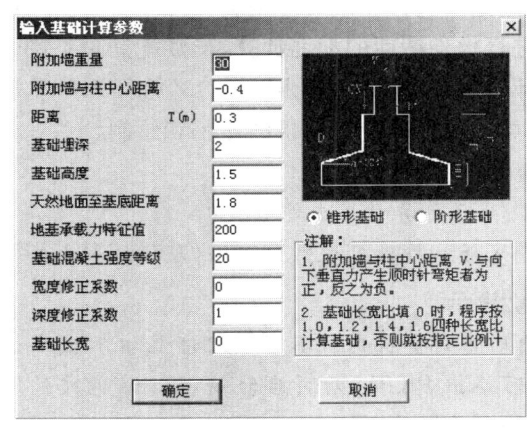

图 3.40　"补充数据"下拉菜单　　　　图 3.41　"输入基础计算参数"对话框

（13）计算简图。利用计算简图选项对已建立的几何模型和荷载模型作检查,出现不合理的数据时,程序暂停,屏幕上显示出错误的内容,指示用户错误的数据在哪一部分,哪一行和该数据值。判断无误后,选择"正确"菜单,程序将依次输出框架立面(KLM.T)、恒载(D-L.T)、活载(L-L.T)、左风载(L-W.T)、右风载(R-W.T)、吊车荷载简图(C-H.T),图 3.42 所示是一框架计算简图。

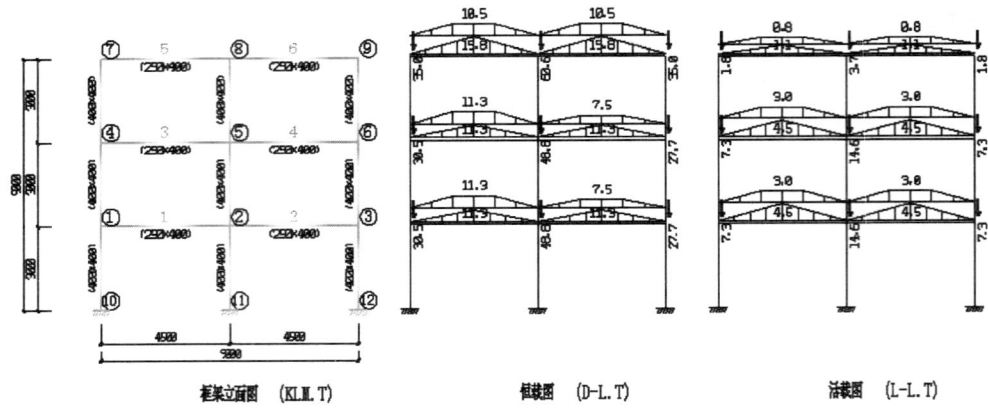

图 3.42 框架计算简图

主菜单 1 操作完毕后,退出程序。程序会把以上输入的内容写成一个按 PK 结构数据文件格式写成的数据文件,文件名为进入本程序时用户输入的名称加后缀.SJ。同时,程序生成了传给 PK 主菜单 2 结构计算用的文件 PK0.PK。

3.5 PK 主菜单 2 框、排架结构计算

执行主菜单 2,屏幕提示输入结果文件的名字,若直接按 Enter 键,则程序采用缺省文件名为 PK11.OUT,计算结果都存到这个文件里。每次计算采用隐含的计算结果文件名 PK11.OUT,可以节省存储空间,待最终确定了计算结果需要保留时可改名保存。

命名好结果文件后,程序自动进行结构计算。程序采用矩阵位移法先计算出各组荷载标准值作用下,构件的分组内力标准值;再按《建筑结构荷载规范》(GB 50009—2001)(以下简称《荷载规范》)进行荷载效应组合,得到构件的各种组合内力设计值,从而画出设计内力包络图,然后进行构件截面的配筋计算,形成配筋包络图。

计算完毕后,屏幕弹出图 3.43 所示 PK 内力计算结果图形输出选择菜单。选择对应选项,即可实现各种计算结果的显示和绘制。

显示内容如下。

1. 显示计算结果文件

用来显示计算结果数据文件(默认情况下即为 PK11.OUT)。

提示

有时因计算机内存不够该文件显示不出来,可退出 PKPM 主菜单释放内存后再重新操作,也可退出 PKPM 后再启动 Windows 的文件编辑命令打印文件。

(1) 弯矩包络图,绘制后存为文件 M.T。
(2) 配筋包络图,存为文件 AS.T。
(3) 柱轴力图,存为文件 N.T。
(4) 剪力包络图,存为文件 Q.T。

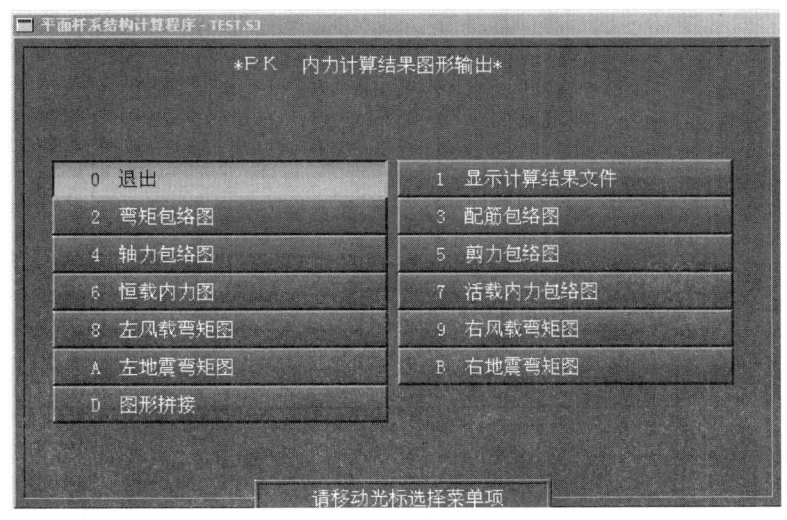

图 3.43 PK 内力计算结果图形输出

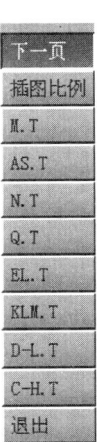

（5）恒载内力图，弯矩图，存为文件 D-M.T。
　　　　　　轴力图，存为文件 D-N.T。
　　　　　　剪力图，存为文件 D-V.T。
（6）活载内力包络图，弯矩图，存为文件 L-M.T。
　　　　　　　　轴力图，存为文件 L-N.T。
　　　　　　　　剪力图，存为文件 L-V.T。
（7）左风载弯矩图，存为文件 WL.T。
（8）右风载弯矩图，存为文件 WR.T。
（9）左地震作用弯矩图，存为文件 EL.T。
（10）右地震作用弯矩图，存为文件 ER.T。

2．图形拼接

选择"图形拼接"菜单后，首先提示输入施工图图纸规格，如 图 3.44 "图形拼接"菜单
"1"代表 1 号图纸。

"图形拼接"菜单下又包括了如图 3.44 所示各项菜单，代表了欲拼接的内容。选择某项拼接内容后，程序提示该项内容的布置位置。这样，就可把弯矩、配筋、轴力、剪力等项计算结果布置在同一张图纸内。

实例 3.13　接例 3.12 进行 PK 结构计算。

① 启动 PK 主菜单 2 框、排架结构计算。

② 在"输入计算结果文件名"提示下，直接按 Enter 键，接受缺省文件名 PK11.OUT，则计算结果自动保存在 PK11.OUT 文件中。

③ 依次选择各结果输入选项，则显示各项计算结果如图 3.45 所示。

④ 最后选择"0 退出"，退出计算。

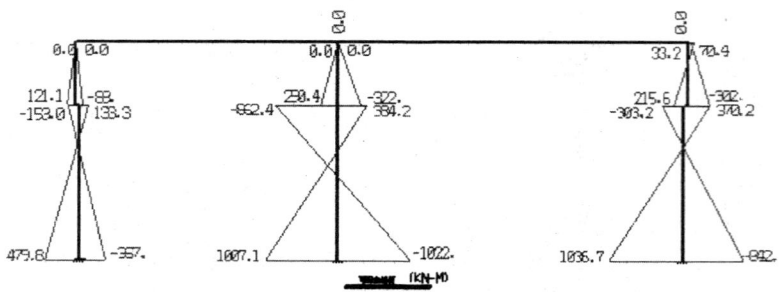

图 3.45(a) 弯矩包络图

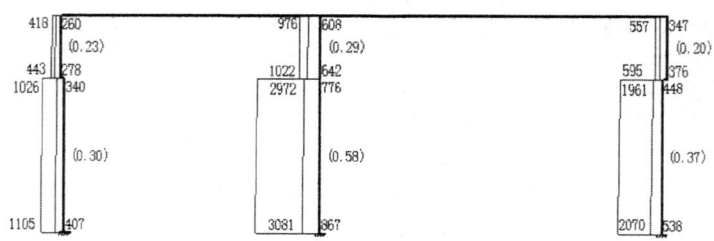

图 3.45(b) 轴力包络图

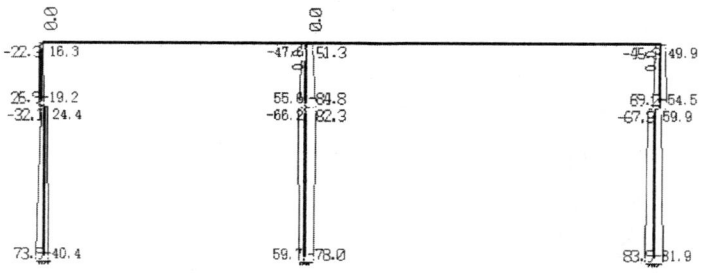

图 3.45(c) 剪力包络图

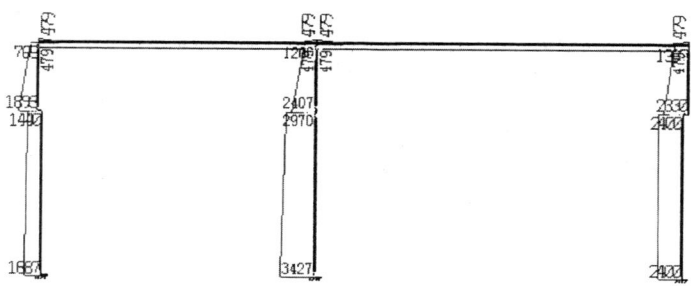

图 3.45(d) 配筋包络图

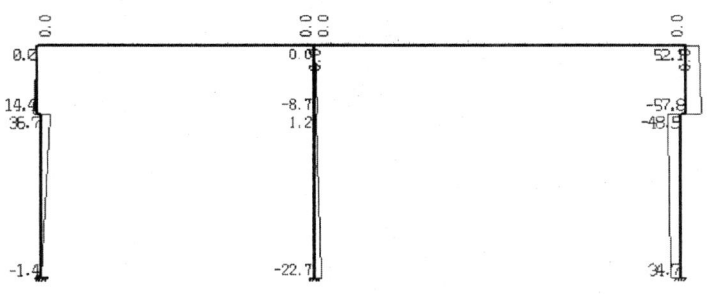

图 3.45(e) 恒载弯矩图

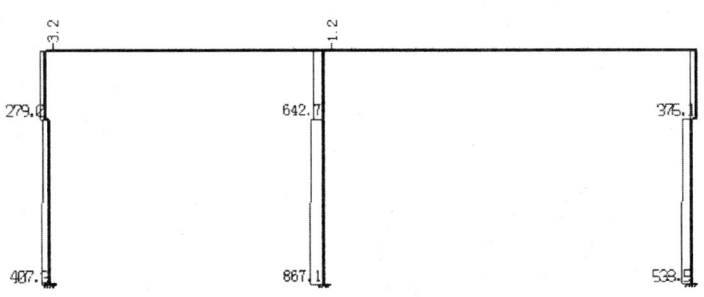

图 3.45(f) 恒载轴力图

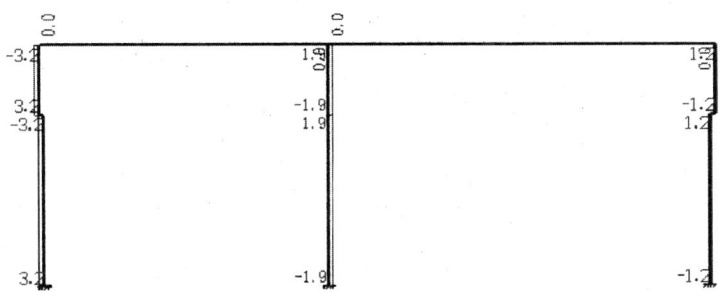

图 3.45(g) 恒载剪力图

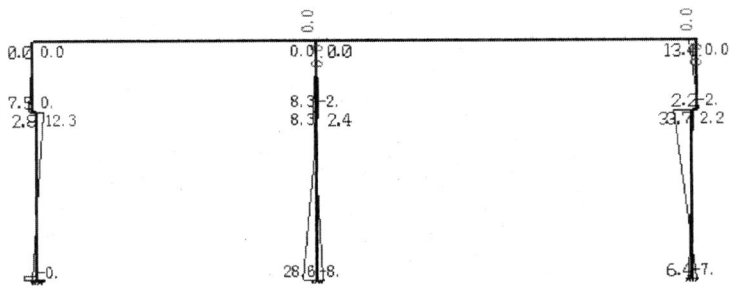

图 3.45(h) 活载弯矩包络图

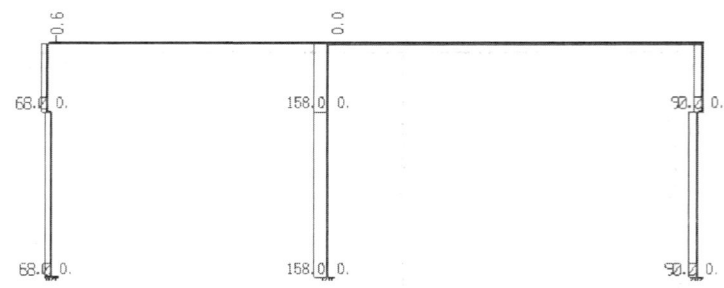

图 3.45(i) 活载轴力包络图

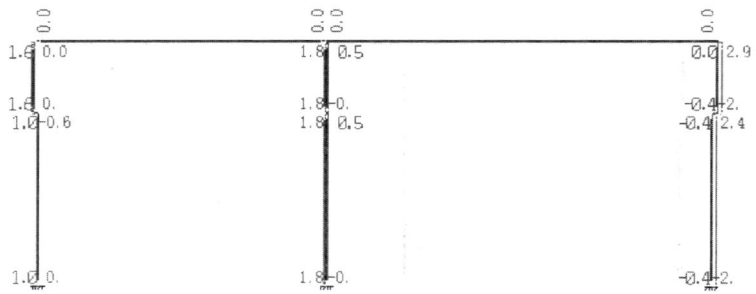

图 3.45(j) 活载剪力包络图

图 3.45(k) 左风载弯矩图

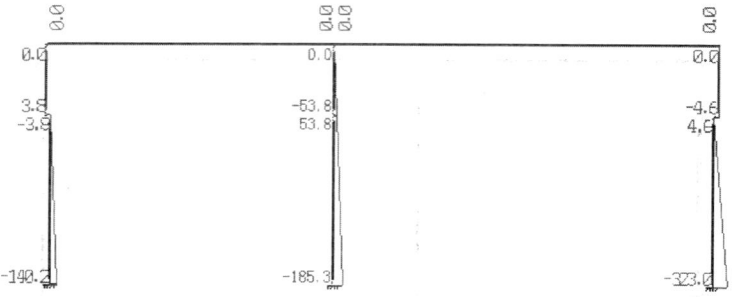

图 3.45(l) 右风载弯矩图

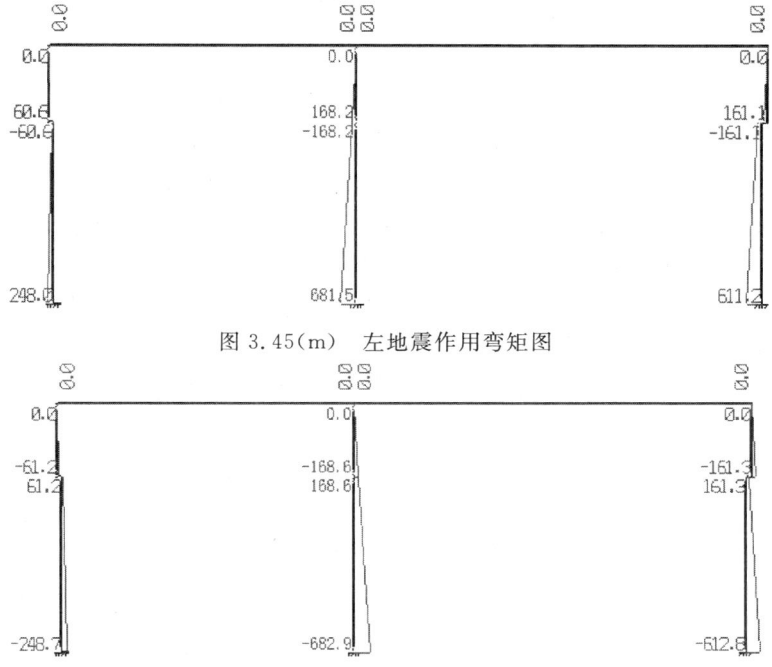

图 3.45(m) 左地震作用弯矩图

图 3.45(n) 右地震作用弯矩图

图 3.45 计算结果输出

3.6 PK 主菜单 3 框架绘图

PK 主菜单 3 用于读取结构计算结果和绘图补充信息,按梁柱整体画方式画出框架施工图。程序运行过程包括:读入绘图补充数据,修改钢筋和参数,薄弱层和裂缝计算,图面布置直至生成框架施工图。

3.6.1 读入绘图补充数据

运行主菜单 3 后,会弹出如图 3.46 所示的"PK-钢筋混凝土梁柱配筋施工图"主菜单,提示选择读入绘图补充数据的方式,程序提供了四种读入数据的方式,下面分别说明如下。

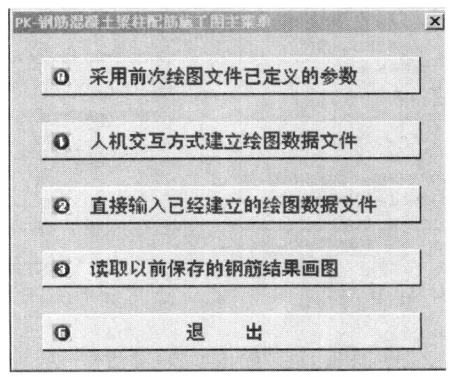

图 3.46 "PK-钢筋混凝土梁柱配筋施工图"菜单

(1)"0.采用前次绘图文件已定义的参数"。当选择此选项,程序自动读取前一次绘图的数据文件。

(2)"1.人机交互方式建立绘图数据文件"。当选择此选项进入后,程序提供了"归并放大"、"绘图参数"、"钢筋信息"、"补充输入"4页绘图参数,需要用户根据实际信息对此4页参数进行设置,然后建立绘图数据文件。当参数设置完毕并退出参数设置时,程序会提示输入建立的绘图数据文件名,文件名应为所画框架的编号(名称),将被直接标在施工图上。名称后不应带扩展名,这一名称同时也应成为施工图的图形名(后缀为.T)。

(3)"2.直接输入已经建立的绘图数据文件"。当选择此选项,程序提示直接输入已经建立的绘图数据文件名,然后程序会自动调入。

(4)"3.读取以前保存的钢筋结果画图"。当选择此选项,程序直接读取前一次的绘图数据文件和修改后保存的钢筋结果绘图。

(5)"4.退出"。当选择此选项,程序退出绘图数据文件输入。

无论选择了上述哪一种方式读入绘图补充数据,"确定"后屏幕都将弹出图3.47对应的各项绘图参数信息选项卡,用以进行绘图补充信息的输入。

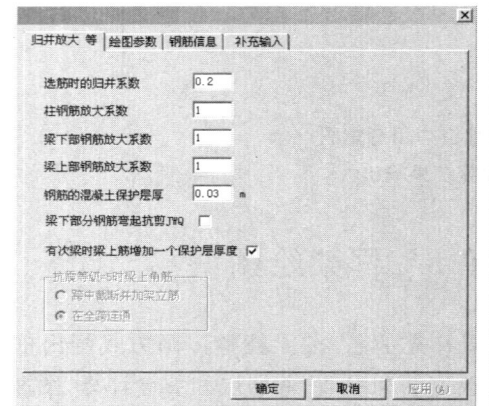

(a)"归并放大"对话框   (b)"绘图参数"对话框

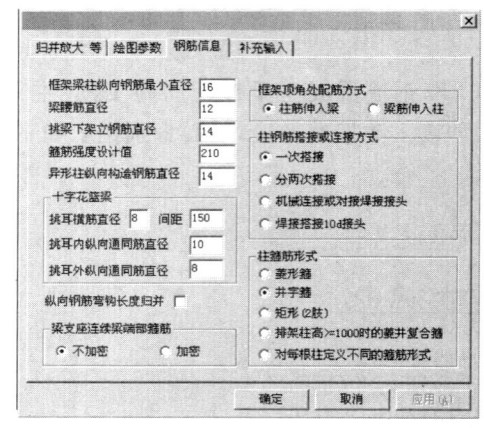 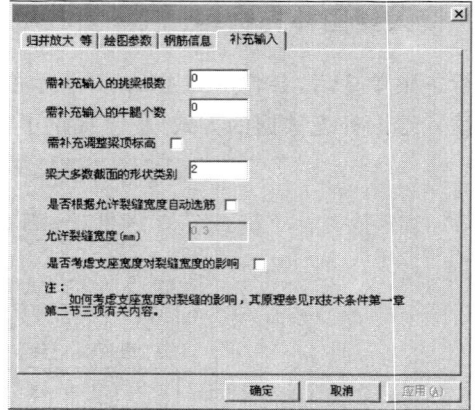

(c)"钢筋信息"对话框   (d)"补充输入"对话框

图3.47 "绘图参数"对话框

全部设置完毕,并确定后,程序提示输入要建立的框架绘图数据文件名,如图3.48所示,此时输入文件名。

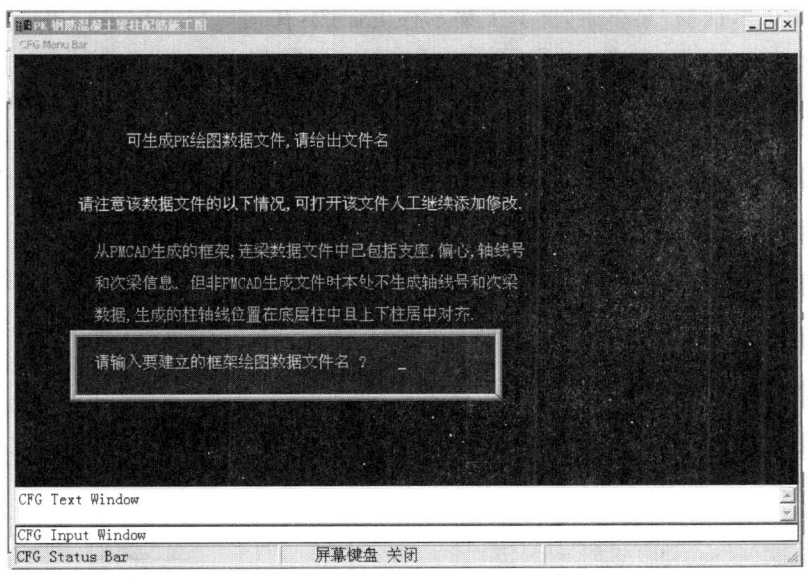

图 3.48 输入绘图数据文件名

当输入完数据文件名称并确认后,程序将对该数据文件作数检工作,作强柱弱梁、节点核心、梁柱抗震箍筋等计算,并选出各柱、梁的主筋根数和直径,箍筋的直径和级别。

当绘图数据文件出现错误时,屏幕上显示"ERROR'……X……XX'",并暂停,只有敲下任一键时,程序才会继续运行。ERROR 后面的第一个数表示错误数据所在的项目号,第二个数据表示错误数据所在的子项目号或该数据的名称。无 ERROR 在屏幕上出现时,说明数检通过,可运行。

3.6.2 修改钢筋和参数、薄弱层和裂缝计算

数检通过后,程序显示图 3.49 所示"修改钢筋,罕遇地震计算及裂缝宽度计算"菜单。各菜单项实现功能如下。

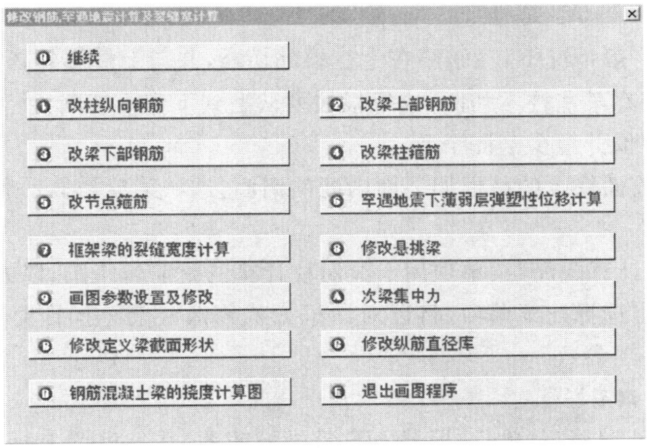

图 3.49 修改钢筋,罕遇地震计算及裂缝宽度计算菜单

1. 改柱纵向钢筋

进入"改柱纵向钢筋"菜单后,屏幕上显示柱配筋图,在每根柱上标注选出的钢筋,如图 3.50 所示。柱配筋图上显示的是:对称配筋的柱单边的根数与直径,柱左数字为钢筋根数,柱右数字为直径,柱选筋的规则是:直径可有一种或两种,两种直径时每种直径的根数各占一半,修改钢筋时,也必须按此规则修改。

图右侧显示"改柱纵向钢筋"下拉菜单,如图 3.51 所示。各菜单项含义及用法说明如下。

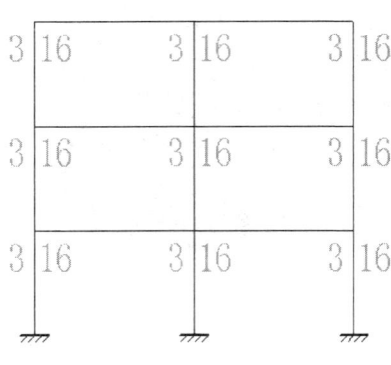
图 3.50 柱配筋图

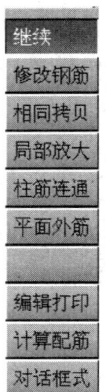
图 3.51 "改柱纵向钢筋"菜单

① 继续。选择此菜单项,将退出改柱纵向钢筋。

② 修改钢筋。执行"修改钢筋"命令后,命令行提示"请选择需改动的构件"。

移动光标点取需修改的柱后,程序会继续提示"第一种钢筋的根数和直径"。

如改为 2Φ25＋2Φ20,则键入"2,25"后按 Enter 键。

命令行又提示"第二种钢筋的根数和直径",键入"2,20",按 Enter 键,图形上数字马上作出相应改动。

当直径根数仅一种时,在提示第二种钢筋时,键入 0 或按 Enter 键即可。

选择柱时也可采用窗口方式成批选择来修改。

③ 相同拷贝。"相同拷贝"菜单项是当改完一根柱后,若还有几根柱也要改为与之相同的配筋,则点此菜单后连续选择要改的柱,不必再重复输入修改的直径与根数,从而大大简化操作。

④ 柱筋连通。一般情况下,柱钢筋在上柱根部切断,并与上柱绑扎搭接或焊接连接起来,用户可在此处令钢筋在某些柱不切断,或每根柱列从上到下都不切断,而直接穿过各柱。这样做可适应一些工程习惯并减少剖面个数。

⑤ 平面外筋。前面修改的是框架平面内配的钢筋,这一菜单是显示和修改各柱框架平面外方向选配的钢筋。

⑥ 计算配筋。"计算配筋"菜单项用于显示柱计算的配筋包络图,以方便选筋。

⑦ 对话框式。当选择此菜单项,将以对话框方式修改柱筋。操作时先选择需修改的柱,然后修改对话框的各项参数。

2. "2.改梁上部钢筋"

当进入"改梁上部钢筋"菜单后,屏幕上显示梁配筋图,在每根梁上标注选出的钢筋,如图 3.52 所示。梁配筋图上显示的是:梁中上部钢筋的根数与直径,梁左数字为第一种上部钢筋根数和直径,梁右数字为第二种上部钢筋根数和直径。

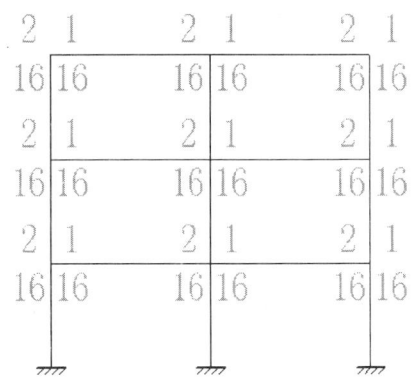
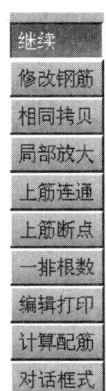

图 3.52　梁配筋图　　　　　　　　图 3.53　"改梁上部钢筋"菜单

图右侧显示"改梁上部钢筋"菜单,如图 3.53 所示。各项菜单的操作方法与"改柱钢筋"基本相同,几点特别之处说明如下。

① 继续。选择此菜单项,将退出改梁上部钢筋。

② 修改钢筋。执行"修改钢筋"命令后,命令行提示"请选择需改动的杆件",移动光标至需作修改的梁的支座部位处,也可用窗口成批选择。

按 Enter 键后程序会提示"输入第一种钢筋的根数、直径(角部或连通钢筋直径同此直径)、连通钢筋的根数(>2 时输入)"。如改为 4Φ20,其中 4 根钢筋全部连通,则键入"4,20,4"后按 Enter 键。

命令行又提示"第二种钢筋的根数和直径",键入"2,25"按 Enter 键,图形上数字马上作出相应改动。

当直径根数仅一种时,在提示第二种钢筋时,键入 0 或按 Enter 键即可。

缺省情况下同一层支座上,程序总是指定相同直径的角部钢筋。如果用户修改后成为不同直径的角筋,则程序后面如根据构造要求必须将角筋与同层各跨连通时,则自动把直径统一成用户指定的最大直径。

用户可以指定梁上部钢筋连通的根数大于 2 根,如上部第一排内共有 6 根钢筋,虽然按计算只要两根角筋连通已经足够,但如用户希望将其中 4 根连通,那么在这里先输入 4 根连通筋和直径,再输入其他筋的根数和直径。

③ 上筋连通。执行"上筋连通"命令,可将梁上部第一排筋全部连通,命令行提示如图 3.54 所示。

图 3.54　"上筋连通"命令　　　　　　　　图 3.55　"上筋断点"菜单

"上筋连通"菜单可由用户设定将梁上部第一排的钢筋(不仅是角筋)全部连通并选最大直径,以满足某些设计的要求,但其上第二排钢筋不在自动连通之列。一般情况下程序根据构造要求在除连续梁抗震等级为 5 外均把上部角筋连通,但其余钢筋根据弯矩包络图和规范构造分一到三次切断,程序计算断点长度时如该长度大于跨长接近一半时,则这组钢筋不被切断而与相邻支座连通。

④ 上筋断点。"上筋断点"菜单(如图 3.55 所示)用于用户修改程序算出的梁上钢筋的断点位置。梁上钢筋的断点被分为第一断点,第二断点和第三断点。第一断点为梁最上排除梁角筋外其他钢筋的断点;第二断点为第二排两边钢筋的断点;第三断点为第二排除二边筋外的其他钢筋的断点(第三排如有筋也划为此类)。某类钢筋无配筋则断点长度为零,每类钢筋断点只能有一个。

如用户将断点长度指定为跨长一半以上,则这类钢筋自动与相邻支座连接而在该跨连通,图 3.56 为一框架的上筋各断点位置。

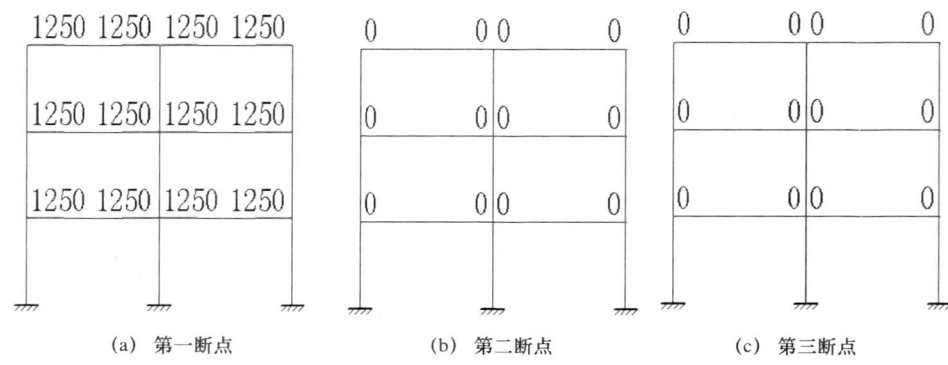

图 3.56　框架断点位置图

⑤ 一排根数。"一排根数"菜单项用于显示或修改放在梁上部第一排钢筋的根数,由此来调整钢筋的疏密排列。由程序自动设定的一排根数应该是满足规范要求的,但如果用户有新的考虑或特殊设计习惯时可在此对每排的根数进行调整,尤其当用户修改了钢筋的根数后。

3. "3.改梁下部钢筋"

"改梁下部钢筋"菜单用以修改梁下部钢筋的直径和根数。各项菜单的操作方法与"改梁上部钢筋"基本相同,只是"下筋连通"命令将梁下部全部钢筋(不仅是第一排)在同层各跨选大连通。也可分别定义某几根梁连通,定义连通钢筋的梁画图时其钢筋就不再伸过支座处根据锚固长度切断,而是一直与相邻跨连接起来。

4. "4.改梁柱箍筋"

选择"改梁柱箍筋"菜单后,先显示箍筋的直径与级别,如图 3.57 所示。

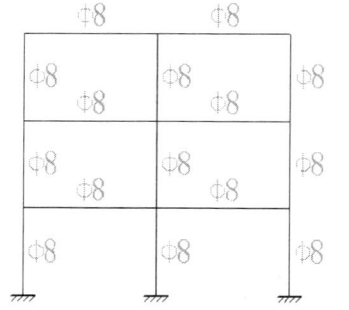　　　　　　　　　　　　　　　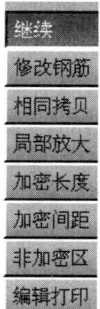

图 3.57　梁柱箍筋图　　　　　　　　图 3.58　"改梁柱箍筋"菜单

图右侧显示"改梁柱箍筋"菜单,如图 3.58 所示,用以修改梁与柱箍筋的配置状况。各菜单项的含义及用法说明如下。

① 加密长度。执行"加密长度"命令,屏幕会显示梁柱箍筋的加密长度。可对梁柱箍筋加密长度进行修改。

② 加密间距。程序隐含设定加密间距为 100mm,利用此菜单可对程序隐含设定的加密间距值进行修改。

③ 非加密区。执行此菜单,显示非加密区的箍筋间距,并可对其进行修改。

5. "5.改节点箍筋"

用来修改柱上节点区的箍筋直径和级别,该菜单仅在抗震等级为一或二时才起作用,节点箍筋间距定为 100mm。

6. "6.罕遇地震下薄弱层的弹塑性位移计算"

这项菜单在地震烈度 7~9 度,且计算数据来自 PK 主菜单 2 时起作用。程序是按《抗震规范》第 5.5.4 条的简化计算方法作罕遇地震作用下,框架的薄弱层弹塑性变性验算。程序按梁柱的实配钢筋,材料强度的标准值和重力荷载代表值,计算出各层屈服强度系数并显示,该系数小于 0.5 时,用红色显示,表示不满足要求,可修改梁柱钢筋后再计算一遍。同时显示薄弱层的层间弹塑性位移及层间弹塑性位移角。

7. "7.框架梁的裂缝宽度计算"

显示框架梁的裂缝宽度图。裂缝计算考虑荷载的标准组合及准永久组合,按梁为矩形截面考虑,取程序选取的梁下部与梁上部实配的钢筋根数与直径,按《混凝土规范》第 8.1.2 条公式计算。计算裂缝宽度≥0.3mm 时,该裂缝宽度用红色在图上显示。

接力 TAT 时的荷载是该归并梁所归并范围内各梁恒、活、风载的绝对值最大值。

8. "8.修改悬挑梁"

本菜单用来修改挑梁的各参数,也可把已有的悬挑梁转变成端头支承梁,使悬挑的这一部分按端支承梁的构造配筋。还可把端支承梁改成挑梁。

9. "9.画图参数设置及修改"

进入"画图参数设置及修改"对话框,对应两张参数信息选项卡,如图 3.59 所示。利用该对话框可对绘图、钢筋等有关信息进行设置。设置好的参数内容将记入当前子目录下一个名为 MSG.PK 的文件中。若不对此文件进行修改,程序将会一直按当前参数设置绘图。

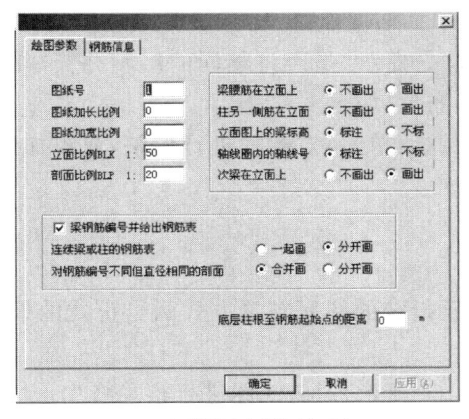
(a) "绘图参数"选项卡

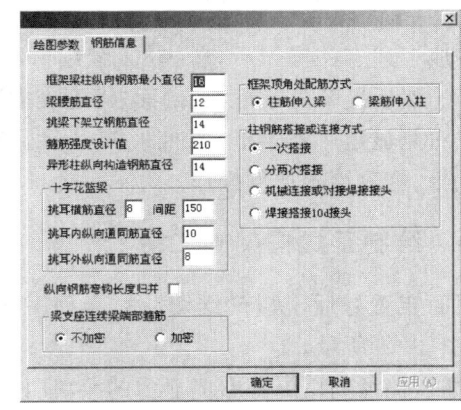
(b) "钢筋信息"选项卡

图 3.59 画图参数设置及修改对话框

10. "A. 次梁集中力"

显示各梁上次梁位置的集中力,供用户校核次梁下的加密箍筋或吊筋配置,如该力小于0则显示0。

11. "B. 修改定义梁截面形状"

"修改定义梁截面形状"菜单下又有"形状定义"和"形状布置"两项操作。即如在前面的绘图补充数据中未定义梁的截面形状,则可在这里定义。如需重新指定梁截面布置,也可在此进行。程序隐含的梁截面形状是现浇楼板下的T形梁。当选择右侧梁列表中任一截面后,屏幕将弹出图3.60所示选择梁类型窗口。选择对应梁类型即可对截面类型进行重新定义。

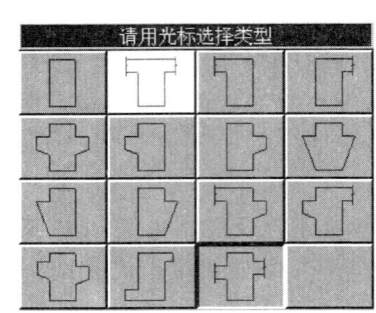

图3.60 选择梁类型

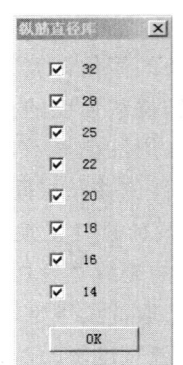

图3.61 修改纵筋直径库

12. "C. 修改纵筋直径库"

选择设计中使用的纵筋直径,如图3.61所示,选择OK确认,按Esc键退出。

13. "D. 钢筋混凝土梁的挠度计算"

为计算荷载长期效应组合,程序首先提示"输入活荷载准永久值系数",该系数用户可根据《荷载规范》给出,程序隐含值取0.4。然后屏幕显示框架立面的梁的挠度图。

PK程序按《混凝土规范》第8.2节做梁的挠度计算。

3.6.3 图面布置和预显

完成上述有关操作后,选择"0.继续",程序首先提示"是否将相同的层归并?",通常选择"归并"。然后屏幕显示框架、剖面、钢筋表的图面布置,如图3.62所示。

在右侧显示一列菜单,如图3.63所示。利用此菜单,可对图面进行调整,或添加剖面,修改图纸号、修改绘图比例操作。

3.6.4 绘制正式框架施工图

图面布置好后,执行"继续"命令,程序即按照指定的图面布置方式画出正式的框架施工图,如图3.64所示。

此时,仍可利用屏幕右侧显示的菜单(如图3.65所示)对施工图进行相关修改。

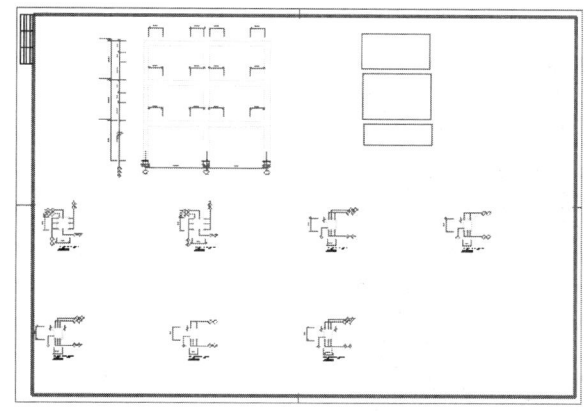

图 3.62　图面布置

图 3.63　"图面布置"菜单

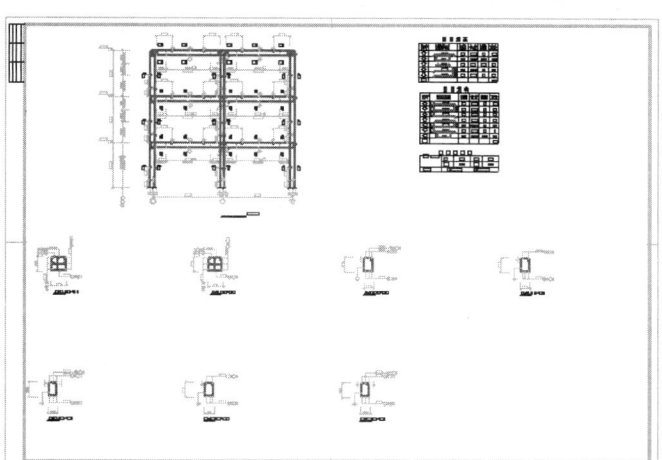

图 3.64　框架施工图

图 3.65　"施工图修改"菜单

3.7　PK 主菜单 4　排架柱绘图

3.7.1　排架柱的吊装验算

PK 主菜单 4 用于排架柱计算结果的施工图绘制。

当启动 PK 主菜单 4 后,程序首先提示输入排架柱绘图补充数据文件名,输入文件名。

确认后,程序弹出图 3.66 所示对话框,提示是否作排架柱的吊装计算(翻身、一点起吊)? 可以选择"作",也可以选择"不作"。

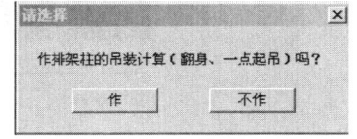

图 3.66　吊装提示

如果选择了作吊装验算,程序会接着提示用户选择排架柱序号,输入确认后程序会接着提示"输入吊装时的柱混凝土强度等级"。输入完毕,程序接着提示"用光标指定吊装点的位置"。指定吊装点的位置后,程序自动绘出该次吊装验算结果,如图 3.67 所示为对例3.13中的排架柱进行吊装验算后的吊装演示图形。

如果吊装位置不合适,还可修改吊装点重新进行验算。修改完毕或直接选择了"不修改"

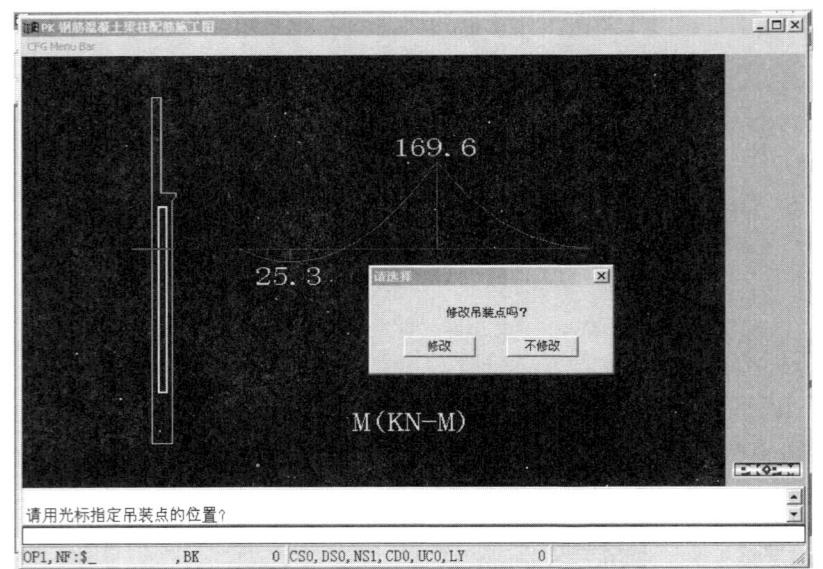
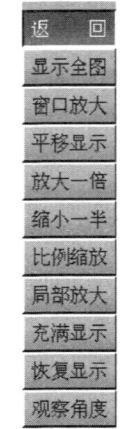

图 3.67 吊装提示

图 3.68 图形显示菜单

后,屏幕右侧弹出一列图形显示菜单,如图 3.68 所示,通过菜单可进行对柱吊装验算结果的图形显示进行操作。

当选择了右侧菜单的"返回"选项,程序将自动显示下一根排架柱,并重复上述操作,直至所有柱的吊装验算进行完毕,然后程序自动显示人机交互建立排架绘图数据文件的界面,图 3.69 所示即为人机交互建立排架绘图数据文件的界面,上面显示的是接例 3.13 绘制的牛腿尺寸图。

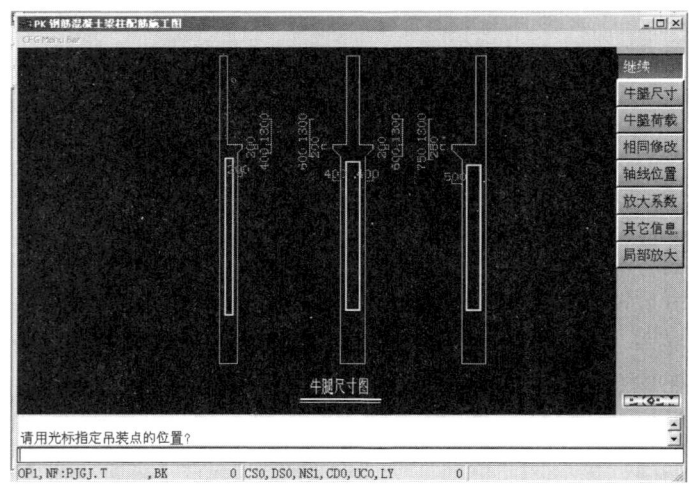

图 3.69 牛腿尺寸图

如果不作吊装验算,程序将直接显示人机交互建立排架绘图数据文件的界面。

3.7.2 人机交互建立排架绘图数据文件

排架柱施工图设计包括了以下几方面内容,主要是牛腿信息的输入、排架柱的选筋、图面布置直至排架柱施工图绘制。

(1) 牛腿。进入人机交互建立排架绘图数据文件的界面后,程序首先显示排架柱的牛腿尺寸图,如图3.69所示。右侧的一列菜单,用于对牛腿信息进行显示和修改。

如执行"牛腿尺寸"命令,选择了要修改尺寸的牛腿后,程序弹出"牛腿信息"对话框,利用该对话框,可对牛腿的各项信息进行修改。图3.70所示为图3.69中柱左侧牛腿的信息。

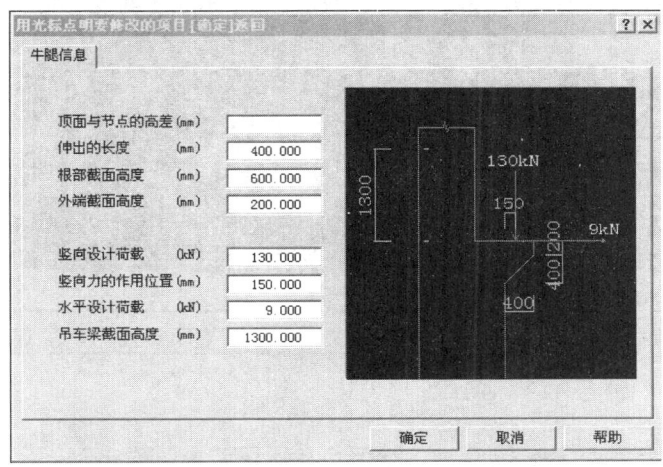

图3.70 "牛腿信息"对话框

(2) 排架柱选筋。当对牛腿操作完毕后,选择右侧菜单"继续"项,程序将进入排架柱选筋计算阶段,图3.71所示为接例3.13排架柱纵筋的配筋计算结果图。利用右侧各菜单项可对排架柱的纵筋、箍筋和牛腿的纵筋和箍筋选筋结果进行修改。

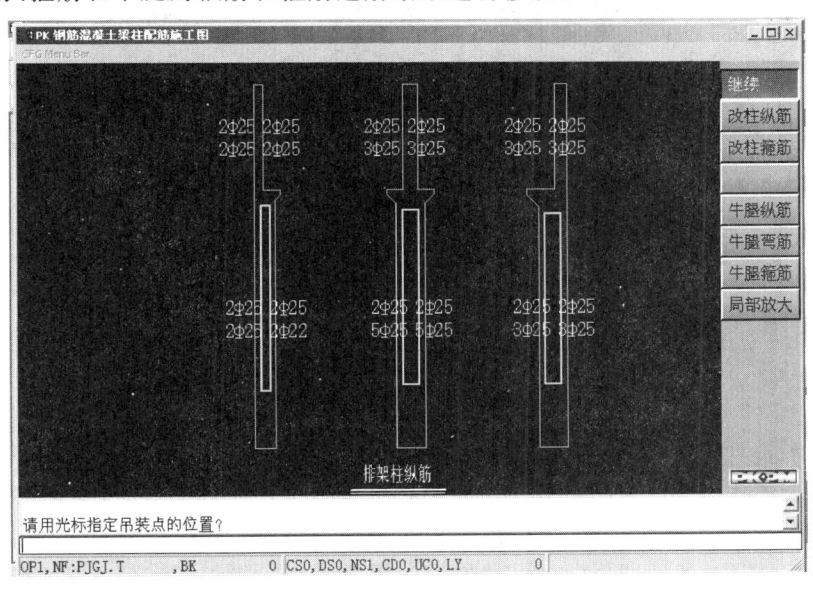

图3.71 排架柱纵筋图

(3) 布置图面。当对排架柱选筋操作完毕后,选择右侧菜单"继续"项,程序将进入布置图面阶段。图3.72所示为例3.13的第一根排架柱的图面布置情况。可用右侧各菜单项进行图面调整,改图纸号和缩放比例操作。每张图纸上只画一根排架柱。

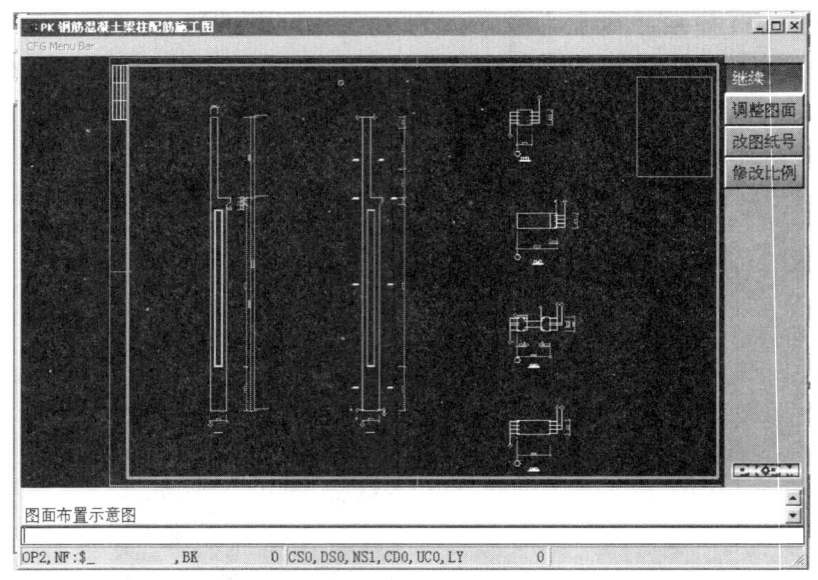

图 3.72 布置图面

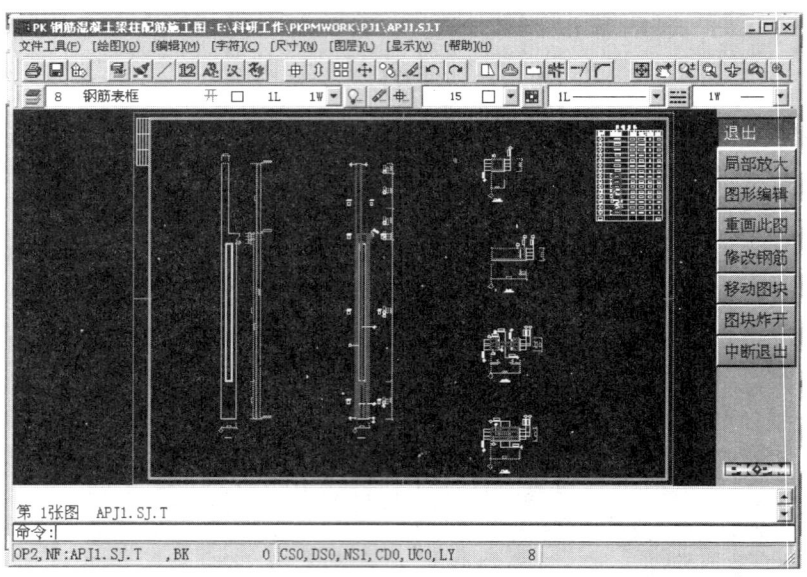

图 3.73 布置图面

（4）排架柱施工图。图面布置好后,选择右侧菜单"继续"项,程序将自动绘制出排架柱施工图,图 3.73 为接图 3.72 图面布置绘制的第一根柱的排架柱施工图。施工图绘制后,还可利用右侧菜单项进行图形编辑工作。此时,仍可对钢筋进行修改。选择"退出",将进入第二根排架柱的布置图面操作,然后选择"继续"绘制第二根排架柱的施工图。依此,直至将所有排架柱施工图绘制完毕。

3.8 PK 主菜单 5～9 梁柱分开绘图

与主菜单 4 不同的是，主菜单 4 是在框架计算后按整榀框架绘制施工图，而从 PK 主菜单 5 开始，仅是绘制单独梁或柱的施工图。在分开绘图方式中，绘图菜单的操作步骤也大多与主菜单 4 中相同，因此本节仅对梁、柱分开绘图方式的有关要点进行简单介绍。

3.8.1 连续梁绘制

PK 主菜单 5 用于单独绘制连续梁施工图，操作时要注意以下几点。

(1) PMCAD 生成连续梁数据时，对于梁支承处支座的模型要确认它是支座还是非支座（非支座时支座梁将变为次梁），这一点对于计算和绘图影响很大，对于端跨来说设为非支座则端跨成为挑梁。

(2) 连续梁只能承担竖向的恒载和活载，不能承担水平力。

(3) 直接交互生成连续梁计算数据时，柱要当作两端铰支杆，柱截面高度要反映连梁支座的实际宽度，因为画图时要根据支座宽度计算梁筋锚固长度。

(4) 抗震等级这一参数对画图影响很大。

抗震等级为一级至四级时，程序默认应按框架梁构造画图，设置箍筋加密区，梁上角筋在同层各跨连通，且梁支座处纵向钢筋伸入支座的锚固长度均按抗震设防考虑。

抗震等级为五级时，不设置箍筋加密区，梁上部跨中的角筋在不需要点以外时可能被切断而用一段架力筋代替，且梁支座处纵向钢筋伸入支座的锚固长度不必按抗震设防考虑。

3.8.2 框架梁或柱绘制

程序分别提供了绘制梁施工图、绘制柱施工图、绘制柱表施工图和绘制梁表施工图几种方式用于实现框架梁和柱的施工图单独绘制。

(1) 绘制柱施工图。指在柱平面布置图上（一般只需绘制底层，也称柱网图），分别在相同编号的柱中选择一个截面（也可选全部）标注几何尺寸及对轴线的偏心情况。每种编号的柱绘制一个柱截面配筋图。在柱平面布置图中标注柱编号（名称）、柱段起止标高及配筋的具体数据，并配以柱截面配筋图的方式来表示柱施工图的方式。

(2) 绘制梁施工图。与绘制柱施工图相同，在分标准层绘制的梁平面布置图中，在相同编号的梁中选择一根（也可选全部）标注几何尺寸及对轴线的偏心情况。每种编号的梁绘制一根梁施工图。

(3) 绘制梁或柱表施工图。梁柱表施工图的绘图方式与梁柱分开画施工图方式相似，只是将梁、柱施工图用图表的形式（梁柱表）来表示。

梁柱表施工图一般分为图例部分和数据部分。图例部分是相同的，柱表的图例文件名为 ZBTLSM.BZT，梁表图例文件名为 LBTLSM.BZT；数据部分是梁柱施工图的具体数据，由选定梁或柱生成，柱表数据文件名的后缀为 .ZBD，梁表数据文件名的后缀为 .LBD。

开始画梁表或柱表时，先选择要画的数据文件添加到一起，然后打开统一绘表。

3.9 PK 排架结构计算综合实例

3.9.1 PK 数据交互输入和数检

本小节的目的是用人机交互方式建立一个二维排架模型,依次按以下步骤操作。

(1) 创建文件,启动界面。在 PK 主菜单下,选择第 1 项"PK 数据交互输入和数检",选择"新建文件"方式启动,命名交互式文件名称为 PJ11,选择确定后进入人机交互界面。

(2) 网格生成。建立一个 24m×(9+6)m 的二维网格,即排架跨度 24m,下柱高 9m,上柱高 6m,如图 3.74 所示。

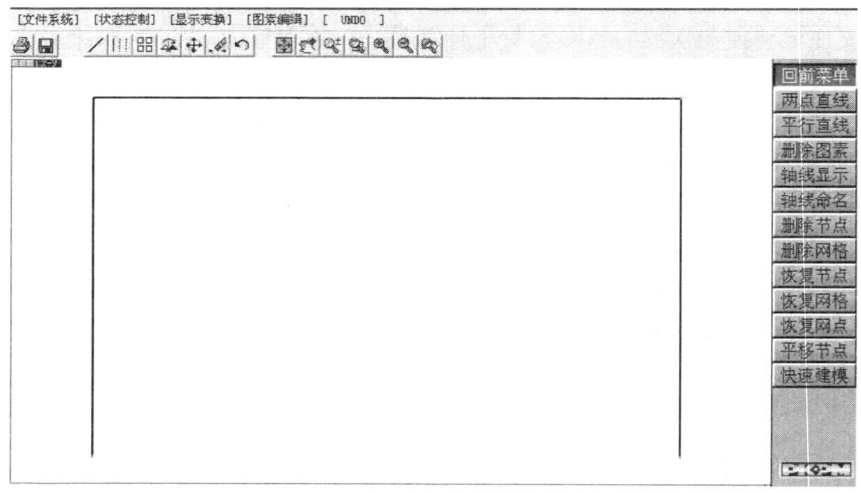

图 3.74 网格生成

(3) 柱布置。生成网格后进行柱子的布置,首先定义柱截面,如图 3.75 和图 3.76 所示。

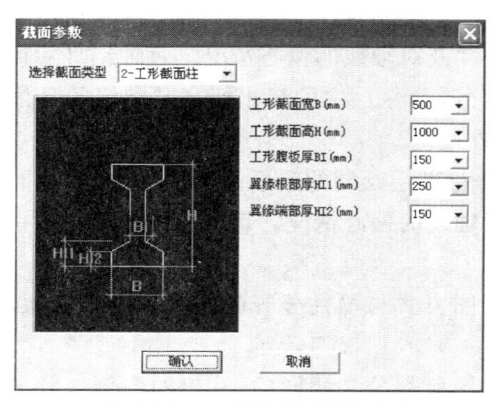

图 3.75 工字形截面下柱定义

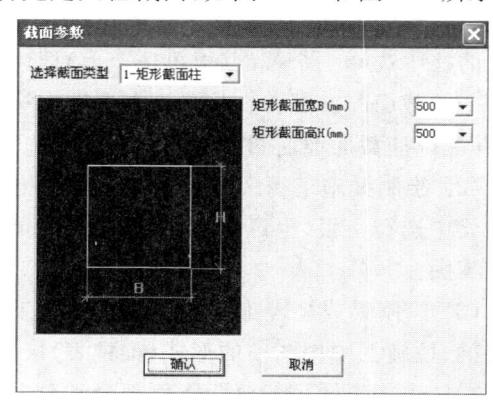

图 3.76 矩形截面上柱定义

定义好截面后,进行柱布置。上柱居中布置,下柱向内偏心 250mm 布置。

(4) 梁布置。然后定义梁截面,梁截面定义一个刚性杆来模拟铰接屋架,如图 3.77 所示,定义完成后布置,如图 3.78 所示。

(5) 定义铰接构件。选择"铰接构件"|"布置梁铰"|"两端铰接",将刚性杆布置到梁所在水平轴线上,如图 3.79 所示。

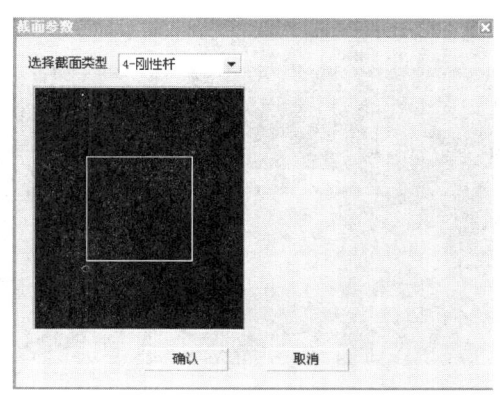

图 3.77 刚性杆定义

图 3.78 排架柱梁布置

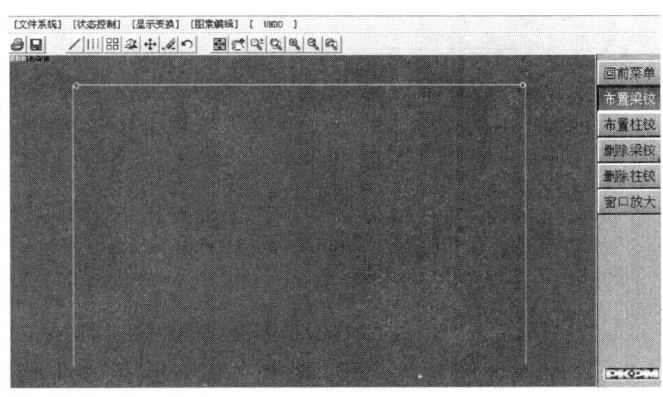

图 3.79 铰接梁布置

(6) 进行特殊梁柱设置。选择"特殊梁柱"|"约束信息",出现如图 3.80 所示的窗口,选择"确认"后,将柱底设置为刚接、柱顶设为铰接。

(7) 恒载输入。在交互输入主菜单下选择"恒载输入"菜单,输入竖向均布荷载 20kN/m

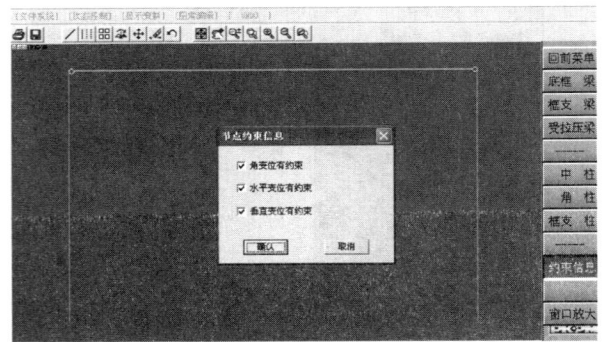

图 3.80 约束信息

和节点荷载 96kN,如图 3.81 所示。

(8) 活载输入。选择活载输入,输入竖向均布荷载 12kN/m,如图 3.82 所示。

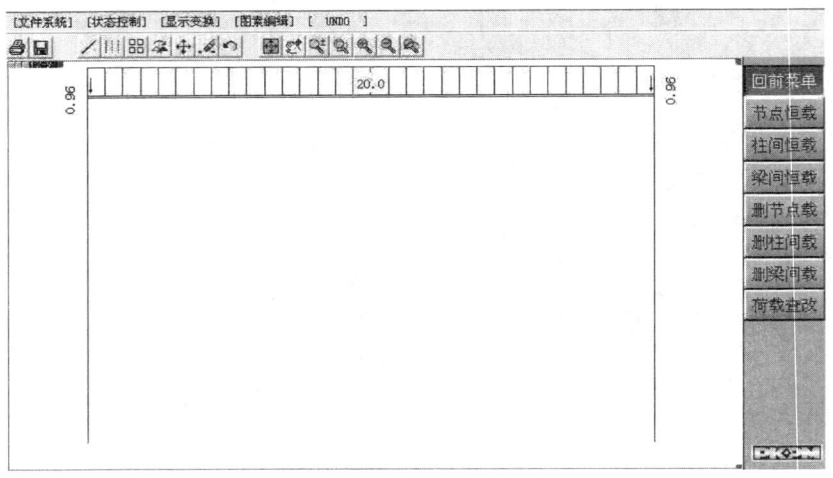

图 3.81 恒载输入

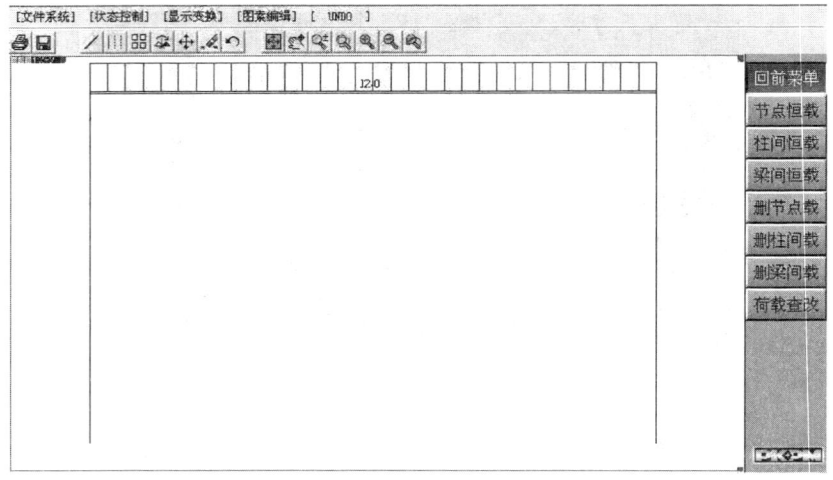

图 3.82 活载输入

(9) 左风输入。在交互输入主菜单下选择"左风输入",并选择"自动设置",出现如图 3.83 所示的窗口,选择"确定"后,再输入节点左风(由坡屋面传来),左节点 30kN,右节点 20kN,如图 3.84 所示。

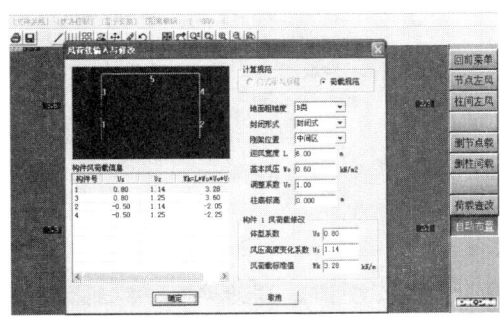
图 3.83 左风自动布置

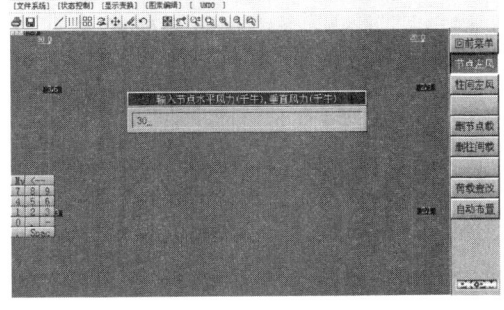
图 3.84 节点左风输入

(10) 右风输入。在交互输入主菜单下选择"右风输入",并选择"自动设置",出现如图 3.85 所示的窗口,选择确定后,再输入节点右风(由坡屋面传来),左节点 −20kN,右节点 −30kN,如图 3.86 所示。

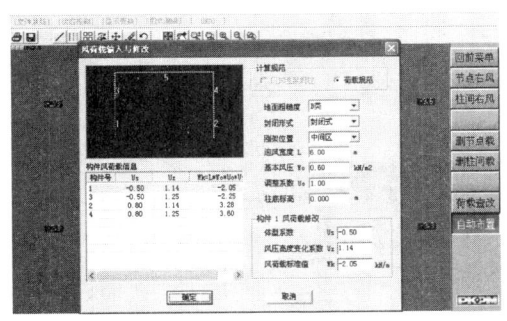
图 3.85 右风自动布置

图 3.86 节点右风输入

(11) 吊车荷载输入。在交互输入主菜单下选择"吊车荷载"|"吊车数据",出现如图 3.87 所示的对话框,选择"增加"后,出现如图 3.88 所示的对话框。在该对话框中,选择吊车台数:1,然后选择第一台吊车序号 1,将出现如图 3.89 所示的对话框。在该对话框中,选择从吊车库选择数据,出现如图 3.90 所示的对话框,选择第 117 项,"确定"后,选择"增加"按钮,出现如图 3.91 所示的对话框。选择确定后,选择计算按钮,出现如图 3.92 所示的对话框。

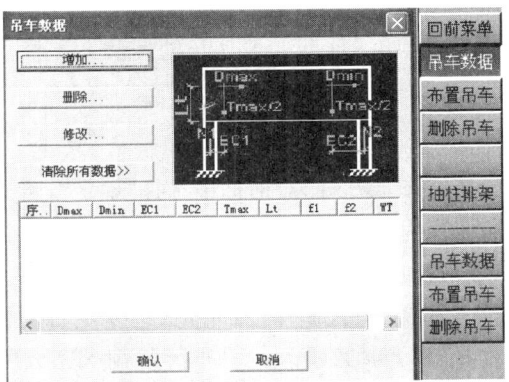
图 3.87 吊车数据

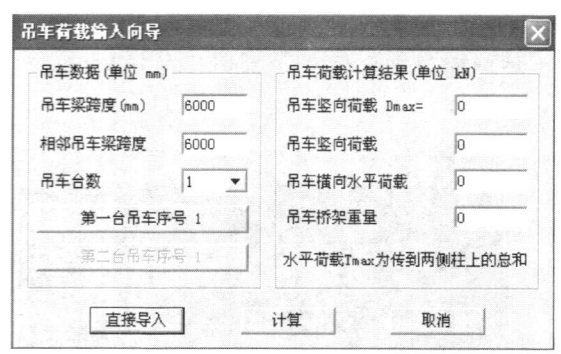
图 3.88 吊车荷载输入
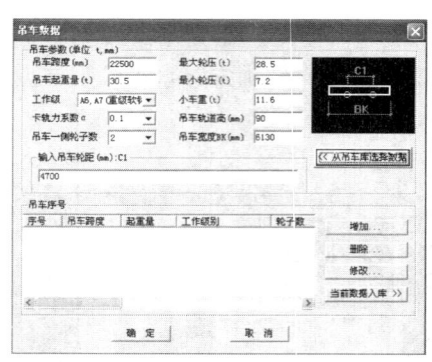
图 3.89 选择吊车数据

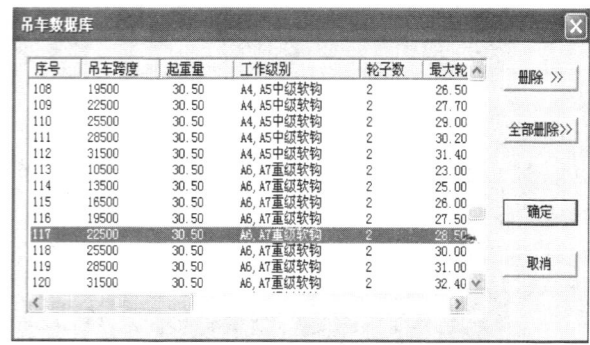
图 3.90 吊车库数据
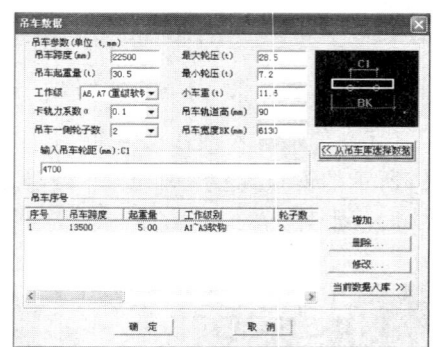
图 3.91 30.5t 吊车数据

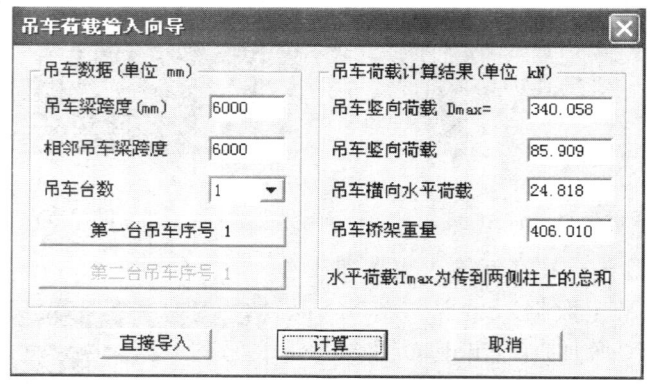
图 3.92 30.5t 吊车计算数据

在图 3.93 的对话框中选择"确定",将出现如图 3.94 所示的对话框。选择"确定"后,吊车荷载定义完毕,本例定义了 1 台 30.5t、跨度 22.5m、柱距 6m 的吊车荷载。

接下来,要对定义好的吊车进行布置。

选择"布置吊车"菜单项,选择左右上柱节点,出现如图 3.95 所示的对话框。

(12) 参数输入。吊车荷载输入完成后,在主菜单选择参数输入,出现如图 3.96 所示的对话框,进行计算参数设置。

① 进行总信息设置,由于本例为钢筋混凝土排架体系,梁参数对计算结果不起作用。柱混凝土强度等级:IC=C40;柱梁主筋级别:HRB335;柱梁箍筋级别:HRB335;柱保护层厚度:30;结构重要性系数:1.0;地震力是否计算:是;基础计算 KAA:计算;自重自动计算 IA:算柱;

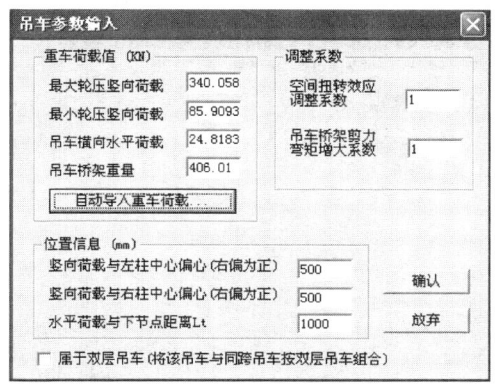

图 3.93　导入吊车荷载

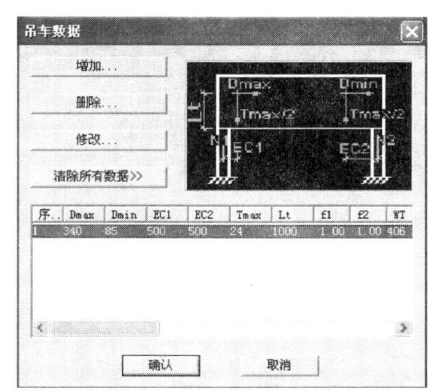

图 3.94　30.5t 吊车荷载定义

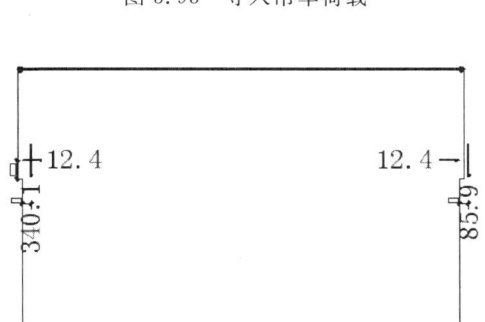

图 3.95　30.5t 吊车荷载输入

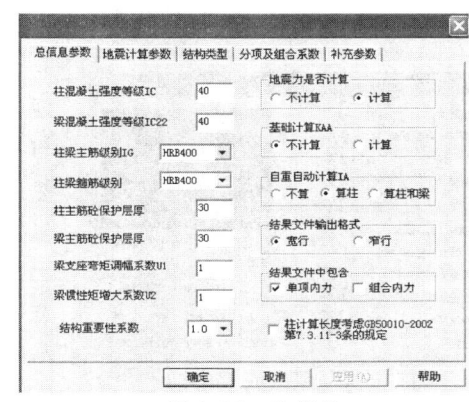

图 3.96　总信息

结果文件中包含：单项内力和组合内力。

② 完成总信息设置后，选择地震计算参数，出现如图 3.97 所示的对话框。

地震烈度：7(0.1g)；设计地震分组 INF：第 1 组；地震力计算方式 IS：振型分解法；场地土类别：2（二类）；计算振型个数：2；计算周期折减系数：0.8；阻尼比：0.05；地震作用效应增大系数：1。

③ 选择结构类型，出现如图 3.98 所示的对话框，选择排架结构。

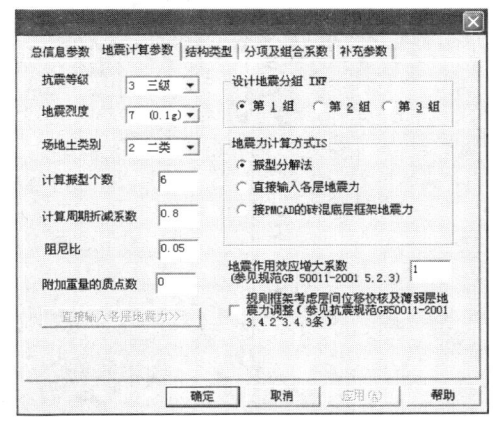

图 3.97　地震计算参数

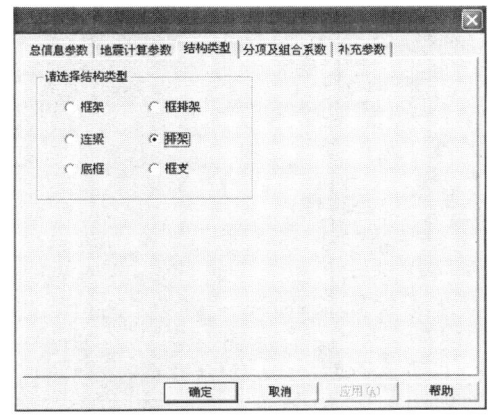

图 3.98　结构类型

④ 选择分项及组合系数，出现如图 3.99 所示的对话框，应用默认值。

⑤ 选择补充参数，出现如图 3.100 所示的对话框，应用默认值。

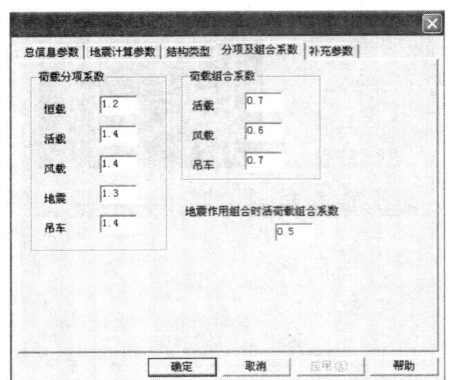

图 3.99 分项及组合系数 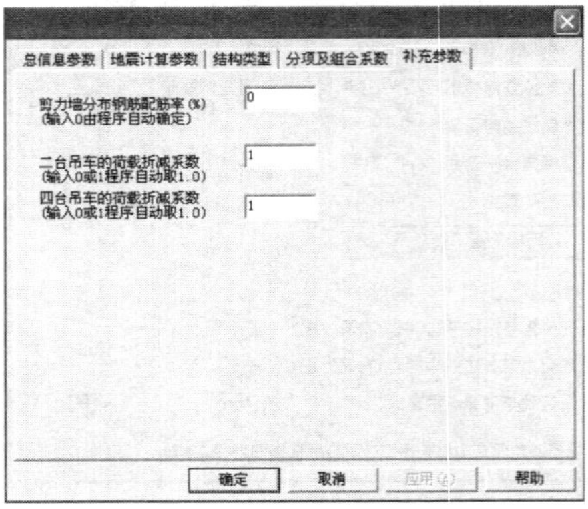　　　　　图 3.100 补充参数

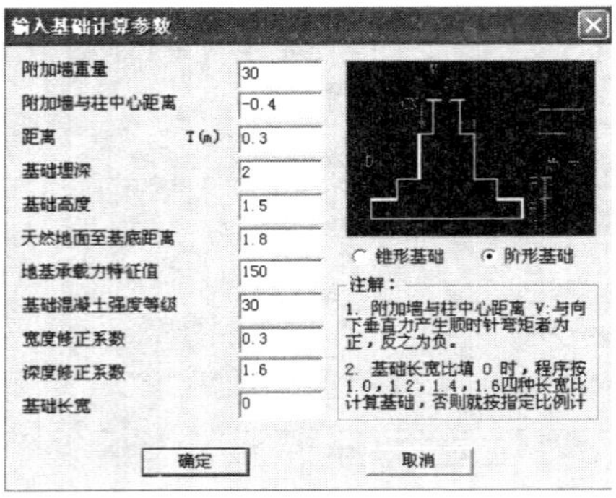

（13）补充参数。选择补充参数，选择基础数据，出现如图 3.101 所示的对话框。附加墙重量：30；附加墙与柱中心距离：－0.4；基础埋深：2；基础高度：1.5，天然地面距基底距离：1.8；地基、承载力依据工程地质报告提供数据输入地基承载力特征值：150kPa；基础混凝土强度等级：C30；宽度修正系数，深度修正系数查规范宽度修正系数：0.3，深度修正系数：1.6；基础长宽：0；基础类型：阶形现浇。

（14）绘制计算简图。选择"计算简图"菜单，屏幕上分别出现排架立面、恒载、活载、左风荷载、右风荷载、吊车荷载，分别如图 3.102—图 3.107 所示。

图 3.101 基础参数

（15）存盘后，选择退出程序。

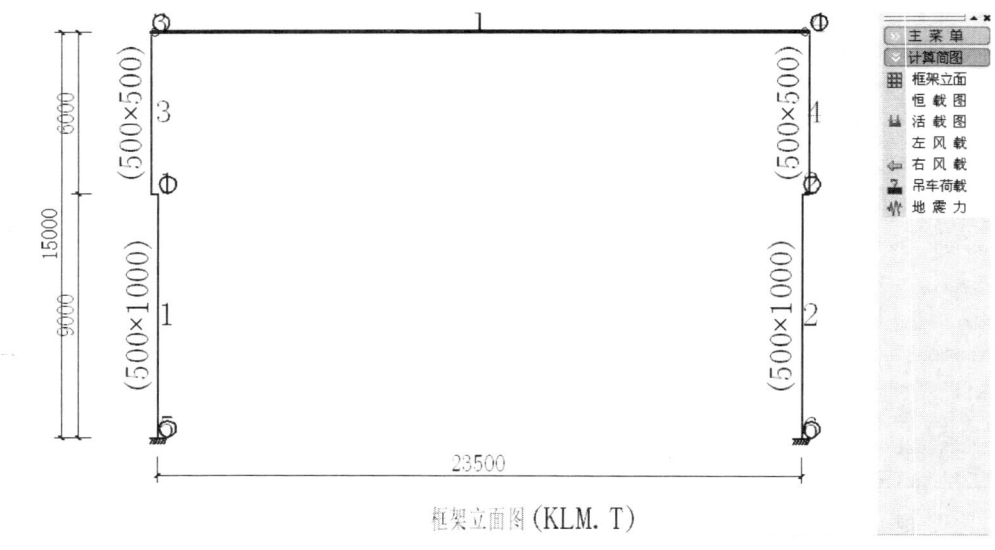

图 3.102 框架立面图

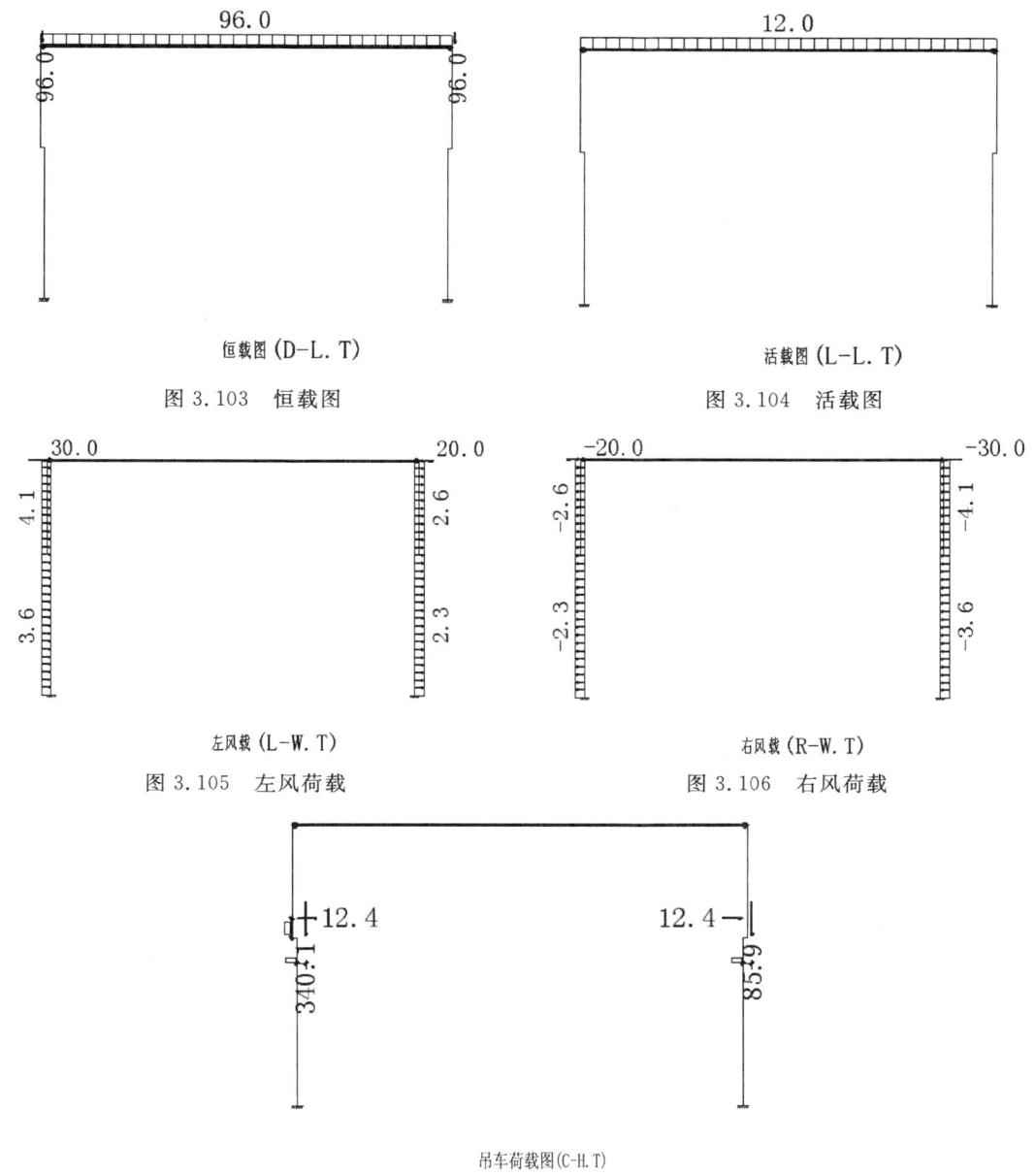

图 3.103 恒载图 图 3.104 活载图

图 3.105 左风荷载 图 3.106 右风荷载

图 3.107 吊车荷载

3.9.2 框、排架结构计算

执行完 PK 主菜单 1,完成排架模型输入后,接下来启动 PK 主菜单 2 进行排架结构计算。

计算完成后,屏幕出现如图 3.108 所示的窗口,可以查看结构在各种荷载工况下内力和配筋以及计算结果文件。选择"计算结果",可以查看计算结果文本文件 PK11.OUT,如图 3.109 所示。

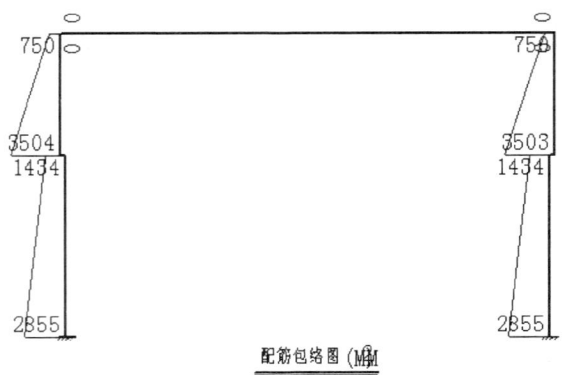

图 3.108 计算结果图形显示

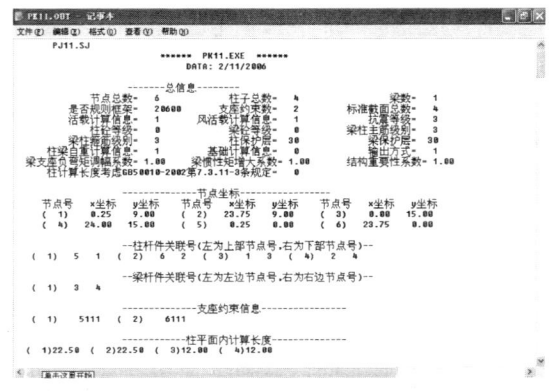

图 3.109 计算结果文本文件 PK11.OUT

3.9.3 排架柱绘图

结果查看无误后,接下来就可以进行排架柱的施工图设计了。

启动 PK 主菜单 4 排架柱绘图,当出现对话框问"是否作排架柱的吊装验算时"选择"作",并设置吊装时的混凝土强度等级为 C25,选择牛腿处为吊装节点。设置好后,程序自动绘制出如图 3.110 和图 3.111 所示的吊装弯矩图。

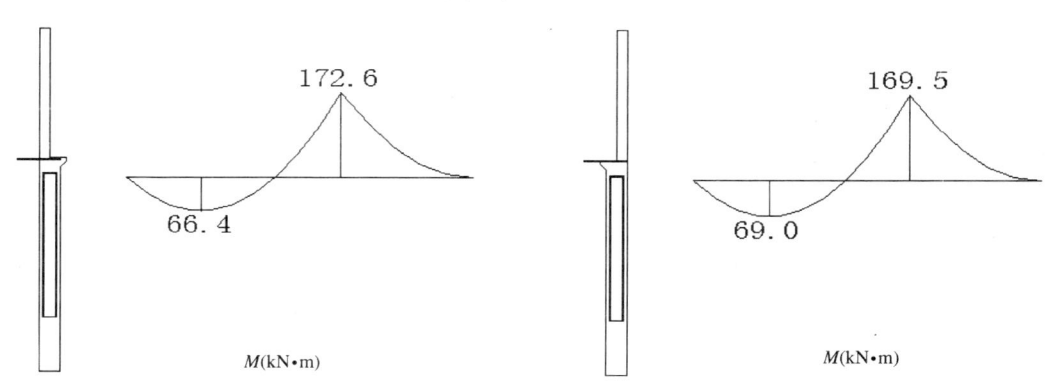

图 3.110 左柱吊装弯矩图　　　　图 3.111 右柱吊装弯矩图

吊装验算进行完毕后,定义牛腿尺寸,如图 3.112 所示。定义好后,进入绘图窗口,可以修改排架柱的纵向钢筋、箍筋、牛腿钢筋等,本例选择不修改,绘制的排架柱施工图 A11.T,如图 3.113 所示。

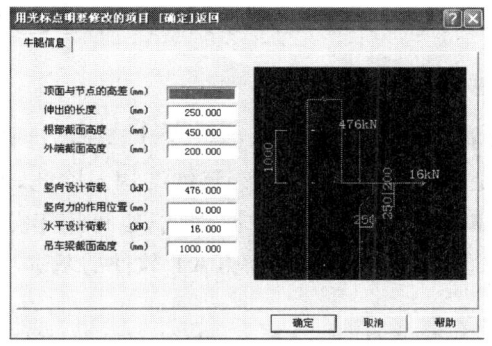

图 3.112 牛腿尺寸和荷载信息

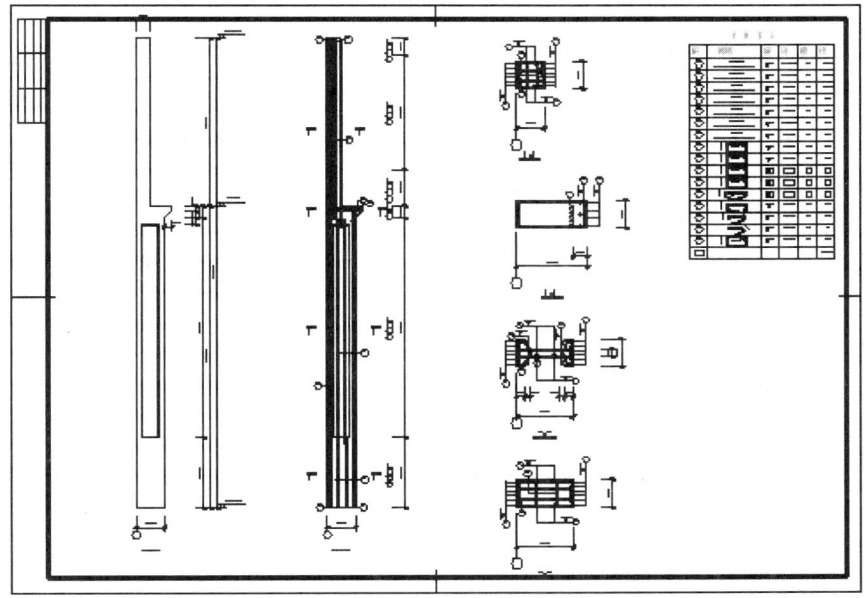

图 3.113 排架柱配筋图

第4章 TAT——空间杆系结构分析与设计

TAT采用空间杆系计算柱梁等杆件,采用薄壁柱计算模型计算剪力墙。它可计算各种规则或复杂体形的钢筋混凝土框架、框剪、剪力墙、筒体结构。除此,TAT还针对高层钢结构的特点,对水平支撑、垂直支撑、斜柱等均作了考虑,因此,也可用于分析计算多高层钢结构。本章通过对TAT高级版的系统介绍,使读者了解TAT软件的基本功能及使用方法。

4.1 TAT的基本功能及有关说明

4.1.1 TAT的基本功能介绍

TAT是专门用于复杂体形的多、高层建筑三维分析的软件,具有如下基本功能及特点。

(1) 采用三维空间模型,对剪力墙采用薄壁柱单元,对梁柱采用空间杆系,使程序可用于分析复杂体形结构,更真实地反映结构的受力性能。

(2) 与结构平面CAD软件PMCAD有完善的数据接口,建筑物各层结构数据与荷载数据均通过读取PMCAD主菜单1,2,3项已经产生的结果并按TAT格式自动写成,因此,整个工程计算不必再填写数据文件。

(3) 自动导算统计风荷载。

(4) 具备较强的数据检查与容错功能,程序归纳总结用户多年使用中经常出现的各种误操作,及时给出提示,帮助用户改正,使计算可顺利进行。

对原始数据及计算结果配备图形检查输出功能,对各种图形的操作及打印方法均与PKPM系列软件相同。

(5) 对复杂体形结构可进行地震作用下的平动和扭转耦联分析,可考虑竖向荷载、风荷载和地震荷载在不同工况下的内力组合,可对框架结构进行罕遇地震作用下薄弱层的弹塑性位移计算,找出薄弱层。可模拟施工过程,进行竖向荷载作用下的施工模拟计算,解决一般程序中一次性加载时对柱子轴向变形估计过大而引起的误差问题,可更真实地反映结构受力性能。

(6) 可以考虑活荷载不利分布对梁的影响,对于多层结构或大活荷载结构,设计更安全、更可靠。

(7) 可改变水平力作用的方向,程序自动按转角进行坐标转换,以考虑任意方向的风和地震作用。

(8) 对柱墙上、下端有偏心的结构,程序自动处理偏心刚域。

(9) 可以计算层间梁、错层梁和斜梁,并有斜柱、斜支撑单元以及异形截面柱、弧梁的计算功能。

(10) 可以计算多塔、错层等特殊结构形式,并可考虑梁柱偏心的效应。

(11) 可计算各层梁的活荷载不利布置,TAT可将恒载和活载分开计算,并按每根梁单独加活荷载的反复循环计算,精确地得出每根梁在活荷载作用下的最大正弯矩和最大负弯矩包络。

(12) 对结构配筋计算结果作全楼的归并计算,根据归并后的结果进行选筋和绘施工图。程序还配有圆柱单元,可作圆柱配筋计算以及矩形柱的双偏压、拉计算。

(13) TAT 的计算结果与 PKPM 系列软件接力运行,完成梁柱、剪力墙、各层结构平面及楼板配筋、楼梯及各类基础的施工图辅助设计,共同组成一个多高层建筑结构从计算到施工图的较完整的 CAD 系统。其接力运行过程如下:

① 与 PMCAD 连接。由 PMCAD 生成 TAT 的几何数据和荷载数据,完成楼板和次梁的计算、配筋及施工图辅助设计,绘制出各层的结构平面图。

② 与 PK 连接。由 TAT 计算完配筋后,可接力 PK 作梁、柱的施工图,可做的层数达到 70 层,并考虑了高层建筑的构造要求和措施。

③ 与 JLQ 联接。JLQ 是绘制剪力墙施工图软件,它从 PMCAD 中生成模板尺寸,再从 TAT 中读出剪力墙的各种配筋计算结果后,画出墙的边框柱、边缘构件、墙梁钢筋构造及墙分布钢筋的施工图,考虑了梁柱与剪力墙衔接部位的构造处理,并提供两种图纸表达方式,第一种是剪力墙平面图、节点大样图与墙梁钢筋表结合的表达方式,第二种是剪力墙竖向立面图、剖面大样图表达方式。

④ 与基础软件 JCCAD 及 BOX 连接。本系统提供了如下四类基础软件:
- 独立基础,条形基础设计软件;
- 钢筋混凝土交叉弹性地基梁、筏板基础设计软件;
- 桩基设计软件;
- 箱基设计软件。

这几个基础软件均从 PMCAD 中建立底层柱网轴线和平面布置,并可读取 TAT 生成的柱底组合内力作为基础设计的荷载,并传给基础上部结构刚度,从而使基础设计中原始数据的准备大大简化。

⑤ 与 LTCAD 连接。楼梯 CAD 软件 LTCAD 可设计 100 层以内的单跑、双跑、四跑板式(或梁式)楼梯以及螺旋、悬挑等各种形式的楼梯。

总之,TAT 与系统各功能模块一起形成了一整套多、高层建筑结构设计和施工图辅助设计系统。

4.1.2 TAT 的适用范围

TAT 软件适用于各种体形的框架、框剪、剪力墙、筒体结构,以及带有斜柱、钢支撑的钢结构或混合结构的多高层建筑。

由于采用了动态申请内存技术,解题能力不再受限。

4.1.3 TAT 的基本假定

TAT 软件在计算过程中采用了如下一些基本假定。

(1) 假定楼板在平面内为无限刚性的,平面外刚度为零。
(2) 对空旷结构可以定义弹性节点,不考虑楼板的作用。
(3) 对剪力墙引进薄壁杆件的基本假定。
(4) 选用国际单位制:kN,m 制。
(5) 输入数据中柱、梁箍筋和剪力墙水平分布筋间距的单位为 mm;在输出配筋文件中,钢筋面积的单位为 mm^2;在配筋简图上,钢筋面积的单位为 cm^2。

(6)采用右手坐标系,z 轴向上,各层的结构平面坐标系和原点与 PMCAD 建模时的坐标系一致。

(7)柱局部坐标的 x,y 方向分别为 PMCAD 建模时柱宽 B 的布置方向和柱高 H 的布置方向。

(8)楼层划分按一般设计习惯,从下向上划分,最底层为第 1 层(从柱脚到楼板顶面),向上分别为第 2 层、第 3 层等,依次类推。

TAT 软件中采用了一些专用名词,现说明如下。

(1)标准层。指具有相同几何、物理参数的连续层,不论连续层的层数是多少,均称为一个标准层;在 TAT 中标准层是从顶层开始算起为第 1 标准层,依次从上至下检查如几何、物理性质有变化则为第 2 标准层,如此直至第 1 层。

(2)薄壁柱。由一肢或多肢剪力墙形成的竖向受力结构,亦可称为剪力墙。

(3)连梁。两端与剪力墙相连的梁称为连梁,亦可称为连系梁。

(4)无柱节点。有两根或两根以上梁的支点,此交点下面没有柱。

(5)工况。一种荷载(如风、地震等)作用下,称为结构受一种工况荷载。多种荷载组成一种荷载(如风+地震)作用下,也称为结构受一种工况荷载。

4.1.4 TAT 的文件管理

TAT 软件要求不同的工程在不同的子目录内进行运行计算,以避免数据文件冲突。TAT 的数据文件主要有几类,现分别说明如下。

(1)工程原始数据文件。这里所说的原始数据文件是指 PMCAD 主菜单 1,2,3 生成的数据文件,若工程数据文件名为 AAA,则工程原始数据文件包括 AAA.＊和＊.PM。

(2)TAT 基本输入文件。进入 TAT 后,用于由 PM 转换到 TAT 的文件,分别是:

几何数据文件:DATA.TAT;

荷载数据文件:LOAD.TAT;

多塔数据文件:D—T.TAT;

错层数据文件:S—C.TAT;

特殊梁柱数据文件:B—C.TAT。

后三个文件称为附加文件,不一定每个结构都有。

(3)计算过程的中间文件。计算过程的中间文件对硬盘的占用量比较大,其文件内容为:

DATA.BIN:数检后的几何和荷载(用二进制表示);

SHKK.MID:结构的总刚;

SHID.MID:单位力作用下的位移;

SHFD.MID:结构各工况下的位移。

其中,DATA.BIN 是在前处理的数据检查时生成的,其余的中间数据文件都是在结构整体分析时生成的,程序没有自动删除掉这些中间数据文件,其目的是为了便于分步进行计算,以减少不必要的重复计算工作。计算完成后,若想留出更多的硬盘空间给其他工程使用,可删掉这些中间数据工作文件。

> 📖 提示
>
> 如果在同一子目录作不同的工程,则必须把＊.TAT,DATA.BIN 文件删除。

(4)主要输出结果文件。TAT 软件的输出结果文件分两部分,一部分是以文本格式输出的文件(*.OUT),另一部分为图形方式输出的图形文件(*.T)。

① 文本输出文件。这类文件主要有:
TAT—C.OUT:数检报告;
TAT—C.ERR:出错报告;
DXDY.OUT:各层柱墙水平刚域文件;
TAT—M.OUT:质量、质心坐标、风荷载和层刚度文件;
TAT—4.OUT:周期、地震力和位移文件;
TAT—K.OUT:薄弱层验算结果文件;
V02Q.OUT:$0.2Q_0$调整的调整系数文件;
NL—*.OUT:各层内力标准值文件(*代表层号);
PJ—*.OUT:各层配筋、验算文件(*代表层号);
DCNL.OUT:底层柱、墙底最大组合内力文件;
DYNAMAX.OUT:动力时程分析最大值文件。

② 图形输出文件。这类文件主要有:
FP*.T:各层平面图(*代表层号);
FL*.T:各层荷载图(*代表层号);
PJ*.T:各层配筋简图(*代表层号);
PS*.T:各层梁、柱、墙、支撑标准内力图(*代表层号);
PB*.T:各层梁、柱、墙、支撑内力配筋包络图(*代表层号);
PD*.T:各层梁挠度、框架节点验算和墙边缘构件图(*代表层号);
DCNL*.T:底层柱、墙底最大组合内力图;
MODE*.T:振型图;
地震波名.T:地震波图。
另接 PK 所绘的施工图,图名由用户自定义。

(5) 前后接口文件。这类文件主要有:
TOJLQ.TAT:由 PM 转到 TAT 的接口文件;
TATNLPJ.TAT:传 TAT 各层内力配筋文件;
TATJC.TAT:把 TAT 内力传给基础文件;
TATFDK.TAT:把 TAT 上部刚度传给基础文件。

4.2 TAT 主菜单 1 接 PM 生成 TAT 数据

TAT 软件的主菜单如图 4.1 所示。普通版(10 层及以下)选择 TAT—8,高级版选择 TAT。

4.2.1 接 PM 生成 TAT 数据的过程

当选择了主菜单 1 并启动后,屏幕显示如图 4.2 所示的"接 PMCAD 生成 TAT 数据"对话框。

提示
默认情况下"显示各层构件编号简图"、"生成荷载文件"复选框均处于选定状态,而对于非

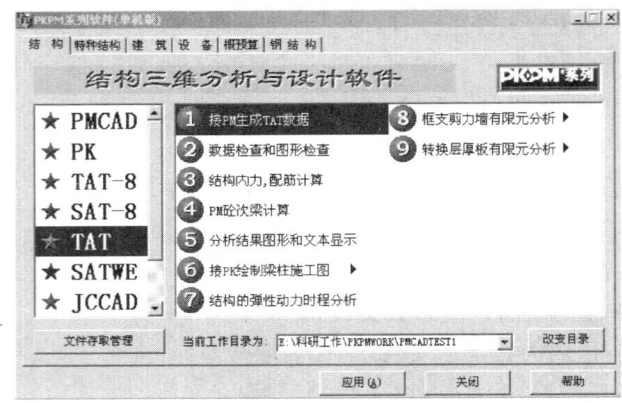

图 4.1 TAT 主菜单

砖混底框结构"作为砖混底框计算"选项处于发灰状态、对于尚未完成 PM 向 TAT 转换的工程"是否保留以前的 TAT 计算参数"也处于发灰状态。

需特别强调的是"生成荷载文件"项一般情况下必须选中,否则没有 TAT 荷载,不能进行下一步的计算。

"显示各层构件编号简图"选与不选均可,如果为砖混底框结构,可以选择"砖混底框计算"选项,否则不能选择该选项。

一旦进行过一次 TAT 计算后,"是否保留以前的 TAT 计算参数"项会处于可选择状态,一般情况下应选择

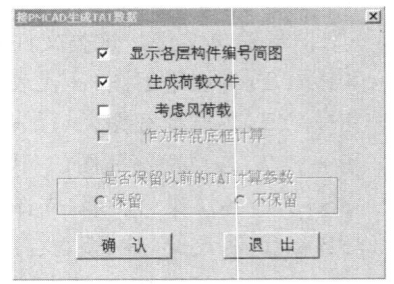

图 4.2 "接 PMCAD 生成 TAT 数据"对话框

"不保留"单选框,这是因为,当结构改变如:增加构件或减少构件等,采用旧的参数可能发生互相矛盾的问题,从而可能不能进入下一步的结构计算工作。

"考虑风荷载"项是否选择要视具体情况而定。

设置好后,选择"确认",程序将进入 TAT 前处理窗口,并同时显示各层构件的编号简图。全部楼层显示完毕后,自动生成 TAT 几何数据和荷载数据文件。

实例 4.1 接 PMCAD 部分例题 2.32 生成 TAT 数据文件。

① 启动 TAT 主菜单 1。

② 在弹出的启动对话框中选择"显示各层构件编号简图"、"生成荷载文件"和"考虑风荷载"复选框。本例由于第一次进行 TAT 计算故还没有以前已经设置好的 TAT 计算参数,一旦已经进行过一次 TAT 计算后,"是否保留以前的 TAT 计算参数"项会处于可选择状态,一般情况下应选择"不保留"单选框,否则可能不能进入下一步的结构计算工作。

③ 设置好后,单击"确认"按钮,即弹出如图 4.3 所示的 TAT 前处理窗口。如图 4.3 窗口中显示的即为一层构件编号简图,单击窗口上部工具栏的 ➡ 按钮,即显示第二层的构件编号简图,再次单击 ➡ 按钮即显示第三层的构件编号简图,再次单击 ➡ 按钮即生成几何文件与荷载文件,并退出图 4.3 所示的 TAT 前处理窗口返回到如图 4.1 所示的 TAT 主菜单。

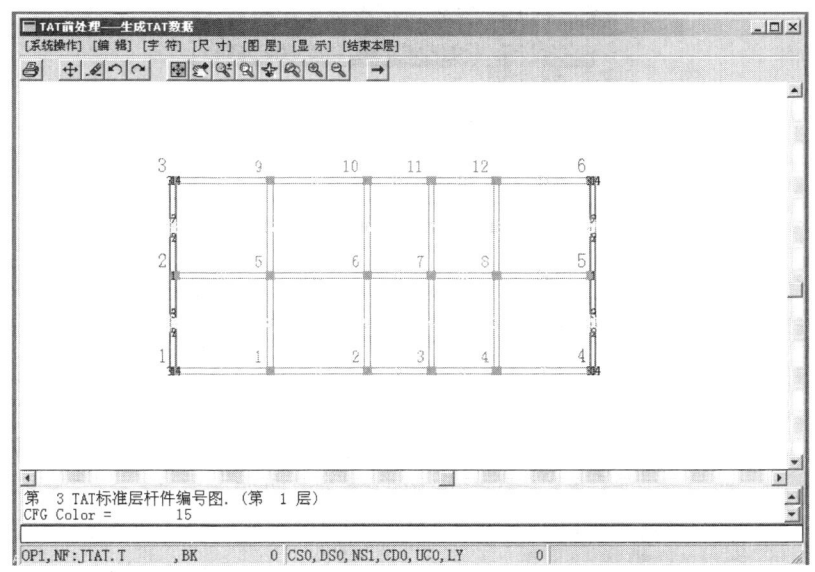

图 4.3 TAT 前处理窗口

4.2.2 接 PM 生成 TAT 数据的有关说明

(1) 对 PMCAD 的文件要求。执行由 PM 生成 TAT 数据之前必须执行过 PMCAD 主菜单 1,2,3 且在当前用户子目录中存在 PMCAD 主菜单 2 生成的 TATDA1·PM 和 LAYDA-TN·PM,以及 PMCAD 菜单 3 生成的荷载文件 DAT*·PM。

如果当前子目录下存在不同工程但工程名相同的数据,需将旧的 *·TAT 文件和 DA-TA·BIN 文件删除。

(2) 由 PMCAD 生成几何数据。程序将 PMCAD 转换成 TAT 几何数据的过程是这样的:程序逐层把 PMCAD 的梁柱转化成 TAT 的梁柱编号,把剪力墙转成薄壁柱,将每一薄壁柱细分若干小节点及墙肢,将剪力墙洞口上方墙体转换成连系梁。

在转化过程中,由于 PMCAD 建立的是结构的实际模型,而 TAT 建立的是计算力学模型,因此在转化过程中要做些处理和简化。

(3) 由 PMCAD 生成荷载数据。在图 4.2 所示对话框中,选择"生成荷载文件",那么程序将自动把 PM 的各层面荷载和梁、柱荷载转换为 TAT 荷载。如选择了"考虑风荷载"选项,则程序将生成带有竖向力和风力的荷载文件 LOAD.TAT。

4.3 TAT 主菜单 2 数据检查和图形检查

当执行完 TAT 主菜单 1,启动 TAT 主菜单 2 时,屏幕弹出如图 4.4 所示前处理菜单。包含了要进行数据检查、参数修正、文本文件查看等各项内容。

4.3.1 数据检查

选择"数据检查"选项对结构进行几何和荷载数据检查。当执行"数据检查"时,屏幕会弹出图 4.5 所示选项框。默认情况下所有的复选框均处于选定状态,但用户可根据实际情况选

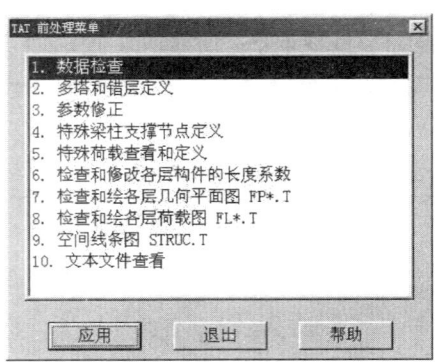

图 4.4 TAT 前处理菜单

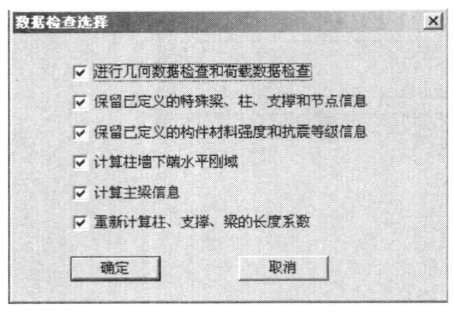

图 4.5 "数据检查选择"选项框

择要数检的选项,目的是为了减少数据检查的时间。各选项的含义说明如下。

(1) 进行几何数据检查和荷载数据检查。选择此项,程序进行检查几何文件 DATA·TAT 和荷载文件 LOAD·TAT,如果发现错误或可能的错误(警告信息)时,屏幕提示"可能有错,请查看出错报告 TAT—C·ERR"。此时可以参照 TAT 的出错信息表来了解错误的性质,修改后再进行数检,如此反复直至没有原则错误为止。

程序还给出数检报告 TAT—C.OUT,该文件把原始数据加上注释说明,便于用户阅读。

程序把数检可能的错误集中放在 TAT—C·ERR 文件中,同时把数检后的几何和荷载文件转换成后面计算用的二进制文件 DATA·BIN,因此千万注意不同工程之间的混淆,如有不同工程的原始数据存在,则在进入本页菜单之前,应删除它们。

(2) 计算柱墙下端水平刚域。选择此项,程序搜索各层柱,墙,支撑上、下节点的偏心差,以求得下端水平刚域,当刚域超过 2m 时,程序在屏幕上给出警告提示。但刚域的存在并不是错误,对于长刚域应预以确认。程序把各层所有的刚域按格式写入 DXDY·OUT 中,便于用户查看、校对。

(3) 计算主梁信息。计算梁的支座弯矩调幅时,程序只对以柱墙为支座的主梁调幅,对挑梁的支承支座不能调幅。当对两端为柱或薄壁柱的主梁调幅时,如在该梁中间有其他梁连接形成若干无柱节点,则对无柱节点的梁端的负弯矩不能调幅。对其正弯矩应根据主梁支座的调幅来正确地放大,计算主梁信息就是找出每根完整的主梁。

找出的主梁和不调幅梁可在后面定义特殊梁柱的平面图中显示并可由用户重新调整和定义。

(4) 重新计算柱、支撑、梁的计算长度系数。在钢结构计算中,对钢柱需要验算平面内外的稳定,其计算长度与平面内外的梁柱上下刚度比有关,这里按照《钢结构设计规范》(GB 50017—2003)(以下简称《钢结构规范》)计算出各层钢柱的有侧移和无侧移的计算长度系数,以便在设计钢柱时选用。钢柱的计算长度系数上限控制在6。

对于钢筋混凝土柱的计算长度系数,可按《混凝土规范》第 7.3.11 条进行验算,对于特殊的混凝土结构,其计算长度系数可在后面自行修改,以达到所要的计算长度。混凝土柱的计算长度上限应控制在 2.5,并且在 2 层以上与 1.25 比较取大,在 1 层与 1 比较取大。用户也可以不按照规范 7.3.11 的要求,取 1.25 和 1.0 或在计算时考虑 P-Δ 效应。

对于有越层柱的结构和定义了弹性节点的结构,均应再进行一次"数据检查"。

实例 4.2 接例 4.1 进行数据检查。

① 执行 TAT 主菜单 2 数据检查和图形检查。

② 在弹出的图 4.4 TAT 前处理菜单中选择第 1 项数据检查。

③ 在弹出的"数据检查选择"选项框中选中所有复选框,单击"确定"按钮。

④ 程序首先检查几何文件 DATA.TAT 并显示如图 4.6 所示;程序接着检查荷载文件 LOAD.TAT 并显示如图 4.7 所示;程序接着依次显示"计算柱计算长度"等提示信息,如果全部正确程序自动返回到图 4.4 所示 TAT 前处理菜单。

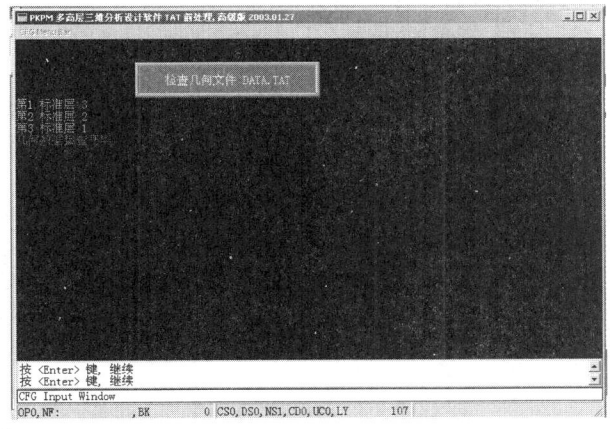

图 4.6 检查几何文件

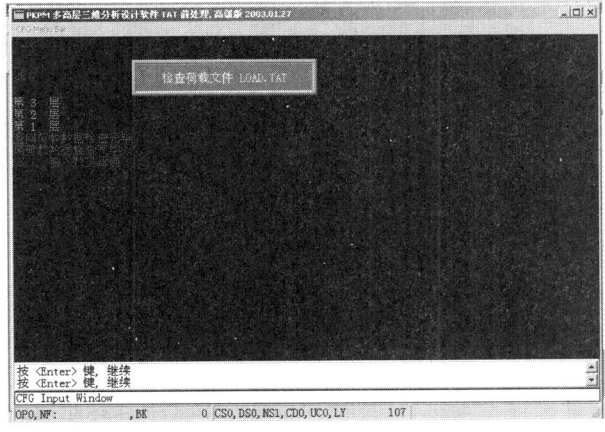

图 4.7 检查荷载文件

4.3.2 多塔和错层定义

如果是多塔结构,其多塔部分不应是一个无限刚平面,应是多个无限刚平面。为正确计算风力和地震力作用,应在此处将多塔的楼层正确地划分开来。多塔结构可以是底盘相连、中部相连或上部相连。

个别房间的楼层标高不同于该楼层标高的结构叫做错层结构,主要指该处柱或墙错层,错层柱或墙的长度不应是该层层高,而应是该柱墙上、下节点实际相连的楼层高差,对这样的结构应在此处生成错层信息从而正确地计算错层柱的单刚、内力和配筋。

执行"多塔和错层定义"后程序对整个结构做多塔、错层的自动搜索。当为多塔结构时,自动产生多塔数据文件D-T.TAT,当为错层结构时,自动产生错层数据文件S-C.TAT。

4.3.3 参数修正

当选择了"参数修正"选项后单击"应用"按钮,将弹出如图4.8所示"TAT参数修正"对话框。屏幕上共有6张选项卡,每张选项卡上的参数都显示原先定义的数值或隐含值。

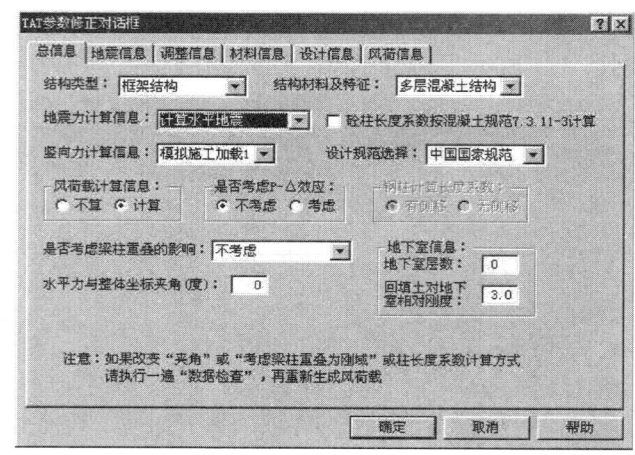

图4.8 "总信息"选项卡

📖提示

这些参数除了有些信息是根据工程具体情况填写之外,其他大部分参数是根据《混凝土规范》、《抗震规范》、《荷载规范》、《钢结构规范》、《砌体规范》、《高层建筑混凝土结构技术规程》(JGJ 3—2002)(以下简称《高规》)等规范、规程设置的。由于篇幅所限本文不可能对每一参数的设置都一一讲解,只能挑选一些工程上常见的以及易出错处作出解释,如果还有不清楚之处,可查阅相关规范、规程。

1."总信息"选项卡

现对其中参数的意义及选择说明如下。

(1)结构类型。程序提供了如下几种选择:①框架结构;②框架剪力墙结构;③框架核心筒结构;④筒中筒结构;⑤板柱剪力墙结构;⑥剪力墙结构;⑦复杂高层结构;⑧砖混底框结构;⑨吊车排架结构;⑩其他。

规范对不同结构类型所规定的设计参数不同,因此,需指定结构类型。如选择复杂高层结构时,对结构中的剪力墙按《高规》中"复杂高层结构"的相应参数设计,尤其是对框支剪力墙,不但要选择"复杂高层结构"选项,还要在调整信息中定义转换层的层号。

当选择砖混底框结构时,程序认为结构是底框结构,此时需要读取上部砖混传下来的恒载、活载、地震力和风力,要求在运行TAT之前,先执行PMCAD的主菜单8。

当选择"吊车排架结构"时,程序要求定义吊车荷载,程序按排架结构计算柱长度系数。

(2)结构材料及特征。程序提供了以下几种选择:①多层混凝土结构;②多层钢结构;③

多层混合结构;④高层混凝土结构;⑤高层钢结构;⑥高层混合结构。

当选择"高层混凝土结构"时,程序将按《高规》对结构进行设计验算。

当选择"多层钢结构"时,程序将按《钢结构规范》和《抗震规范》中的有关条文,对结构进行设计验算;选择"高层钢结构"时,程序将按《高层民用建筑钢结构技术规程》(JGJ 99-88)(以下简称《高钢规》)对结构进行设计验算。

当选择"高层混合结构"时,程序将按《高规》中混合结构的有关章节对结构进行设计验算。

(3) 地震力计算信息。程序提供以下几种选择:①不计算;②计算水平地震;③计算水平和竖向地震。计算水平地震表示计算 X,Y 两个方向的水平地震力,不能单独计算某一方向的水平地震力;计算水平和竖向地震表示即计算 X,Y 两个方向的水平地震力,同时又计算竖向地震力,竖向地震力不能单独计算。

> **提示**
>
> "地震力计算信息"选项,非抗震区可选择"不计算",9度时的高层建筑以及8度、9度时的长悬臂和其他大跨度结构可选择"计算水平和竖向地震",其他考虑抗震的工程一般均选择默认选项"计算水平地震"。

(4) 风力荷载计算信息。程序提供计算和不计算两种选择。计算即为计算两个垂直方向的风力。

(5) 竖向力计算信息。程序提供以下几种选择:①不计算;②一次性加载;③模拟施工加载1;④模拟施工加载2。

当选择"一次性加载"时,程序按一次性加载的模式作用于结构,不考虑施工的找平过程,这对于高层结构和竖向刚度有差异的结构,计算结果与实际受力会有差异,所以一般结构应考虑模拟施工过程。

当选择"模拟施工加载1"时,程序按模拟施工荷载的方法1求竖向力作用下的结构内力,这样可以避免一次性加荷带来的轴向变形过大的计算误差。在模拟施工荷载时,由于一次加荷造成柱、墙的轴向变形过大,层数较多时顶部几层的中间支座将出现较大沉降,与其相连的梁的支座不出现负弯矩或负弯矩较小,常常不能正确地完成梁的支座配筋。

当选择"模拟施工加载2"时,程序按模拟施工荷载的方法2求竖向力作用下的结构内力,模拟施工方法2是在模拟施工方法1的基础上,增加竖向构件轴向刚度的计算结果,该方法可以再次调整柱、剪力墙之间的轴力、弯矩的分配,使框剪结构中柱、墙的受力更为合理。

因此,对一般的多、高层建筑来说,应首先选择模拟施工荷载方法1和2。

(6) 设计规范选择。程序提供了"中国国家规范"与"上海地区规程"两个选择项,除上海地区工程外,一般均选择默认选项"中国国家规范"。

(7) $P\text{-}\Delta$ 效应选择信息。程序提供计算和不计算两种选择。对于平面、立面不规则的结构应考虑 $P\text{-}\Delta$ 效应。

当选择"考虑"时:程序计算 $P\text{-}\Delta$ 效应,在计算混凝土柱的计算长度系数时,柱计算长度系数取1.0。

当选择"不考虑"时,对混凝土柱按混凝土设计规范的第7.3.11-3条计算柱长度系数,也可以按7.3.11-2条计算长度系数,即底层取1.0上层取1.25。

(8) 柱计算长度系数。按混凝土规范第7.3.11-3条计算选择:程序提供打勾和不打勾两种选择。

当选择"打勾"时,即按混凝土规范第7.3.11-3条计算柱长度系数。

当选择"不打勾"时,则按混凝土规范第 7.3.11-2 条计算柱长度系数;此时底层柱取 1.0,上层柱取 1.25,一般情况下不选择该复选框。

(9) 计算钢柱长度系数。程序提供有侧移和无侧移两种选择。

该参数专用于钢柱,当选择"有侧移"时,程序按《钢结构规范》附录 4.2 的公式计算钢柱的长度系数。

当选择"无侧移"时,程序按《钢结构规范》附录 4.1 的公式计算钢柱的长度系数。

(10) 是否考虑梁柱重叠的影响。程序提供以下几种选择:①不考虑;②考虑梁端弯矩折减;③考虑为梁端刚域。

当选择②"考虑梁端弯矩折减"时,程序按如下公式折减梁端弯矩:

$$M_{\text{边}} = M_{\text{中}} - \min\{0.38 \times M_{\text{中}}, B \times V_{\text{中}}/3\},$$

式中　$M_{\text{边}}$——修正后的梁端弯矩;

$M_{\text{中}}$——修正前的梁端弯矩;

B——与梁平行的柱边宽度;

$V_{\text{中}}$——梁端剪力。

上式表示:修正后的梁端弯矩不小于原弯矩的 2/3,圆柱取内截正方形为柱宽。

当选择③"考虑为梁端刚域"时,程序按如下公式计算梁端刚域:

记梁两端与柱的重叠部分长分别为 D_i 和 D_j,梁长为 L(即两端节点间的距离),梁高为 H,则梁两端刚域的长度分别为

$$D_{bi} = \max\{0, D_i - H/4\},$$

$$D_{bj} = \max\{0, D_j - H/4\}.$$

扣除刚域后的梁长为

$$L_0 = L - (D_{bi} + D_{bj}).$$

TAT 选择第③项"考虑为梁端刚域"后,需要重新进行数据检查。

(11) 地下室层数。应填小于层数的数。当选择填入"地下室层数"后,程序将对结构作如下处理。

① 算风力时,其高度系数要扣去地下室层数,风力在地下室处为零。

② 在总刚集成时,地下室各层的水平位移被嵌固,即地下室各层不产生平动。

③ 在抗震计算时,结构地下室不产生振动,地下室各层没有地震外力,但地下室各层亦承担上部传下的地震反应。

④ 在计算剪力墙加强区时,将扣除地下室的高度求上部结构的加强区部位,且地下室部分亦为加强部位。

⑤ 地下室同样要进行内力调整。

(12) 回填土对地下室的相对刚度。可填 0~10 之间的整数。该参数反映了地下室的侧向嵌固程度,当该值越大时,对地下室的侧向约束越大,反之则越小。

(13) 水平力与整体坐标夹角。可填 0°~90°之间的数。结构的参考坐标系建立后,如图 4.9 所示,求得的地震力、风力总是沿着坐标轴方向作用的,当结构具有斜向榀时,需要改变地震力和风力的作用方向,此时可以改变 Arf 参数,使地震力、风力按新的方向作用。

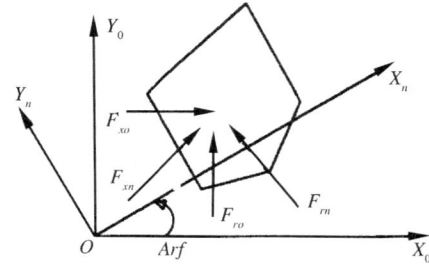

图 4.9　水平力作用方向图

Arf 单位为弧度，$0 \leqslant Arf \leqslant \pi/2$。改变 Arf 后，竖向荷载不变，因迎风面面积、风力作用偏心距变化，风荷载需要重新计算。改变方法为：①进行"数据检查"；②进入"参数修正"，选择"重新计算风荷载"。所以当修改参数 Arf 后，TAT 需要重新进行数据检查。

2."地震信息"选项卡

图 4.10 所示为"地震信息"选项卡，现对其中各参数的意义及选择说明如下。

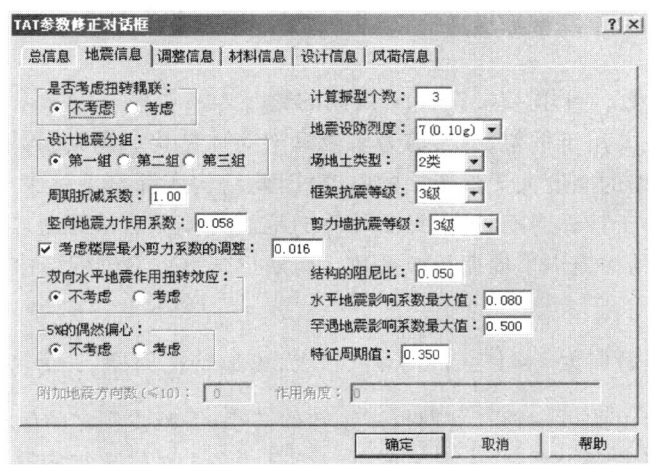

图 4.10 "地震信息"选项卡

(1) 是否考虑扭转耦连。程序提供两种选择：考虑和不考虑。对大多数结构来说，需要选择"考虑"，这样计算的地震力更精确，当结构布置较为规则对称时，可以选择"不考虑"。

(2) 计算振型个数。当地震力计算用"算法1"即侧刚计算法时，选择"不考虑"耦连的振型数不大于结构的层数；选择"考虑"耦连的振型数不大于3倍的层数。

当地震力计算用"算法2"即总刚计算法时，此时结构应具有较多的"弹性节点"，所以振型数的选择可以不受上限的控制，一般取大于12的数。

(3) 地震设防烈度。程序提供以下几种选择：①$6(0.05g)$；②$7(0.10g)$；③$7(0.15g)$；④$8(0.20g)$；⑤$8(0.30g)$；⑥$9(0.40g)$。

新规范对7，8度抗震各提供了两种不同的加速度，所以有 $7(0.15g)$ 和 $8(0.3g)$ 与 $7(0.1g)$、$8(0.2g)$ 之区别。

设计地震分组、场地土类型、抗震等级应按《抗震规范》、《高规》规定填入。偶然偏心和双向地震可以按需要选择。

(4) 设计地震分组。程序提供了三种选择：第一组、第二组、第三组。程序将根据不同的地震分组，计算特征周期。

📖提示

"设计地震分组"及"地震设法烈度"选项根据工程所在地从《抗震规范》附录A中查取。

(5) 场地土类型。程序提供以下几种选择：①1类；②2类；③3类；④4类；⑤上海4类。

程序根据不同的场地类型，计算特征周期；并特别提供了上海地区的场地类别，计算上海地区的特征周期。

📖提示

"场地土类型"选项应按具体工程的岩土工程勘查报告填写。

(6) 框架抗震等级。程序提供以下几种选择：①特1级；②1级；③2级；④3级；⑤4级；⑥非抗震。

(7) 剪力墙抗震等级。程序提供以下几种选择：①特1级；②1级；③2级；④3级；⑤4级；⑥非抗震。程序根据不同的需要选择抗震等级。

> **提示**
>
> "框架抗震等级"、"剪力墙抗震等级"选项用户可根据《抗震规范》的6.1.2条及《高规》的4.8节选取。

(8) 周期折减系数。可填入 0.7～1.0 之间的数。

周期折减系数主要用于框架、框架剪力墙或框架筒体结构。周期折减系数是指由于框架具有填充墙，且填充墙的刚度大于框架柱的刚度，因此结构实际刚度远大于计算刚度，从而造成结构实测周期远小于计算周期，进而导致计算的地震力偏小。故通过本条对采用砖填充墙的框架、框架剪力墙结构提出了周期折减系数。周期折减系数不改变结构的自振特性，只改变地震影响系数。

计算地震影响系数时取 $\alpha = \left(\dfrac{T_g}{T}\right)^{0.9} \eta_2 \alpha_{max}$（$T_g$ 为场地特征周期，T 为考虑了周期折减系数后的结构自振周期），由此可知随着周期折减系数的减小，T 减少则 α 的值相应增大，周期折减系数的取值视填充墙的多少而定，一般来说可视填充墙多少对框架结构取 0.6～0.7 之间的数值，对框架剪力墙结构取 0.7～0.8 之间的数值，对剪力墙结构可取 0.9～1.0 之间的数值。

(9) 竖向地震作用系数。程序取规范计算值 $1.5 \times 0.65 \times 0.75 \times \alpha_{max}$ 为默认值。

上式中的 α_{max} 为水平地震影响系数最大值，对有特别需要的结构，可以通过改变竖向地震作用系数，计算不同的竖向地震力。

(10) 楼层最小地震剪力系数。默认值按《建筑抗震设计规范》5.2.5条选取。当结构的剪重比小于该系数时，程序会自动调整各层的地震力，以达到规范要求的楼层最小地震剪力系数。用户也可以通过该参数放大地震力。

(11) 双向水平地震作用扭转效应选择。程序提供考虑和不考虑两种选择。当选择"考虑"时，程序会按组合 $S_{EK} = \sqrt{S_x^2 + (0.85 S_y)^2}$ 或 $S_{EK} = \sqrt{S_y^2 + (0.85 S_x)^2}$ 中的较大值取值。选择双向地震组合后，地震内力会放大较多。

(12) 5%的偶然偏心选择。程序提供考虑和不考虑两种选择。按照《高层建筑混凝土结构技术规程》第3.3.3条规定，计算单向地震作用时，应考虑偶然偏心的影响，附加偏心距可取与地震作用方向垂直的建筑物边长的 5%，即 $e_i = \pm 0.05 L_i$。

偶然偏心的含义指的是：由偶然因素引起的结构质量分布的变化，会导致结构固有振动特性的变化，因而结构在相同地震作用下的反应也将发生变化。考虑偶然偏心，也就是考虑由偶然偏心引起的可能的最不利的地震作用。

(13) 结构的阻尼比。可填小于等于 0.05 的数。该参数对于钢结构、混合结构需要相应地减小，如钢结构取 0.02，混合结构取 0.03 等，该参数亦用于风荷载的计算。

(14) 水平地震影响系数最大值。隐含按《抗震规范》取值，它随地震烈度而变化。对有些地区标准采用不同的地震计算参数时，可以通过该参数的变化求得该地区的地震力。

(15) 罕遇地震影响系数最大值。隐含取规范规定值，它随地震烈度而变化。对有些地区标准采用不同的地震计算参数时，可以通过该参数的变化求得该地区的罕遇地震力。

(16) 特征周期值。隐含取规范规定值，它随设计地震分组及场地类别而变化。对有些地区标准采用不同的地震计算参数时,可以通过该参数的变化求得该地区的地震力。

3."调整信息"选项卡

图4.11所示为"调整信息"选项卡,现对其中各参数的意义及选择说明如下。

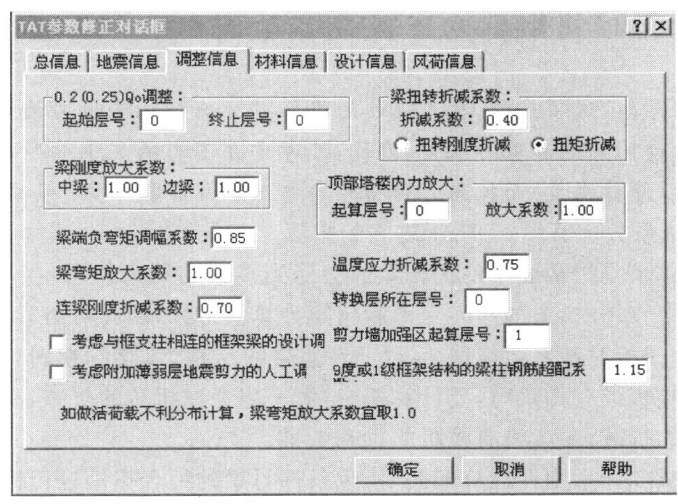

图4.11 "调整信息"选项卡

(1) $0.2Q_0(0.25Q_0)$调整。"$0.2(0.25)Q_0$调整"选项是指根据《高规》8.1.4条,框架剪力墙结构在水平地震作用下,框架部分计算所得的剪力一般都较小。为保证作为第二道防线的框架具有一定的抗侧力能力,需要对框架承担的剪力予以适当的调整。程序要求输入:起始层号和终止层号。

(2) 中梁和边梁刚度放大系数。"梁刚度放大系数"选项是指在TAT中梁均是按矩形截面布置的,而实际上目前的工程一般情况下梁均是与混凝土楼板现浇在一起的,也就是说对于中梁来说实际上是一个T型截面,对于边梁来说是一个倒L型截面,也就是说实际结构的中梁与边梁刚度要比计算的刚度大许多,故通过该放大系数进行调整,一般情况下可填入1~2之间的值,当结构没有楼板时,该数值应为1。

(3) 梁端负弯矩调幅系数。"梁端负弯矩调幅系数"是指对于连续梁和连续单向板可以考虑塑性内力重分布的分析方法。该系数对竖向力起作用,在梁设计时,对结构的主梁进行负弯矩的折减,正弯矩则相应地增大。可填入0.7~1之间的数值,《高规》5.2.3条对此有明确规定。

(4) 梁弯矩放大系数。可填入大于等于1的数值。

如作梁活荷载不利布置,该系数应填1,否则可填大于等于1之数,该放大系数对梁正负弯矩均起作用。

💡提示

"梁弯矩放大系数"选项是指,目前国内钢筋混凝土结构建筑由恒载和活载引起的单位面积重力,活载引起的重力只占全部重力的15%~20%,比例很小,活荷载不利分布的影响较小,特别对于高层建筑结构层数很多,每层的房间也很多。活荷载在各层间的分布情况极其繁多,难以一一计算,但如果活荷载较大,其不利分布对梁的影响会比较明显,计算时应予考虑。除进行活荷载不利分布的详细计算分析以外,也可将未考虑活荷载不利分布计算的框架梁弯矩乘以放大系数予以近似考虑,该放大系数通常可取为1.1~1.3,活载大时可选用较大值,本系数对正负弯矩均起作用。

(5) 连梁刚度折减系数

可填入 0.55～1 之间的数值，对于连梁，不作 $0.2Q_0$ 的内力调整和梁刚度的放大。其余梁的调幅、弯矩放大系数仍起作用。

> **提示**
>
> "连梁刚度折减系数"选项是指，抗震设计的框架剪力墙结构和剪力墙结构中的连梁刚度相对墙体较小，而承受的弯矩和剪力很多，因此，可考虑在不影响其承受竖向荷载能力的前提下，允许其适当开裂（降低刚度）而把内力转移到墙体上。通常取 0.55～1 之间的数值。

(6) 梁扭转折减系数。可填入 0～1 之间的数值。

"梁扭转折减系数"是指楼面梁的扭转效应会受到楼板的约束作用，当结构计算中未考虑楼盖对梁扭转的约束作用时，梁的扭转变形和扭矩计算值过大，因此可对梁的计算扭矩予以适当折减，当结构没有楼板时该系数应取 1，对于有弧梁的结构，弧梁的扭转折减系数应取 1，所以当结构部分没有楼板或有弧梁时，要计算两遍，第一遍考虑扭转的折减，参考有楼板的直梁；第二遍不考虑扭转的折减，参考没有楼板的梁和弧梁。

如选择扭矩折减（>0），则在计算配筋时，无条件对梁的组合扭矩进行折减；如选择扭转刚度折减（<0），则在形成总刚时就对梁的扭转惯性矩进行折减，最终也达到了折减扭矩的目的。因此后者是间接的一种平衡折减。

(7) 顶部塔楼的内力放大。对于结构顶部有小塔楼的结构，如地震的振型数取得不够多，则由于高振型的影响，顶部小塔楼的地震力会偏小，所以可以在这里对顶部的小塔楼的地震内力进行放大。

放大起算层号：程序对该层号以上的结构构件的地震内力进行放大。

顶塔楼放大系数：可填入大于等于 1 之数值。

(8) 温度应力折减系数。一般考虑 0.75 或更低。

温度应力的计算实际上是一个比较复杂的问题，温度的变化对于结构的反应也是很复杂的，首先温度的变化有"梯度"问题，即构件表面到内部的温度变化很大，这与构件均匀受温，且均匀膨胀、收缩不同，因此计算不能完全表示结构的真实受力；

第二温差的变化是有时效的，因为从冬季到夏季，结构的温度变化是一个很长的过程，而不是在很短的时间内完成，所以结构的实际温度应力又与计算时不尽相同。

由此可见，温度应力的计算结果往往偏大，因此，TAT 在前处理的参数修正中增加了"温度应力折减系数"，其缺省值为 0.75，由此可以对温度应力进行适当调整。

(9) 转换层所在层号。对于转换层结构需填入相应的层号，该层号是定义剪力墙加强部位的重要参数，也是框支柱地震内力调整的控制参数之一。

4. "材料信息"选项卡

图 4.12 所示为 TAT "材料信息"选项卡。利用图 4.12 所示"材料信息"选项卡，对混凝土、钢筋的自重、强度及间距等进行设置。现对其中各参数的意义及选择说明如下。

(1) 混凝土自重。可填入 $25kN/m^3$ 左右的数。混凝土自重是用于计算混凝土梁、柱、支撑和剪力墙自重的，对于不考虑自重的结构可填入 0。

(2) 梁、柱和墙主筋和箍筋的强度。按《混凝土规范》填写。

(3) 梁、柱箍筋间距。应填入加密区的间距，并满足规范要求。

(4) 墙水平筋间距。应填入加强区的间距，并满足规范要求。

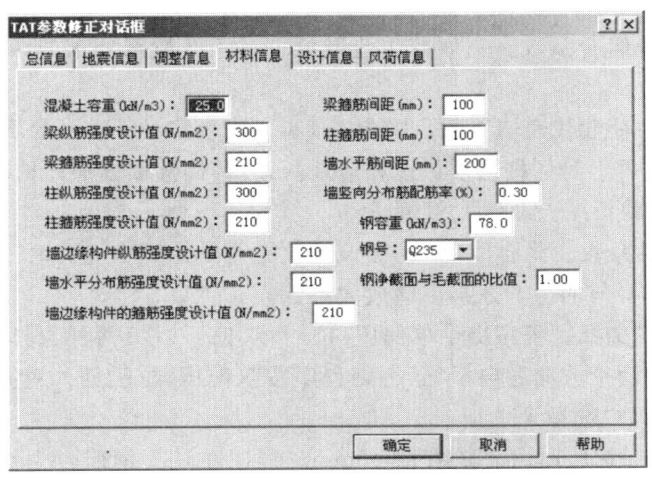

图 4.12 "材料信息"选项卡

(5) 墙竖向分布筋配筋(%)。应填入规范要求的数值,如 0.3,0.4 等。

(6) 钢的容重。可填入 $78kN/m^3$ 左右的数。

(7) 钢号。程序提供了以下几种钢号选择:①Q235;②Q345;③Q390;④Q420。
当选择上述钢号后,程序再根据截面的厚度求出钢的设计强度。

(8) 钢净截面与毛截面的比值。可填入 0.5~1 之间的数。该参数是用来描述钢截面被开洞后的削弱情况,一般应取小于 1 的数值。

5. "设计信息"选项卡

图 4.13 所示为 TAT"设计信息"选项卡。利用"设计信息"选项卡,对与设计有关的组合配筋信息进行设置。如分项系数和组合系数、结构重要性系数等,根据规范规定进行设置。

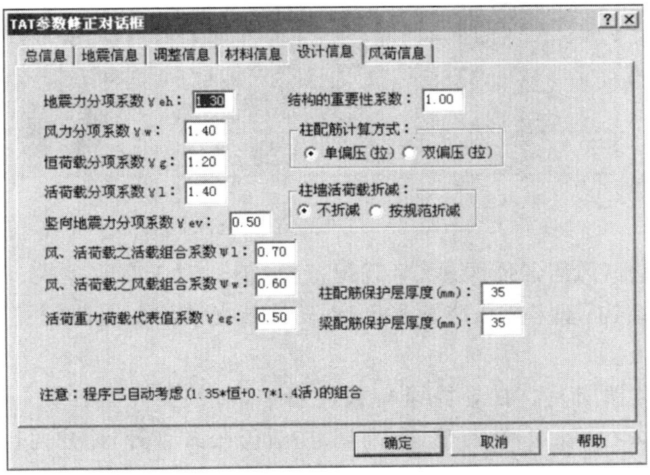

图 4.13 "设计信息"选项卡

📖提示

"柱墙活荷载折减"选项是指,作用在楼面上的活荷载,不可能以标准值的大小同时布满在所有的楼面上,因此在设计柱、墙时,还要考虑实际荷载沿楼面分布的变异情况,也即在确定墙、柱的荷载标注值时,还应按楼面活荷载标准值乘以一个折减系数,具体折减方法详见《荷载规范》。

(1) 分项系数和组合系数。一般按规范取值。对于有特殊要求的结构,可以在这里修改这些参数。

(2) 活荷载重力荷载代表值系数。隐含取 1.0。该参数对于楼层的质量也有影响,当该值小于 1.0 时,计算地震力时的楼层质量也相应地折减,具体选取方法详见《抗震规范》5.1.3 条。

(3) 柱、墙活荷载折减。缺省取不折减。

(4) 结构重要性系数。隐含取值 1.0。该系数主要是针对非抗震地区而设置的,程序在组合配筋时,对非地震参与的组合才乘以该放大系数。

(5) 柱配筋方式选择。程序提供单偏压(拉)和双偏压(拉)两种选择。当选择单偏压、拉计算配筋时,程序按两个方向各自配筋,否则程序按双偏压、拉配筋。对异形柱程序自动按双偏压、拉计算配筋,用户选择无效。

(6) 梁、柱配筋保护层厚度。缺省取 30mm。程序在计算钢筋合力点到截面边缘的长度时取:保护层厚度+12.5mm。

6. "风荷信息"选项卡

图 4.14 所示为 TAT"风荷信息"选项卡。利用"风荷信息"选项卡,对与风荷载有关的参数进行设置。

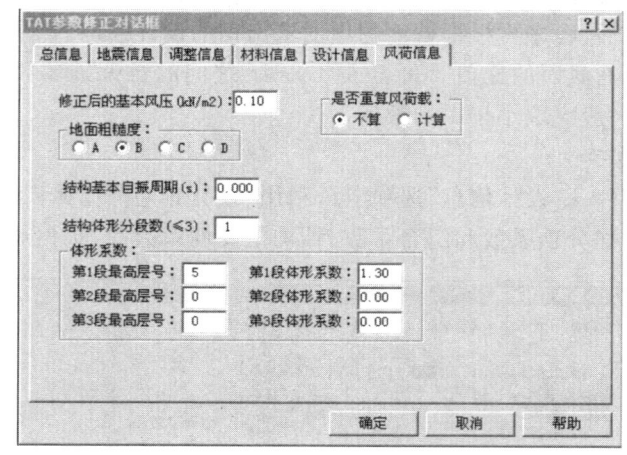

图 4.14 "风荷信息"选项卡

(1) 修正后的基本风压。需根据《荷载规范》取值。对于高层建筑、高耸结构以及对风荷载比较敏感的其他结构,基本风压应适当提高,可在规范规定的基础上把基本风压放大 1.1~1.2 倍。

(2) 结构基本自振周期。在导算风荷载过程中,涉及到几个参数,一个是结构的基本周期,周期是用来求脉动系数的,缺省值按《高规》中近似公式计算,用户可以修改,也可在计算出准确的结构自振周期后,回填以得到更为准确的风力。

(3) 地面粗糙度。根据荷载规范提供了 A,B,C,D 四种选择,选取方法详见《荷载规范》7.2.1 条。

(4) 体形分段数和分段参数。最多为 3 段,即可以有三段不同的体形系数。每段参数有两个,第一个为该段最高层号,第二个为该段的体形系数。如果只分一段,程序自动选为结构层数;如有第二、第三段,则填法同上。

(5) 是否重算风荷载。在多塔结构、结构中定义了弹性节点的结构或结构转角改变等后，就要选择重新生成风荷载。

实例 4.3　接例 4.2 进行参数修正。

① 执行 TAT 主菜单 2:数据检查和图形检查。

② 在弹出的 TAT 前处理菜单中选择"参数修正"。

③ 设置"总信息"表单参数如下：

"结构类型"选项，选择框剪结构。

"结构材料及特征"选项，由于为多层混凝土结构，选择默认的"多层混凝土结构"选项。

"设计规范选择"选项，因工程不在上海，选择"中国国家规范"。

"风荷载计算信息"选项，选择"计算"。

"是否考虑 P-Δ 效应"选项，本工程平面、立面均规则故不考虑 P-Δ 效应。

"地震力计算信息"选项，选择"计算水平地震"。

本表单其他 选项采用默认值即可。

④ 设置"地震信息"表单参数如下：

"是否考虑扭转耦联"选项对大多数结构来说，需要选择"考虑"，本例选择"考虑"。

"设计地震分组"及"地震设法烈度"选项，根据工程所在地从《抗震规范》附录 A 查取，本例选择"第一组"，"7(0.10g)"。

"计算振型个数"，本例选择 3。

"场地土类型"选项，根据工程的岩土工程勘查报告，本例为"2 类"。

"周期折减系数"选项，由于为框架剪力墙结构，故一般取 0.7～0.8 之间的数值，本例取 0.8。

"框架抗震等级"、"剪力墙抗震等级"选项，根据《抗震规范》表 6.1.2 选取后，本例"框架抗震等级"取"3 级"、"剪力墙抗震等级"取"2 级"。

"5%的偶然偏心"选项，计算单向地震作用时应考虑偶然偏心的影响，本例不考虑偶然偏心影响。

其他选项采用默认值即可。

⑤ 设置"调整信息"表单参数如下：

"0.2(0.25)Q_0 调整"选项，根据《高程》8.1.4 条，本工程不进行该项的调整。

"梁刚度放大系数"选项，本例中梁输入 2.00，边梁输入 1.50。

"梁扭转折减系数"选项，本例有楼板且无弧梁，该系数取默认值 0.40。

"梁端负弯矩调整系数"选项，本例采用默认值。

"梁弯矩放大系数"选项，本例取默认值 1.0。

"连梁刚度折减系数"选项，通常取 0.55～1 之间的数值，本例取 0.7。

其他选项采用默认值即可。

⑥ 设置"材料信息"表单参数如下：

本表单中需要注意的是，"梁、柱箍筋间距"选项应填入加密区的间距，并满足规范要求，"墙水平筋间距"选项应填入加强区的间距，并满足规范要求。本例对该表单所有选项采用默认值即可。

⑦ 设置"设计信息"表单参数。

本例对该表单所有选项采用默认值即可。

⑧ 设置"风荷信息"表单参数如下：

"是否重算风荷载"选项控制是否重新生成风荷载,本例选择"不算",其他选项采用默认值即可。

⑨ 单击"确定"退出"TAT 参数修正对话框",返回"TAT 前处理菜单"。

4.3.4 特殊梁、柱、支撑、节点定义

当选择了"特殊梁柱支撑节点定义"项后,程序显示图 4.15 所示窗口。右侧的一列菜单显示了特殊梁、柱、支撑和节点操作的主菜单。

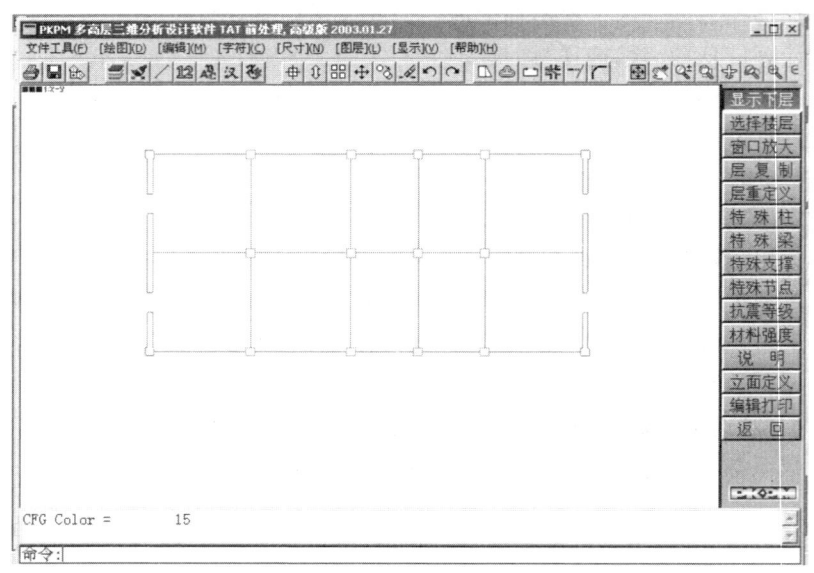

图 4.15 特殊梁、柱、支撑、节点定义窗口

(1) 特殊梁。特殊梁指的是不调幅梁、铰接梁、连梁。

不调幅梁是不对其支座负弯矩调幅的梁,挑梁是不能作负弯矩调幅的,程序对端支座为梁的部位也不调幅,程序仅对两端支在柱或墙上的主梁调幅(该主梁中间可有无柱节点)。根据以上原则程序自动找到所有不调幅梁,在这里由用户逐层确认和修改。钢梁不予调幅。

铰接梁可被设为一端铰接或二端铰接梁,这样的梁需由用户在这里逐层逐根指定。

连梁是指两端与剪力墙相连的梁,为避免容易出现的超筋现象,连梁的刚度折减系数往往较大,连梁由程序自动找出,在这里也可由用户补充修改。

(2) 特殊柱。特殊柱指的是角柱、框支柱和铰接柱。

角柱、框支柱与普通柱相比,其内力调整系数和构造要求有较大差别,因此需要用户在此专门指定设置。

铰接柱可设为下端铰接,上端铰接,或两端铰接。

(3) 特殊支撑。特殊支撑是指铰接支撑,在 PMCAD 中定义和布置支撑,当转到 TAT 时,对钢筋混凝土支撑默认为两端刚接,对钢结构支撑默认为两端铰接。通过"特殊支撑"菜单用户可以对支撑连接进行修改。

(4) 特殊节点。特殊节点指的是弹性节点,在一些结构中,楼层可能没有楼板或楼板很少,因此不满足刚性楼板的假定。对这样的节点,需用弹性节点来定义,使其脱离刚性楼板假

定对其的影响。在特殊节点中还可以修改节点相对高度。

所有特殊梁、柱、支撑、节点的定义均采用"异或"方式,即重复定义为删除,如要删除该柱为角柱的属性,则应再次定义该柱为角柱,则该柱的角柱属性被删除。

在定义特殊构件时,屏幕下方均有提示,或单个定义,或窗口定义等。

4.3.5 特殊荷载查看和定义

"特殊荷载定义"项中特殊荷载计算中提供了吊车荷载、砖混底框、位移荷载、温度荷载等计算功能,如图4.16所示。

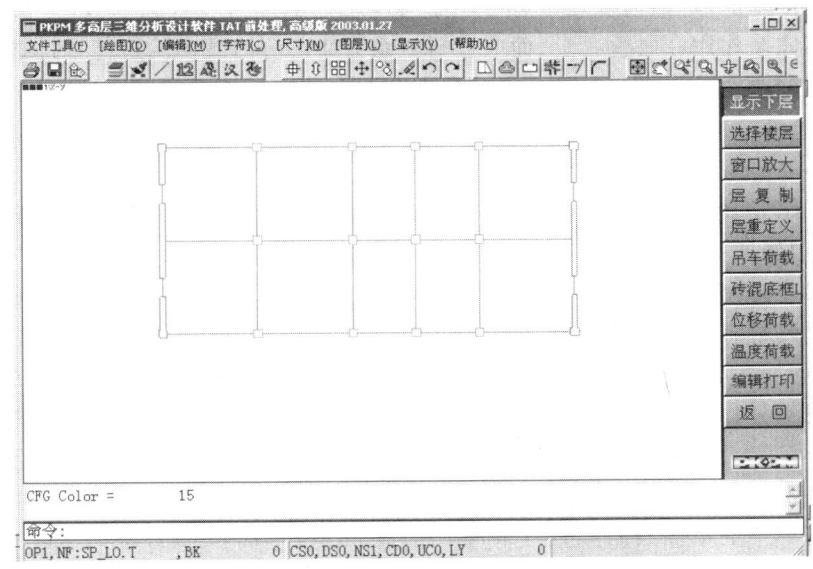

图4.16 特殊荷载定义窗口

现对主要菜单项的含义及定义过程说明如下。

(1)吊车荷载。选择"吊车荷载",将弹出下级菜单,包括"定义"、"查看"、"删除"、"说明"等菜单项。

• 定义。当选择了"定义"项,屏幕弹出图4.17所示对话框。

当输入完相应的参数后,选择"确定"即可。

则程序提示"用光标指定吊车在左(上)轨道的两端点",此时选择完一根直线上的两点后,程序又提示"用光标指定吊车在右(下)轨道的两端点",此时选择第二条轨道的两端点,完成该组吊车荷载的定义。

如果要进入下一组吊车的定义,则再选择"定义"项。

• 查看。选择"查看"项,可以查看已定义的各吊车荷载的参数。

• 删除。选择"删除"项,可以删除某组吊车荷载的定义。

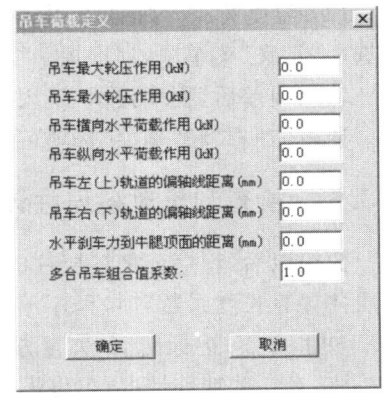

图4.17 吊车荷载定义

(2)砖混底框。选择"砖混底框"菜单项,TAT将进行砖混底框结构计算。TAT作砖混底框计算的思路是:接PMCAD主菜单8的砖混结构抗震及其他计算完成后,再对底部框架部分进行空间分析计算。它将计算分为两步,首先,仍用 PMCAD 主菜单 8 的底部剪力法作整体结构分析并得出底框层的地震力。然后,将上部砖房与底部框架分离开,并使底部框架接收上部砖房传来的恒载、活载和地震力(包括倾覆力矩),还可自己生成风荷载,然后仅对底框部分用 TAT 进行空间分析。

利用 TAT 进行砖混底框结构计算时,首先要在执行 TAT 主菜单 1"接 PM 生成 TAT 数据"时,在如图 4.2 所示的对话框中选择"作为砖混底框计算",PMCAD 主菜单 8 算出的上部砖混的恒、活荷载及上部砖混的地震剪力、地震倾覆力矩会自动传给下部结构;如果选择风荷载计算,则上部砖混的风剪力、风倾覆弯矩也会自动传给下部结构。

上部砖混传来的恒、活荷载还带有考虑墙梁作用的上部荷载折减系数,即恒、活荷载产生的均布荷载不完全作用在底框梁上,而应按折减系数将部分荷载向两边传,对两边柱产生两个集中力,因此,折减系数将影响梁的上部砖混的荷载分布。折减系数已在 PMCAD 的主菜单 8 中确定,若要改变折减系数,则必须到 PMCAD 中去修改,并且要重新转换 TAT 数据才被确认。

在进入 TAT 并通过数据检查后,选择"特殊荷载查看和定义"选项,并在显示结构的顶层平面图时,选择"砖混底框 L"菜单项,则屏幕右侧弹出荷载查看菜单,包括"X 向地震力"、"Y 向地震力"、"X 向风力"、"Y 向风力"、"恒荷载"、"活荷载"、"调整前/后"等菜单项。其中,通过"调整前/后"菜单项,可以查看:"调整前"为不考虑折减系数的上部砖混传给下部底框的恒、活荷载,地震力、风力产生的倾覆弯矩不转换为节点的拉、压力;"调整后"为考虑折减系数的上部砖混传给下部底框的恒、活荷载,其中部分已被分配为两端柱的轴压力,地震力、风力产生的倾覆弯矩转换为节点的拉、压力。

(3) 位移荷载。"位移荷载"菜单下又包含了"查看"、"定义"、"删除"、"说明"等菜单项。各项含义与"吊车荷载"菜单下各项含义相同。

当选择"定义"菜单项,程序提示"请输入柱下节点位移:$D_X, D_Y, D_Z, T_X, T_Y, T_Y$(单位:mm,(°))",其中,$D_X, D_Y, D_Z$ 分别表示该柱下节点在 X, Y, Z 方向的位移(mm);T_X, T_Y, T_Z 分别表示该柱下节点在 X, Y, Z 方向的转角(°)。

输入上述六个值后,程序提示"用光标选择柱",选上的柱,其下节点就被定义了指定位移。

通过"查看"菜单,可以在屏幕上标注柱下节点的位移值。

(4) 温度荷载。"温度荷载"菜单下也包含了"查看"、"定义"、"删除"、"说明"等菜单项。当选择"定义"菜单项,程序提示"请输入温度差(度)",此时输入温差。

输入温差后,程序提示"请用光标选择梁柱",此时选择要施加温度应力的梁柱。

通过"查看"和"删除"选项可对已定义的各构件的温差进行查看和删除。

4.3.6 检查和修改各层柱计算长度系数

数检以后,程序已把各层柱的计算长度系数按规范的要求计算好了,当选择"检查和修改各层柱计算长度系数"项,程序给出图形显示,同时右侧显示一列菜单,并在图上各柱位置的 $b(X)$ 边和 $h(Y)$ 边标出 X(矢量方向)和 Y(矢量方向)的柱计算长度系数(图 4.18),以便于用户校核,对一些特殊情况,可以人工直接输入、修改。

选择"显示下层"和"选择楼层"项可用来选择所要显示的楼层。

当选择"柱系数"时,程序提示"请用光标选择柱,[Tab]键为窗口选择,[Esc]键为放弃)",此时,当某一柱被选中时,屏幕下边列出该柱的有侧移系数 U_{x1}, U_{y1} 和无侧移系数 U_{x2}, U_{y2},并提示用户输入新的 $U_{x1}, U_{y1}, U_{x2}, U_{y2}$,按[Esc]键放弃。如输入新的系数,只要不数

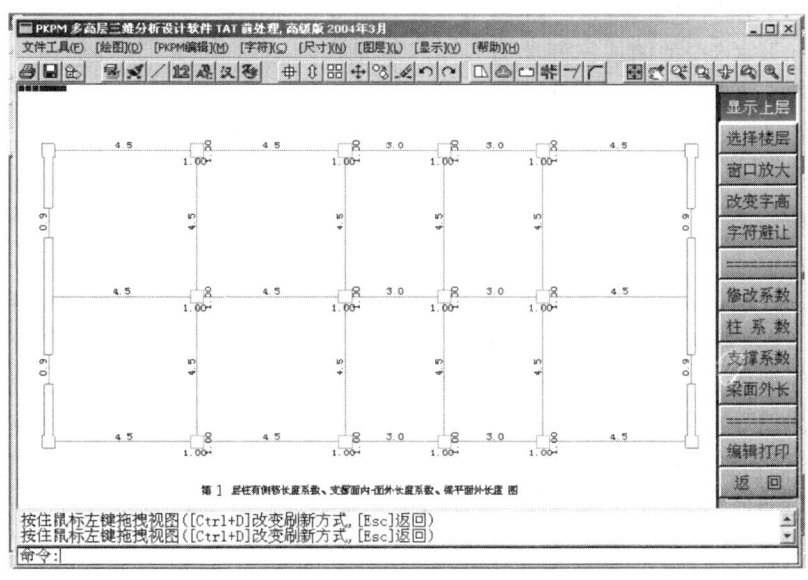

图 4.18 柱计算长度系数图

检,该柱就保持新的长度系数。

对于有些特别的柱,如钢结构柱或结构带有支撑等一些特殊情况下的柱,其长度系数的计算比较复杂,可在此酌情修改长度系数。

4.3.7 检查和绘各层几何平面图

在几何数据检查无误后,选择此项可显示各层的几何平面图,如图 4.19 所示,屏幕右侧同时显示一列操作菜单。

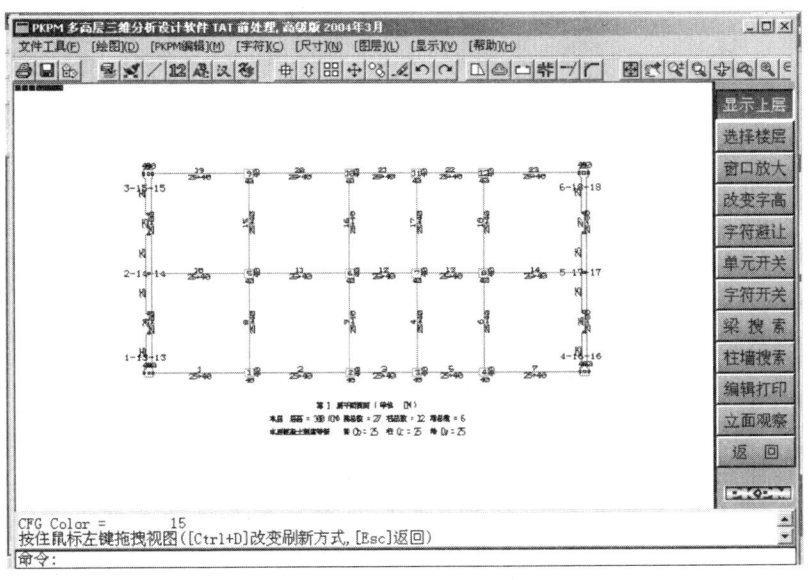

图 4.19 结构几何平面简图

选择"显示上层"和"选择楼层"项可用来选择所要显示的楼层。

选择"单元开关"来关闭或打开梁、柱、墙等单元构件。

选择"字符开关"来关闭或打开梁、柱、墙等的数据标字。

选择"梁搜索",程序提示"输入梁单元号",当输入该梁的单元号后,程序将自动搜索到该梁,并放大显示。

选择"柱墙搜索"时,程序提示"输入柱、墙节点号",然后程序自动搜索到该柱,并放大显示。

"字符避让"项可以使用户将距离较近的文字选中后,自动地使文字间避让出一定的距离,从而在图形输出时避免字符之间的重叠。

另外,在几何平面图中增加了异形柱、弧梁的绘图功能,对剪力墙增加了下节点编号输出功能,对每一薄壁柱(剪力墙)标有三个数,即 A1—A2—A3,其中,A1 为该薄壁柱的单元号,它是独立从 1 起始编的;A2 为薄壁柱的节点号,它是随着柱后连续编的;A3 为薄壁柱与下层连接的下层节点号。通过上下节点编号对位,可以看到薄壁柱的传力途径,也可以找到刚域为什么会大于 2m 的原因。

4.3.8 检查和绘各层荷载图

在荷载数据检查无误后,可以选择本项来显示各层的荷载图,作为计算的原始荷载数据,如图 4.20 所示。其功能与几何平面图中的类似。其中,白色为恒载,黄色为活载,并增加节点水平力的绘图。

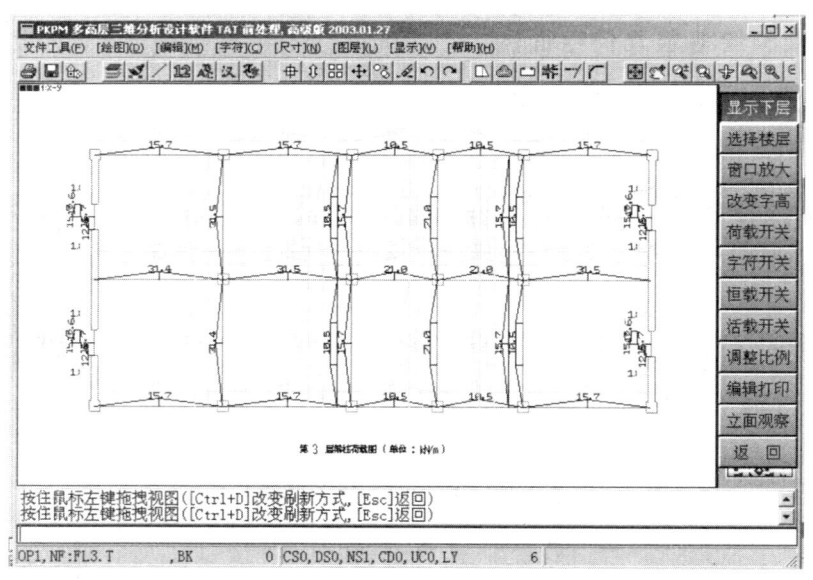

图 4.20 构件荷载平面简图

4.3.9 空间线条图

在几何数据检查无误后,用户可选择本项来做各层的空间线条图或结构全楼的空间线条图,并且可以任意转角度观察,以检查构件之间的连接关系是否正确,其"空间线条图"如图 4.21所示。

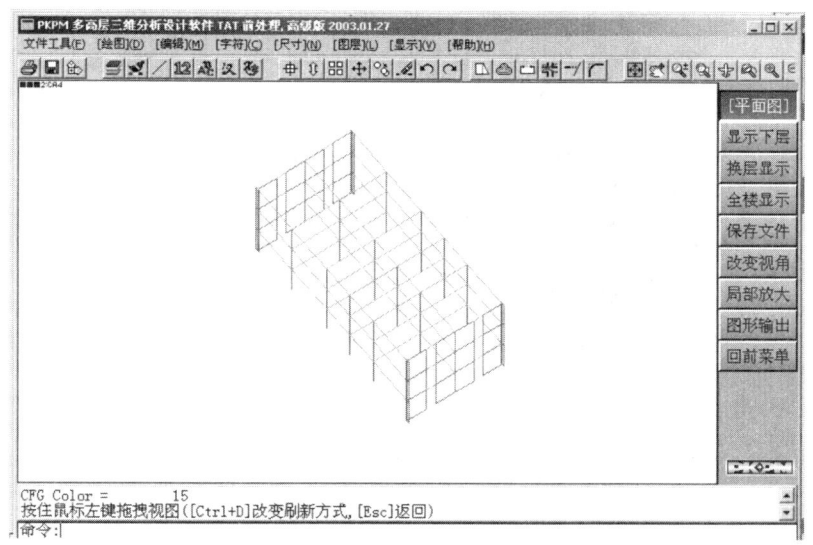

图 4.21　三空间线条图

4.3.10　文本文件查看

"文本文件查看"菜单用来查看和修改 TAT 生成的各种数据文件，具体内容有几何数据、荷载数据、多塔数据、错层数据、特殊梁柱等，如图 4.22 所示。

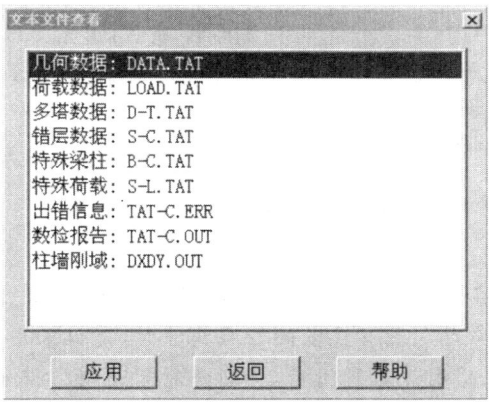

图 4.22　文本文件查看

4.4　TAT 主菜单 3　结构内力和配筋计算

选择 TAT 主菜单 3 后，屏幕显示如图 4.23 所示计算操作选项框。程序按选项框的设置进行计算，对有关事项说明如下。

（1）质量、质心坐标和分块、总刚计算。在计算质量的过程中，程序以构件轴线和层高为计算长度来确定梁、柱和墙的自重和荷载，因此会带来些误差，这个误差或大或小因工程而异，用户可以根据自己的经验进行调整。另外，程序在计算质量矩时，对梁采用两端点取矩，对剪力墙采用薄壁柱形心取矩，计算完后产生输出文件 TAT—M.OUT。用户可以打开 TAT—

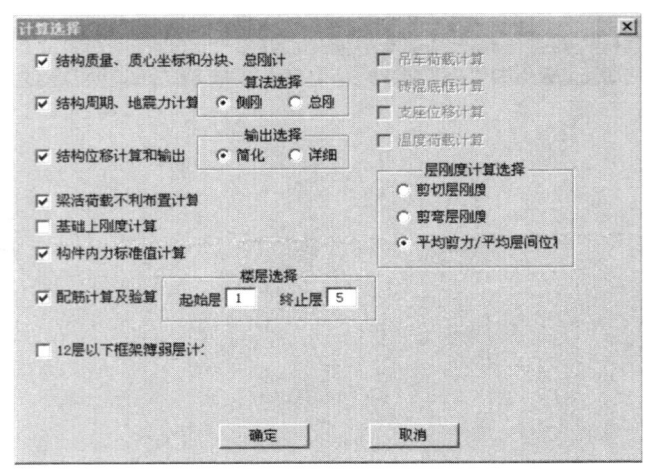

图 4.23 计算操作选项框

M.OUT 文件,查看各层的质量、质心坐标以及质量矩。

质量矩仅在考虑扭转耦联的情况下才有用。计算质量应在荷载文件已经产生的情况下,如果考虑地震力,用户也应在正式运算之前,先单独计算质量质心,因为各层的质心坐标在以后的计算中要用到。

📖 提示

"结构质量、质心坐标和分块、总刚计算"选项一般应选中,

(2) 侧刚、地震力和位移计算。当运算完侧刚计算后,形成 SHID.MID 文件,存放结构的 X,Y 方向的侧向刚度矩阵和柔度矩阵。运算完周期、位移计算后,形成 TAT—4.OUT 文件,存放周期、地震力和楼层水平位移。

位移输出一般采用"简",如选择"详",则在文件最后再输出各层节点各工况的位移值和柱间位移值,位移信息也保存在 TAT—4.OUT 文件中。

📖 提示

"结构周期、地震力计算"选项一般都是选择按侧刚计算,但是当考虑楼板的弹性变形(某层局部或整体有弹性楼板单元)、或有较多的错层构件时,建议采用总刚,对于任何情况总刚的计算精度都要高于侧刚,但总刚计算时间长,特别是对于大型工程采用总刚的计算时间要比采用侧刚的计算时间长许多。

(3) 活荷载不利布置计算。这是一个可选项菜单,它将生成每根梁的正弯矩包络和负弯矩包络数据,这些数据可较好地反映活荷的不利分布,与恒载、风、地震作用组合后可得出梁的最不利内力组合与配筋。

活荷载不利布置计算逐层进行,把梁下的柱和墙当作支座,把整个楼层作为一个交叉梁来计算,当第一次选择该项后,程序记录该工程需做活荷载不利分布,在后面的梁的设计配筋中加以考虑,以后如有其他 改动,而活荷载没变,可不再进行不利分布计算。如果这时还想回到不考虑不利分布的情况,可进行一遍数检,即取消对"活荷载不利布置计算"的选择。

不选择该复选框,将不考虑不同楼层之间的活荷不利布置影响。

📖 提示

"活荷不利布置计算"选项视活荷载大小确定是否采用,一般来说活荷载大时应选择该项,

例如《高规》5.1.8条有如下规定"高层建筑结构内力计算中,当楼面活荷载大于$4kN/m^2$时,应考虑楼面活荷载不利布置引起的梁弯矩的增大。",对于多层结构用户也可参照采用,需要提醒的是选择该选项后会增加20%的计算时间。

(4) 基础上刚度计算。计算基础上刚度是为了把上部结构的刚度传给下部基础(JCCAD中使用)所做的上部刚度凝聚工作,在用JCCAD进行基础计算时,考虑上部结构的实际刚度,使之上、下共同工作。

(5) 构件内力标准值计算、配筋计算及验算。计算以层为单元进行,配筋、验算可以同时算所有层,也可只挑选某几层计算。

每层输出一个内力文件,名为NL—*.OUT,*为层号,每层输出一配筋文件,名为PJ—*.OUT,*为层号。

(6) 12层以下框架的薄弱层计算。该计算只针对纯框架进行操作,并要求已完成各层的内力、配筋计算。采用拟弱柱法进行各层极限承载力的验算,按"抗震规范"求各层屈服系数,当有小于0.5的屈服系数时,再计算各层的塑性位移和层间位移。产生输出文件TAT—K·OUT。

(7) 吊车荷载的计算。吊车荷载的作用点就是与吊车轨道平行的柱列各节点,它是根据吊车轨迹由程序自动求出。在TAT计算选择项是否计算吊车选项中,选择"计算",则TAT对吊车荷载作如下计算。

① 程序沿吊车轨迹自动对每跨加载吊车作用;

② 求出每组吊车的加载作用节点;

③ 对每对节点作用4组外力,分别为:a:左点最大轮压、右点最小轮压;b:右点最大轮压、左点最小轮压;c:左、右点正横向水平刹车力;d:左、右点正纵向水平刹车力;

④ 对每组吊车的每次加载,求每根杆件的内力;

⑤ 分别按轮压力和刹车力,求每根柱的预组合力,预组合力的目标为:最大轴力、最大弯矩等。

(8) 砖混底框的计算。砖混底框部分的计算仅限于底框层部分的TAT空间计算:

① 把上部砖混传来的恒、活荷载与底框层的恒、活荷载叠加计算;

② 把上部传来的地震、风的水平力作为作用在底框质心的地震和风的外力,并把地震和风的倾覆弯矩转化为节点拉、压力,作用在相应的地震力、风力工况中;

③ 在TAT计算选择对话框中,选择底框计算。

底框计算的后处理,与普通框架结构一样,查阅方式、输出打印等也与普通框架结构一样。

(9) 支座位移的计算。在TAT计算选择对话框中,选择支座位移"计算"。则TAT对已定义的结构进行已知支座位移的计算。

支座位移产生内力计算后,将被处理成恒载工况的一部分,不单独设为一个工况,即支座位移的内力与恒载作用下的内力叠加,成为一个新的恒载内力工况,然后再与活载、地震和风力工况进行内力组合配筋。

(10) 温度应力的计算。在TAT计算选择对话框中,选择温度应力"计算"。则TAT对已定义的结构进行温度应力的计算。

温度应力作为一独立的工况进行计算和输出,计算时把定义的温度差作为正向等效荷载来计算一种工况,而反向温度荷载产生的内力可以通过对正向温度荷载内力加负号来产生。

在内力组合中,既考虑了膨胀产生的正温差,又考虑了收缩产生的负温差。为对偏大的温度应力计算结果进行修正,程序取用了"温度应力折减系数",其缺省值为0.75。

(11) 层刚度计算。TAT 提供了三种层刚度的计算方式:①剪切层刚度;②剪弯层刚度;③平均剪力比上平均层间位移的层刚度。对于不同类型的结构,可以选择不同的层刚度计算方法。

实例 4.4　接例 4.3 进行结构内力和配筋计算。

① 执行 TAT 主菜单 3 结构内力配筋计算。

② 设置"计算选择"操作菜单如下:

"结构质量、质心坐标和分块、总刚计算"选项,选中。

"结构周期、地震力计算"选项,选择按侧刚计算。

"结构位移计算和输出"选项,选择简化结果。

"活荷不利布置计算"选项,本例选择计算。

"基础上刚度计算"选项,本例选择该项。

其他选项采用默认值即可。

③ 单击"确定"按钮即开始进行结构内力及配筋计算。计算完毕 TAT 会自动返回到 TAT 主菜单。

4.5　TAT 主菜单 4　PM 混凝土次梁计算

选择主菜单 4,程序将 PMCAD 主菜单 2 布置的所有次梁,按连续梁的方式全部计算完。其配筋可以在 TAT 配筋图中显示,在 TAT 归并中也可整体归并绘出施工图。

PM 次梁并不参与 TAT 整体计算,它的计算过程如下。

(1) 将在同一直线上的次梁连续生成一连续次梁。

(2) 对每根连续梁按 PK 的二维连梁计算模式算出恒、活载下的内力和配筋,包括活荷载不利布置计算。

(3) 计算逐层进行,自动完成计算过程,生成每层 PM 次梁的内力与配筋简图。

提示

对于有次梁的工程,应执行"PM 混凝土次梁计算"项,若无次梁可不执行该选项。

次梁配筋只对混凝土梁进行,对钢结构次梁只能参考其内力。

实例 4.5　接例 4.4 进行混凝土次梁计算。

① 执行 TAT 主菜单 4 PM 混凝土次梁计算,并单击"应用"按钮,TAT 即开始自动计算 PMCAD 主菜单 2 输入次梁楼板中设置的所有次梁,计算完毕会弹出如图 4.24 所示菜单。

② 选择"1、显示弯矩包络值图",程序提示"输入欲显示的楼层号",输入"1",按 Enter 键确认。

③ 屏幕窗口中即显示次梁的弯矩包络值图如图 4.25 所示。

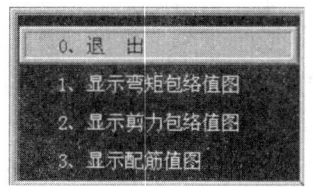

图 4.24　次梁计算

④ 查看完毕单击屏幕右侧菜单的"退出程序",即返回图 4.24 所示菜单。

⑤ 单击"0、退出"返回 TAT 主菜单。如需查看剪力包络图或次梁配筋图可分别选择 2,3 选项,操作方法类似。

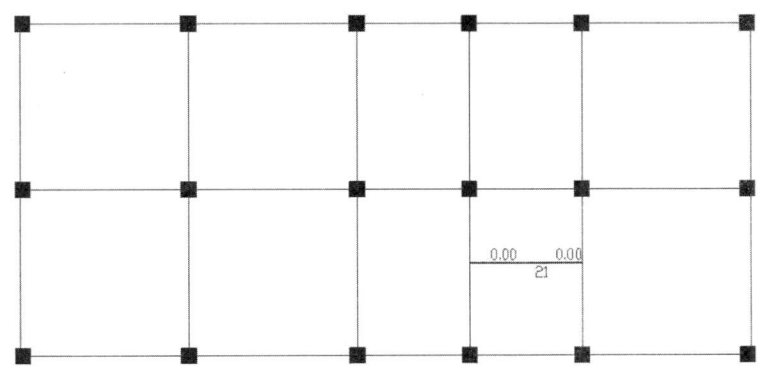

图 4.25 结构次梁弯矩图

4.6 TAT 主菜单 5 分析结构图形和结果显示

选择 TAT 主菜单 5 分析结果图形和文本显示,屏幕显示如图 4.26 所示 TAT 输出菜单。

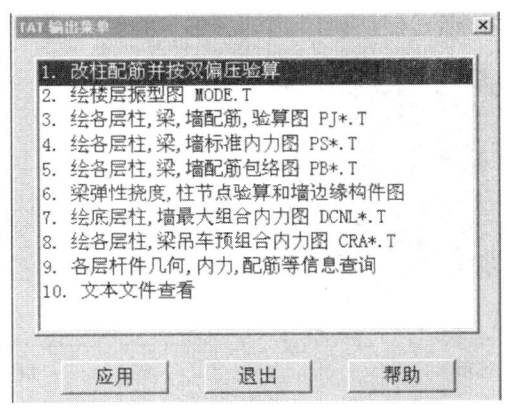

图 4.26 TAT 输出菜单

4.6.1 改柱钢筋并按双偏压、拉验算

当选择双偏压、拉计算混凝土柱的配筋选项时,程序首先根据 TAT 计算结果给出各层柱的实配钢筋,按各层平面输出,同时右侧显示一列菜单,如图 4.27 所示。

利用右侧菜单可对柱的配筋进行修改。然后程序对该实配钢筋作双偏压、拉的验算,并给出是否满足要求的提示。各菜单项的功能及用法说明如下。

(1)修改钢筋。执行此菜单可在平面上选某一柱截面修改其 X,Y 向钢筋。当选择好柱截面后,屏幕弹出图 4.28 所示三张关于柱配筋的选项卡。利用这种方式,可方便地修改柱的配筋。

(2)"钢筋拷贝"。执行此菜单可实现将某一柱的钢筋拷贝到同层其他柱。

(3)连柱改筋。执行此菜单可实现在平面上选某一列柱截面修改其 X,Y 向钢筋,程序随后显示该列柱从底层到顶层的整体立面。

(4)连柱拷贝。执行此菜单可实现将某一柱列的钢筋拷贝到其他柱列。拷贝时该柱列的

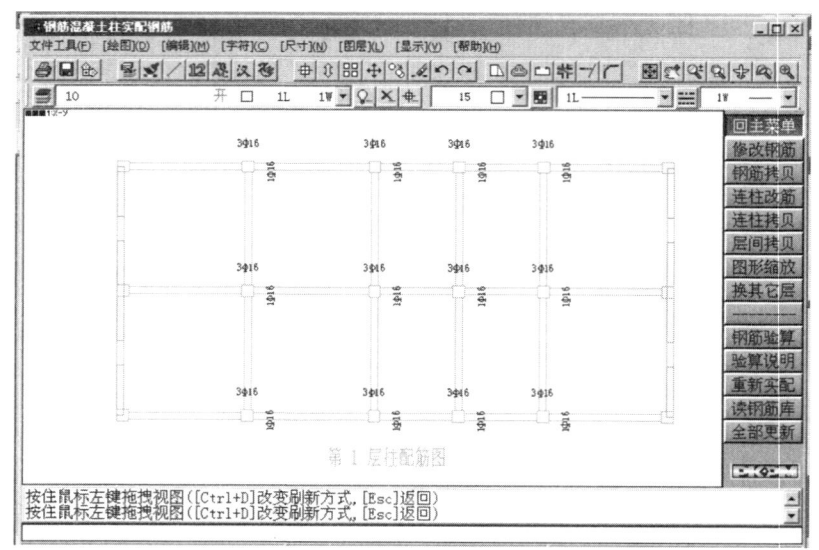

图 4.27 第一层柱钢筋图

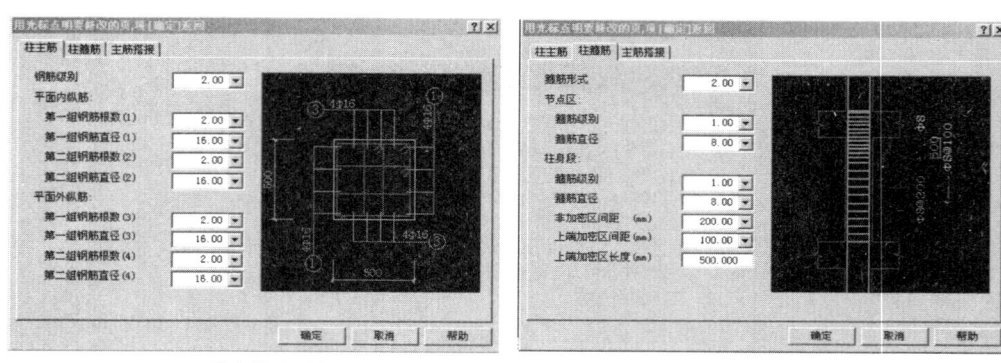

(a) 柱主筋选项卡　　　　　　　　　　(b) 柱箍筋选项卡

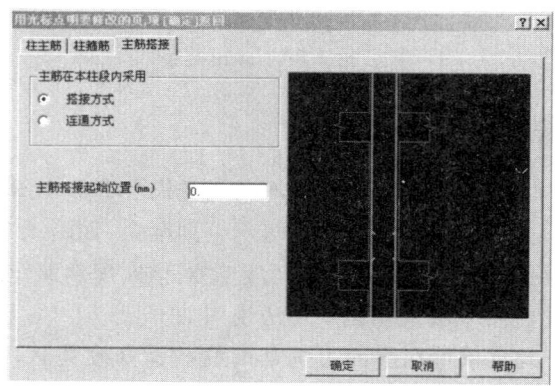

(c) 主筋搭接选项卡

图 4-28 修改柱的配筋

各层柱段的钢筋其他柱列的对应层的柱段上。

(5) 层间拷贝。执行此菜单可实现将某一层的柱实配钢筋拷贝到其他楼层上。

(6) 钢筋验算。执行此命令后,程序弹出图 4.29 所示"钢筋验算"对话框,可以在选择若干层以后进行验算。验算后如钢筋不够,则用红色表示。

4.6.2 绘楼层振型图 MODE＊.T

进入此项,用户可以利用右侧菜单"选择振型"按自己的要求绘各个振型的振型图,可以一个振型一个图,也可以几个或全部振型绘一张图,并可随时更改图名,如图 4.30 所示。

4.6.3 绘各层配筋简图 PJ＊·T

选择此项,用户可以查看和输出结构各层的配筋简图,如图4.31所示。

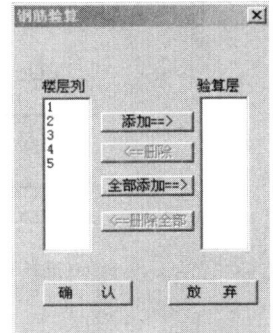

图 4.29 钢筋验算对话框

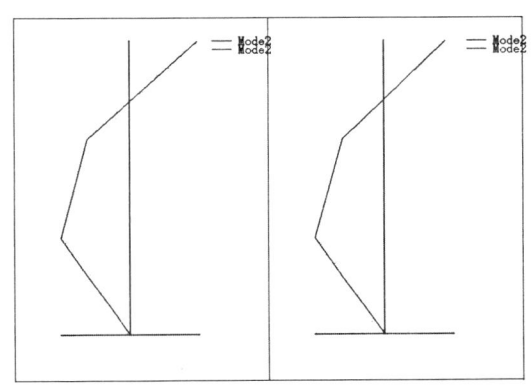

图 4.30 振型图

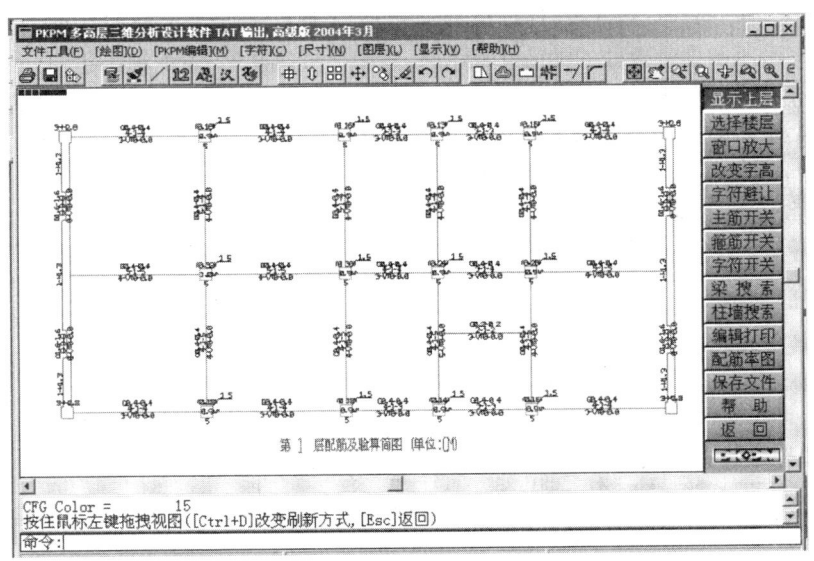

图 4.31 第 3 层配筋图

各种构件的表示方法说明如下。

(1)混凝土柱。表示法如图 4.32 所示。

其中,As-corner 为柱一根角筋的面积,采用双偏压计算时,角筋面积不应小于此值,采用单偏压计算时,角筋面积可不受此值控制(cm^2);

Asx,Asy 表示柱 B 边和 H 边的单边配筋面积(cm^2),包括了角筋;

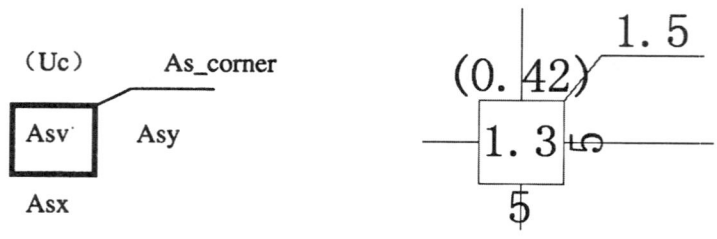

(a) 混凝土柱配筋表示法　　　(b) 某一混凝土柱的配筋结果

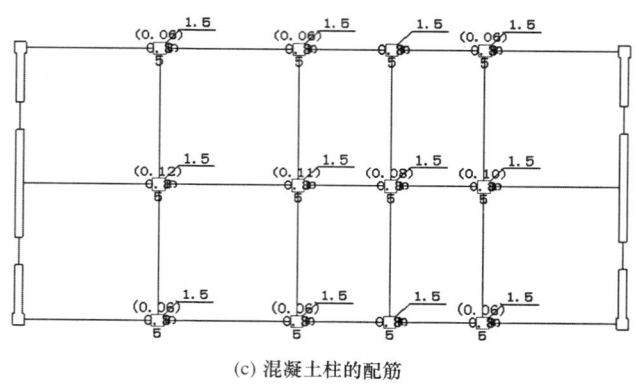

(c) 混凝土柱的配筋

图 4-32　混凝土柱配筋

Asv 表示柱在柱加密区间距内的箍筋面积(cm^2)；

Uc 表示该柱的轴压比；

柱主筋单边不小于 Asx, Asy, 其总配筋面积不小于 $2\times(Asx+Asy)$；

如图 4.32(b)所示为一根柱的配筋计算结果，其中括号内 0.42 表示轴压比，右上角斜线的数值 1.5 表示一根角筋的面积 $1.5cm^2$($150mm^2$)，Asx(5)和 Asy(5)表示柱单边所需配筋值 $5cm^2$($500mm^2$)，柱子中心的 Asv 表示箍筋面积 $1.3cm^2$($130mm^2$)。

（2）混凝土墙。表示法如图 4.33 所示。

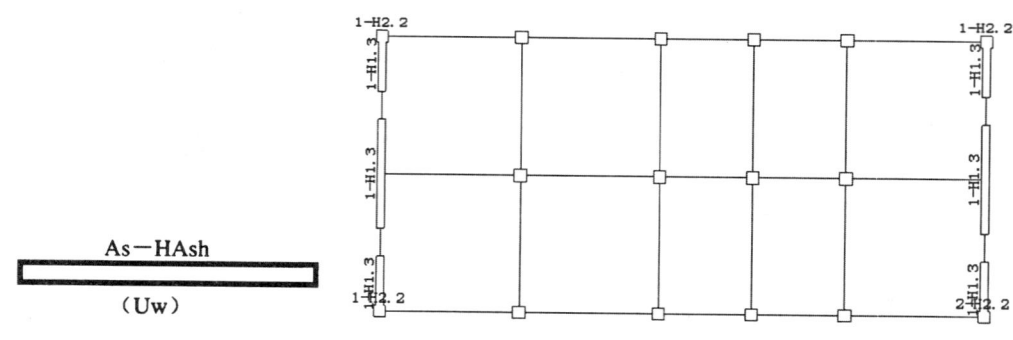

图 4.33　混凝土墙配筋

其中，As 表示墙柱一端的暗柱实际配筋总面积(cm^2)；Ash 为墙水平 Swh 范围内水平分布筋面积(cm^2)；Swh 为墙水平分布筋间距；Uw 表示墙肢重力荷载代表值乘以 1.2 下的轴压比，当其小于 0.1 时图上不标注。

（3）混凝土梁。表示法如图 4.34 所示。

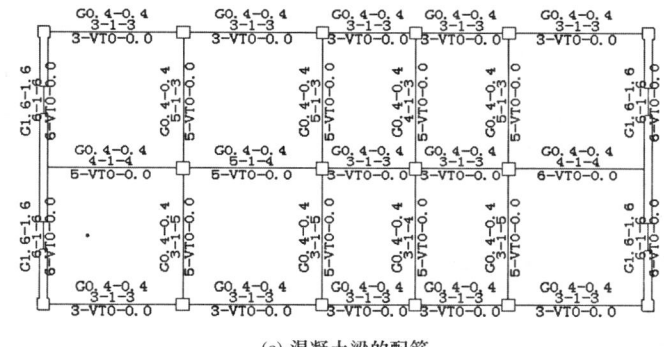

图 4.34 混凝土梁配筋

图 4.34(a)为混凝土梁的表示方法,其中:

As1,As2,As3 为梁上部(负弯矩)左支座、跨中、右支座的配筋面积(cm^2);

Asm 表示梁下边的最大配筋面积(cm^2);

Asv 表示梁在 Sb 范围内的箍筋面积(cm^2),它是取 Asv 与 Astv 中的大值。

Ast 表示梁受扭所需要的纵筋面积(cm^2);

Astl 表示梁受扭所需要周边箍筋的单根钢筋的面积(cm^2);

G,TV 分别为箍筋和剪扭配筋标志。

提示

对于有次梁的工程,应执行"PM混凝土次梁计算"项,若无次梁可不执行该选项。

次梁配筋只对混凝土梁进行,对钢结构次梁只能参考其内力。

实例 4.6 据图 4.34(b)的配筋计算结果进行施工图设计。

① 直线上部的 13—1—10 是指梁上部左支座、跨中、右支座的配筋面积分别为 $13cm^2$($1300mm^2$)、$1cm^2$($100mm^2$)、$10cm^2$($1000mm^2$),因此可分别选配 4Φ22($1520mm^2$)、2Φ22($760mm^2$)、3Φ22($1140mm^2$)。跨中之所以选择 2Φ22 是因为根据《混凝土规范》11.3.7 条规定:沿框架梁全长顶面和底面至少应各配置两根通长的纵向钢筋。

② 直线下部 5—VT0—0.0 分别代表梁下部的最大配筋为 $5cm^2$、剪扭钢筋及受扭计算中沿截面周边配置的箍筋单肢截面面积均为零,因此,下部配置 2Φ18($509mm^2$)纵向钢筋即可,剪扭钢筋及抗扭箍筋不必配置。

③ 直线上部 G0.5—0.2 中,G 表示箍筋,0.5 表示在加密区长度范围内,若设计的加密区箍筋间距为 100mm,箍筋截面面积应为 $0.5cm^2$ 即 $50mm^2$,0.2 表示非加密区长度范围内,箍筋间距为 100mm 时,箍筋截面面积为 $0.2cm^2$ 即 $20mm^2$。

需要说明的是,在进行"结构内力、配筋计算"前,首先要在"TAT 材料信息"选项卡中设置加密区间距,需说明的是在例 4.3 中加密区间距已经设置为 100mm。

实际工程中一般情况下非加密区间距不必采用100mm间距即可满足计算及构造要求。例如本例对非加密区箍筋间距取200mm,此时箍筋截面面积应相应地放大2倍(40mm²),若非加密区箍筋间距取150mm,则箍筋截面面积应相应地放大1.5倍(30mm),本例在加密区可取$\phi 8@100$(1$\phi 8$钢筋截面面积50mm²,本例为两肢箍,钢筋截面面积为$2\times 50=100$mm²>50mm²),非加密区取$\phi 8@200$。

(4)混凝土支撑。表示法如图4.35所示。

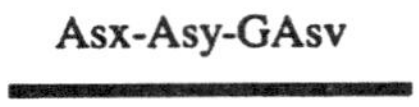

Asx-Asy-GAsv

图4.35 混凝土支撑配筋 　　　　　图4.36 异形混凝土柱配筋

其中,Asx,Asy,Asv的解释同柱,支撑配筋的看法是:把支撑向Z方向投影,即可得到如柱图一样的截面形式。

(5)异形混凝土柱。表示法如图4.36所示。

异形柱采用双偏压、拉配筋的整截面的配筋形式,如图4.36表达为:

Asz 表示异形柱固定钢筋位置的配筋面积,即位于直线柱肢外端和相交处的配筋面积之和(cm²);

Asf 表示附加钢筋的配筋面积,即除Asz之外部分的钢筋面积(cm²);

Asv 表示该柱肢在柱加密区范围内的箍筋面积(cm²),异形柱的斜截面受剪配筋按双剪计算,分别求出两个相互垂直的肢的箍筋面积Asv1和Asv2,并取Asv1,Asv2中较大的输出。

(6)钢柱。表示法如图4.37所示。

其中,Uc为钢柱的轴压比;R1表示钢柱正应力强度与允许应力的比值F_1/f;R2表示钢柱X向稳定应力与允许应力的比值F_2/f;R3表示钢柱Y向稳定应力与允许应力的比值F_3/f。

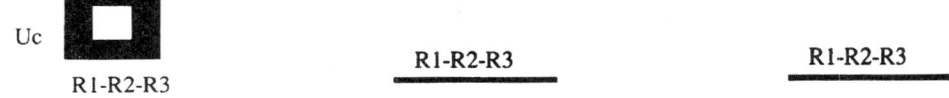

图4.37 钢柱表示法　　　　图4.38 钢梁表示法　　　　图4.39 钢支撑表示法

(7)钢梁。表示法如图4.38所示。

其中,R1表示钢梁正应力强度与允许应力的比值F_1/f;R2表示钢梁整体稳定应力与允许应力的比值F_2/f;R3表示钢梁剪应力强度与允许应力的比值F_3/f_v。

(8)钢支撑:表示法如图4.39所示。

R1表示钢支撑正应力强度与允许应力的比值F_1/f;

R2表示钢支撑X向稳定应力与允许应力的比值F_2/f;

R3表示钢支撑Y向稳定应力与允许应力的比值F_3/f。

4.6.4 绘各层柱、梁、墙标准内力图 PS*·T

选择此项,可以直接查看和输出各层梁、柱、墙和支撑等的标准内力图,如图4.40所示。

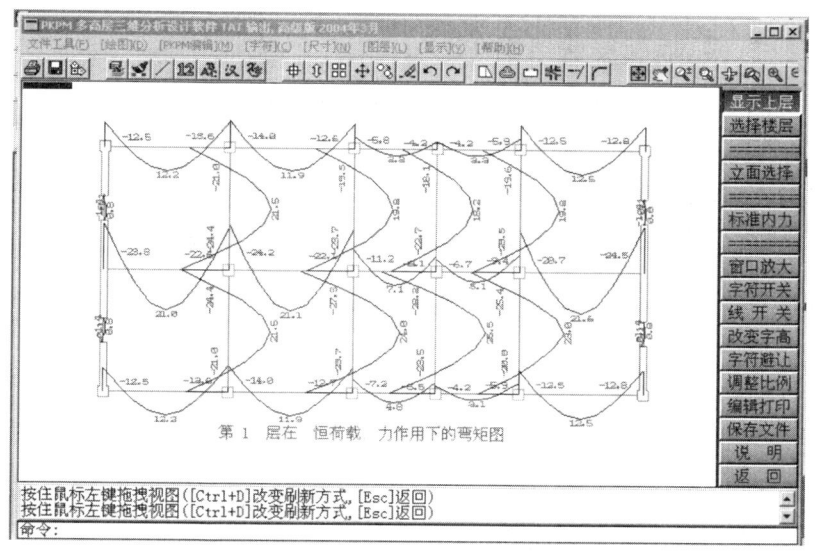

图 4.40　第 3 层构件内力标准值图

标准内力图指地震、风、恒、活荷载标准值作用下的弯矩图、剪力图和轴力图;在弯矩图中,标出支座、跨中的最大值,在剪力图中,标出两端部的最大值。

在右侧菜单中,执行"选择楼层"命令,程序自动列出所有楼层。选择要进行绘图的楼层如 FLOOR2 后,程序自动绘出第 2 楼层。

选择"标准内力"项,弹出下级子菜单如图 4.41 所示,利用此菜单,对内力组合方式进行指定。这里在弯矩标准图中,活 2 表示梁活荷载不利布置的负弯矩包络,活 3 表示正弯矩包络,活 1 表示梁活荷载一次性作用下的弯矩。如果不考虑活荷载不利分布,则只有活 1。在剪力标准图中与弯矩标准图情况相同。

执行"立面选择"命令,程序提示选择一条直线的起点和终点,再提示选择绘制立面的起始层号和终止层号,指定后程序将这条直线上从起始层到终止层的全部构件内力立面图绘制出来,如图 4.42 所示。

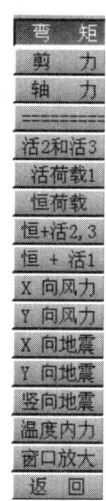

图 4.41　标准内力选择菜单

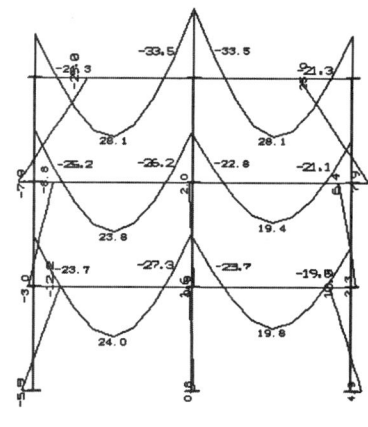

在恒荷载力作用下的弯矩图

图 4.42　内力立面图

4.6.5　各层柱、梁、墙配筋包络图 PB*.T

选择此项,可以查看和输出各层柱、梁、墙和支撑的控制配筋的设计内力包络图和配筋包络图,同时屏幕右侧显示一列菜单,如图4.43所示。

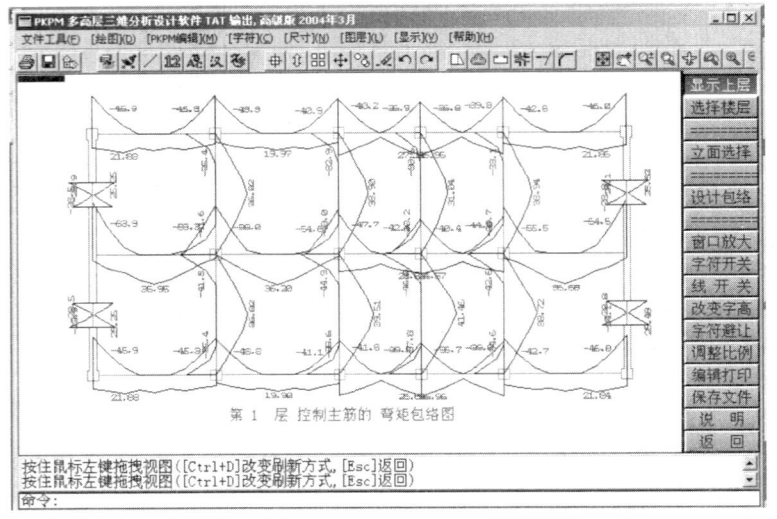

图4.43　弯矩包络图

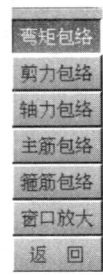

图4.44　选择包络图菜单

在右侧菜单中,选择"设计包络"项,将弹出下级菜单如图4.44所示。通过图4.44所示选择包络图菜单可指定要绘制包络图的项目。

4.6.6　梁弹性挠度、柱节点验算和墙边缘构件图 PD*.T

选择此项后,可以查看和输出各层梁挠度、框架柱节点抗剪验算和剪力墙边缘构件图,如图4.45所示。

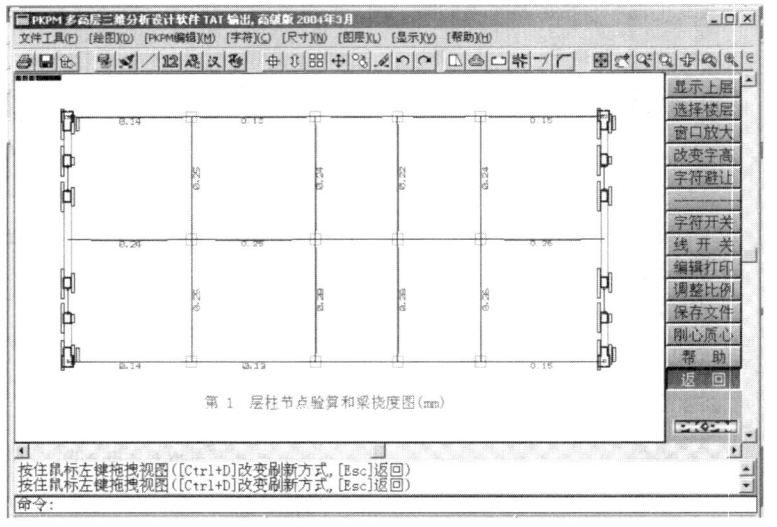

图4.45　节点验算和梁挠度图

在右侧菜单中,当选择"刚心质心"时,程序自动把该层结构的刚心和质心位置用圆圈画出,这样可以很方便地看出刚心和质心位置的差异。如图 4.46 所示,刚心质心重合。

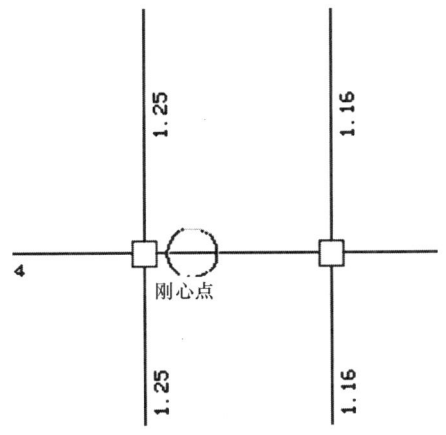

图 4.46　刚心质心图

4.6.7　绘底层柱、墙的最大组合内力图 DCNL*.T

选择此项,可以把专用于基础设计的上部荷载,以图形的方式查看,如图 4.47 所示。

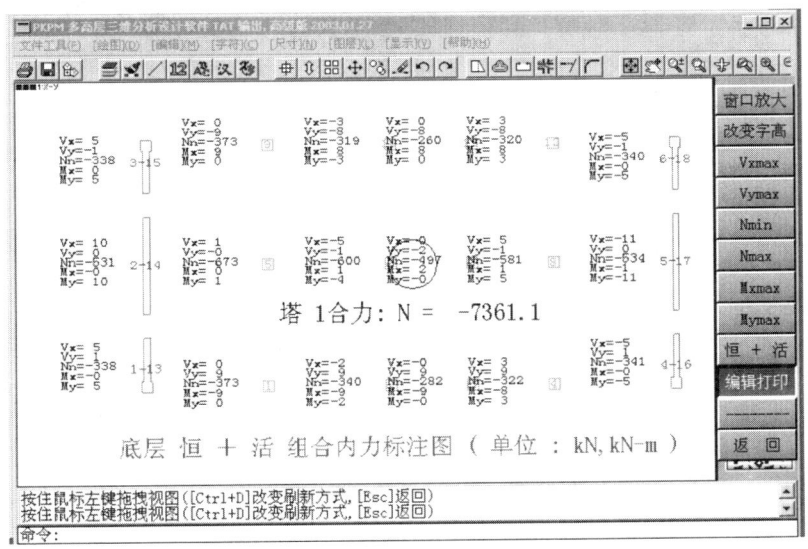

图 4.47　最大组合内力图

屏幕右侧的菜单控制了要显示的最大内力项目,V_{xmax},V_{ymax} 为最大剪力,N_{max},N_{min} 为最大轴力,M_{xmax},M_{ymax} 为最大弯矩。以上这些荷载项目以及"恒+活",均为设计荷载,即已含有分项系数,但不考虑抗震的调整系数以及框支柱等调整系数。

4.6.8　绘各层柱、梁吊车预组合内力图 CRA*.T

当选择了此项后,屏幕右侧将显示一列菜单,包括"选择楼层"、"预组合 1"、"预组合 2"、"柱内力"、"梁内力"、"窗口放大"、"改变字高"、"编辑打印"等菜单项。

其中,"预组合 1/2"用于选择预组合内力,"预组合 1"是吊车底"轮压+刹车"内力组合;

"预组合2"是吊车的"轮压"内力组合。

"柱内力"项是用于显示柱14组预组合内力(每次只能显示其中一组)。

"梁内力"项是用于显示梁包络内力。

各层柱吊车预组合力的表达方式与"底层柱、墙最大组合内力图"类似,而梁的包络图则与配筋时的内力包络图类似。

4.6.9　各层杆件、内力、配筋验算等查询

当选择此项后,屏幕显示各层平面图,并在右侧显示有构件选择菜单,如图4.48所示。当选择某一构件,屏幕即弹出一列表框,显示该构件的几何、内力及配筋等详细信息。如图4.49所示柱详细信息。选择"文本信息"按钮,将打开该构件的独立文本文件。

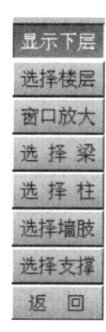
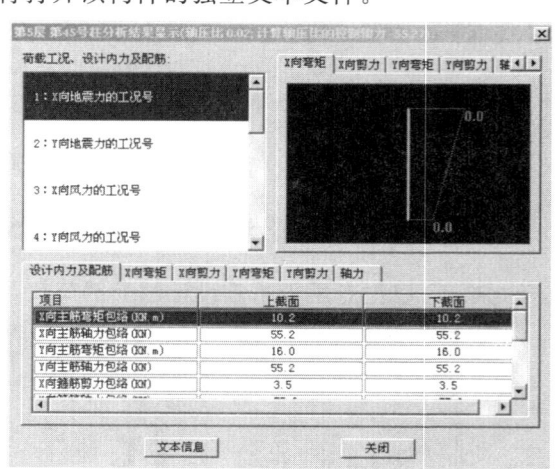

图4.48　构件选择菜单　　　　　　　图4.49　柱信息列表

4.6.10　文本文件查看

选择此项时,屏幕将弹出图4.50所示窗口,当选择查看经TAT计算后产生的输出结果说明文件、标准内力文件、各层配筋文件、吊车与组合文件等时,屏幕弹出对应项目的内容列表供选择。

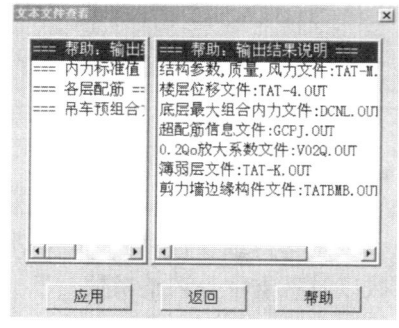

图4.50　文本文件查看

4.7 接 PK 绘制梁柱施工图

当用光标选择 PK 主菜单 6 接 PK 绘制梁柱施工图时,将自动弹出下一级菜单。由各菜单项可见,梁柱施工图可以采用多种方式绘制。绘制时,为了减少计算量,可以先将能合并绘制的梁或柱进行归并,然后再选择对应方式绘图。

4.7.1 梁归并

梁(包括 PM 主菜单 2 中定义的次梁)归并规定把配筋相近,截面尺寸相同,跨度相同,总跨数相同的若干组梁配筋归并为一组,从而简化画图输出。归并范围可以是一层或几层,也可在全楼范围内进行。根据用户给出的归并系数,程序在归并范围内自动归并出有多少组需绘图输出的梁,用户只要把这几组梁画出就可表达几层或全楼的梁施工图了。

进行梁归并的执行过程如下。

(1) 当执行"梁归并"菜单后,程序首先提示输入梁归并的起始层号和终止层,如图 4.51 所示,一般来说梁归并应该在一层内进行,如果在多层内进行,对于比较复杂的工程,进行全楼归并会造成梁的编号很大,而且一旦对施工图的梁编号进行修改,则编号的修改工作会比较麻烦。

图 4.51 输入梁归并的起始层号和终止层

(2) 输入好层号后,屏幕弹出图 4.52 梁的归并原则窗口,提示用户归并原则。同时要求输入归并系数 BL0,如图 4.53 所示。

(3) 由 BL0 可推论出截面归并系数 BL1 及归并系数 BL2。取 BL1=BL0,BL2=1−BL0。

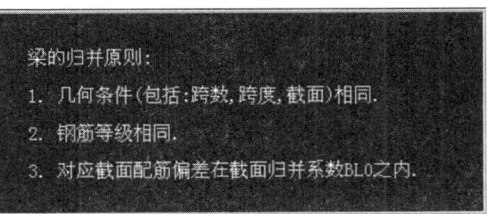

图 4.52 梁的归并原则

图 4.53 输入归并系数

其中,BL1(截面归并系数)的含意是对应截面配筋面积相对偏差在 BL1 之内的截面选大的归并为一类,如 BL1=0.3,则程序把配筋计算面积分别为 100 和 80 的两个截面都归为 100 进行配筋,BL1 赋值范围为 0~1,BL1 越大,归并出的截面数就越少,但相应的就会提高总的钢筋使用面积,BL1 选取得过大会造成浪费严重。

BL2(归并系数)的含义是经 BL1 归并后,两组多跨梁其配筋相同的截面数,占该梁配筋计算截面总数的百分比不小于 BL2,则该两组梁归并为一组,BL2 越小,则归并出的组数越少。梁归并考虑的钢筋有梁的上、下配筋与箍筋。

例如,图 4.54 所示两个梁的几何条件相同,可以进行归并计算,能否进行归并为一种梁取决于两个归并系数 BL1 和 BL2。

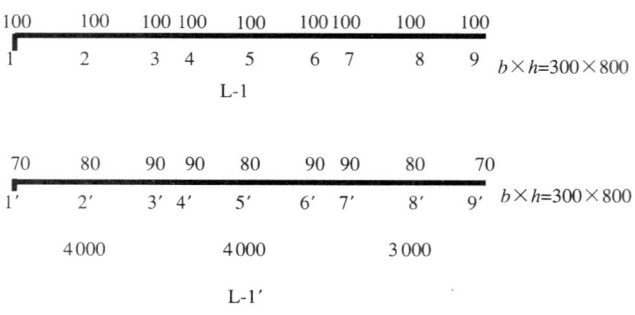

图 4.54 归并示意图

当截面归并系数 BL1 为 0.1 时,这两根梁有四个相同的截面:3/3′,4/4′,6/6′,7/7′,当截面归并系数为 0.2 时,这两根梁有七个相同的截面:2/2′,3/3′,4/4′,5/5′,6/6′,7/7′,8/8′,当截面归并系数为 0.3 时,这两根梁所有的对应截面均是相同截面,因此归并为同一类,当截面归并系数 BL1 小于 0.1 时,这两根梁所有的对应截面均不是相同截面,因此不能归并。

为了减少梁的类数,不一定所有的对应截面均是相同的计算截面,只要相同截面数与梁的截面总数比(BL2)满足一定的比值即可。

因此,当 BL1 为 0.2,BL2 为 6/9 时即可归并;当 BL1 为 0.1,BL2 为 4/9 时也可归并。

每次参加归并的连续梁数量:每层不超过 400 根,归并后的梁不超过 1000 根,如超出则应在更少的某几层之间归并。

(4)用户键入归并系数后,程序标出归并后梁的总种类数,画出归并层平面图,在上面标出各归并梁的顺序编号,如 KL-3(5)表示经归并后的第三组梁,这组梁有 5 跨。如图 4.55 所示。

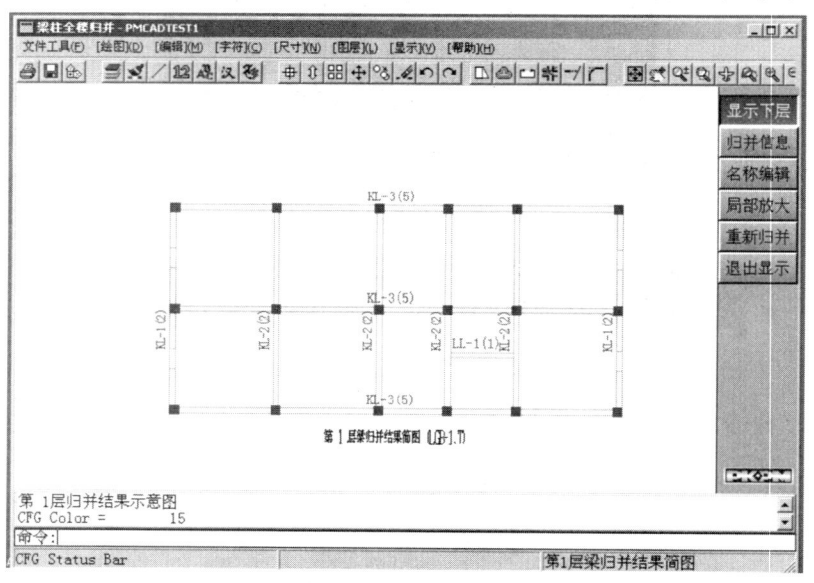

图 4.55 归并结果图

（5）如用户对归并结果不满意，可按 Esc 键重新给出归并系数，重新作归并计算。归并的范围可在全楼进行，也可在局部几层进行，归并后得出在归并范围内应出图的连梁库，在连梁库中连梁的排列顺序是从下到上的各层平面，在每层平面中先从左到右排纵向梁，再从下到上排横向梁。

（6）显示各层归并结果时，右侧同时显示菜单，如图 4.55 所示。

执行"归并结果"命令，弹出图 4.56 所示窗口，显示归并结果信息。

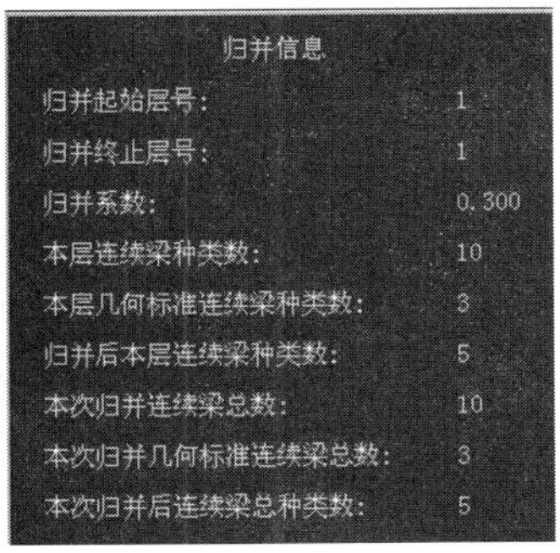

执行"名称编辑"命令，可以定义各连续梁的名称，程序自

图 4.56　归并结果窗口

定义框架梁名称为 KL—＊，非框架梁的名称为 L＊，＊为顺序号，用户可通过"修改前缀"菜单对名称的前辍部分进行修改。

4.7.2　选择梁的数据

利用本菜单，可从平面上选出任意梁段绘制施工图。进入此菜单后，程序首先提示选择梁数据方式，如图 4.57 所示。

挑选要画的梁的方式有如下四种。

（1）从平面上选取归并后的梁数据。选择此方式后，程序首先要求输入所需绘制梁的层号。输入后，屏幕上给出归并后的所有梁的简图，用光标直接在屏幕上点取要画图的梁并给出梁编号，凡点过的梁均要变色。确认后可接着挑选其他要画的图。如需从不同的层再挑选，可用 Tab 键切换到其他层，选择完毕后即进入如图 4.58 所示菜单，通过该菜单可以对梁的内力进行查看。

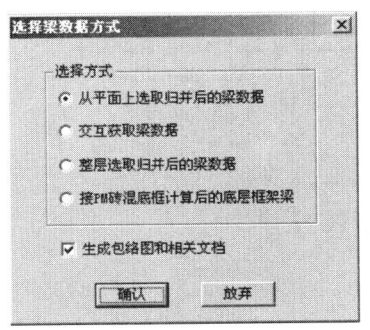
图 4.57　梁归并方式

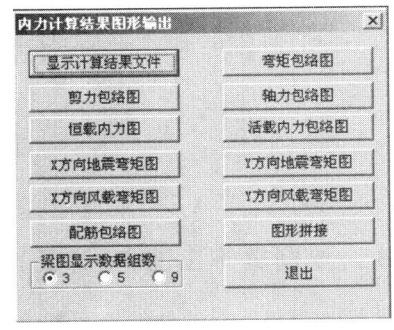
图 4.58　内力计算结果图形输出菜单

（2）交互获取梁数据。选择此方式，是在没有作全楼归并，或不准备取用全楼归并结果，或对弧形梁挑选画图时选用。与方式（1）不同的是，这里每次只能点取一个梁端，而不是整个连梁。

选择此方式后的操作方法如下。

① 操作之前用户应阅读审查梁钢筋计算结果或作梁的归并，并应主观选定哪些组梁段是有代表性的典型梁段，用户应对这些典型梁段在屏幕图形上选出并赋给他特定的编号，再画出他们的施工图。

② 键入梁所在的层号后屏幕上显示出该层结构平面图，梁均用蓝色双线显示。

③ 给出要画的梁的组数，再依次运用光标点取每一组梁，每一组梁的多根梁段应连续点

取,点完一组梁按 Esc 键表示这组梁选完,下面提示正确或错误,如以上梁选错则键入 1,可重选这组梁。点取连续梁段时,可按 Tab 或鼠标中键用开窗口方法快速选取。

④ 开始键入梁所在层号时还可接着给出这批梁竖向各层归并的范围,即给出这批梁归并的起始层号和终止层号,如不输入归并的起始、终止层号则程序选钢筋时仅考虑本层梁计算结果,给出归并起始、终止层号后程序在竖向各层梁间挑选配筋最大值作为该组梁配筋。

（3）整层选取归并后的梁数据。选择此方式,可以选取一个整层,或几个整层,或全楼范围内所有归并梁的数据,从而完成批量出图。但要注意每次操作梁的组数应≤100。

（4）砖混底框计算后的底层框架梁。这项选择主要是针对砖混底框而设置的,其操作方式与（1）相同,程序将对所选择的梁按砖混底框梁的特点进行配筋设计。

选择上述四种方式并指定了要绘制的梁后,程序自动建立了绘图数据文件,此后,屏幕显示图 4.58 所示菜单。

选择要绘图的项目,程序自动绘出对应内力图,如图 4.59 和图 4.60 分别为选定连梁 KL-4 的弯矩包络图和剪力包络图。

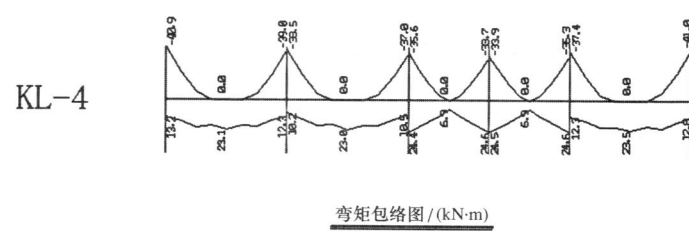

图 4.59　内力计算结果图形输出菜单

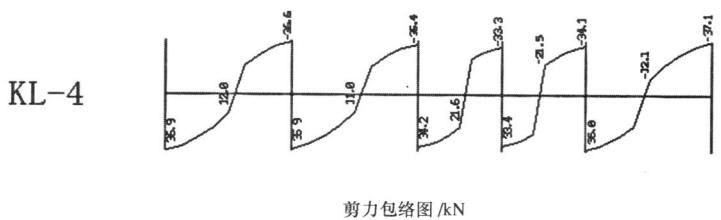

图 4.60　内力计算结果图形输出菜单

4.7.3　绘制梁施工图(分开画)

该菜单调用 PK 软件的绘图程序,根据选择的梁数据建立绘图数据文件,并用人机交互窗口输入梁绘图补充信息(屏幕上出现几页对话框由用户输入梁绘图补充数据内容),确定后生成绘图数据文件,名称为 PKBE。接下来,可参考 PK 施工图设计方法绘图。

4.7.4　绘制梁表(广东地区)施工图

本菜单可把选择的梁数据生成画梁表所需的数据,并画出梁表施工图,梁表施工图是按照广东等地区的梁施工图出图习惯编制的,步骤与绘制梁施工图相似,此处略。

4.7.5　梁平面图画法

本画法可把梁的配筋标在每一层的平面图上,这之前必须已完成全楼(或某层)归并操作,程序把相同配筋的连续梁归并,给出名称,再经过选筋程序后把每一连续梁的钢筋标在平面图上,内容有各连续梁编号、各支座钢筋、梁下部钢筋、箍筋直径、箍筋的加密区和非加密区间距,右边菜单可对选筋作修改,还有结构平面布置图的各种补充绘图功能,如画轴线、档尺寸、注字符、编辑修改等。这种画法简单,省图纸,但大量配筋的详细构造还需由用户补充画出或作详细说明。具体表示方法请参照《混凝土结构施工图平面整体表示方法制图规则和构造详图(03G101—1)》。

实例 4.7 绘制前述框剪结构的梁施工图。

① 选择 TAT 主菜单 6"接 PK 绘制梁柱施工图"|"梁归并(全楼归并)"。

② 在程序"输入梁归并的起始层号和终止层号(1—3)"(图 4.51)提示下,选择默认的 1—3。

③ 在程序"请输入归并系数"(图 4.53)提示下,接受默认的归并系数 0.3,确定后进行梁归并。

④ 选择"显示下层"可分别显示 1—3 层的归并结果,如图 4.61 所示。

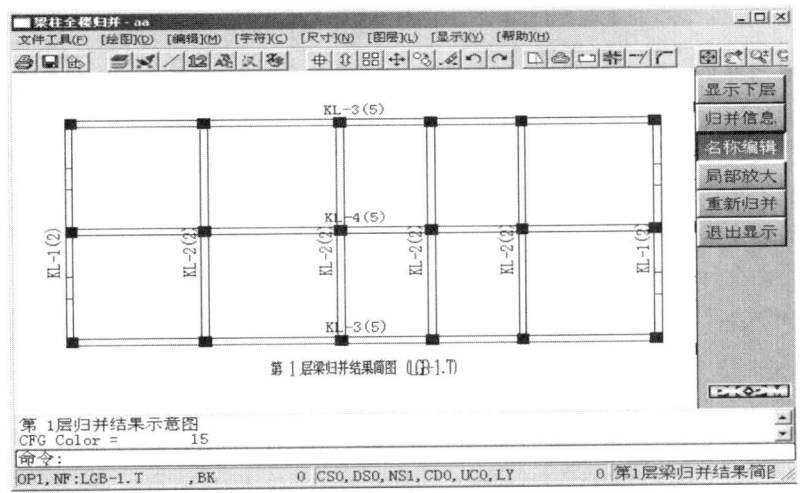

(a) 第 1 层梁归并结果简图

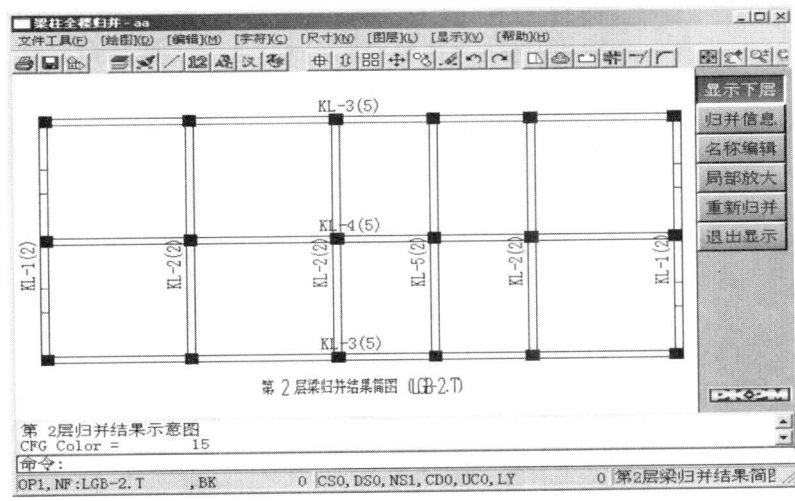

(b) 第 2 层梁归并结果简图

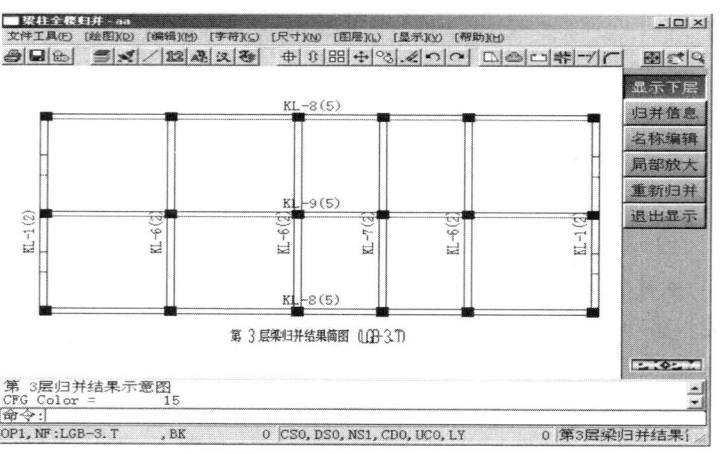

(c) 第3层梁归并结果简图

图 4.61 1~3 层的归并结果

⑤ 完成梁归并后,返回到 TAT 主菜单,选择梁的施工图绘制。

绘制施工图有三种方式,分别是:传统的立面画法"绘制梁施工图"方式、"绘制梁表施工图"方式和广东地区画法"梁平面图画法"即平面画法。目前,关于框架结构、剪力墙结构、框剪结构以及其他结构类型,在施工图绘制中主要采用"平面画法",本例选择"梁平面图画法"。

在"选择要画的楼层"提示下,选择第一层,弹出梁平面画法的各项参数设置选项卡,如图 4.62 所示。设置设计参数,设置完毕后单击"确定",开始绘制第 1 层梁施工图,选择"自动标注",如图 4.63 所示。

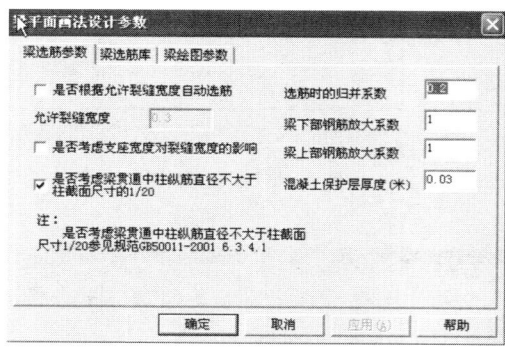

(a) 梁平面画法设计参数 - 梁选筋参数

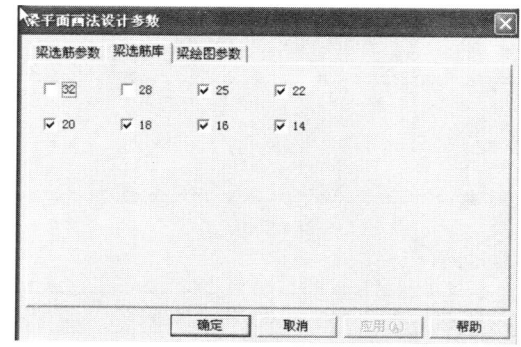

(b) 梁平面画法设计参数 - 梁选筋库

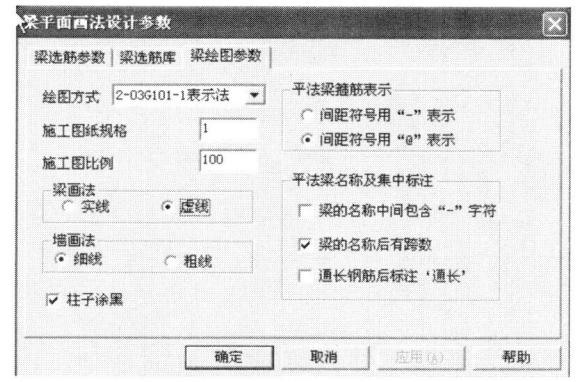

(c) 梁平面画法设计参数 - 梁绘图参数

图 4.62 梁平面画法的各项参数设置对话框

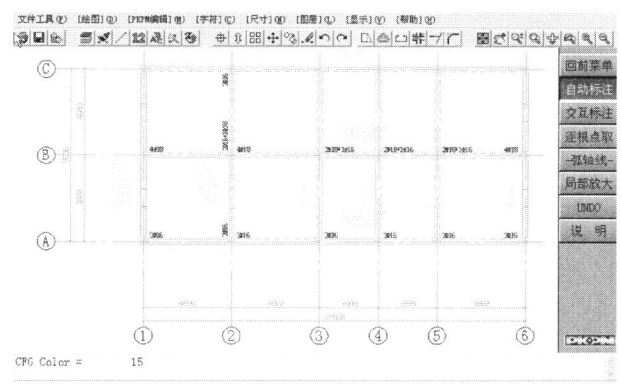

图 4.63 第 1 层梁施工图——平面画法

⑥ 重复上面的步骤,选择第 2,第 3 层可以完成其他层的梁施工图绘制。

4.7.6 柱归并

柱归并必须在全楼范围内进行,归并条件是满足几何条件(柱单元数、单元高度、截面形状与大小)相同及满足用户给出归并系数。归并系数的概念与梁归并的相同。柱归并考虑的钢筋有每根柱两个方向的纵向受力钢筋和箍筋。

柱归并编号为 Z-*(*),如 Z-1(3)代表归并后的第一根柱,如图 4.64 所示。

利用右侧菜单"归并信息"项可查看归并结果,"名称编辑"项可修改归并后柱的名称。

4.7.7 选择柱的数据

同选择梁的数据一样,程序首先提示选择"选择柱的方式",如图 4.65 所示。

指定方式后,输入柱所在的层号,用光标点取要选择的柱,程序会自动挑选出这些柱。选柱前还应给出柱的方向角,如图 4.66 所示。

方向角指的是柱的立面图面向用户的那一面在结构平面中的布置角度,如不输入则程序自动取该柱在结构平面布置时采用的角度。

利用绘制柱施工图可将这批柱画在一张施工图上,当指定了要绘制的柱后,程序自动建立

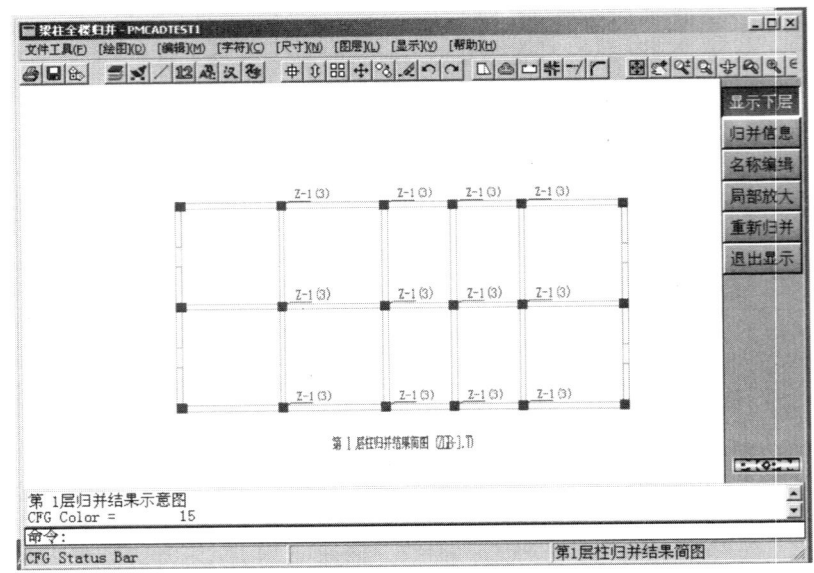

图 4.64　柱归并图

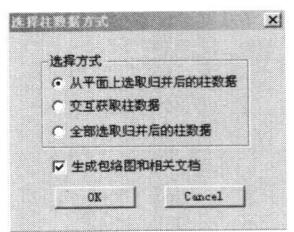

图 4.65　选择柱的方式

图 4.66　输入方向角

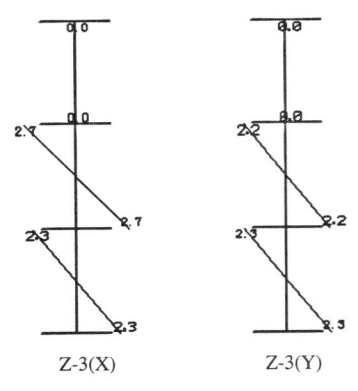

图 4.67　柱弯矩包络图

了绘图数据文件,此后,屏幕也显示图 4.58 所示菜单。选择要绘图的项目,程序自动绘出对应内力图,如图 4.67 为选定柱 Z-3 的弯矩包络图。

4.7.8　绘制柱施工图

柱施工图的绘制有几种方式,由于各方式的绘制方法基本与对应方式的梁绘制方法相同,现简单介绍如下。

(1)立面剖面方式画柱施工图(分开画)。这一步是把选出的柱画在一张图上,它连接运行 PK 应用程序,操作过程和 PK 软件的画柱施工图相同。

(2)绘制柱表(广东地区)施工图。读取选出的柱数据,按 PK 软件的广东地区梁柱表施工图画法画出柱的施工图,连接运行 PK 应用程序和 ZBO.EXE 文件。详细操作可参照 PK 部分的使用说明。

(3)平面图柱大样画法。平面图柱大样画法是以平面图的形式画出柱的位置,标出柱的配筋种类,并选其一进行大样画法。

实例 4.8　绘制前述框剪结构的柱施工图。

① 选择 TAT 主菜单 6"接 PK 绘制梁柱施工图"|"柱归并(全楼归并)"。

② 在弹出的窗口(图 4.68),选择归并系数 0.2,进行全楼柱归并,归并结果见图 4.69。

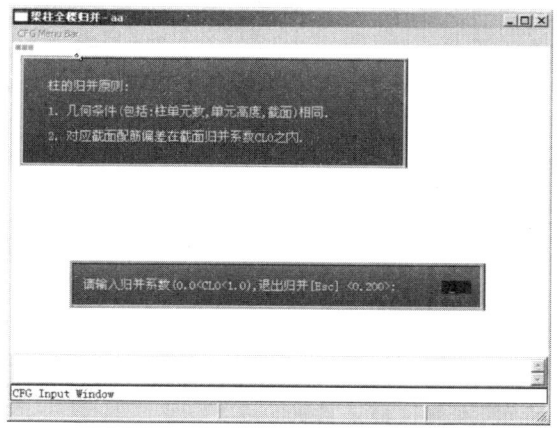

图 4.68　柱归并信息

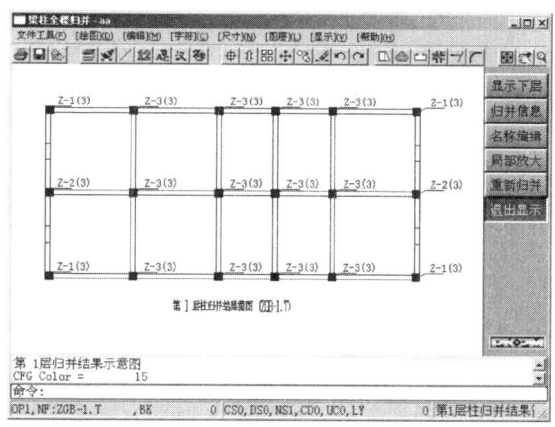

图 4.69　第 1 层柱归并结果

③ 柱归并完毕后,选择"接 PK 绘制柱施工图"|"平面图柱大样画法",弹出图 4.70 对话框,修改相应的数值后,选择确定。

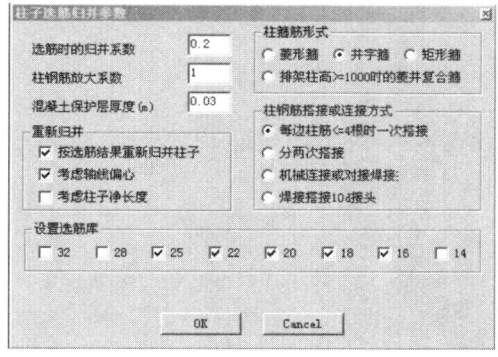

图 4.70　柱子选筋归并系数

④ 程序弹出图 4.71 界面,选择"柱平面画法——主菜单"中的"柱子绘图参数",弹出图 4.72 所示的窗口,选择"自动标注轴线"项,确定后返回"柱平面画法——主菜单"。

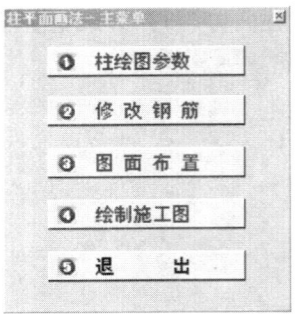 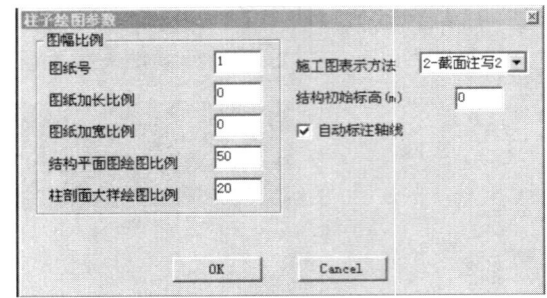

图 4.71　柱平面画法——主菜单　　　　　　图 4.72　柱平面画法——柱子绘图参数

⑤ 接着选择"修改钢筋"弹出图 4.73 所示绘图窗口,可以选择不同楼层的结果,还可以进行立面改筋,如图 4.74 所示,本例选择不修改。

图 4.73　柱平面画法——修改钢筋

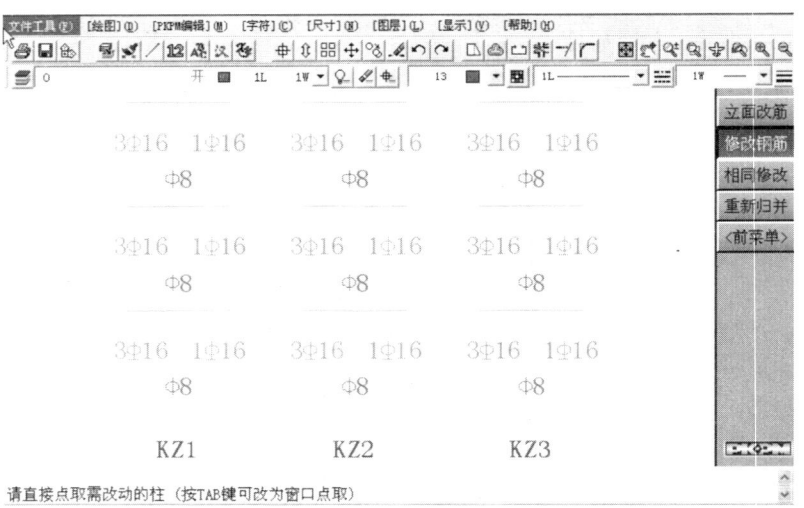

图 4.74　柱平面画法——立面改筋

⑥ 选择"图面布置"后进入"绘制柱施工图",显示图 4.75 所示柱施工图。

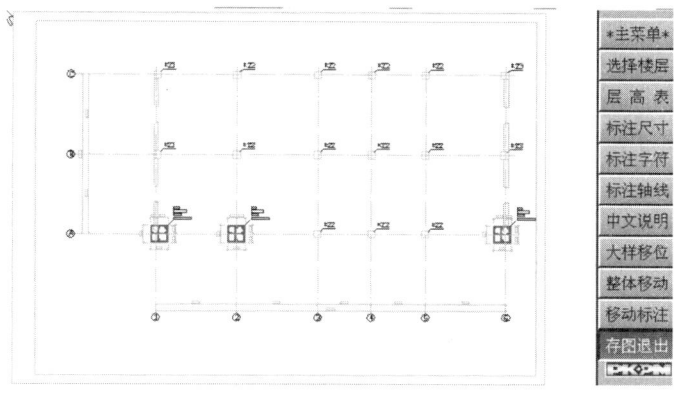

图 4.75　柱平面画法——柱施工图

4.8　TAT 运行注意事项

TAT 软件运行过程中,主要应注意如下事项。

(1) 参数的选择与数据检查。TAT 计算结果是否正确、合理取决于 TAT 参数的选取,TAT 的参数与结构设计概念密切相关,TAT 数据检查是初步检查结构的基本参数的合理性,真正参数的合理性应由用户仔细检查确认,因此,TAT 数据检查既是重要的,自行检查也是必须的。设计人员一定要清楚每一个参数的含义和每个参数在分析中所起的作用。

(2) 参数的选择与整体分析。在 TAT 总信息中如修改了"是否按混凝土规范 7.11.3 条计算柱长度系数标志 Lzhu"、"是否考虑梁柱重叠影响标志 Mbcm"、"水平力与结构整体坐标的夹角 Arf"等,应根据要求再次"数据检查";当对结构定义有错层、多塔时,仍应进行一遍"数据检查";当定义了特殊节点后,也应按要求再次"数据检查"。

DATA.TAT 中总信息的"中梁刚度放大系数"、"边梁刚度放大系数"、"连梁刚度折减系数"、"混凝土自重"和"可变荷载的组合值系数",由于它们与刚度有关,应该从头重新计算;如果修改"需要计算的振型数 Nmode"、"地震设防烈度"、"场地土类型"、"设计地震分组"、"周期折减系数",由于它们和周期、地震力有关,必须重新从周期振型算起,而如果修改了"是否考虑扭转耦联标志",则应从侧刚算起,如果修改了"梁端负弯矩调幅系数"、"梁弯矩放大系数"、"梁扭转折减系数"、"结构顶部小塔楼放大系数"、"$0.2Q_0$ 调整起算层号"、"$0.2Q_0$ 调整终止层号"、"梁箍筋间距、"柱箍筋间距"、"剪力墙水平分布筋间距"等其他总信息,则只要重新计算配筋即可。

特殊梁柱支撑和节点补充文件不要在不同工程中混淆,如在 PMCAD 中增加或删除构件,则应重新定义该层的特殊构件。

多塔、错层的补充数据文件不要在不同工程中混淆,如在 PMCAD 中增加或删除构件,则应重新定义多塔、错层文件。

多塔和错层设置后,应检查相应的数据文件,以避免产生设置错误,用前处理菜单来检查。

特殊荷载文件也不要在不同工程中混淆,如在 PMCAD 中增加或删除构件,则应重新定义特殊荷载文件。

(3) 与 PMCAD 的前接口。在进入 TAT 前,应首先通过 PMCAD 的 1,2,3 前三步,在

PMCAD中有的参数应尽量在PMCAD中定义,尽量使PMCAD与TAT的参数一致。

在从PM到TAT转换时,对不同版本,不同工程应先删除*.BIN,*.TAT。

TAT计算时要求用户插入TAT的锁,才能继续往下做正确运算。

对混凝土构件由PMCAD转换为TAT时均为刚接连接。

对钢柱、钢梁由PMCAD转换为TAT时为刚接连接,而对钢支撑由PMCAD转换为TAT时为铰接连接。

在TAT中定义的多塔、错层、特殊构件如:修改柱长度、修改混凝土强度、修改钢筋强度、箍筋水平筋间距等,均不能回传到PMCAD中,所以用户应尽量在PMCAD中修改参数和尺寸,这样接后处理施工图时就可以一致了。

(4) 与PK,JCCAD,JLQ的后接口。只有各层配筋计算完后,才可接PK,JCCAD和JLQ。

只有计算了底层内力,才产生基础荷载接口。

只有计算了上刚度凝聚,才可进行上下部刚度共同工作。

梁、柱整体归并的归并系数要理解,才能正确选择。

梁、柱归并后应回到PMCAD的第5步作结构平面图时才能有归并编号。

在与PK连接绘制框架施工图时,应注意PK只读TAT的构件钢筋面积,构件的截面尺寸、跨度、标高、偏心均从PMCAD中读得,所以要想用PK接TAT画施工图,该结构必须从PMCAD中进入,并且如果用TAT计算完后需要调整截面等,应在PMCAD中调整,再转换,否则施工图与配筋不符合。

4.9 TAT实例计算分析

本例通过一个11层的框架结构的TAT实例计算,给出高层框架结构的计算过程。

4.9.1 工程实例资料

各层建筑平面图如图4.76和图4.77所示。

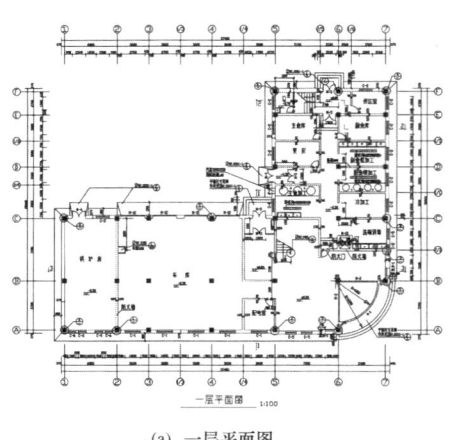

(a) 一层平面图　　　　　　　　(b) 二层平面图

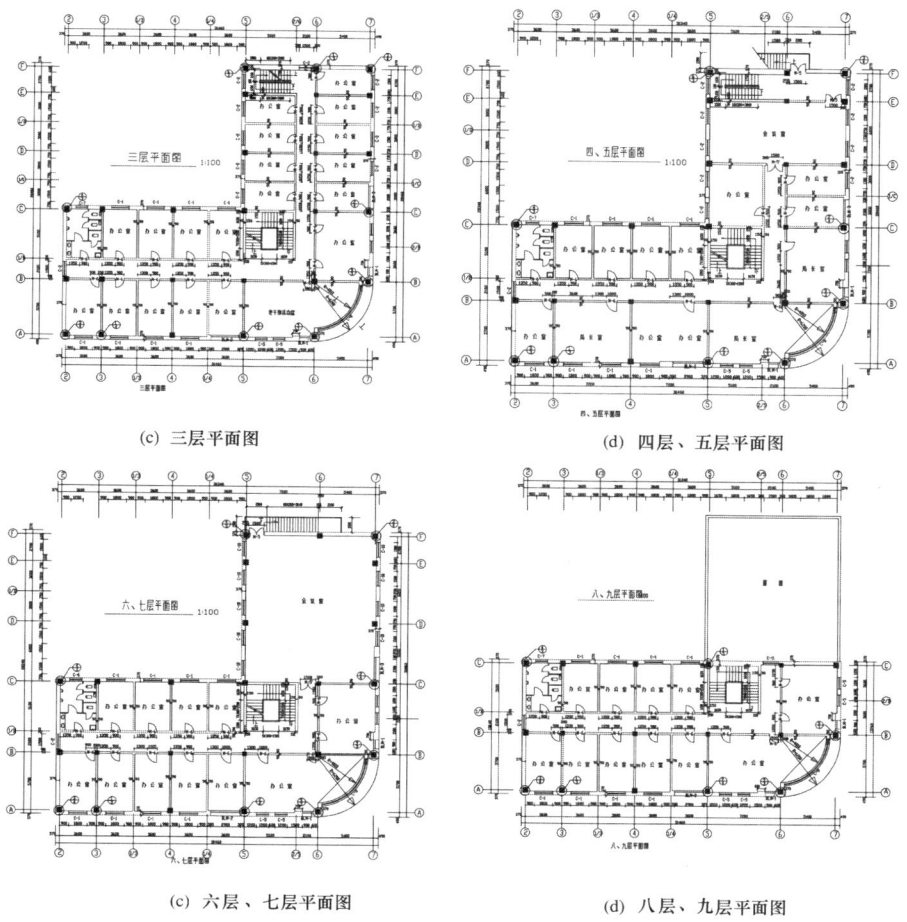

(c) 三层平面图

(d) 四层、五层平面图

(c) 六层、七层平面图

(d) 八层、九层平面图

图 4.76 各层建筑平面图

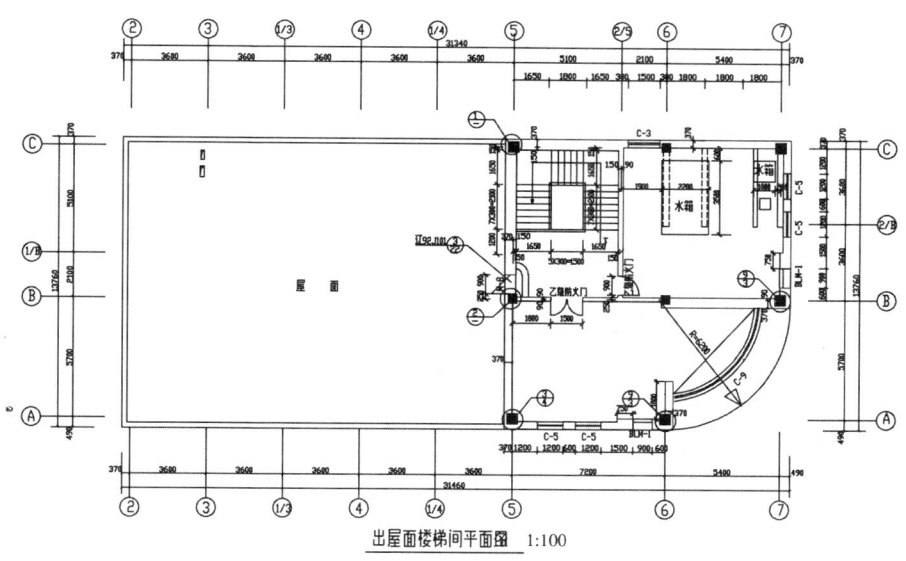

图 4.77 出屋面楼梯间

4.9.2 结构的 PM 建模

PM 的具体建模过程不做具体介绍,结构各层平面图和楼板厚度、混凝土强度等级、钢筋强度等级等信息如图 4.78—图 4.86 所示,楼层组装如图 4.87 所示。

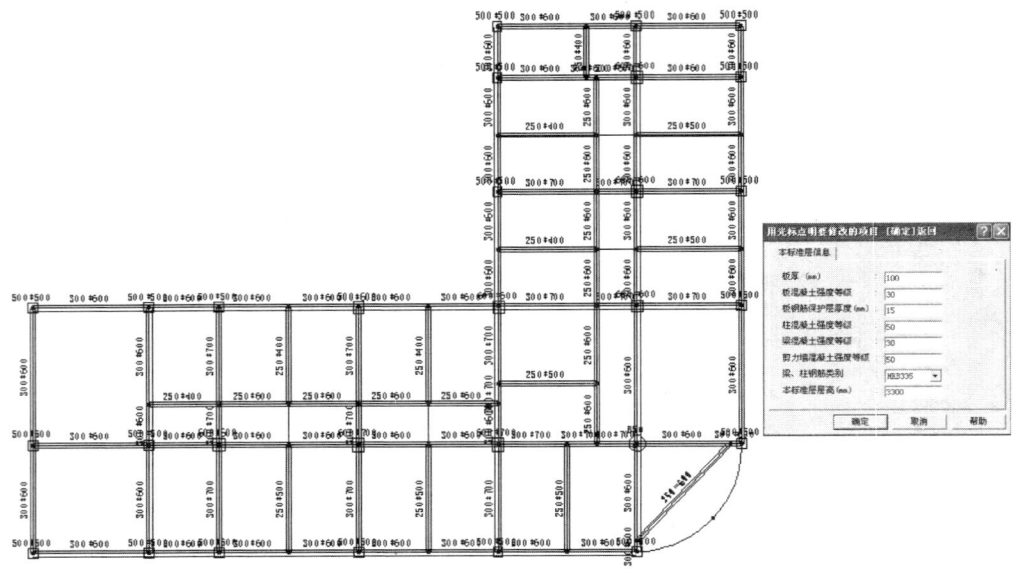

图 4.78 第一结构标准层

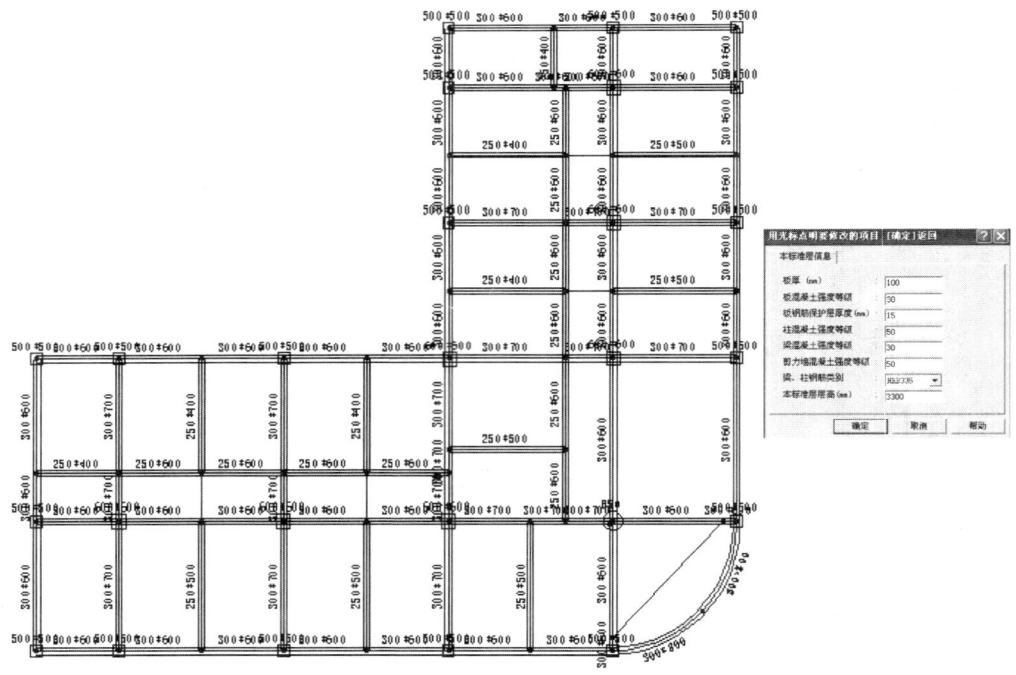

图 4.79 第二结构标准层

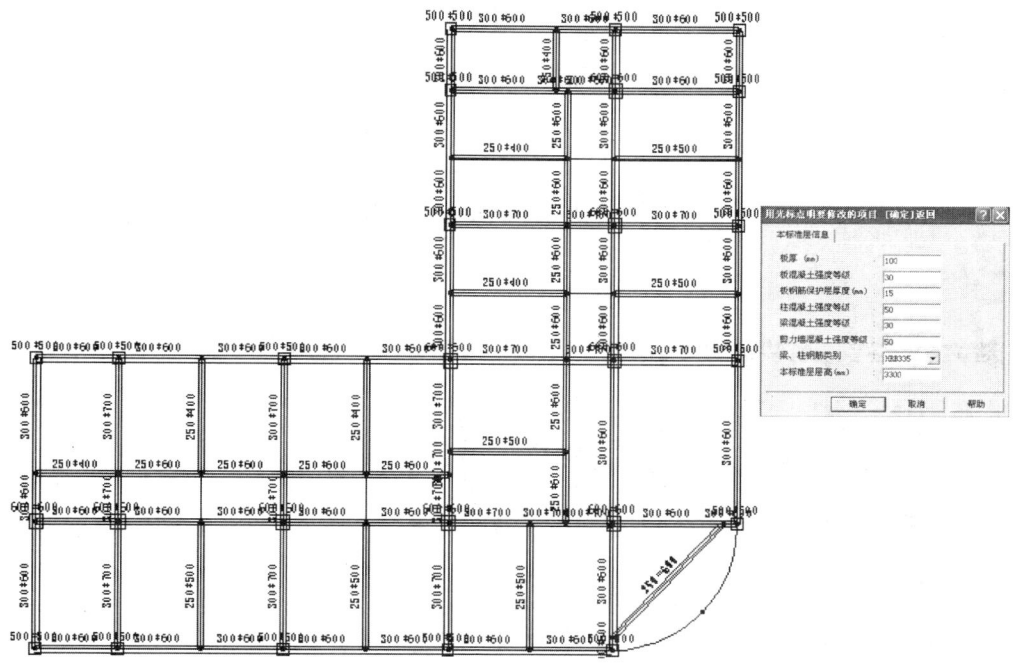

图 4.80 第三结构标准层

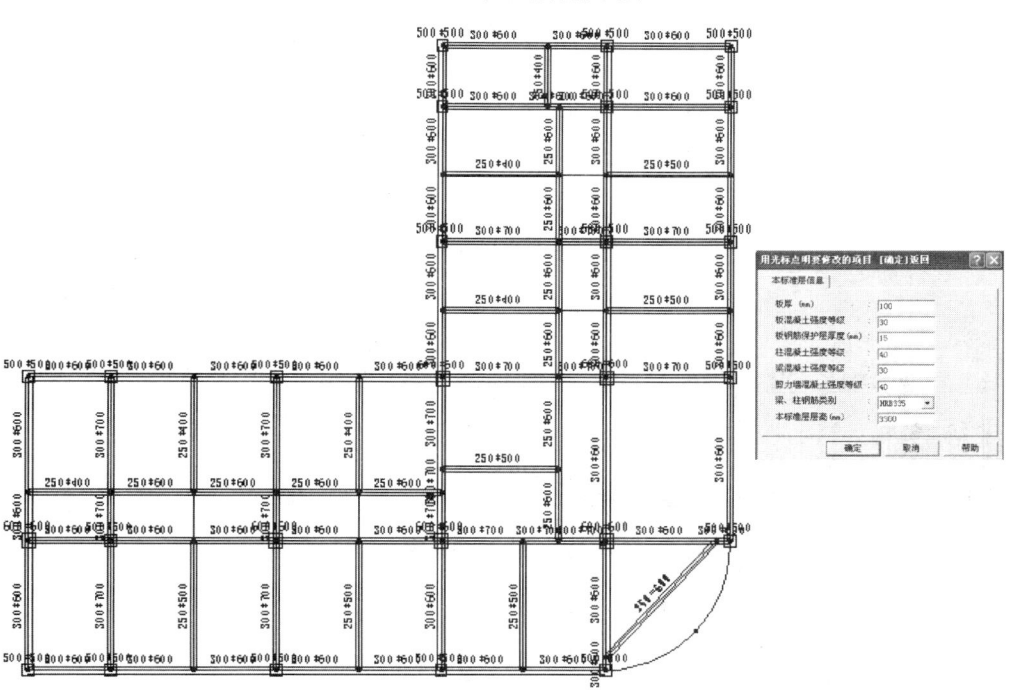

图 4.81 第四结构标准层

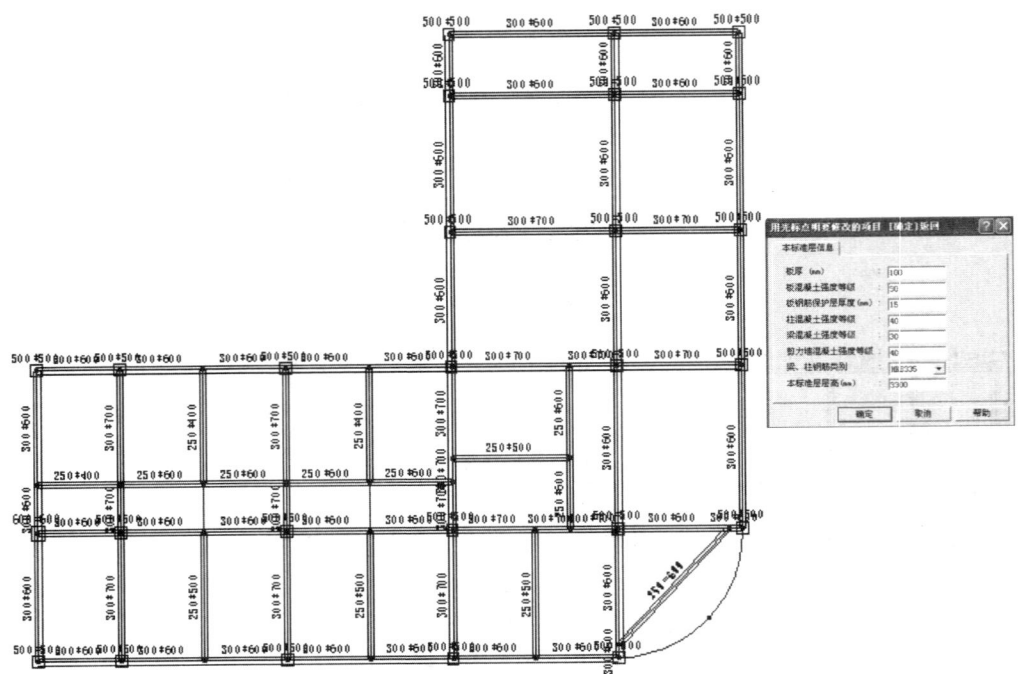

图 4.82 第五结构标准层

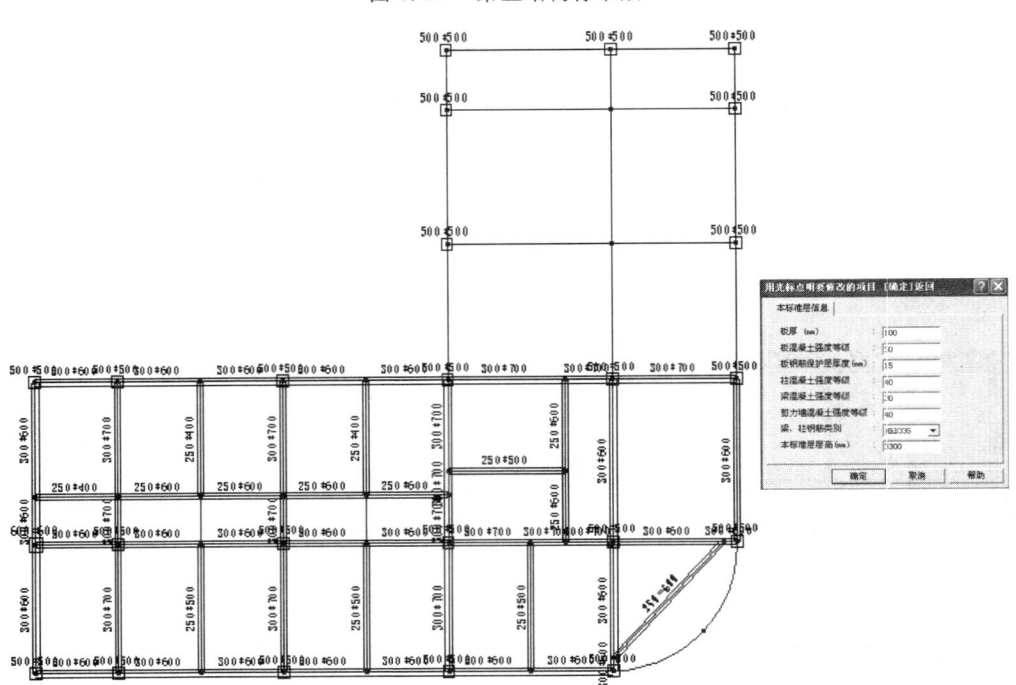

图 4.83 第六结构标准层

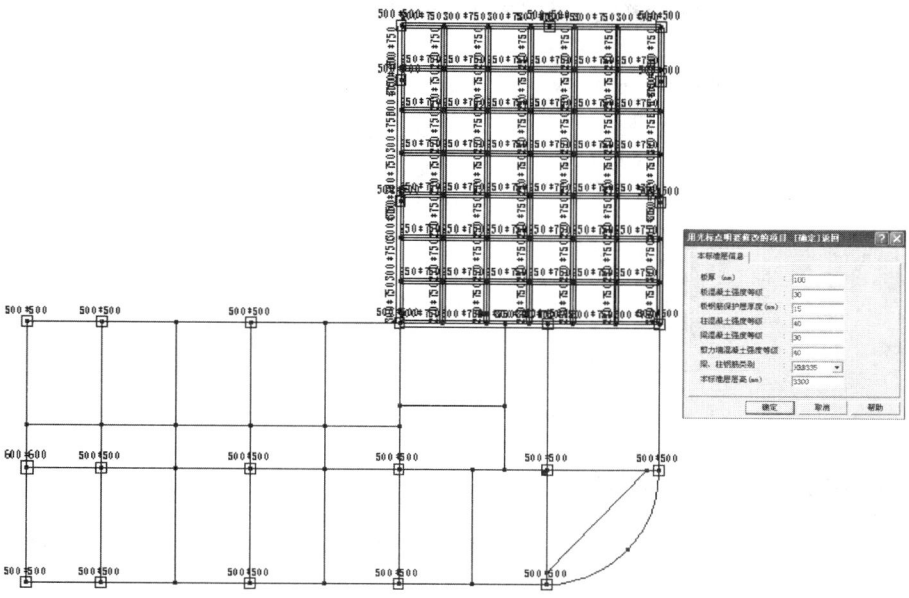

图 4.84 第七结构标准层

图 4.85 第八结构标准层

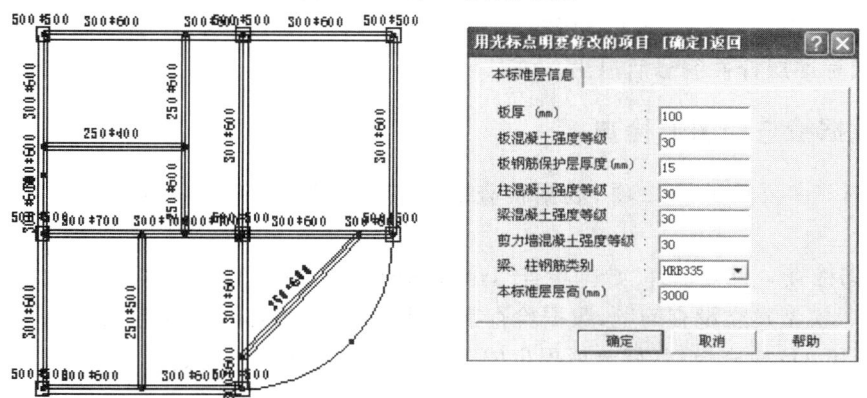

图 4.86 第九结构标准层

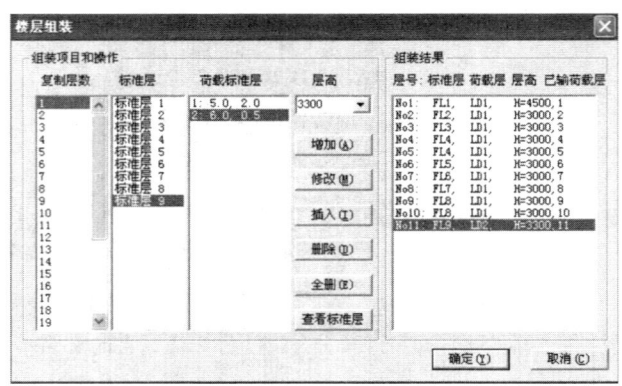

图 4.87 楼层组装

4.9.3 接 PM 生成 TAT 数据

启动 PKPM 主菜单,选择 TAT 程序,屏幕出现如图 4.88 所示的窗口。选择接 PM 生成 TAT 数据,出现如图 4.89 所示的对话框。

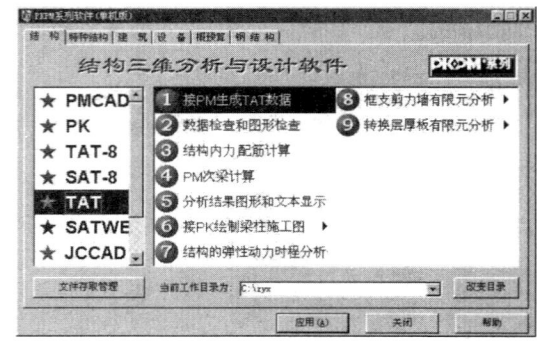
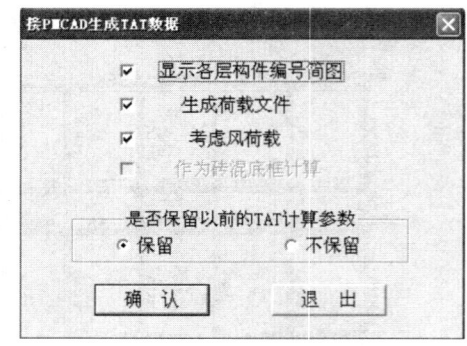

图 4.88 TAT 主菜单　　　　　　　　图 4.89 接 PMCAD 生成 TAT 数据

选择"确认"按钮,进入"显示各层构件编号简图",第一标准层构件编号简图如图 4.90 所示,查看各层标准层杆件编号后退出。

4.9.4 数据检查和图形检查

选择 TAT 主菜单的第二项"数据检查和图形检查",屏幕上出现如图 4.91 所示的对话框。

(1) 数据检查。首先选择"数据检查",出现如图 4.92 所示的对话框,选择默认值,执行数据检查。一般模型建立没有问题,数据检查都会顺利通过,如果出现问题,那么查看提示信息,则应回到 PMCAD 检查模型,修改后再生成 TAT 数据,直到数检通过。

(2) 多塔和错层定义。完成"数据检查"后,定义"多塔和错层参数",本例无多塔和错层,不需定义。

(3) 参数修正。本例为规则框架结构,执行 TAT 前处理菜单第三项"参数修正",出现如图 4.93 所示的对话框。

① 总信息。选择"总信息"标签,打开如图 4.93 所示的选项卡。

结构类型:框架结构。

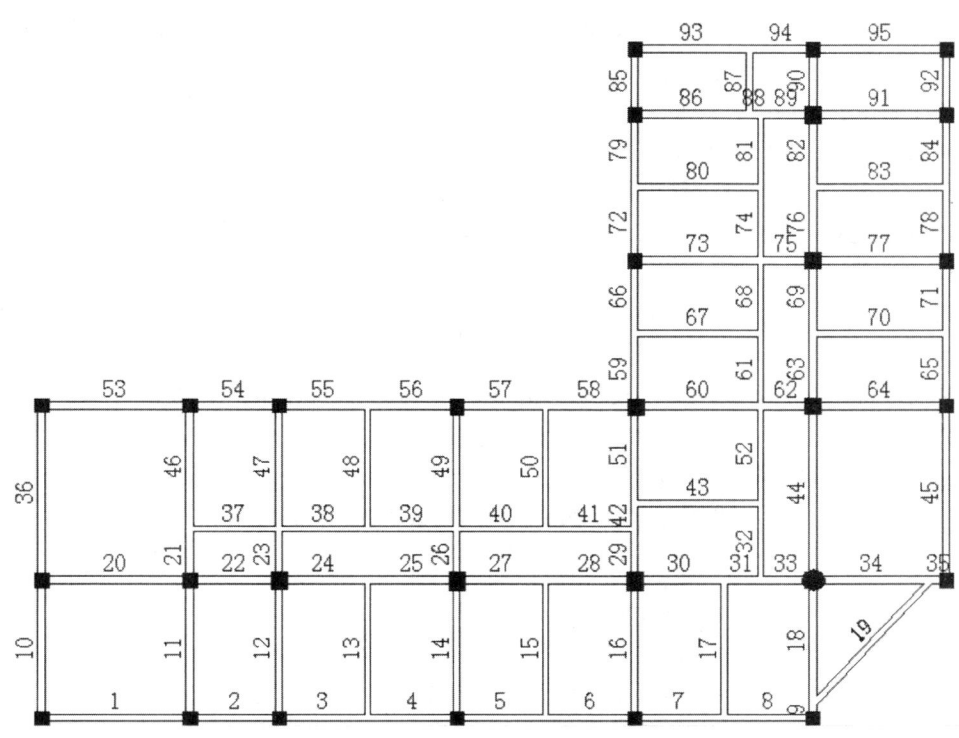

图 4.90　第一标准层杆件编号简图

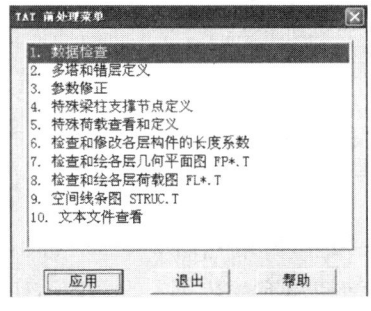

图 4.91　TAT 前处理菜单

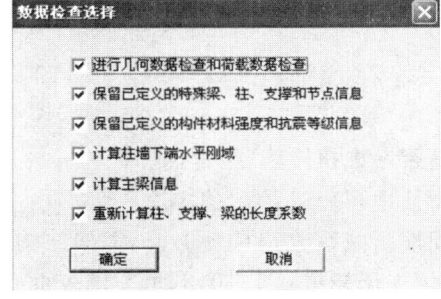

图 4.92　数据检查菜单

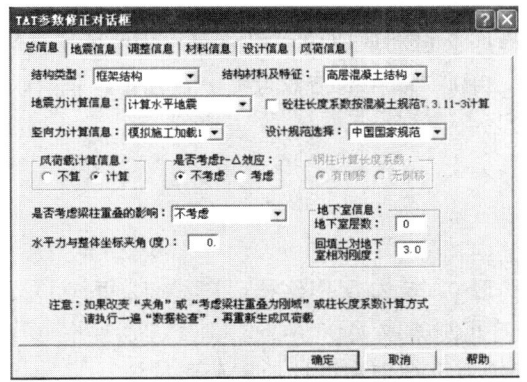

图 4.93　总信息

结构材料及特征:高层混凝土结构。

地震力计算信息:计算水平地震;8度、9度大跨和长悬臂及9度的高层,选"计算水平和竖向地震力"。

混凝土柱长度系数按混凝土规范7.3.11-3计算:否。

竖向力计算信息:模拟施工加载1,多层选择"一次性加载",高层选择"模拟施工加载1",高层框剪结构基础计算宜选择"模拟施工加载2"。

设计规范选择:中国国家规范;上海地区则要选择"上海地区规程"。

风荷载计算信息:计算。

是否考虑排 $P\text{-}\Delta$ 效应:不考虑。

是否考虑梁柱重叠的影响:不考虑;异形柱结构选择"考虑为梁端刚域"。

水平力与整体坐标夹角:ARF=0.00,一般取0°,地震力、风力作用方向,反时针为正。当结构分析所得的"地震作用最大的方向">15°时,宜将其角度输入进行验算。

② 地震信息。选择"地震信息"标签,出现如图4.94所示的选项卡。

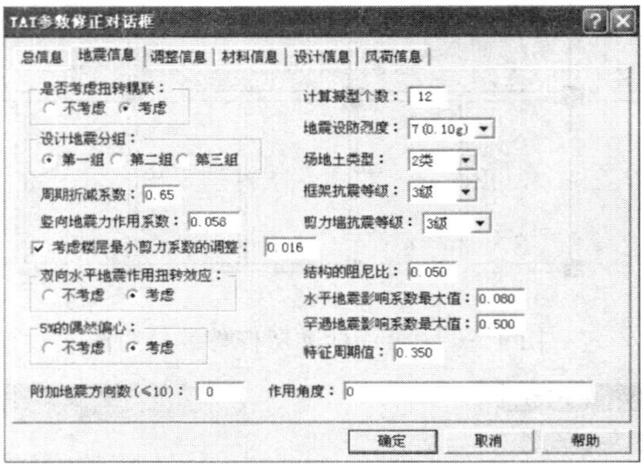

图4.94 地震信息

是否考虑扭转耦联:考虑。

设计地震分组:第一组。

周期折减系数:TC=0.65,框架结构砖填充墙多0.6~0.7,砖填充墙少0.7~0.8;框剪结构:填充墙较多0.7~0.8,填充墙较少0.8~0.9,剪力墙结构填充墙较多0.9~1.0,砖填充墙较少1.0,短肢剪力墙结构0.8~0.9。

双向水平地震作用扭转效应:考虑。

5%偶然偏心:考虑,程序会自动取双向水平地震作用和5%偶然偏心的不利值。

计算振型个数:12个,"耦联"取3的倍数且≤3倍层数,"非耦联"≤层数;且参与计算振型的[有效质量系数]应≥90%。

地震设防烈度:7(0.1g)。

场地类别:2类。

框架抗震等级:2级。

结构阻尼比:钢混结构取0.05,高层钢结构(层数≥12)取0.02;高层钢结构(层数<12)取0.035,组合结构取0.04,门式刚架取0.05。

特征周期:0.35,根据场地土类别和设计地震分组确定。

附加地震方向数:0;如果结构不存在斜交抗侧力构件,或者交角小于15°时填0,当结构存在大于15°的斜交的抗侧力构件时,应按实际角度输入。比如填入3,并在相应角度项中填入

20,30,60。

③ 调整信息。选择"调整信息"标签,出现如图4.95所示的选项卡。

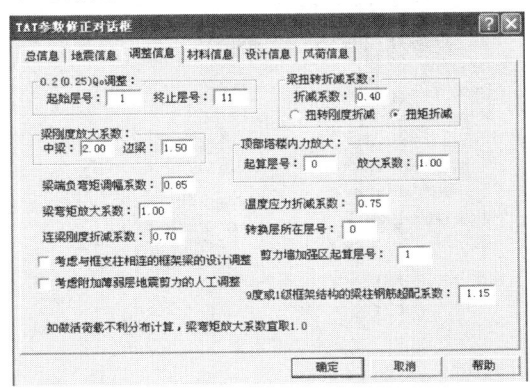

图4.95 调整信息

$0.2(0.25)Q_0$调整:起始层号:1;终止层号:11。

梁刚度放大系数:对于现浇楼板,中梁为2.0,边梁为1.5;对于预制楼板,中梁和边梁为1.0;对于装配整体式楼板,中梁为1.5,边梁为1.2。

梁端负弯矩调整系数:0.85,现浇框架梁0.8~0.9,装配整体式框架梁0.7~0.8。

梁弯矩放大系数:1.0,取值范围为1.0~1.3,当考虑活荷载不利布置时,宜取1.0。

连梁刚度折减系数:0.55,如果结构位移由风荷载控制,取不小于0.7,通常取0.55~1之间的数值,剪力墙连梁超筋较多时,最小可取0.5。

梁扭转折减系数:0.4。

顶塔楼内力放大:起算层号为0,按突出屋面部分最低层层号填写,无顶塔楼填0。

放大系数:RTL=1.00,计算振型数为9~15及以上时,宜取1.0(不调整);计算振型数为3时,取1.5。顶塔楼宜每层作为一个质点参与计算。

其余参数选择默认值即可。

④ 材料信息。选择"材料信息"标签,出现如图4.96所示的选项卡。

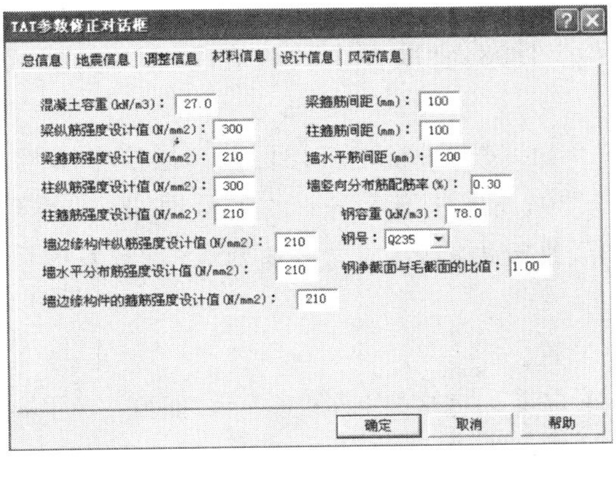

图4.96 材料信息

本选项卡中需要注意的是,一般考虑初装修梁柱抹灰混凝土容重取$26\sim 18\ kN/m^3$,"梁、柱箍筋间距"选项应填入加密区的间距,并满足规范要求,"墙水平筋间距"选项应填入加强区的间距,并满足规范要求。根据实际采用的钢筋级别来调整材料参数,本例选择默认值。

⑤ 设计信息。选择"设计信息"标签,出现如图4.97所示的选项卡。

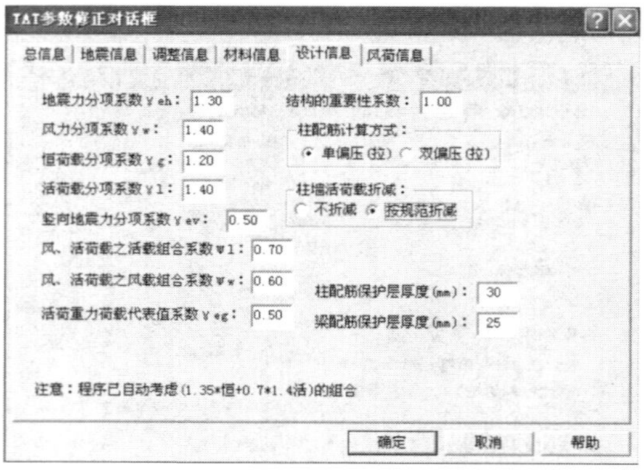

图 4.97 设计信息

结构重要性系数:1.0。

柱墙活荷载折减:按规范折减,可根据结构的使用用途设置。

其余参数可选择默认值。

⑥ 风荷信息。选择"风荷信息"标签,出现如图4.98所示的选项卡。

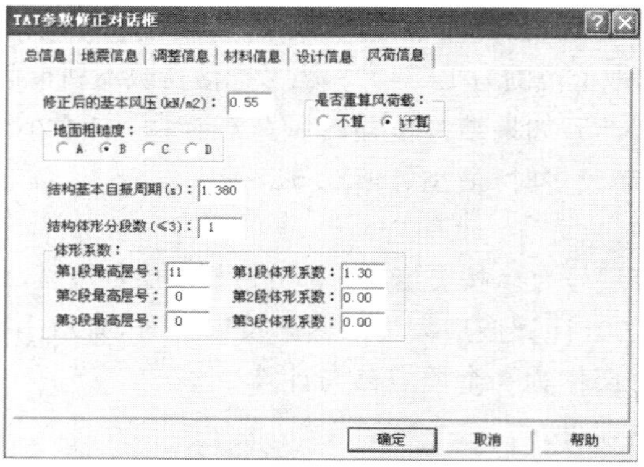

图 4.98 风荷信息

结构基本自振周期:$T_1=1.38$,宜取程序默认值;待程序计算出结构的基本周期后,宜代回重新计算。

各段最高层号:$NSTi=11$,按各分段内各层的最高层层号填写。

各段体形系数:$U_{Si}=1.30$,高宽比不大于4的矩形、方形、十字形平面取1.3。

是否重算风荷载:重算,修改周期后,应选择重算,下次计算时可选择不重算。

其余选择默认值。

选择确定后完成参数设置。

(4) 特殊梁柱支撑节点定义。完成"参数设置"后,回到 TAT 前处理菜单选择第4项"特殊梁柱支撑节点定义",特殊梁指的是不调幅梁、铰接梁、连梁、托柱梁等;特殊柱指的是角柱、框支柱和铰接柱;特殊节点指的是跃层部分的节点,出现如图4.99所示的窗口。本例首先定义角柱,各层均需要定义,定义完成后以紫色显示,如图4.99所示,第一层角柱定义完后,再定义第7层跃层处的弹性节点,定义完成后,节点以蓝色显示,如图4.100所示。

(5) 特殊荷载定义。完成"特殊梁柱支撑节点定义"后,回到 TAT 前处理菜单选择"特殊

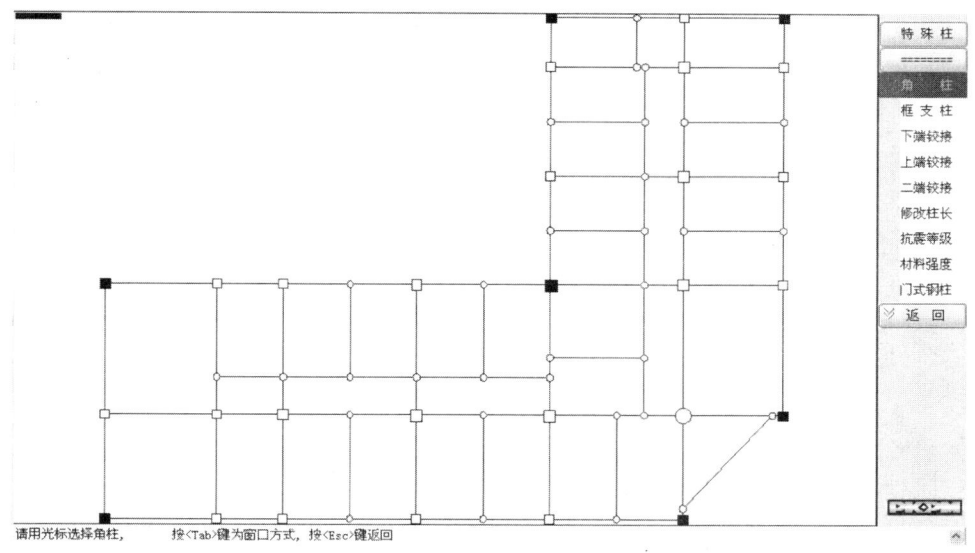

图 4.99　第一层角柱定义

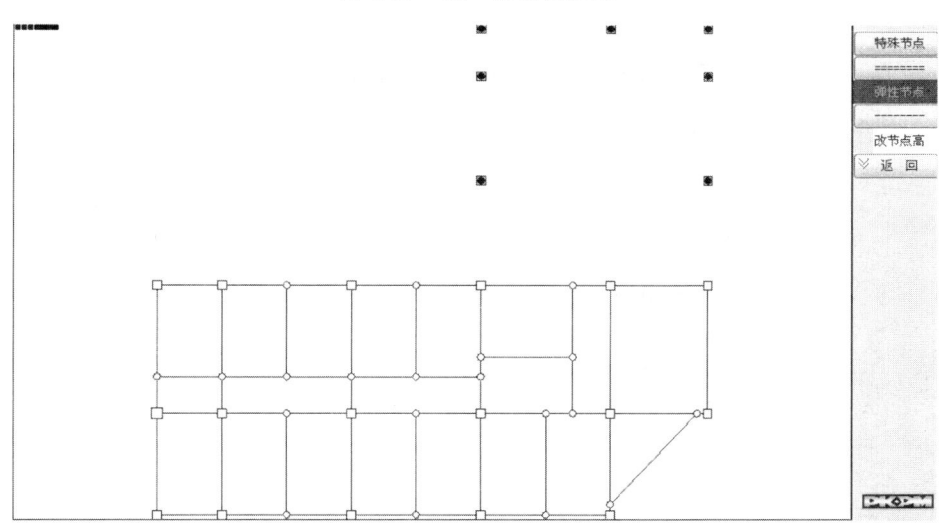

图 4.100　第七层弹性节点定义

荷载定义",主要定义吊车荷载、砖混底框、支座位移、温度应力等计算功能,对于本例可不执行该选项。

(6) 检查和修改各层柱计算长度系数。回到 TAT 前处理菜单选择"检查和修改各层柱计算长度系数",本例主要查看第七层跃层柱部分,如图 4.101 所示。正确,不修改。

第 7—10 项一般不必查看。回到 TAT 前处理菜单选择"退出",TAT 前处理结束。

4.9.5　结构内力和配筋计算

在 TAT 主菜单选择第三项"结构内力和配筋计算",出现如图 4.102 所示的对话框。

算法选择:总刚,如果没有定义弹性节点,可选侧刚,相当于刚性楼板假定。

梁活载不利布置计算:计算。

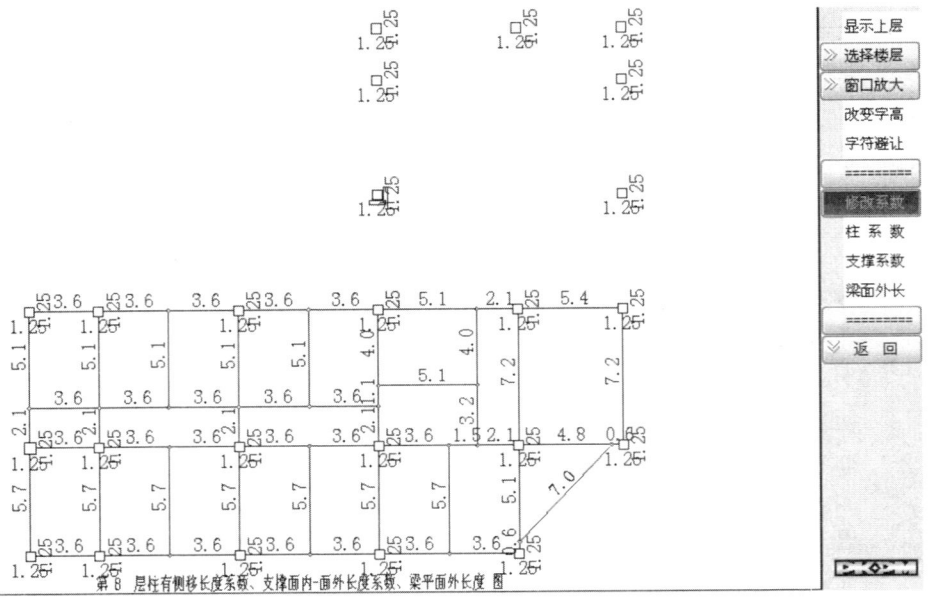

图 4.101　第七层柱计算长度系数

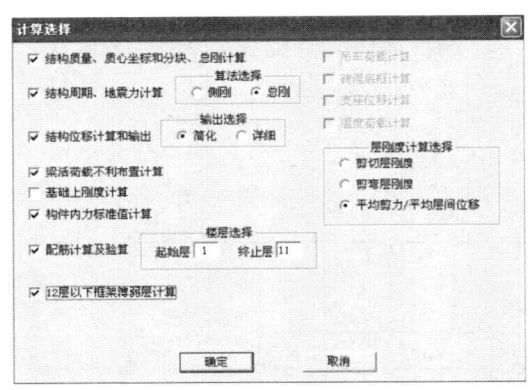

图 4.102　计算参数选择

12 层以下框架薄弱层计算:计算。

层刚度计算选择:平均剪力/平均位移。

剪切层刚度:应用于多层(砌体、砖混底框)结构,对于底层大空间转换层,计算转换层上、下刚度比,计算地下室和上部结构层刚度比(判断地下室顶板是否可以作上部结构的嵌固端)。

剪弯层刚度:应用于带斜撑的钢结构,当转换层在 3~5 层时,计算转换层上、下刚度比时应选取剪弯层刚度。

平均剪力/平均位移:一般的结构,第三种方法比其他两种方法更易通过刚度比验算。

其余参数选择默认值。选择确定后进行结构内力和配筋计算。

4.9.6　PM 次梁计算

一般在 PM 建模中,如果容量允许,一般都把次梁作为主梁输入,因此不必执行此项,如果有次梁,则完成此项计算,同 PK 中的连续梁计算,只是 TAT 一次算出全部次梁的内力和配筋。本例不执行此项。

4.9.7 分析结果图形和文本显示

完成"结构内力和配筋计算"后,在 TAT 主菜单选择"分析结果图形和文本显示",出现,选择其中相应的项目即可进行 TAT 后处理。

(1) 改柱配筋并按双偏压验算。在 TAT 输出菜单选择第一项"改柱配筋并按双偏压验算",一般框架柱可按单偏压计算配筋,角柱要求按单偏压计算配筋后,按双偏压验算。选择应用,出现如图 4.103 所示的窗口。

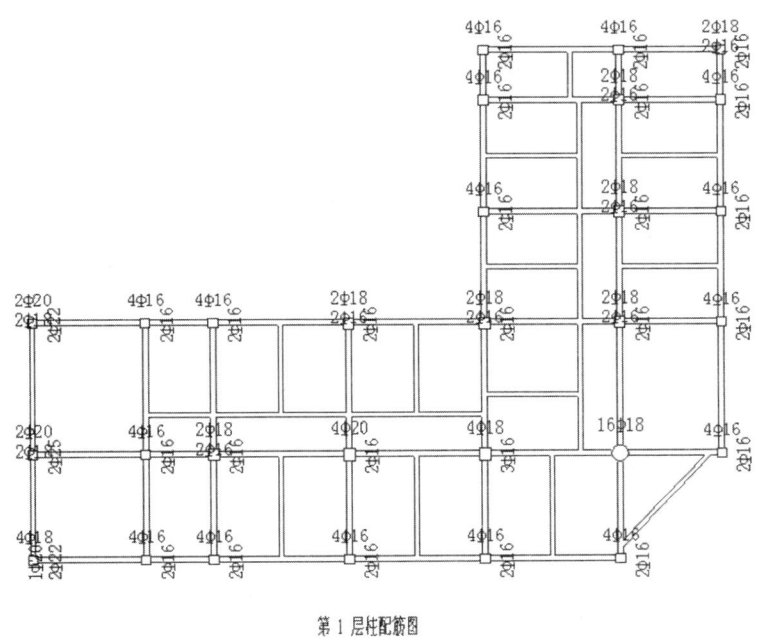
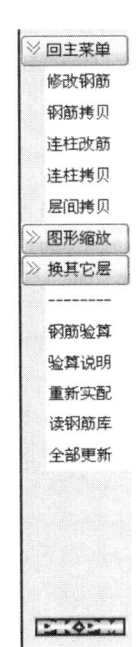

图 4.103　钢筋混凝土柱实配钢筋

选择"钢筋验算",再选择"全部添加",出现如图 4.104 所示的对话框。选择确认后,进行双偏压验算。

(2) 绘楼层振型图。一般可不必查看。

(3) 绘各层柱、梁、墙配筋验算图 PJ*.T。可以查看各层配筋计算结果,图中的配筋面积是以 cm^2 为单位,可以进行主筋开关、箍筋开关、字符避让等操作,配筋结果的显示见本章前面的说明。第一层的配筋结果见图 4.105,可通过选择楼层查看其余各层配筋,超筋以红色显示。

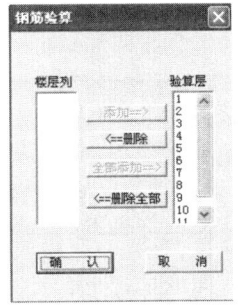

图 4.104　钢筋验算

(4) 绘各层柱、梁、墙标准内力图 PS*.T。一般可不必查看。

(5) 绘各层柱、梁、墙配筋包络图 PS*.T。一般可不必查看。

(6) 梁弹性挠度、柱节点验算和墙边缘构件图。选择应用,可以查看各楼层的梁弹性挠度、柱节点验算和墙边缘构件,第一层如图 4.106 所示。

(7) 绘底层柱、墙最大组合内力图 DCNL*.T。可以选择 N_{max},N_{min},V_{max},V_{min},M_{max},M_{min} 以及"恒+活"等工况,N_{max} 最大组合内力图如图 4.107 所示。

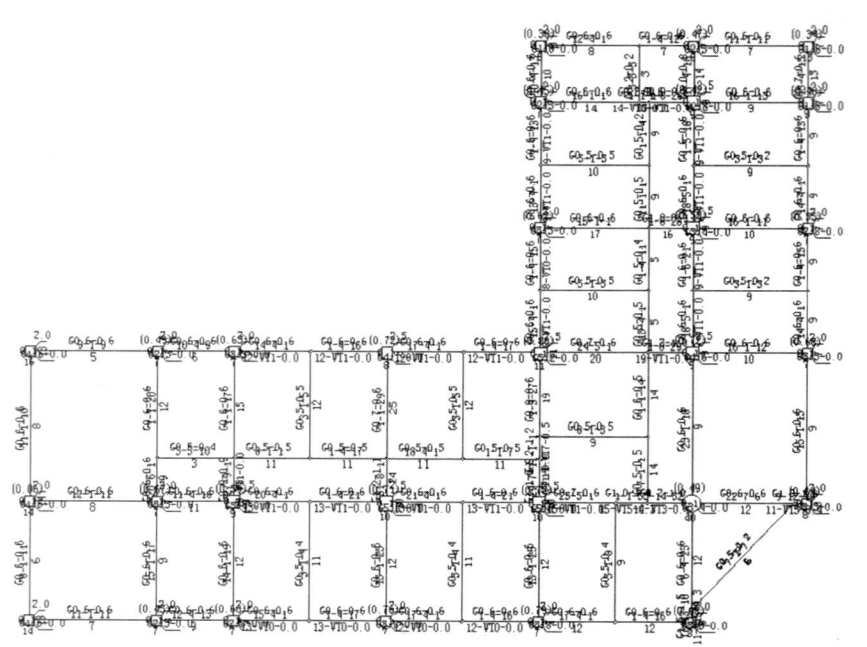

图 4.105　第一层配筋 PJ1.T

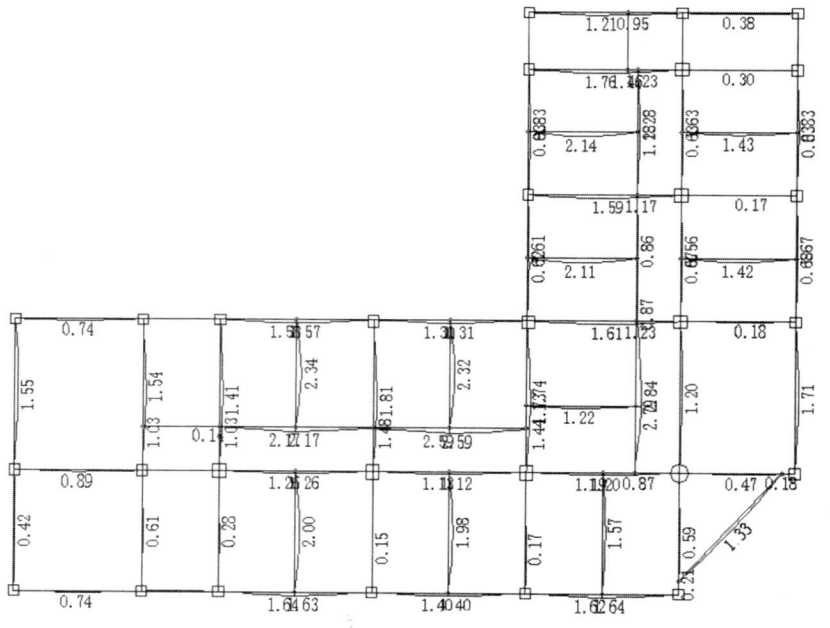
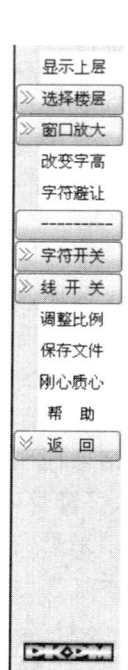

图 4.106　第一层梁弹性挠度,柱节点验算和墙边缘构件图

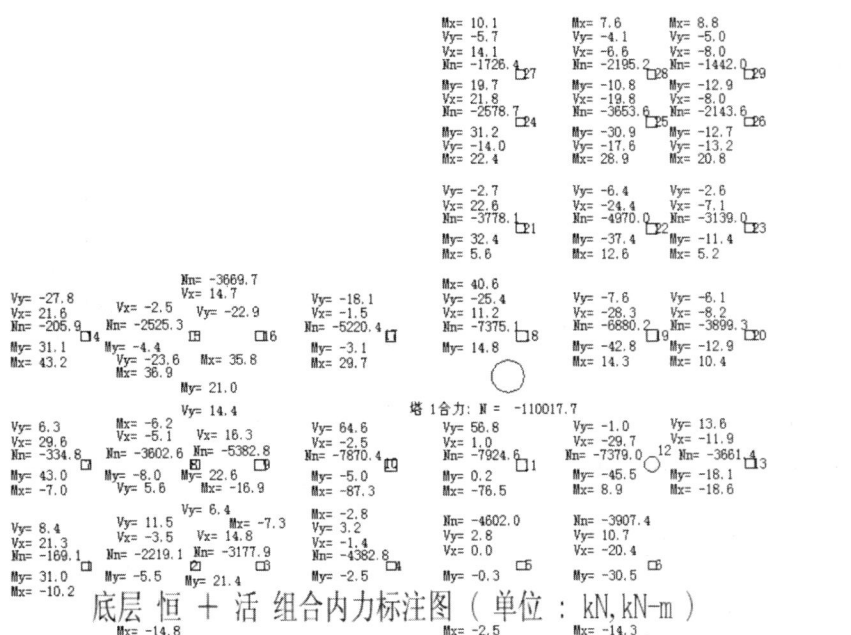

图 4.107 底层柱、墙最大组合内力图 DCNL4.T

(8) 绘各层柱、梁吊车预组合内力 CRA*.T。本例无吊车,不查看。

(9) 各层杆件几何、内力、配筋等信息查询。一般可不必查看。

(10) 文本文件查看。选择应用,出现如图 4.108 所示的对话框。

选择相应的菜单可以查看计算结果的文本输出。各层刚度比、刚重比、顶点在风载下的加速度在文件 TAT—M.OUT 中,结构自振周期、层间位移角、位移比、振型质量参与系数在文件 TAT—4.OUT 中,需要仔细查看。

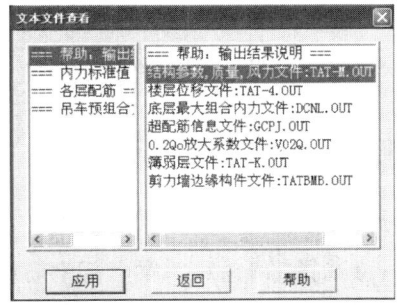

图 4.108 文本文件查看

4.9.8 接 PK 绘制梁柱施工图

在 TAT 主菜单下选择接 PK 绘制梁柱施工图,在二级菜单下,首先选择梁归并(全楼归并),一般选择默认归并参数即可,归并完成后进入各层梁归并信息显示,其中的第一层梁归并信息如图 4.109 所示。查看各层归并信息后,选择退出显示。

(1) 梁平面配筋图绘制。在接 PK 绘制梁柱施工图二级菜单下,选择梁平面图画法,出现如图 4.110 所示的对话框,需要输入要画的楼层号,填入第一层后,选择"确定"按钮,当出现"请选择菜单"时,见图 4.111,选择重新生成配筋,如果是第二次画图,配筋结果不变也可选择用已有配筋结果。出现如图 4.112 所示的对话框,进行梁平面图画法设计参数设置。

首先设置梁选筋参数,如图 4.112 所示,是否根据允许裂缝宽度选筋:是;允许裂缝宽度:0.3;是否考虑支座宽度对裂缝宽度的影响:是;是否考虑梁贯通中柱纵筋直径不大于柱截面尺寸的 1/20:是;选筋时的归并系数:一般可取 0.2,也可根据需要调整;梁下部钢筋放大系数:

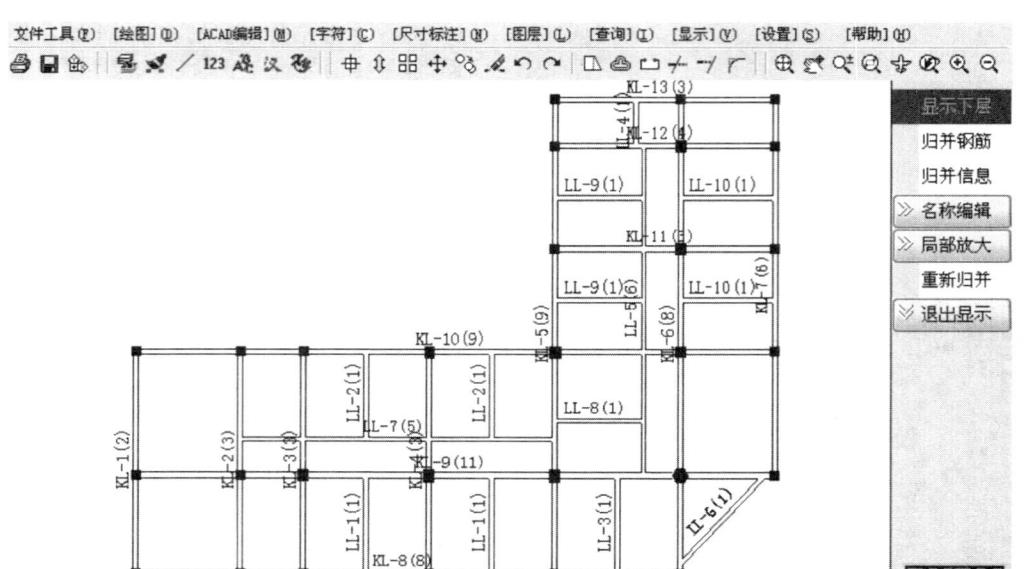

图4.109 第一层梁归并信息

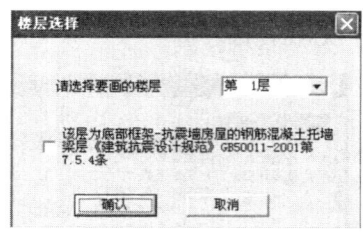

图4.110 楼层选择

图4.111 选择配筋结果

1.1,可选择1.1～1.2;梁上部钢筋放大系数:1.0,注意梁上部钢筋不要放大,因为已经进行梁负弯矩调幅,目的是为了降低配筋,如果配筋再乘增大系数是没有道理的;混凝土保护层厚度:0.025,根据构件所处的环境类别和混凝土强度等级确定。

然后进行梁选筋库设置,选择常用的钢筋种类:25,22,20,16,如图4.113所示。

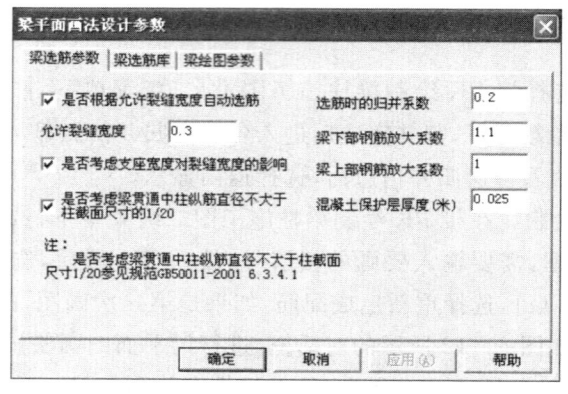

图4.112 梁选筋参数

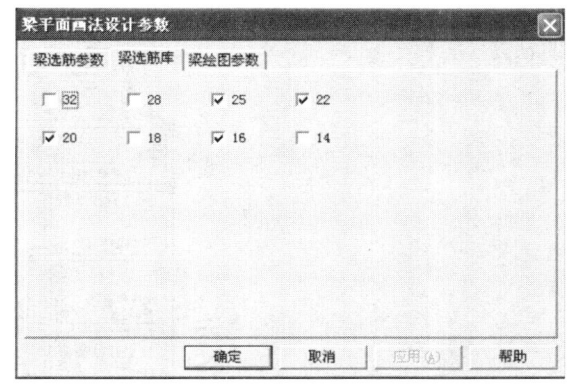

图 4.113 梁选筋库

再进行梁绘图参数设置,如图 4.114 所示,可根据绘图要求进行调整,没有固定格式。

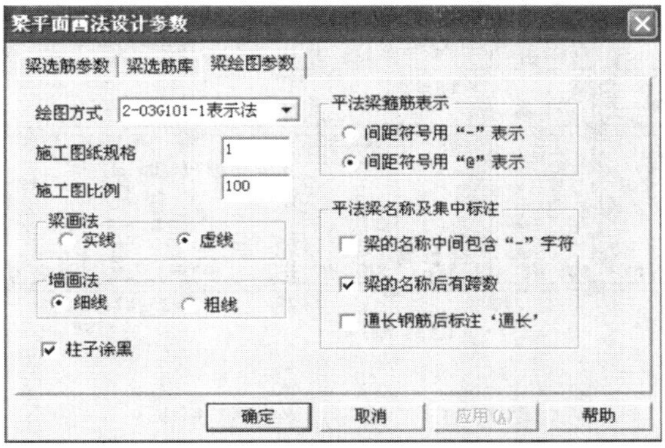

图 4.114 梁绘图参数

完成设置后,选择"确定"按钮进入第一层梁平面图,如图 4.115 所示,可以进行平面改筋、立面改筋、标注尺寸、标注字符、挠度图、裂缝图等操作,这些操作与 PK 绘图没有区别。

也可根据需要,在二级菜单下选择传统的梁配筋立面画法、梁表画法。同前面的过程可完成其余各层梁的选筋和施工图绘制。

(2)柱平面配筋图绘制。在 TAT 主菜单下选择接 PK 绘制梁柱施工图,在二级菜单下,首先选择柱归并(全楼归并),一般选择默认归并参数即可,归并完成后进入各层梁归并信息显示,其中的第一层柱归并信息如图 4.116 所示。查看各层归并信息后,选择退出显示。

在二级菜单下,首先选择平面图柱大样画法,出现如图 4.117 所示的对话框,选筋时的归并系数:0.3;柱钢筋放大系数:1.1;混凝土保护层厚度:0.03;柱箍筋形式:井字箍;柱钢筋搭接或连接形式:每边柱筋≤4 根时一次搭接,也可根据实际情况选择;设置选筋库:一般选择 25,22,20,18。选择确定后出现图 4.118 所示的选项卡。

柱平面图画法的参数设置、修改钢筋、图面布置等参数和梁施工图绘制相同,在这里不再详述。设置完参数后,绘制第一层柱施工图如图 4.119 所示。其余各层柱施工图仿照上面的过程进行绘制。也可以在二级菜单中选择传统的立面画法、柱表画法、主剖面列表画法,目前最通用的是平面图柱大样画法。

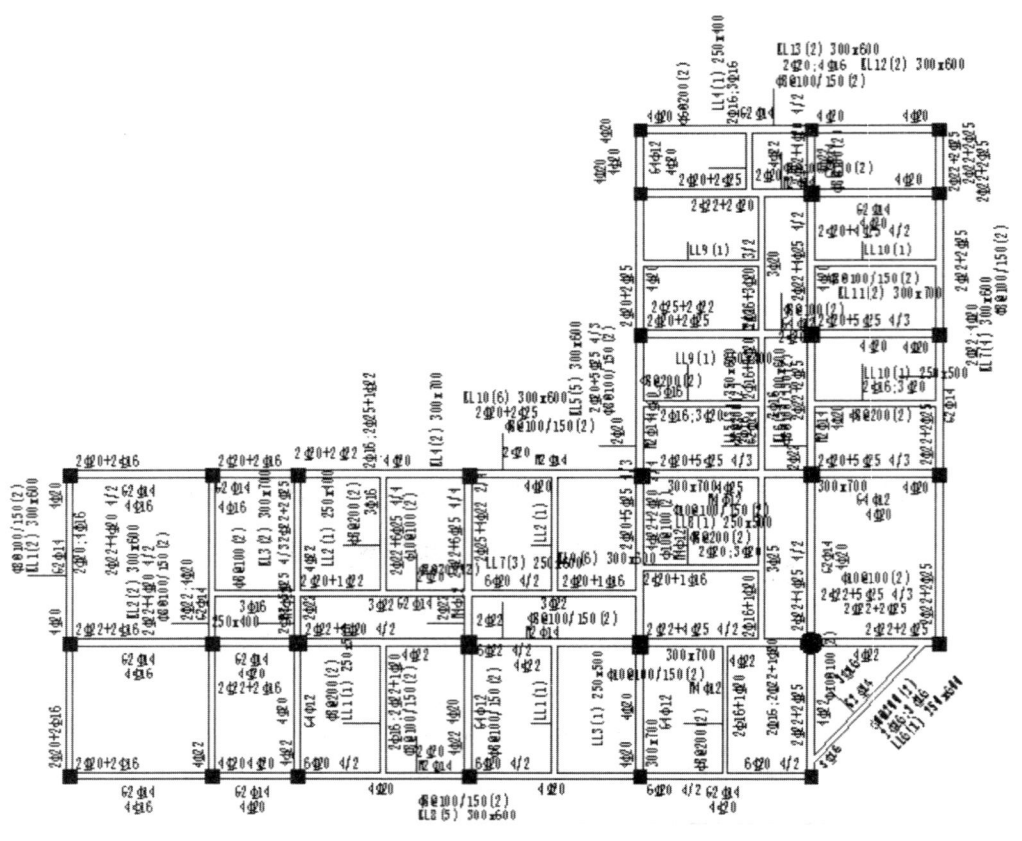

图 4.115 第一层平面配筋图

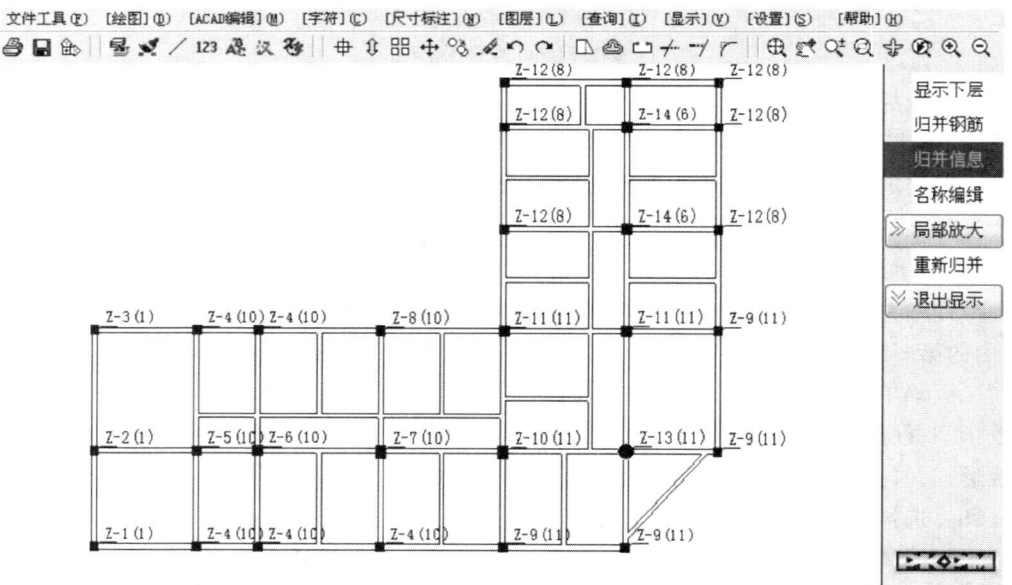

图 4.116 第一层柱归并信息

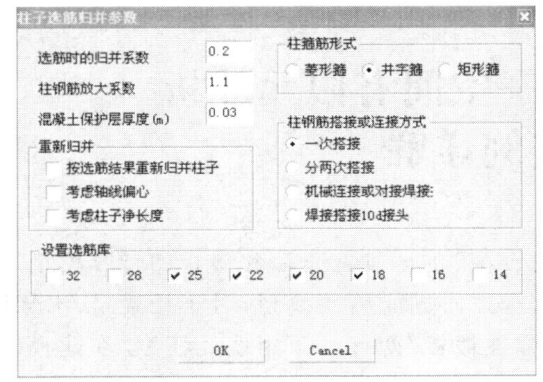

图 4.117　柱子选筋归并参数　　　　　图 4.118　柱平面图画法

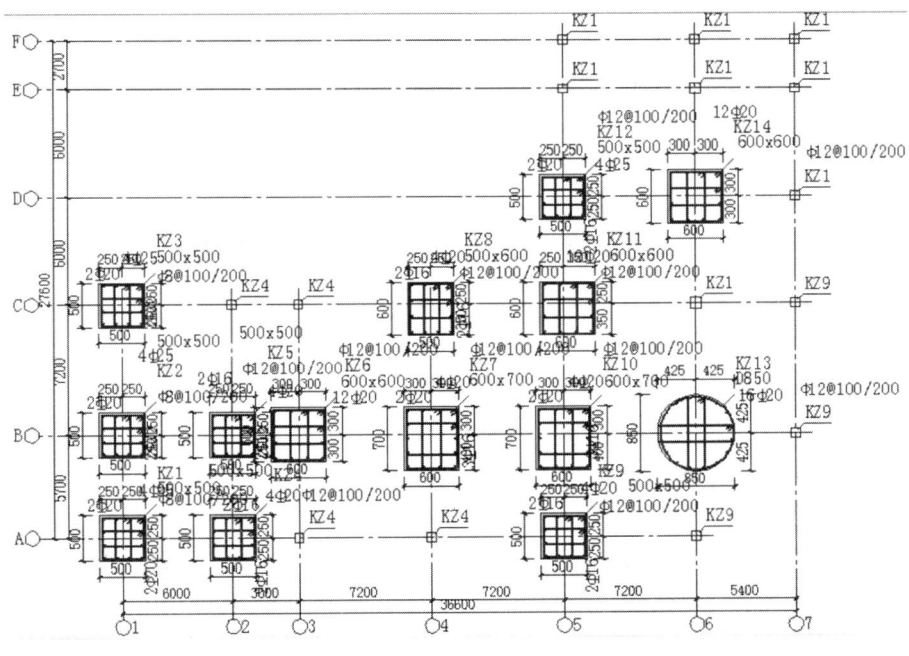

图 4.119　第一层柱平面配筋图

（3）楼板施工图绘制。楼板施工图绘制由 PMCAD 主菜单的第五项"画结构平面图"来完成，这里不再详述。

4.9.9　结构的弹性动力时程分析

本例不进行弹性动力时程分析。

4.9.10　框支剪力墙有限元分析

本例为高层框架结构，不进行框支剪力墙有限元分析。

4.9.11　转换层厚板有限元分析

本例为高层框架结构，不进行转换层厚板有限元分析。
至此，结构的 TAT 计算和施工图绘制完成。

第 5 章 SATWE——空间有限元分析与设计实例详解

SATWE——空间组合结构有限元程序,与 TAT 的区别在于墙和楼板的计算模型不同,SATWE 对剪力墙采用的是在壳元基础上凝聚而成的墙元模型,对于楼盖,SATWE 程序采用多种模式来模拟,有"刚性楼板"和"弹性楼板"两种。采用墙元模型,在建模时就不需要像 TAT 程序那样做那么多的简化,只需要按实际情况输入即可;应用弹性楼板可以更准确地计算更复杂、不规则的实际工程。由于接 PMCAD 进行前处理过程和核心计算的过程与 TAT 基本相同,因此,本章对于 SATWE 的具体菜单操作不作专门讲解,而是通过一个地下 1 层、上部 17 层的框剪结构的结构设计计算,给出应用 SATWE 程序进行高层框剪结构计算的具体过程。在此之前,首先对 TAT 与 SATWE 的计算模型和应用进行对比。

5.1 SATWE 与 TAT 的计算模型和应用对比

5.1.1 计算模型的差别

TAT 是利用薄壁杆件理论的三维杆系结构有限元分析程序,SATWE 是利用壳元理论的三维组合结构有限分析程序。二者均属于空间三维高层建筑结构空间分析程序,已有很多应用实例,但是它们毕竟是两种不同的程序,它们究竟有些什么区别?对计算结果有什么影响?在实际工程中应该注意些什么?

(1) TAT 采用薄壁杆件理论,它具有两条基本假定:①把彼此相连在一起的剪力墙模型简化为一个薄壁杆件单元,把上、下层剪力墙洞口间的部分模型化为一个连系梁单元(允许开裂,可以进行刚度折减的梁单元)。②对于楼板,假定平面内无限刚,平面外刚度为零。

SATWE 采用空间杆单元来模拟梁、柱及支撑杆件,用在壳单元基础上凝聚而成的墙元来模拟剪力墙。墙元是专用于模拟高层结构中剪力墙的,对于尺寸较大或带洞口的剪力墙,按照子结构的基本思想,由程序自动进行细分,然后用静力凝聚原理将由于墙元细分而增加的内部自由度消去,从而保证墙元的精度和有限的出口自由度,这种墙元对剪力墙的洞口的大小及空间位置无限制,具有较好的适应性,墙元不仅具有墙所在平面内刚度,可以较好地模拟工程中剪力墙的实际受力状态。对于楼板 SATWE 给出了四种简化假定:①楼板整体平面内无限刚;②分块无限刚;③分块无限刚带弹性连接板带;④弹性楼板。在应用中,可根据实际情况和分析精度,选用其中一种或几种简化假定。

(2) TAT 在许多工程中有大量的应用,它的计算特点是自由度少,使复杂的结构分析得到了极大的简化,因而运算速度快,计算简单,对硬件要求较低。但是实际工程中的许多复杂结构的剪力墙很难满足其基本假定,这时则需要把实际工程的计算模型进行简化,这样经过人为修改而达到理想化的模型又同实际工程具有一定差别,就难以保证其计算的准确性。

相对 TAT 来讲，SATWE 运算时间要长得多，对硬件要求比较高。但是这种墙元模型允许剪力墙上下层洞口不对齐，可以准确地分析复杂的框剪、剪力墙结构，可以分析楼板局部开大洞口、板柱体系、转换层等复杂结构。

（3）当建筑物为普通框架结构时，二者计算结果差别不大，如果框架结构有错层，则略有差异，这是因为 SATWE 把错层构件质量加在每一层分界的节点上，而 TAT 把错层构件连接起来加在其顶端，这样计算结果就会导致 TAT 计算的周期偏大。

（4）在计算风载时，SATWE 取本层迎风面面积，TAT 则取本层和上层各一半的面积，这样的结果导致 TAT 在计算中忽略了第一层的一半迎风面荷载。

5.1.2　在工程设计中 TAT 软件运算时易产生的问题

（1）对于板柱体系不宜采用 TAT 的计算结果。对于板柱体系在采用 TAT 进行分析时，要将楼板简化为等带梁，这种处理方法对楼板的模拟与实际情况出入较大。就目前而言，等带梁宽的取值还没有一个科学的原则，由于 SATWE 软件考虑了楼板弹性变形，可以用弹性楼板单元较真实地模拟楼板的刚度和变形。

（2）在分析框支剪力墙和转换大梁时，其连接面上是线变形协调的，采用薄壁杆件理论分析框支墙时，由于薄壁杆件是以点传力的，作为一个薄壁杆件的框支墙只有一点和转换大梁的一点进行变形协调，其变形关系与框支转换结构原形相差甚大。另外，在竖向荷载作用下简单平面框支结构的转换大梁跨中不仅有弯矩，还存在着轴向拉应力，混凝土结构抗拉强度低，因此，轴向拉力是不可忽视的，但程序中假定"楼板平面内无限刚，平面外刚度为零"，在这种情况下不能分析出转换梁的轴力。

（3）框架梁与剪力墙的连接。在与剪力墙垂直连接的框架梁的计算中，常常出现与剪力墙连接的梁端弯矩计算值偏大的现象，而实际上，剪力墙在平面外向上的刚度并不大，梁受剪力墙的约束并不强，在程序计算过程中，按照薄壁杆件的基本假定，梁要通过刚臂与薄壁杆件的剪力墙相连，这里说的刚臂是计算者人为地强加给梁的，由于薄壁杆件只能反映彼此相连在一起的各墙肢的综合刚度，其结果是强化了剪力墙对梁的嵌固作用，使梁端弯矩偏大，这就是常遇到的有些梁超筋的原因。

（4）当截面不相同且差异较大的剪力墙相连接时，这时 TAT 的计算结果会产生一定的计算误差，在设计时应尽量避免剪力墙厚度变化过大。

（5）较矮、较长的剪力墙且洞口较少时，这样的剪力墙很难满足薄壁杆件在几何尺寸上的基本要求，会产生很大误差。

（6）剪力墙上下层洞口部分连系梁，在 TAT 计算中是用梁单元模拟其刚度和变形，由于连梁与薄壁杆件之间是通过刚臂实现的点变形协调连接，而在剪力墙原形中是以线变形协调的，同连梁模拟剪力墙，其计算结果是偏柔的，连梁越多，偏柔程度越大。

（7）在计算中，由于杆系单元是通过点接触传力的，因而在分析计算时，不管实际情况如何，都要求剪力墙的上下洞口对齐，那么就不得不对实际工程中上下洞口错位的工程进行修改和简化，通过改变洞口的位置和大小等措施建立规则的结构计算模型，来人为地明确传力路线，其结果导致与实际情况产生差异。一方面，计算洞取多大，该加在什么地方都是人为的，没有一定规律可寻，而这些因素与分析结果的精度密切相关，这就使分析结果带有很强的主观性;另一方面,如加计算洞口后,计算简图与剪力墙原形可能相差甚远,按这样的简图分析,即使计算洞口加得非常理想,其分析结果也很难如实地反映剪力墙的原形位移场和应力场。

(8)地下室或人防工程处理。用TAT软件计算时,由于地下室或人防工程外围护结构都采用剪力墙,使之形成一封闭的连续墙体,用TAT这种薄壁杆系计算与计算假定不符,则需要进行简化,简化的方法之一是忽略外围墙体计算,实际配筋时采用构造配筋;二是外围墙体根据上部墙段进行简化,而这样两种简化后计算出的结果,仅能作为参考,不能作为计算依据。

5.1.3 SATWE的几种楼板假定的适用范围

(1)刚性楼板。"刚性楼板"的含义是楼板平面内刚度无穷大,忽略面外刚度。其中,"假定楼板整体平面无限刚"多用于常规结构。"假定楼板分块内无限刚"适用于多塔式错层结构。

(2)弹性楼板6。"弹性楼板6"采用壳单元真实计算楼板平面内和平面外的刚度,适用于板柱结构和板柱-抗震墙结构。

(3)弹性楼板3。"弹性楼板3"假定楼板面内刚度无穷大,面外刚度真实计算,适用于厚板转换层结构。

(4)弹性膜。"弹性膜"采用壳单元真实计算楼板平面内的刚度,忽略楼板平面外的刚度,适用于空旷的工业厂房和体育场馆结构、楼板局部开大洞结构、楼板平面较长或者有较大凹入以及弱连接结构。

5.2 工程实例的结构建模

具体建模过程不做具体介绍,结构地下室、上部结构平面图如图5.1～图5.4所示。

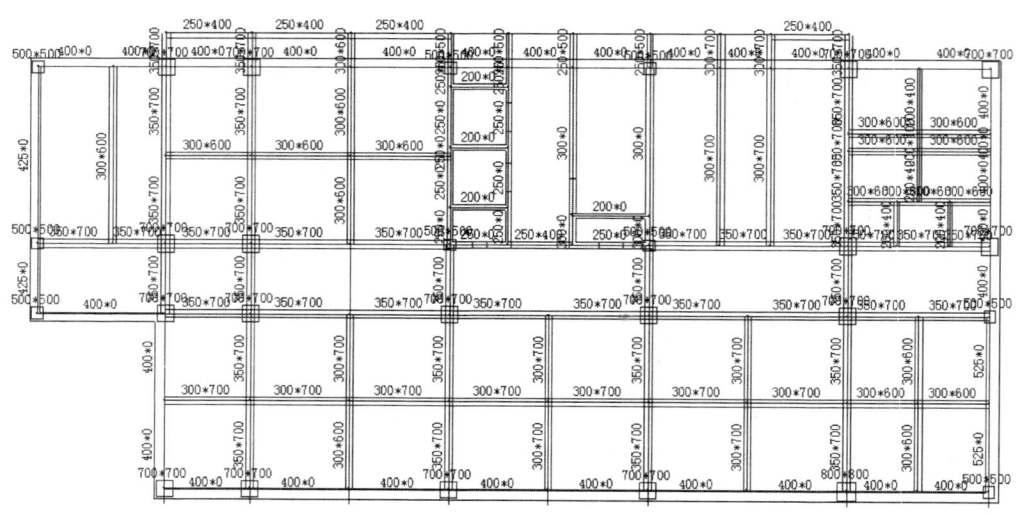

图5.1 地下室结构平面

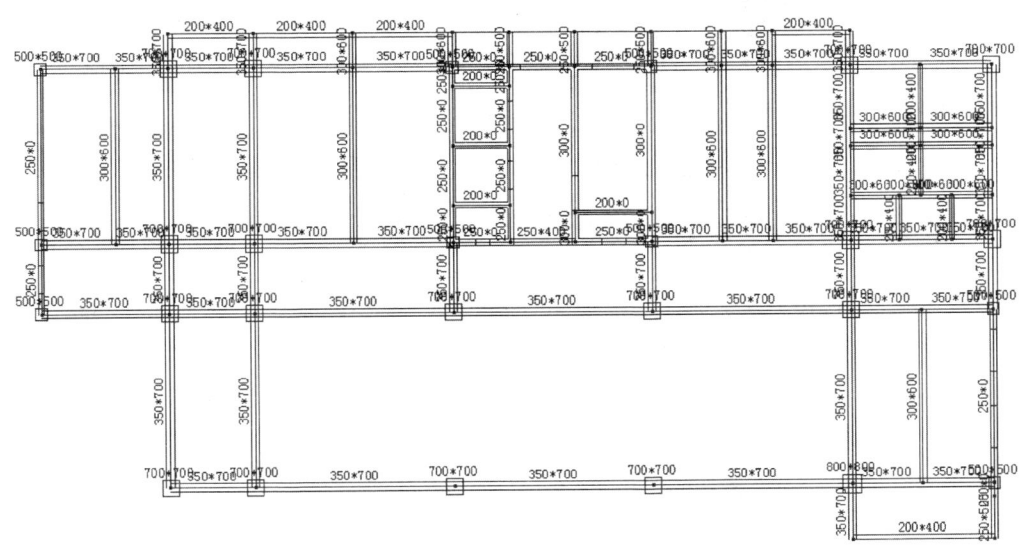

图 5.2 一层结构平面

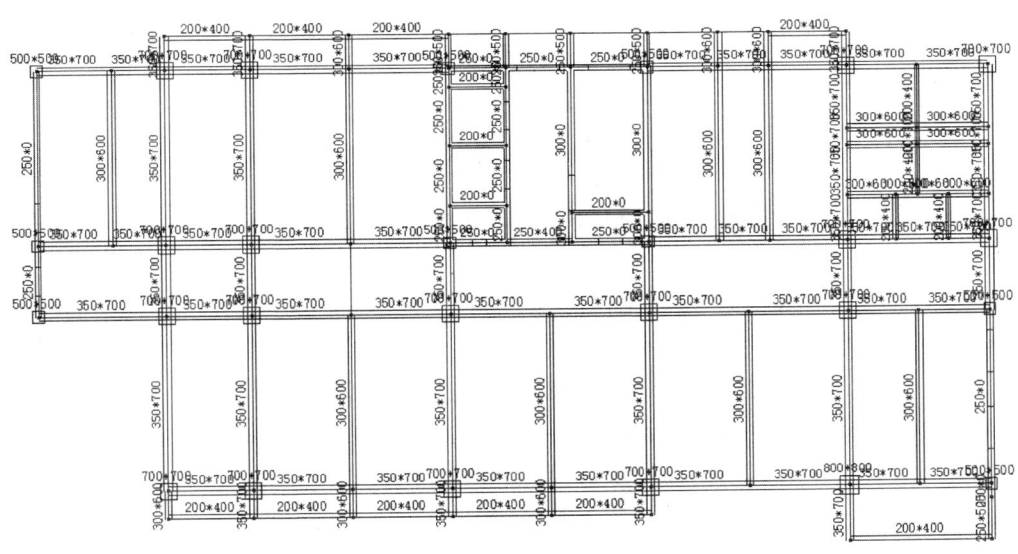

图 5.3 二层结构平面

楼层组装如图 5.5 所示。

完成输入次梁楼板和输入荷载数据后,可以按例 SATWE 进行计算分析。

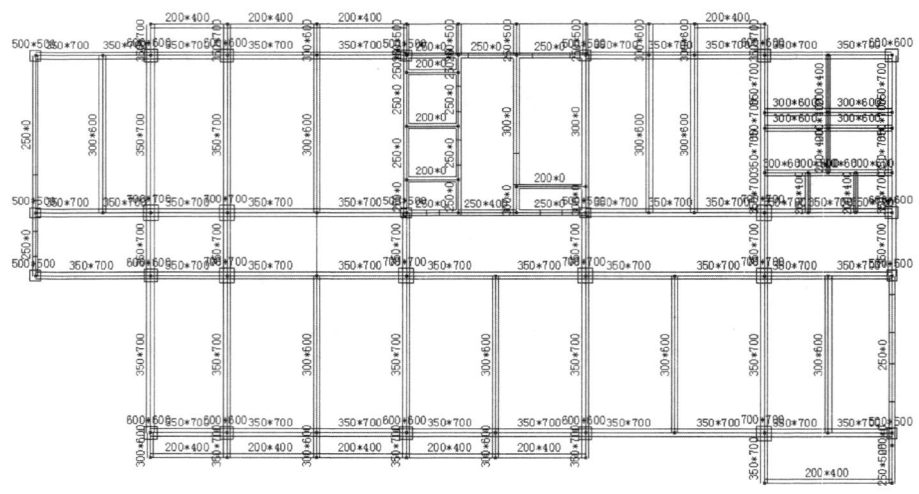

图 5.4 标准层结构平面

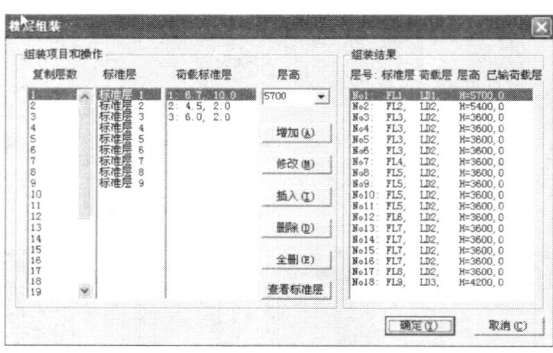

图 5.5 楼层组装

5.3 接 PM 生成 SATWE 数据

选择接 PM 生成 SATWE 数据,如图 5.6 所示,选择应用后出现如图 5.7 所示的前处理对话框。

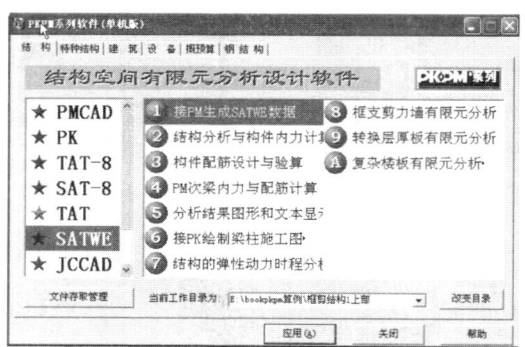

图 5.6 接 PM 生成 SATWE 数据

5.3.1 分析与设计参数补充定义

选择第 1 项"分析与设计参数补充定义"进行参数设置,出现如图 5.7 所示的对话框。

1. SATWE 总信息

选择"总信息",进行总信息参数设置,如图 5.8 所示。

结构材料信息:按主体结构材料选择"钢筋混凝土结构",如果是底框架结构要选择"砌体结构"。

混凝土容重(kN/m^3):$G_c=27.00$,一般框架取 26~27,剪力墙取 27~28,在这里输入的混凝土容重包含饰面材料。

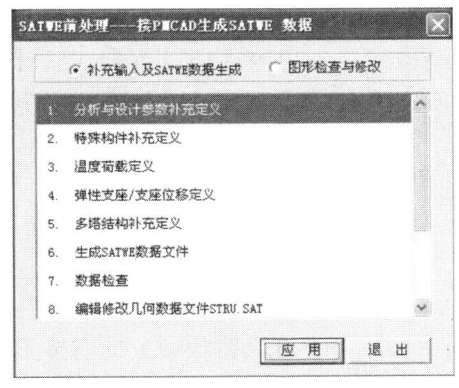

图 5.7 分析与设计参数补充定义

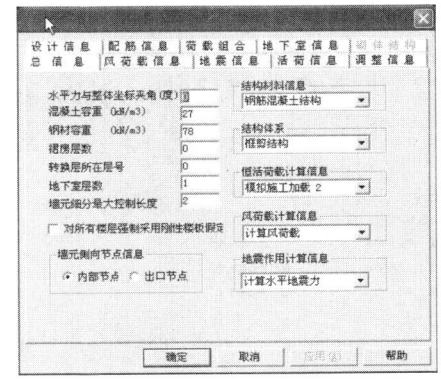

图 5.8 SATWE 总信息

钢材容重(kN/m^3):$G_s=78.00$,当考虑饰面材料重量时,应适当增加数值,取 80~81kN/m^3。

水平力的夹角(Rad):ARF=0.00,一般取 0°,地震力、风力作用方向反时针为正。当结构分析所得的"地震作用最大的方向">15°时,宜按照计算角度输入进行验算。

地下室层数:MBASE=1,定义与上部结构整体分析的地下室层数,无则填 0。

竖向荷载计算信息:"模拟施工加载 1",多层建筑选择"一次性加载";高层建筑选择"模拟施工加载 1",高层框剪结构在进行上部结构计算时选择"模拟施工加载 1",但在计算上部结构传递给基础的力时应选择"模拟施工加载 2"。

📖提示

模拟施工方法 1 加载:就是按一般的模拟施工方法加载,对高层结构,一般都采用这种方法计算。但是对于"框剪结构",采用这种方法计算在导给基础的内力中剪力墙下的内力特别大,使得其下面的基础难于设计。于是就有了下一种竖向荷载加载法。

模拟施工方法 2 加载:这是在"模拟施工方法 1"的基础上将竖向构件(柱、墙)的刚度增大 10 倍的情况下再进行结构的内力计算,也就是再按"模拟施工方法 1"加载的情况下进行计算。采用这种方法计算出的传给基础的力比较均匀合理,可以避免墙的轴力远远大于柱的轴力的不合理情况。由于竖向构件的刚度放大,使得水平梁的两端的竖向位移差减少,从而其剪力减少,这样就削弱了楼面荷载因刚度不均而导致的内力重分配,所以这种方法更接近手工计算。

建议:在进行上部结构计算时采用"模拟施工方法 1";在框剪结构基础计算时,用"模拟施工方法 2",这样得出的上部结构传递至基础的力比较合理。

风荷载计算信息:计算 X,Y 两个方向的风荷载,选择"计算风荷载",此时地下室外墙不产生风荷载。

地震力计算信息:计算 X,Y 两个方向的地震力,抗震设计时选择"计算水平地震力";8 度、9 度大跨和长悬臂及 9 度的高层建筑,应选"计算水平和竖向地震力"。

特殊荷载计算信息:不计算,一般情况下不考虑。

结构类别:本例为"框剪结构",其他工程按照所采用的结构体系填写。

裙房层数:MANNEX=0,定义裙房层数,无裙房时填0。

转换层所在层号:MCHANGE=0,定义转换层所在层号,便于内力调整,无则填0。

墙元细分最大控制长度(m):$D_{max}=2.00$,一般工程取2.0,框支剪力墙取1.5或1.0。

墙元侧向节点信息:内部节点,一般工程宜选择"内部节点","出口节点"精度高于"内部节点",但非常耗时。

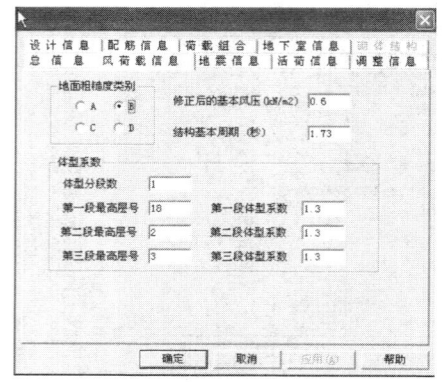

图5.9 风荷载信息

是否对全楼强制采用刚性楼板假定:是,计算位移比与层刚度比时选"是",计算内力与配筋及其他内容时选择"否"。

2. 风荷载信息

选择"风荷载信息",进行风荷载参数设置,如图5.9所示。

修正后的基本风压(kN/m²):$W_0=0.6$,一般取50年一遇($n=50$);对于对风荷载敏感的和体形复杂的结构要取100年一遇($n=100$)。

地面粗糙程度:"B"类,建筑密集城市市区选"C"类,乡镇、市郊等选"B"类,海岸选择"A"类,如果建筑密集城市市区且房屋较高选"D"类。

结构基本周期(s):$T_1=1.73$,初步计算宜取程序默认值,待程序计算出结构的基本周期后,再代回重新计算。

体形变化分段数:MPART=1,定义结构体形变化分段,体形无变化填1。

各段最高层号:$NST_i=18$,按各分段内各层的最高层层号填写。

各段体形系数:$U_{Si}=1.30$,高宽比不大于4的矩形、方形、十字形平面取1.3。

3. 地震信息

选择"地震信息",进行地震信息参数设置,如图5.10所示。

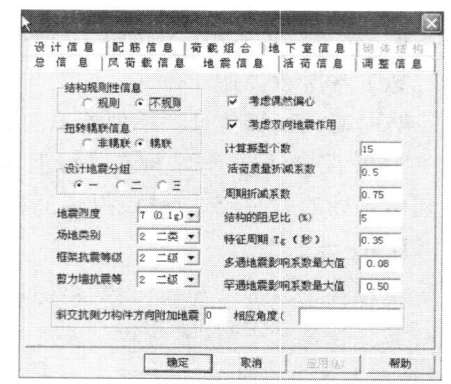

图5.10 地震信息

结构规则性信息:选择"不规则",规则结构选择"规则"。

扭转偶联信息:选择"耦联",振型叠加的CQC组合为耦联算法,SRSS组合为非耦联算法,一般地震力计算都采用CQC方法,因此多高层建筑宜选择"耦联",多层选择"耦联"后不必增大边榀框架的地震内力。

计算振型数:NMODE=15,"耦联"取3的倍数且≤3倍层数,"非耦联"≤层数;且参与计算振型的"有效质量系数"应≥90%。

地震烈度:NAF=7。

场地类别:KD= 2。

设计地震分组:"第一组"。

特征周期:$T_g=0.35$,Ⅱ类场地设计地震分组一、二、三组分别取 0.35s,0.40s,0.45s。

多遇地震影响系数最大值:$R_{max_1}=0.08$。

罕遇地震影响系数最大值 $R_{max_2}=0.50$。

框架的抗震等级:$N_F=2$,丙类 7 度 $H\leqslant 30m$,取 3。

剪力墙的抗震等级:$N_W=2$,丙类 7 度框剪取 2。

活荷质量折减系数:$RMC=0.50$,雪荷载及一般民用建筑楼面等效均布活荷载取 0.5。

周期折减系数:$C_T=0.75$,框架结构填充墙较多取 0.6~0.7,填充墙较少取 0.7~0.8;框剪结构填充墙较多取 0.7~0.8,填充墙较少取 0.8~0.9,剪力墙结构填充墙较多取 0.9~1,填充墙较少取 1,短肢剪力墙结构取 0.8~0.9。

结构的阻尼比(%):$DAMP=5.00$,钢筋混凝土结构一般取"0.05",高层钢结构"0.02"(层数多于 12 层)、"0.035"(层数不多于 12 层),门式轻型钢结构"0.05",组合结构"0.04"。

是否考虑偶然偏心:"是",多层结构可选"否",规则多层若同时选择"非耦联",应按规范增大边榀地震内力。

是否考虑双向地震作用:"是",多层建筑一般按单向地震计算,即不考虑"双向地震",高层建筑(平面或者竖向不规则)一般直接选择"双向地震"。

斜交抗侧力构件方向的附加地震数:填 0,斜交角度>15°时应输入计算。

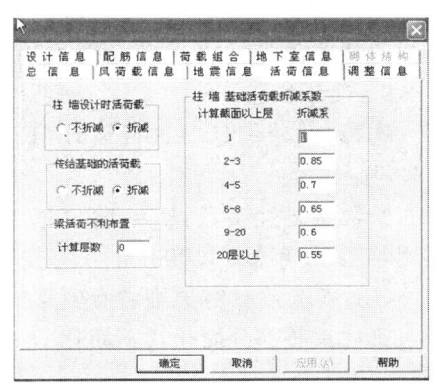

图 5.11 活载信息

4. 活载信息

选择"活载信息",进行活载信息参数设置,如图 5.11 所示。

柱、墙活荷载是否折减:"折减",在 PM 建模不折减时,宜选"折减"。

传到基础的活荷载是否折减:"折减",在 PM 建模不折减时,宜选"折减"。

柱,墙,基础活荷载折减系数:参见《荷载规范》。

5. 调整信息

选择"调整信息",进行调整信息参数设置,如图 5.12 所示。

中梁刚度增大系数:$B_K=2.00$,现浇楼板取 1.3~2.0,宜取 2.0;装配式楼板取 1.0。

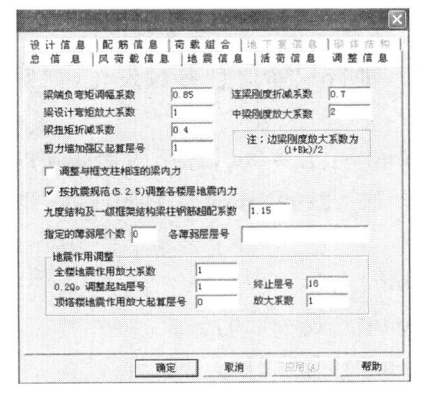

图 5.12 调整信息

梁端弯矩调幅系数:$B_T=0.85$,现浇框架梁 0.8~0.9;装配整体式框架梁 0.7~0.8。调幅后,程序按平衡条件将梁跨中弯矩相应增大。

梁设计弯矩增大系数:$B_M=1.1$,取值 1.0~1.3,已考虑活荷载不利布置时,宜取 1.0。

连梁刚度折减系数:$B_{LZ}=0.70$,考虑地震作用时一般取 0.55;位移由风载控制时取 $B_{LZ}\geqslant 0.7$,B_{LZ} 最小可取 0.5。

梁扭矩折减系数:$T_B=0.40$,现浇楼板取 0.4~1.0,宜取 0.4;装配式楼板取 1.0。

全楼地震力放大系数:$R_{SF}=1.00$,取值 0.85~1.50,一般取 1.0。

$0.2Q_0$ 调整:起始层号 1,终止层号 18,用于框剪(抗震设计),纯框加填"0"。

顶塔楼内力放大起算层号:NTL=0,按突出屋面部分最低层层号填写,无顶塔楼填 0。

顶塔楼内力放大:RTL=1.00,计算振型数为 9~15 及以上时,宜取 1.0(不调整);计算振型数为 3 时,取 1.5。顶塔楼宜每层作为一个质点参与计算。

九度结构及一级框架梁柱超配筋系数:CPCOEF91=1.15。

是否按抗震规范 5.2.5 调整楼层地震力 IAUTO525=1,用于调整剪重比,抗震设计时选择调整。

是否调整与框支柱相连的梁内力:IREGU_KZZB=0,一般"不调整"。

剪力墙加强区起算层号:LEV_JLQJQ=1,一般取"1"。

强制指定的薄弱层个数 NWEAK=0,由用户自行指定某些薄弱层,不需指定时填"0"。

6. 设计信息

选择"设计信息",进行设计信息参数设置,如图 5.13 所示。

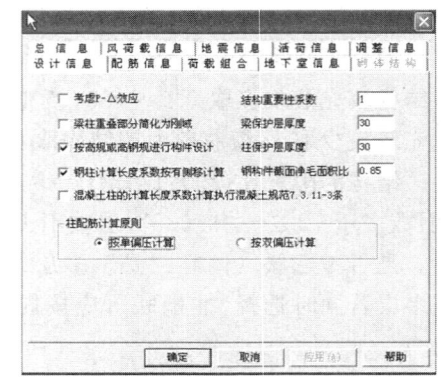

图 5.13 设计信息

结构重要性系数:R_0=1.00,安全等级二级,设计使用年限 50 年,取 1.00。

柱计算长度计算原则:"有侧移",一般按"有侧移"。钢结构也属于"有侧移"结构。

梁柱重叠部分简化:"不简化",一般工程选择"不简化",异形柱结构宜选择"简化作为刚域"。

是否考虑 P-Δ 效应:"否",一般不考虑。

柱配筋计算原则:按单偏压计算,整体计算选"单偏压",角柱、异形柱按照"双偏压"进行补充验算。可按特殊构件定义角柱,程序自动按"双偏压"计算。

钢构件截面净毛面积比:R_N=0.85,用于钢结构。

梁保护层厚度(mm):BCB=25.00,室内正常环境,混凝土强度>C20 时取≥25mm。

柱保护层厚度(mm):ACA=30.00,室内正常环境取≥30mm。

是否按混凝土规范(7.3.11-3)计算混凝土柱计算长度系数:"否",一般情况下选"否",水平力设计弯矩占总设计弯矩 75%以上时选"是"。

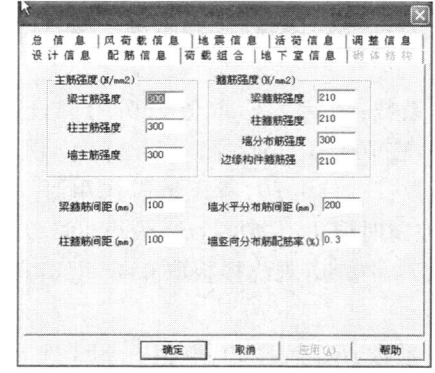

图 5.14 配筋信息

7. 配筋信息

选择"配筋信息",进行配筋信息参数设置,如图 5.14 所示。

梁主筋强度(N/mm^2):I_B=300,选用的钢筋强度设计值,HPB235 取 210N/mm^2,HRB335 取 300N/mm^2。

柱主筋强度(N/mm^2):I_C=300。

墙主筋强度(N/mm^2):I_W=300。

梁箍筋强度(N/mm^2):J_B=210。

柱箍筋强度(N/mm^2):J_C=210。

墙分布筋强度(N/mm^2):J_{WH}=300。

梁箍筋最大间距：S_B＝100.00mm，抗震设计时加密区间距，一般取100mm。
柱箍筋最大间距：S_C＝100.00mm，抗震设计时取加密区间距，一般取100mm。
墙水平分布筋最大间距：S_{WH}＝200.00mm。
墙竖向筋分布最小配筋率：R_{WV}＝0.30％，抗震设计时应≥0.25％。

8．荷载组合

选择"荷载组合"，进行荷载组合参数设置，如图5.15所示。

一般选择程序默认值。

9．地下室信息

选择"地下室信息"，进行地下室信息设置，如图5.16所示。

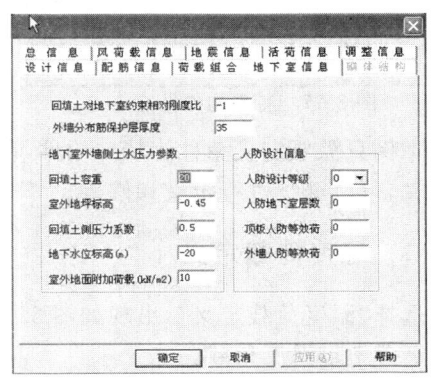

图5.15 荷载组合　　　　图5.16 地下室信息

回填土对地下室约束相对刚度比：本例填－1（相当于上部结构嵌固于地下室顶板），如果填3相当于嵌固程度70％～80％，填5相当于完全嵌固。

外墙分布筋保护层厚度：35，其他工程根据材料类别和所处环境类别选取。

回填土容重："20"，一般填土取18～20kN/m³。

室外地坪标高："－0.45m"，以地下室顶板标高为准，高为正，低为负。

回填土侧压力系数："0.5"，参见工程地质勘察报告，宜取静止土压力，无试验条件时，砂土可取0.34～0.45，黏性土可取0.5～0.7。

地下水位标高(m)："－20"，以地下室顶板标高为准，高为正，低为负。

室外地面附加荷载(kN/m²)："10"，取值≥10kN/m²。

人防设计等级："0"，有人防时为4级，5级，6级，0为不考虑人防设计。

人防地下室层数："0"，考虑人防设计的地下室层数，与地下室层数有区别。

顶板人防等效荷载："0"，考虑人防设计时按照人防等级选择。

外墙人防等效荷载："0"，考虑人防设计时按照人防等级选择。

10．砌体结构

选择"砌体结构"，进行砌体结构信息设置，本例为高层钢筋混凝土结构，此项不填。

5.3.2 特殊构件补充定义

在SATWE主菜单中选择"特殊构件补充定义"，如图5.17所示，选择"应用"出现如图5.18所示的窗口。可以定义特殊梁（不调幅梁、连梁、转换梁、一端铰接、两端铰接、滑动支座、门式刚架、耗能梁、组合梁等），特殊柱（上端铰接、下端铰接、两端铰接、角柱、框支柱、门式刚柱),特殊支撑(两端固结、上端铰接、下端铰接、两端铰接、人/V 支撑、十/斜支撑),弹性板(弹性板 6、弹性板 3、弹性膜),吊车荷载,刚性板号,框抗震等级,材料强度,刚性梁等。

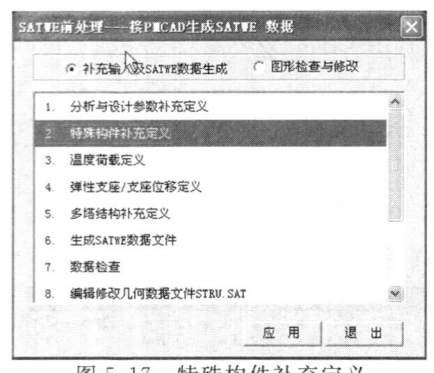
图 5.17 特殊构件补充定义

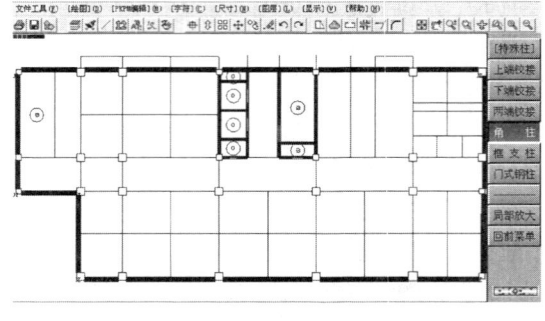
图 5.18 定义特殊构件

本例只需要定义角柱为特殊构件,在各标准层中完成角柱定义,如果有其他特殊构件的补充定义,可以继续进行定义和修改。

5.3.3 温度荷载定义

选择"温度荷载定义",出现如图 5.19 所示的窗口。本例不考虑温度荷载,一般的高层建筑不需要考虑温度荷载。

图 5.19 温度荷载定义

5.3.4 弹性支座/支座位移定义

选择"弹性支座/支座位移定义",屏幕弹出如图 5.20 所示的窗口。本例没有弹性支座/支座位移,其他工程如果有"弹性支座/支座位移"则在此处完成定义。

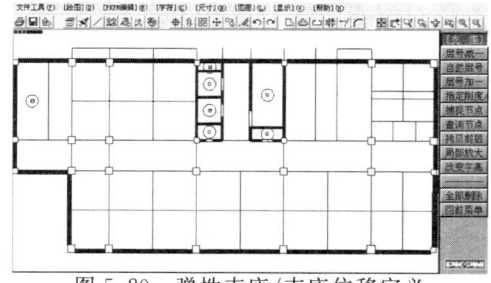
图 5.20 弹性支座/支座位移定义

5.3.5 多塔结构补充定义

选择"多塔结构补充定义",屏幕弹出如图 5.21 所示的窗口。本例没有多塔,多塔对于大底盘建筑是常见的,多塔和单塔主要区别在风荷载、结构周期计算方面,具体参见《高规》。对于多塔结构,目前有离散模型和整体模型两种计算方法。

(1) 离散模型。单塔1+大底盘,单塔2+大底盘,……,单塔N+大底盘分别计算。

(2) 整体模型。按结构的实际模型输入计算。

📖提示

在计算结构的周期比时,采用离散模型,以计算单塔的周期,避免多塔耦合。在计算结构的位移比和整体内力时采用整体模型。

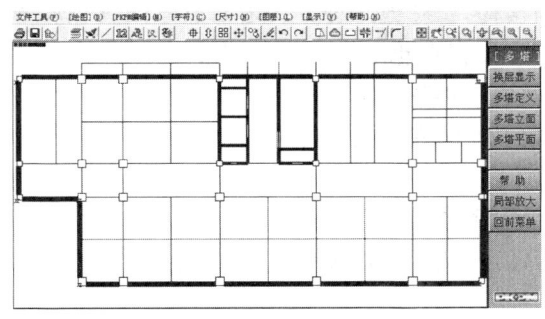

图5.21 多塔定义

5.3.6 生成SATWE数据文件和数据检查

完成各项定义后,选择"生成SATWE数据文件",完成后运行"数据检查",如果出现提示错误,则查看数据检查报告CHECK.OUT,完成修改后再次执行"生成SATWE数据文件"和"数据检查",数据检查通过,则SATWE前处理完成。

5.4 结构分析与构件内力计算

在SATWE主菜单选择"结构分析与构件内力计算",屏幕弹出如图5.22所示的对话框。

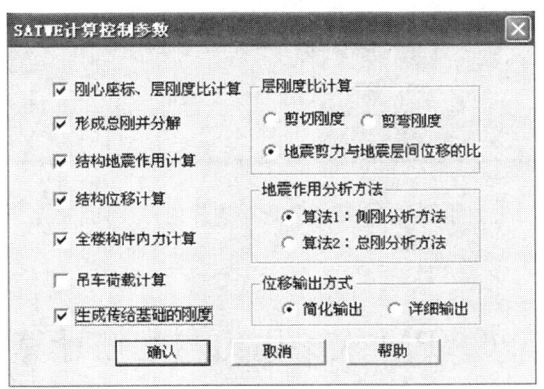

图5.22 结构分析与构件内力计算

计算层刚度比有剪切刚度、剪弯刚度、地震剪力与地震层间位移的比三种方法。

方法1:《高规》附录E.0.1建议的方法——剪切刚度 $K_i = G_i A_i / h_i$。

方法2:《高规》附录E.0.2建议的方法——剪弯刚度 $K_i = V_i / \Delta_i$。

方法3:《抗震规范》的3.4.2和3.4.3条文说明及《高规》建议的方法——地震剪力与地

震层间位移的比 $K_i = V_i / \Delta u_i$。

SATWE 程序提供三种方法的选择项,用户可以选用其中之一。程序隐含的方法是第 3 种,即"地震剪力与地震层间位移之比"。这三种计算方法有差异是正常的,可以根据需要选择,对于大多数一般的结构应选择第 3 种层刚度算法。

方法 1 适用于多层(砌体、砖混底框),对于底层大空间转换层,计算转换层上下刚度比,计算地下室和上部结构层刚度比(判断地下室顶板是否可以作上部结构的嵌固端)。

方法 2 适用于带斜撑的钢结构,转换层在 3~5 层时,计算转换层上下刚度比。

方法 3 适用于一般的结构,比其他两种方法更易通过刚度比验算。选择第 3 种方法计算层刚度和刚度比控制时,要采用"刚性楼板假定"的条件,对于有弹性板或者板厚为零的工程,应计算两次,在刚性楼板假定条件下计算层刚度和找出薄弱层,然后在真实条件计算,并且检查原找出的薄弱层是否得到确认,完成其他计算。

在选择地震作用计算方法时,没有弹性楼板选择算法 1"侧刚分析方法",计算量较小,有弹性楼板选择算法 2"总刚分析方法",计算量较大。

其余选择程序默认值即可,然后选择确认,进行整体计算分析。

5.5 构件配筋与计算

整体计算分析完成后,在 SATWE 主菜单选择"构件配筋与计算",屏幕弹出如图 5.23 所示的对话框。

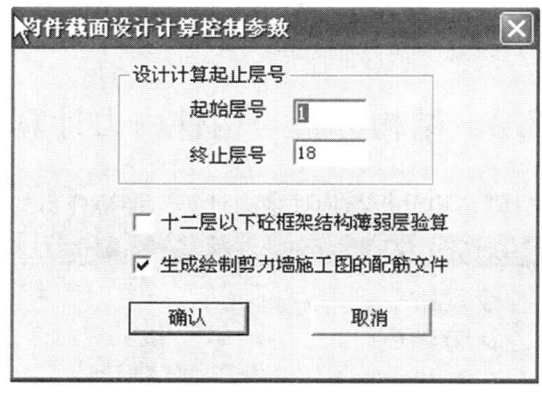

图 5.23 结构分析与构件内力计算

选择确认,进行构件配筋计算。

5.6 PM 次梁内力与配筋计算

一般在 PM 建模中,如果容量允许,一般都把次梁作为主梁输入,因此不必执行此项,如果有次梁,则完成此项计算,同 PK 中的连续梁计算,只是 SATWE 一次算出全部次梁的内力和配筋。

5.7 分析结果图形和文本显示

完成构件配筋计算后,在 SATWE 主菜单选择"分析结果图形和文本显示",屏幕弹出如图 5.24 和图 5.25 所示的对话框。

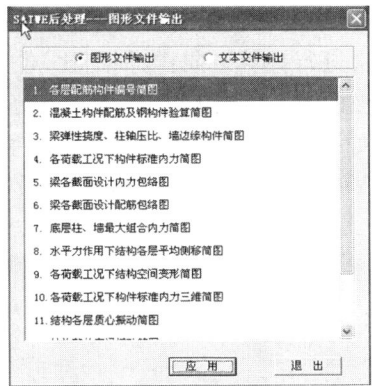

图 5.24 分析结果图形显示

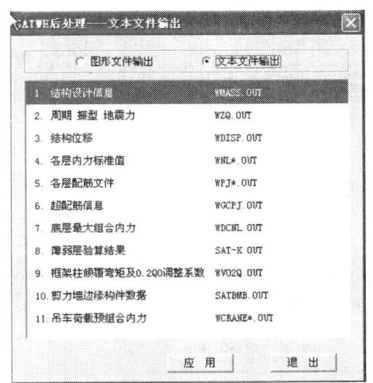

图 5.25 分析结果文本显示

图形文件输出如下:
(1) 各层配筋构件编号简图:WPJW*.T。
(2) 混凝土构件配筋及钢构件验算简图:WPJ*.T。
(3) 各层配筋构件编号简图:WPJC*.T。
(4) 各荷载工况下标准内力简图:WBEM*.T。
(5) 梁各截面设计内力包络图:WBEMF*.T。
(6) 梁各截面设计配筋包络图:WBEMR*.T。
(7) 底层柱、墙最大组合内力简图:WDCNL.T。
(8) 水平力作用下结构各层平均侧移简图:WDCNL.T。
(9) 各荷载工况下结构空间变形简图:3D_VIEW*.T。
(10) 各荷载工况下结构标准内力三维简图:3D_VIEW*.T。
(11) 结构各层质心振动简图:WMODE*.T。
(12) 结构整体空间振动简图:3D_VIEW*.T。
(13) 吊车荷载下的预组合内力简图:WDC*.T。

文本文件输出如下:
(1) 结构设计信息:WMASS.OUT。
(2) 周期 振型 地震力:WZQ.OUT。
(3) 结构位移:WDISP.OUT。
(4) 各层内力标准值:WNL*.OUT。
(5) 各层配筋文件:WPJ*.OUT。
(6) 超配筋信息:WGCPJ.OUT。
(7) 底层最大组合内力:WDCNL.OUT。
(8) 薄弱层验算结果:SAT—K.OUT。
(9) 框架柱倾覆弯矩和 $0.2Q_0$ 调整系数:WV02Q.OUT。

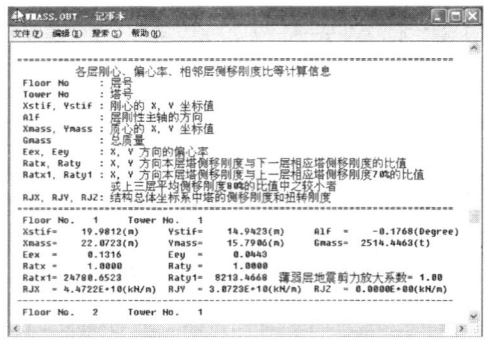

图 5.26 WMASS.OUT

(10) 剪力墙边缘构件数据:SATBMB.OUT。
(11) 吊车荷载预组合内力:WCRANE*.OUT。

高层结构设计控制层刚度比时要查看 WMASS.OUT 文件,层刚度比如图 5.26 所示,计算上下层刚度比时,如果有弹性楼板,要选择所有楼板强制刚性楼板假定,查看刚度比找出薄弱层后,然后在真实楼板条件下再次进行计算。同样,周期比、位移比都要求在刚性楼板假定的前提下,周期、振型、地震力文件 WZQ.OUT 如图 5.27 所示,结构位移文件 WDISP.OUT 如图5.28所示,其余的文本文件查看在这里不再详述。

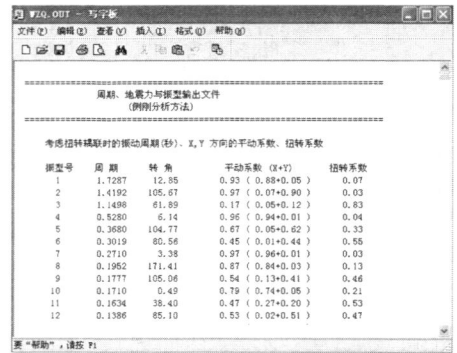

图 5.27 WZQ.OUT

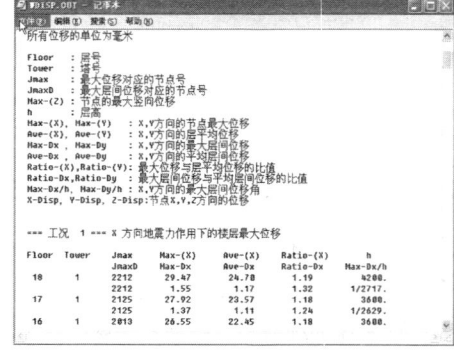

图 5.28 WDISP.OUT

构件的配筋图形如图 5.29 所示,可以通过主菜单查看结构各层的配筋图,还可通过箍筋/主筋开关调整来单独查看主筋、箍筋,如果出现红色显示说明有构件超筋,如本图所示,如果字符较多拥挤在一起,可以通过下拉菜单的字符选项中的文字避让来处理,如图 5.30 所示。

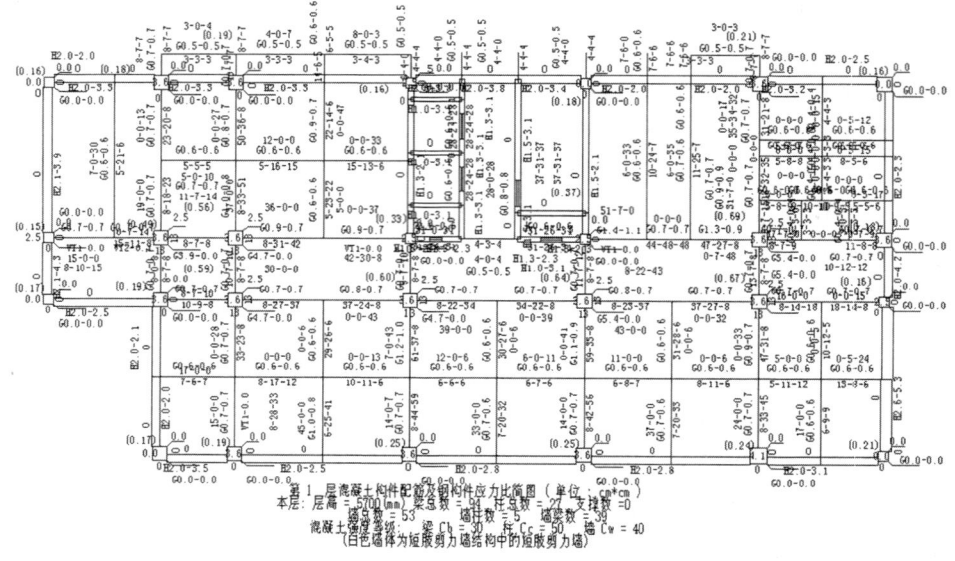

图 5.29 WPJ1.T

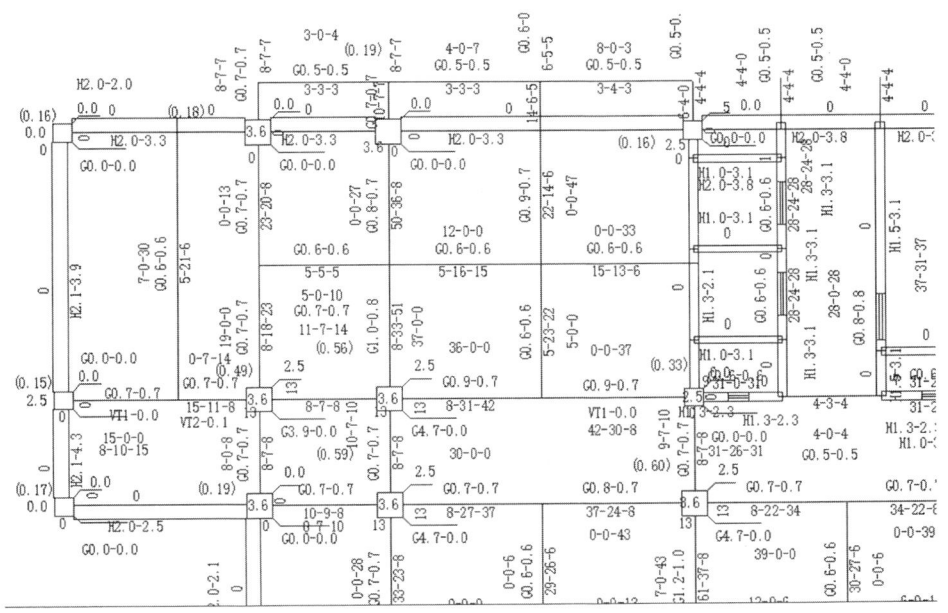

图 5.30 文字避让

其余的文本文件和图形文件可以通过上面的方法查看。

5.8 接 PK 绘制梁柱施工图

接 PK 绘制梁柱施工图与 TAT 没有区别,参见第 4 章。

5.9 结构的弹性动力时程分析

在 SATWE 主菜单选择"结构的弹性动力时程分析",屏幕弹出如图 5.31 所示的对话框。

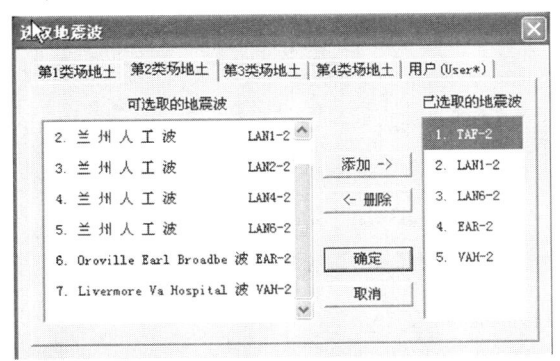

图 5.31 选取地震波

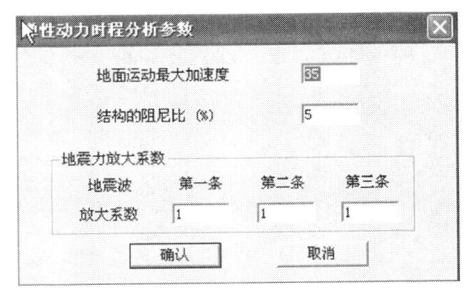

图 5.32 弹性动力时程分析参数

根据场地土类别和地震作用分组,选择至少 2 条实际强震地震波和至少 1 条人工模拟的地震波进行弹性动力时程分析。选择确定后,屏幕弹出如图 5.32 所示的对话框,选择动力时程分析参数,进行计算分析。时程分析计算过程如图 5.33 所示。

分析完成后选择分析结果的图形显示,弹出如图 5.34 所示的对话框。

动力时程分析的结果文件:WDYNA.OUT,如图 5.35 所示。

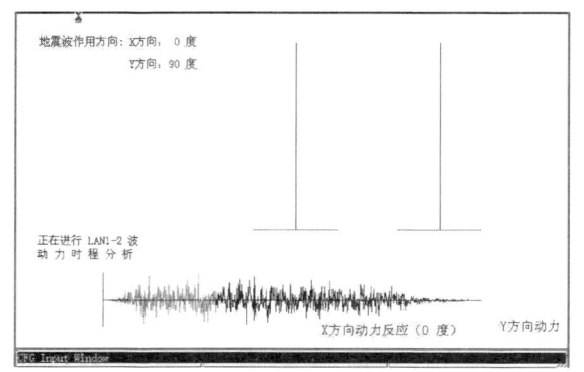
图 5.33 弹性动力时程分析过程图

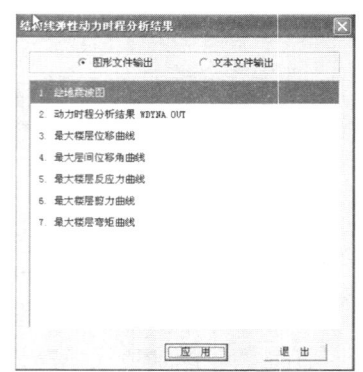
图 5.34 分析结果的图形显示

最大楼层位移曲线:WDYNA3.T,如图 5.36 所示。

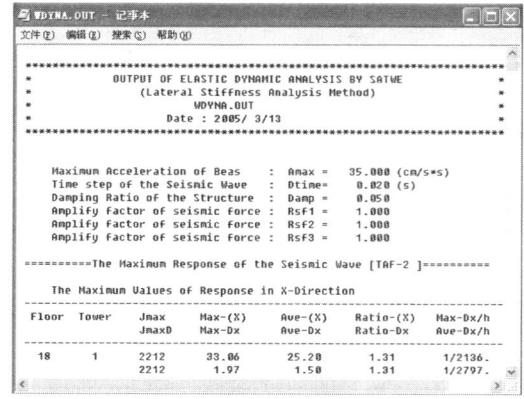

图 5.35 动力时程分析的结果文件 WDYNA.OUT

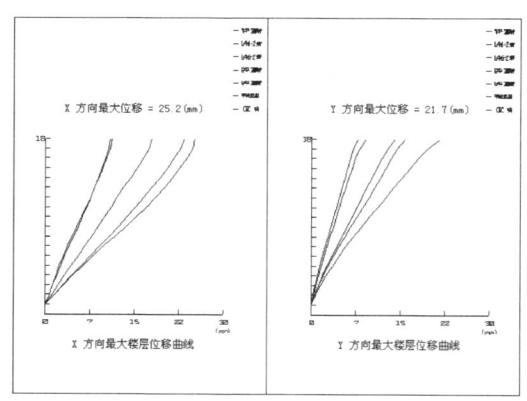

图 5.36 最大楼层位移曲线 WDYNA3.T

最大层间位移角曲线:WDYNA4.T,如图5.37所示。
最大楼层反应力曲线:WDYNA5.T,如图5.38所示。
最大楼层剪力曲线:WDYNA6.T,如图 5.39 所示。
最大楼层弯矩曲线:WDYNA7.T,如图 5.40 所示。

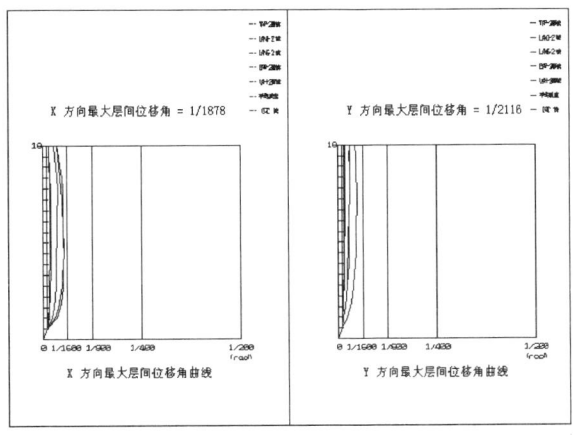

图 5.37 最大层间位移角曲线 WDYNA4.T

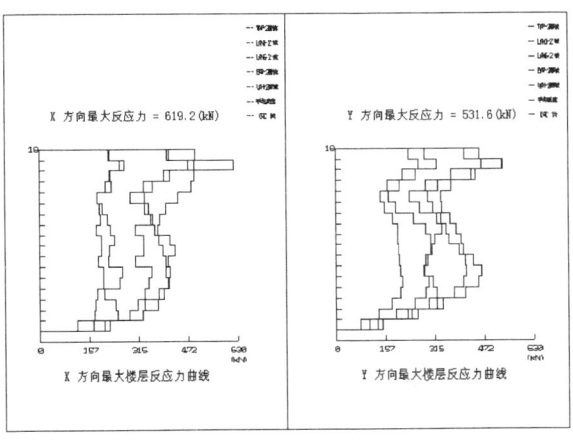

图 5.38 最大楼层反应力曲线 WDYNA5.T

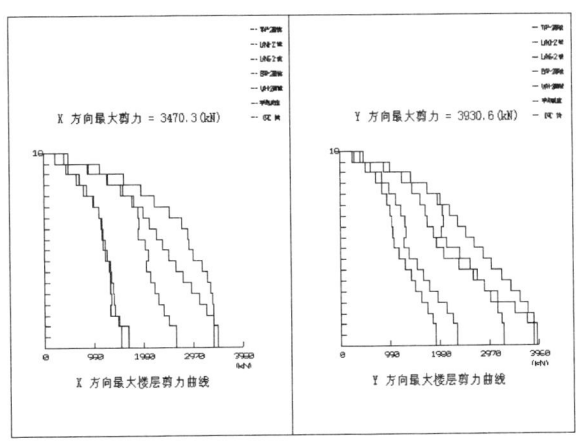

图 5.39 最大楼层剪力曲线 WDYNA6.T

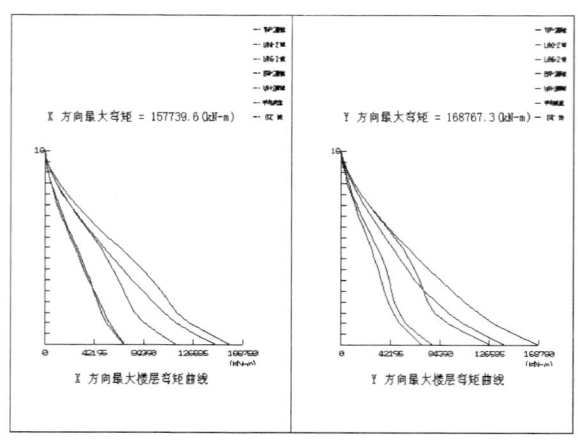

图 5.40 最大楼层弯矩曲线:WDYNA7.T

第6章 JCCAD——基础计算与设计

从1998年下半年起，PKPM系列已将原来的"独立基础、条形基础设计软件JCCAD"、"弹性地基梁和筏板基础CAD软件EF"和"桩基、桩筏设计CAD软件ZJ"三个软件合并为一个S-5模块，统称为基础CAD设计软件(JCCAD)。用同样的菜单完成输入、计算和画图。功能更强，操作更简化，除保留原有三个软件的功能外，还可顺利完成混合基础的设计。JCCAD可与PMCAD接口，读取柱网轴线和底层结构布置数据以及读取上部结构计算(PK，TAT，SAT-WE等)传来的基础荷载，可人机交互布置和修改基础。

6.1 JCCAD的基本功能及特点

JCCAD可实现的基本功能如下。

(1) 柱下独立基础(包括倒锥形、阶梯形)、现浇或预制杯口基础、单柱和双柱或多柱基础的设计工作；

(2) 墙下条形基础(包括砖、毛石、钢筋混凝土条基，并可带下卧梁)的设计工作；

(3) 弹性地基梁、带肋筏板(梁肋可朝上朝下)的设计工作；

(4) 柱下平板、墙下筏板基础、柱下独立桩基承台基础、桩筏基础、桩格梁基础、单桩基础(包括预制混凝土方桩、圆桩、钢管桩、水下冲钻孔桩、沉管灌注桩、干作业法桩等)的设计工作；

(5) 上述多种类型基础组合起来的大型混合基础的结构计算、沉降计算和施工图绘制。施工图绘制包括基础平面图、梁立面、剖面图、大样详图等。

在基础结构分析中采用多种力学模型：弹性地基梁单元、四边形中厚板单元、三角形薄板单元以及周边支撑弹性板的边界元方法与解析法。在基础分析中可采用多种方式考虑上部结构刚度。沉降计算方法包括最常用的基础底面柔性假设的沉降计算，基础底面刚性假设的沉降计算及考虑基础实际刚度的沉降计算。

6.2 JCCAD主菜单及操作过程

双击PKPM快捷方式，进入PKPM主菜单后，选择"结构"模块下左侧的JCCAD软件，使其变成蓝色，菜单右侧此时将显示JCCAD主菜单，如图6.1所示。

主菜单可以移动光标选择，也可键入菜单前数字或字符选择。

主菜单3下又包括基础沉降计算、弹性地基梁结构计算、弹性地基板内力配筋计算、弹性地基梁板结果查询几项，进行独基条基设计须运行主菜单2、主菜单3第1项或主菜单第4、第6、第8项，弹性地基梁板基础设计须运行第1、第2、第3、第6、第7项主菜单，桩基桩筏基础设计须运行第1、第2、第4、第5、第6、第7、第9项主菜单。

下面将对各菜单的操作要点作一些介绍。

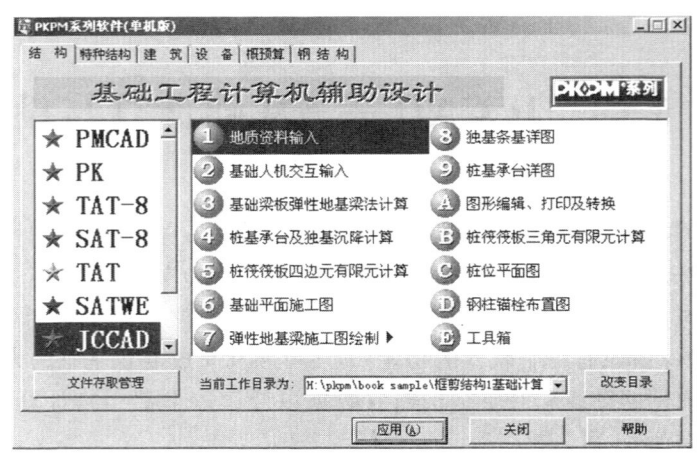

图 6.1 JCCAD 主菜单

6.3 JCCAD 主菜单 1 地质资料输入

6.3.1 地质资料的输入内容和方式

1. 地址资料的内容

地质资料是基础设计计算的重要依据。地质资料有两类,一种是供有桩基础使用,另一种是供无桩基础(弹性地基筏板)使用。两者格式相同,不同仅在于有桩基础对每层土要求压缩模量、重度、状态参数、内摩擦角、内聚力五个参数,而无桩基础只要求压缩模量一个参数。一个完整的地质资料应包括如下几方面:

(1) 各个勘测孔的平面坐标。
(2) 竖向土层标高。
(3) 各个土层的物理力学指标。

程序以勘测孔的平面位置形成平面控制网络,将勘测孔的竖向土层标高和物理力学指标进行插值,可以得到勘测孔控制网络内部及附近的竖向各土层的标高和物理力学指标,通过人机交互可以形象地观测任意一点和任意竖向剖面的土层分布和力学参数。

2. 地址资料的输入方式

JCCAD 软件提供了人机交互和填写数据文件两种方式完成地质资料的输入。

进入主菜单 1,屏幕弹出图 6.2 所示窗口,提示指定存放地质资料的目录及文件名。用户可输入一个文件名,如果这个文件在当前目录(文件夹)下存在,不论这个文件是人工填写的还是以前人机交互生成的,那么屏幕上将显示地质勘探孔点的相对位置和由这些孔点组成的三角单元控制网格,用户即可利用各子菜单观察地质情况。如果指定文件不存在,程序将引导用户采用人机交互方式建立这个地质资料数据文件。

无论采用交互方式还是人工填写方式,数据文件的格式都是一样的。这里仅对人机交互输入方式进行介绍。

6.3.2 完成地质资料输入

进入主菜单 1 后,右侧显示菜单如图 6.3 所示。

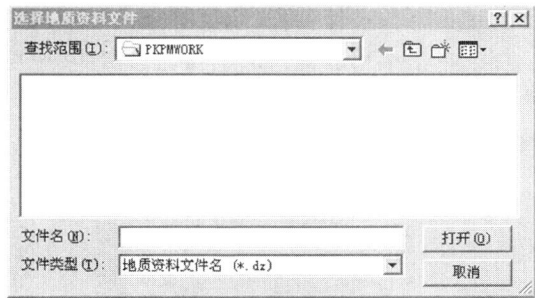

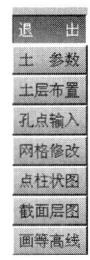

图 6.2　选择地质资料文件

图 6.3　地质资料输入菜单

对于新建文件,用户应依次执行各菜单项。对于旧文件,用户可根据需要直接进入某项菜单。完成后切勿忘记保存文件,否则输入的数据将部分或全部放弃。各菜单操作如下。

PKPM 多层参数表:

土名称	压缩模量	重度	摩擦角	内聚力	状态参数	....
(单位)	(MPa)	(KN/M3)	(度)	(KPa)		
1 填土	10.00	20.00	15.00	0.00	1.00	(定性/-IL)
2 淤泥	2.00	16.00	0.00	5.00	1.00	(定性/-IL)
3 淤泥质土	3.00	16.00	2.00	5.00	1.00	(定性/-IL)
4 粘性土	10.00	18.00	5.00	10.00	0.50	(液性指标)
5 红粘土	10.00	18.00	5.00	0.00	0.20	(含水量)
6 粉土	10.00	20.00	15.00	2.00	0.20	(孔隙比e)
7 粉砂	12.00	20.00	15.00	0.00	25.00	(标贯击数)
8 细砂	31.50	20.00	15.00	0.00	25.00	(标贯击数)
9 中砂	35.00	20.00	15.00	0.00	25.00	(标贯击数)
10 粗砂	39.50	20.00	15.00	0.00	25.00	(标贯击数)
11 砾砂	40.00	20.00	15.00	0.00	25.00	(标贯击数)
12 角砾	45.00	20.00	15.00	0.00	25.00	(标贯击数)
13 圆砾	45.00	20.00	15.00	0.00	25.00	(标贯击数)
14 碎石	50.00	20.00	15.00	0.00	25.00	(标贯击数)
15 卵石	50.00	20.00	15.00	0.00	25.00	(标贯击数)
16 风化岩	10000.00	24.00	50.00	200.00	100000.00	(单轴抗压)
17 中风化岩	20000.00	24.00	50.00	200.00	200000.00	(单轴抗压)

OK　Cancel　HELP

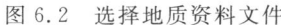

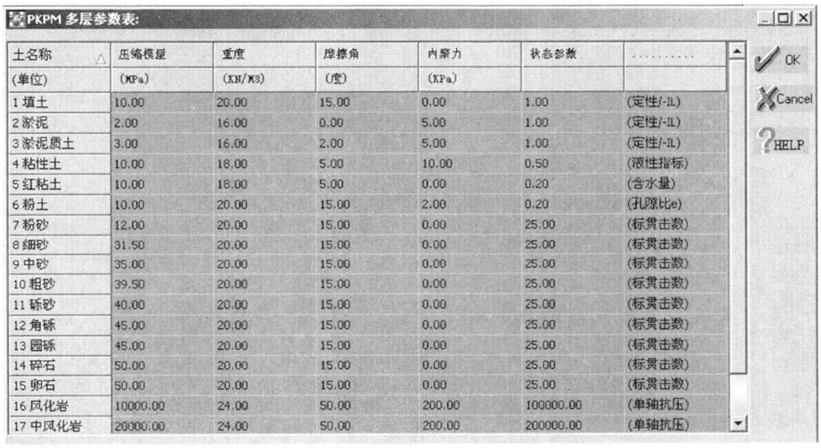

图 6.4　土参数表 1

(1) 土参数。执行“土参数”命令,屏幕弹出图 6.4 所示土参数表。拖动右侧滑动条,将继续显示其他参数。用鼠标单击对应参数框使其变成为可编辑状态,即可对某参数进行输入。设置好后,选择“OK”按钮确认或“Cancel”取消输入。

(2) 土层布置。执行“土层布置”命令,屏幕弹出图 6.5 所示“土层布置”对话框。

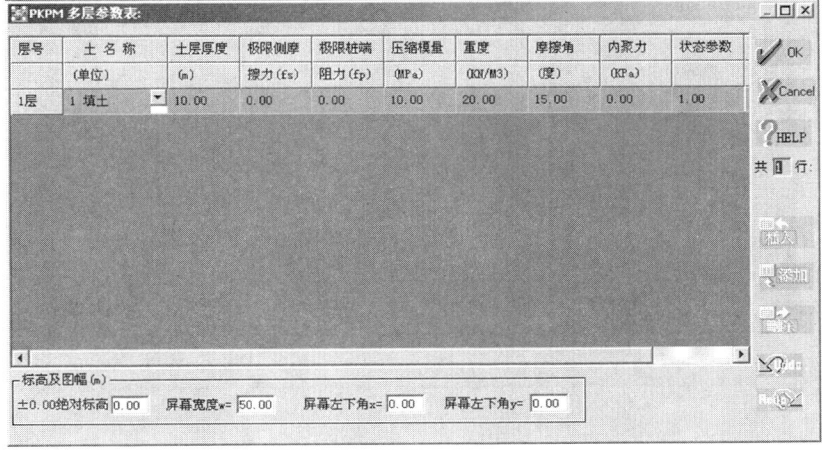

图 6.5　土层布置表

先输入代表土层数,再输入每层土的名称。单击下拉按钮,将显示所有土的名称,如图6.6所示。单击菜单右侧"添加"按钮,添加新的土层。单击菜单右侧"插入"按钮,可在某土层前插入新的土层。单击菜单右侧"删除"按钮,可删除某土层。

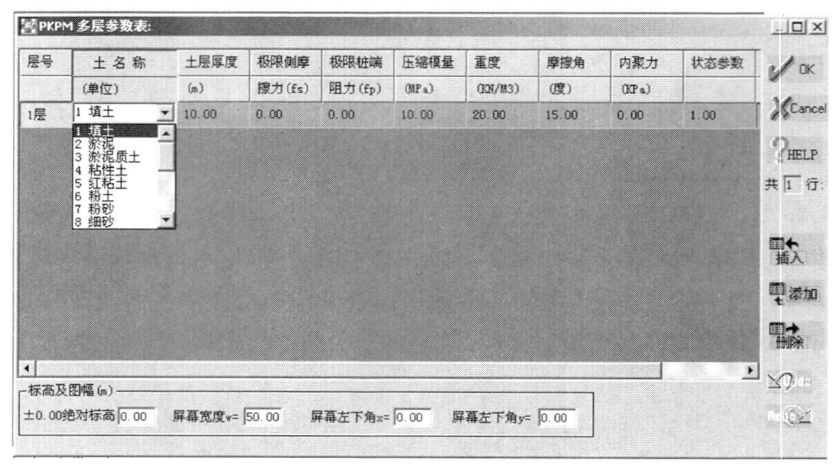

图6.6 土层布置表

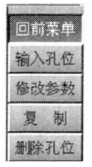

图6.7 孔点输入菜单

（3）孔点输入。执行"孔点输入"命令,将会弹出图 6.7 所示下级菜单。

① 输入孔位。用户可在此用光标依次输入各孔点的相对位置（相对于屏幕左下角点）,孔点的精确定位方法同 PMCAD 中点的输入。

② 修改参数。执行"修改参数"命令后,先用光标选择要修改的孔点,程序弹出图 6.8 所示对话框。在弹出的对话框中输入平面坐标、水头标高、孔口标高、每一土层层底标高、压缩模量 E_s（对无桩基础后面的参数无需输入）、重度 G_v 及其他的物理力学指标。

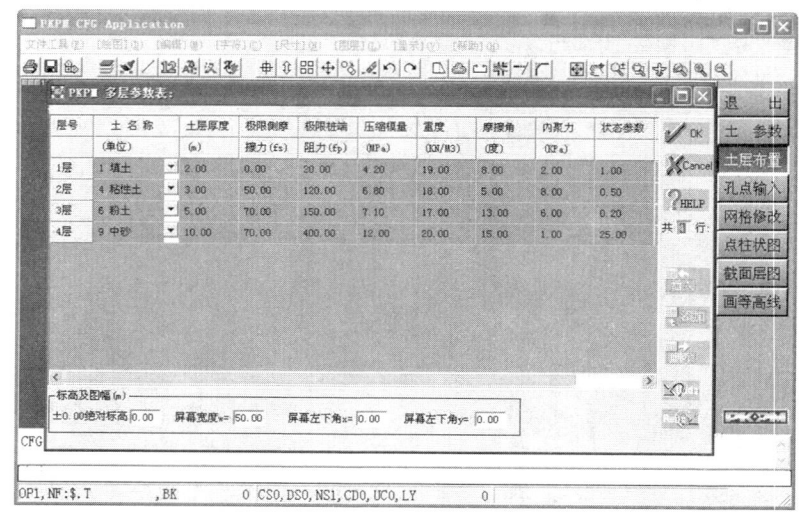

图6.8 孔点修改

③ 复制。将相同物理指标的勘测点复制到指定位置。

（4）网格修改。执行"网格修改"命令，将会弹出图6.9所示下级菜单。

网格线是用来连接平面勘测点，形成多个不相互重叠的三角形单元，程序自动形成网格线。

执行"加网格线"和"删网格线"命令用来实现对网格线的人工修改。

图6.9 网格修改菜单

执行"显示单元"命令将显示自动划分的单元编号。

（5）点柱状图。用光标选择平面位置显示点的土层柱状图，如图6.10所示。

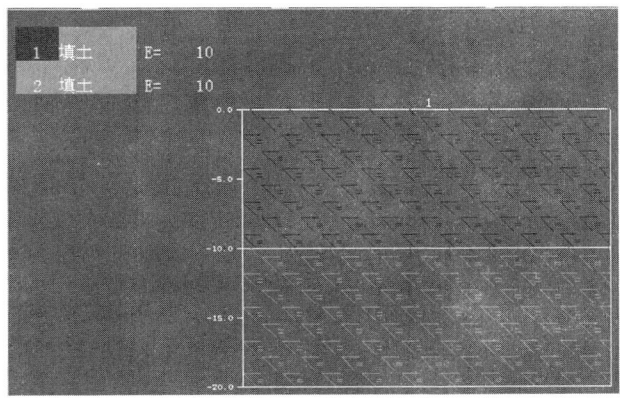

图6.10 点的土层柱状图

单击屏幕右侧显示菜单中的"桩承载力"项，弹出图6.11所示"桩信息"对话框。

（6）截面层图。执行"截面层图"命令，显示指定截面的土层分布图。

（7）画等高线。执行"画等高线"命令，显示图6.12所示下级菜单。利用此菜单，绘制地表、任意土层或水头的等高线分布图。

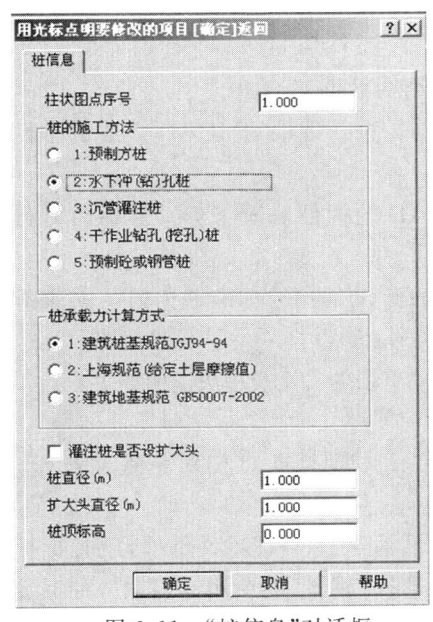

图6.11 "桩信息"对话框

图6.12 画等高线菜单

6.4 JCCAD 主菜单 2 基础人机交互输入

本菜单根据使用者提供的上部结构数据、荷载数据和有关地基基础的数据,进行柱下独立基础和墙下条形基础的设计,以及布置基础梁、筏基、桩基等基础。使用者可对程序自动生成的基础尺寸及配筋进行修改补充,并添加基础梁和圈梁数据、独立基础的插筋数据、填充墙数据等,最后生成画基础施工图所需的全部数据。如操作者修改了基础的尺寸布置后,程序还可以进行基础验算,同时进行碰撞检查,并根据需要自动生成双柱或多柱基础。

该项菜单运行的必要条件是执行过 PMCAD 程序的第 1,2 项菜单。如果采用 PM"恒+活"或砖混荷载则还应执行 PMCAD 的第 3 或第 8 项菜单,如采用 PK 恒载、TAT 荷载或 SATWE 荷载还应执行相关程序的有关菜单。如果要自动生成基础插筋数据还应执行 TAT 或 SATWE 的画柱施工图菜单。

选择 JCCAD 菜单 2 基础人机交互输入,屏幕上出现当前目录下工程的首层柱网及柱墙布置,并弹出图 6.13 所示菜单。

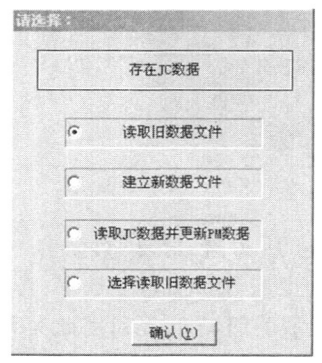
图 6.13 文件选择菜单

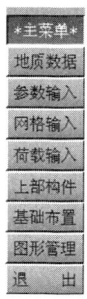
图 6.14 基础数据输入菜单

各选项含义为:
(1) 读旧数据文件。将原来的基础数据和上部结构数据都读出。
(2) 建立新数据文件。不读原来的基础数据,而是重新读取 PMCAD 生成的轴网和柱墙布置。
(3) 读取 JC 数据并更新 PM 数据。如果 PMCAD 的构件修改了但又想保留基础数据时选择此项。

图上显示 PMCAD 底层的结构布置平面,柱上的标识是柱的标准截面号。如果有上部结构画柱施工图的柱子钢筋数据,还标出柱插筋的类别号(S*)。

在本菜单下屏幕右侧显示菜单如图 6.14 所示,各菜单项的含义及用法说明如下。

1. 地质数据

本菜单用于将地质资料与基础对位。将主菜单 1 中勘探孔点相对位置通过子菜单"平移"、"转角"操作与实际位置对应。

操作方法:选择本菜单后输入地质资料文件名,然后选择"平移"菜单项,用光标拖动地质勘探孔网格单元移动到实际位置上,如角度不对,再选择"旋转"菜单用键盘输入使其旋转。

2. 参数输入

进入"参数输入"菜单,右侧显示如图 6.15 所示下级菜单。

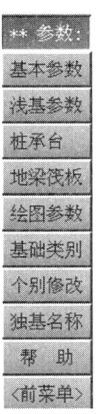

图 6.15 参数输入菜单

(1) 基本参数。"基本参数"菜单定义了各类基础公共参数,分为两页分别如图 6.16、图 6.17 所示。图 6.16、图 6.17 中所示参数值为程序缺省选用值。如不运行基本参数菜单,程序自动取缺省值。

(2) 浅基参数。"浅基参数"菜单定义了独基、条基构造参数,如图 6.18 所示。

各项参数有关说明如下。

① 独立基础高度(mm)。指程序确立独立基础尺寸时的最小高度。当冲切不能满足要求时程序会自动增加基础各阶的高度。其初始值为 600。

② 拉梁间隙(mm)。指拉梁端与柱边的距离,该值>0 时表示基础梁端与柱之间有一段缝隙。其初始值为 0。

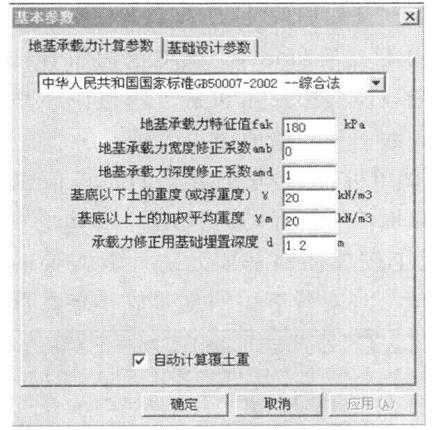

图 6.16 地基承载力计算参数

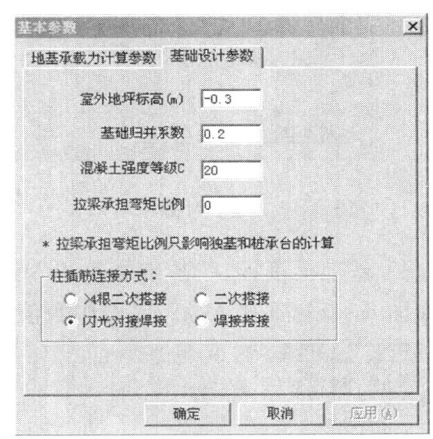

图 6.17 基础设计参数

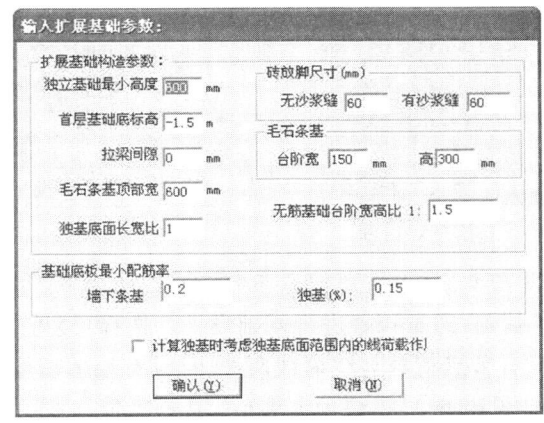

图 6.18 浅基参数对话框

③ 毛石条基台阶宽(mm)。用来调整毛石基础放角的尺寸,用户应按毛石的尺寸来填写,其初始值为 150。

④ 毛石条基台阶高(mm)。用来调整毛石基础放角的尺寸,用户应按毛石的尺寸来填写,其初始值为 300。

⑤ 毛石条基顶部宽(mm)。其初始值为600。

⑥ 条基砖放角尺寸(mm)。是砖放角的模数,对普通黏土砖,无砂浆缝可填60,有砂浆缝可填65。如不是普通黏土砖,无砂浆缝可填砌体高度,有砂浆缝可填无砂浆缝值加半个灰缝宽度。对于砌块可按实际尺寸填写,但宽度不能超过999mm。

⑦ 独基底面长宽比(S/B)。用来调整基础底板长和宽的比值。其初始值为1。该值仅对单柱基础起作用。

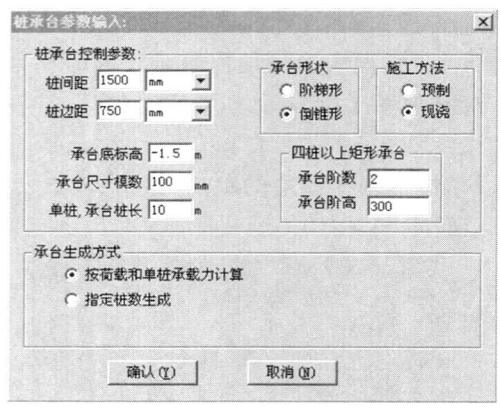

(3) 桩承台。执行"桩承台"命令,屏幕将弹出图6.19所示桩承台参数对话框。

表中所示均为各项参数的初始值,对有关参数补充说明如下。

① 桩间距(mm)。该项为组合项。单击右侧选项框的小三角按钮可将桩间距单位改为桩径倍数。其初始值为2.5倍。

② 桩边距(mm)。该项也为组合项。单击右侧选项框的小三角按钮可将桩间距单位改为桩径倍数。其初始值为1.5倍。

③ 单桩、承台桩长度(m)。该值仅用于没有计算桩长的情况,其初始值为10m。

图6.19 桩承台参数对话框

(4) 基础梁筏板。"基础梁筏板"参数菜单定义了按弹性地基梁元法计算需要的有关参数,如图6.20—图6.23所示,图中数值均为初始数值。现对各有关信息参数补充说明如下。

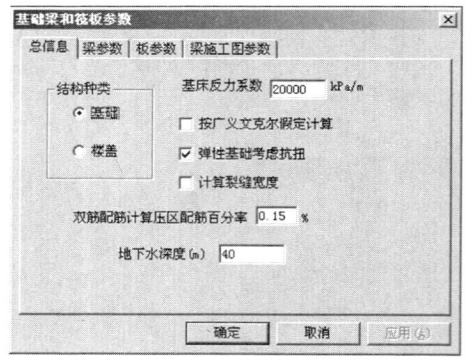

图6.20 地梁筏板参数总信息对话框

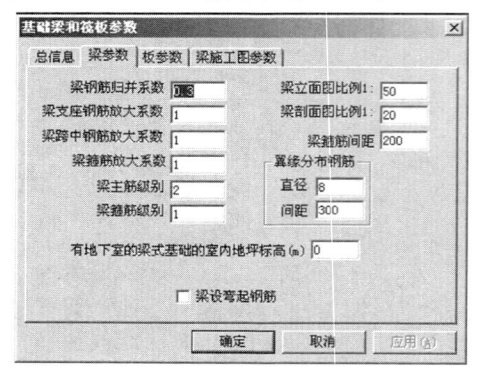

图6.21 梁参数对话框

① 总信息参数。现对图6.20有关总信息参数补充说明如下。

• 结构种类。选择"基础"即意味着进行基础设计。选择"楼盖"即意味着进行楼盖设计,但楼盖计算的荷载类型只有节点荷载与线荷载两种,且没有绘图功能。

• 基床反力系数。详见表6.1,单位为kN/m^3,其初始值为20000。

• 按广义文克尔假定计算。当选择此项后,各梁下的基床反力系数将在输入的反力系数值附近上下变化,边角部大,中部小些,变化幅度与各点处反力与沉降的比值有关,有关内容详见技术条件。采用广义文克尔假定的条件是必须具有地质资料数据,且必须进行刚性底板假定的沉降计算,否则按一般文克尔假定计算。

表 6.1　　　　　　　　　　基床反力系数 K 的推荐值表

地基一般特性	土的种类	$K/(kN/m^3)$
松软土	流动砂土、软化湿土、新填土	1 000～5 000
	流塑黏性土、淤泥及淤泥质土、有机质土	5 000～10 000
中等密实土	黏土及亚黏土:软塑的 　　　　　　可塑的 软亚黏土:软塑的 　　　　可塑的 砂土:松散或稍密的 　　　中密的 　　　密实的 碎石土:稍密的 　　　　中密的 黄土及黄土亚黏土	10 000～20 000 20 000～40 000 10 000～30 000 30 000～50 000 10 000～15 000 15 000～25 000 25 000～40 000 15 000～25 000 25 000～40 000 40 000～50 000
密实土	硬塑黏土及黏土 硬塑轻亚土 密实碎石土	40 000～100 000 50 000～100 000 50 000～100 000
极密实土	人工压实的填亚黏土、硬黏土	100 000～200 000
坚硬土	冻土层	200 000～1 000 000
岩　石	轻质岩石、中等风化或强风化的硬岩石	200 000～1 000 000
	微风化的硬岩石	1 000 000～15 000 000
桩　基	弱土层内的摩擦桩	10 000～50 000
	穿过弱土层达密实砂层或黏性土层的桩	50 000～150 000
	打至岩层的支承桩	8 000 000

• 弹性基础考虑抗扭。默认选择此项,表示考虑扭转刚度。不考虑扭转刚度时,梁计算后没有扭矩,但另一方向梁的弯矩会增加。

② 梁信息参数。现对图 6.21 有关梁信息参数补充说明如下。

• 梁钢筋归并系数。0.1～1.0 之间,按给定的百分率(如 0.3 即 30%)将梁中的钢筋归并为若干种类,初始值为 0.3。

• 梁支座钢筋扩大系数。0.5～2.0 之间,当前面加负号时表示不考虑柱子宽度对弯矩的折减,初始值为 1.0。

• 梁跨中钢筋扩大系数。0.5～2.0 之间,初始值为 1.0。

• 梁箍筋扩大系数。0.5～2.0 之间,当前面加负号时表示不考虑柱子宽度对剪力的折减,隐含为 1.0。

• 梁主筋级别。其初始值为 2,即代表 HRB335。

• 梁箍筋级别。其初始值为 1,即代表 HPB235。

• 梁立面图比例。其初始值为 50,即 1∶50 的比例。

• 梁剖面图比例。其初始值为 20,即 1∶20 的比例。

• 翼缘纵分布筋直径(mm)。此项可控制地基梁翼缘纵向分布筋直径。

• 翼缘纵分布筋间距(mm)。此项可控制地基梁翼缘纵向分布筋间距。

• 有地下室的梁式基础的室内地坪标高。当不是带地下室的梁式基础时,此值为零。否则应填写地下室室内地坪标高。该值用于判断梁式基础是否有地下室和计算地下室内覆土高度的数据。

• 梁设弯起钢筋。建议不设弯起筋。如设弯起筋,需注意在无柱交叉梁下的弯起筋方向是否正确(应参照剪力方向)。

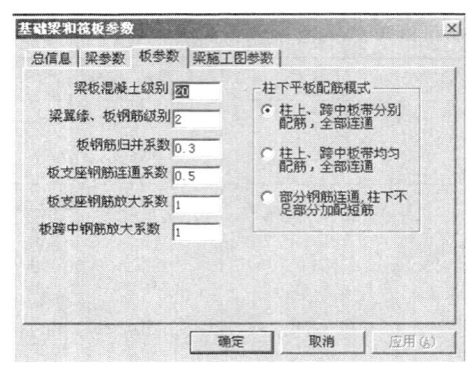

图 6.22 板参数对话框

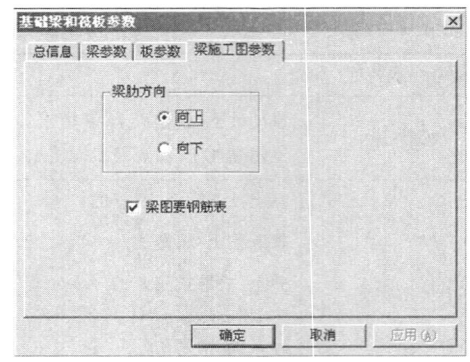

图 6.23 梁施工图参数对话框

③ 板信息参数。现对图 6.22 有关板信息参数补充说明如下。

• 梁板混凝土级别。其初始值即为基本参数中设定的混凝土强度等级，可在此对其进行修改。修改后仅影响弹性地基梁板，不影响其他基础。

• 板钢筋归并系数(0.1～1.0 之间)。所谓归并系数指用钢量相差小于该百分比时，就选用同一种钢筋，该系数越接近 1，板钢筋归类的种类越少。初始值为 0.3。

• 板支座钢筋连通系数(0.1～1.0 之间)。即板的通长支座钢筋等于该系数乘最大支座筋量，且不少于 0.15% 的含钢率。跨中筋则全部连通。当该系数大于 0.8 时即支座钢筋全部连通。初始值为 0.4。

• 板支座钢筋放大系数。其初始值为 1.0。

• 板跨中钢筋放大系数。其初始值为 1.0。

• 平板配筋。有三种方式可供选择：①柱下平板按柱下板带与跨中板带分别配筋，此方法不仅适用于梁元法计算模型，也适用于板元法计算模型，但必须首先正确设置柱下板带位置（即暗梁位置）。②平板不分柱下板带与跨中板带全部均匀配筋，此方法适用于跨度小板厚的情况，该方法不适用于板元法计算模型，如选择了本模式，板元法配筋时仍按前一方法配置。③按柱下板带与跨中板带分别计算，实配筋时柱下与跨中取相同量的连通钢筋，柱下不足之处用短筋补足。

④ 梁施工图参数。现对图 6.23 梁施工图参数补充说明如下。

• 梁肋向上或向下。用以控制基础梁肋的朝向。梁肋向上是最常用的梁板基础摆设方式。梁肋向下即将梁肋放在板下，是为了使地下室地面更好处理，但增加了柔性防水和施工的麻烦。此种方式只适用于肋板基础，不适用于梁式基础。

• 梁图要否钢筋表。当不要钢筋表时，钢筋不编号，剖面数量也减少了，图纸简单些。此参数在画梁时仍能修改。

(5) 绘图参数。"绘图参数"菜单定义了绘制施工图需要的有关参数如图 6.24 所示。图中数值均为初始值。对图 6.24 有关绘图参数补充说明如下。

① 条基墙体是否加宽。墙体加宽主要是为了使基础墙体增加防潮能力，加宽宽度为两边各加 60mm。其初始值为不加宽。

② 独基详图画柱。加宽柱。柱加宽主要是为了使柱子的基础部分增加防潮能力，加宽宽度为每边各加 50mm。其初始值为不画柱。

(6) 基础类别。此菜单用于定义各网格轴线节点上的独立、条形基础型式。当执行"基础类别"命令后，屏幕显示各基础的类型、材料及施工方法，如图 6.25 所示。

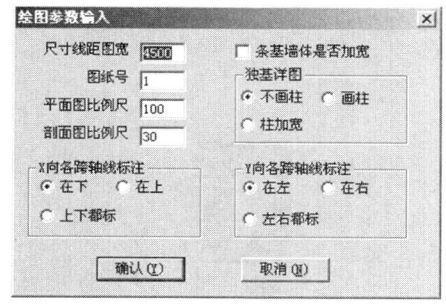

图 6.24　绘图参数对话框　　　　　　图 6.25　基础类别

右侧显示两个子菜单"独基型式"和"条基材料"用以定义独立基础型式和条形基础材料。利用图 6.26 所示"独基型式"对话框,可定义八种独基型式:锥形现浇、锥形预制、阶形现浇、阶形预制、锥形短柱、锥形高杯口、阶形短柱和阶形高杯口。利用图 6.27 所示"条基材料"对话框,可定义六种材料:灰土、素混凝土、钢筋混凝土、毛石基础、砖基础和带卧梁钢筋混凝土基础。

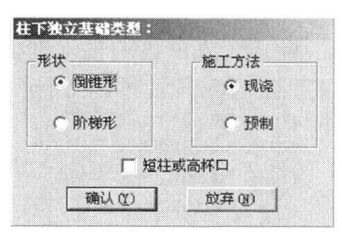
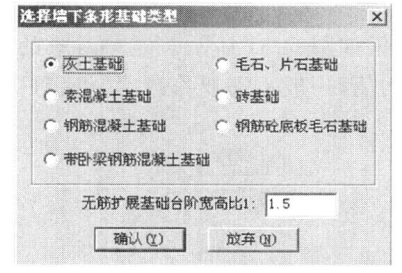

图 6.26　独基类别对话框　　　　　　图 6.27　条基材料选择对话框

(7) 个别修改。"个别修改"菜单用于对前面统一设置的参数,根据具体情况对独基、条基进行个别修改。修改内容如图 6.28 所示。

(8) 独基名称。"独基名称"菜单用于对程序隐含的独立基础名称前缀"J—"进行修改。

3．网格输入

本菜单功能为补充增加 PMCAD 传下的平面网格轴线。由于基础布置时 PM 的轴线节点有可能不能满足需要,这就要增加轴线与节点,如设置弹性地基梁的挑梁,设置筏板加厚区域等。须注意的是"网格输入"菜单调用应在"荷载输入"和"基础布置"之前,否则荷载或基础构件可能会错位。用户可根据具体情况决定是否使用本菜单。

该菜单含有如图 6.29 所示各项菜单。各项功能如下。

(1) 画点。在平面上增加节点,方法类似于 PM 的交互输入。

(2) 画直线。在平面上增加轴线,方法类似于 PM 的交互输入。

(3) 直线延伸。将原有的网格线或轴线两端挑出,如网格线端部有同向直线,程序自动判别不挑出。本项专用于弹性地基梁的挑梁。

(4) 删节点。删除该菜单下增加的节点,但不能删除 PM 形成的节点。

(5) 删网格。删除该菜单下增加的网格,但不能删除 PM 形成的网格。

4．荷载输入

本菜单的功能是输入用户自己定义的荷载和读取上部结构计算传下来的荷载,并可对各类各组荷载删除修改。程序还自动将用户输入的荷载与读取的荷载相叠加。用户可根据具体

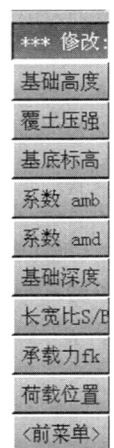
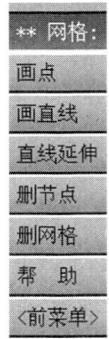

图 6.28 "个别修改"菜单　　　　　图 6.29 "网格输入"菜单

情况执行本菜单下的各菜单项,如图 6.30 所示。

(1) 荷载参数。"荷载参数"菜单项的作用是修改隐含定义的荷载分项系数、组合系数等参数,隐含值如图 6.31 所示。这些参数的隐含值按规范的相应内容确定。灰颜色的数值是规范中指定的值,一般不需要修改,如果用户要修改可双击该值,将其变成白色的输入框。

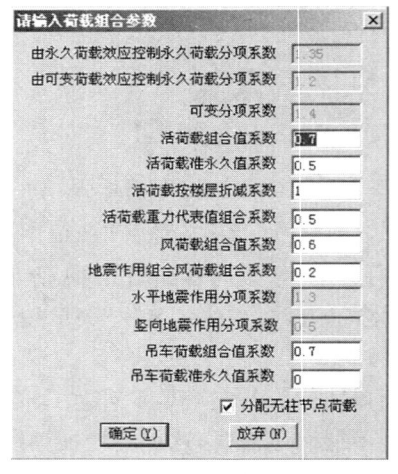

图 6.30 "荷载输入"菜单　　　　　图 6.31 "荷载组合参数"对话框

(2) 附加荷载。"附加荷载"菜单项的作用是布置、删除用户自己定义的节点荷载与线荷载。用户只须按着菜单和有关中文提示,先定义各类荷载的大小,然后采用类似 PMCAD 中的元素布置方法即可将自定义的荷载布置好。

附加点荷载对话框如图 6.32 所示。附加线荷载对话框如图 6.33 所示。

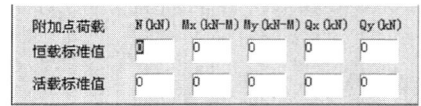
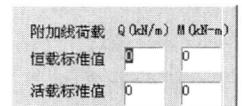

图 6.32 附加点荷载对话框　　　　　图 6.33 附加线荷载对话框

如图 6.32、图 6.33 所示附加荷载包括恒载标准值和活载标准值。附加荷载可作为一组独立的荷载工况进行基础计算或验算,如还输入了上部结构荷载,如 PK 荷载、TAT 荷载、

SATWE荷载、PM恒+活等,附加荷载先要与上部结构荷载叠加,然后进行基础计算。一般来说框架结构底部的填充墙或设备重应按附加荷载输入。

对独立基础来说,如果在独基上架设连续梁,连续梁上有填充墙,则应将填充墙的荷载在此菜单中作为节点荷载输入,而不要作为均布荷载输入。否则将会形成墙下条形基础或丢失荷载。

(3) 读取荷载。本菜单项的作用是读取上部结构分析程序传来的首层柱、墙内力。该内力可作为基础设计的外加荷载,单击该菜单将弹出如图6.34所示"选择荷载类型"对话框,单击荷载种类单选框将显示荷载情况如图6.35所示,读者可根据工程具体情况进行选择。

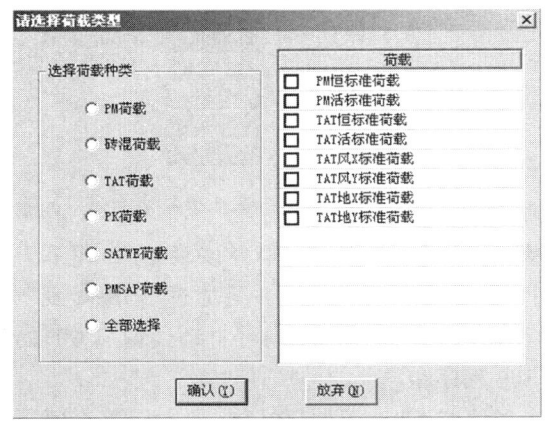

图 6.34 "选择荷载类型"对话框

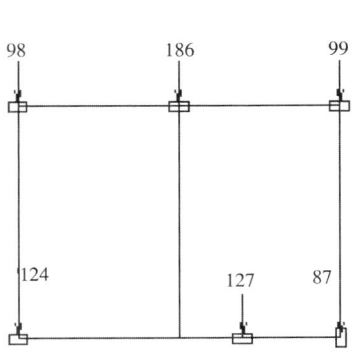

图 6.35 当前荷载情况显示

需要说明的是,上部结构分析程序未进行计算的荷载不会出现在列表框中。

(4) 选择PK文件。如果要读取PK荷载需要先选择"选PK文件"菜单,选取PK程序生成的柱底内力文件*.JCN,然后指定哪些轴线要采用该PK荷载,如图6.36所示。

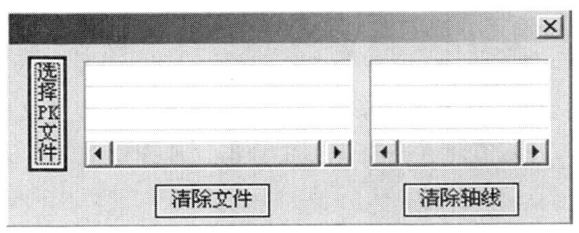

图 6.36 选择PK文件

在左面的列表框中显示的是PK柱底内力文件名。光标选择其中某一项后,右侧列表框中显示选用指定PK柱底内力文件的轴线号。经过这一项操作后,在读取荷载对话框中就会出现PK荷载供选择,如果不进行"选择PK文件"操作,那么就不能在图6.34"选择荷载类型"对话框中进行选择PK荷载操作。

(5) 荷载编辑。"荷载编辑"菜单是对"附加荷载"和"上部荷载"进行查询或修改,对于节点荷载,选择"点荷编辑"菜单后可在屏幕弹出的对话框中修改节点的轴力、弯矩和剪力。对于网格上的线荷载,选择"线荷编辑"菜单后可在屏幕弹出的对话框中修改网格上均布线荷载的数值。如果将某点、线荷载复制到其他位置上,可采用"点荷复制"和"线荷复制"菜单来完成。当有多于1组荷载时,可通过"选荷载组"菜单来切换当前显示或编辑的荷载组。如要清除所有输入的荷载可选择"清除荷载"菜单。

5. 上部构件

本菜单主要用于输入基础上的一些附加构件,其下级菜单如图 6.37 所示。各项实现功能如下。

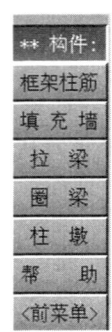

图 6.37 "上部构件"菜单

图 6.38 基础布置菜单

(1)"框架柱筋"菜单用来输入框架柱在基础上的插筋,用户在选择该菜单后,用下一级菜单中的"定义类别"与"柱筋布置"即可将各个柱子布上不同的插筋,并可通过"删除类别"与"柱筋删除"菜单作任意删除。如已完成 TAT 的绘制柱施工图,这里则可自动读取 TAT 的柱钢筋数据。柱筋定义的对话框中参数的含义与 PK 程序相同。

(2)"填充墙"菜单用来输入基础上面的底层填充墙,对于框架结构,如底层填充墙下需设置条基,可在此先输入填充墙,再在荷载输入中用附加荷载将填充墙荷载布在相应位置上,这样程序会画出该部分完整的施工图。填充墙的输入方法类似于上面,如墙有偏心时,使用布置菜单前先用"移心设置"菜单设定偏心距。

(3)"拉梁"菜单用于在两个独立基础或独立桩基承台之间设置拉接连系梁,拉梁的详图须由用户自己补充。拉梁输入方法同上。如果拉梁上有填充墙,其荷载应该按点荷载输入到拉梁两端基础所在的节点上。

(4)"圈梁"菜单用于在条形基础中设置地圈梁,地圈梁类型定义时要输入其主筋根数与直径和箍筋直径与间距,地圈梁将在条基详图中画出。地圈梁输入方法同上。

6. 基础布置

本菜单是基础软件的核心,所有各类型的基础都要在此菜单下进行布置。其下设的菜单如图 6.38 所示,用户可根据要输入的基础类型分别选择相应的菜单项。

如用户要进行筏板基础设计须运行"筏板",如筏板上有梁或要设置柱下板带还需运行"弹性地梁"或"板带"。如用户要进行桩基础设计,须根据桩类型分别运行"桩基承台"或"桩",此外根据需要可选择"筏板"或"弹性地梁"运行。余下的菜单"柱下独基","墙下条基","缺口布置","基础验算"用于独基条基设计。现对各菜单项的功能与使用说明如下。

(1)"筏板"菜单的功能是布置各种有桩、无桩筏板,带肋筏板,墙下筏板,平板等所有筏板,一次最多可输入 10 块筏板。布置方法是先定义筏板类型,其中包括板厚、标高、有无地下室,然后用围区布置方式沿着所包围的外网格线布置筏板,布置时应输入一个挑出轴线距离,这样程序即可形成一个闭合的多边形筏板,如板边挑出轴线距离各不相同,可用"修改板边"菜单用多种方式(围区、窗口、轴线、直接方式)修改板边挑出距离。对于每一块筏板,程序允许在其内设置一个加厚区,设置方法仍采用筏板输入,只是要求加厚区在已有的板内。

需注意的是,如果用户要采用弹性地基梁元法计算,务必要在需要的轴线上及边界板的网格线上布置肋梁(或者布置筏板上的墙折算肋梁、桩承台梁等),否则将不能形成弹性地基梁的数据,或有些边界梁将缺乏边界板挑出长度信息,从边界梁到挑出板的边界这一段的配筋将无法用程序设计。对于板元法计算则无此要求。

(2) 基础梁。本菜单用于输入各种钢筋混凝土基础梁,包括普通交叉地基梁,有桩、无桩筏板上的肋梁,墙下筏板上的墙折算肋梁,桩承台梁等。

布置方法是先定义梁类型,然后用多种布置方式(围区、窗口、轴线、直接方式)沿网格线布置。如梁有偏心,在布置前先用"参数设置"菜单设置偏心距。梁如要挑出,应先在"网格输入"菜单中补充网格线,然后在此输入。对于不同的梁,计算方法不同,梁类型定义输入的参数略有不同,除按弹性地基梁元法计算的肋梁只须输入肋宽、梁高两个参数外(梁的其他参数都输入也不影响正常运行),其他梁则应输入全部参数。特别是采用板元法计算时,梁应设置一定的翼缘宽度,其宽度值可参照《混凝土规范》表 7.2.3 确定,翼缘厚度取板厚,梁高按实际高度。否则梁的刚度过小会导致梁的内力配筋过小,而板的相应位置配筋过多。

图 6.39 "桩基础"菜单

(3) 板带。"板带"菜单是柱下平板基础按弹性地基梁元法计算所必须运行的菜单。布置时无须定义,可采用多种方式(围区、窗口、轴线、直接方式)沿柱网轴线(即柱下板带)布置。采用该方法计算应注意遵守升板规范有关的要求(一般柱网应正交,柱网间距相差不宜太大)。

(4) 桩基础。"桩基础"菜单用于桩承台与承台下桩的设计布置,该菜单又包含如图 6.39 所示各下级菜单。

① 桩定义。使用时应首先用"桩定义"菜单定义桩直径或边长、形状、承载力。不论是承台桩还是非承台桩都由该项菜单定义。选择该项菜单后屏幕右侧显示出所有已定义的桩。单击空白处弹出图 6.40 所示"输入桩数据"对话框进行定义,或单击某一定义好的桩利用"桩定义"对话框进行修改。

② 清除桩类。用于清除定义过的桩数据,对于承台中使用过的桩不能直接清除,只能先清除承台,再清除桩。

③ 承台桩。桩按其与上部结构的连接方法分为承台桩与非承台桩。通过承台与上部结构的框架柱相连的桩称承台桩,其余的称为非承台桩。承台桩菜单用于布置或生成桩承台,它包括了如图 6.41 所示各菜单项。

• 选择桩。此项菜单用于选择承台下的桩,该桩应在前面菜单定义好。

• 承台参数。此项菜单用于输入承台布置的基本参数,初始值如图 6.42 所示。

• 承台生成。"承台生成"是在指定的承台布置范围内按桩类型和承台布置参数中的承台生成方式生成承台的类型和布置位置。

• 联合承台。联合承台用于处理承台间距过小的情况。当发现承台间距过小并希望布置成一个承台时,可先将原有的承台删掉,再点该项菜单,然后按程序的提示输入一个多边形,将指定的柱包在多边形内。程序会根据多边形范围内所有柱的合力生成一个联合承台。承台的布置角度由使用者指定。

• 承台定义。承台定义菜单用于定义新的承台或修改已定义的承台。当选择该菜单并在菜单区选取承台后,程序弹出如图 6.43 所示"承台定义"对话框。在该对话框中要输入承台

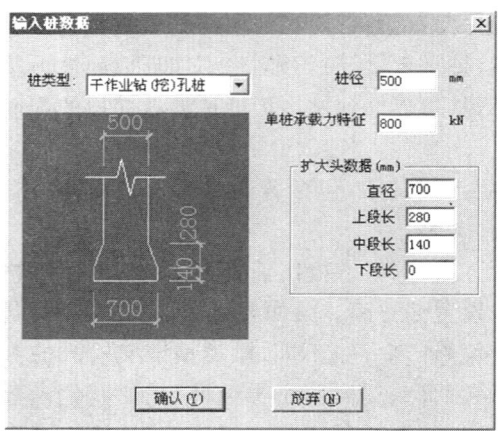 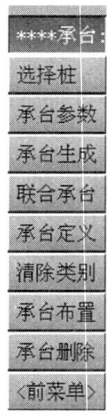

图 6.40 "输入桩数据"对话框　　　　　　图 6.41 "承台桩"菜单

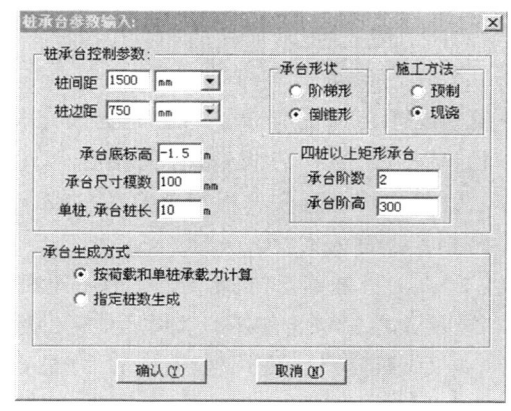

图 6.42 "承台参数输入"对话框

的形状、尺寸、承台阶数、承台底标高等。对于多边形承台,还要输入多边形的边数,平面尺寸在关闭对话框后采用交互方式输入。

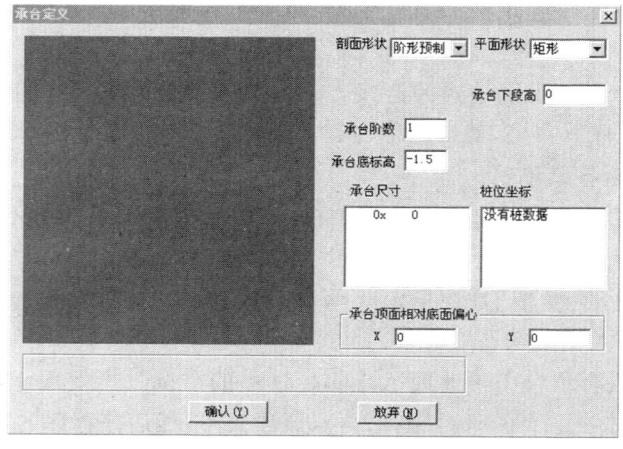

图 6.43 承台定义对话框

双击"承台尺寸"列表框或"桩位坐标"列表框中的某一项,将弹出图 6.44、图 6.45 所示对话框,利用此对话框,即可修改、添加、或删除相应的数据。

单击"确认"按钮后,即可进入布置桩的操作。可用菜单区提供的方法进行桩布置,如图 6.46 所示。

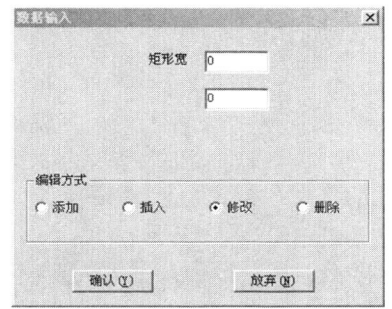 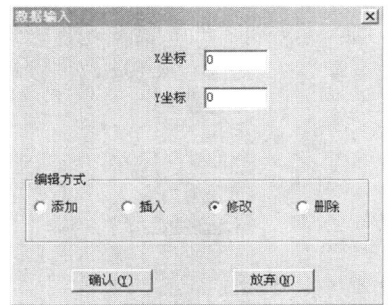

图 6.44　承台尺寸输入对话框　　　　　图 6.45　桩位数据输入对话框

用"布置参数"菜单项设定桩直径、桩间距或环距、群桩布置方式(矩形布置、三角形布置、环形布置)、群桩布置角度等参数,如图 6.47 所示。

 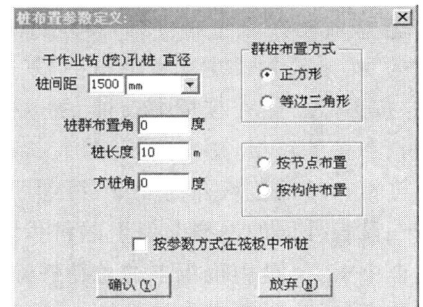

图 6.46　桩布置菜单　　　　　　　　图 6.47　桩布置参数定义

然后再根据要布桩的位置选择各菜单项进行桩布置。注意,桩布置时的光标是要以平面节点为目标来捕捉定位的,用户选定的基准点要和光标捕捉时的节点对位,偏心转角是相对于捕捉的节点的偏心和转角。

"群桩布置"只须输入群桩的行列数和基准点及偏心转角,就可用光标将该群桩拖动到任意位置。

"桩移动"菜单项可将已布置好的单、群桩移动到其他任意位置上。

- 清除类别。"清除类别"菜单用于清除定义好的承台。
- 承台布置。"承台布置"菜单项将定义好的承台布置到结构平面中。
- 承台删除。"承台删除"菜单项用于删除已经布置好的承台。
- 布置参数。用于输入承台布置时的沿轴移心、偏轴移心和轴角度。

④ 非承台桩。非承台桩用于布置位于筏板和基础梁下面的桩。由于非承台桩承受的荷载不但与桩的布置情况有关,而且与桩上的基础梁或筏板也有关系,所以非承台桩采用人工输入及程序验算的方法进行设计。桩的数量和布置位置是否合理可通过主菜单的"桩筏及筏板有限元计算"计算结果中的反力图来校核。为了人工输入有一定的参照数据,程序中作了一些辅助工具。为了简化桩输入的操作,程序中提供了多种输入方法,如图 6.48 所示菜单。

- 选择桩。此项菜单用于选择要布置的桩,和承台桩一样,该桩应在前面菜单定义好。
- 布置参数。此项菜单用于输入桩的布置参数,桩的布置参数定义对话框如图 6.49 所示。

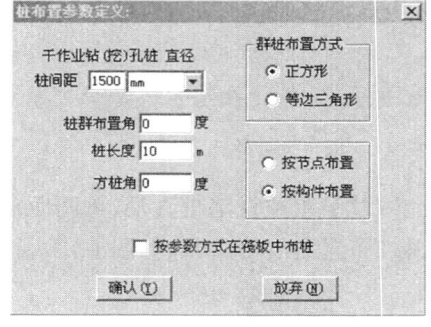

图 6.48 "非承台桩"菜单　　　　　　　　　图 6.49 桩布置参数定义

- 筏板布桩。筏板布桩有两种布置方法,布置方法的选择由图 6.49"桩布置参数定义"对话框中的"按参数方式在筏板中布桩"复选框选定。

在"按参数方式在筏板中布桩"复选框选中的情况下,单击"筏板布桩",程序会提示用户选择要进行布桩的筏板,选择后回车确认,程序会弹出如图 6.50 所示的对话框,在该对话框右侧显示要进行布桩的筏板几何图形,可参照图形输入两个方向的网格间距,在网格交点上自动布置桩。在筏板外面的网格交点上的桩程序自动删除。程序将该块筏板的最小需要桩根数显示在对话框中,该值是用筏板上的总荷载除以单桩承载力得到的参考值。由于筏板上的荷载是不均匀的,筏板实际所需的桩数要比该值大。程序可对个别网格交点的桩进行删除或恢复操作。当变换图形显示的大小和范围时,可按对话框中提供图形缩放的按钮。

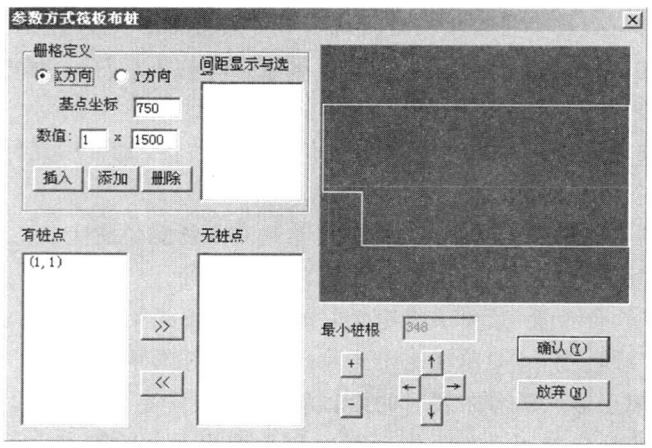

图 6.50 "筏板布桩"对话框

在"按参数方式在筏板中布桩"复选框未选中情况下,则在结构平面图中布置桩,具体操作如下:"筏板布桩"菜单,然后用光标选择要布置桩的筏板。在筏板中会显示桩的布置情况。移动光标调整桩的位置,单击鼠标左键确认。

• 群桩布置。"群桩布置"菜单用于输入行列对齐或隔行对齐的一组桩。选择该项菜单后,屏幕出现群桩输入对话框,如图 6.51 所示。

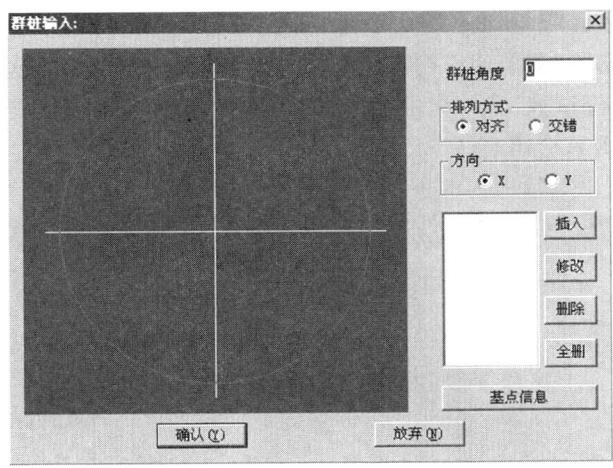

图 6.51 "群桩布置"对话框

在对话框中有桩的布置简图。当单选框"排列方式"选为"交错"时行数和列数的奇偶不相同的点的桩会去掉。单选框"方向"决定当前输入的桩间距是指 X 方向间距还是 Y 方向间距,列表框中显示的也是该方向的间距。可通过选择"确定"、"修改"、"删除"按钮进行桩间距的编辑。图中白色的十字交点代表群桩的基点,该点在后面的操作中要和平面简图中的节点对位。该点的隐含值为群桩的中心,如果要修改可选择"基点信息"输入偏移值。选择"确认"按钮后就可将该组桩交互布置到平面的节点上,布置方式有直接选取、轴线输入、窗口输入等。

• 单桩布置。"单桩布置"是布置单个的桩,输入方法和"群桩布置"相似,省略了桩间距的输入。

• 等分桩距。"等分桩距"菜单是在两个桩之间输入一根或多根桩,桩的位置在选定的两根桩的等分点上。该项菜单可与"群桩布置"菜单结合使用进行基础梁下桩的输入。具体操作是:点取该项菜单后在程序的引导下输入要将两桩之间做几等分(例如 N 等分),然后输入要进行等分间距操作的两个桩,程序会在该两个桩之间插入 $N-1$ 个桩。重复执行选择桩的操作,直到用户按鼠标右键为止。

• 梁下布桩。"梁下布桩"菜单用于布置基础梁下的桩。选择该项菜单后选择梁下桩的排数(单排、双排或三排),然后选择要布置桩的梁。程序根据被选择的梁的荷载情况及梁的布置情况将桩布置在梁下。该种方法虽然可以自动布桩,但由于没有进行整体分析,所以必须经过桩筏的有限元计算才能知道是否合理。

• 单桩复制。"单桩复制"可将一个桩阵列为群桩。选择该菜单后,在程序的引导下输入第一复制方向的角度,反复输入复制间距和次数,直到按鼠标右键为止。这时程序会沿指定的角度按输入的间距和次数将该桩复制。然后输入第二复制方向的角度,反复输入复制间距和次数,直到按鼠标右键结束。这时程序会将该桩以及第一个角度方向复制的桩沿指定的按输入的间距和次数进行复制,形成桩群。

• 群桩复制。"群桩复制"菜单可将一个区域的桩复制到另外的位置。操作步骤为:选择该项菜单后用适当的方式选择要复制的群桩,选择参考桩,输入参考桩相对光标的移心,然后选择目标节点。这样就完成了群桩复制工作。
- 桩移动。"桩移动"菜单可调整已经布置好的桩的位置。操作步骤为:选择该项菜单,选择已经布置好的桩和参考桩,然后就可拖动选择的桩到指定位置。在输入桩的目标点时可用 Tab 键捕捉节点,然后用 Home,End 等键准确定位。
- 桩删除。"桩删除"菜单用于删除已经布置好的桩。
- 沉降试算。沉降试算"菜单提供根据桩筏沉降确定桩布置数量或桩长的工具。选择该菜单后,再选择筏板,屏幕会出现图 6.52 所示对话框。使用者可以在对话框中看到桩长和桩数对桩筏的影响,并可以对筏板内的桩作相应的修改。可以通过修改桩间距来调整桩的数量。

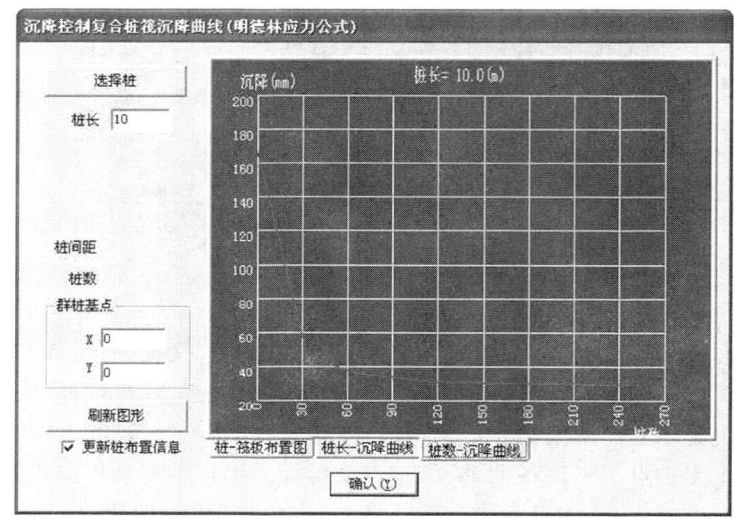

图 6.52 "沉降试算"对话框

- 桩数量图。单击"桩数量图"菜单会在屏幕上生成各节点和筏板区域内所需桩的数量参考值,如图 6.53 所示。该值是按荷载的轴力计算的,所以该值仅供布置桩时参考,图中每个节点旁的数值表示该节点需要的桩数,图幅中央的 23.6(800)表示整个工程共需桩 23.6 根,单桩承载力特征值为 800kN,18910 表示总轴力为 18910kN。

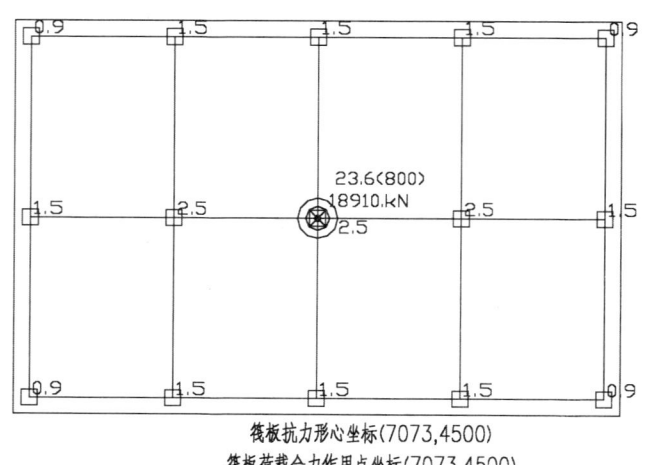

图 6.53 桩数量预估图

- 围桩承台。"围桩承台"菜单用于墙下桩承台的生成。先根据墙体的荷载在"非承台桩"菜单中输入桩,桩的数量应满足承载力的要求。然后按围区方式将要生成承台的桩选出。程序会在选中的桩上形成桩承台。在选取过程中应注意在多边形凹点处尽量沿着桩边输入控制点。在这里程序只是形成承台的多边形,承台的内力计算和配筋计算在后面的桩筏计算中进行。

- 计算桩长。"计算桩长"菜单可根据地质资料和每根桩的单桩承载力计算出桩长。对于同一承台下桩的长度取相同的值。运行"计算桩长"菜单前必须首先执行"地质资料输入"菜单。单击"计算桩长"菜单会弹出如图6.54

图6.54 "桩长归并长度"对话框

所示的"桩长归并长度框"提示用户输入桩长归并长度以减少桩长的种类,程序将桩长差在归并长度内的桩处理为同一长度。

桩长的计算是按照《建筑桩基技术规范》(JGJ 94—94)(以下简称《桩基规范》)的"经验值"方法进行的。

单桩竖向承载力标准值的计算如《桩基规范》公式5.2.8和公式5.2.9所示。桩基竖向承载力抗力分项系数如规范表5.2.2所示。桩的极限侧阻力标准值和极限端阻力标准值以及桩尺寸效应系数如规范表5.2.8和表5.2.9所示。桩长计算尚应符合规范3.2.3所规定的构造要求。地质资料中土的分类应按照《建筑地基基础设计规范》GB(50007—2002)第4.1节的规定采用。单桩竖向承载力标准值与特征值的换算关系见规范附录Q.0.10第七条的规定。

图6.55 "修改桩长"对话框

- 修改桩长。"修改桩长"菜单用于输入或修改桩长。可对计算的桩长进行人工归并,如果没有计算桩长也可用该项菜单输入桩长,单击"修改桩长"菜单即会弹出如图6.55所示的"修改桩长"对话框,输入设计桩长后回车确认,程序会提示选择修改目标,选中欲进行桩长修改的桩后确认,即将桩长修改完毕。

不论是承台桩还是非承台桩,当程序退出交互输入进入计算校核前,桩的长度数据必须是已知值,可以通过"计算桩长"和"修改桩长"实现。

- 查桩数据。"查桩数据"菜单可以检查桩的数量、最小桩间距等信息。选择该项菜单后在范围区选取承台桩和非承台桩,在屏幕中会出现选择范围内桩的统计结果,如图6.56所示。

⑤ 柱下独基。"柱下独基"菜单是用于独立基础设计的,它可根据输入的多种荷载自动选取独基尺寸,自动配筋,并可灵活地进行人工干预。该菜单下级菜单如图6.57所示。

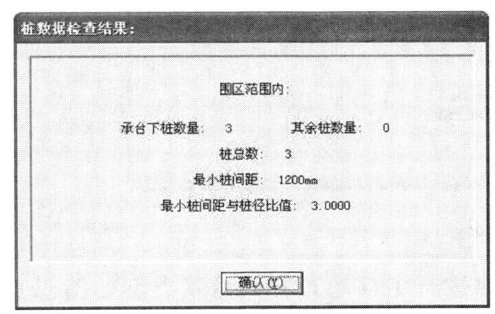

图6.56 查桩数据

图6.57 柱下独基菜单

• 自动生成。进行"自动生成"操作前必须首先进行"参数"菜单下"基本参数"和"浅基参数"设置,设置完毕后单击"自动生成"菜单,程序会自动在所有柱下(除已布置筏板的柱外)自动进行独基设计,并提示用户是否进行基础碰撞检查,程序将发生碰撞的独基自动合并成双柱基础或多柱基础,布置完毕即生成独立基础如图6.58所示。

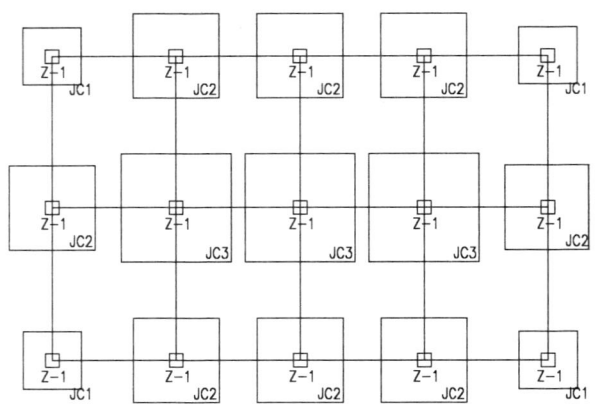

图 6.58 柱下独基自动完成图

• 计算结果。点取"计算结果"菜单可将独立基础计算结果文件打开,如图 6.59 所示。通过计算结果文件用户可查看各荷载组合情况、每根柱在各种荷载组合下的底面积计算、底板配筋计算、冲切计算等信息。

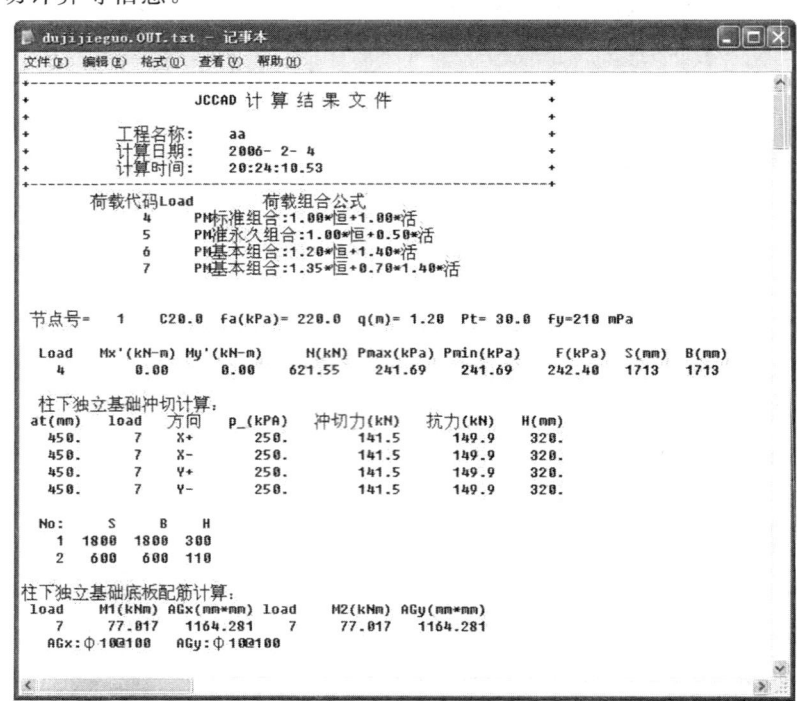

图 6.59 柱下独基计算结果文件

• 定义类别。点取"定义类别"菜单即显示出进行了自动布置的独基类型如图 6.60 所示,单击 2 800mm×2 800mm 的独基类型,即弹出如图 6.61 所示"柱下独立基础定义"对话框,对话框左侧为独基剖面图和平面图,右侧为独基参数设置框,通过该对话框即可完成独基的类别修改,若单击图 6.60 空白处也会弹出图 6.61 所示对话框,在此将一阶的长 S、宽 B 都设置为 1800mm,单击确定,即定义了一个新的形状为阶形现浇、尺寸为 1800mm×1800mm 的独基类型,如图 6.62 所示。

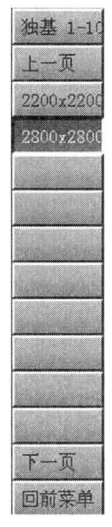 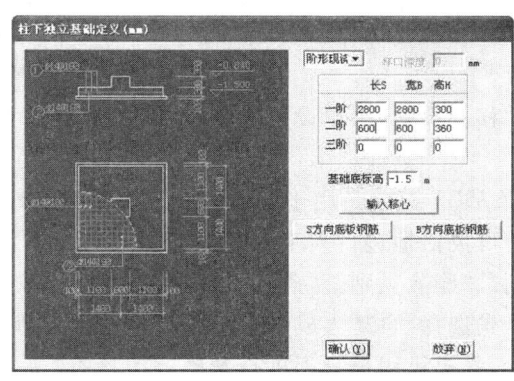 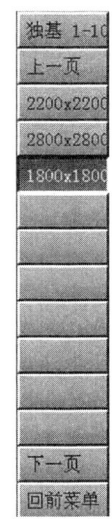

　　图 6.60　独基类型菜单　　　　图 6.61　"柱下独立基础定义"对话框　　　图 6.62　独基类型菜单

- 清除类别。点取"清除类别"菜单同样会弹出图 6.62 所示的独基类型菜单,单击 1800mm×1800mm,即将类型为 1800mm×1800mm 的独基形式删除,删除后如图 6.60 所示,需注意的是进行"清除类别"操作后,不仅将该类型的独基从独基类型菜单中删除,而且也会将已进行了独基布置的这种独基从独基布置中删除。

- 独基布置。点取"独基布置"菜单除显示图 6.62 所示的独基类型菜单外,还会显示如图 6.63 所示的"移心设置"对话框,通过"移心设置"对话框输入偏心和转角,点取欲布置的独基类型,然后再在欲布置该类型独基处单击,即将该类型独基布置在指定位置处,若该处已经进行了独基布置,则程序会用新布置的独立基础将已有独立基础替换掉。

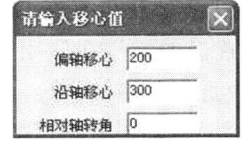

图 6.63　"移心设置"对话框

- 独基删除。点取"独基删除"菜单后,点取欲删除的独立基础,即将该独立基础删除。
- 双柱基础。"双柱基础"用于自动设置和人工设置双柱基础,采用自动设置时,用户应先选择"双柱基础"子菜单,程序会自动进行基础碰撞检查,检查完毕后,单击任意类型独基,程序会提示"请用光标点取所属的第一根柱",点取完毕后程序会接着提示"请用光标点取所属的第二根柱",程序就会自动将该类型独基布置在这两个柱子中间,如图 6.64 所示。单击"回前菜单"子菜单,然后点取"自动生成"子菜单,即可完成双柱基础布置,如图 6.65 所示。

采用人工设置时,用户应先定义类别,再用"双柱基础"布置。如进行多柱基础的设计时,用户可定义一个大些的基础(但不要太大,因为自动生成时发现有小基础时可自动扩大,但大基础不会自动缩小),通过"移心设置"菜单输入移心、转角,然后再用"独基布置"菜单将其布置在正好能包住预先选定的多个柱子的位置上,接着再运行"自动生成"子菜单即完成多柱基础设计。对双柱基础和多柱基础,程序可根据多个柱的平面坐标算出基础的移心,并将基础布置

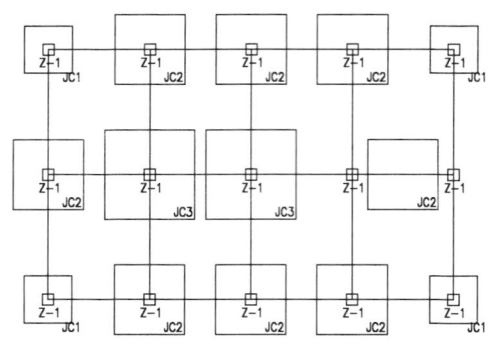
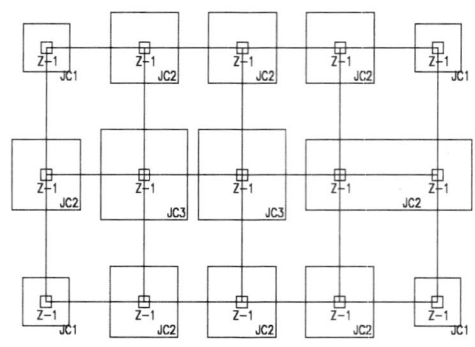

图 6.64 双柱基础布置图(一)　　　　图 6.65 双柱基础布置(二)

在多个柱的形心上。通过"移心设置"菜单设置的偏心、转角参数在选择"回前菜单"后移心值就不再起作用。

⑥ 墙下条基。"墙下条基"子菜单是用于墙体下面条形基础设计的,它可根据输入的多种荷载自动选取独基尺寸,并可灵活地进行人工干预。在该菜单下有 6 个子菜单,如图 6.66 所示:"自动生成"、"定义类别"、"删除类别"、"条基布置"、"条基删除"、"移心设置"。其使用方法与"柱下独基"子菜单相似,先选择"自动生成"子菜单,程序会自动在所有墙下(除已布置筏板的墙外)自动进行条基设计,并提示用户是否进行基础碰撞检查,进行碰撞检查后可将发生碰撞的条基自动合并成双墙基础。注意,如墙上无柱节点存在节点荷载时,用户应在"荷载参数"中选择将无柱节点上的点荷载分配到周围墙上,程序会将点荷载的轴向力转化成均布荷载平均分到与该节点相关的有墙的网格上,如该节点周围没有墙或选择不分配无柱节点上的点荷载,则程序会丢掉该荷载。对于框架结构,如果填充墙下设置条基的话,则需在"上部构件"下的"填充墙"菜单中输入首层的填充墙,并且在主菜单"输入荷载"中以附加荷载的方式将填充墙荷载输入网格上,然后再进行条基生成,程序就会计算出填充墙下的条基。并可给出完整的施工图。用户可用"定义类别"来修改自动生成的条基类别,并可用"条基布置"菜单来修改条基布置。如用户在使用"条基布置"时要设置偏心,则应先用"移心设置"菜单来输入移心值,在选择"回前菜单"后移心值就不再起作用。

⑦ "缺口布置"。"缺口布置"菜单的作用是在条形基础上的墙体开洞口,这种洞口在平面图上将会使墙体断开,它一般用于基础管沟。该菜单的使用方法是点取"缺口布置"菜单,即会弹出如图 6.67 所示的"缺口布置"提示框,提示输入缺口宽度和距左(下)节点的距离(mm),输入完毕后采用多种方式(围区布置、窗口布置、轴线布置、直接布置、窗口删除)进行缺口布置,若要删除已进行的缺口布置可再次点取"缺口布置"菜单,在出现图 6.67 提示框后,不进行任何输入,选取欲删除缺口,即将该缺口删除。

⑧ 基础验算。"基础验算"菜单的作用是对在基础布置中作过修改的独基或条基进行验算,如果验算所得到的尺寸、配筋大于已经布置基础的相应值,则程序会选取大的数值。如果验算所得到的数据小于已经布置的基础数据,则程序不再减少基础的尺寸和配筋。如果用户需要减小基础的尺寸和配筋应首先删除全部独基和条基,然后再进行基础计算。如用户没进行独基、条基的布置,直接运行"基础验算"也可完成独基和条基的自动设计。

⑨ 重心校核。"重心校核"菜单是用于筏板基础、桩基础的荷载重心与基础形心位置校核、基底反力与地基承载力的校核。如图 6.68 所示该菜单下有三个子菜单,"选荷载组"、"筏板重心"、"桩重心"。"桩重心"子菜单选择之后,程序提示用户用光标围取若干桩,接着显示作

图 6.66　墙下条基菜单　　　　　　　　图 6.67　缺口布置提示框

用于该围区内的荷载重心与合力值、群桩形心与总抗力及两者的偏心距。

• 选荷载组。点取"选荷载组"菜单后,即弹出如图 6.69 所示对话框,点取欲选择的荷载组合,单击确定即完成选荷载组操作。需注意的是在所有荷载组合中,每次只能选择一组进行重心校核,若要用多组荷载校核,须分多次进行。

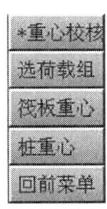
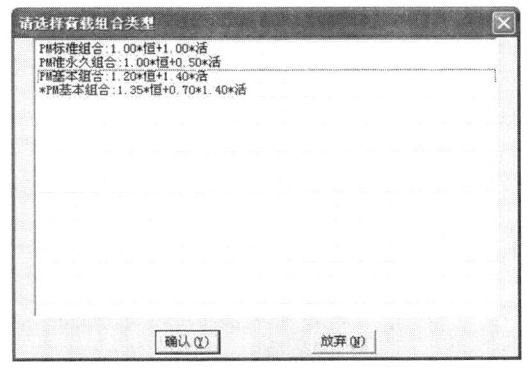

图 6.68　"重心校核"菜单　　　　　　图 6.69　"选荷载组"菜单

• "筏板重心"。点取"筏板重心"菜单后,即在屏幕左侧显示如图 6.70 所示菜单,在主窗口中显示作用于该筏板上的荷载重心、筏板形心、平均反力、地基承载力设计值、最大反力和最小反力位置与数值等各项参数,如图 6.71 所示。用户还可以通过"筏板重心"菜单调整屏幕上显示的图形大小、角度。

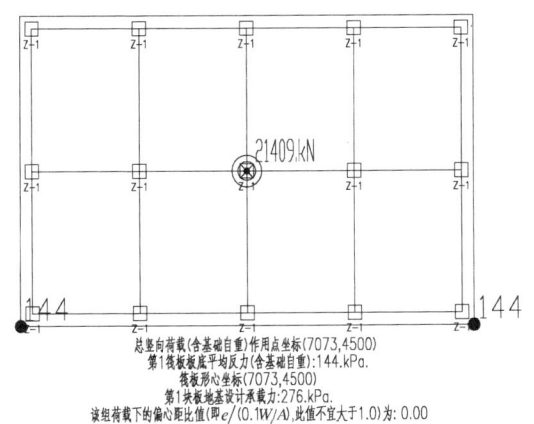

图 6.70　"筏板重心"菜单　　　　　　　图 6.71　筏板重心位置

— 271 —

- "桩重心"。点取"桩重心"菜单后,程序会提示用户采用围栏方式选取欲查看重心位置的几个桩,选取完毕后即在主窗口中显示作用于该围区内的荷载重心及合力值、群桩形心坐标、群桩总抗力及荷载与群桩重心二者的偏心距。

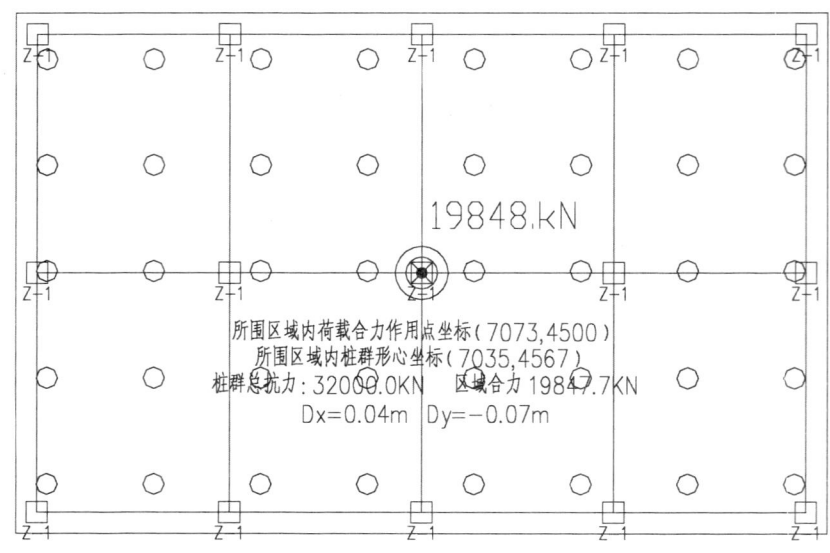

图 6.72 桩重心位置

⑩ 局部承压。"局部承压"菜单是进行柱对独基、承台、基础梁以及桩对承台的局部承压计算。点取该菜单后会弹出如图 6.73 所示子菜单,点取柱就会显示出柱的局部承压计算结果,如图 6.74 所示,大于 1.0 的结果为绿色表示局部承压满足要求,桩的局压验算与柱的计算方法相同。点取"清除显示"菜单则将局压验算结果清除。

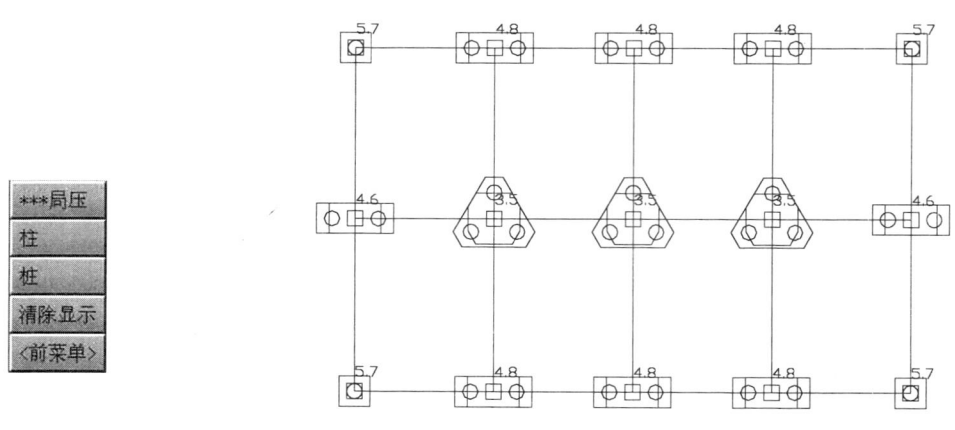

图 6.73 "局部承压"菜单　　　　图 6.74 局部承压计算结果

6.5 JCCAD 主菜单 4　桩基承台计算和独基沉降计算

本菜单可从前面交互输入选取的荷载中挑选多种荷载工况对承台和桩进行计算,给出基础尺寸、配筋、沉降等计算结果,并将计算结果以图形方式存贮,在计算的基础上再反复对各基础构件的布置进行修改,直至满足要求。本部分功能是在原 ZJ 软件基础上完善发展起来的,现程序能够自动计算桩的长度,无须事先定义。

选中"桩基承台及独基沉降计算"回车确认,即在平面右侧显示"桩基承台及独基沉降计算"主菜单如图 6.75 所示。独立桩基承台是桩基础的主要型式,其计算可在菜单提示下进行,其主要内容如下。

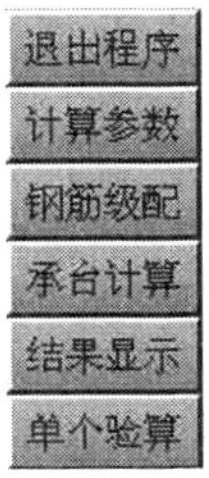

1. 退出程序

运行这一菜单,会将交互式计算及归并的结果进行贮存,形成绘桩基础详图程序所需的数据文件。

图 6.75 "沉降计算"主菜单

2. 计算参数

点取"计算参数"菜单,屏幕将弹出"沉降计算信息"对话框如图 6.76 所示,在该对话框中需根据工程实际及规范要求设置如下内容:考虑相互影响的距离、室内回填土标高、沉降计算调整系数、桩承台计算方法。设置完毕后,单击确定随即会弹出如图 6.77 所示的"计算信息"对话框,在该对话框中需确定的参数如下:

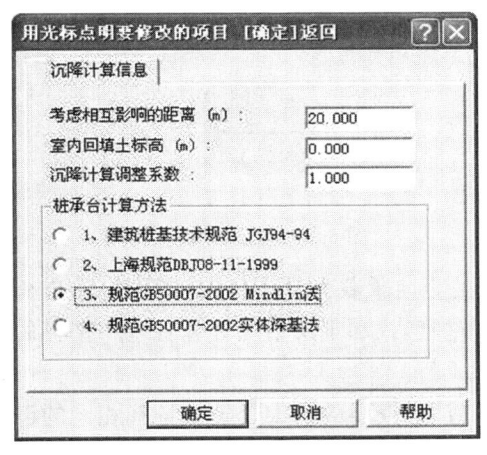

图 6.76 "沉降计算信息"对话框

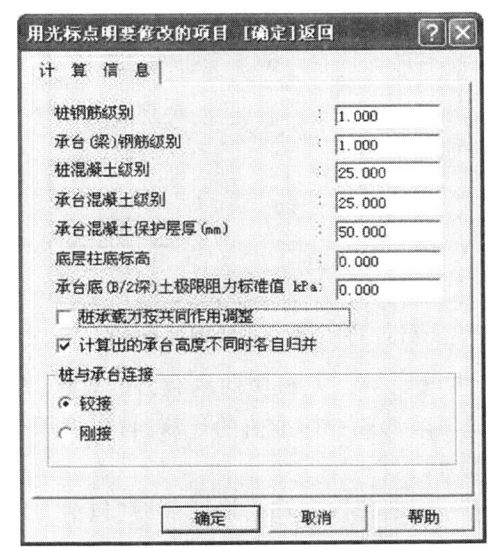

图 6.77 "计算参数"对话框

桩钢筋级别:隐含值为 1。

承台(梁)钢筋级别:隐含值为 1。

桩混凝土级别:隐含值为 C25。

承台(梁)混凝土级别:隐含值为 C25。

承台混凝土保护层厚度(mm):隐含值为 50。

底层柱底标高:隐含值为 0.00。

承台底($B/2$ 深)土极限阻力标准值:也称土极限承载力标准值,其输入目的是当桩承载力按共同作用调整时考虑桩间土的分担。

桩承载力按共同作用调整:该选项决定是否采用桩土共同作用方式进行计算。影响共同作用的因素有桩距、桩长、承台大小、桩排列等,具体设置参见桩基技术规范。

桩与承台连接形式:隐含值为铰接。对于没有地质资料的工程,还需输入相关补充信息。

3. 钢筋级配

点取"钢筋级配"菜单,即弹出如图 6.78 所示的"钢筋级配表"对话框,独基及承台配筋时将以此表进行选筋,用户可根据需要对此表级配进行修改。

4. 承台计算

点取"承台计算"菜单,即弹出如图 6.79 所示的"承台计算"菜单,需说明的是随着 JCCAD 主菜单 2"基础人机交互输入"中"读取荷载"的选择不同,图 6.79"承台计算"菜单显示的内容也会相应地有所改变,菜单中"SATW 荷载"会相应地被"PM 恒加活"、"TAT 荷载"、"PK 荷载"、"砖混荷载"等内容所取代。点取"SATW 荷载"后程序会根据 SATWE 计算出的内力自动进行承台计算,计算结果需通过"结果显示"菜单查看,其他如"TAT 荷载"、"PM 恒加活"等操作与之相同。通过"承台计算"菜单可进行如下内容的计算工作:

图 6.78 "楼板钢筋级配表"对话框

图 6.79 "承台计算"菜单

(1) 单桩计算。基桩竖向承载力的校核:在进行基桩竖向承载力设计值的计算时,先进行单桩竖向极限承载力标准值的计算,再根据承台形状、布桩形式和土层情况计算桩基中基桩的竖向承载力。

对于一般的建筑物和受横向荷载(包括力矩与横向剪力)较小的高大建筑物桩径相同的群桩基础,不考虑承台与基桩刚接共同工作和承台与土的弹性抗力作用。但对于以下情况可考虑这种作用:

① 位于抗震设防区 8 度及 8 度以上和其他较大横向荷载的高大建筑物,当其桩基承台刚度较大或由于上部结构与承台的协同作用能增强承台的刚度时。

② 受较大横向荷载及 8 度和 8 度以上地震作用的高承台桩基。

基桩横向承载力的校核:群桩基础(不含横向力垂直于单排桩基纵向轴线和力矩较大的情况)的复合基桩横向承载力设计值应考虑由承台、桩群、土相互作用产生的群桩效应。

承受横向荷载较大的带地下室的高大建筑物桩基,可考虑承台、桩群、土共同作用。

(2) 桩基沉降计算。由于地质条件不均匀、荷载差异很大、体形复杂等因素引起的地基变形,对于砌体承重结构应由局部倾斜控制;对于框架结构和单层排架结构应由相邻桩基的沉降差控制;对于多层或高层建筑和高耸结构应由倾斜值控制。

(3) 承台计算。承台计算包括抗弯计算、抗冲切计算、抗剪切计算、局部承压验算。对于承台阶梯高度和配筋不满足要求的,将算出最小的承台阶梯高度与配筋。

以上计算内容可以根据总信息输入的内容进行部分或全部计算,并将计算结果以图形及数据文件输出。

(4) 计算依据。以上计算内容均依据《桩基规范》,主要内容见《桩基规范》。

5. 结果显示

点取"结果显示"菜单后,即弹出"计算结果输出"对话框,如图 6.80、图 6.81 所示。需说明的是随着 JCCAD 主菜单 2"基础人机交互输入"中"读取荷载"的选择不同,该对话框"荷载选择"栏显示的内容也会有所不同,当选择"SATWE 荷载"时"结果显示"对话框如图 6.80 所示,当选择"PM 荷载"时"结果显示"对话框如图 6.81 所示。对话框左侧为"计算结果"单选框,具体内容有"桩长信息"、"承台配筋"、"承台归并"、"组合公式"、"删除计算结果"、"退出"等,点取欲显示内容前的单选框后,单击"确定"即会在屏幕主窗口中显示出计算结果图形,如图 6.82—图 6.85 所示。在每个图形下面,均有该图形的计算结果说明,方便用户查看数据。执行"删除计算结果"选项则会将全部的计算结果清除。执行"退出"项则退出"结果显示"。

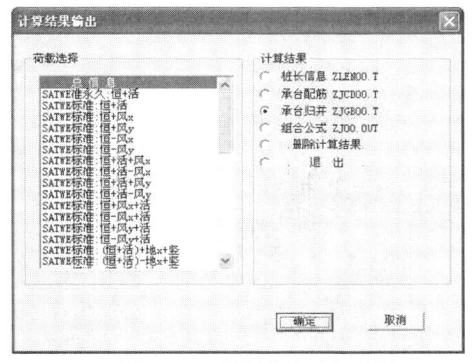

图 6.80 "结果显示"对话框一

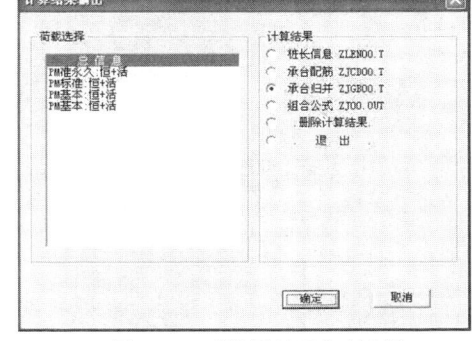

图 6.81 "结果显示"对话框二

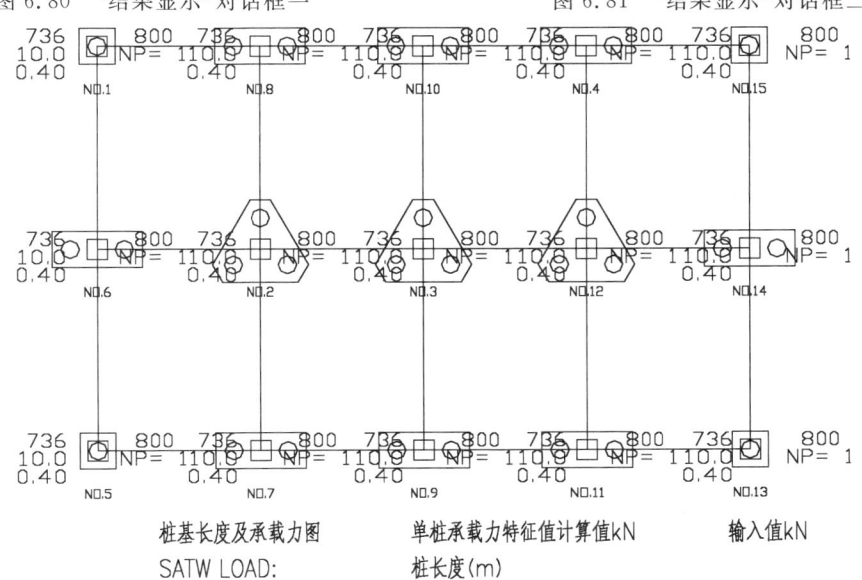

图 6.82 桩基长度及承载力图

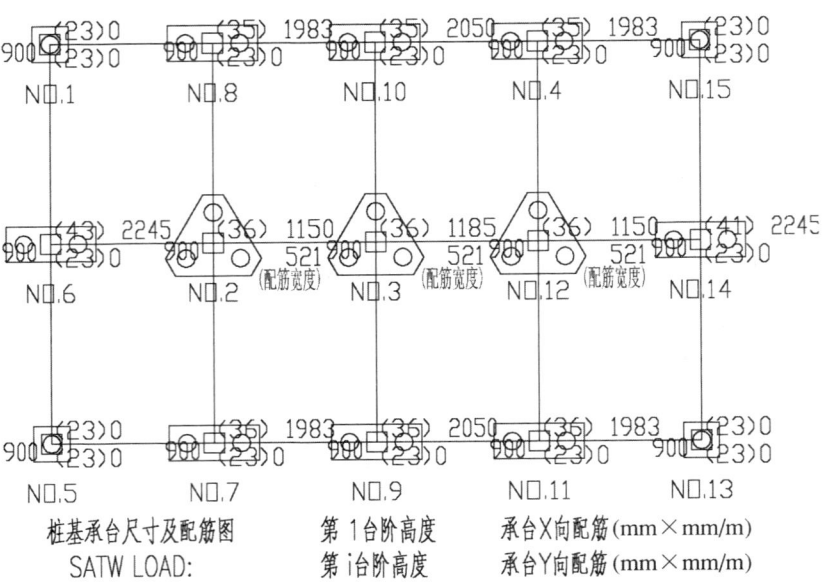

图 6.83　桩基承台尺寸配筋图

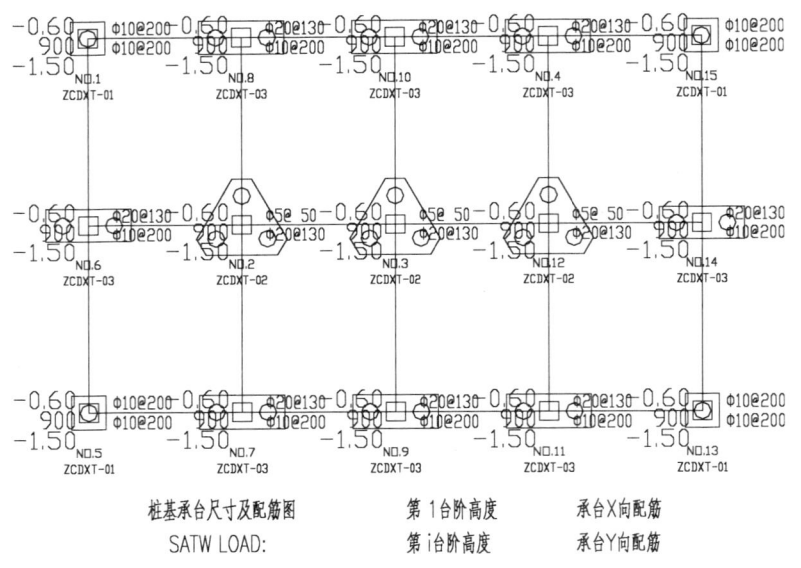

图 6.84　桩基承台归并图

6. 单个验算

"单个验算"菜单的功能是对指定的承台及荷载进行计算并显示计算过程及结果,以便用户进行校核。点取"单个验算"菜单,即弹出如图 6.79 所示菜单,点取"SATW 荷载"菜单,程序会提示进行验算布置,选取欲进行验算的承台后,输入 Y 确定执行"单个验算"功能,确定后程序即会弹出"单个验算结果文件"如图 6.86 所示。

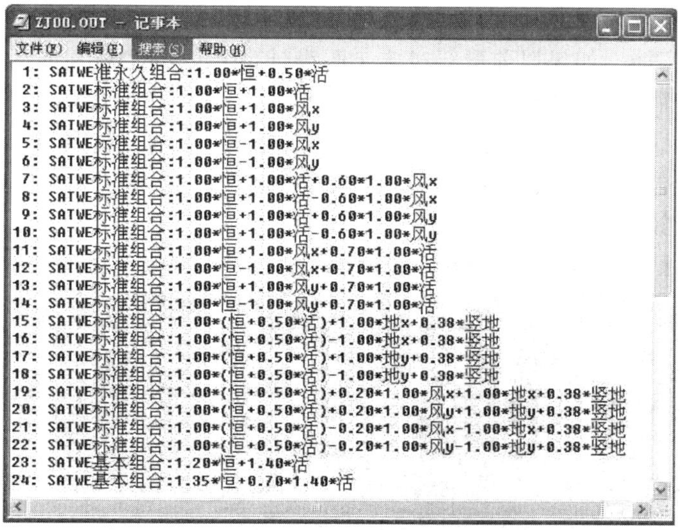

图 6.85 "组合公式"文件

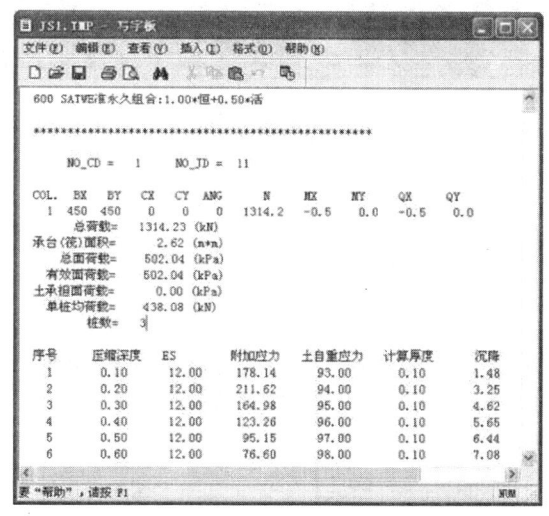

图 6.86 "单个验算"结果文件

6.6 JCCAD 主菜单 6 基础平面施工图

本菜单用于所有基础类型的平面图绘制。执行主菜单 6"基础平面施工图"后,程序显示如图 6.87 绘图窗口。图框位于窗口中央,图框中央的细方框是施工图的绘制范围。如果是第一次进行基础施工图绘制,则首先要进行图纸设置,点取"调整图面"菜单,即在屏幕中央出现十字光标,用该十字光标点取图框中的细方框,拖动到适当位置即将图形位置进行了布置。点取"改图纸号"菜单即会弹出如图 6.88 所示"改图纸号"对话框,修改完毕后确定即可。点取"绘图参数"菜单即会弹出如图 6.89 所示"绘图参数"对话框,其状态一般都已隐含设定好,用户也可根据需要确定绘图参数(控制是否画柱、梁、墙、桩、板、承台、独基、条基等)。点取"钢筋表"菜单,即弹出如图 6.90 所示"钢筋表"对话框,根据用户需要设置完毕。点取"通长槽筋"菜单,即在屏幕下方出现如图6.91所示"通长槽筋"提示框,提示确定通长筋形式,输入0则采用槽筋,输入1采用直筋。如果以前进行过施工图设计,则可点取"续画前图"菜单,程序会出现提示框询问是否续画前图,如果"是"输入1,"否"输入0,输入1后程序就会从上次保存的施工图处开始继续绘制,如果输入0,则将重新开始进行施工图绘制。而点取"继续"菜单也将重新开始进行施工图绘制。程序会随即在屏幕右侧显示如图6.92所示"绘图菜单",本菜单下各菜单项的功能与使用说明如下。

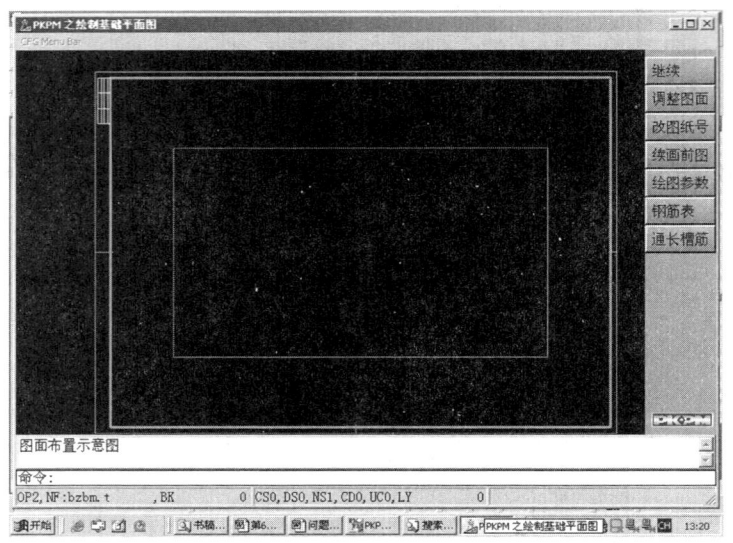

图 6.87 基础平面图绘制窗口

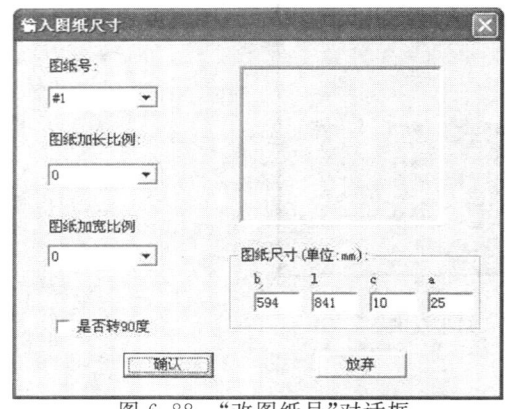

图 6.88 "改图纸号"对话框

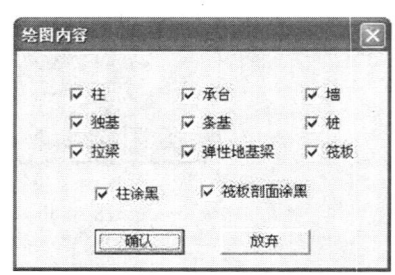

图 6.89 "绘图参数"对话框

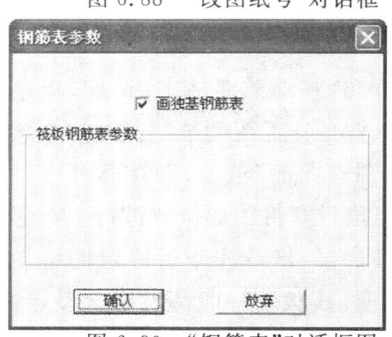

图 6.90 "钢筋表"对话框图

图 6.91 "通长槽筋形式"提示框

— 278 —

1. 标注尺寸

执行本菜单可对所有基础构件的尺寸与位置进行标注,点取"标注尺寸"即弹出如图 6.93 所示子菜单。各菜单项的使用方法和功能说明如下。

(1) 条基尺寸。本选项用于标注条形基础和上面墙体的宽度,使用时只须用光标单击欲进行尺寸标注的条基任意位置即可在该位置上标出相对于轴线的宽度。

(2) 注柱尺寸。本选项用于标注柱子及相对于轴线尺寸,使用时只须用光标单击欲进行尺寸标注的柱,光标偏向哪边,尺寸线就标在哪边。

图 6.92 "绘图"菜单

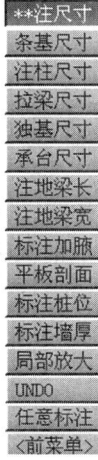

图 6.93 "标注尺寸"菜单

(3) 独基尺寸。本选项用于标注独立基础及独基相对于轴线尺寸,使用时只须用光标单击欲进行尺寸标注的独立基础,光标偏向哪边,尺寸线就标在哪边。

(4) 承台尺寸。本选项用于标注桩基承台及相对于轴线尺寸,使用时只须用光标单击欲进行尺寸标注的桩基承台,光标偏向哪边,尺寸线就标在哪边。

(5) 注地梁长。本选项用于标注弹性地基梁(包括板上的肋梁)长度,使用时首先用光标选单击欲进行尺寸标注的弹性地基梁,然后再用光标指定梁长尺寸线标位置。一般此功能用于挑出梁。

(6) 注地梁宽。本选项用于标注弹性地基梁(包括板上的肋梁)宽度及相对于轴线尺寸,使用时只须用光标单击欲进行尺寸标注的弹性地基梁的任意位置,即可在该位置上标出相对于轴线的宽度。

(7) 标注加腋。本选项用于标注弹性地基梁(包括板上的肋梁)对柱子的加腋线尺寸,使用时只须用光标单击欲进行尺寸标注的周边有加腋线的柱子,光标偏向柱子哪边,就标注哪边的加腋线尺寸。

(8) 平板剖面。本选项用于绘制按弹性地基梁元法计算的平板或墙下筏板的剖面,并标注板及板底标高,使用时须用光标在板上任意位置沿任意方向划出一根橡皮线,即可在该位置上画出该处的板剖面。

(9) 标注桩位。本选项用于标注任意桩相对于轴线的位置,使用时先用多种方式(围区、窗口、轴线、直接)选取一个或多个桩,然后光标选择若干同向轴线,按 Esc 键退出后再用光标给出尺寸线位置即可标出桩相对这些轴线的位置。如轴线方向不同,可多次重复选取轴线、定尺寸线位置的步骤。

图 6.94 "标注字符"菜单

(10) 任意标注。本选项是一个通用标注菜单,其功能包括标注点与点、点与线、线与线、弧与弧间距,标注直线长度、两根直线夹角、标注弧线半径、直径、设置标注精度等。使用方法可参照程序的提示说明。

2. 标注字符

本菜单的功能是标注柱、梁、独基编号和在墙上设置、标注预留洞口,点取"标注字符"即弹出如图 6.94 所示子菜单。主要菜单项的使用方法和功能说明如下。

(1) "注柱编号"、"拉梁编号"、"独基编号"三个菜单分别用于标注柱、基础梁、独基编号。点取"独基编号"菜单,程序会提示"请选择要标注的独立基础,按(Esc)键中断",单击欲标注的独立基础,程序会自动生成一个圆将该独基包围,如图 6.95 所示,单击鼠标右键或按 Esc 键,程序提示"请指定标注位置",拖动标注到适当位置后回车确定即可完成独基的编号标注,标注完毕后,程序生成的圆将自动消失,如图 6.96 所示。"注柱编号"、"拉梁编号"操作与之基本相同,本文不再赘述。

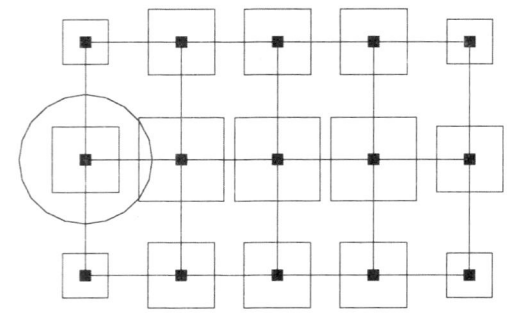
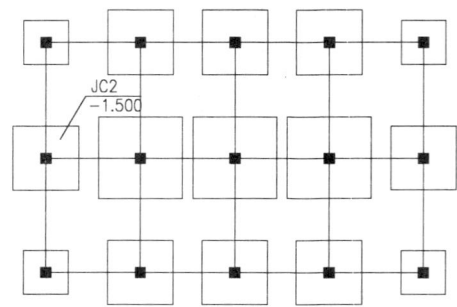

图 6.95 "独基编号"示意图一　　　　　图 6.96 "独基编号"示意图二

(2) "输入开洞"菜单的功能是在底层墙体上开预留洞。选择本菜单后,在屏幕提示下先用光标选择要设洞口的墙体,程序会弹出如图 6.97 所示的提示框,输入洞宽和洞边距左下节点的距离(m),即完成标注。

图 6.97 "输入开洞"提示框

(3) "标注开洞"菜单的作用是标注上个菜单画出的预留洞,使用时先用光标选择要标注的洞口,接着输入洞高和洞底标高,然后再用光标拖动标注线到适当位置。

(4) "弹性地梁"菜单的用途是把按弹性地基梁元法计算后进行归并的地基连续梁编号自动标注在各个连梁上,使用时只要选择本菜单即可自动完成标注。

3. 写图名

本菜单的功能是将"基础平面布置图 1∶m"的图名与比例布置在指定位置上。选择本菜单后,只需用光标将图名拖到适当的位置后按 Enter 键即可。

4. 标注轴线

本菜单的作用是标注各类轴线(包括弧轴线)间距、总尺寸、轴线号等,点取"标注轴线"菜单即弹出如图 6.98 所示子菜单。各菜单项的功能与使用如下。

图 6.98 "标注轴线"菜单

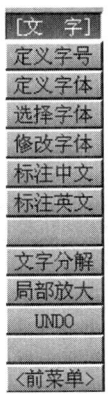

图 6.99 "中文说明"菜单

(1)"自动标注"菜单的功能是自动标注那些水平向、垂直向轴线的间距、总尺寸、轴线号。使用时选择本菜单即可自动完成。尺寸线与建筑物距离与标注方向在 JCCAD 主菜单 2"基础人机交互输入"的"绘图参数"中设置。

(2)"交互标注"菜单的功能是采用交互方式标注任意方向上的任意根同向轴线。点取"交互标注"菜单后程序会提示"移光标点取起始轴线",点取完毕,会接着提示"移光标点取终止轴线",点取完毕,接着会提示"移光标去掉不标的轴线",用户根据需要选择,再用光标拖动尺寸线到适当位置即可。

(3)"逐根点取"菜单的功能与使用方法类似于"交互标注",只是在选择轴线时不是批量点取,而是逐根进行点取。

(4)"弧轴线"菜单的功能是标注弧轴线的轴线号、弧轴线之间某位置的弧长与半径、角度,以及弧长、半径、角度的单独或不同组合标注。本菜单下还有九项子菜单,分别为"标注弧长"、"标注角度"、"标注半径"、"弧长角度"、"半径角度"、"弧、角、径"、"局部放大"、"UNDO"、"显示全图"。使用方法一般都是先点取起始轴线,再点取终止轴线,并去掉中间不标注的轴线,用光标给定弧长、半径位置,最后用光标拖动尺寸线位置到合适地方。所有标注每一步骤都有提示说明供用户参考。

(5)"标注板带"菜单只用于采用等代梁元法计算、配筋模式按整体通长配置的平板基础,可标注出柱下板带和跨中板带钢筋配置区域。使用方法类似于"逐根标注"轴线。

5. 中文说明

本菜单的主要功能是在平面图上标写各种字型、大小、角度的中文、英文说明。点取"中文说明"即弹出如图 6.99 所示子菜单。下面对其主要内容加以简单介绍。

(1)"定义字号"用于设定要写的字的大小、角度。

(2)"定义字体"用于设定拟采用字体,可定义多种字体。点取"定义字体"即弹出如图 6.100 所示"选择字体类别"选择框,点取"英文"选项,即弹出如图 6.101 所示选择框,在此单击"1:TXT.SHX"项,即弹出选择框如图 6.102 所示,如图可供选择的字体有两个选项,第一个是 CFG 文件夹(子目录)下的字体文件,第二个是 Windows 系统安装的中西文字库,该字库中带@号的字体,是旋转 90°字体。在此点取" *.SHX"即弹出如图 6.103 所示对话框,根据需要选取目录及字体,即完成英文字体设置,中文字体设置与之相同。

(3)"选择字体"用于在已定义的字体中选择实际采用的字体,点取"选择字体"即弹出如

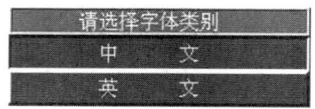
图 6.100 "选择字体类别"选择框

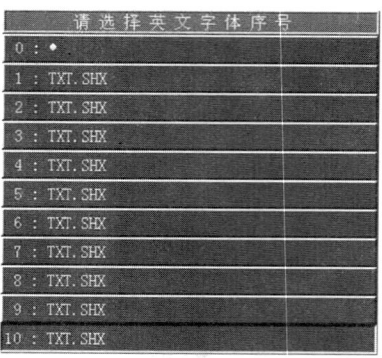
图 6.101 "选择英文字体序号"选择框

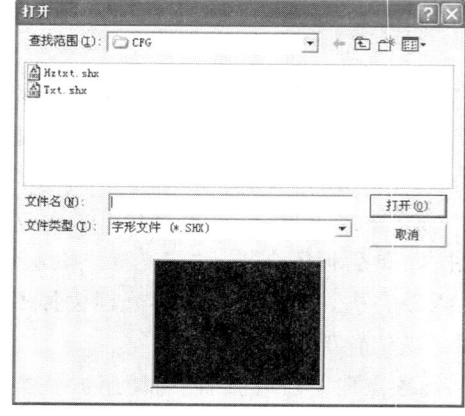
图 6.103 "选择字体文件"对话框

图 6.102 "选择形文件类别"选择框

图 6.100 所示选择框,点取"英文"即弹出如图 6.101 所示选择框,单击欲选择字体即完成英文字体选择,通过该菜单可随时切换输入的字体,中文字体选择与之相同,在此不再赘述。

(4)"修改字体"用于在已定义的字体中选择其中某种字体,来替换图中已有的文字字体。点取"修改字体"即弹出如图 6.104 所示对话框,点取欲选择字体后单击"确定"即可。

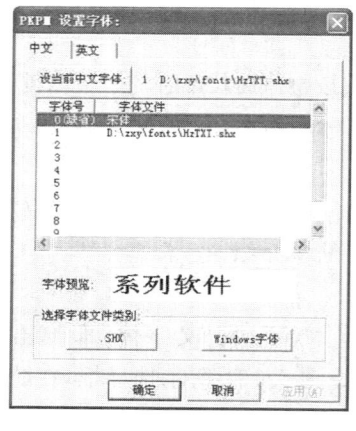

图 6.105 "标注英文"输入框

图 6.104 "修改字体"对话框

图 6.106 "文字分解"选择框

(5)"标注中文"用于中文说明的输入,其下设有菜单项"直接输入"、"文件行"、"文件块"等,其中"直接输入"可以直接输入文字内容,然后指定文字位置即可。而"文件行"与"文件块"则把已编辑好的文件中的一行或整个文件标注到图纸中。

(6)"标注英文"菜单可直接将键入的英文布置到图纸上,点取"标注英文"即弹出如图 6.105 所示输入框,输入说明文字确认后,程序会提示输入"书写角度",输入完毕后指定文字位置即完成英文标注。

(7)"文字分解"的功能是将一行文字或文件块中的部分文字与原行、块脱离,使之能够用编辑命令单独编辑。点取"文字分解"即弹出如图 6.106 所示选择框,输入 1 进行中文分解,然后点取欲进行分解的文字,即完成文字分解。

6. 圈梁简图

本菜单用于布置地圈梁的砖混结构,程序可画出地圈梁布置简图。

点取"圈梁简图"即弹出如图 6.107 所示子菜单,点取"布置图"随即弹出如图 6.108 所示子菜单,点取"绘图内容"即弹出如图 6.109 所示子菜单,单击"地梁类号"、"地梁尺寸"使其处于选定状态,则将在圈梁简图中绘制出地梁编号及尺寸。返回上级菜单进行"绘图比例"设置,在"绘图比例"菜单中,可修改圈梁布置示意图的绘图比例和标注字符的大小,具体操作过程可参考程序提示进行。"图面布置"菜单可交互选择圈梁布置示意图的位置。"绘图比例"设置完毕,单击"图面布置"选项后即可用光标将圈梁布置示意图布置到适当位置,布置完毕如图 6.110 所示。用户可通过单击"布置图"选项,控制是否绘制圈梁布置示意图。

  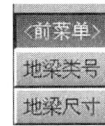

图 6.107 "圈梁简图"菜单一　　图 6.108 "圈梁简图"菜单二　　图 6.109 "圈梁绘图内容"菜单

注意,圈梁布置示意图在退出程序前没有写到图文件中,所以在"图形编辑"菜单中不能对它进行编辑,但"图层管理"对它是起作用的。

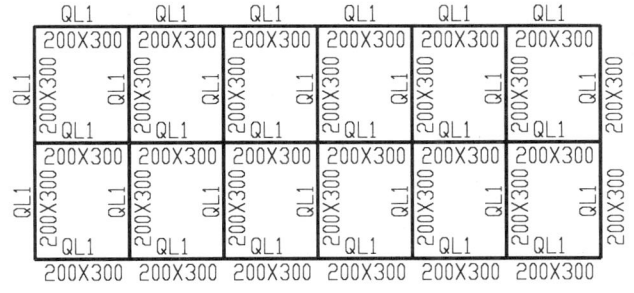

图 6.110 圈梁布置示意图

7. 基础详图

本菜单的功能是在平面图上添加绘制独立基础和条形基础的大样详图,点取"基础详图"即弹出"基础详图"子菜单,如图 6.111 所示其下设有"绘图参数"、"增加详图"、"删除详图"、"调整图面"、"钢筋表"、"其他大样"、"前菜单"等菜单项。

(1)绘图参数。点取"绘图参数"后,即会弹出"绘图参数"对话框,该对话框含有"基础大样绘图参数"、"基础大样设计参数"两个选项卡,分别如图 6.112、图 6.113 所示。根据工程需要进行参数输入,输入完毕后单击确定即可完成参数设置。

(2)增加详图。点取"增加详图"后,即弹出如图 6.114 所示子菜单,屏幕右侧列出未画出的所有大样名称,默认情况下独基以"J-"字母打头(独基名称可以利用主菜单 2 的"参数输入"菜单中的"独基名称"进行修改),条基则为各条基的剖面号。点取 J-1,屏幕上出现该详图的虚线轮廓,移动光标将该大样放置到图面适当位置,回车即将该图块放在图面上。选择过

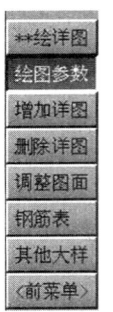

图 6.111 "基础详图"菜单

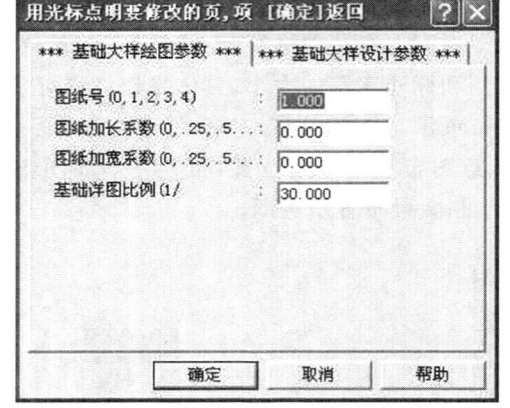

图 6.112 "基础大样绘图参数"选项卡

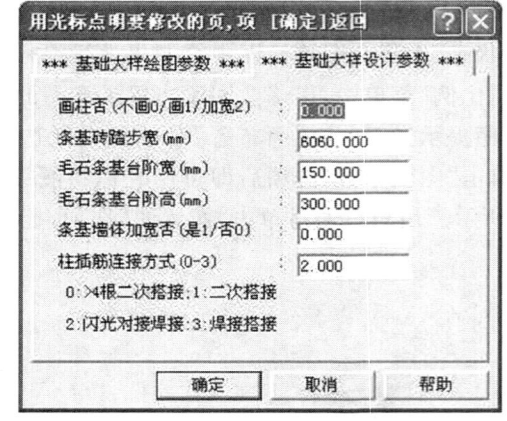

图 6.113 "基础大样设计参数"选项卡

的详图在菜单上将不再出现,也就不能再被选取。重复上述步骤完成独基详图布置。

(3)"删除详图"选项可以将已经布置在图纸上的独基详图删除,被删除的详图会重新出现在图 6.114 所示菜单中。

(4)"调整图面"选项可以将独基详图整体进行移动,以调整各独基详图在平面图上的位置。

(5)点取"其他大样"即弹出如图 6.115 所示子菜单,点取"拉梁剖面"即弹出如图 6.116 所示对话框,确认无误后,单击确认,屏幕上出现拉梁的虚线轮廓,移动光标将拉梁放置到图面适当位置,回车确定即可。其他大样用户可根据工程实际进行布置,具体操作过程可按程序提示进行操作。

进行完上述布置后,即完成基础的施工图绘制,如图 6.117 所示。

8. 筏板钢筋

本菜单用于将弹性地基梁元法计算的筏板配筋绘制到平面图

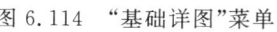

图 6.114 "基础详图"菜单

上。点取"筏板钢筋"程序随即弹出"筏板钢筋"子菜单,如图 6.118 所示本菜单下有"自动布筋"、"人工布筋"、"平板布筋"、"任意布筋"、"钢筋修改"等项。下面对其加以简单阐述。

(1)"自动布筋"用于各类板钢筋的自动布置,点取"自动布筋"程序即自动将筏板钢筋绘制完毕,如图 6.119 所示。需说明的是对采用整体配筋模式的平板基础还要用"平板布筋"来布置跨中板带的钢筋。

 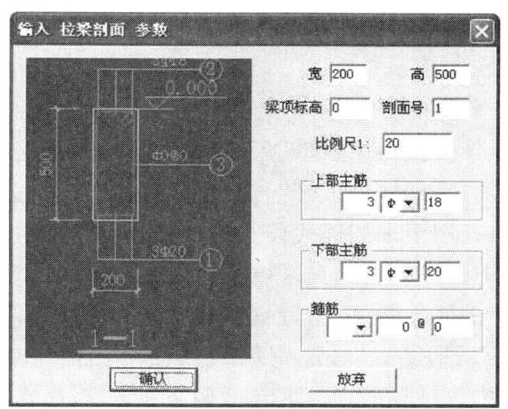

图 6.115 "其他大样"菜单　　　　　　图 6.116 "拉梁剖面"对话框

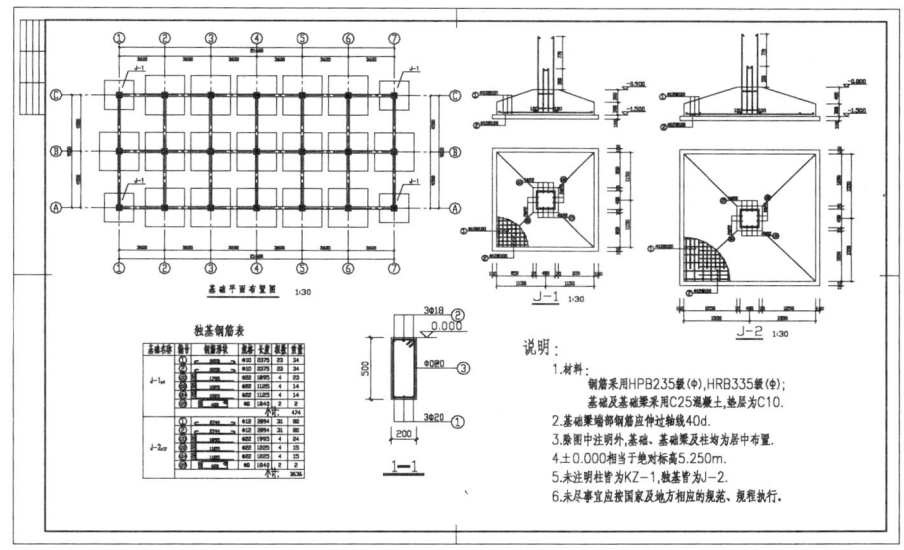

图 6.117 基础施工图

 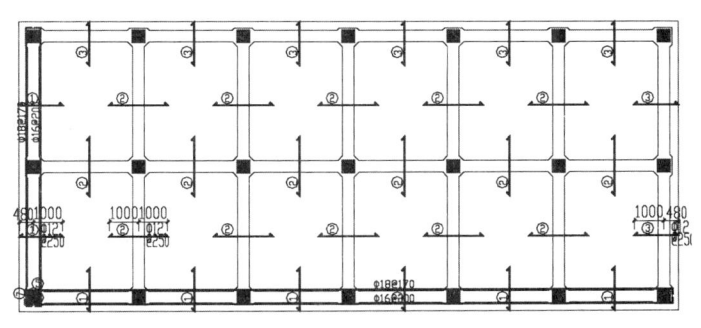

图 6.118 "筏板钢筋"菜单　　　　　　图 6.119 筏板自动布筋

（2）"人工布筋"方法是采用设计者指定钢筋位置，程序将该处已设计好的钢筋画出。该菜单下有"梁支座筋"、"通长钢筋"两个子菜单。对于通长钢筋，使用时可根据中文提示分别用光标指定所画钢筋的方向与区域,对支座筋用光标一次指定梁与所画钢筋的位置,程序即可自动布置钢筋。

(3)"平板布筋"专用于绘制平板基础上的钢筋。当采用整体配筋模式时,用户应分别选择"柱上板带"与"跨中板带"子菜单,按区域内的板带位置布置钢筋。当采用分离配筋模式时,用户应分别选择"柱上板带"与"柱下短筋"子菜单来布置通长筋与柱下补充的短筋。"标注板带"子菜单只用于采用等代梁元法计算、配筋模式按整体通长配置的平板基础,它可注出柱下板带和跨中板带钢筋配置区域。使用方法类似于"逐根标注"轴线。

(4)"任意布筋"可布置钢筋表以外的钢筋(前面菜单布置的钢筋都是钢筋表内的筋)。其下有"板顶钢筋"、"板底钢筋"、"折线钢筋"三个功能子菜单。选择该项时提示区问是否在钢筋表中去掉通长筋,并给出剩下的钢筋最大编号,用户可自行决定(按 Enter 键保留,Esc 键去掉),如果用户对通长筋布置不满意可去掉,用任意布筋方式重画,并将编号接着提示的最大编号顺序编下去。接下来用户可根据具体情况选择子菜单布置自选钢筋,并输入钢筋的直径、间距、编号三个数,如果哪个数为0,相应在图上不标注哪项。如不满意任意布置,可在布筋完成后立即执行 UNDO,把任意钢筋去掉。需注意的是,任意钢筋没有进入钢筋表中,还需用户自行添加。

(5)"钢筋修改"菜单的功能是移动、删除支座钢筋或通长钢筋。使用时选择以下相应子菜单"移通长筋"、"移支座筋"、"删通长筋"、"删支座筋",即可进行相应操作。

6.7　高层建筑筏板基础设计实例

采用的高层框剪结构见第 5 章的模型,SATWE 计算时在"恒活荷载计算信息"项选择"模拟施工加载2"完成计算,但最好在另外的目录中完成,因为上部结构计算选择"模拟施工加载1"。

6.7.1　地质资料输入

启动 JCCAD 模块,如图 6.1 所示,在主菜单选择"地质资料输入",弹出如图6.120所示的窗口。

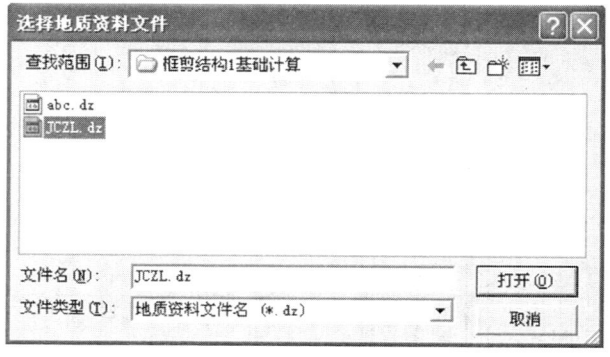

图 6.120　输入地质资料

输入文件名 JZDL(可任意取名,扩展名为.DZ)后,进入地质资料输入,如图6.121所示,地质资料是计算地基承载力和地基沉降变形的必须数据,要求根据《工程地质报告》提供的孔点坐标、土层各项参数准确输入。

假设本工程地质条件如下:

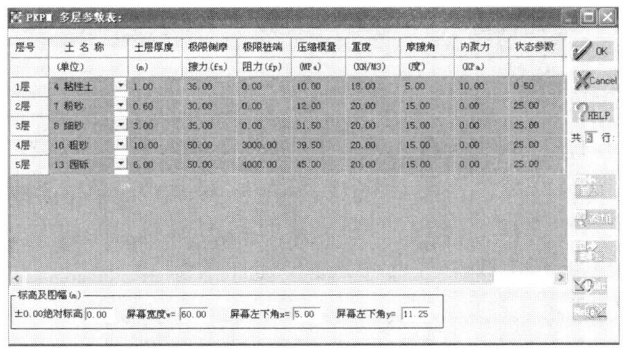

图 6.121 土层参数

① 黏性土,土层厚 0.9~1.2m。
② 粉砂,土层厚 0.6~2m。
③ 细砂,土层厚 0.9~1.2m。
④ 粗砂,土层厚 4~7m。
⑤ 圆砾,土层厚 6~10m。

根据《工程地质报告》提供的孔点坐标和土层布置,输入各孔的土层参数。可以选择下拉菜单的孔点输入的修改项来修改各孔点的土层设置、孔口标高、孔口坐标、地下水等参数如图 6.122 所示。

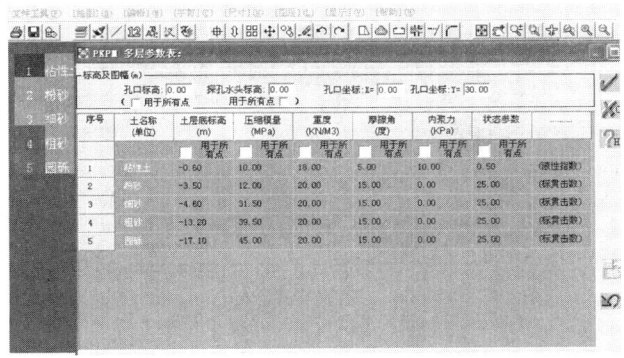

图 6.122 孔点参数修改

可以在下拉菜单中的画等高线,描述土层的分布情况,如图 6.123 所示。

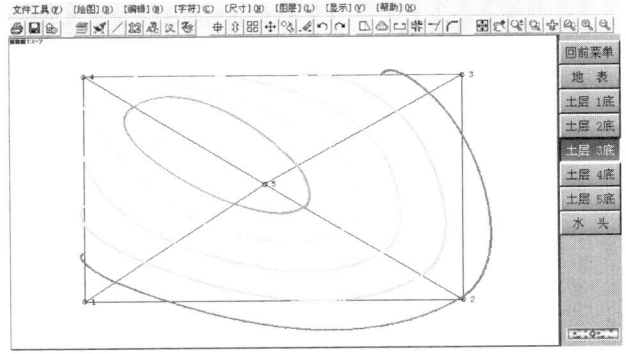

图 6.123 画土层等高线

输入完毕后,选择"退出"按钮。

6.7.2 基础人机交互输入

完成地质资料输入后,回到JCCAD主菜单,进行基础人机交互输入。

(1)选择"基础人机交互输入",第一次计算选择"建立新数据文件",重复计算选择"存在JC数据",再一次计算有修改选择"读取JC数据并更新PM数据",也可选择"选择读取旧数据文件",如图6.124所示。

选择刚建立的地质资料数据,如图6.125所示,选择打开后出现如图6.126所示的窗口,移动或旋转地质资料的孔点和建筑物相一致。

(2)退出后,选择"参数输入",输入地基基础参数,如图6.127、图6.128所示。

① 地基承载力计算参数。地基承载力特征值 $f_{aK}=270kPa$;地基承载力宽度修正系数 $a_{mb}=3$;地基承载力深度修正系数 $a_{md}=4.4$;基底以下土的重度(或浮重度)$\gamma=20kN/m^3$;基底以上土的加权平均重度 $\gamma_0=20kN/m^3$;承载力修正用基础埋置深度 $d=6m$。

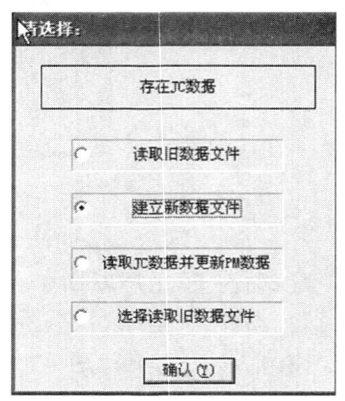

图6.124 基础数据线

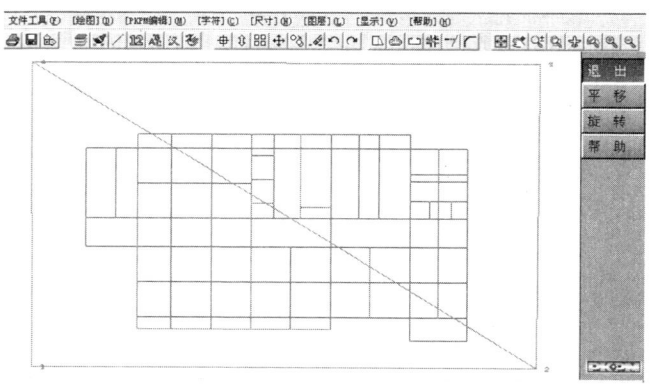

图6.125 地质资料数据

图6.126 地质资料孔点布置

② 基础设计参数。室外自然地坪标高为零;基础归并系数为0.2;混凝土强度等级为

C30；拉梁承担弯矩比例为零；一层上部结构荷载作用点标高为－0.9m；柱插筋连接方式：闪光对接焊接。

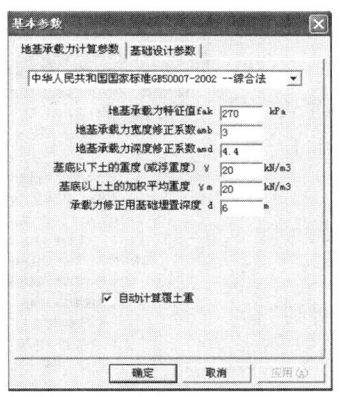

图6.127 地基承载力计算参数

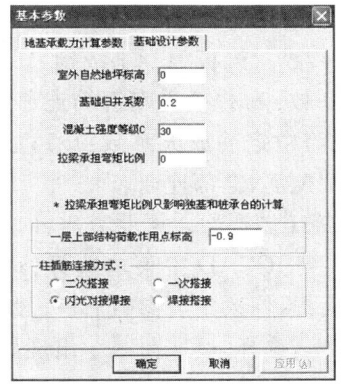

图6.128 基础设计参数

输入完毕后选择"基础类型"，根据具体工程选择具体的基础类型，对于独立基础、刚性条形基础，还要选择浅基参数修改和个别修改等，来具体修正地基和基础参数。本工程为筏板基础，选择"地梁筏板"，定义筏板基础的参数，如图6.129—图6.132所示。

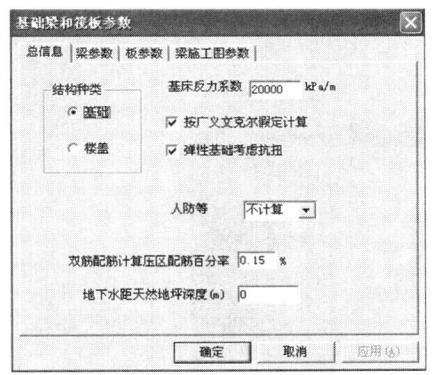

图6.129 筏板基础参数——总信息

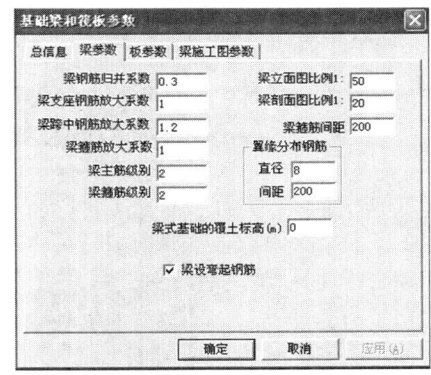

图6.130 筏板基础参数——梁参数

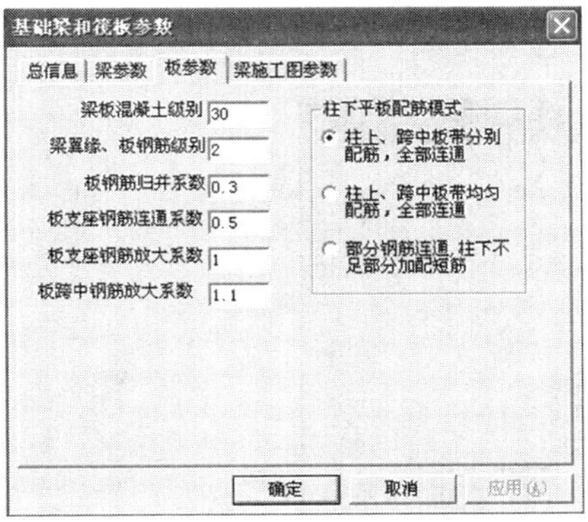

图6.131 筏板基础参数——板参数

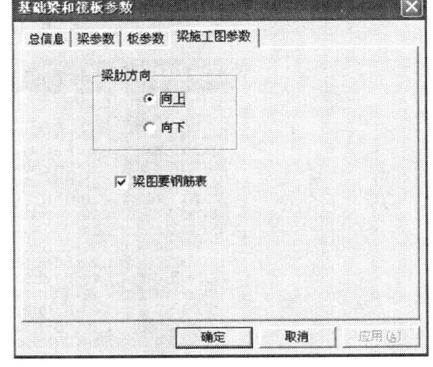

图6.132 筏板基础参数——梁施工图参数

③ 总信息。结构种类：基础；机床反力系数：20000kPa/m；按广义文克尔假定计算：是；弹性基础考虑抗扭：是；人防等：不计算；双筋配筋计算压区配筋百分率(%)：0.15；地下水距天然地坪深度(m)：0。

④ 梁参数。梁钢筋归并系数:0.3;梁支座钢筋放大系数:1;梁跨中钢筋放大系数:1.2;梁箍筋放大系数:1;梁主筋级别:2;梁箍筋级别:2;梁立面图比例:50;梁剖面图比例:20;梁箍筋间距:200;翼缘分布钢筋:直径8,间距200;梁式基础的覆土标高(m):0;梁设弯起钢筋:是。

⑤ 板参数。梁板混凝土级别:30;梁翼缘、板钢筋级别:2;板钢筋归并系数:0.3;板支座钢筋连通系数:0.5;板支座钢筋放大系数:1;板跨中钢筋放大系数:1.1;柱下平板配筋模式:柱上、跨中板带分别配筋,全部连通。

⑥ 梁施工图参数。梁肋方向:向上;梁图要钢筋表:是。

(3) 回到JCCAD主菜单选择"荷载参数",出现如图6.133所示的对话框,修改组合参数后(一般选择默认值即可),回到"荷载参数"菜单,选择"读取荷载",出现如图6.134所示的窗口。

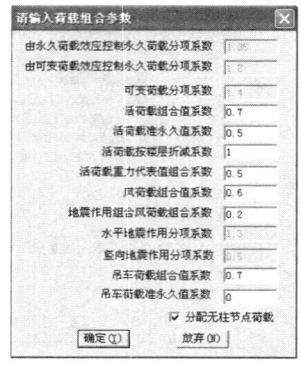

图6.133 荷载组合参数

选择当前组合,如图6.135所示,当前组合为蓝色显示,确定后选择目标组合,如图6.136所示,由于新规范地基承载力计算采用标准值,而当前组合为基本组合,所以选择目标为标准组合,一般由最大轴力控制,如图6.137所示。如果还有附加荷载,选择附加荷载项输入。在进行地基变形计算时目标组合应为准永久组合。

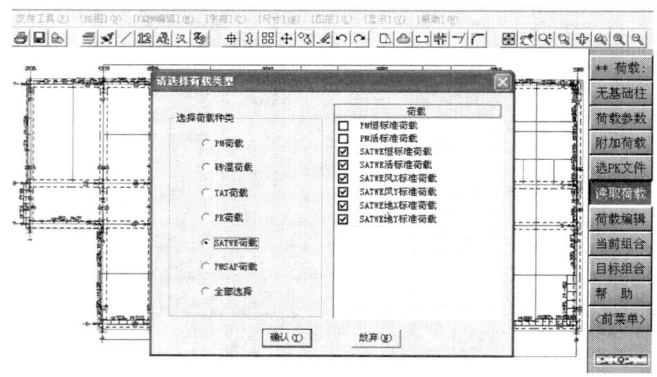

图6.134 SATWE荷载

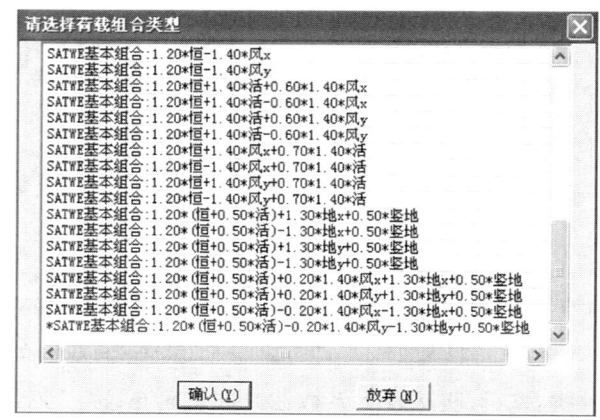

图6.135 当前荷载组合

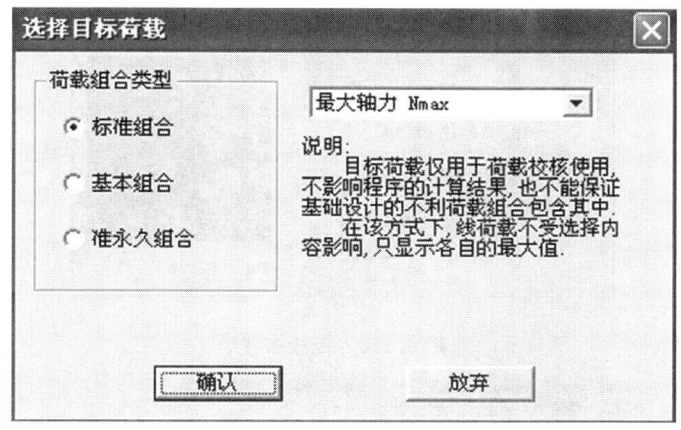

图6.136 荷载目标组合-标准组合

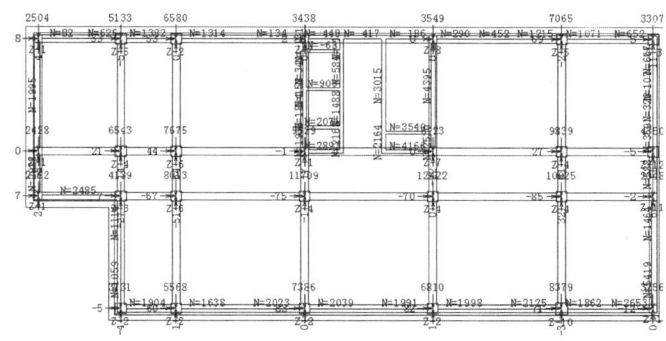

图6.137 荷载目标组合——标准组合——最大轴力

(4) 回到JCCAD主菜单选择"基础布置",打开如图6.138所示的选项卡。

选择筏板,进行筏板布置,选择"筏板定义",如图6.139所示,定义1400mm厚的筏板,选择"筏板布置",如图6.140所示。

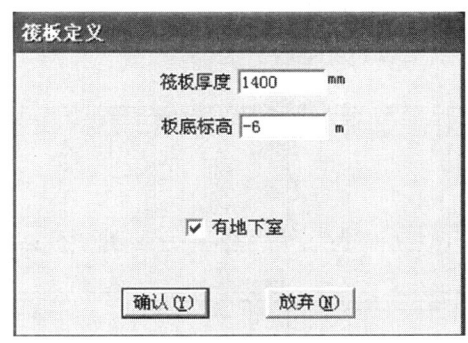

图6.138 基础布置　　　　　　　　　图6.139 筏板定义

确定后选择"围区布板",选择围栏后完成布板,如图6.141所示。

布置筏板后选择筏板荷载,出现如图6.142所示的选项卡,覆土重,无则填0,覆土面荷载恒载标准值(不包括筏板自重),本例填1,覆土面荷载活载标准值(根据地下室使用功能确定),本例填5。

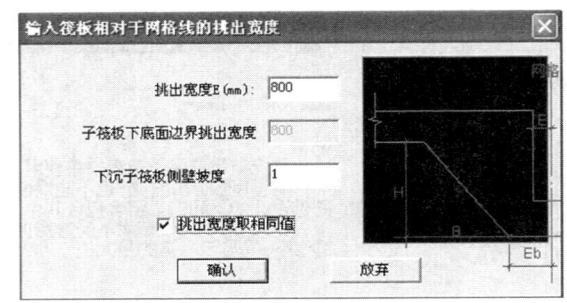

图 6.140 筏板布置

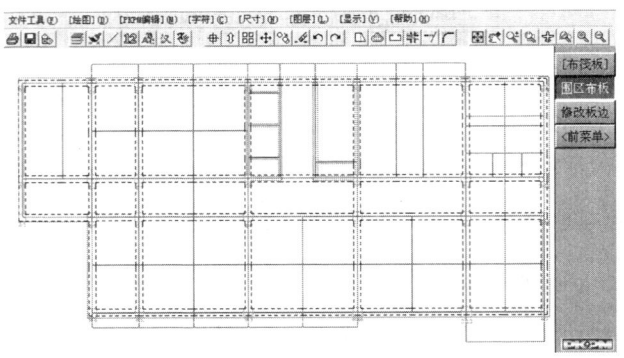

图 6.141 筏板布置－围栏布板

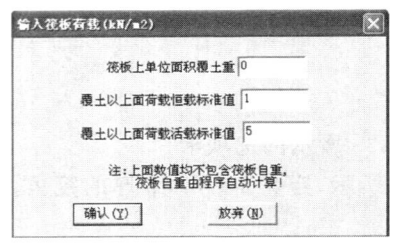

图 6.142 筏板荷载

确定后,选择"冲切计算",如图 6.143 所示,如果冲切数值小于 1,则不满足要求,须增加板厚,本例最小值 1.0,满足要求。注意筏板冲切验算的地基反力要用荷载基本组合。对于框剪结构的核心筒还应进行内筒冲剪计算,选择内筒冲剪计算,围栏选区内筒,如图 6.144 所示,选择确定后出现如图 6.145 所示的窗口,数值计算结果"内筒冲剪.OUT"。本例内筒冲剪满足要求。

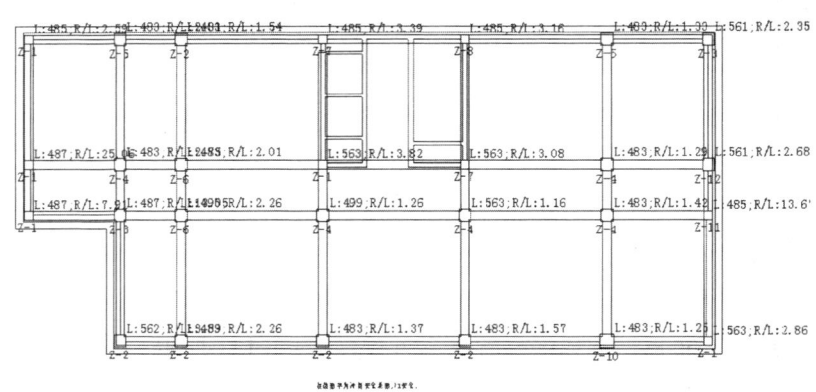

图 6.143 筏板冲切计算

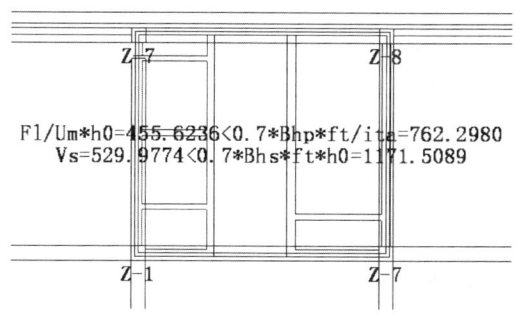

图 6.144　内筒冲剪计算图

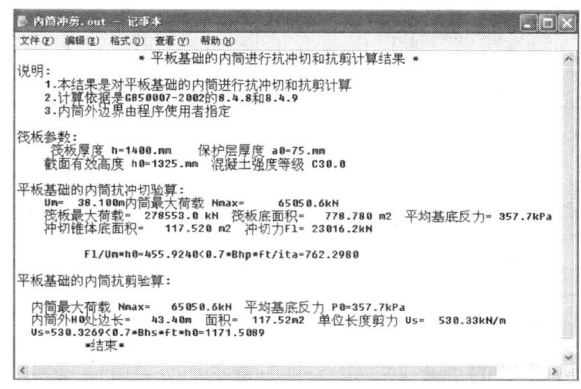

图 6.145　内筒冲剪计算文件

冲切验算完成后回到上一级"基础布置"菜单,选择"板带",本例为平板筏基,需要布置板带(柱上板带),布置板带如图 6.146 所示。

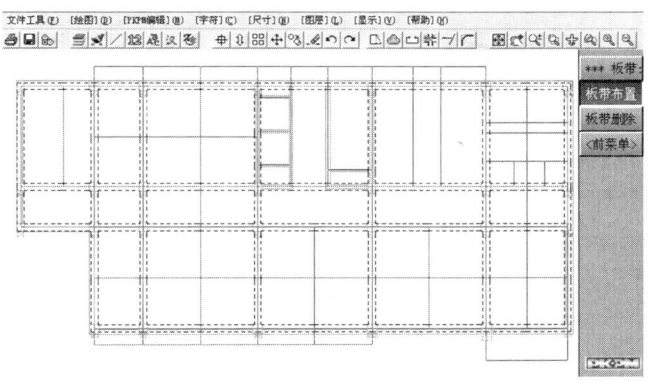

图 6.146　板带布置

回到"基础布置"菜单,选择"重心校核",进行地基承载力极限状态验算,选择标准荷载组,如图 6.147 所示,选择荷载后选择"筏板重心",出现如图 6.148 所示的窗口,屏幕下面的文字为地基承载力极限状态计算,如图 6.149 所示,本例地基反力 304kPa＜地基土承载力

377kPa。在标准组合状态下,多选择几组荷载组合进行筏板重心计算和地基承载力极限状态验算。

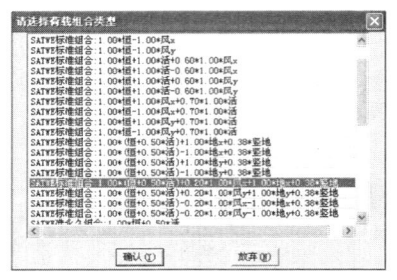

图 6.147 筏板重心校核——选荷载组

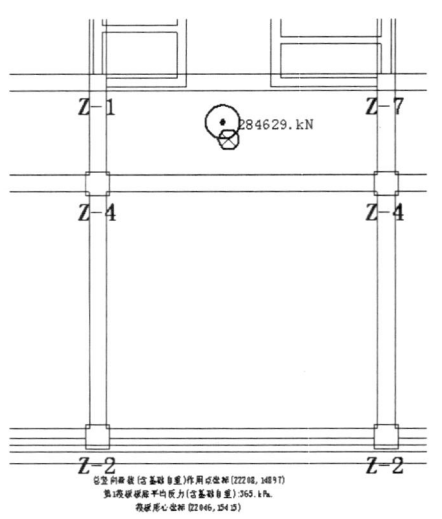

图 6.148 筏板重心校核

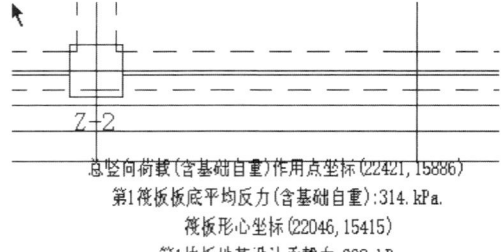

图 6.149 地基承载力校核

回到"基础布置"菜单,选择退出,出现如图 6.150 所示的选项卡,选择不修改,进行各组荷载组合下的验算,出现如图 6.151 所示的窗口。给出合力坐标、底板形心、修正后地基承载力特征值、底板反力等,荷载为紫色、形心为青色、反力为红色、承载力为绿色、弹性地基验算数据存 DJJS.CHK 文件中。计算各组荷载组合后,基础和地基土承载力整体验算完成。

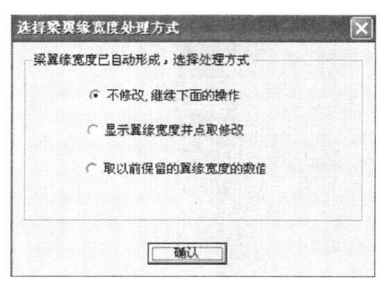

图 6.150 梁翼缘宽度修改

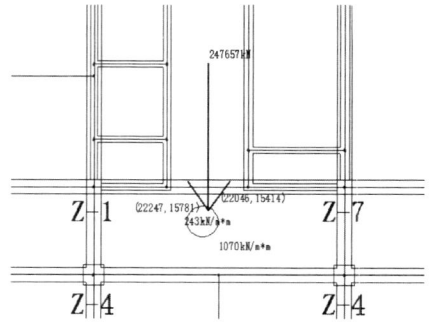

图 6.151 各组荷载下的计算

6.7.3 桩筏筏板四边元有限元计算

对于交叉梁基础和梁板式筏基、桩基础和独立基础应分别执行 JCCAD 主菜单 3"基础梁板弹性地基梁计算"和菜单 4"桩基承台独基沉降计算"。本例是平板筏基,直接执行 JCCAD 主菜单 5"桩筏筏板四边元有限元计算"。

(1) 选择有限元网格划分与荷载选择,第一次划分选择"第一次网格划分",出现如图 6.152 所示的选项卡,选择弹性地基梁板模型,天然地基,上、下部结构共同作用(取 SATWE 刚度 SATFDK.SAT)。

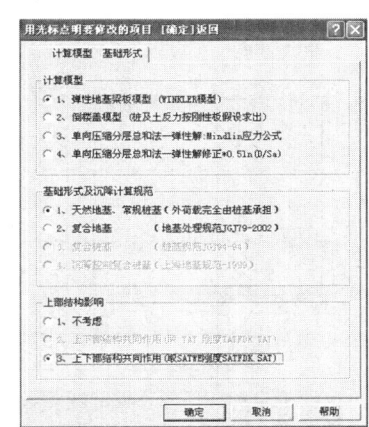

图 6.152 计算模型——基础形式

选择"模型参数",分别如图 6.153、图 6.154 所示。

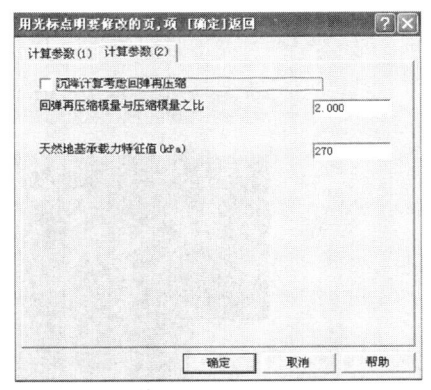

图 6.153 模型计算参数(1)　　图 6.154 模型计算参数(2)

完成参数设置后,选择"网格剖分",进行有限元网格剖分,如图 6.155 所示,剖分完成后选择"单元生成",如图 6.156 所示,然后选择筏板布置,如图 6.157 所示,选择 SATWE 荷载组合,如图 6.158 所示。

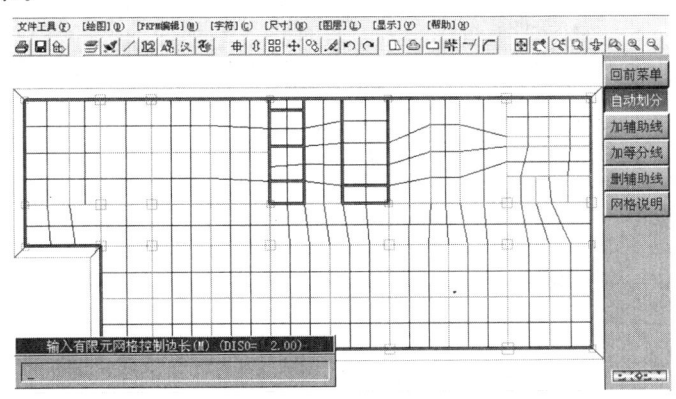

图 6.155 有限元网格剖分

完成"荷载选择"后,选择"沉降试算",出现如图 6.159 所示的对话框,选择基床系数,选择调整结果,出现如图 6.160 所示的窗口,一般地质条件比较均匀的情况下不必调整。保存文件后退出程序。

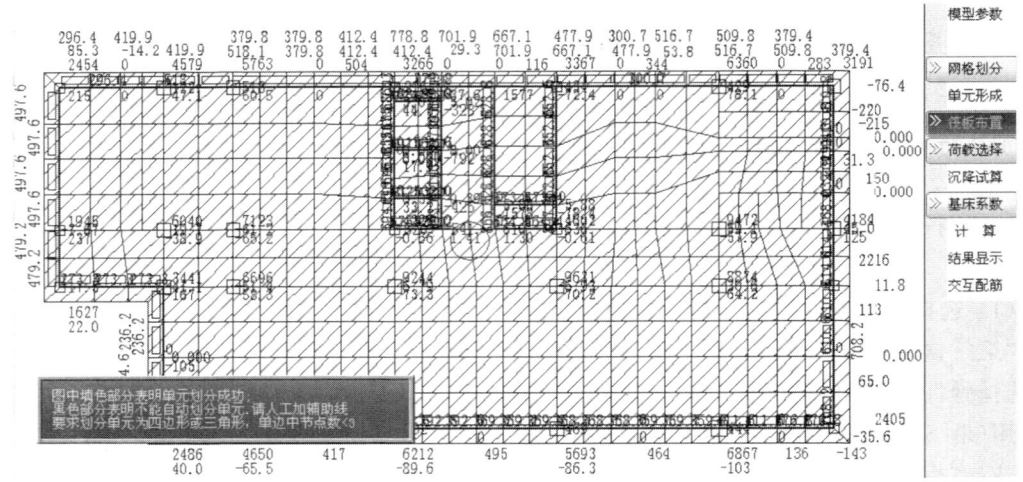

图 6.156 单元生成

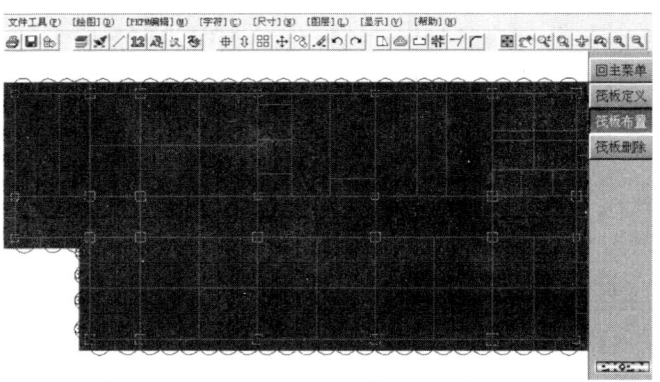

图 6.157 筏板布置

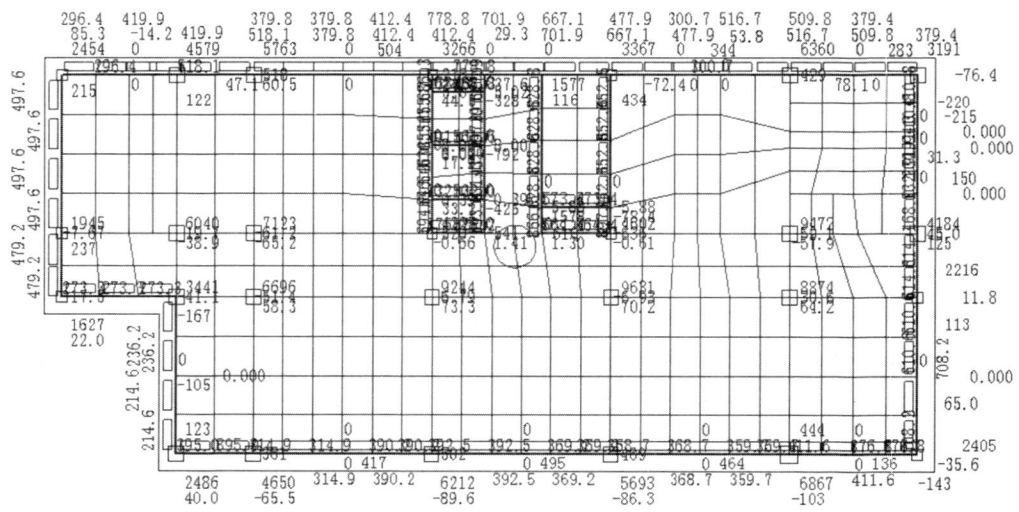

图 6.158 SATWE 荷载组合

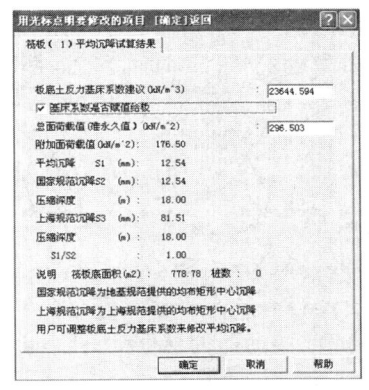

图 6.159 沉降试算

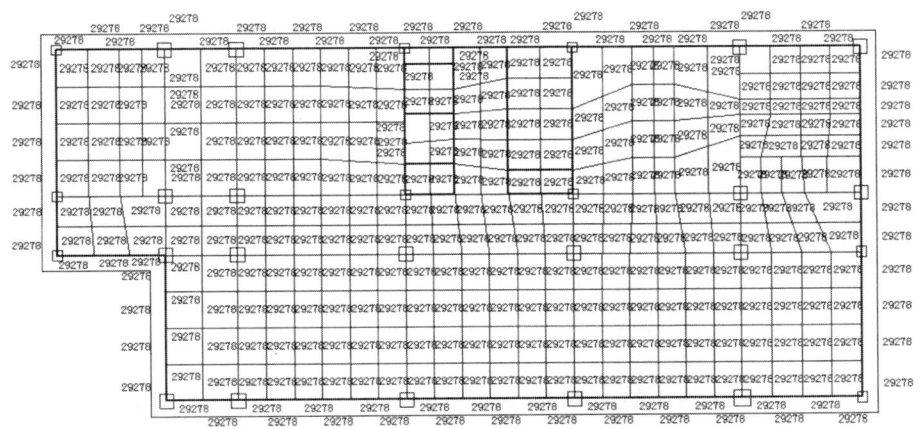

图 6.160 基床系数调整结果

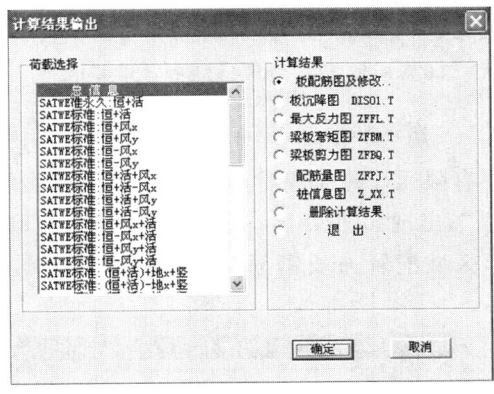

图 6.161 筏板计算结果输出

（2）在 JCCAD 主菜单选择"桩筏筏板四边元有限元计算"的"有限元计算"，进行有限元计算，计算完成后选择"计算结果图形输出"，如图 6.161 所示。至此筏板基础计算已经完成，下面进行后处理。

如图 6.161 所示，选择"板沉降图"，可以有等值线和温度色场两种显示方式，如图 6.162 和图 6.163 所示。筏板在各种荷载组合下的弯矩、剪力图形和结果文件如图 6.161 所示的计算结果输出。

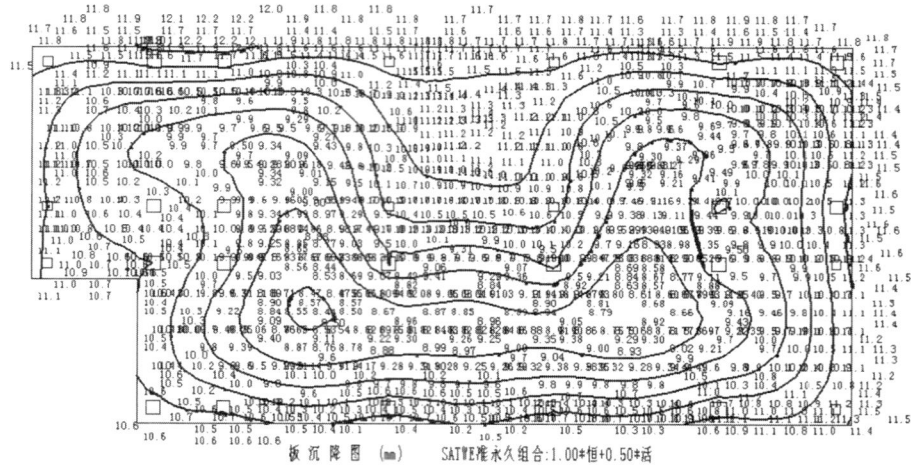

图 6.162　板沉降图——等值线

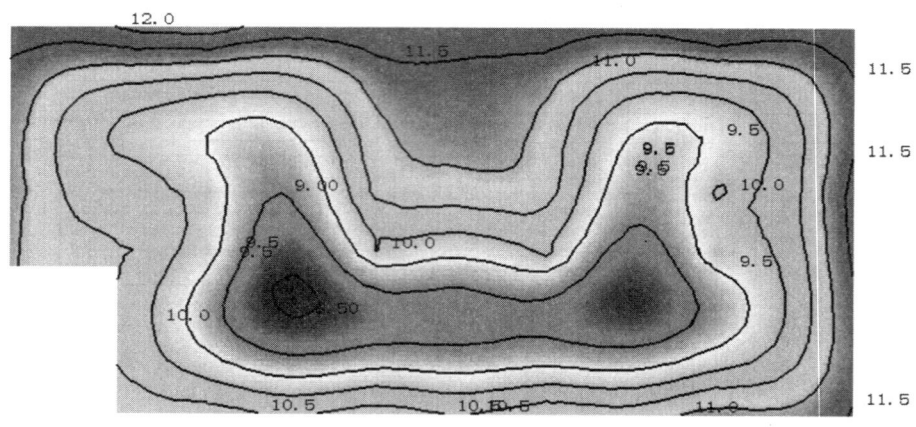

图 6.163　板沉降图——温度色场

(3) 交互式配筋设计。有限元计算完成后,回到 JCCAD 主菜单选择"桩筏筏板四边元有限元计算"中的"交互式配筋",出现如图 6.164 所示的选项卡,选取参数后,选择确定,进行交互式配筋,选择相应的矩形区域配置通长钢筋,如图 6.165 所示,交互式配筋图如图 6.166 所示。

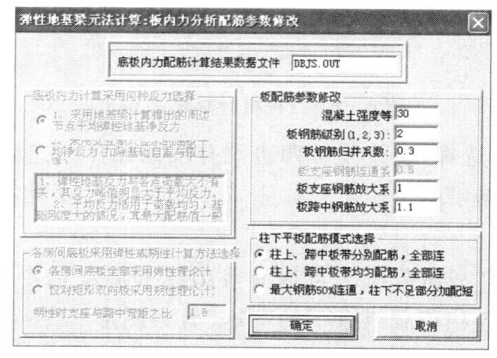

图 6.164　交互配筋参数

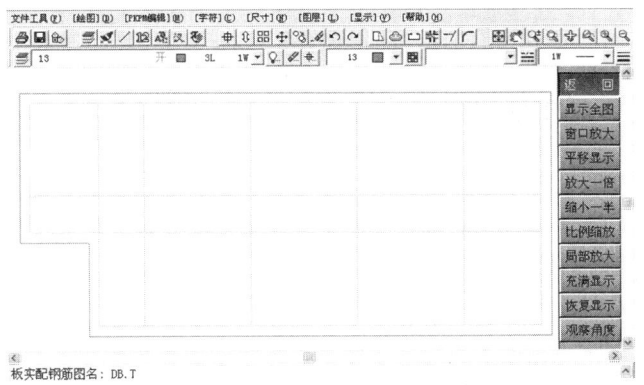

图 6.165　交互配筋图——选择通筋位置

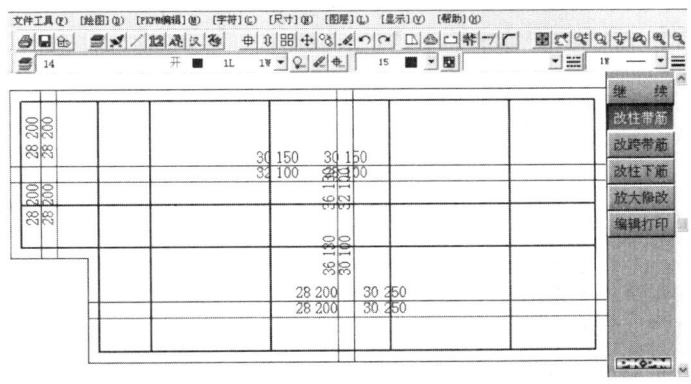

图 6.166　交互配筋图

6.7.4　基础平面施工图

回到 JCCAD 主菜单选择"绘制基础平面图",出现如图 6.167 所示的窗口。

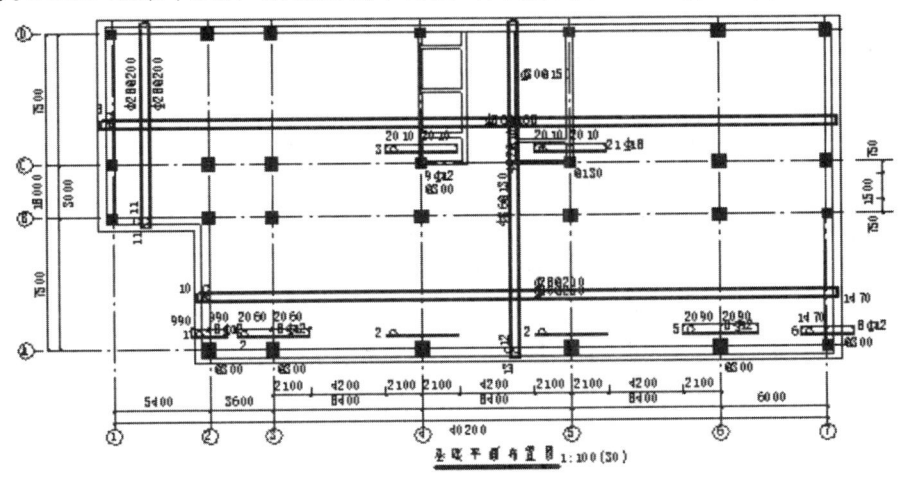

图 6.167　基础平面图

可以选择"人工布筋"或者"自动布筋",对于不规则结构应选择"人工布筋",布置钢筋后可绘制基础平面图如图 6.167 所示。

至此,完成整个筏板基础计算和施工图绘图。

第7章 高层钢筋混凝土结构设计实例详解

本章通过一座28层(局部屋面30层)高层商住楼(框支剪力墙结构)和一座15层的中高层住宅楼(异形柱框架剪力墙结构)的工程实例,介绍应用PKPM系列软件进行工程结构计算和设计的过程。

7.1 高层商住楼(框支剪力墙结构)实例

7.1.1 工程资料

本工程实例为地下1层、地上28层的商住楼,结构形式为框支剪力墙,基础形式为桩基础。建筑平面、立面、剖面图如图7.1—图7.13所示。

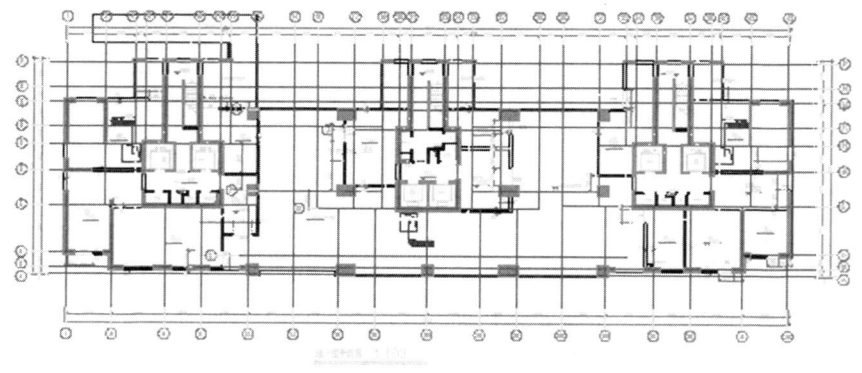

图 7.1 地下一层平面图

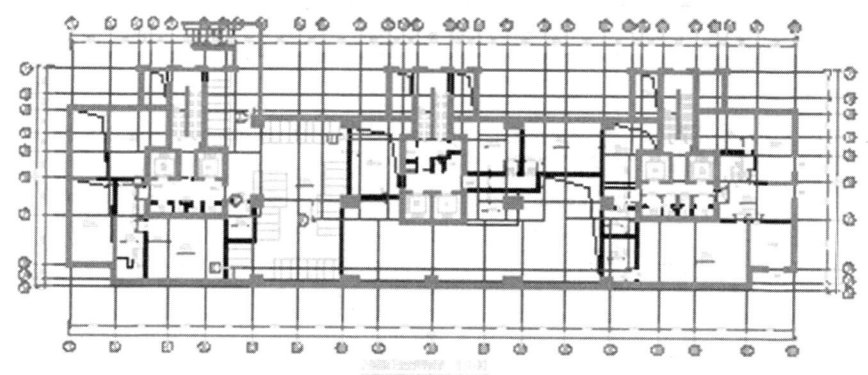

图 7.2 地下夹层平面图

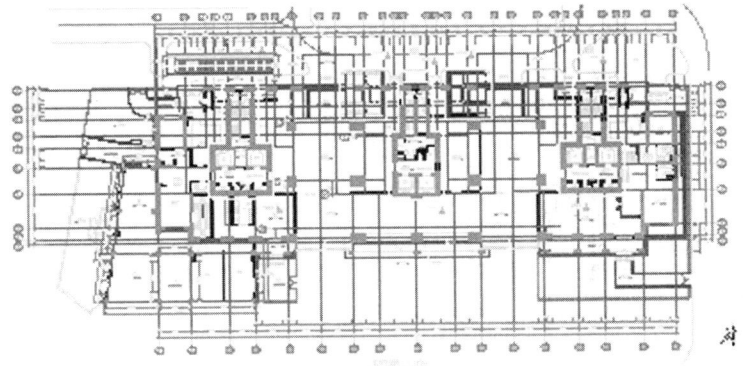

图 7.3 一层平面图

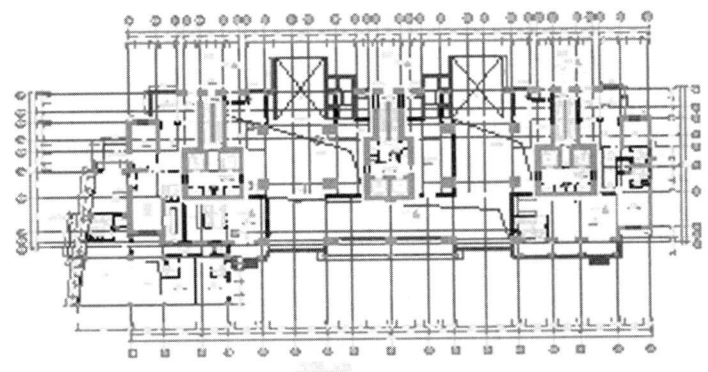

图 7.4 二层平面图

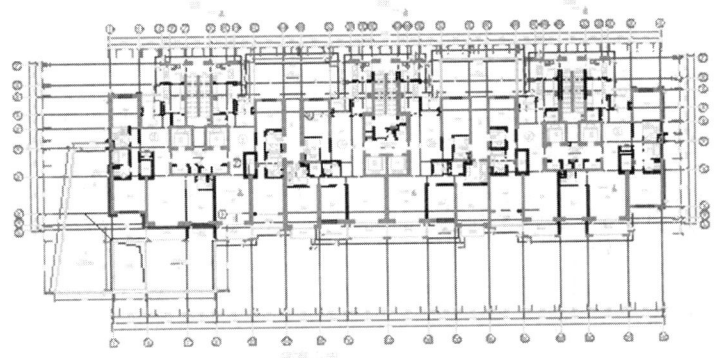

图 7.5 三层平面图

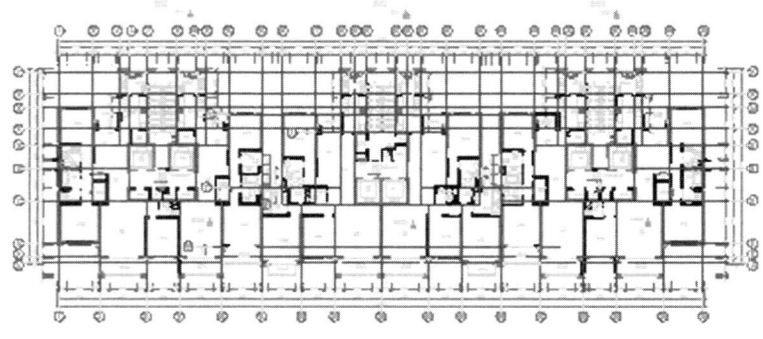

图 7.6 四层平面图

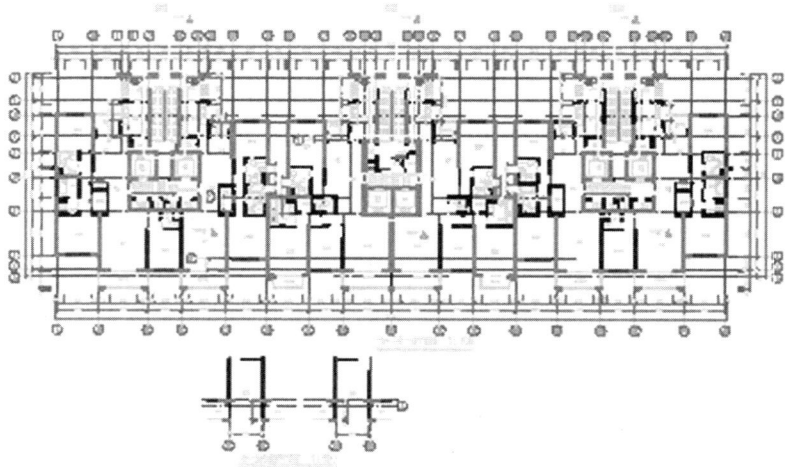

图 7.7 标准层平面图

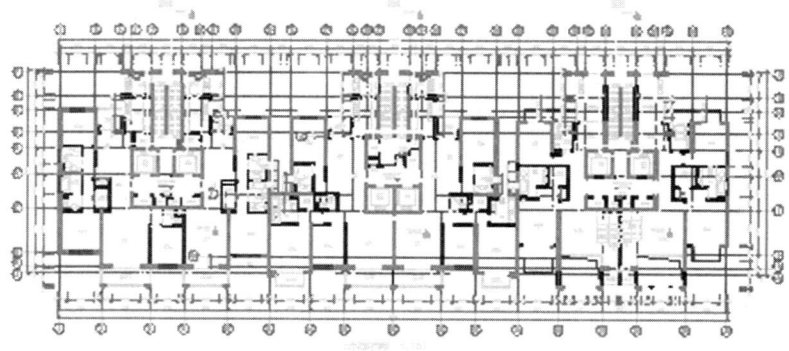

图 7.8 第 23 层平面图

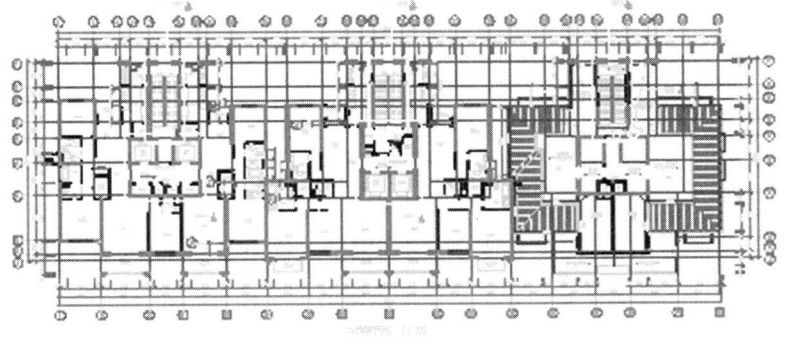

图 7.9 第 24 层平面图

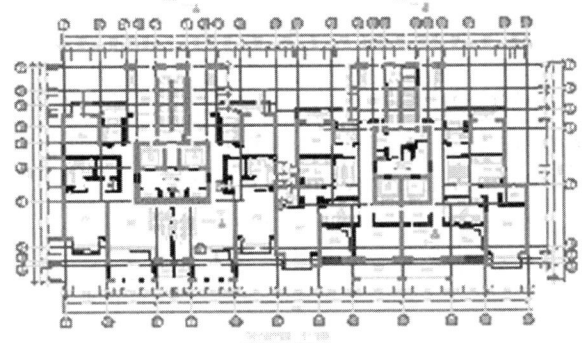

图 7.10 第 28 层平面图

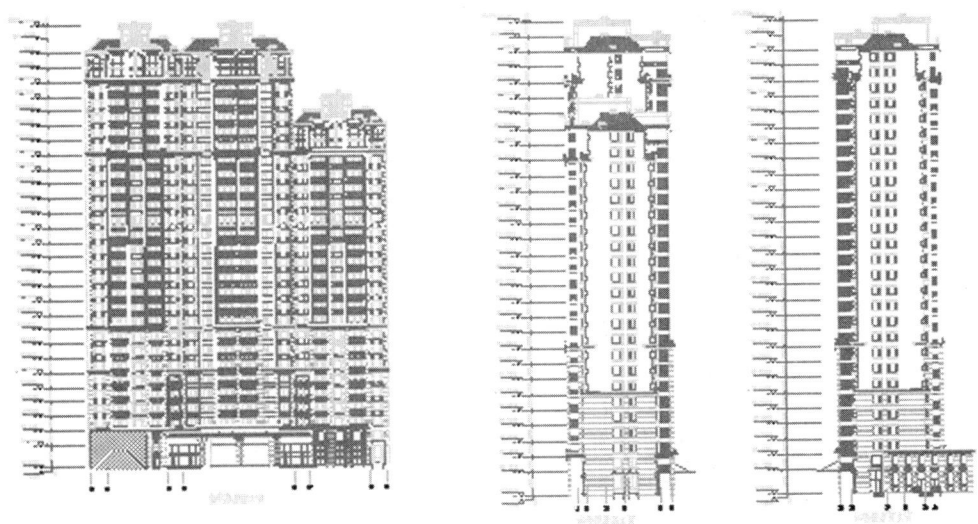

图 7.11 立面图(一)　　　　　　图 7.12 立面图(二)

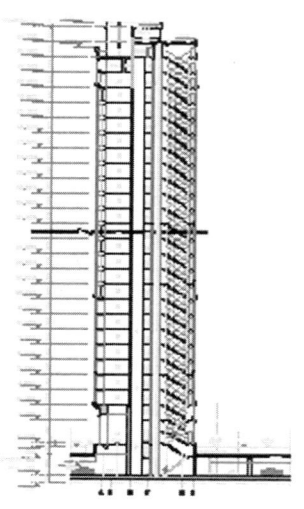

图 7.13 剖面图

7.1.2 结构的 PM 建模

（1）根据建筑图应用 PMCAD 建立结构模型，读者有了前面的 PM 建模基础，具体建模过程不再做具体介绍，结构地下室、上部结构平面图和各层信息如图 7.14—图 7.30 所示。由于本例是实际工程，各层结构变化较多，所以标准层多达 17 个。

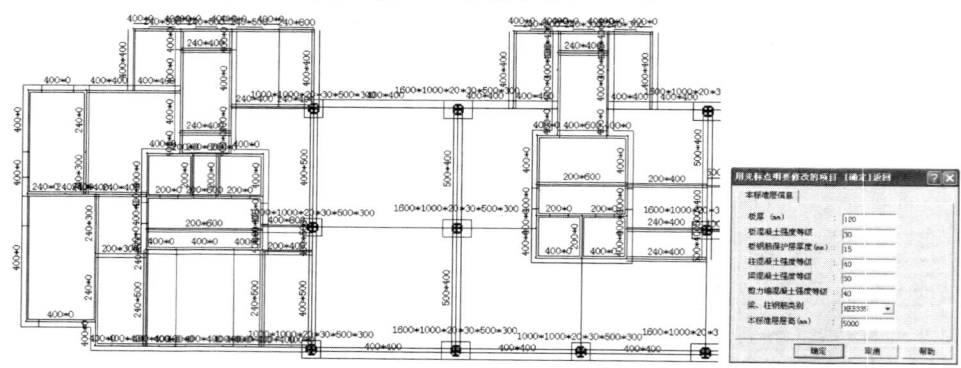

图 7.14 第 1 结构标准层（地下室）

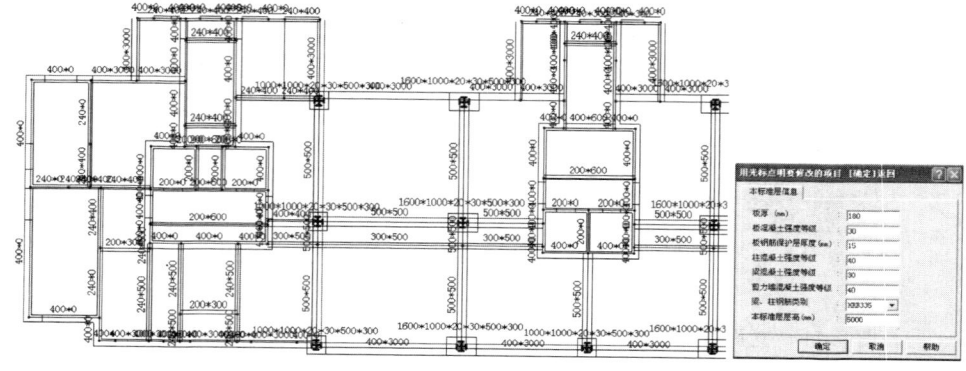

图 7.15 第 2 结构标准层（地下室夹层）

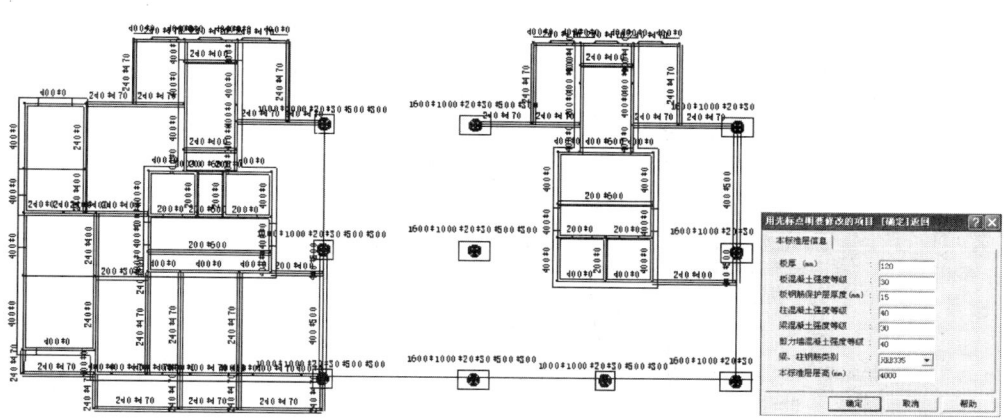

图 7.16 第 3 结构标准层(首层)

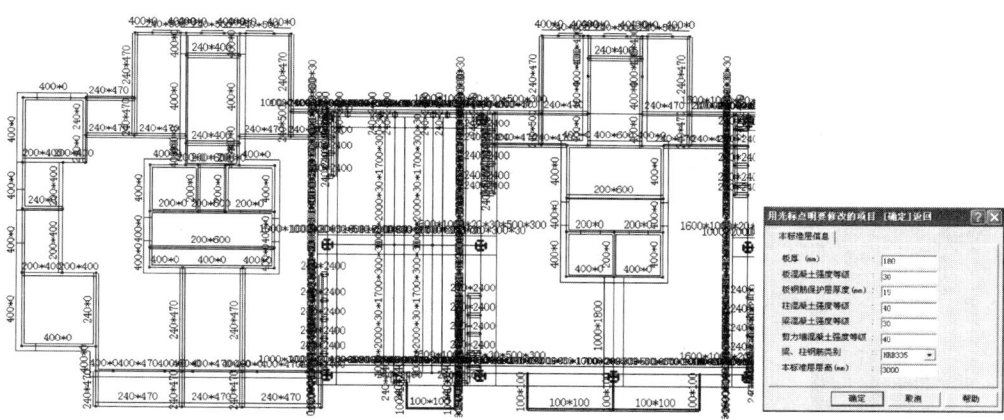

图 7.17 第 4 结构标准层

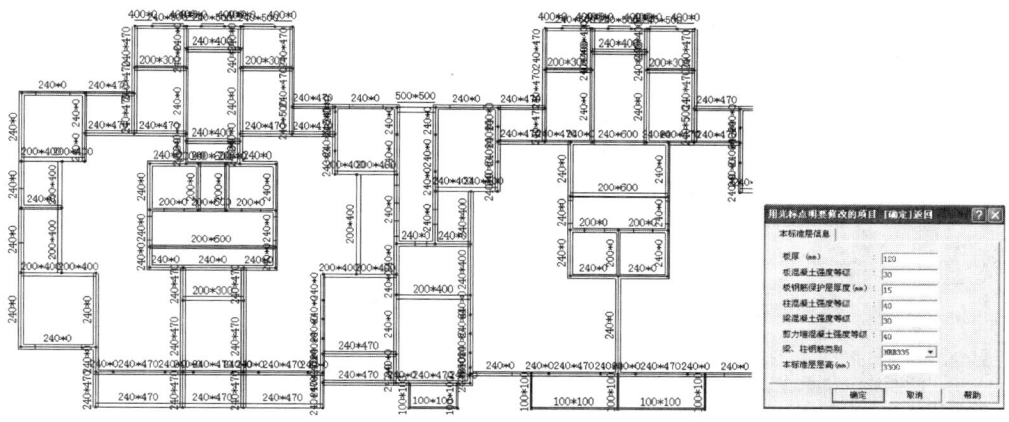

图 7.18 第 5 结构标准层

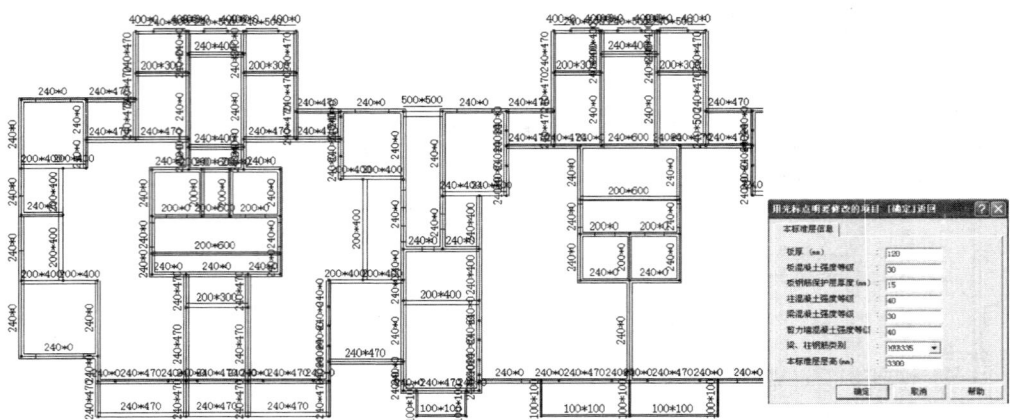

图 7.19　第 6 结构标准层

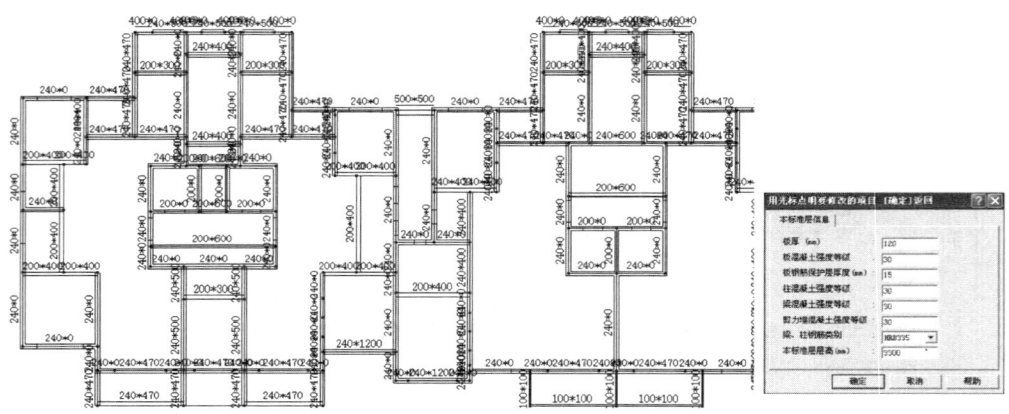

图 7.20　第 7 结构标准层

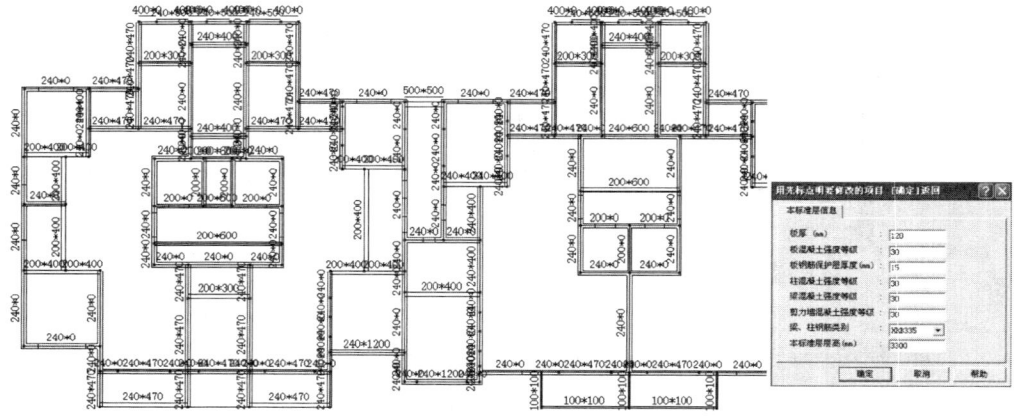

图 7.21　第 8 结构标准层

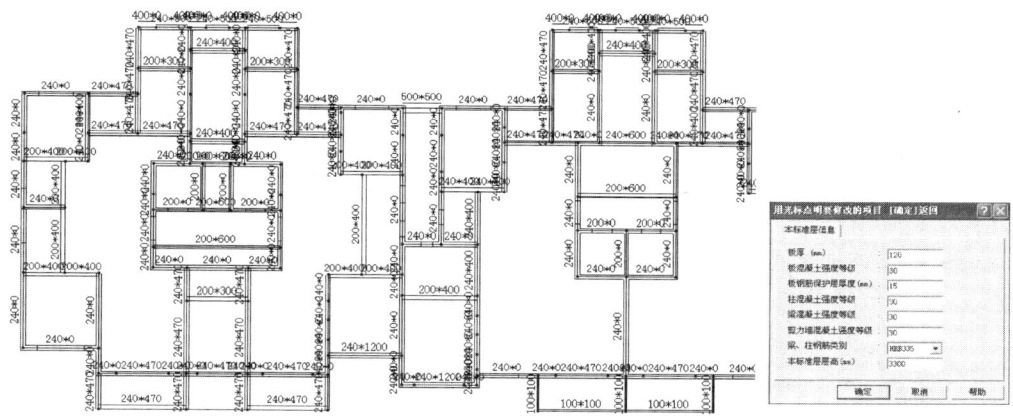

图 7.22　第 9 结构标准层

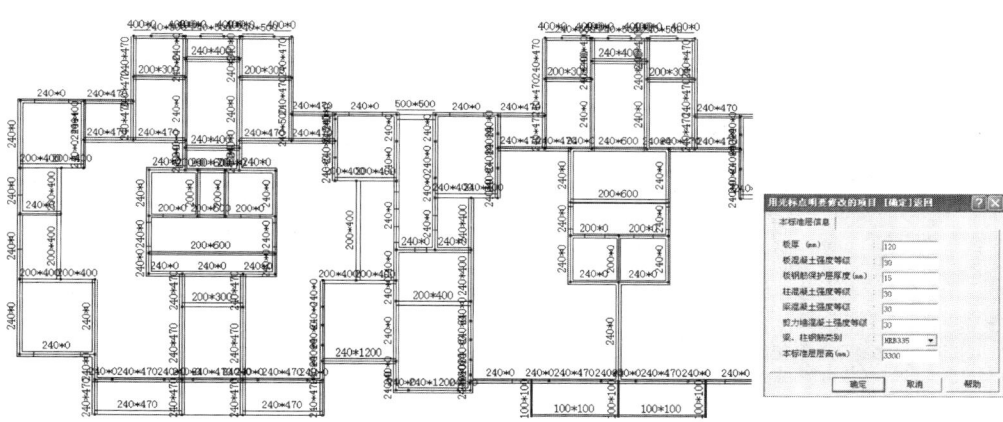

图 7.23　第 10 结构标准层

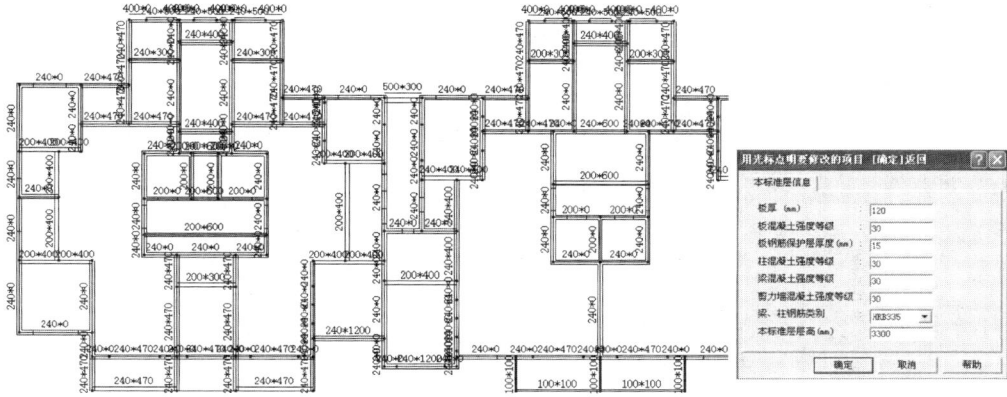

图 7.24　第 11 结构标准层

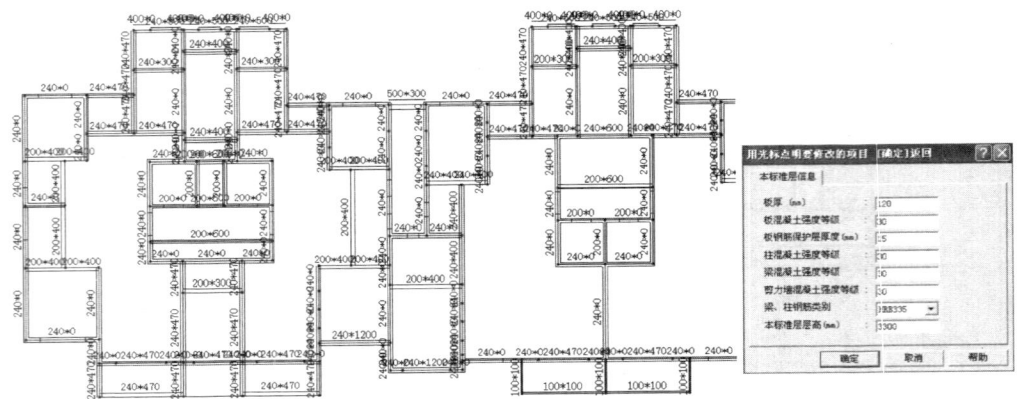

图 7.25　第 12 结构标准层

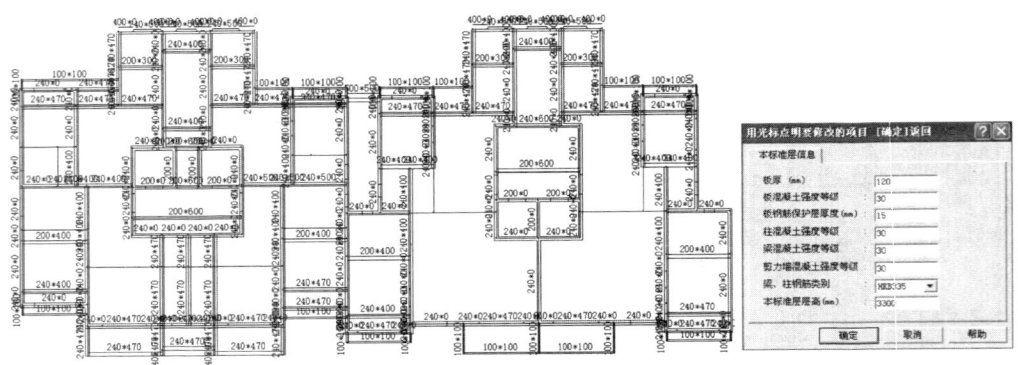

图 7.26　第 13 结构标准层

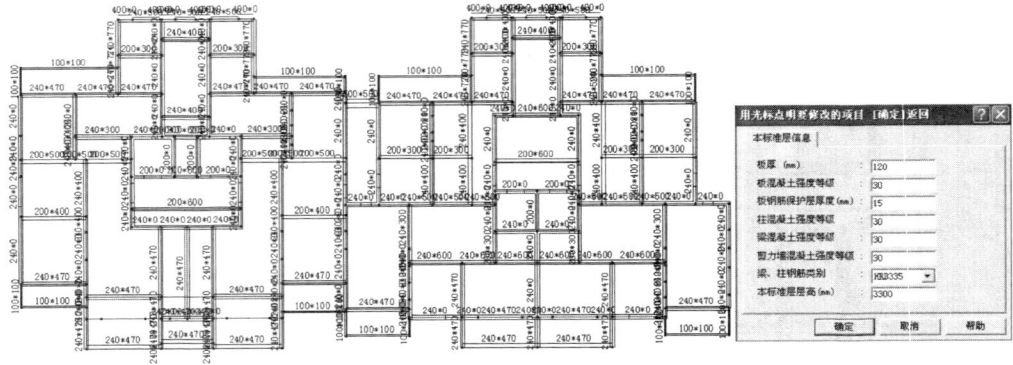

图 7.27　第 14 结构标准层

图 7.28　第 15 结构标准层

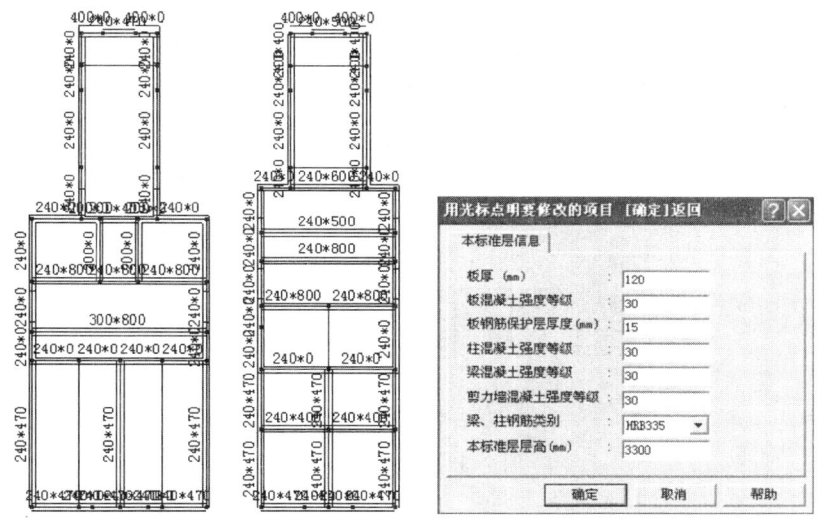

图 7.29　第 16 结构标准层

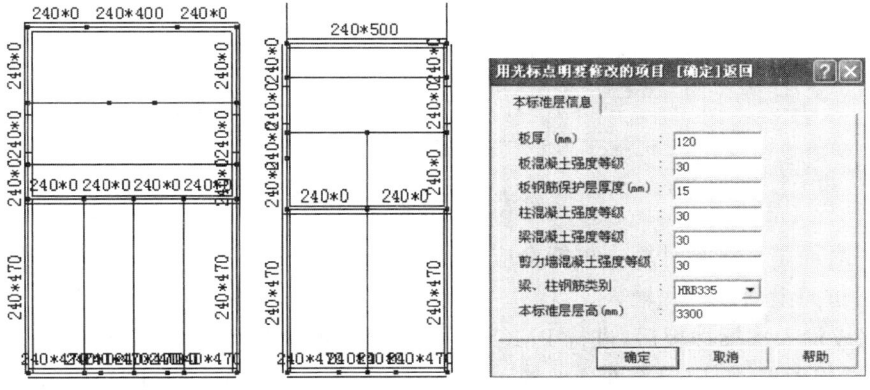

图 7.30　第 17 结构标准层

荷载定义和楼层组装如图 7.31 和图 7.32 所示。

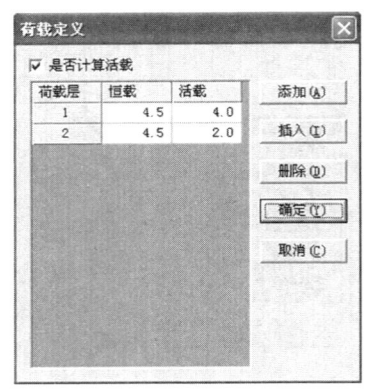 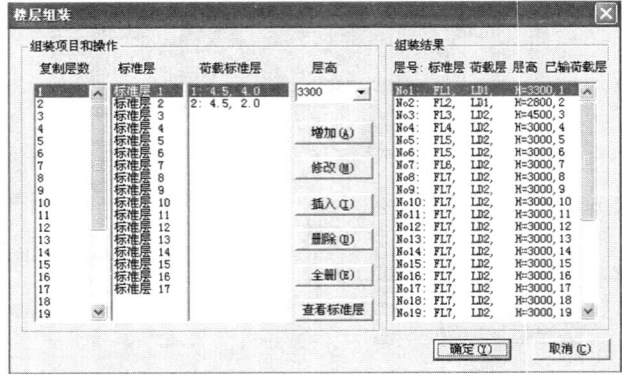

图 7.31　荷载定义图　　　　　　　　　图 7.32　楼层组装图

（2）完成模型建立后，进行 PMCAD 模型建立的第二项，输入次梁楼板。在本例中将楼梯间、电梯间的楼板厚度输入 0，相当于整个房间开洞口；对于卫生间和挑台部分的楼板一般要求结构下沉 30mm，为了在楼板配筋图绘制中准确描述，最好在这里输入楼板错层，下沉为正。在此处只给出其中第 5 标准层的楼板修改，如图 7.33 和图 7.34 所示。

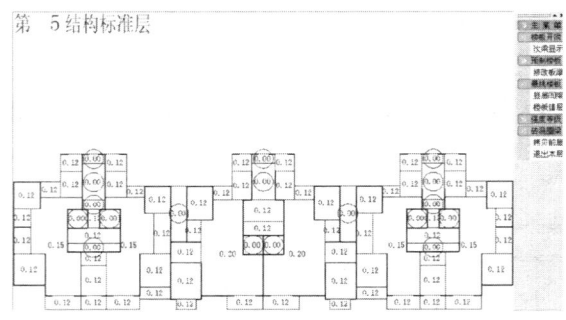

图 7.33　楼板厚度图

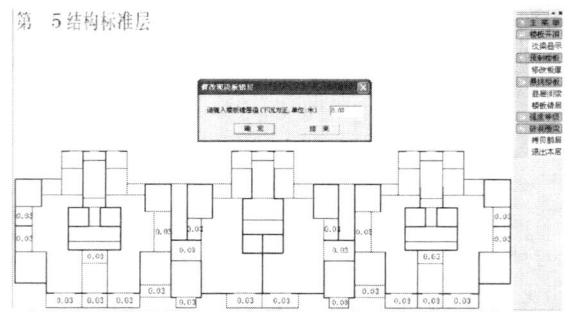

图 7.34　楼板错层图

由于在后面整体结构计算中可能会应用到弹性楼板，因此必须准确地输入楼板厚度。其余各标准层仿照上面的过程输入。

（3）完成输入次梁楼板后，进行 PMCAD 模型建立的第三项，输入荷载数据，针对不同房间的板厚、装修情况、使用用途准确地输入楼面荷载、梁上荷载等。在此只给出其中一层的荷载图形，如图 7.35—图 7.37 所示。

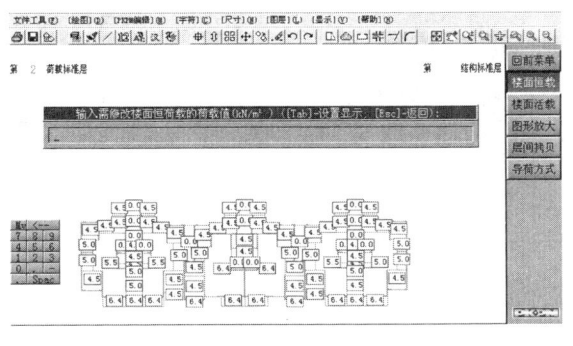

图 7.35　楼面恒载

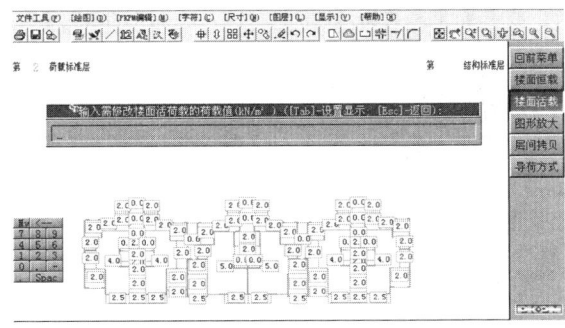

图 7.36　楼面活载

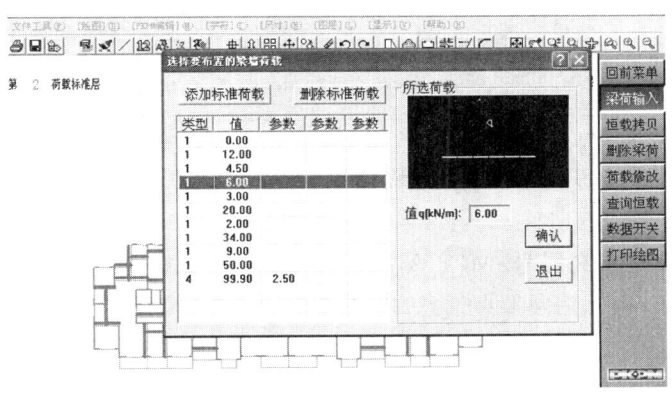

图 7.37　梁间恒载

完成输入次梁楼板信息和输入荷载数据后,结构的 PM 模型和荷载输入完成,可以接 SATWE 进行计算分析了。

7.1.3　结构的初步计算

1. 接 PM 生成 SATWE 数据

对于复杂的高层建筑,由于结构控制指标较多,需要采用的环境参数也不尽相同,不可能一次计算完成,需要进行多次计算才能完成。

首先进行初步计算,主要是完成整体控制指标的计算,如结构基本自振周期、周期比、位移比、剪重比、刚重比、层间位移角等。在 PKPM 主菜单中选择 SATWE,如图 7.38 所示。

选择"接 PM 生成 SATWE 数据",屏幕出现如图 7.39 所示的对话框。

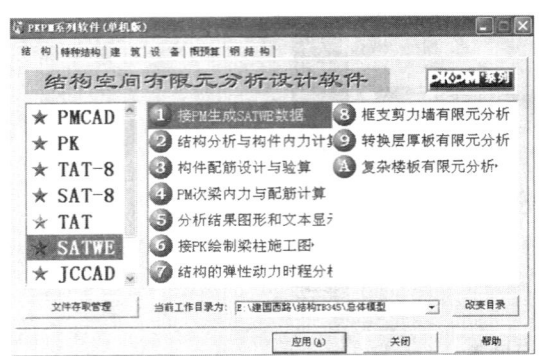

图 7.38 接 PM 生成 SATWE 数据

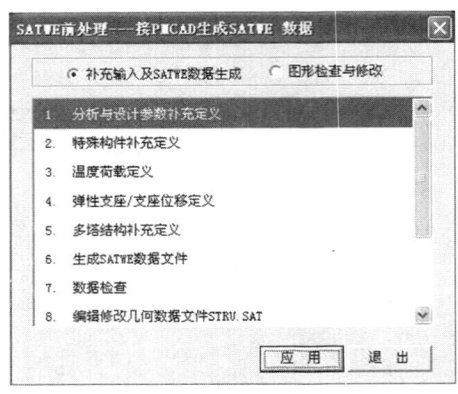

图 7.39 分析与设计参数补充定义

(1) 分析与设计参数补充定义

① SATWE 总信息。选择"总信息",进行总信息参数设置,如图 7.40 所示。

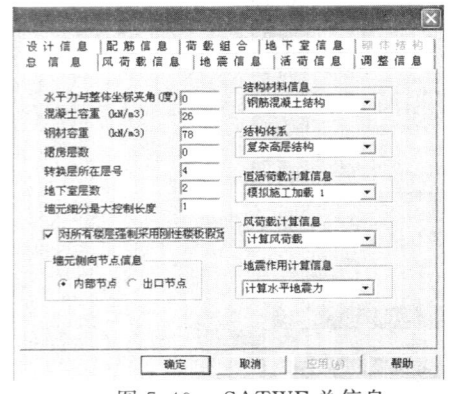

图 7.40 SATWE 总信息

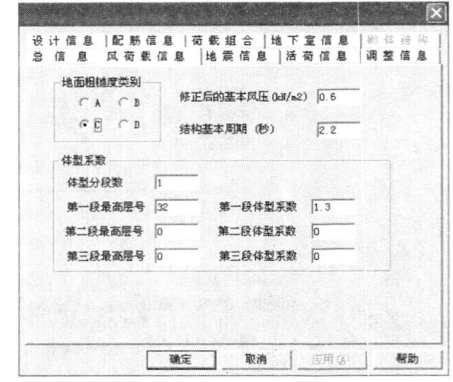

图 7.41 风荷载信息

结构材料信息:钢筋混凝土结构;结构体系:复杂高层结构;水平力与整体坐标夹角(°):ARF=0.00;混凝土容重(kN/m³):G_c=26.00;钢材容重(kN/m³):G_s=78.00;裙房层数:MANNEX=0;转换层所在层号:MCHANGE=4;地下室层数:MBASE=2;墙元细分最大控制长度(m):D_{max}=1;墙元侧向节点信息:内部节点;恒活荷载计算信息:模拟施工加载 1;风荷载计算信息:计算风荷载;地震作用计算信息:计算水平地震力;是否对全楼强制采用刚性楼板假定:是,因为计算位移比、周期比与层刚度比需要在刚性楼板假设下计算,因此初步计算应选择此项。

② 风荷载信息。选择"风荷载信息",进行风荷载参数设置,如图 7.41 所示。

修正后的基本风压(kN/m²):W_0=0.6;地面粗糙度:C 类;结构基本周期(s):T_1=2.2;体形变化分段数:MPART=1,第一段最高层号:32,第二段最高层号:0,第三段最高层号:0,各段体形系数:U_{Si}=1.30。

③ 地震信息。选择"地震信息",进行地震信息参数设置,如图 7.42 所示。

结构规则性信息:不规则;扭转耦联信息:耦联;

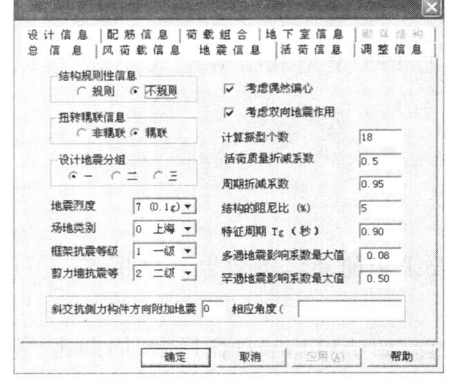

图 7.42 地震信息

是否考虑偶然偏心:是;是否考虑双向地震作用:是;设计地震分组:第一组;地震烈度:NAF=7(0.1g);场地类别:KD=0(上海);特征周期:T_g=0.9;多遇地震影响系数最大值:0.08;罕遇地震影响系数最大值0.50;框架的抗震等级:NF=1;剪力墙的抗震等级:NW=2;计算振型数:NMODE=15;活荷质量折减系数:RMC=0.50;周期折减系数:T_c=0.95;结构的阻尼比(%):DAMP=5.00;斜交抗侧力构件方向的附加地震数:0。

④ 活载信息。选择"活载信息",进行活载信息参数设置,如图7.43所示。

柱、墙活荷载是否折减:折减;传到基础的活荷载是否折减:折减;柱、墙、基础活荷载折减系数:参见《荷载规范》;梁活荷不利布置:计算层数32。

图7.43　活载信息　　　　　　　图7.44　调整信息

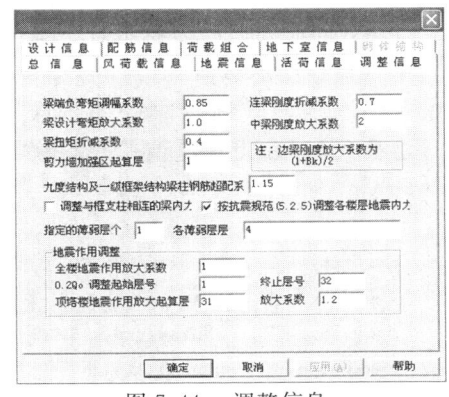

⑤ 调整信息。选择"调整信息",进行调整信息参数设置,如图7.44所示。

梁端弯矩调幅系数:BT=0.85;连梁刚度折减系数:BLZ=0.70;梁设计弯矩增大系数:BM=1.0;中梁刚度增大系数:BK=2.00;梁扭矩折减系数:TB=0.40;剪力墙加强区起算层号:1;九度结构及一级框架梁柱超配筋系数:1.15;是否按抗震规范5.2.5调整楼层地震力:选择调整;是否调整与框支柱相连的梁内力:不调整;指定薄弱层个数:1;各薄弱层号:4;全楼地震力放大系数:RSF=1.00;$0.2Q_0$调整:起始层号1,终止层号32;顶塔楼内力放大起算层号:NTL=31,放大系数:1.2。

⑥ 设计信息。选择"设计信息",进行设计信息参数设置,如图7.45所示。

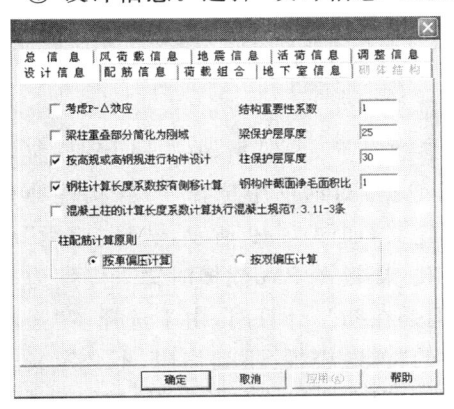
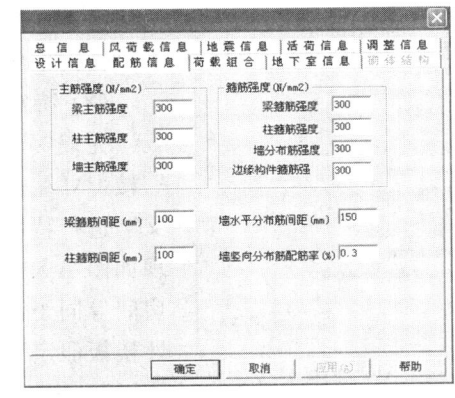

图7.45　设计信息　　　　　　　图7.46　配筋信息

是否考虑P-Δ效应:否;结构重要性系数:R_0=1.00;梁柱重叠部分简化为刚域:否;按《高规》或《高钢规》进行构件计算:是;柱计算长度计算原则:有侧移;梁保护层厚度(mm):25.00;柱保护

层厚度(mm):30.00;钢构件截面净毛面积比:$R_N = 0.85$;是否按混凝土规范(7.3.11-3)计算混凝土柱计算长度系数:否;柱配筋计算原则:按单偏压计算。

⑦ 配筋信息。选择"配筋信息",进行配筋信息参数设置,如图7.46所示。

梁主筋强度(N/mm²):$I_B = 300$;柱主筋强度(N/mm²):$I_C = 300$;墙主筋强度(N/mm²):$I_W = 300$;梁箍筋强度(N/mm²):$J_B = 300$;柱箍筋强度(N/mm²):$J_C = 300$;墙分布筋强度(N/mm²):$J_{WH} = 300$;边缘构件箍筋强度(N/mm²):$J_W = 300$;梁箍筋最大间距(mm):$S_B = 100$;柱箍筋最大间距(mm):$S_C = 100$;墙水平分布筋间距(mm):$S_{WH} = 200$;墙竖向筋分布最小配筋率(%):$R_{WV} = 0.30$。

⑧ 荷载组合。选择"荷载组合",进行荷载组合参数设置,如图7.47所示。

一般选择程序默认值。

⑨ 地下室信息。选择"地下室信息",进行地下室信息设置,如图7.48所示。

图7.47 荷载组合 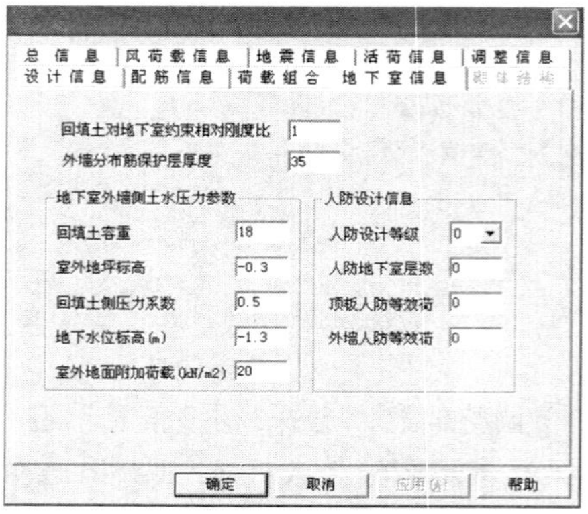　　　　图7.48 地下室信息

回填土对地下室约束相对刚度比:本例填1;外墙分布筋保护层厚度(mm):20;回填土容重(kN/m³):20;室外地坪标高(m):-0.3;回填土侧压力系数:0.5;地下水位标高(m):-1.3;室外地面附加荷载(kN/m²):20;人防设计等级:0;人防地下室层数:0;顶板人防等效荷载(kN/m²):0;外墙人防等效荷载(kN/m²):0。

⑩ 砌体结构。选择"砌体结构",进行砌体结构信息设置。本例为高层钢筋混凝土结构,此项为灰色不能填写。

(2) 特殊构件补充定义

完成"分析与设计参数补充定义"后,在"SATWE前处理—接PM生成SATWE数据"对话框中选择"特殊构件补充定义",进行特殊构件补充定义,如图7.49所示,选择"应用"后出现如图7.50所示的窗口。楼板在PM建模时输入厚度为0的房间等同于弹性楼板,但是在初步计算时,由于选择了"强制刚性楼板假定",因此这时的"弹性楼板"不起作用,不必定义。连梁以黄色显示,本例主要是定义框支柱和转换梁,转换层在第4标准层,框支柱需要在第1~4标准层都要定义。定义框支柱后屏幕显示紫色的KZZ,定义转换梁后,屏幕显示转换梁为白色,如图7.50所示。

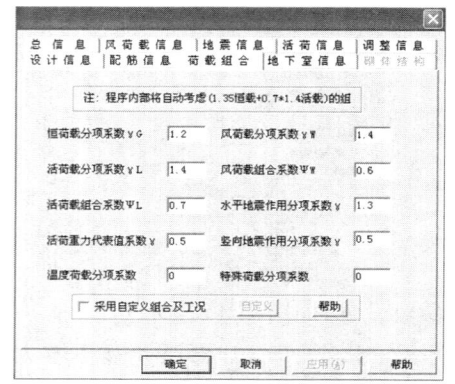

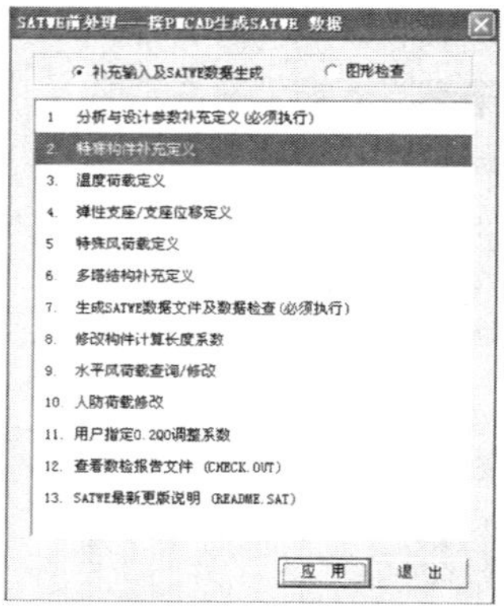

图7.49 特殊构件补充定义

(3) 温度荷载、弹性支座/支座位移、多塔定义等

完成特殊构件定义后,本例无温度荷载、弹性支座/支座位移、多塔定义,在"SATWE前处

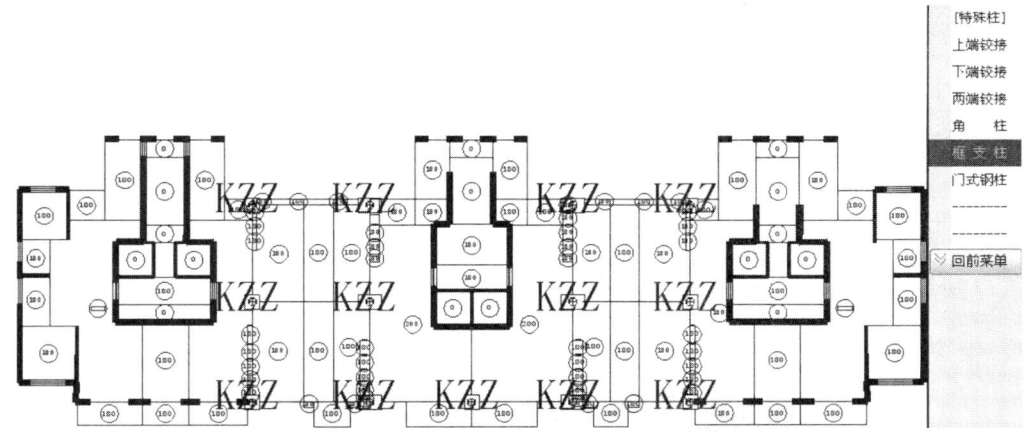

图 7.50 转换梁、框支柱定义

理—接 PM 生成 SATWE 数据"对话框中选择"生成 SATWE 数据文件",并运行数据检查,如果出现提示错误,则查看数据检查报告 CHECK.OUT,完成修改后再次执行生成数据文件和数据检查,数据检查通过,则 SATWE 前处理完成。

2. 结构分析与内力计算

在 SATWE 主菜单选择"结构分析与构件内力计算",屏幕出现图如 7.51 所示的对话框。

首先选择层刚度比选择"地震剪力与地震层间位移的比",目的是为了查看结构是否存在薄弱层;地震作用分析方法:算法1:侧刚分析法。其余选择程序默认值即可,然后选择确认,进行整体计算分析。

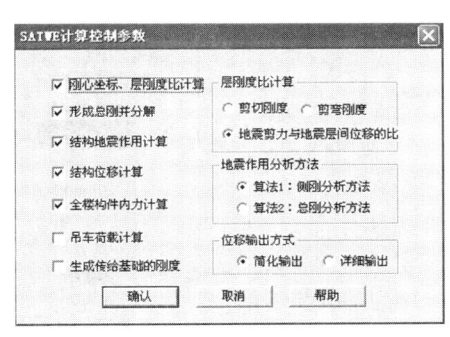

图 7.51 结构分析与构件内力计算

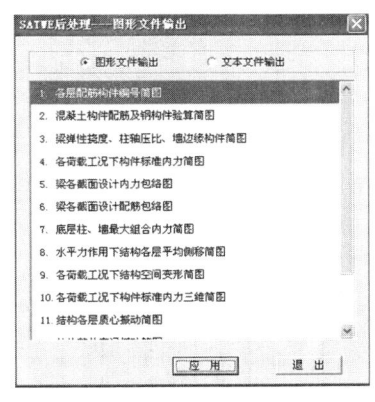

图 7.52 SATWE 后处理——图形/文本文件输出

3. 分析结果图形和文本显示

完成整体计算分析后,选择 SATWE 主菜单的第 5 项"查看计算分析结果",如图 7.52 所示,主要是查看结构文本信息的第 1,第 2,第 3 项,如图 7.53—图 7.55 所示;图形信息的第 8 项,如图 7.56 所示。在 WMASS.OUT 文件中主要查看是否存在竖向薄弱层,根据刚度比查看,在文件的最后查看结构刚重比,本例除了转换层外结构并无其他竖向薄弱层(刚度和承载力)。在 WZQ.OUT 文件中,查看结构的基本周期,在总信息的风荷载选项中需要结构的基本周期,第一次计算程序是估算值,如果二者相差很多,需要将结构的计算基本周期填回到总信息的风荷载选项,还要计算周期比——第 1 扭转周期和第 1 平动周期的比,本例周期比为

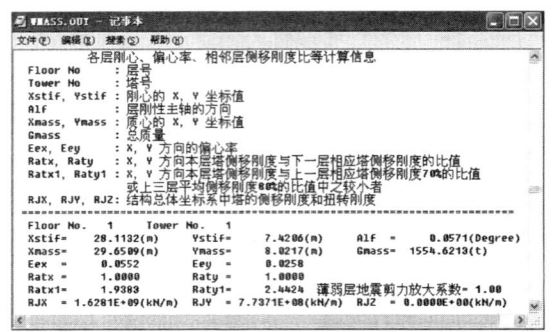
图 7.53 WMASS.OUT

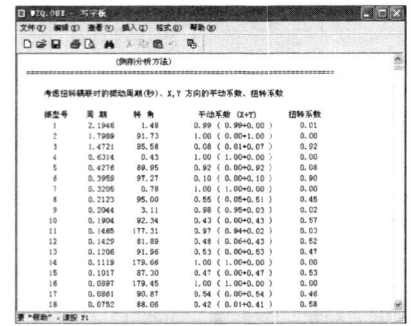
图 7.54 WZQ.OUT

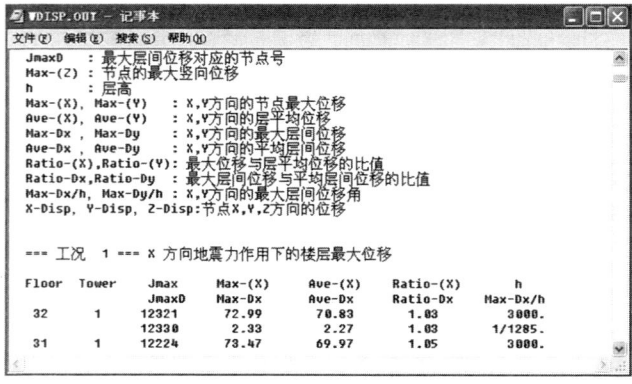
图 7.55 WDISP.OUT

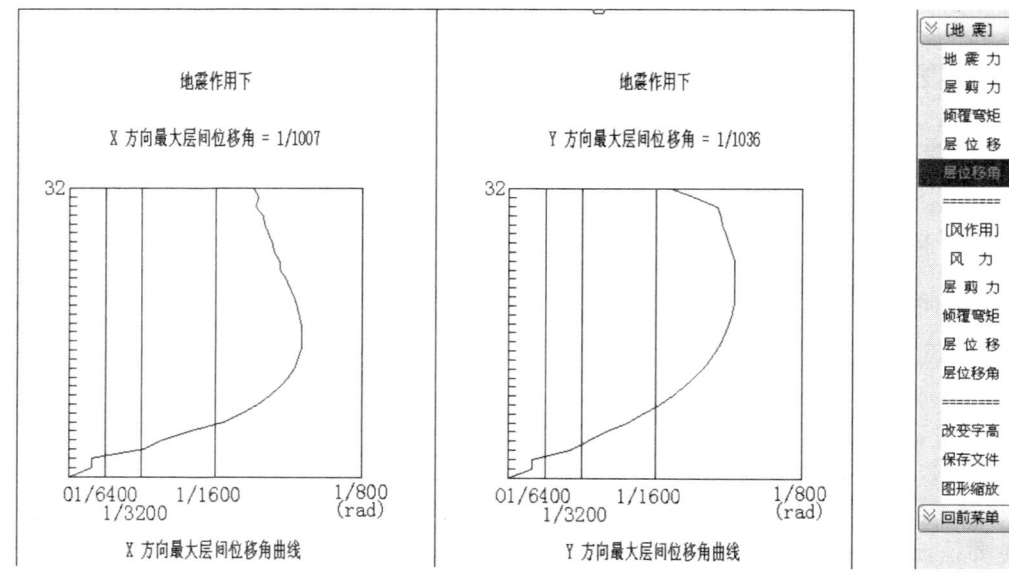
图 7.56 ANGLE_E.T

1.464/2.189=0.67,满足小于 0.85 的要求;查看振型有效质量参与系数是否大于 90%,X,Y 项均要查看,本例 X 方向的有效质量系数为 97.98%,Y 方向的有效质量系数为 97.55%,均满足要求;在文件的最后查看地震剪力调整系数,本例均为 1.0。在 WDISP.OUT 文件中主要查看位移比,本例最大位移比(在全楼强制刚性楼板假定条件下)为 Y 向考虑+5%偏心情况为1.29,满足小于1.4(复杂高层结构)的要求,但是均大于1.2,而且上部结构由于采光需要,平面凹口很大,因此为平面特别不规则结构。在 ANGLE_E.T 图形中主要查看地震作用下的层间位移角,因为本例是地震起控制作用。本例最大层间位移角为:X 方向 1/1012;Y 方向 1/1176,满足规范≤1/1000 的要求,且数值较为接近规范允许值,说明初选构件截面总体上比较合理。

4. 第二次初步计算

此次计算在结构分析与内力计算项中选择层刚度比为剪切刚度比,因为本例为框支剪力墙结构属于复杂高层,根据《高规》要求需要计算转换层上下的等效刚度比,选择剪切刚度比作为控制指标,重复前面的计算过程,但是计算结果只需要查看 WMASS.OUT,主要是查看转换层上下的等效剪切刚度比,如图 7.57 所示。本例转换层上下等效剪切刚度比为:X 方向 0.7907;Y 方向 1.0581,满足规范接近 1.0 且<1.3 的要求。

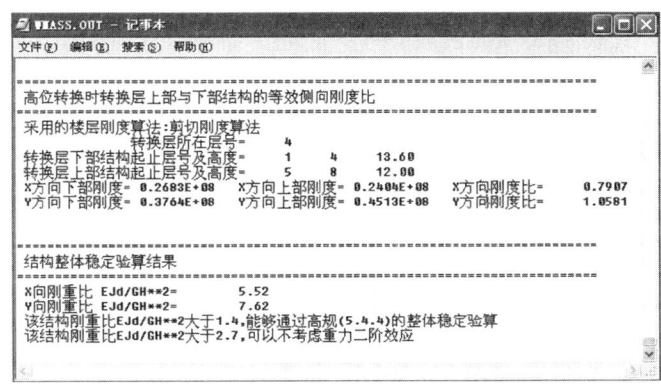

图 7.57　WMASS.T

本例也可根据《高规》在结构分析与内力计算项中选择层刚度比为"弯剪刚度比"进行计算,计算过程同上,计算结果主要是查看转换层上、下的等效刚度比。

> **注意**
>
> 如果计算结果不满足要求,比如周期比、位移比、刚度比等超过规范允许值或者远小于规范允许值,说明结构的方案不合理,需要重新调整方案。此时应该回到 PM 菜单修改结构的墙、柱、梁、洞口等,再次计算,重复 7.1.2 节和 7.1.3 节的计算过程,直到满足规范要求并且数值较为合理为止。

7.1.4　结构的第二次计算

因为本例的框支剪力墙结构属于复杂高层,局部楼板开大洞,竖向在顶部内收较大,平面和竖向均属于特别不规则结构,需要在楼板开大洞和框支层定义弹性楼板,以准确计算结构的位移和内力,并进行配筋计算。

1. 接 PM 生成 SATWE 数据

> **提示**
>
> 重复 7.1.3 节的计算过程,只是在接 PM 生成 SATWE 数据的总信息选项中,不选择"强制刚性楼板假定",见图 7.58;在特殊构件定义中定义弹性楼板,本例中弹性楼板选项为"弹性膜",

转换层楼板需要整层定义"弹性膜",如图7.59、图7.60所示。

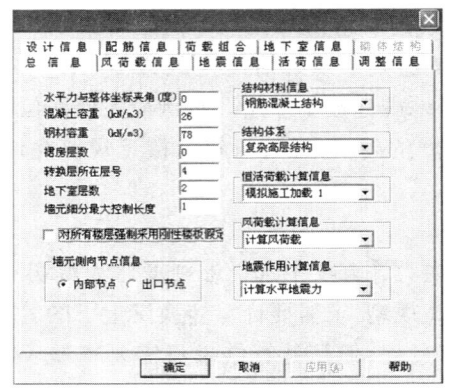

图 7.58　SATWE 总信息

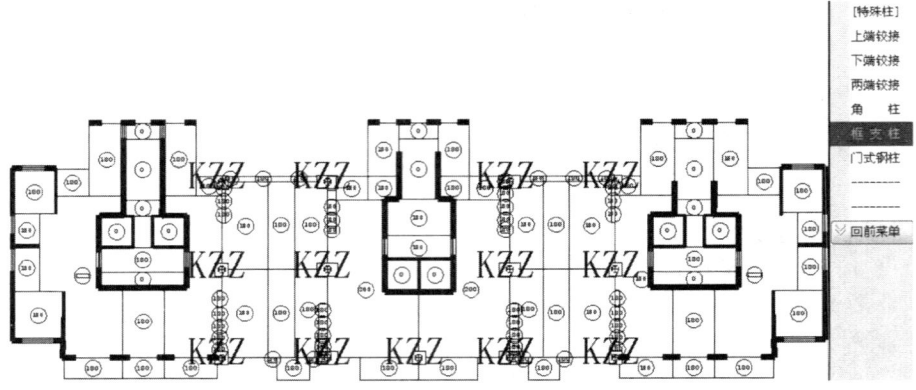

图 7.59　转换层弹性楼板定义

图 7.60　其他层弹性楼板定义

完成后,选择生成 SATWE 数据文件,并运行数据检查,数据检查通过,则 SATWE 前处理完成。

2. 结构分析与内力计算

在 SATWE 主菜单选择"结构分析与构件内力计算",出现如图 7.61 所示的对话框。

地震作用分析方法:算法 2:总刚分析方法,层刚度比计算:地震剪力与地震层间位移的

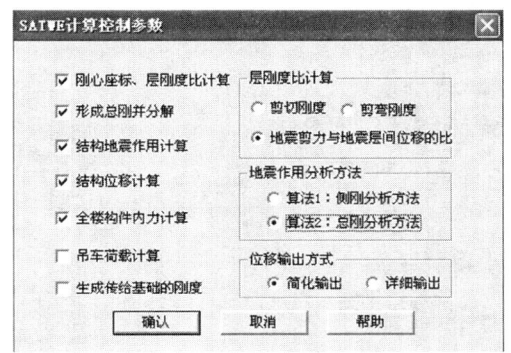

图 7.61　结构分析与构件内力计算

比,选择确定后进行结构整体计算。

3. 构件配筋设计与验算

完成整体计算后选择"构件配筋与计算",出现如图 7.62 所示的对话框。

选择确认,完成构件配筋计算。

4. 分析结果图形和文本显示

在 SATWE 主菜单选择"分析结果图形和文本显示",查看计算结果,后处理菜单如图 7.52 所示。

(1) 在图形文件中,查看第 8 项:水平力作用下结构

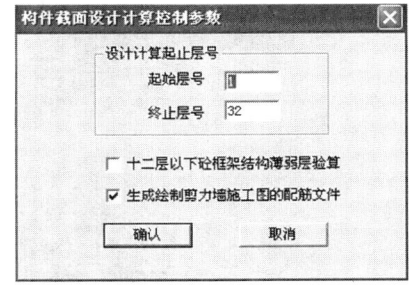

图 7.62　构件配筋设计与验算

各层平均侧移简图 ANGLE_E.T,查看地震选项下的层间位移角,如图 7.63 所示。本例中"刚性楼板"和"弹性楼板"计算模型的地震作用下的最大层间位移角基本没有区别,说明仅就"层间位移"而言,"刚性楼板假定"的计算结果是合理的。

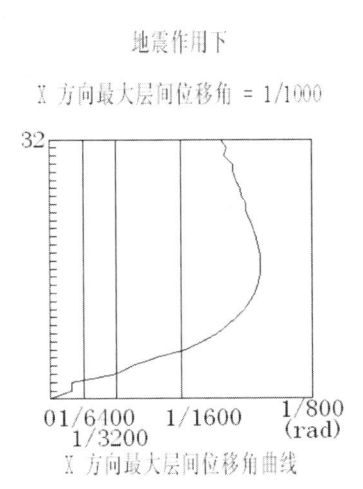
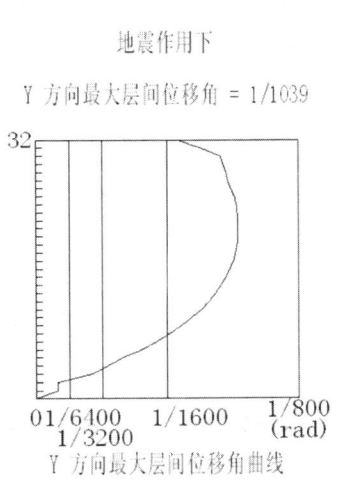
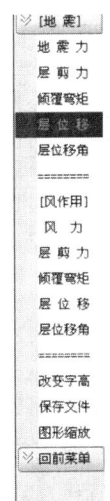

图 7.63　ANGLE_E.T

(2) 查看第 2 项:混凝土构件配筋和钢构件验算简图,主要是查看构件是否超筋和是否配筋太小,可以通过字符开关选项分别显示梁、柱、墙构件的配筋信息,还可以通过文字避让来消除重叠的配筋数字。典型的配筋图如图 7.64、图 7.65 所示,红色为超筋,需要重新调整截面

进行再次计算。本例中的第五层出现了个别墙肢和连梁超筋的情况。

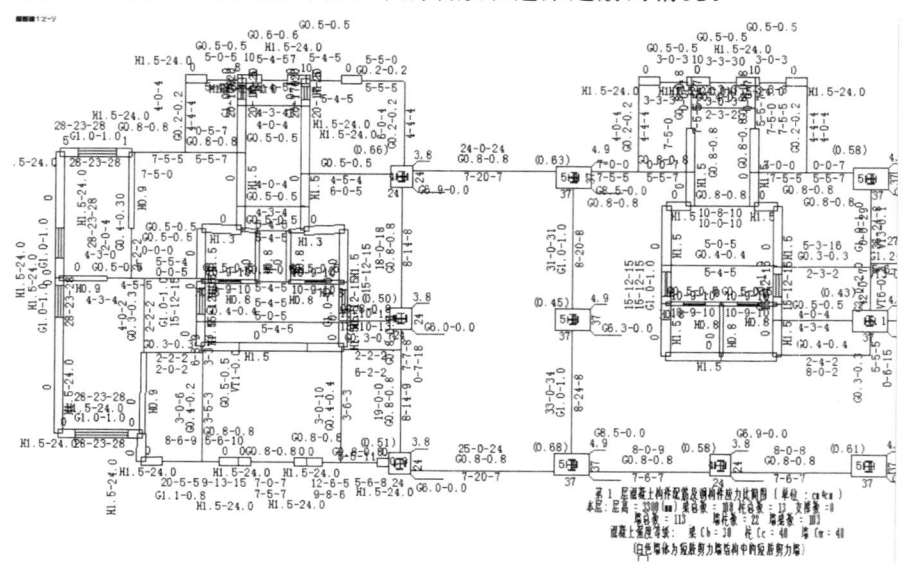

图 7.64 第一层配筋简图

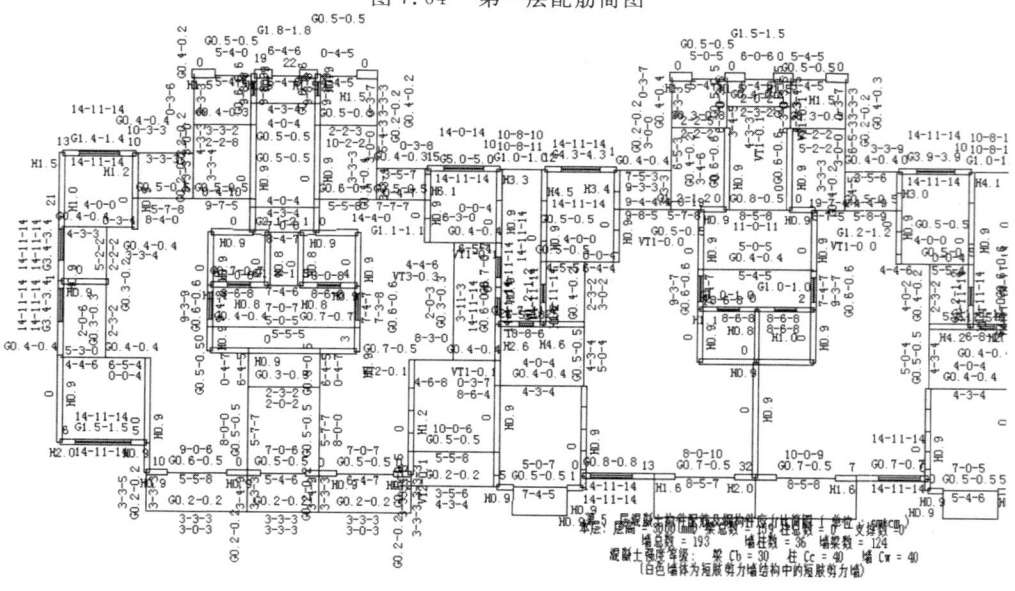

图 7.65 第五层配筋简图

> **注意**
>
> 在高层钢筋混凝土结构计算中,连梁超筋是一种普遍现象。一般在结构的中部超筋严重,个别墙肢超筋也属正常现象,此时需要查看构件信息,一般都是截面抗剪不足引起的超筋。关于连梁超筋问题的处理可根据具体工程情况选择相应的处理措施。

(3) 查看第 3 项:梁弹性挠度、柱轴压比、墙边缘构件简图,可以分别选择轴压比、边缘构件、弹性挠度查看,典型的结果如图 7.66—图 7.71 所示。

> **注意**
>
> 如果计算结果不满足要求,比如较多构件超筋、轴压比、梁弹性挠度等超过规范允许值或

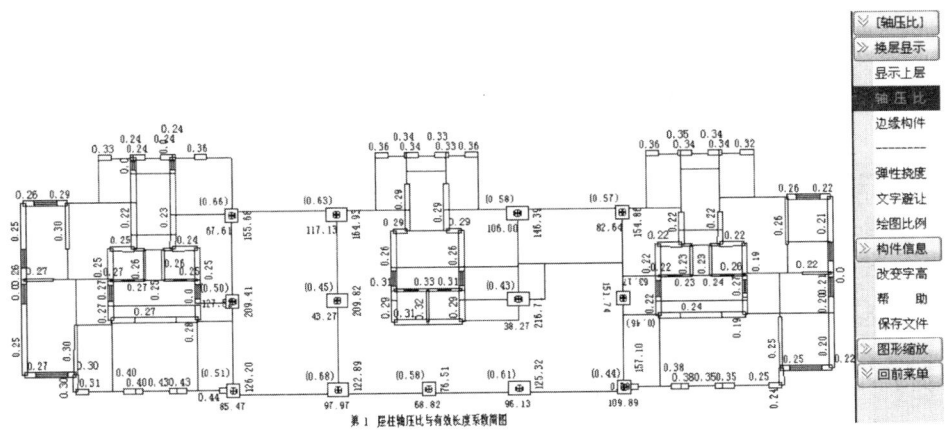

图 7.66　第一层墙柱轴压比

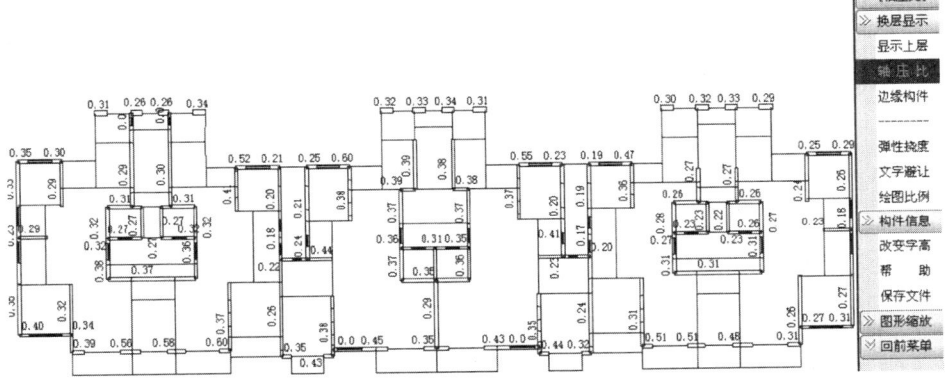

图 7.67　第五层墙柱轴压比

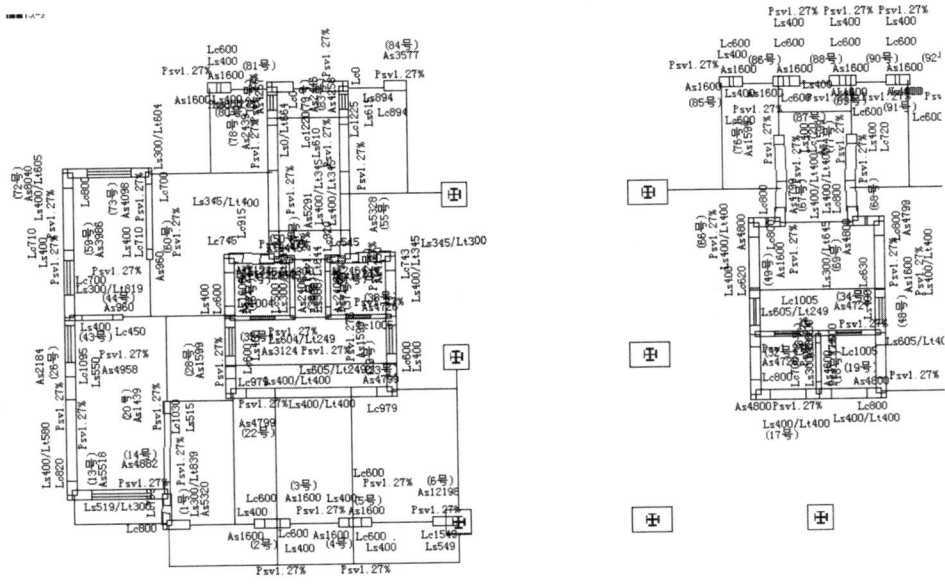

图 7.68　第三层边缘构件

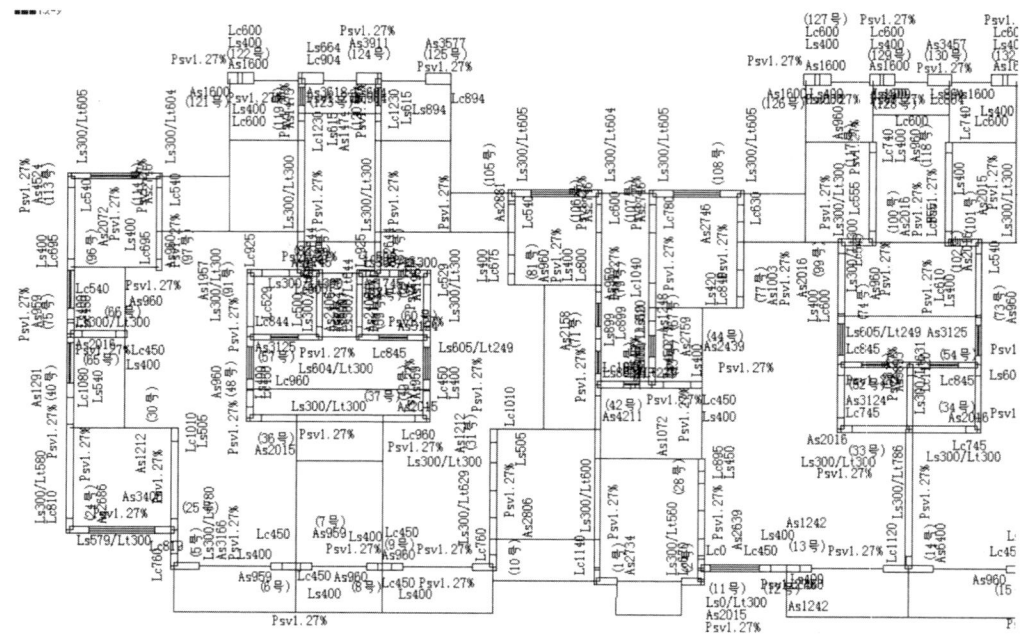

图 7.69　第五层边缘构件

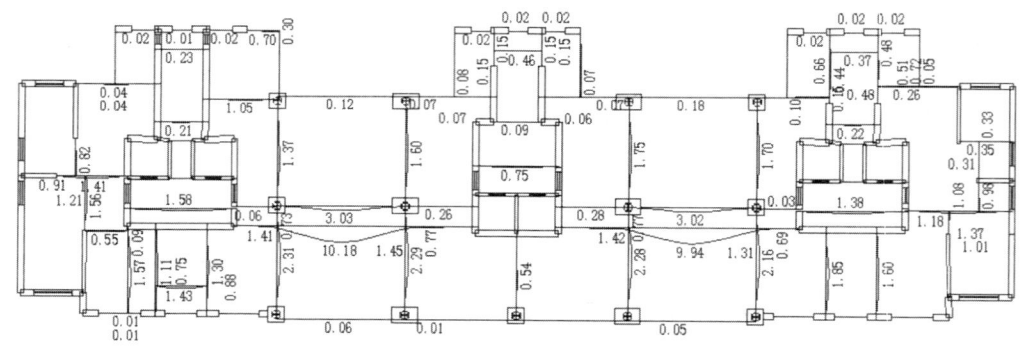

图 7.70　第二层梁弹性挠度

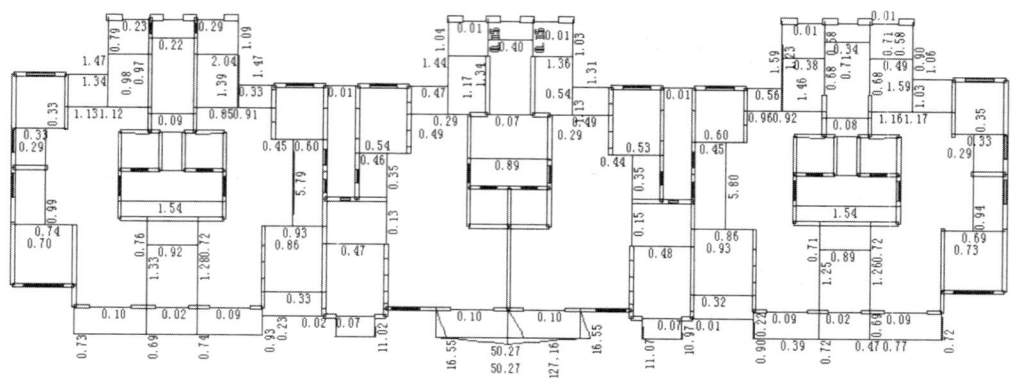

图 7.71　第四层梁弹性挠度

者远小于规范允许值,需要重新调整方案重新进行计算。此时应该回到 PM 菜单修改结构的墙、柱、梁、洞口等,再次计算,重复 7.1.2 节、7.1.3 节、7.1.4 节的计算过程,直到满足规范要求并且数值较为合理为止。

7.1.5 结构的弹性动力时程分析

由于本例为平面和竖向特别不规则的结构,需要进行弹性动力时程分析进行补充验算,选择 SATWE 主菜单的第 7 项"结构的弹性动力时程分析",出现如图 7.72 所示的对话框,根据场地土类别和结构形式选择地震波。

选择如图 7.72 所示的地震波后,选择确定进行弹性动力时程分析。分析完成后选择"时程分析结果图形显示"项,出现如图 7.73 所示的对话框。

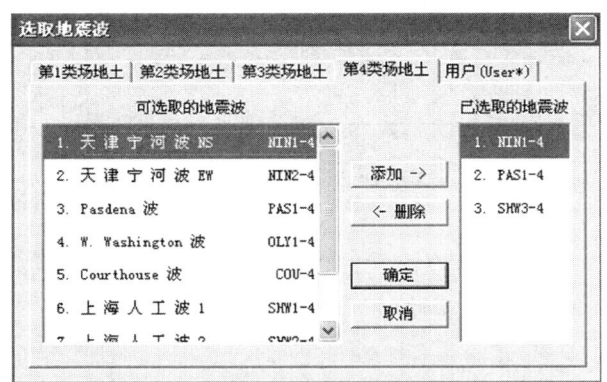

图 7.72　选取地震波

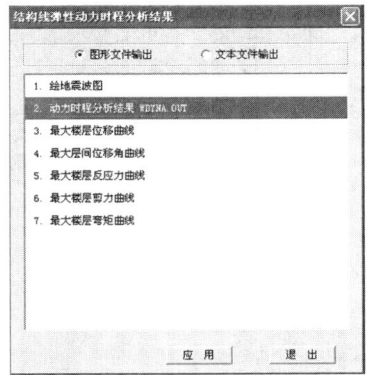

图 7.73　分析结果图形显示

选择第 2 项,查看弹性动力时程分析结果的文本显示,如图 7.74 所示。可以根据时程分析的结果修正振型分解反应谱法的地震剪力,其结果就是相当于增大了反应谱法计算的地震剪力,导致结构的计算配筋结果增加。

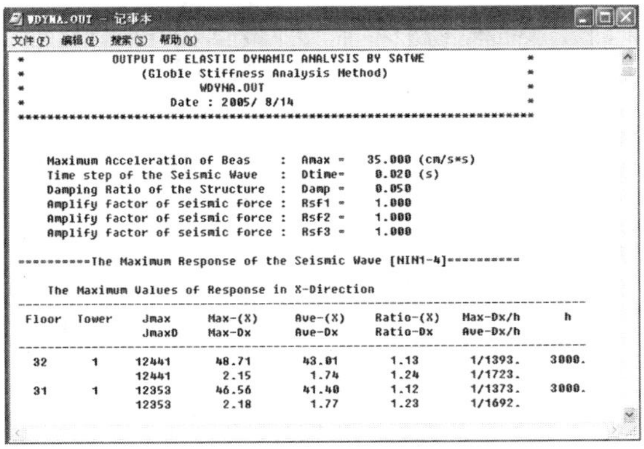

图 7.74　分析结果文本输出 WDYNA.OUT

选择第 3—7 项可以查看结构的最大楼层位移曲线、最大层间位移角曲线、最大楼层反应力曲线、最大楼层剪力曲线、最大楼层弯矩曲线,如图 7.75—图 7.79 所示。

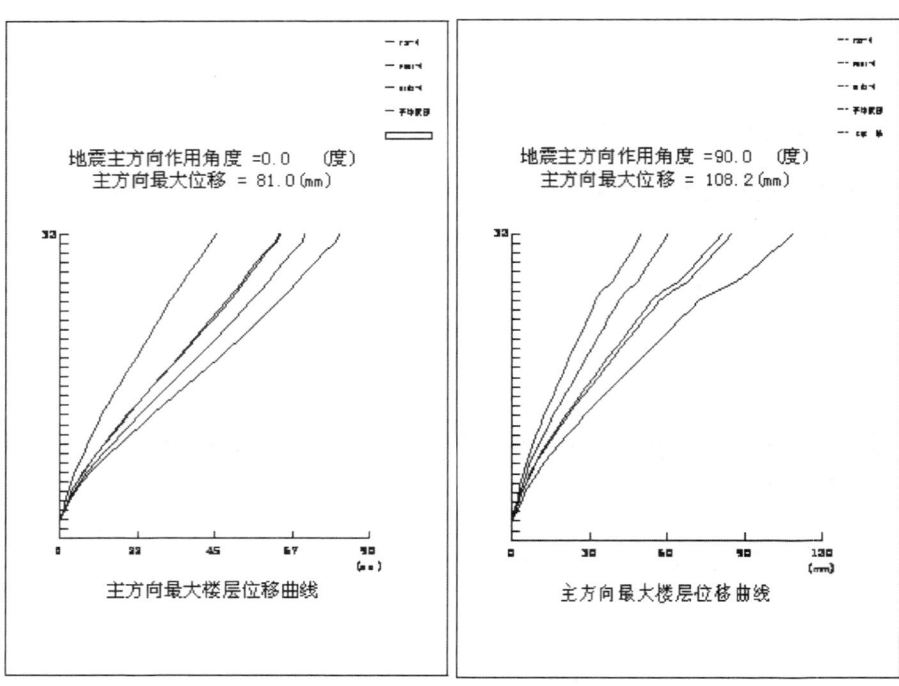

图 7.75 最大楼层位移曲线

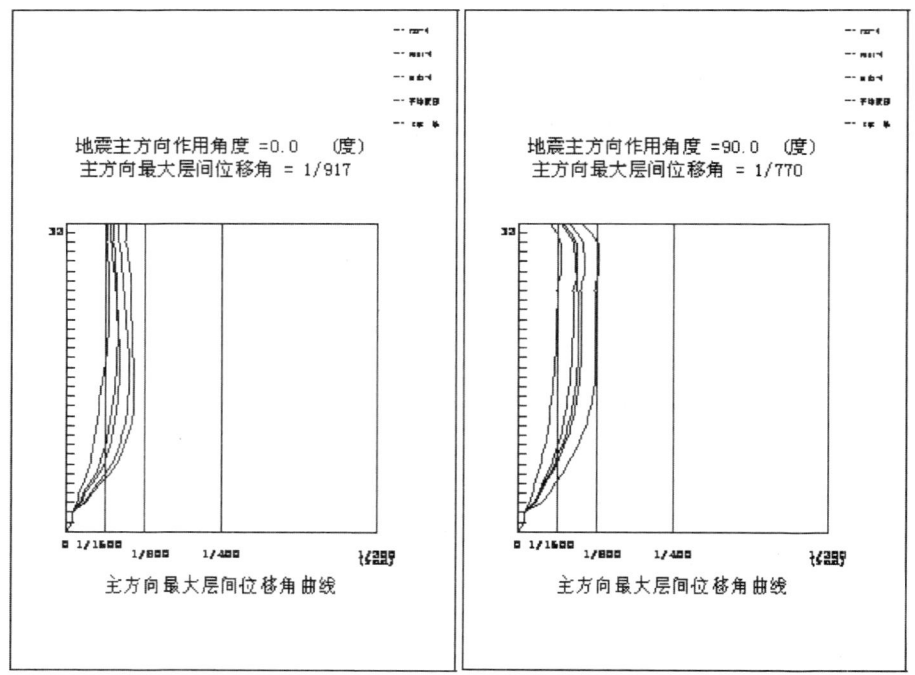

图 7.76 最大层间位移角曲线

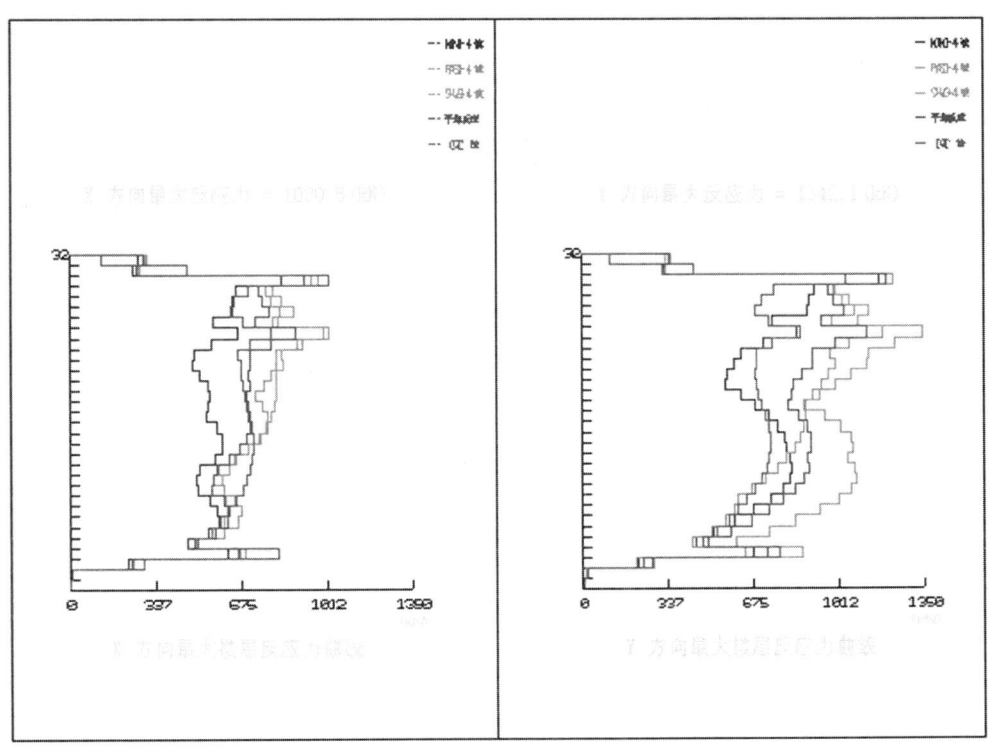

图 7.77 最大楼层反应力曲线

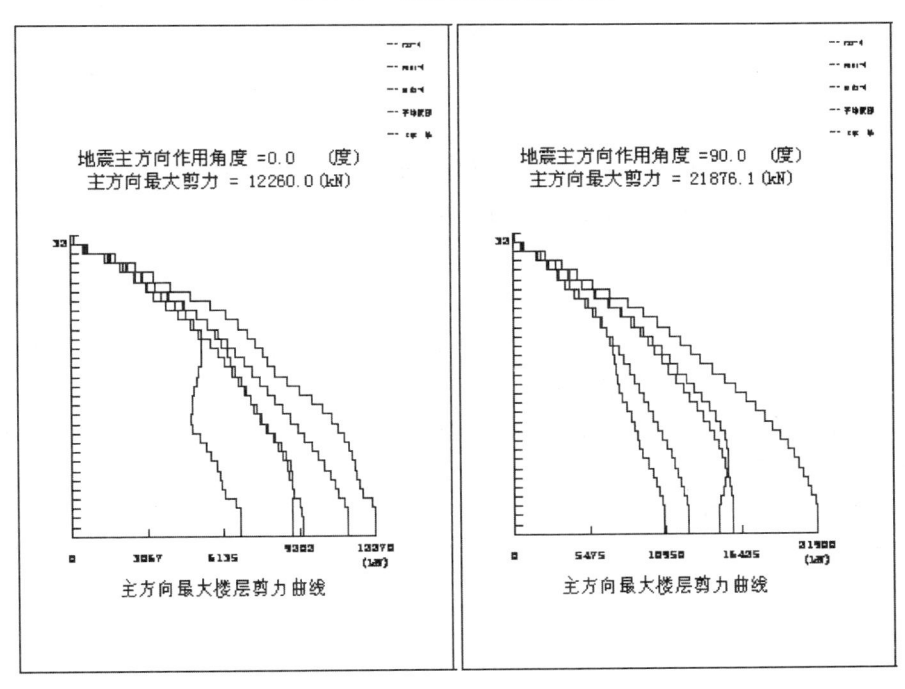

图 7.78 最大楼层剪力曲线

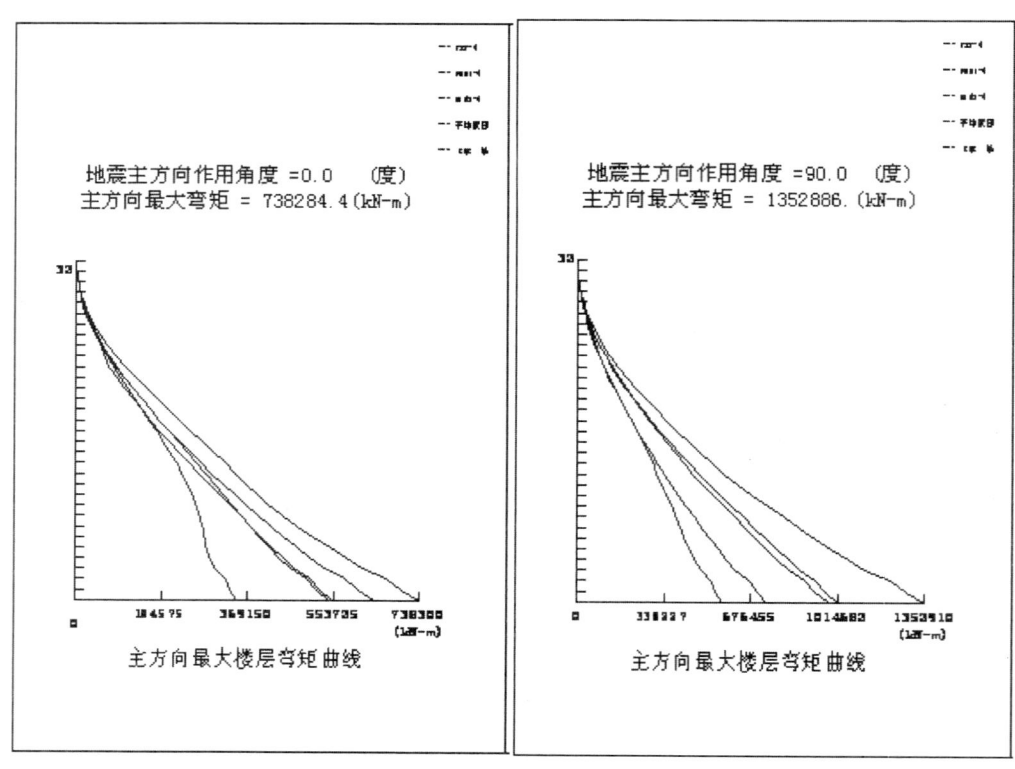

图 7.79　最大楼层弯矩曲线

7.1.6　施工图绘制

经过反复计算和调整后,结构计算分析和配筋计算完成,下面就可以进行施工图的绘制了,梁柱施工图绘制选择 SATWE 主菜单的第 6 项"接 PK 绘制梁柱施工图";楼板的施工图绘制在 PM 菜单中的第 5 项"画结构平面图";剪力墙的绘图在 PKPM 主菜单的 JLQ 程序中。

注意

PKPM 系列软件的绘图功能相对较差,对于规则的简单的结构绘图结果可以利用,初步绘制后可在 AutoCAD 中作进一步的修改,当然修改工作量仍然很大。目前工程设计部门的结构施工图绘制一般采用其他专业化的软件,如探索者、天正等。

本例中只给出其中一层的梁配筋图和楼板配筋图,如图 7.80、图 7.81 所示,绘图参数的选择同前面章节,具体见第 4 章的施工图绘制。

至此,完成框支剪力墙结构的计算分析和施工图绘制。

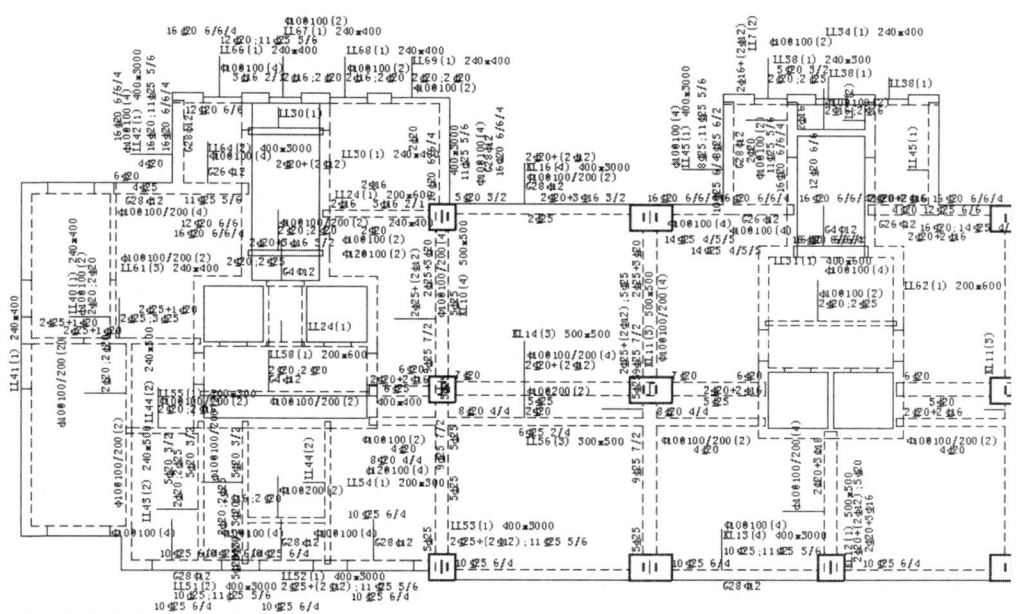

图 7.80　第二层梁配筋图

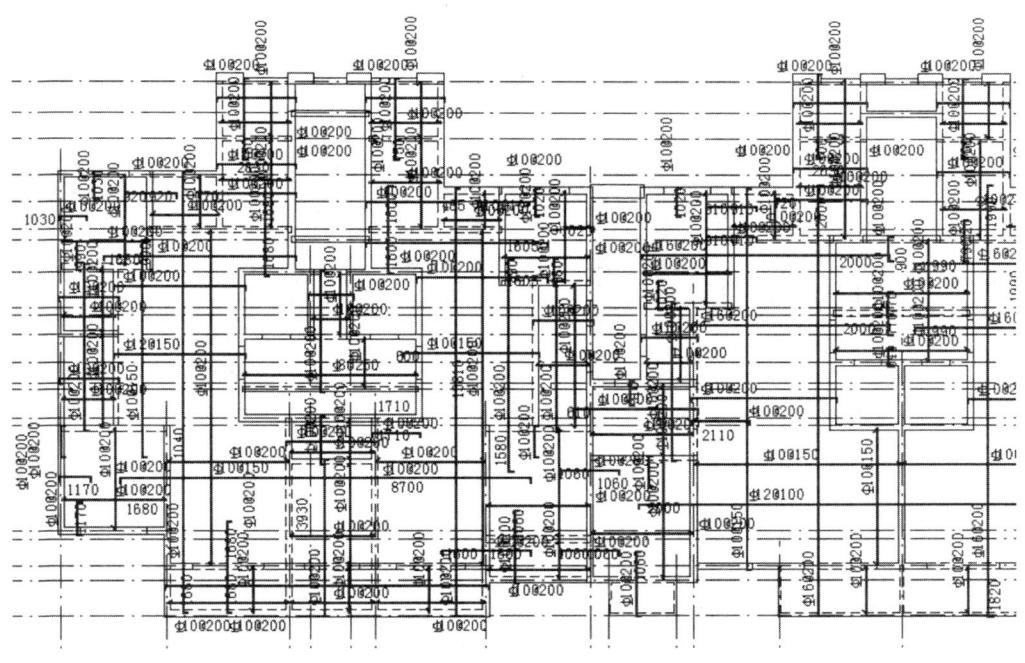

图 7.81　第五层楼板配筋图

7.2　中高层住宅楼(异形柱框剪结构)实例

7.2.1　工程资料

本工程实例为地下1层、地上15层的住宅楼,结构形式为异形柱框架剪力墙结构,基础形式为筏板基础。标准层建筑平面如图7.82所示。

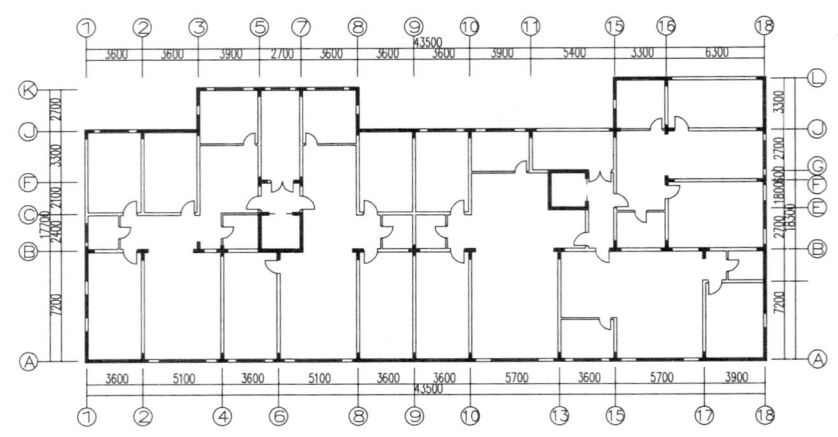

图7.82 标准层建筑平面图

7.2.2 结构的PM建模

（1）具体建模过程不做具体介绍，结构地下室、上部结构平面图和各层信息如图7.83—图7.88所示，荷载定义和楼层组装如图7.89、图7.90所示。

图7.83 第1结构标准层（地下室）

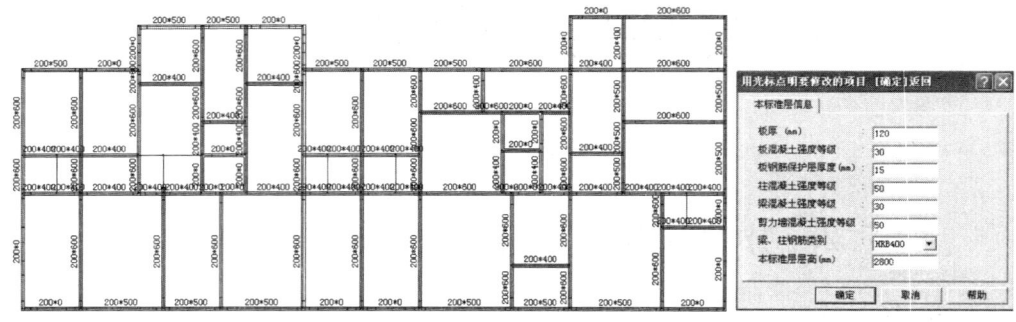

图7.84 第2结构标准层

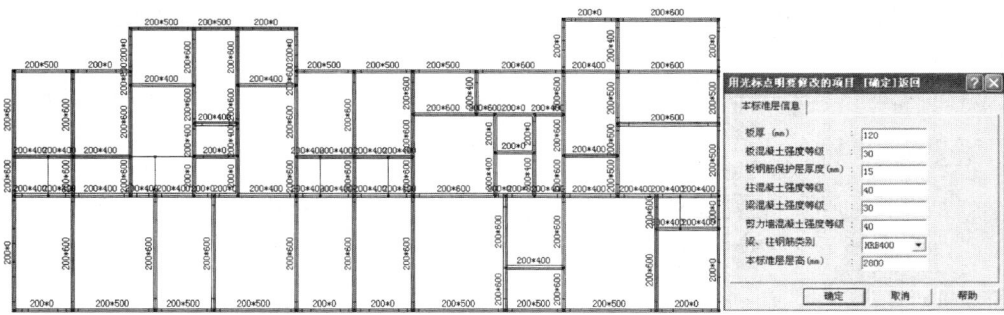

图 7.85 第 3 结构标准层

图 7.86 第 4 结构标准层

图 7.87 第 5 结构标准层

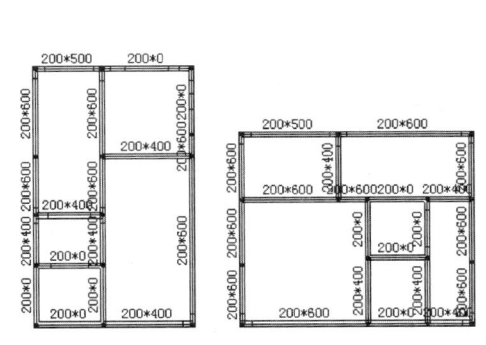

图 7.88 第 6 结构标准层

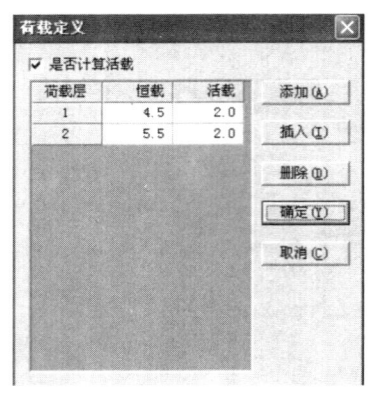 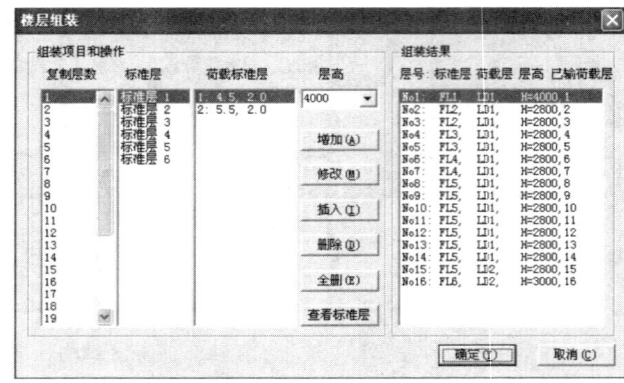

图 7.89　荷载定义图　　　　　　　　图 7.90　楼层组装图

（2）完成模型建立后，进行 PMCAD 模型建立的第二项，输入次梁楼板。在本例中将楼梯间、电梯间的楼板厚度输入 0，相当于整个房间开洞口；在此处只给出其中第二标准层的楼板修改，如图 7.91 所示。

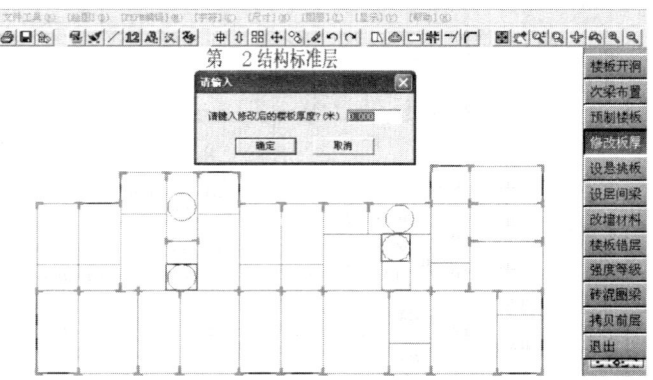

图 7.91　楼板厚度面（第 2 结构标准层）

（3）完成输入次梁楼板后，进行 PMCAD 模型建立的第三项，输入荷载数据，针对不同房间的板厚、装修情况、使用用途，准确地输入楼面荷载、梁上荷载等。在此只给出其中一层的荷载图形，如图 7.92—图 7.94 所示。

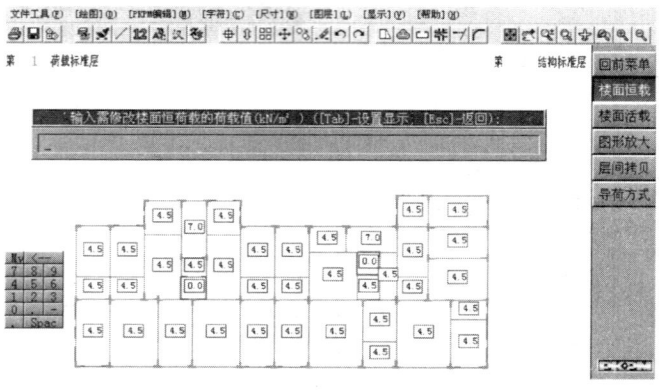

图 7.92　楼面恒载（第 2 结构标准层）

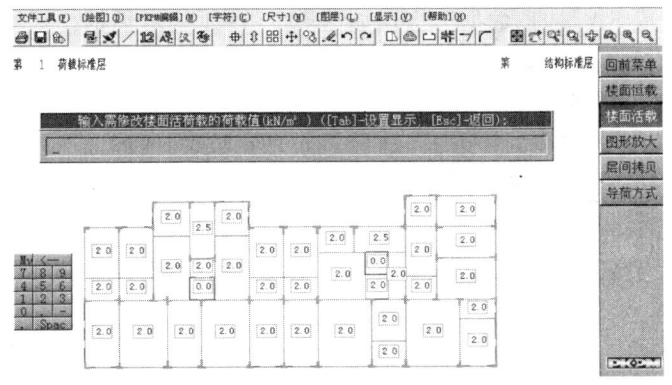

图 7.93　楼面活载(第 2 结构标准层)

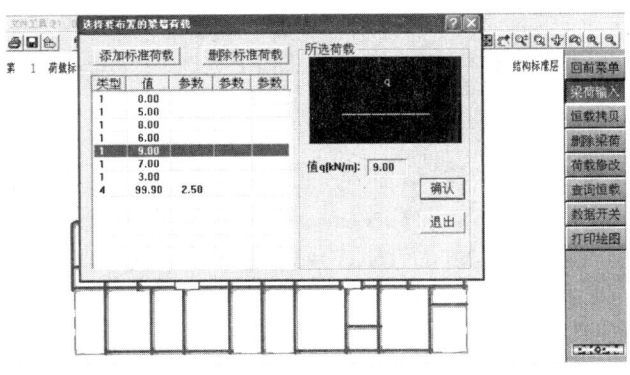

图 7.94　梁间恒载(第 2 结构标准层)

完成输入次梁楼板和输入荷载数据后,完成结构的 PM 模型和荷载输入,可以接 SATWE 进行结构计算分析了。

7.2.3　结构整体计算

1. 接 PM 生成 SATWE 数据

由于本例属于中高层住宅,没有转换层,楼板没有开大洞口,平面、竖向均属规则结构,符合"刚性楼板假定",因此初步计算也可以是最终计算。在 PKPM 主菜单中选择 SATWE 程序,如图 7.95 所示。

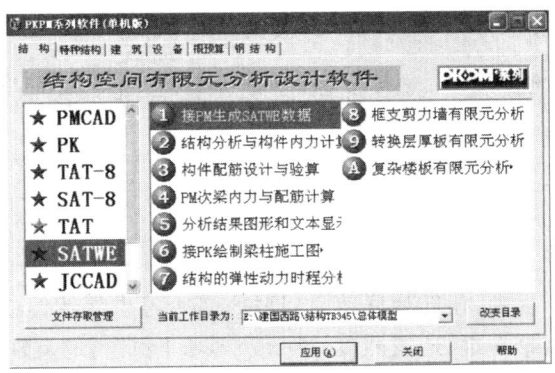

图 7.95　接 PM 生成 SATWE 数据

选择"接 PM 生成 SATWE 数据",出现如图 7.96 所示的对话框。

(1) 分析与设计参数补充定义

在前处理菜单中选择"分析与设计参数补充定义"进行参数设置,如图 7.97 所示。

① SATWE 总信息。选择"总信息",进行总信息参数设置,如图 7.97 所示。

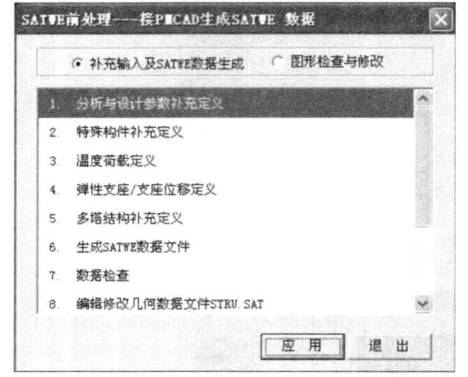

图 7.96　分析与设计参数补充定义

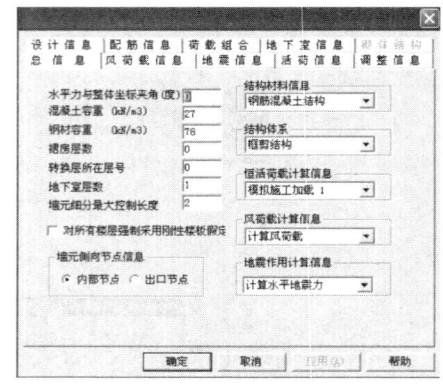

图 7.97　SATWE总信息

结构材料信息:钢筋混凝土结构;结构体系:框剪结构;水平力与整体坐标夹角(度):ARF=0.00;混凝土容重(kN/m³):$G_c=27$kN/m³;钢材容重(kN/m³):$G_s=78.00$;裙房层数:MANNEX=0;转换层所在层号:MCHANGE=0;地下室层数:MBASE=1;墙元细分最大控制长度(m),$D_{max}=2$;墙元侧向节点信息:内部节点;恒活荷载计算信息:模拟施工加载1;风荷载计算信息:计算风荷载;地震作用计算信息:计算水平地震力;是否对全楼强制采用刚性楼板假定:否。

② 风荷载信息。选择"风荷载信息",进行风荷载参数设置,如图 7.98 所示。

修正后的基本风压(kN/m²):$W_0=0.55$;地面粗糙程度:B 类;结构基本周期(s):$T_1=1.044$;体形变化分段数:MPART=1,第一段最高层号:15,第二段最高层号:0,第三段最高层号:0,各段体形系数:$U_{Si}=1.30$。

③ 地震信息。选择"地震信息",进行地震信息参数设置,如图 7.99 所示。

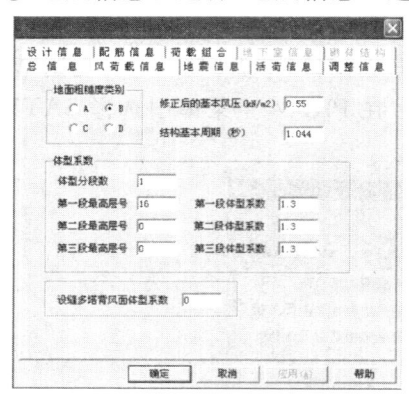

图 7.98　风荷载信息

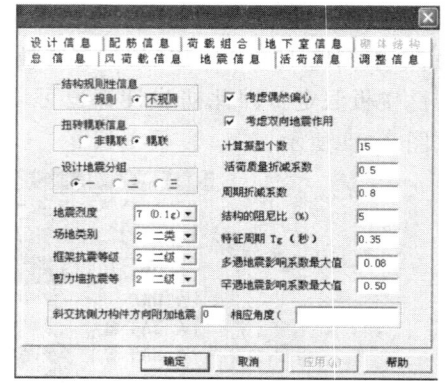

图 7.99　地震信息

结构规则性信息:不规则;扭转耦联信息:耦联;是否考虑偶然偏心:是;是否考虑双向地震作用:是;设计地震分组:第一组;地震烈度:NAF=7(0.1g);场地类别:KD=2(Ⅱ类);特征周期:$T_g=0.35$;多遇地震影响系数最大值:0.08;罕遇地震影响系数最大值 0.50;框架的抗震等

级:NF=2;剪力墙的抗震等级:NW=2;计算振型数:NMODE=15;活荷质量折减系数:RMC=0.50;周期折减系数:T_c=0.8;结构的阻尼比(%):DAMP=5.00;斜交抗侧力构件方向的附加地震数:0。

④ 活载信息。选择"活载信息",进行活载信息参数设置,如图7.100所示。

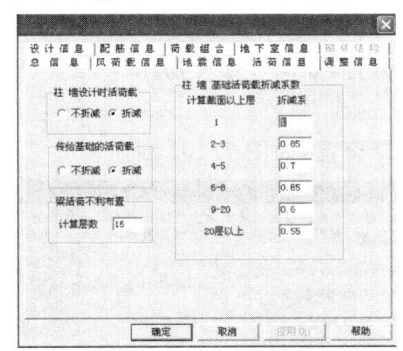

图7.100 活载信息

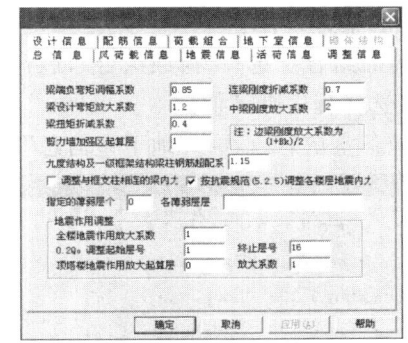

图7.101 调整信息

柱、墙活荷载是否折减:折减;传到基础的活荷载是否折减:折减;柱,墙,基础活荷载折减系数:参见《荷载规范》。梁活荷不利布置:计算层数 16。

⑤ 调整信息。选择"调整信息",进行调整信息参数设置,如图7.101所示。

梁端弯矩调幅系数:BT=0.85;连梁刚度折减系数:BLZ=0.70;梁设计弯矩增大系数:BM=1.0;中梁刚度增大系数:BK=2.00;梁扭矩折减系数:TB=0.40;剪力墙加强区起算层号:1;九度结构及一级框架梁柱超配筋系数:1.15;是否按抗震规范5.2.5调整楼层地震力:选择调整;是否调整与框支柱相连的梁内力:不调整;指定薄弱层个数:0,各薄弱层号:0;全楼地震力放大系数:RSF=1.00;$0.2Q_0$调整:起始层号1,终止层号16;顶塔楼内力放大起算层号:NTL=0,放大系数:1。

⑥ 设计信息。选择"设计信息",进行设计信息参数设置,如图7.102所示。

是否考虑P-Δ效应:否;结构重要性系数:R_0=1.00;梁柱重叠部分简化为刚域:是;按《高规》或《高钢规》进行构件计算:是;柱计算长度计算原则:有侧移;梁保护层厚度(mm):25.00;柱保护层厚度(mm):30.00;钢构件截面净毛面积比:R_N=0.85;是否按《混凝土规范》(7.3.11-3)计算混凝土柱计算长度系数:否;柱配筋计算原则:按单偏压计算。

⑦ 配筋信息。选择"配筋信息",进行配筋信息参数设置,如图7.103所示。

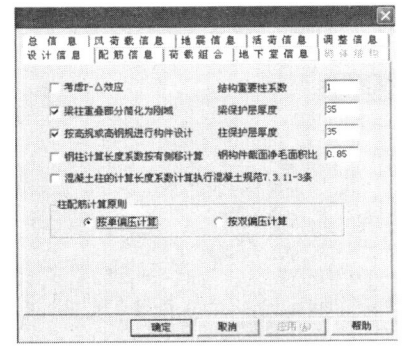

图7.102 设计信息

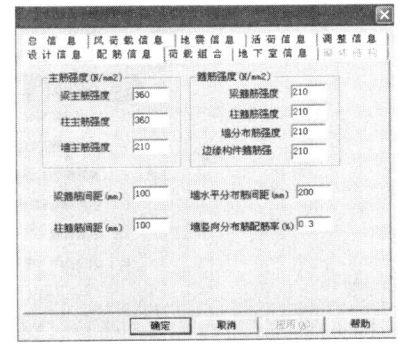

图7.103 配筋信息

梁主筋强度（N/mm²）：$I_B=300$；柱主筋强度（N/mm²）：取 $I_C=300$；墙主筋强度（N/mm²）：$I_W=300$；梁箍筋强度（N/mm²）：$J_B=210$；柱箍筋强度（N/mm²）：$J_C=210$；墙分布筋强度（N/mm²）：$J_{WH}=210$；边缘构件箍筋强度（N/mm²）：$J_W=210$；梁箍筋最大间距（mm）：$S_B=100$；柱箍筋最大间距（mm）：$S_C=100$；墙水平分布筋间距（mm）：$S_{WH}=200$；墙竖向筋分布最小配筋率（%）：$R_{WV}=0.30$。

⑧ 荷载组合。选择"荷载组合"，进行荷载组合参数设置，如图 7.104 所示。一般选择程序默认值。

⑨ 地下室信息。选择"地下室信息"，进行地下室信息设置，如图 7.105 所示。

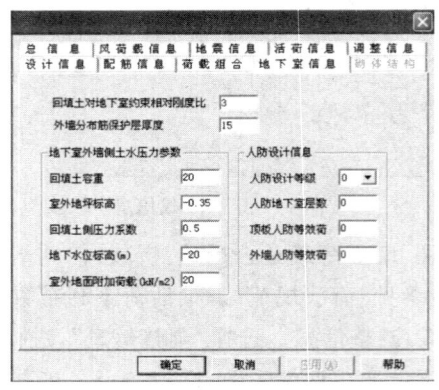

图 7.104　荷载组合　　　　　　　图 7.105　地下室信息

回填土对地下室约束相对刚度比：本例填 3；外墙分布筋保护层厚度（mm）：20；回填土容重（kN/m³）：20；室外地坪标高（m）：－0.35；回填土侧压力系数：0.5；地下水位标高（m）：－20；室外地面附加荷载（kN/m²）：20；人防设计等级：0，人防地下室层数：0；顶板人防等效荷载（kN/m²）：0；外墙人防等效荷载（kN/m²）：0。

⑩ 砌体结构。本例为高层钢筋混凝土结构，此项不填。

（2）特殊构件补充定义

在 SATWE 前处理菜单中选择"特殊构件补充定义"，如图 7.106 所示，选择后出现如图 7.107 所示的窗口。本例只需要定义角柱，只有左上角需要定义角柱，各标准层均需定义，其他阳角处的柱子均与剪力墙相连，按照墙元计算，不必定义角柱。

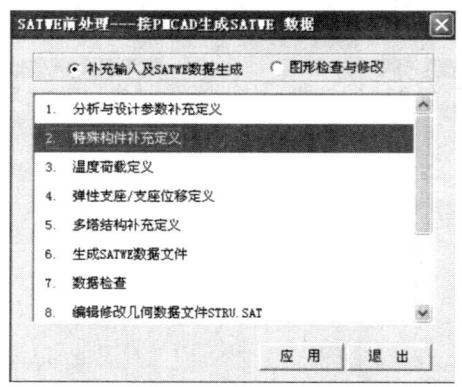

图 7.106　特殊构件补充定义

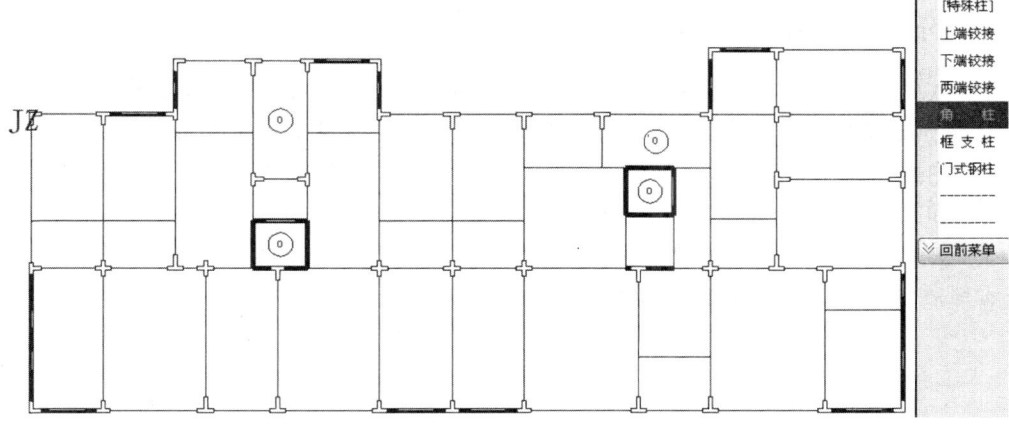

图 7.107　角柱定义(第 2 标准层)

(3) 完成处理

完成特殊构件定义后,选择"生成 SATWE 数据文件",并运行"数据检查",数据检查通过,则 SATWE 前处理完成。

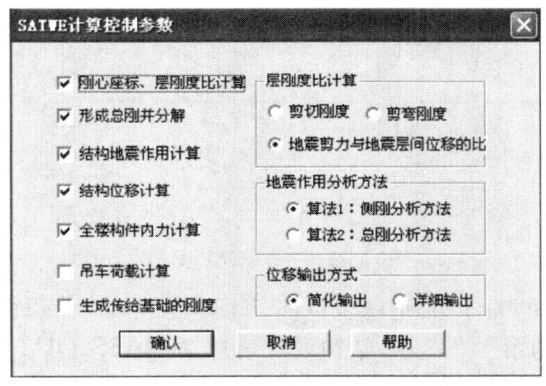

图 7.108　结构分析与构件内力计算

2. 结构分析与内力计算

在 SATWE 主菜单中选择"结构分析与构件内力计算",出现如图 7.108 所示的对话框。

首先选择层刚度比选择地震剪力与地震层间位移的比,目的是为了查看结构是否存在薄弱层;地震作用分析方法:算法 1:侧刚分析法。其余选择程序默认值即可,然后选择确认,进行整体计算分析。

7.2.4　构件配筋设计与验算

完成整体计算后,在 SATWE 主菜单选择"构件配筋与计算",出现如图 7.109 所示的对话框。

选择确认,完成构件配筋计算。

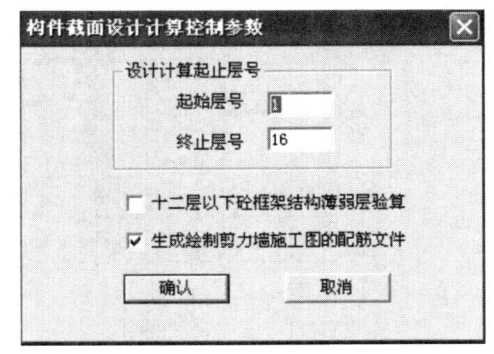

图 7.109　构件配筋设计与验算

7.2.5 分析结果图形和文本显示

由于本例为规则的中高层住宅,层刚度没有突变,因此刚度比、周期比、位移比容易满足要求,由于异形柱的轴压比限制较为严格,因此最关心的计算结果为异形柱的轴压比,然后是结构构件的内力和配筋情况。在 SATWE 主菜单选择"分析结果图形和文本显示",查看计算结果的图形和文本文件。

(1) 在图形文件中,首先查看第 8 项:水平力作用下结构各层平均侧移间图 ANGLE_E.T,查看地震选项下的层间位移角,如图 7.110 所示。

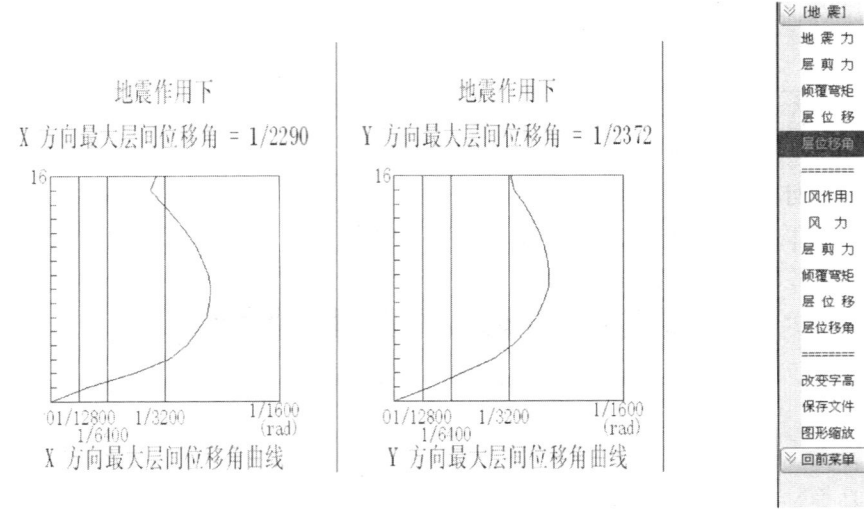

图 7.110 ANGLE_E.T

本例最大层间位移角为:X 方向 1/2343;Y 方向 1/2441,满足规范≤1/1000 的要求。

(2) 查看文本文件的第 1,2,3 项,结构设计信息 WMASS.OUT、周期振型地震力 WZQ.OUT、结构位移 DISP.OUT,本例均满足规范要求。

(3) 查看图形文件的第 3 项:梁弹性挠度、柱轴压比、墙边缘构件简图,本例主要查看底层、变截面和变混凝土标号层的轴压比。典型的结果如图 7.111—图 7.113 所示。

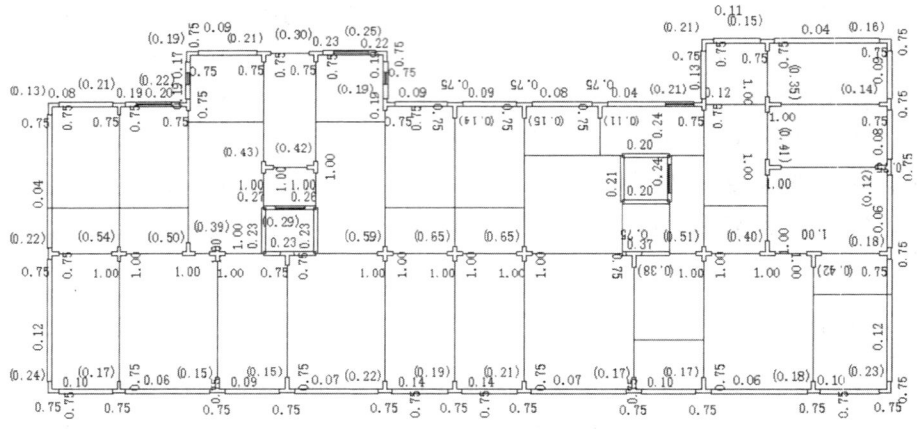

图 7.111 第一层(地下室)墙柱轴压比

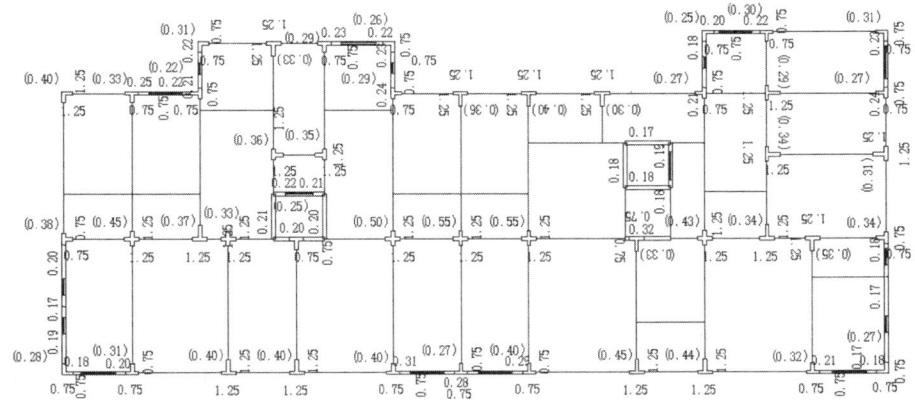

图7.112 第三层墙柱轴压比

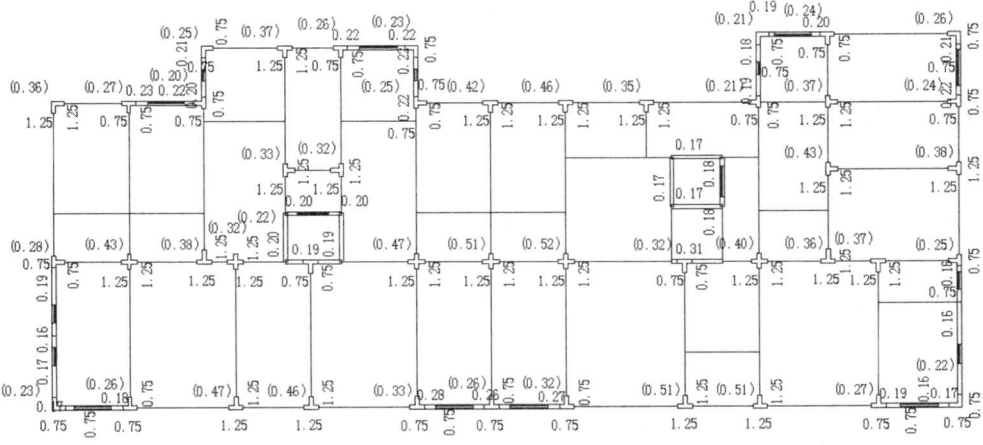

图7.113 第六层墙柱轴压比

(4) 然后查看图形文件的第2项：混凝土构件配筋和钢构件验算简图，主要是查看构件是否超筋和是否配筋太小，如图7.114、图7.115所示。

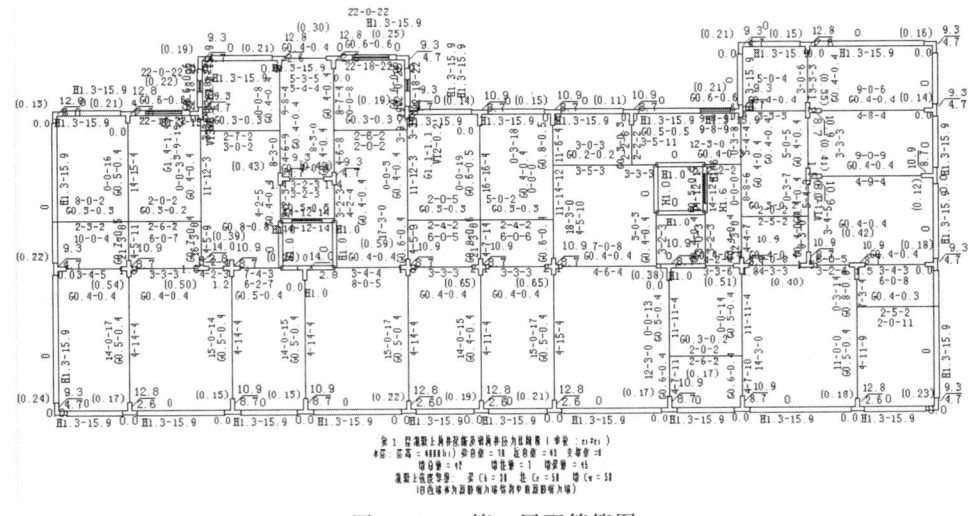

图7.114 第一层配筋简图

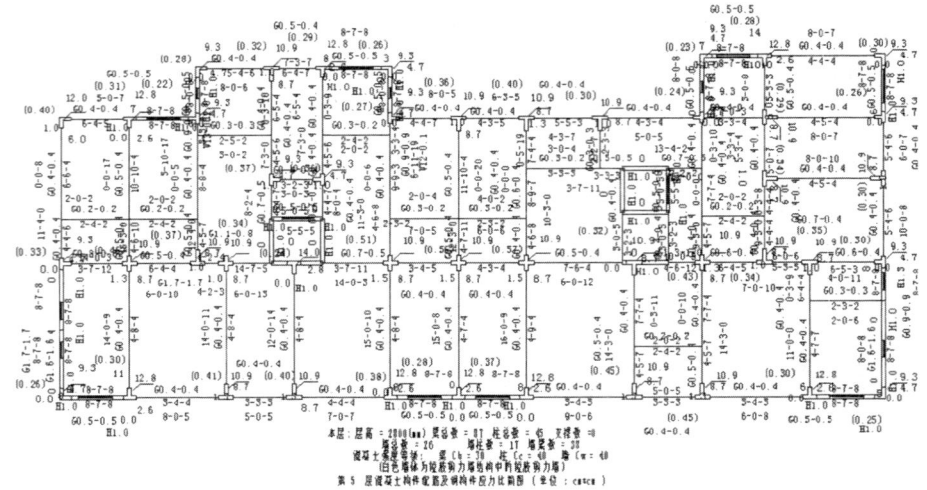

图 7.115　第五层配筋简图

7.2.6　施工图绘制

1. 梁施工图绘制

完成内力和配筋计算,就可以进行施工图的绘制了,梁柱施工图绘制可以选择 SATWE 主菜单的第 6 项"接 PK 绘制梁柱施工图"。首先进行梁归并,一般取归并系数为默认值,如图 7.116 所示。归并完成后显示各层归并信息,第一层归并信息如图 7.117 所示。

梁的归并原则:
1. 几何条件(包括:跨数,跨度,截面)相同.
2. 钢筋等级相同.
3. 对应截面配筋偏差在截面归并系数BL0之内.

请输入归并系数(0.0<BL0<1.0),退出归并[Esc]<0.200>:

图 7.116　梁归并信息

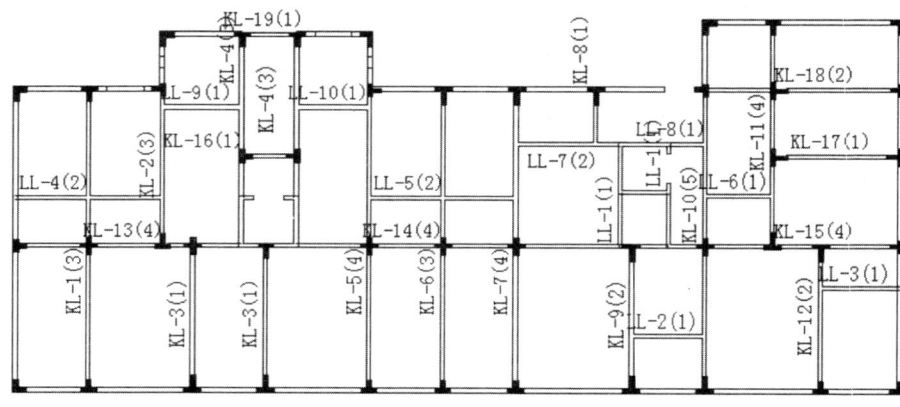

图 7.117　第一层梁归并信息

退出归并信息显示,进入梁施工图绘制,出现如图 7.118 所示的对话框。

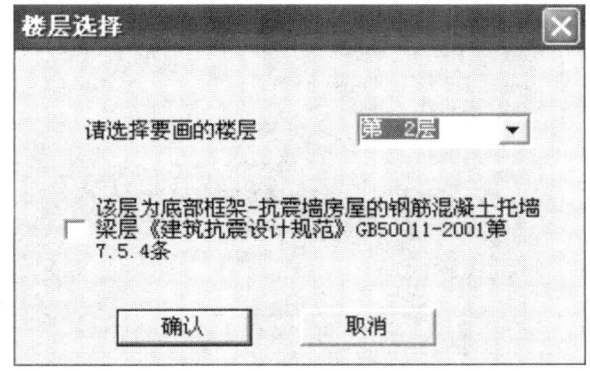

图 7.118　楼层选择

选择第二层后,出现图 7.119 所示的对话允许裂缝宽度:0.3;选筋时归并系数:0.2;梁下部钢筋放大系数:1.1;混凝土保护层厚度:0.025;其他可选默认选项。

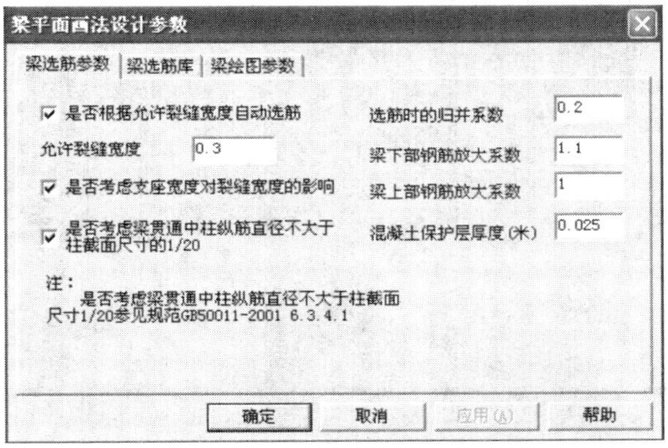

图 7.119　梁选筋参数

选择"梁选筋库",出现如图 7.120 所示的对话框,选择钢筋直径 25,22,20,16。

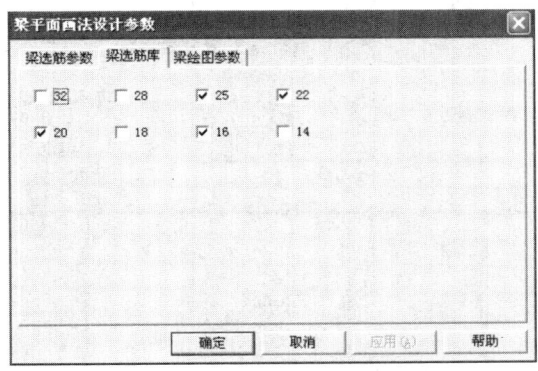

图 7.120　梁选筋库

选择"梁绘图参数",出现如图 7.121 所示的对话框。根据习惯画法进行选择。

选择确定后,进入施工图绘制,出现如图 7.122 所示的窗口。可以选择平面改筋、立面改筋、标注尺寸等进一步完善施工图,还可以选择挠度图、裂缝图验算梁的挠度和裂缝。如选择

— 339 —

挠度图,出现如图 7.123 所示的梁挠度验算图;选择裂缝图,出现如图 7.124 所示的梁裂缝图。

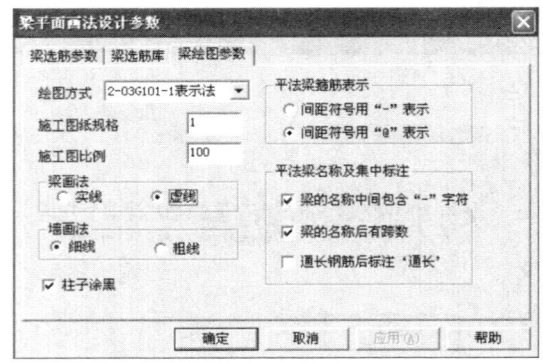

图 7.121　梁绘图参数

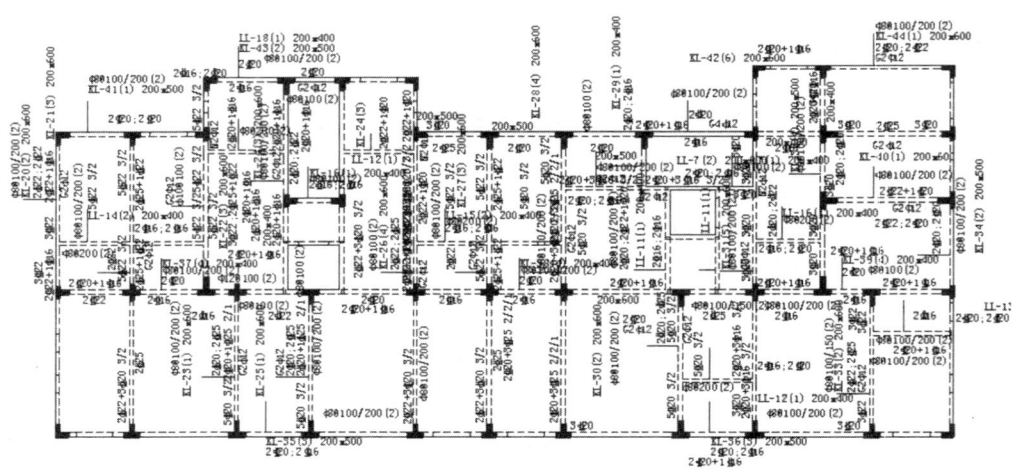

图 7.122　第二层梁配筋图

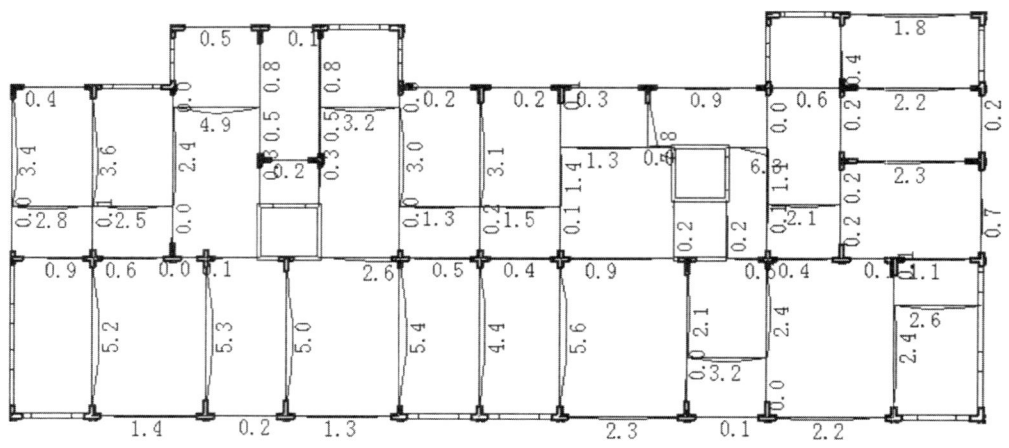

图 7.123　第二层梁挠度图

2. 楼板施工图绘制

在 PMCAD 菜单下选择第 5 项:画结构平面图,详细的过程参见第 2 章,第 2 层楼板配筋图如图 7.125 所示。

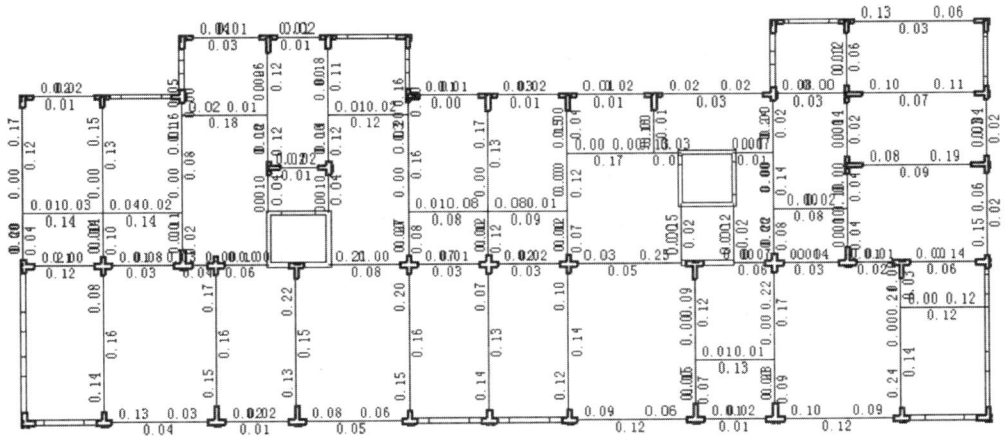

图 7.124　第二层梁裂缝图

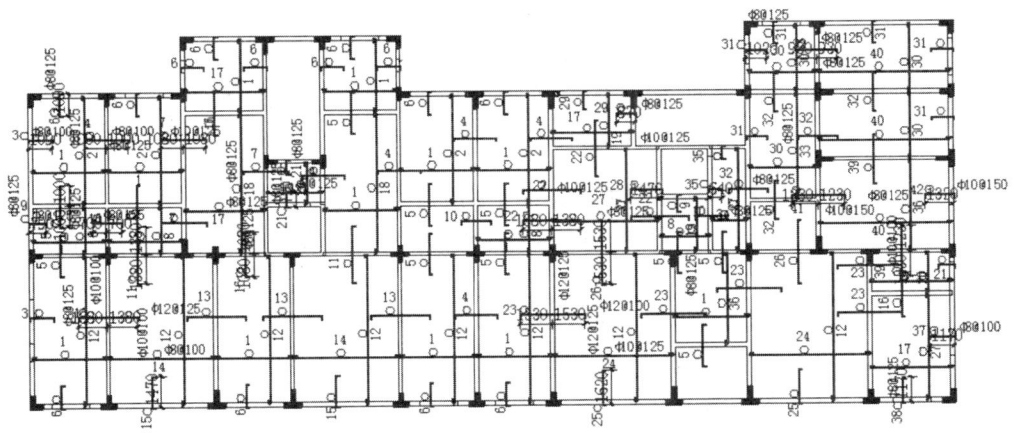

图 7.125　第二层楼板配筋图

至此,完成异形柱框剪结构的计算分析和施工图绘制。

第8章 PKPM 高级应用

学会了 PKPM 系列软件的操作仅仅是"入门",在实际工程应用中需要通过工程概念和合理的参数选取,配合程序的使用才能得出合理的计算结果,在这个过程中,基本的结构概念、结构设计规范的掌握和工程设计经验是非常重要的,根据 PKPM 编程专家的讲义、PKPM 培训班的学习资料,结合 2002 系列结构设计规范,本章介绍在实际工程设计中 PKPM 的高级应用。

8.1 PKPM 进行高层结构设计时的控制指标

8.1.1 双向水平地震作用下的扭转影响

对于质量和刚度分布明显不对称、不均匀的结构,应计入"双向水平地震作用下的扭转影响"。对于某个地震反应参数,记该参数在 X 和 Y 地震作用下的反应分别为 S_x 和 S_y,那么考虑双向地震扭转效应后,地震作用下的反应根据《高规》3.3.11 取 $S=\sqrt{S_X^2+(0.85S_y)^2}$ 和 $S=\sqrt{S_Y^2+(0.85S_X)^2}$ 的较大值,位移和内力均按照上面的公式计算。

程序实现:程序提供了"考虑双向水平地震作用"的控制开关,可根据工程实际情况决定是否考虑双向地震作用。

(1) 考虑双向地震时,TAT 输出双向地震作用下的楼层最大位移及位移比(SATWE、PMSAP 不输出),且 PMSAP 增加双向地震作用工况(SATWE、TAT 不增加,而是将原地震工况内力替换成双向地震作用工况内力)。

(2) 按《高规》的要求,"质量偶然偏心"和"双向地震作用组合"不叠加,可以同时打开这两项开关,程序按规范要求分别进行计算,并取两者最不利结果。

(3) 考虑双向地震时,应选择"扭转耦联",即采用 CQC 组合法进行地震力计算。

(4) 如果结构满足《抗震规范》对结构不规则判断条件两条以上(参见《抗震规范》第 3.4.2 条),且结构的位移比接近限值(参见《高规》4.3.5 条);或者结构体形非常不规则、质量和刚度分布特别不均匀,则属于特别不规则结构,此时应选择"双向地震作用组合",结构空间耦合振动明显,地震作用没有规则性,构件的地震反应也呈现耦合上升,双向效应明显。

(5) 具体处理中对柱采用了与其他构件略有不同的双向地震的组合方式,柱的剪力和弯矩只考虑地震作用主方向的双向地震组合,次方向不作双向地震组合。在进行柱双偏压配筋计算时,这种调整后的组合方式会使计算结果更合理。

8.1.2 竖向地震作用

《高规》规定了 9 度的高层建筑应考虑竖向地震作用,竖向地震作用效应的计算方法参见《高规》3.3.14 条。《抗震规范》规定了 8 度、9 度抗震设计的长悬臂(≥2m)和大跨度结构(≥24m)以及 9 度抗震设计的高层建筑"应计算竖向地震作用"。《高规》10.2.6 条规定带转换层的高层建筑结构,8 度抗震设计时转换构件"应考虑竖向地震影响"。《高规》10.5.2 条规定 8

度抗震设计的连体结构的连接体"应考虑竖向地震影响"。《高规》4.4.5 条文说明中规定当上部结构楼层相对于下部楼层外挑时,结构的扭转效应和竖向地震作用效应明显,对抗震不利,因此对其外挑尺寸加以限制,设计上"应考虑竖向地震作用影响"。

程序实现:

(1) 设立"竖向地震"的计算开关,由用户自行决定是否考虑竖向地震作用。

(2) 增设"竖向地震作用系数"项,程序自动取规范规定值 $1.5 \times 0.65 \times 0.75 \alpha_{max}$,TAT 允许用户修改此值,从而自己决定总竖向地震作用的大小;SATWE 按照规范取值设定。

(3) 当上部结构楼层相对于下部楼层外挑较大时,应设置计算竖向地震作用。

(4) 尚不能单独计算转换构件的竖向地震作用。如果需要,可整体考虑竖向地震作用。

(5) 尚不能单独计算连体结构的连接体的竖向地震作用。如果需要,可整体考虑竖向地震作用。

8.1.3 质量偶然偏心

《高规》3.3.3 条规定,计算"单向地震作用"时,应考虑"质量偶然偏心"的影响,附加偏心矩可取与地震作用方向垂直的建筑物边长的 5%。《高规》第 4.3.5 条规定在"考虑偶然偏心影响"的地震作用下验算楼层位移比。

程序实现:

(1) 设立"考虑质量偶然偏心"开关,由用户自行决定是否考虑"质量偶然偏心"。

(2) 当"考虑质量偶然偏心"影响时,程序先按无偏心的初始质量分布计算结构的振动特性和地震作用;然后按照:① X 向地震,所有楼层的质心沿 Y 轴正向偏移 5%;② X 向地震,所有楼层的质心沿 Y 轴负向偏移 5%;③ Y 向地震,所有楼层的质心沿 X 轴正向偏移 5%;④ Y 向地震,所有楼层的质心沿 X 轴负向偏移 5%。根据这四种偏心方式计算各质点的附加力矩,将它们与无偏心的地震作用叠加,则形成了相应于四种偏心方式的地震作用。

(3) 考虑了质量偶然偏心地震后,共有三组地震作用效应:无偏心地震作用效应(EX, EY)、$\pm 5\% X$ 向偏心地震作用效应(EXM, EXP)和 $\pm 5\% Y$ 向偏心地震作用效应(EYM, EYP)。

(4) 在内力组合时,对于任一个有 EX 参与的组合,将 EX 分别代入 EXM 和 EXP,将增加成三个组合;任一个有 EY 参与的组合,将 EY 分别代入 EYM 和 EYP,也将增加三个组合,地震组合数将增加到原来的三倍。

(5) SATWE,TAT 的上述偏移值 5% 是固定的,按规范取用的,而 PMSAP 偏移值可按 X,Y 方向不同,均由用户输入。

(6) 对于一般的、常规的高层建筑结构,要选择"考虑质量偶然偏心"。

8.1.4 楼层最小地震剪力系数(剪重比)

《抗震规范》5.2.5、《高规》3.3.13 条规定,抗震验算时,结构任一楼层水平地震作用下的剪重比不应小于《抗震规范》表 5.2.5 给出的楼层最小地震剪力系数值。

程序实现:

(1) SATWE,TAT 程序设有控制开关,由设计人员决定是否由程序自动调整;PMSAP 无开关,程序内定自动调整。

(2) 若选择由程序自动进行调整,则程序对结构的每一层分别判断,若某一层的剪重比小于规范要求,则相应放大该层的地震作用效应,以使其满足最小剪力系数要求,但此时仍应该注意结构的方案是可能存在缺陷的。

(3) 当楼层剪重比不满足要求时,首先要检查有效质量系数是否达到90%。若没有达到,则应增加计算振型数。

(4) 当有效质量系数满足要求,但是楼层剪重比不满足要求时,反映了结构刚度和质量可能分布不合理,应对结构方案的合理性进行判断并调整方案,或由程序自动把基底剪力提高。

(5) 程序自动调整的方法是直接调整构件的地震内力。如楼层该方向的剪力系数需调整1.2的系数时,程序把构件该方向的地震内力放大1.2倍,不调整该方向的地震位移。

> **注意**
>
> 结构的剪重比根据不同的结构高度、结构类型、地震设防烈度、场地土类别都有相应的范围,如果计算结构底部剪力过小,此时应注意结构位移满足要求、构件截面配筋为构造配筋的"安全"假象,要对构件截面尺寸是否输入有误,周期折减系数等进行全面检查;如果底部剪力过大,应该检查是否剪力墙数量过多导致结构偏刚,或者输入信息有误,无论底部剪力过大过小,都要检查原因,然后调整结构布置,使得底部剪力控制在合理范围内,这时计算的位移、内力、配筋才符合要求。

8.1.5 位移比

《高规》第4.3.5条规定,结构平面布置应减少扭转的影响。在"考虑偶然偏心"影响的地震作用下,楼层竖向构件的最大水平位移和层间位移,A级高度高层建筑不宜大于该楼层平均值的1.2倍,不应大于该楼层平均值的1.5倍;B级高度高层建筑、混合结构高层建筑及复杂高层建筑不宜大于该楼层平均值的1.2倍,不应大于该楼层平均值的1.4倍。

程序实现:

(1)《高规》和《抗震规范》对结构层位移比的控制,均要求在"刚性楼板假定"条件下计算。为此,软件专门设计了"强制各层为刚性楼板"的参数(SATWE及PMSAP有此开关,TAT中内定为刚性楼板假定)以适应规范的要求。对于有弹性板或板厚为零的工程,应计算两次,先在刚性楼板假定条件下计算位移比,再在真实条件下完成内力和配筋计算。

(2) 针对此条,程序中对每一层都计算并输出最大水平位移、最大层间位移角、平均水平位移、平均层间位移角及相应的比值,可以一目了然地判断位移比是否满足规范要求。

(3) 引入"刚性楼板"的概念后,层平均位移采用算术平均算法,即层最大位移和层最小位移的和一半算得。

(4) 层位移比的验算应该考虑"偶然偏心影响"。

(5) 当位移比不满足要求时,往往是结构刚度布置不均匀,如一边布置剪力墙,或支撑布置不均匀等,也可能是结构上下刚度偏心较大引起,如带有偏心布置的大底盘高层建筑。

(6) 位移比反映了结构在水平力作用下的扭转程度,当位移比达到边界时,还应考虑地震作用的"双向地震组合",这会使结构配筋等大幅度增加,所以应尽量控制结构刚度在较均匀的范围内。

(7) 为了明确控制结构的位移比,对多塔结构最好分开计算,采用"离散模型"以保证设计安全,当然对于位移比也可以采用"整体模型"计算。

8.1.6 有效质量系数与计算振型数

《高规》5.1.13-2条规定,抗震计算时,宜考虑平扭耦联来计算结构的扭转效应,振型数不应小于15,对于多塔结构的振型数不应小于塔数的9倍,且计算振型数应使振型参与质量不小于总质量的90%。

程序实现:

(1) WILSON.E.L教授最早提出振型有效质量系数的概念用于判断参与振型数足够与否,并将其用于ETABS程序,这种方法是基于"刚性楼板假定"的。

(2) 程序提供的方法是一种适用于"刚性楼板"和"弹性楼板"的通用方法,用于计算各地震方向的有效质量系数。

(3) 应保证有效质量系数超过90%。超过90%意味着计算振型数够了,否则计算振型数不够,如果不够,说明后续振型产生的地震作用效应不能忽略。如果不能保证这点,将导致地震作用偏小,按此地震作用设计的结构将存在不安全性,所以应该增加振型数重算。

8.1.7 周期比

《高规》的4.3.5条规定,结构扭转为主的第一周期T_t与平动为主的第一周期T_1之比,A级高度高层建筑不应大于0.9;B级高度高层建筑、混合结构高层建筑及复杂高层建筑不应大于0.85。

程序实现:

(1) 本条是限制结构抗扭刚度不能太弱。周期比T_t/T_1不满足本条规定的上限值时,应调整抗侧力结构的布置,增大结构的抗扭刚度。在结构外围增加墙体、减少核心筒的刚度、增加外围连梁的高度等加强四周结构刚度的措施,均可以使结构的扭转周期减小。

(2) 程序计算出每个振型的侧振成分和扭振成分,二者之和等于1.0。如果某个振型的侧振成分大于扭振成分,一般平动成分大于50%,这个振型就是平动(侧振)振型,反之则是扭转(扭振)振型。纯粹的平动振型是指平动成分占80%以上,纯粹的扭转振型是指扭转成分占80%以上。

(3) 对于一般结构,最长扭转周期是第1扭转周期T_t,而最长平动周期是第1平动周期T_1。对于复杂结构还应结合结构整体空间振型动态图形来确认,排除较长的局部振动周期。

(4) 周期比的要求原则上是针对高层建筑整体振动效应,并且为了避免局部振动,结构也应该按"刚性楼板假定"来分析,这样得到的周期比才有意义。

> **注意**
>
> 结构的周期比是指纯粹的第1扭转周期(相应振型中扭转成分占80%以上)和第1平动周期(相应振型中侧振成分占80%以上)的比值,如果结构的最大平动周期或者最大扭转周期都不是纯粹的,那么根据此周期值计算的周期比没有意义,应调整结构方案直到出现最大平动周期为纯粹的平动周期并且最大扭转周期为纯粹的扭转周期为止,此时的周期比才符合规范要求。

(5) 对多层建筑不需要控制周期比,只有高层建筑才需要控制周期比。

(6) 对于多塔结构,最好各个塔楼分别计算,并分别验算周期比,然后再用整体计算的方法完成其他的计算分析和设计。

8.1.8 薄弱层(刚度比)

《高规》的 4.4.2 条与 5.1.14 条规定,抗震设计的高层建筑结构,其楼层侧向刚度小于其上一层的 70% 或小于其上相邻三层侧向刚度平均值的 80%,或某楼层竖向抗侧力构件不连续,其薄弱层对应于地震作用标准值的地震剪力应乘以 1.15 的增大系数。另外,《高规》附录 E.0.2 条规定,当底部转换层高层建筑结构的转换层设置在 3 层及 3 层以上时,其楼层侧向刚度尚不应小于相邻上部楼层侧向刚度的 60%。《抗震规范》附录 E2.1 规定,筒体结构转换层上下层的侧向刚度比不宜大于 2。

程序实现:

(1)《抗震规范》和《高规》对结构的层刚度比有明确的要求,在判断楼层是否为薄弱层、地下室顶板是否可以作为上部结构嵌固端、转换层上下刚度比是否满足要求等,都要求以"层刚度"作为依据。

(2)《抗震规范》和《高规》建议的计算层刚度的方法如下:

- 方法 1《高规》附录 E.0.1 建议的方法——剪切刚度 $K_i = G_i A_i / h_i$。
- 方法 2《高规》附录 E.0.2 建议的方法——剪弯刚度 $K_i = V_i / \Delta_i$。
- 方法 3《抗震规范》的 3.4.2 条和 3.4.3 条文说明及《高规》建议的方法——地震剪力与地震层间位移的比 $K_i = V_i / \Delta u_i$。

软件已经全部实现。程序提供三种方法的选择项,用户可以选用其中之一,程序隐含的方法是第 3 种,即地震剪力与地震层间位移之比。

> **注意**
> SATWE 程序使用刚度串模型计算的,即先将下部或者上部结构的各层的侧向刚度求倒数,得出位移后再求和,然后再求倒数得到上部或下部结构的刚度,从而得到上部和下部结构的等效侧刚度比,这与方法 2 的算法有些不同。

(3) 对于薄弱层,程序将该层地震作用标准值的地震剪力乘以 1.15 的增大系数。

(4) 程序设有"指定薄弱层"项,可手工指定薄弱层。

(5) 这三种计算方法有差异是正常的,可以根据需要选择。对于大多数一般的结构应选择第 3 种层刚度算法,该方法适用于所有结构类型计算刚度比及薄弱层,且比其他两种方法更容易通过刚度比验算。

(6) 选择第 3 种方法计算层刚度和刚度比时,要采用"刚性楼板假定"的条件。对于有弹性板或者板厚为零的工程,应计算两次,在"刚性楼板假定"条件下计算层刚度和找出薄弱层,再在真实条件下进行计算,并且检查"刚性楼板假定"条件下计算的薄弱层是否和真实条件下(弹性板)计算结果一致,确认后完成其他计算。

(7) 转换层是楼层竖向抗侧力构件不连续的薄弱层,不管该层程序判断是否满足刚度比的要求,都应该将该层手工置为薄弱层。

8.1.9 薄弱层(受剪承载力比)

《高规》的 4.4.3 条与 5.1.14 条规定,A 级高度高层建筑的楼层层间抗侧力结构的受剪承载力不宜小于其上一层受剪承载力的 80%,不应小于其上一层受剪承载力的 65%;B 级高度高层建筑的楼层层间抗侧力结构的受剪承载力不应小于其上一层受剪承载力的 75%。抗震设计的高层建筑结构,结构楼层层间抗侧力结构的承载力小于其上一层的 80%(75%),应指定为薄弱层,楼层地震作用标准值的地震剪力应乘以 1.15 的增大系数。

程序实现：

（1）程序无自动进行楼层层间受剪承载力不满足的判断的功能,需要用户根据计算结果进行判断。

（2）用户在确定某层抗侧力结构的受剪承载力小于其上一层的 80%（75%）时,应将该层手工设置为薄弱层。

8.1.10 层间位移角

《抗震规范》第 5.5.1 条、《高规》第 4.6.3 条规定,结构应进行多遇地震作用下的抗震变形验算,其楼层层内最大的弹性层间位移与层高之比 $\Delta u/h$（层间位移角）不宜大于相关的层间位移角限值。

程序实现：同层位移比控制一样,规范对结构层间位移的控制,也要求在"刚性楼板假定"条件下计算。为此,软件专门设计了"强制各层为刚性楼板"的参数,以适应规范的要求。对于有弹性板或板厚为零的工程,应计算两次。先在"刚性楼板假定"下计算层间位移角,然后在真实条件下完成其他计算。

> **注意**
> 结构层间位移角的计算"不考虑偶然偏心"的影响。

8.1.11 刚重比

刚重比主要用来控制结构整体稳定和是否考虑重力二阶效应（$P-\Delta$ 效应）。《高规》第5.4.1～5.4.3 条规定：如果框架结构满足 $D_i \geqslant 20 \sum_{j=i}^{n} G_j/h_2 (i=1,2,\cdots,n)$；剪力墙结构、框剪结构、筒体结构满足 $EJ_d \geqslant 2.7H^2 \sum G_i$,则可以不考虑重力二阶效应的影响,框架结构满足 $D_i \geqslant 10 \sum_{j=i}^{n} G_j/h_2 (i=1,2,\cdots,n)$；剪力墙结构、框剪结构、筒体结构满足 $EJ_d \geqslant 1.4H^2 \sum G_i$,结构整体稳定符合要求。如果高层建筑结构需要考虑重力二阶效应,可采用弹性方法进行计算,也可采用对未考虑重力二阶效应的计算结果乘以增大系数的方法近似考虑,程序设有 $P-\Delta$ 效应开关,由用户决定是否考虑 $P-\Delta$ 效应。刚重比的计算程序已经实现,在文本信息中查看。

8.2 PKPM 进行多高层结构计算设计的过程和步骤

8.2.1 计算软件和模型的合理选取

应用 PKPM 软件的 PM,PK,TAT,SATWE,PMSAP 程序进行高层建筑结构计算时,由于高层建筑结构的复杂性和控制指标的多样性并非一次计算就能够完成的,必要时甚至需要多次计算而且需要多次修改结构计算模型才能够达到规范要求。而且同一个工程用不同的程序和不同的模型进行计算,计算结果也不尽相同,有时会差异很大,比如说《高规》要求剪力墙连梁跨高比大于 5 时按框架梁进行设计,当采用 SATWE 进行计算时,在结构建模时可以把连梁用剪力墙开洞口的形式输入,也可以分别输入两片剪力墙,然后用框架梁相连,可是二者的计算结果却有很大差别,有人对比了一个 20 层的剪力墙结构连梁按照剪力墙开洞口的形式和框架梁分别输入,最大层间位移角竟然相差40%!当然这不能说是软件计算的问题,实际上是按照墙元模型和梁模型计算结果的差异问题,有时也是一个工程经验的问题。对于这个问题,首先要从结构的变形状态进行分析,如果连梁跨高比大于5,连梁变形以弯曲为主,和框架梁的变形接近,此时用梁模型的计算结果更准确些,或者说与结构的实际情况更相符合;如果连梁跨高比小于2.5,那么连梁变形以弯剪(剪切)为主,和墙的变形接近,此时用剪力墙开洞口模型的计算结果更准确些。因此,应根据实际工程情况选用程序和相应的模型进行计算。

PM主要是用于结构建模,也是所有下一步结构计算的接口,为下一步的计算提供模型和数据;另外PM主要用于砖混结构和底框架结构的抗震验算,需要注意的是,此时采用的计算方法是底部剪力法,因此只适用于多层建筑,不适用于配筋砌体结构的高层建筑。

PK主要用于排架结构计算,特别是带有重型吊车或者多台吊车的排架结构。

TAT属于空间杆系结构计算模型,剪力墙采用薄壁柱计算模型,适用于一般的高层建筑结构,但是对于地下室外墙封闭以及剪力墙立面洞口交错的结构则不适用,或者需要进行相应的简化处理才能进行计算。

SATWE是基于壳元和墙组元的计算模型,适用于复杂多高层结构设计计算,对于地下室外墙封闭以及剪力墙立面洞口交错的结构不必进行简化处理即可进行计算。

PMSAP的计算核心是通用有限元计算软件,可以进行任意空间复杂结构的计算分析。

8.2.2 结构方案试算分析

结构方案的合理性主要在方案阶段,也就是所说的"定方案",一般有大方案和小方案,大方案是指整个结构体系,小方案是指结构中局部体系的选择和布置。对于常规的建筑,设计人员只须凭经验就可选择合理(结构安全合理和经济性)的结构方案,这也是建立在多次试算的基础上的,比如说对于中高层住宅(12~18层),可以选择短肢剪力墙结构,也可以选择异形柱剪力墙结构(二者都是近年来快速发展的结构体系),这和建筑物的使用功能密切相关,如果需要大空间,一般是异形柱剪力墙结构体系更经济;如果不需要大空间,可能短肢剪力墙结构更经济。对于小方案,如果没有更多的实际工程借鉴或者是设计者经验不足时,就必须进行试算对比分析,比如局部大空间可以采用井字梁、现浇空心板、预应力大板、预应力梁等结构,需要试算、比较结构的安全合理,更主要还是经济性比较。选用的计算程序也很关键,比如同样的结构形式,可能用SATWE计算就满足要求,而用TAT计算则可能就不满足要求。就算是选定了结构体系和计算程序,对于结构布置和构件截面选取也不是一次计算就能够完成的,需要反复计算才行。对于规则的多层结构,由于控制指标简单,而且一般常规的结构方案就容易满足规范要求,因此基本上经过方案计算结束就可以进行结构的施工图阶段的计算甚至施工图绘制,但是对于高层建筑则必须进行多次计算才能够完成。

8.2.3 高层结构的整体参数计算

有的参数会影响计算结果,但是一般事先又很难准确估算,因此必须通过试算才可得到。

(1) 结构基本周期。TAT和SATWE在第一次计算风荷载时采用的结构基本周期是根据建筑物的结构形式和层数初步估算的,在进行第一次计算后应该查看计算结果得到结构的基本周期,TAT应该查看"结构的周期、振型和各层地震力、位移输出文件"TAT—4.OUT;SATWE应该查看"结构的周期、振型、地震力文件"WZQ.OUT,然后填入真实的结构基本周期重新进行计算。

(2) 水平力与整体坐标夹角。"水平力与整体坐标夹角"与"斜交抗侧力方向附加地震及相应角度"不同,"斜交抗侧力方向附加地震及相应角度"只要输入相应的数量和角度即可,主要是考虑多方向地震,因为地震方向是随机的。而"水平力与整体坐标夹角"是综合考虑多方向地震计算的最大地震力方向与坐标的交角,如果在计算结果中发现该角大于±15°,由于初始计算中一般填0,应该将该数值填回到总信息重新计算。

(3) 结构计算振型数。《高规》要求结构计算振型数,考虑耦联时不应小于15个,同时对于多塔结构不应小于塔楼数的9倍,但这只是最小规定。为考虑高阶振型的影响,计算中要求振型参与质量不应小于90%,TAT结果在TAT—4.OUT,SATWE结果在WZQ.OUT。当然计算振型数不能超过结构的总自由度数,需要注意的是此时结构中如果存在弹性楼板,则计算中不能选择"所有楼板强制为刚性楼板"的假定,这样计算的振型参与质量数才是真实的。计算振型数一般需要试算才能得到,如果选得过小,达不到规范要求,过大,又浪费计算机时。

8.2.4 高层结构的控制指标计算

方案计算结束后,首先查看计算结果文件和图形文件,判断电算结果是否存在错误和不合理。比如判断地震力情况,对于不同的结构形式,根据其结构形式和高度判断底部总水平地震剪力是否在合理范围内,如果出现结构"过刚"或者"过柔"现象,应对电算模型和输入数据进行全面检查以排除计算错误。然后判断控制指标参数如周期比、位移比、刚度比、受剪承载力比、刚重比、层间位移角、顶点加速度、顶点位移等参数是否满足《抗震规范》和《高规》的要求,但在计算中有如下几点需要注意:

(1) 计算周期比、位移比必须选择"强制刚性楼板"假定。

(2) 对于多塔结构,周期比必须在单塔+底盘(或者相应范围)计算模型下完成,位移比可采用"整体模型"计算也可采用"单塔模型"计算。

(3) 计算刚度比,一般结构选择"地震剪力与地震层间位移的比",即 $K_i = V_i / \Delta u_i$,要求在"刚性楼板假定"下完成。对于判断地下室顶板是否可以作为上部结构嵌固端时采用"剪切刚度比",即 $K_i = G_i A_i / h_i$,也可以采用"地震剪力与地震层间位移的比",但此时回填土的约束系数应取为"0";对于底部大空间为1层时,转换层上下刚度比计算应选择"剪切刚度比";对于底部大空间大于1层时,转换层上下刚度比计算应选择"弯剪刚度比",规范要求计算转换层上下部的等效侧向刚度比,实际SATWE计算采用的是刚度串模型,这与《高规》的要求有些不同;底部大空间大于1层时,还需进行转换层本层和上一层的刚度比计算,此时的刚度比计算应选择"地震剪力与地震层间位移的比";对于有支撑结构的层刚度比计算应选择"弯剪刚度比",即 $K_i = V_i / \Delta_i$。

8.2.5 高层结构的构件计算

满足整体参数控制计算后,这时应选择真实情况进行结构计算(SATWE),所谓真实情况就是根据实际情况设置"弹性楼板"(弹性楼板6、弹性楼板3、弹性膜)、多塔结构应选择整体计算模型,并且地下室和上部共同计算,根据前面的计算结果判断是否可以作为上部结构嵌固端,输入相应的计算参数。但是对于复杂结构有的还需要变换结构模型继续进行计算,比如超大转换梁结构。这里主要是进行构件的优化计算,即调整构件截面使其满足承载力极限状态和正常使用极限状态要求,并谋求结构最优设计。在计算过程中需要注意以下几个方面:

(1) 根据结构的电算结果如层间位移角、配筋指标等参数判断整个结构是否满足规范要求,是否最为经济合理。

(2) 框架柱和剪力墙暗柱的轴压比、配筋是否超限或者过小。

(3) 框架梁和剪力墙连梁的超筋。

(4) 梁的裂缝和挠度验算。

(5) 楼板的超筋、裂缝和挠度验算。

(6) 构件截面优化调整,即使构件不出现超筋情况,也不能证明截面选择合理,应调整构件截面使其配筋在合理范围内。

(7) 将上部结构传力给基础为地基基础计算和设计提供参数。

8.2.6 高层结构的施工图绘制

完成构件优化计算后,根据计算结果即可进行钢筋混凝土构件选筋和绘制施工图。需要注意的是在选择配筋参数时,不可随意设置配筋增大系数,以概念设计控制为主,该强则强、该弱则弱,"强柱弱梁"、"强剪弱弯"、"强压弱拉"、"强节点弱杆件"是进行配筋设计和施工图绘制的基本原则,必须严格遵守规范的构造要求。

8.3 带地下室结构嵌固层的选取

《高规》第5.3.7条规定:当地下室顶板作为上部结构的嵌固层时,地下室结构的楼层侧向刚度不应小于相邻上部楼层侧向刚度的2倍,《抗震规范》条文说明中建议用"剪切刚度比"计算。在结构整体建模时,一般是上部结构和地下室整体建模,这样有利于竖向力的传递和基础的设计计算。

对于单层地下室结构,地下室顶板一般不能作为上部结构的嵌固层(单层地下室为人防除外),单层地下室结构应考虑地下室和上部结构共同作用计算,可在"地下室信息"里的"回填土对地下室约束刚度比"输入"1~5"(根据回填土的约束情况),一般工程可输入"3"。

对于多层地下室(层数≥2),可以按实际地下室层数进行第一次计算,选择"地下室信息"里的"回填土对地下室约束刚度比"输入"0",选择剪切刚度进行计算,然后查文本文件中的"结构设计总信息"WMASS.OUT,软件自动计算了楼层上下侧向刚度,这是结构自身的固有性质,不会因地下室层数的变化而改变,据此可以根据地下一层和地上一层的剪切刚度比判断地下室顶板是否可以作为上部结构的嵌固端。如果地下室和上部结构侧刚比大于2,则可在"地下室信息"里的"回填土对地下室约束刚度比"输入"一地下室顶层层号"(两层地下室输-2,3层地下室输-3)。然后进行第二次计算,SATWE将设计内力调整系数作用在地下室顶板上。

如果地下室结构和上部结构侧刚比小于2,地下室顶板不能作为上部结构的嵌固端。但是实际工程的地下室一般都有侧向土体约束,对带有多层地下室的结构,当地下室顶板不能作为嵌固层时,一般可以认为嵌固层位置在地下二层楼板处,则可在"地下室信息"里的"回填土对地下室约束刚度比"输入"一地下2层层号"(两层地下室输"-1",3层地下室输"-2")。

如果地下室层数为2,也可采用保守算法,固定端取在基础顶面,或者多层地下室均为大空间,认为嵌固层位置在基础顶面,也可在"地下室信息"里的"回填土对地下室约束刚度比"输入"1~5",上部结构和基础共同作用计算,考虑回填土对地下室约束系数,输入"3"相当于嵌固70%~80%,输入5相当于完全嵌固,一般工程可输入"3"。

8.4 错层结构的输入

对于钢筋混凝土结构,当错层高度不大于框架梁的高度时,一般可以近似忽略错层因素的影响,可以归并为同一楼层进行整体结构计算,对于砖混结构,错层处有梁时同钢筋混凝土结构,无梁时,一般错层高度小于 500mm,可以归并为同一楼层。错层楼板在 PMCAD"输入次梁楼板"菜单里输入"楼板错层",可以实现错层楼板的施工图绘制。

如果不满足上面的要求,则应作为错层结构来处理。SATWE 软件可以进行错层结构的计算,方法是在 PMCAD 建模时按实际情况输入错层平面,即对应每个错层平面应建立两个标准层,并将没有楼板的部分设置为全房间洞,SATWE 软件会自动搜索判断错层并计算结构内力。在用 PMCAD 建模时,"输入次梁楼板"菜单里的两个参数"楼板错层"和"梁错层",常引起设计者的误会,以为这两个参数就是用来计算错层的,其实这两个参数只影响画图,而不能用来计算错层。

工程中有时会遇到剪力墙上因错层而造成门窗洞口被分为上下两部分的情况,此时应在洞口两侧增加节点,使下部墙体成为相互独立的两段墙,并在上部按实际连梁高度输入主梁。对于多塔结构,当各塔层高不同时,如果按错层输入,计算工作量大、耗费用力,可以在 PMCAD 建模时先按一种层高建模,然后在 SATWE 的"多塔楼定义"里,修改各塔层高,但要按照实际情况先设置多塔。

8.5 超大转换梁结构的计算

高层建筑的超大转换层梁有的高 3~4m,有时这种超大梁占据一层的高度,转换层一般作为设备层使用。由于整体计算分析模型和超大梁的配筋模型难于统一,所以需要采用不同的计算模型通过两次计算分析来完成。

(1) 超大转换梁所在层作为一层输入,大梁按照剪力墙定义输入,此时可以分析整体结构的内力,除大梁(按照剪力墙定义输入)的配筋结果不能参考外,其余构件的内力和配筋均可参照使用。此时转换层在 SATWE 总信息输入中,应该输入超大转换层所在层,计算转换层上、下刚度比时可参考使用,必要时根据手算结果复核。

(2) 把大梁和下面的一层合并为一层输入,结构总层数减少一层,但是总高度不变,此模型仅用于考察、计算大转换梁的内力和配筋,其余构件的内力和配筋均可不用参考。

另外,对于高位转换层结构,在 SATWE 总信息中输入框架、剪力墙的抗震等级时,应输入剪力墙底部加强区的抗震等级,非底部加强区的剪力墙抗震等级可通过"独立构件抗震等级"来完成,这样当转换层设置在三层及以上时,程序自动将框支柱和落地剪力墙的抗震等级提高一级采用。

8.6 PM 建模中次梁作为主梁和次梁输入的差别

次梁可在 PMCAD 主菜单 1 中和其他主梁一起输入,程序上称为"按主梁输入的次梁",也可在 PMCAD 主菜 2 的"次梁布置"菜单中输入,此时不论在矩形或非矩形房间内均可输入次梁,但只能以房间为单元输入,输入方式不如在 PMCAD 主菜单 1 中方便。

次梁在主菜单1输入时,梁的相交处会形成大量无柱连接节点,节点又把一跨梁分成一段段的小梁,因此整个平面的梁根数和节点数会增加很多。因为划分房间单元是按梁进行的,所以整个平面的房间虽小,数量众多。次梁在主菜单2输入时,次梁端点不形成节点,不切分主梁,次梁的单元是房间两支承点之间的梁段,次梁与次梁之间也不形成节点,这时可避免形成过多的无柱节点,整个平面的主梁根数和节点数大大减少,房间数量也大大减少。因此,当工程规模较大而节点、杆件或房间数量可能超出程序允许范围时,把次梁放在主菜单2输入可有效地、大幅度减少节点、杆件和房间的数量。

在主菜单1中输入的次梁(简称当主梁输)和在主菜单2中输入的次梁(简称当次梁输)在程序处理上有很多不同点,计算和绘图结果也会不同。

(1) 导荷方式

作用于楼板上的恒活荷是以房间为单元传导的,次梁作为主梁输入时,楼板荷载直接传导到同边的梁上。作为次梁输入时,该房间楼板荷载被次梁分隔成若干板块,楼板荷载先传导到次梁上,该房间上次梁如有互相交叉,再对次梁作交叉梁系分析(交叉梁系仅限于本房间范围),程序假定次梁简支于房间周边,最后得出每次梁的支座反力,房间周边梁将得到由次梁围成板块传来的线荷载和次梁集中力。

两种导荷方式的结构总荷载应相同,但平面局部会有差异。

(2) 结构计算模式

在PM主菜单1中输入的次梁将由SATWE和TAT进行空间整体计算,次梁和主梁一起完成各层平面的交叉梁系计算分析,其主要特征是次梁交在主梁的支座是弹性支座,有竖向位移。有时,主梁和次梁之间是互为支座的关系。

在PM主菜单2输入的次梁按连续梁的二维计算模式计算。计算时,次梁铰接于主梁支座,其端跨一定铰支,中间跨连续。其各支座均无竖向位移。

(3) 梁的交点的连接

按主梁输入的次梁与主梁为刚接连接,之间不仅传递竖向力,还传递弯矩和扭矩。特别是端跨处的次梁和主梁间这种固端连接的影响更大。当然用户可对这种程序隐含的连接方式人工干预指定为铰接端。

PM主菜2输入的次梁和主梁的连接方式是铰接于主梁支座,其节点只传递竖向力,不传递弯矩和扭矩,对于其端跨计算支座弯矩一定为零。

(4) 梁支座负弯矩调幅

在SATWE,TAT计算时对PM主菜单1中输入的次梁均隐含设定为"不调幅梁",此时用户指定的梁支座弯矩调整系数仅对主梁起作用,对"不调幅梁"不起作用。如需对该梁调幅,则用户需在"特殊梁柱定义"菜单中将其改为"调幅梁"。

在PM主菜单2输入的次梁按连续梁计算,均可读取用户设定的调幅系数进行调幅。

(5) 绘梁施工图前对梁的相交支座的支座修改

① 次梁按主梁输入时:

在PM主菜单1当作主梁输入的次梁,经过三维程序计算后,程序不一定认定它是次梁。此时程序判定次梁的过程是:对每个无柱节点需要判断为"支座"(用三角形表示)或"连通"(用圆圈表示),该节点处于负弯矩区的为支座,处于正弯矩区的为连通。

当为"支座"时,梁本身应为次梁,支座梁则为主梁。施工图上的梁下部钢筋在支座锚固长度仅为15倍钢筋直径。因处于负弯矩区而按非受拉锚固设计。

当为"连通"时,连通节点两端的两跨梁将合并为一跨,成为主梁,节点上的另一方向梁成为次梁。该节点两端的梁下钢筋必然在节点下连通,程序不会出现锚入支座节点,因为处于受拉区。

对处于端跨的次梁(支承在梁支座上),程序需将其判断为"悬挑梁"或是"端支承梁"。

当端跨梁下无正弯矩,全跨均作用负弯矩时,程序判定该端跨为挑梁,在该跨端部用圆圈表示。反之,程序认定该跨为端支承梁,在该跨端部用三角支座表示。

对如上程序自动判定的支座状况,一般人工应做干预修改。在中间跨,把支座改为连通将合并梁跨,施工图设计偏于安全。一般不应将连通改为支座。对于交叉梁系,更应注意把有些支座改为连通,才能得到符合实际的施工图设计。

② 次梁按次梁输入时:

对于在 PM 主菜单 2 输入的次梁,其跨度、跨数都已确定,与在 PM 主菜单 1 输入的主梁相交处,其本身是次梁的性质不能修改,其支座处的梁肯定当作主梁处理,也就是说,对这种次梁,一般没有修改支座的问题。

(6) 三维空间程序的活荷载不利布置计算

按主梁方式输入的次梁,将在层平面上形成大量的房间,SATWE 和 TAT 的活荷不利布置计算是按每个房间逐个布置活载的过程,这时可能造成活荷不利,计算过于繁琐费时。按次梁方式输入的次梁,层平面上形成的房间均为不考虑次梁划分的大房间,其活荷不利布置计算更快捷。

(7) 楼板配筋

由于板底钢筋的配置是以房间为单元进行的,按主梁方式输入次梁的房间可能过多过密,此时作楼板配筋施工图时,一般不应采用"逐间布筋"或"自动布筋"的方式,因为这种方式的板底钢筋是细碎的小段筋,通常采用"通长配筋"菜单将板底钢筋按不同范围拉通配置。

8.7 无梁楼盖的设计计算

无梁楼盖结构体系又称板柱结构体系,这是相对梁板结构体系而言的。无梁楼盖结构体系是近年来发展较为迅速的一项建筑结构新技术。较之传统的密肋梁结构体系它具有整体性好、建筑空间大、可有效地增加楼层净高等优点。并且,采用无梁楼盖体系的建筑物的地震效应也要明显小于层高较大的梁板结构体系的建筑物。在施工方面,采用无梁楼盖结构体系的建筑物具有施工支模简单、楼面钢筋绑扎方便、设备安装方便等优点,从而大大提高了施工速度。因此,采用无梁楼盖结构具有明显的经济效益和社会效益。

对无梁楼盖这种结构来说,其设计计算主要分为两块:结构整体的空间结构分析计算和无梁楼盖本身的分析计算。目前,PKPM 系列结构设计软件对这两方面的设计都已经有比较成熟的计算分析方法,下面就此分别做一些介绍。

8.7.1 无梁楼盖的整体三维计算

无梁楼盖结构的整体计算可通过 PKPM 软件中的 TAT 或 SATWE 进行,但是二者对无梁楼盖在三维计算中的建模处理是不一样的。

在 TAT 软件中,对于无梁楼盖结构来说,由于没有梁和柱子相连,一般必须按照规范中的规定将板简化为双向等代框架梁进行计算。因此,在用 PMCAD 对无梁楼盖进行人机交互式建模时,首先应确定等代框架梁的宽、高,也即确定等代框架梁的刚度。一般来说,等代框架梁的宽度由板宽决定:通常取柱距的 1/2 板宽为等代框架梁的宽度,确定等代框架梁的宽度之后,再将等代框架梁作为普通的主梁输入。比如横向柱距为 5400mm,则该向的等代梁截面定义为 2700mm×板厚,纵向柱距为 3000mm,则该向等代梁截面定义为 1500mm×板厚,然后将所定义的等代框架梁布置好,模型建立后再接力 TAT 软件进行三维分析,但是这种方法对楼板的模拟与实际工程情况有一些出入。

在采用 SATWE 软件分析无梁楼盖结构时,由于 SATWE 软件具有考虑楼板弹性变形的功能,可以采用弹性楼板单元较为真实地模拟楼板的刚度和计算变形,尤其是现在的 SATWE 版本中增加了一种能真实计算楼板平面内和平面外的刚度的楼板假定:弹性板 6。因此就不用将楼板简化为双向等代框架梁体系了,而是直接对无梁楼盖体系进行三维分析计算。当然,在建模时还须进行一定的处理:在 PMCAD 人机交互式输入时,在以前需输入等代框架梁的位置上布置截面尺寸为 100mm×100mm 的矩形截面虚梁(但在边界处及开洞处最好是布置实梁)。这里布置虚梁的目的有二:其一是为了 SATWE 软件在接 PMCAD 的前处理过程中能够自动读取楼板的外边界信息;其二是为了辅助弹性楼板单元的划分。当然虚梁是不参与结构的整体分析的,SATWE 的前处理程序会自动将所有的虚梁过滤掉。此外,为了正确分析该结构,在 SATWE 程序中还应将无梁楼盖的楼板定义为弹性楼板 6。模型建立后就可使用 SATWE 对无梁楼盖结构进行三维整体分析计算了。必须注意的是,由于在此定义了弹性楼板,必须选择"算法 2"即总刚算法进行整体内力计算。

8.7.2 楼盖的设计计算

无梁楼盖的整体分析计算完成后,可以利用 SATWE 软件中的"复杂楼板有限元计算" SLABCAD 模块进行楼盖的分析计算。

首先点取"生成楼板有限元分析数据"菜单来生成有关的计算数据,并将相应的计算条件及计算参数进行定义,如果是预应力楼板的话还应选取预应力参数。当然,此时必须注意的是:由于有限元的计算原理所致,对于楼板的有限元划分长度不一样可能会对计算结果产生一定的影响。

同时还可以补充输入无梁楼盖的其他数据,如楼板的洞口及柱帽等特殊构件等,并可对楼板不同部位的板厚进行修改,还可以在楼板上添加任意的荷载,包括在 PMCAD 建模时无法输入的板上的任意线荷载及点荷载。

此外,还可以输入支座沉降及约束等补充数据,SLABCAD 的补充数据输入完毕后就可以通过"有限元分析和计算"菜单对无梁楼盖进行设计计算了。对无梁楼盖的计算内容主要包括楼板的内力、位移、配筋计算及板的冲切验算等。计算完毕后再通过"分析结果图形显示"菜单查询其计算结果。

最后,必须指出的是,对于现代高层建筑中比较常见的厚板转换层的计算也可像无梁楼盖结构一样进行类似的处理计算。但是如果要在 SATWE 软件中计算厚板转换层时,在使用 PMCAD 进行人机交互式输入时必须注意除了要像无梁楼盖结构一样要输入虚梁以外,层高的输入也应有所改变。应将厚板的板厚均分给与其相邻两层的层高。即取与厚板相邻的两层层高分别为其净空加上厚板的一半板厚:如第 i 层有厚度为 B_t 的厚板,在 PMCAD 交互式输入中,则第 i 层的板厚输入值为 B_t,层高为 $H_i+B_t/2$,第 $i+1$ 层的层高为 $H_{i+1}+B_t/2$。

8.8 底框架结构的设计计算

底框架结构总体上是属于上刚下柔的结构,而且是由钢筋混凝土结构过渡到砌体结构,材料和体系都存在转换,对抗震是不利的,对底框架结构的计算和设计,以下几个问题需要引起注意:

(1) 转换层上下侧刚比。《抗震规范》要求,底部一层框架抗震墙结构房屋在纵横两个方向,第二层和底层的侧向刚度的比值,6,7 度时不应大于 2.5,8 度时不应大于 2,且均不应小于 1.0;底部两层框架抗震墙结构房屋在纵横两个方向,底层和第二层侧向刚度宜接近,第三层和第二层的侧向刚度的比值,6,7 度时不应大于 2.0,8 度时不应大于 1.5,且均不应小于 1.0。控制侧刚比不应大于 1.0 的目的:由于过渡层为砌体结构,结构延性很差,而且过渡层受力非常复杂,如果侧刚比小于 1.0,则薄弱层出现在过渡层,在地震时会造成弹塑性变形集中在此层,对抗震非常不利;侧刚比大于 1.0,薄弱层出现在结构底部,由于底部为钢筋混凝土框架剪力墙结构,延性好于上部砌体结构,可以充分发挥底部钢筋混凝土框架(框剪)结构的延性,提高结构在地震作用下的耗能能力和抗变形能力。

底框架结构的抗震验算由 PMCAD 来完成,但是在计算时却存在仅设置了少量的几片剪力墙,抗震计算结果却出现转换层上下侧刚比小于 1.0,这与《抗震规范》要求薄弱层出现在底部框架层的要求相矛盾。这是由于底部框架层高较小,一般沿轴线布置剪力墙时,剪力墙高宽比小于 2.0,变形为剪切型,刚度很大,因此,应该对整片高宽比较大的剪力墙采用分结构缝处理,一般缝宽 200～300mm,这样形成多片高宽比大于 2 小于 2.5 的剪力墙,刚度减小,墙的变形为弯剪型,延性明显好于单片矮墙,结构的薄弱层出现在底部框架层,有利于抗震。但是 PMCAD 建模时只允许剪力墙开设小洞口,开洞对结构侧刚比计算影响很小,因此建模时开竖缝的剪力墙应该按照单片墙和框架梁输入,单片墙高宽比大于 2.0 小于 2.5,这样计算的结构侧刚比才合理,符合规范要求,从而控制结构薄弱层出现在延性较好的底部框架层。

(2) 墙梁的计算方法。关于墙梁 PMCAD 提供了两种算法:

① 按经验考虑墙梁上部作用的荷载折减。由于墙梁的反拱作用,使得一部分荷载直接传给了竖向构件,从而使墙梁的荷载降低。若选择此项,则程序对所有的托墙梁均折减,而不判断该梁是否为墙梁。

② 按规范墙梁方法确定托梁上部荷载。若选择此项,则程序自动判断托墙梁是否为墙梁,若是墙梁则自动按照规范要求计算梁上的荷载,若不是墙梁则按均布荷载方式加到梁上。

如果同时选择"按经验考虑墙梁上部作用的荷载折减"和"按规范墙梁方法确定托梁上部荷载"两项,则程序对于墙梁则执行"按规范墙梁方法确定托梁上部荷载",对于非墙梁则执行"按经验考虑墙梁上部作用的荷载折减"。

(3) 混凝土墙与砖墙弹性模量比的输入。适用范围是,混凝土墙与砖墙弹性模量比只有在该结构在某一层既输入了混凝墙又输入了砖墙时才起作用。

物理意义:混凝土墙与砖墙的弹性模量比。

参数大小:该值缺省时为 3,大小在 3～6 之间。

如何填写? 一般而言,混凝土墙的弹性模量是砖墙的 10 倍以上。如果是同样墙厚,则混凝土墙的轴向刚度就是砖墙的 10 倍以上。但实际上在进行结构设计计算时,一方面混凝土墙的厚度小于砖墙,从而使混凝土墙的刚度有所降低;另一方面,在实际地震力作用下混凝土墙所受的地震力是否就是砖墙的 10 倍以上还是未知数,因此不能将该值填得过高。

（4）底部框架抗震墙结构的计算。在进行底部框架抗震墙结构计算时,PK 采用单榀框架计算,可以计算风荷载,但是不能计算剪力墙的内力和配筋,而且如果柱网不对齐部分需要手算补充;TAT 可以直接计算风荷载,可以直接计算底部框架抗震墙结构内力和配筋;SATWE 软件不能直接计算风荷载,需要设计人员在特殊风荷载定义中人为输入,SATWE 也可以把底部框架和上部砌体结构组合在一起进行整体计算分析。

（5）过渡层的抗震构造措施。过渡层砌体结构受力复杂,很难准确地计算在地震作用下的内力和变形,因此应该严格按照《抗震规范》要求,采取设置构造柱和圈梁、楼板适当加厚并双层双向配筋等构造措施。

8.9　关于四种楼板计算模型

SATWE 在楼板计算模型中有四种楼板类型:刚性板、弹性板 6、弹性板 3、弹性膜。各种楼板的计算意义和适用范围如下:

1. 刚性板

在楼板平面内刚度无限大,平面外刚度为零。梁刚度放大系数:《高规》第 5.2.2 条规定,在结构内力与位移计算中,现浇楼面和装配整体式楼面中的刚度可考虑翼缘的作用予以放大,楼面梁刚度增大系数可根据翼缘情况取 1.3~2.0。对于无现浇面层的装配式结构,可不考虑楼面翼缘的作用。

刚性板适用于楼板形状较规则的结构。

2. 弹性板 6

采用壳单元真实的计算楼板的面内刚度和面外刚度。采用此假定会使部分竖向楼面荷载通过楼板的面外刚度直接传递给竖向构件,导致梁的弯矩减小,相应配筋减小。

弹性板 6 适用于板柱结构或板柱-抗震墙结构。

3. 弹性板 3

假定平面内无限刚而面外刚度是真实的,采用中厚板弯曲单元来计算楼板平面外刚度,针对厚板转换层结构的转换厚板提出的,也适用于板厚较大的板柱结构或板柱-抗震墙结构,建模时在 PM 中要布置 100mm×100mm 的虚梁,在 SATWE 中定义"弹性板 3"。虚梁是一种无刚度、无自重的梁,不参与结构计算,布置虚梁的作用:为 SATWE 软件或 PMSAP 软件提供板的边界条件,传递上部结构的竖向荷载,为弹性楼板单元的划分提供必要条件。层高输入时将厚板的板厚均分给与其相邻的上下两层,厚板下层层高为该层净空加厚板的一半厚度。

弹性板 3 适用于厚板转换层结构和板厚较厚的板柱结构或板柱-抗震墙结构。

4. 弹性膜

采用平面应力膜单元真实地计算楼板平面内刚度,同时忽略楼板的平面外刚度。

弹性膜适用于空旷的工业厂房和体育场馆结构、楼板局部开大洞结构、楼板平面较长或有较大凹入以及平面弱连接结构,建模时真实输入楼板的厚度,对于没有楼板的房间应定义板厚为零或定义全房间洞。弹性楼板可以定义在整层楼板上,也可以仅在需要的局部区域上。

8.10　结构整体控制指标不满足的调整措施

结构控制指标参数中的最关键指标是周期比、位移比和刚度比,规范中使用"不应",措辞

比较严厉。因此,当周期比和位移比不满足要求时,首先要调整结构方案,只有整体控制指标合格后方可进行构件的优化计算:

1. 周期比不满足要求

《高规》的 4.3.5 条规定,结构扭转为主的第一周期 T_t 与平动为主的第一周期 T_1 之比,A 级高度高层建筑不应大于 0.9;B 级高度高层建筑、混合结构高层建筑及复杂高层建筑不应大于 0.85。如果高层框架结构、框剪结构、剪力墙结构、筒体结构等周期比不满足要求,有的结构体形看起来规则,但是周期比甚至大于 1,也就是结构第一振型就是扭转为主的振型,一般调整措施是"增大四周、弱化中间",增加四周构件的刚度、弱化核心的刚度,此措施对调整结构的周期比很有效。

2. 位移比不满足要求

《高规》第 4.3.5 条规定,结构平面布置应减少扭转的影响。在"考虑偶然偏心"影响的地震作用下,楼层竖向构件的最大水平位移和层间位移,A 级高度高层建筑不宜大于该楼层平均值的 1.2 倍,不应大于该楼层平均值的 1.5 倍;B 级高度高层建筑、混合结构高层建筑及复杂高层建筑不宜大于该楼层平均值的 1.2 倍,不应大于该楼层平均值的 1.4 倍。位移比不满足要求,一定是结构的刚度中心和质量中心不重合较多的时候才发生的。调整位移比的措施是:结构的质量中心一般相对固定,改变构件截面、增加和减少剪力墙对质量中心影响不大,但是对刚度中心影响大。如果是 X 方向+5%位移比不满足要求,那么就是结构的 X 方向刚度中心偏向 X 轴负方向,调整原则是增加 X 轴正向结构刚度和减少 X 轴负向结构刚度;Y 方向同理。对于框架结构措施:增加 X 轴正向结构梁柱截面尺寸,减少 X 轴负向结构梁柱截面尺寸。对于框剪结构式措施:增加 X 轴正向剪力墙数量和截面尺寸,减少 X 轴负向剪力墙数量和截面尺寸。如果由于建筑方案的限制,结构方案经过多次调整位移比仍然不能满足要求时,对于框剪结构、剪力墙结构、筒体结构:如果结构计算的最大层间位移角不大于 1/2000 时,扭转位移比控制可放宽 10%,当计算的最大层间位移角不大于 1/3000 时,扭转位移比控制可放宽 20%。

3. 刚度比不满足要求

《高规》的 4.4.2 条、5.1.14 条规定,抗震设计的高层建筑结构,其楼层侧向刚度小于其上一层的 70%或小于其上相邻三层侧向刚度平均值的 80%,或某楼层竖向抗侧力构件不连续,其薄弱层对应于地震作用标准值的地震剪力应乘以 1.15 的增大系数。另外《高规》附录 E.0.2 条规定,当底部转换层高层建筑结构的转换层设置在 3 层及 3 层以上时,其楼层侧向刚度尚不应小于相邻上部楼层侧向刚度的 60%。《抗规》附录 E2.1 规定,筒体结构转换层上下层的侧向刚度比不宜大于 2。刚度比不满足调整的原则是"强化下部、弱化上部",弱化上部措施很重要,尽可能地减小上部的墙柱梁截面尺寸。如果经过多次调整仍然不满足,除了定义为薄弱层之外,应进行罕遇地震作用下的弹塑性分析,确保结构薄弱层在罕遇地震作用下弹塑性变形满足要求。

8.11 关于多塔结构整体控制指标

对于大底盘多塔结构,结构整体控制指标计算和结构内力配筋计算需要用不同的计算模型才能够完成,大底盘多塔结构可以分为两类,一类是只有地下室是大底盘连接,上部结构完全分开;另一类是底部裙房(一般是 1~5 层)是一个整体,上部塔楼相互独立。

1. 只有地下室大底盘连接,地上部分完全独立

① 如果地下室顶板可以作为上部结构嵌固端(一般 2 层及以上地下室、单层人防地下室、单层箱型基础地下室可以作为上部结构嵌固端):除了内力计算需要建立整体模型外,整体控制指标需要各塔楼独立进行计算。在进行各塔楼整体控制指标计算时,各塔楼单独建立模型——单塔模型进行计算,各塔楼分别计算各自的整体指标,单塔的地下室范围可以与上部结构投影面积相同,也可以在单塔外扩 1~2 个柱网,两种方法对单塔结构整体控制指标,如周期比、位移比、刚度比等没有区别。

② 如果地下室顶板不能作为上部结构嵌固端:整体内力计算仍然需要建立整体模型,在进行各塔楼整体控制指标计算时,单塔的地下室范围在单塔外扩 1~2 个柱网或者地下室层高范围,用此模型计算单塔的周期比、位移比、刚度比等。

2. 底部裙房是一个整体,地上塔楼完全独立

在整体内力计算时需要建立整体模型,整体控制指标需要各塔楼独立进行计算。单塔的裙房范围可以从单塔范围 45°线外扩或者 1~2 个柱网。

> **注意**
>
> 在整体内力计算时,振型数要足够多,以保证有效质量系数>90%。在风荷载计算时,如果上部塔楼是通过变形缝相互独立,因为变形缝不存在风荷载,需要人工定义遮挡面。

8.12 关于剪力墙连梁超筋的调整

对于高层混凝土框剪结构、剪力墙结构和筒体结构,剪力墙连梁超筋是一种普遍现象。如果连梁跨比很小,甚至小于 1.0,这是连梁对墙肢的约束作用强,在地震作用下,连梁承担了较大的剪力,从而导致连梁超筋。一般连梁跨高比大于 5 时,连梁变形中剪切变形影响可以忽略,连梁在结构模型建立时作为梁输入;连梁跨高比小于 2.5 时,连梁变形中剪切变形影响显著,连梁在结构模型建立时作为洞口输入;连梁跨高比在 2.5~5 时,可根据实际情况选择作为梁输入或者洞口输入。具体操作时可以连梁跨高比小于 3.5 时,连梁作为洞口输入;连梁跨高比大于 3.5 时,作为梁输入。在整体计算参数选择中,连梁刚度折减系数一般取 0.55,最小可以取 0.5。如果连梁刚度折减系数取 0.5 仍然超筋,可采取如下措施进行处理:

1. 减小连梁计算截面

连梁截面高度减小,比如窗间墙窗下高度墙体可以采用砌体砌筑,门上口可以增加过梁等措施以减小连梁截面高度。连梁高度减小后,对墙肢的约束作用减弱,连梁分配的剪力减小,连梁配筋满足要求,但此时需要注意的是墙肢承担的内力增大,应保证墙肢不超筋。如果减小连梁截面仍然超筋,连梁截面已经不能再减小,可以反过来调整,适当增大连梁截面。如果连梁仍然超筋,可采取下面的措施 2 进行处理。

2. 对连梁进行弯矩调幅

对连梁弯矩进行塑性调幅,调幅后连梁剪力减小,但是此时需要注意墙肢承担的内力增大。对连梁已经进行了刚度折减后,调幅不宜过多,一般经过全部调幅(刚度折减和对计算结果的调幅)后弯矩设计值不小于弹性的 0.8 倍(6 度、7 度)和 0.5 倍(8 度、9 度),如果采取了措施 1、措施 2 后连梁仍然超筋,可采取措施 3 进行处理。

3. 连梁铰接处理

对于连梁上没有次梁的连梁可以进行铰接处理,连梁铰接处理后,连梁的配筋构造应按铰

接构造进行修改。这时可以假定连梁在大震下破坏,对剪力墙按照独立墙肢进行计算,为简化计算起见,可以把连梁作为两端铰接的梁在计算模型中输入,对比两种方案计算结果的墙肢内力和配筋,按照墙肢最不利的内力进行配筋设计。如果采取措施 3 仅有个别连梁不满足要求,不必进行措施 4 的处理。

4. 考虑连梁塑性铰适用处理

连梁铰接处理后,有可能墙肢超筋,这样处理可能很不经济。另外,如果连梁作为铰接处理后,可能结构侧向刚度不满足要求,这样又需要增大墙肢和柱截面尺寸。为合理利用连梁的塑性铰,在保证侧向刚度的前提下,减小连梁的纵筋,以实现连梁一旦出现塑性铰,一定是弯曲塑性铰,确保连梁不出现剪切破坏,这样连梁是一个可以承担部分弯矩的两端铰接梁。举个例子,在内力计算中,连梁按照截面 200×400 输入,以此校核墙肢的配筋,此时连梁虽然超筋,但是墙肢是安全的;实际连梁采用的截面是 200×600,纵向钢筋按照梁高对配筋计算值进行折减,连梁箍筋按照 200×600 分配的剪力进行计算,这样可以确保连梁出现弯曲塑性铰,而且墙肢是按照连梁截面 200×400 的内力计算结果进行配筋设计的。

> **注意**
>
> 连梁超筋是一种普遍现象,如果经过调整后,结构中仅有个别连梁超筋,在保证连梁不会出现剪切破坏的前提下可以不进行处理。

8.13 关于剪力墙边缘构件配筋面积调整

对于高层混凝土框剪结构、剪力墙结构和筒体结构,剪力墙如果剪力墙边缘构件计算配筋值较大,边缘构件截面内配筋配不下,可以采取下面的措施进行解决。

1. 采用组合截面进行计算配筋

如果配筋较大的边缘构件和周围墙体连接,可以采用重新定义组合截面方法来调整配筋,一般经组合截面调整后,边缘构件配筋显著减小。

2. 调整剪力墙混凝土强度等级

提高混凝土强度等级并不一定能使剪力墙边缘构件配筋面积降低,有时反而会使配筋面积升高,产生这种情况的主要原因是虽然随着混凝土强度等级的提高,混凝土的抗压强度设计值增大,但混凝土弹性模量增大,结构的刚度增加,地震力也随着增大。当地震力增大的幅度低于混凝土抗压强度设计值增大的幅度时,墙体的配筋面积就会增加。因此,在设计中当发现提高混凝土强度等级后墙体的配筋面积增大,就应考虑采用降低混凝土强度等级的方法来降低墙体的配筋面积。

3. 提高剪力墙主筋钢筋级别

如果采用 HRB400 级可以比 HRB335 级配筋减少 20%。

4. 提高墙体分布筋的配筋率

根据剪力墙抗弯承载力的计算公式:M 分布＋M 端部＞M 设计,在设计中一般都是通过制定剪力墙分布筋的最小配筋率,反算出剪力墙分布筋所在区域的抗弯设计承载力,从而再计算出剪力墙端部的配筋面积。因此,我们可以通过提高墙体分布筋的配筋率来达到降低剪力墙端部配筋面积的目的。

5. 调整剪力墙边缘构件阴影区的面积

《高规》规定剪力墙边缘构件阴影区的长度最小为 300mm。可以把阴影区的长度加长。

以达到降低阴影区配筋率的目的。

注意

这样处理是偏不安全的。阴影区的加长会导致剪力墙计算的有效高度减小,从而使配筋增加。因此,如果加大阴影区长度,则也相应加大剪力墙配筋面积。

参考文献

[1] 中国建筑科学研究院 PKPM CAD 工程部. PMCAD——结构平面计算机辅助设计软件用户手册及技术条件[M]. 北京:中国建筑科学研究院,2002.

[2] 中国建筑科学研究院 PKPM CAD 工程部. PK——钢筋混凝土框排架及连续梁结构计算与施工图绘制软件用户手册及技术条件[M]. 北京:中国建筑科学研究院,2002.

[3] 中国建筑科学研究院 PKPM CAD 工程部. TAT——多高层建筑结构三维分析与设计软件用户手册及技术条件[M]. 北京:中国建筑科学研究院,2002.

[4] 中国建筑科学研究院 PKPM CAD 工程部. SATWE——多高层建筑结构空间有限元分析与设计软件用户手册及技术条件[M]. 北京:中国建筑科学研究院,2002.

[5] 中国建筑科学研究院 PKPM CAD 工程部. JCCAD——独基、条基、钢筋混凝土地基梁、桩基础和筏板基础设计软件用户手册及技术条件[M]. 北京:中国建筑科学研究院,2002.

[6] 陈岱林,李云贵,魏文郎. 多层及高层结构 CAD 软件高级应用[M]. 北京:中国建筑工业出版社,2004.

[7] 陈岱林,金新阳,张志宏. 砌体结构 CAD 原理及疑问题解答[M]. 北京:中国建筑工业出版社,2004.

[8] 中国建筑科学研究院 PKPMCAD 工程部.《PKPM 新天地》[J].(2003—2005).

[9] 中国建筑科学研究院 PKPM CAD 工程部. 新规范结构设计软件 SATWE、TAT、PM-SAP 应用指南[M]. 北京:中国建筑科学研究院,2004.

[10] 中国建筑科学研究院 PKPMCAD 工程部.PKPM 培训教材[Z],2005.

[11] 张宇鑫,张燕,张星源,等. 建筑结构 CAD 应用教程[M]. 上海:同济大学出版社,2006.

[12] 王增忠,张宇鑫,牛宇,等. AutoCAD2004+天正+PKPM 建筑制图教程[M]. 北京:清华大学出版社,2004.

[13] 王小红,罗建阳. 建筑结构 CAD——PKPM 软件应用[M]. 北京:中国建筑工业出版社,2004.

[14] 叶献国,徐秀丽. 建筑结构 CAD 应用基础[M]. 北京:中国建筑工业出版社,2000.

[15] 尚守平,吴炜煜. 土木工程 CAD[M]. 北京:中国建筑工业出版社,2000.

[16] 黄小坤. 高层建筑混凝土结构技术规程若干问题解说[J]. 土木工程学报,2004,37(3):1-11.

[17] 李国胜. 多高层钢筋混凝土结构设计中疑难问题的处理及算例[M]. 北京:中国建筑工业出版社,2004.

[18] 李国胜. 多高层钢筋混凝土结构设计中疑难问题的处理及算例(补充)[M]. 北京:中国建筑工业出版社,2004.

[19] 中华人民共和国建设部. GB 50009—2001 混凝土结构设计规范[S]. 北京:中国建筑工业出版社,2002.

[20] 中华人民共和国建设部. GB 50010—2002 混凝土结构设计规范[S]. 北京:中国建筑工

业出版社,2002.
- [21] 中华人民共和国建设部.GB 50011—2001 建筑抗震设计规范[S].北京:中国建筑工业出版社,2001.
- [22] 中华人民共和国建设部.GB 50003—2001 砌体结构设计规范[S].北京:中国建筑工业出版社,2002.
- [23] 中华人民共和国建设部.GB 50007—2002 建筑地基基础设计规范[S].北京:中国建筑工业出版社,2002.
- [24] 中华人民共和国建设部.JGJ 3—2002 高层建筑混凝土结构设计规程[S].北京:中国建筑工业出版社,2002.
- [25] 中华人民共和国建设部.JGJ 6—99 高层建筑箱形与筏形基础技术规范[S].北京:中国建筑工业出版社,1999.
- [26] 中国建筑标准设计研究所.全国民用建筑工程设计技术措施结构分册[S].北京:中国计划出版社,2003.